U0231241

BIODEGRADABLE PLASTICS AND BIO-BASED PLASTICS

生物分解塑料与生物基塑料（第二版）

翁云宣　付　烨　等编著

·北京·

本书从技术的角度出发，对生物分解塑料与生物基塑料进行了系统介绍，包括从技术革新到各个领域的应用，从制造技术、加工技术、应用技术到商品化现状、可回收性、能源替代等方面，以最新的技术现状为基础进行了总结，并对国内外一些政策走向进行了阐述。

本书适合生物分解材料、生物基高分子材料及其相关领域的研发人员、管理与生产技术人员、材料应用者等阅读，适合用作相关生产及研发企业的培训资料，也适合用作研究生、大专院校学生的专业教材。

图书在版编目（CIP）数据

生物分解塑料与生物基塑料/翁云宣等编著．—2版．—北京：化学工业出版社，2020.1（2021.1重印）

ISBN 978-7-122-35669-7

Ⅰ.①生… Ⅱ.①翁… Ⅲ.①生物降解-塑料-研究 Ⅳ.①TQ321

中国版本图书馆CIP数据核字（2019）第258264号

责任编辑：高　宁　仇志刚　　　　装帧设计：张　辉

责任校对：杜杏然

出版发行：化学工业出版社（北京市东城区青年湖南街13号　邮政编码100011）

印　　装：中煤（北京）印务有限公司

787mm×1092mm　1/16　印张22¼　字数545千字　2021年1月北京第2版第2次印刷

购书咨询：010-64518888　　　　售后服务：010-64518899

网　　址：http://www.cip.com.cn

凡购买本书，如有缺损质量问题，本社销售中心负责调换。

定　　价：128.00元

序

有机高分子材料（塑料、纤维、橡胶、涂料、黏合剂等）作为与金属材料和无机非金属材料并列的三大材料之一，已成为人类日常生活、经济和国防建设不可或缺的支撑材料，是三大材料增速最快的材料。然而，高分子材料的快速发展也同时带来了一些困惑，例如，因其过度依赖不可再生的化石资源，在化石资源枯竭后如何发展的问题；其废弃后没有被合理处置而对环境造成了压力，甚至污染的问题；从大家熟知的废弃塑料的“白色污染”、废弃橡胶轮胎的“黑色污染”和废弃纤维纺织品的“彩色污染”，再到如今被广泛关注的海洋“微塑料”问题等。这使人们开始误解、曲解甚至惧怕高分子材料，并导致一些国家开始“限塑”和“禁塑”，把主要因为使用者用后遗弃行为不当和管理不善而产生的负面问题全部归咎于这些原本对社会发展和方便人们生活发挥巨大作用的材料本身。这不是科学的认知态度。如何从科学角度去思考，解决高分子材料发展涉及的资源需求来源和用后废弃物的环境污染问题，已成为高分子材料可持续发展的核心问题，将决定量大面广的高分子材料的未来。

为了解决高分子材料发展过度依赖不可再生的化石资源问题，可以利用可再生的生物质资源，生产生物基高分子材料；为了解决废弃高分子材料给环境造成的压力，可以发展有效的回收循环利用技术进行回收循环利用，既可节约资源又可减小废弃物对环境的污染，而对那些不宜回收或难以回收的一次性使用产品应用领域，可以发展和使用可完全生物降解（生物分解）的高分子材料，弃后可以（生物）回收、即使遗漏在环境中也可被微生物完全降解成二氧化碳和水或对环境无害的物质。因此，生物基高分子材料是着眼于高分子材料的来源，而生物降解高分子材料是着眼于高分子材料具有的降解特性；生物基高分子材料未必都能够完全生物降解，而化石来源的非生物基高分子材料未必都不能完全生物降解。塑料作为重要的一类高分子材料，特别是一次性塑料制品的生产和使用及其废弃后的处置问题，近年受到的关注越来越大，人们更加渴望对生物基塑料和生物降解塑料的深入了解和最新研究进展与行业发展状况，诸如对其种类、合成与加工技术、检测与标准、降解性能及其适合应用领域等方面的了解，同时也需要向生产者、使用者及其广大用户进行知识普及。

在此背景下，中国塑料加工工业协会降解塑料专委会秘书长、北京工商大学翁云宣教授等组织领域内有关专家，对《生物分解塑料和生物基塑料》一书进行了修订。该书比较全面、系统地介绍了各种典型生物分解塑料和生物基塑料的性能、加工方法和工艺、产业化应用、降解性能评价体系以及国内外的相关政策法规。目的是为了及时总结生物分解塑料行业的最新发展，反映国内外行业尤其是我国从事生物分解塑料研究生产的专家们近年来的工作成果，促进学术、技术交流，为广大科技工作者开展生物分解塑料相关创新研究提供一定的借鉴和参考。

该书适合于高校和科研院所从事生物分解塑料和生物基塑料研究与开发的学生以及专家学者参考使用，也适合塑料工业领域从事技术与产品开发的研究人员阅读。愿该书的出版，对生物分解塑料和生物基塑料领域的创新研究和行业健康发展发挥重要作用。

王玉忠

四川大学教授

中国工程院院士

2019 年 11 月于成都

前言

塑料已成为近年来发展速度最快的大类材料，全球消费量已达5亿吨以上。我国塑料产业在近几十年也得到了飞速发展，塑料制品产量从1990年的550万吨发展到2017年7515.5万吨。塑料的大量使用导致的初始原料石油短缺问题使生物基材料逐渐成为全球关注的热点。目前，全球生物基材料产能已达3500万吨以上，每年增长速率超过20%。聚乳酸（PLA）、聚羟基脂肪酸酯（PHA）等生物基材料的成本持续下降、性能不断提高，对传统石化材料的竞争力不断增强，生物基材料的应用正在从高端功能性材料和医用材料领域向大宗工业材料和生活消费品领域转移，在日用塑料制品、化纤服装、农用地膜等方面逐渐实现规模化应用。我国生物基材料产业发展迅猛，关键技术不断突破，产品种类速增，产品经济性增强。生物基材料，已被纳入新材料领域，成为国家大力发展的战略重点。生物基材料正在成为产业热点，展示出了强劲的发展势头。

目前，我国每年一次性用品及其他不易回收塑料制品废弃总量在2000万吨以上，其中近半数废弃后没有被回收再利用，而没有再利用部分又有五分之一左右没有被合理处置而进入自然环境，我国应合理规范这些制品的生产、使用和处置。另外，在全球都在重视垃圾分类的同时，有机垃圾的生化处理逐渐成为重点，而有助于堆肥等生化处理的生物分解塑料袋也得到了重视。生物分解塑料的开发正受到前所未有的关注。世界各国纷纷制定相关法律法规促进生物分解材料的应用，欧盟除包装法规中对垃圾的回收再利用及其可堆肥化处置进行了明确规定，在2018年10月通过了2020年开始禁止、限制十种一次性制品的政策，全球各国对一次性不易回收、易污染的制品的禁限政策出台如火如荼。我国“限塑令”后续政策也正在制定过程中，海南省从2020年开始全面禁止不可降解一次性塑料购物袋与餐饮具等，而吉林省从2015年1月1日就已开始在吉林省范围内实施“禁塑令”。在农用薄膜方面，《中华人民共和国土壤污染防治法》明确了鼓励使用生物降解农膜，2019年6月5日国务院常务会议通过《中华人民共和国固体废物污染环境防治法》（修订草案），二十二条中更是提到了“国家鼓励科研、生产单位研究、生产易回收利用、易处置或者在环境中可降解的薄膜覆盖物和商品包装物。禁止生产、销售不易降解的薄膜覆盖物和商品包装物。”我国城市生活垃圾分类在部分城市已开始强制执行，电子商务包装、邮政快件包装、外卖包装的绿色化已是趋势。生物分解材料的生产、销售、使用开始从示范推广逐渐向大规模工业化阶段过渡。

本书对生物分解塑料（生物降解塑料）与生物基塑料从技术、市场、评价与标准等多维度出发，进行了系统的介绍，包括从技术革新到各个领域的应用，从制造技术、加工技术、应用技术、商品化现状、可回收性等方面，以最新的技术现状为基础进行了总结，并对国内外一些政策走向如吉林省以及海南省“禁塑令”“欧洲塑料战略”等进行阐述。

作为可持续发展材料，生物分解塑料和生物基塑料的研究必将不断加强，希望广大关心其发展的读者们，能对这种新概念材料有个正确的理解，并对其将来的发展前景保持兴趣。

本书由王玉忠院士规划，第 2 章第 2 节由杨惠娣编写，第 3 章第 1 节由陈学思院士、边新超、冯立栋、刘焱龙、翟国强和杨义浒编写，第 3 章第 2 节由陈国强编写，第 4 章第 2 节由陈学思院士、董丽松、郭宝华编写，第 4 章第 5 节由陈学思院士、边新超、冯立栋和刘焱龙编写，第 4 章第 3 节由祝桂香编写，第 4 章第 4 节由王献红编写，第 4 章第 6 节由陈思翀、汪秀丽、王玉忠院士编写，第 5 章第 3 节由付烨、刘民英编写，第 5 章第 4 节由付烨、李增俊编写，第 6 章第 2 节中淀粉和聚乳酸发泡部分内容由余龙、吴永升、李俊编写，第 7 章第 7 节由杨义浒编写，其他章节由付烨、翁云宣编写，最后由付烨、翁云宣统稿。

感谢国家自然科学基金委员会项目（51773005、51473006、51173005）的支持。

最后，向为了本书的尽快出版给予大力支持的各位同仁和化学工业出版社表示深切的感谢。

编者
2019 年 11 月

第一版前言

塑料自发明以来，因为质量轻、性能好且耐用而被大量使用，塑料给人们生活带来了极大的便利。2006 年全世界塑料消耗量在 2 亿吨以上，而我国表观消费量在 4000 万吨左右，其中塑料包装材料的发展最迅速。塑料包装材料占生活垃圾的 10%～20%，而这种垃圾实际上是“永久性”的不能被降解。怎样面对及如何处理塑料垃圾已成为世界性的环保问题。另外，近年来资源紧缺和环境形势也变得越来越严峻。如何减轻对石油资源的依存，实施循环经济，保持可持续发展，成为塑料工业的全球性热门话题。

大量塑料的使用不仅消耗了大量的石油和能源，而且因为不能自然降解，燃烧时又释放出大量二氧化碳，部分地造成和加重了“白色污染”及“温室效应”。为净化周围环境，消除塑料废弃物，人们努力地做好以下工作来减少污染：一是卫生填埋（用土掩埋垃圾）；二是废物利用。卫生填埋虽可明显地缓解环境污染，但是却将环保的重任推到下一代人身上。废物利用是较可行的办法，世界上相继出现了焚烧利用热能、回收再利用、自然降解三种主要的解决塑料废弃物方法。回收再利用是从垃圾中回收塑料，经过分拣、冲洗、干燥、粉碎等过程，最后加工成制品，虽然会耗费一定的人力和物力，但一定程度上能使环境有所改善。不过人们不禁要问这些塑料材料到底能回收再加工利用多少次？不能回收后如何处置？许多专家建议应大量开发和生产能自然降解且可回收再利用又对自然界、生物界无害的塑料，这才是从根本上解决“塑料垃圾”问题的办法。

相对以性能和便利为中心发展起来的 20 世纪塑料开发，21 世纪的开发将侧重于全球可持续发展及其他更高层次的考虑，科学技术的进步使这样的开发变得可能。为了实现可持续发展的低碳循环性社会，被寄予厚望的环保型塑料的开发受到前所未有的关注。开发可自然降解的塑料制品来替代普遍使用的普通塑料制品曾经成为 20 世纪 90 年代的热点，但是当时降解塑料因为成本和技术问题发展缓慢。近年来随着原料生产和制品加工技术的进步，降解塑料尤其是生物基分解塑料重新受到关注，成为可持续和循环经济发展的亮点。

无论是从能源替代、二氧化碳减排，还是从环境保护以及部分解决“三农”问题，发展生物降解塑料和生物基塑料都是必要的，也是十分有意义的。

本书对可持续发展材料——生物分解与生物基塑料从技术角度出发进行了系统的介绍，

包括从技术革新到各个领域的应用，从制造技术、加工技术、应用技术、商品化现状、可回收性等方面，以最新的技术现状为基础进行了总结，并对国内外一些政策走向如《京都议定书》等进行阐述。

作为可持续发展材料，生物分解和生物基塑料的研究必将不断增加，希望广大关心其发展的读者们，能对这种新概念材料有一个正确的理解，并对其将来的发展前景保持兴趣。

本书第 2 章第 3 节、第 4 章第 3 节、第 4 章第 6 节由杨惠娣编写，第 3 章第 2 节、第 3 章第 3 节由陈学军、陈学思、董丽松编写，第 4 章第 5 节由陈兴华编写，其他章节由翁云宣编写，最后由翁云宣统稿。

感谢北京市科委“北京市科技新星计划”项目的支持。

感谢四川大学降解与阻燃高分子材料研究中心王玉忠、北京工商大学许国志、深圳市中京科林环境材料有限公司孔力、中国环境科学研究院李发生、华中理工大学王世和、武汉华丽环保科技有限公司张先炳、宁波天安生物材料有限公司李佳灵、中科院长春应用化学研究所王献红、西安华源生态农业高科技有限公司对本书出版提供的宝贵资料。

感谢比澳格（南京）环保材料有限公司陈昌平、福建百事达生物材料有限公司余润保、中国塑料加工工业协会马占峰、清华大学李金惠、浙江海正生物材料股份有限公司陈志明、清华大学生物科学院陈国强、清华大学化工系郭宝华、中科院理化技术研究所季君晖、同济大学材料科学与工程学院任杰、南开大学宋存江、华南理工大学余龙、浙江华发生态科技有限公司尹晓民、浙江天禾生态科技有限公司裘陆军、内蒙古蒙西高新技术集团有限公司张光军、天津国韵生物科技有限公司吕渭川、河北昭和生态科技有限公司马英华、福建泛亚科技发展有限公司丁少忠、深圳禾田一环保科技有限公司贾伟生、浙江杭州鑫富药业股份有限公司姜凯、北京新华联生物材料有限公司杨尔宁、安庆和兴化工有限责任公司马世金、罗宾生化科技（汕头）有限公司叶新建、湖南科汛环保塑料有限公司王士彪、巴斯夫（中国）有限公司沈莉萍、烟台阳光澳洲环保材料有限公司上官智慧、广东惠州俊豪塑料发展有限公司苏俊铭、深圳市万达杰塑料制品有限公司魏文昌、四川柯因达生物科技有限公司叶文彬、哈尔滨龙骏实业发展有限公司支朝晖、四川琢新生物材料研究有限公司袁明龙、丹阳市华东工程塑料有限公司刘永忠、南通九鼎生物工程有限公司沈晓蔚、上海林达塑胶化工有限公司王梓刚、深圳市光华伟业实业有限公司杨义浒、南京诚科机械有限公司孔祥明、厦门固得塑胶有限公司郑晨飞，河南金丹乳酸科技有限公司于培星、重庆市联发塑料原料工业有限公司周久寿、优利（苏州）科技材料有限公司林日旺、江苏中科金龙科技集团公司徐玉华、金发科技股份有限公司蔡立志、安徽德琳环保发展（集团）有限责任公司曹承平、江阴市杲信化纤有限公司周新等对本书出版的大力支持。

编者

2010 年 3 月

目录

第1章 绪　　论

1.1 生物基塑料

1.1.1 生物基塑料的定义

生物基材料，是利用谷物、豆科、秸秆、竹木粉等可再生生物质为原料制造的新型材料和化学品，包括生物合成、生物加工、生物炼制过程获得的生物醇、有机酸、烷烃、烯烃等基础生物基化学品，也包括生物基塑料、生物基纤维、糖工程产品、生物基橡胶以及生物质热塑性加工得到的塑料材料等。

生物基材料由于其绿色、环境友好、资源节约等特点，正逐步成为引领当代世界科技创新和经济发展的又一个新的主导产业。在将一部分生物基高分子材料赋予一些特殊功能时，往往称其为生物质（基）功能高分子材料，它是指由生物体（包括动物、植物和微生物）或其他可再生生物质直接合成的具有特殊功能和用途的高分子材料，或从天然高分子或生物高分子（淀粉、纤维素、甲壳素、木质素、天然橡胶、蛋白质、多肽、多糖、核酸等）的结构单元或衍生物出发，通过生物学或化学的途径而获得的具有特殊功能和用途的高分子材料，尤指这些材料中对外界物理、化学、生物学刺激（如温度、压力、pH、光照、电磁场、化学物质、酶）有响应能力的材料。所述特殊功能和用途，包括药物的担载或靶向输送、缓释或控制释放，农药、化肥、除草剂等的担载、缓释或控制释放，对污染物、毒物的吸附和絮凝，用于人体组织器官修复或功能再生的医用高分子材料、人造血浆或人造血液、血液透析材料等。所述对外界刺激的响应，包括体积和形状的变化、交联程度的变化、化学组成的变化、吸水状态的变化、溶解或凝聚状态的变化等。

生物基塑料，是生物基材料的一个品种，是指由生物体或其他再生资源如二氧化碳直接合成的具有塑料特性的高分子材料，如聚羟基烷酸酯（PHA，包括 PHB、PHBV 等），或从天然高分子或生物高分子的结构单元或衍生物出发，通过生物学或化学的途径而获得的具有塑料特性的高分子材料，或者以这些高分子材料为主要成分的共混物或复合物，如聚乳酸、聚氨基酸、淀粉基塑料、植物纤维模塑制品、改性纤维素、改性蛋白质、生物基聚酰胺、二氧化碳共聚物、生物基聚乙烯等，如图 1-1 所示。

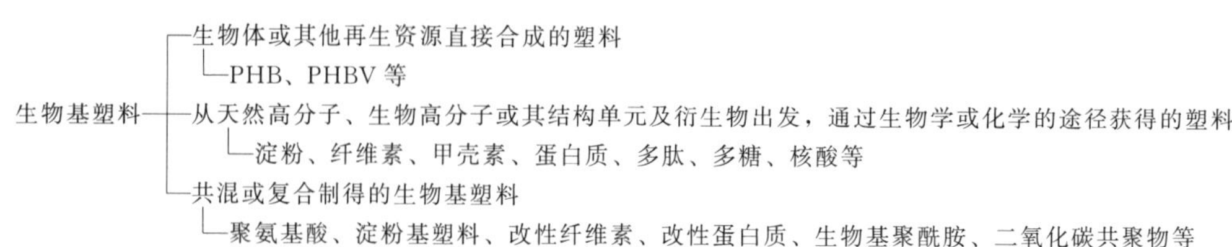

图 1-1　生物基塑料分类

1.1.2　淀粉基塑料

淀粉是一种天然的多聚葡萄糖高分子化合物，是植物体中贮藏的养分，它以颗粒的形式广泛存在于植物的果实、根、茎及叶中，是人类食物主要的碳水化合物来源。淀粉资源丰富、价格低廉、具有可再生性，不仅与人类的生存息息相关，而且是食品、造纸、纺织、石油、化工、制药、建筑、环保等各个工业领域的重要原料。

淀粉也是一种天然可降解高分子，在微生物的作用下淀粉大分子可链断裂分解为葡萄糖等单糖及其他中小分子化合物，并最终代谢为 H_2O 和 CO_2。淀粉作为可再生的自然资源，价廉易得，其作为填料能促进基体树脂的降解，加工和成型能利用现有的填充塑料加工技术和设备，使用性能与基体树脂接近或相当，能达到一般的应用要求，并且在使用过程中无毒无害，所以在迄今已工业化的几类可降解塑料中，淀粉填充塑料是很有竞争力、极具发展前景的品种。

全淀粉塑料，一般含淀粉在 90%以上，添加加工助剂，在淀粉具有热塑性能时进行加工生产，因此又被称为热塑性淀粉塑料。全淀粉塑料中如果其他添加剂是完全降解的，则是完全可降解材料。

淀粉共混其他塑料可以分为两种，一种就是将淀粉填充至传统塑料如聚乙烯（PE）、聚丙烯（PP）等塑料中，淀粉掺混不可降解的传统塑料中时，制得的塑料往往不能生物分解；另外一种就是将淀粉和其他可生物分解的高分子共混加工。淀粉可与天然大分子如果胶、纤维素、半乳糖、甲壳素等复合成完全生物分解材料，淀粉也可与其他可生物分解聚合物共混，如聚己内酯、聚乳酸、聚羟基烷酸酯类（如聚羟基丁酸酯、聚羟基戊酸酯、聚羟基丁酸戊酸酯等）、聚丁烯酸琥珀酸酯等，然后成型加工。淀粉与合成生物分解聚合物的共混物，具有生物分解性能。

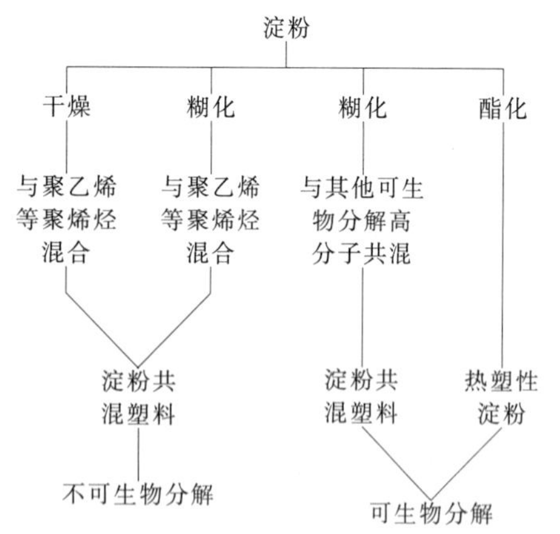

图 1-2　淀粉基塑料加工途径及其最终制品的生物分解性能简单示意

淀粉基塑料的加工途径及其最终制品的生物分解性能简单示意见图 1-2。

1.1.3　微生物合成的塑料

地球上已知的微生物有 10 万多种，这些微生物分布在土壤和海洋等各种地方。其中有许多微生物在自己体内储存塑料。

微生物合成塑料的绿色循环图见图 1-3。从图 1-3 中可以看出，一些微生物利用可再生资源如淀粉等为原料，将其作为碳源在体内合成塑料，这类塑料在经过提取、加工后成为日常的塑料制品，塑料制品在使用废弃后进入自然环境或人工垃圾处理厂如堆肥厂等，而被微生物又分解成二氧化碳，这些二氧化碳又可以被植物光合作用利用而变为生物质资源如淀粉等，可再生资源又可以通过微生物而再次被合成塑料，因此，其循环过程是绿色的。

近几年，随着温室效应加重、废弃物问题日益迫近，废弃塑料的处置越来越被人们所重视。目前研究最多的并且能工业化生产的微生物合成塑料是聚羟基烷酸酯，它是储存于微生物体内的塑料，统称为 PHA，属于生物共聚酯。这种聚酯在微生物陷入饥饿状态时，可以被微生物体内的分解酶分解成能量，即相当于动物的脂肪。PHA 主要原料是可再生的生物质资源（淀粉、砂糖、植物油等），二氧化碳的排放量比一般使用石化原料的塑料要少得多，而且它又具有良好的生物分解性，从而越来越被作为也成为解决全球环境问题的一个措施。

聚羟基烷酸酯的主要品种有聚-β-羟基丁酸酯（PHB）、聚-β-羟基戊酸酯（PHV），以及它们的共聚物聚-β-羟基丁酸/戊酸酯（PHBV）、聚-3-羟基丁酸/-4-羟基丁酸酯（P3HB4HB）等。聚羟基烷酸酯既具有完全生物分解性、生物相容性、憎水性、良好的阻隔性、非线性光学活性等独特的性质，又具有石油化工树脂的热塑加工性，可运用注塑、挤出吹塑薄膜、挤出流延、挤出中空成型、压制、模塑等工艺方法进行加工，制造成型制品、薄膜、容器，也可以和其他材料复合，其应用遍及高档包装材料、可被人体吸收的药物缓释材料、植入型生物材料等包装、医药卫生、农业用膜等各个应用领域。

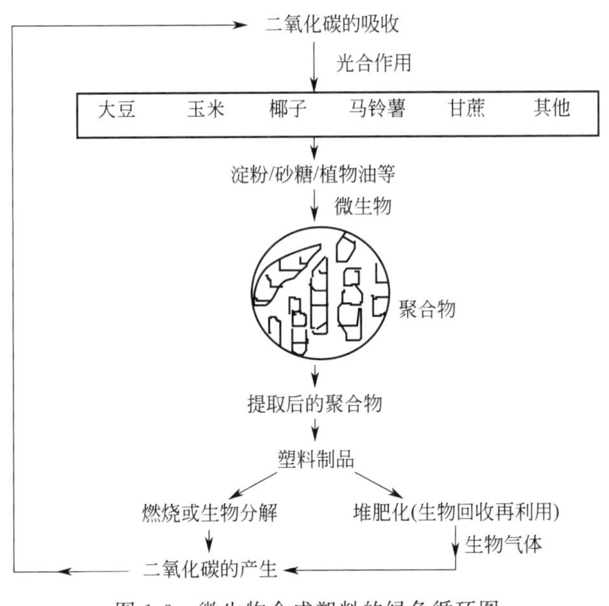

图 1-3　微生物合成塑料的绿色循环图

1.1.4　开发生物基塑料的目的和意义

我国石油储量是世界的 2%，消费量是世界第二。在我国，能源的多元化、可持续、与环境友好以及降低进口依存度已是大势所趋。当人们将目光聚集到可再生的清洁能源和生物质能源时，生物基塑料受到关注，成为可持续和循环经济发展的亮点。

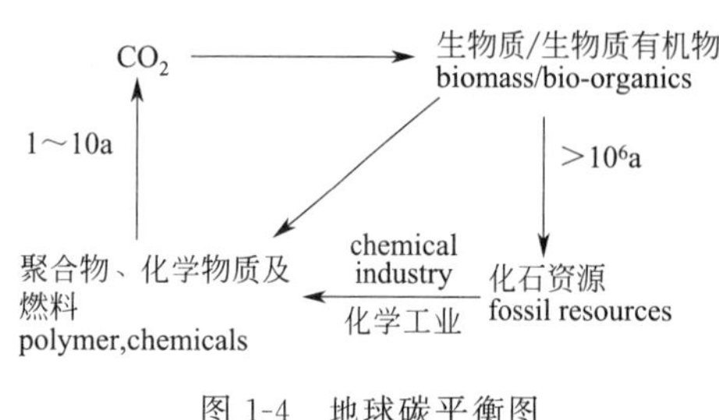

图 1-4　地球碳平衡图

由可再生的天然生物质资源，如淀粉、植物秸秆、甲壳素等衍变得到的生物基塑料（biobased plastic）是一类绿色塑料，因原材料丰富易得，其研究开发更是受到各国的重视。

开发生物基塑料的根本出发点，是因为目前大量使用的化石资源是有限的，而可再生资源却是可持续发展的。这个出发点，可简单地用地球的碳平衡图（图 1-4）来描述。

从图 1-4 中可看出，二氧化碳被生物处理器如植物光合作用等转化成生物质或生物有机物质，生物质或有机物质在一定条件下又被转化成化石资源，而从生物质或有机物质转化成化石资源的过程一般需要 10^6 a 以上；化石资源通过化学工业又可变为聚合物、化学物质及燃料等，而聚合物、化学物质及燃料等使用后变为二氧化碳的周期大概仅需要 1～10a。显然，由化学工业的产物形成二氧化碳的速度远远超过了二氧化碳通过生物处理再转化为化石资源的速度。如此过程反复进行，地球上的二氧化碳将越来越多，化石资源的量也将越来越少，最终导致石油资源的枯竭。而生物基塑料，恰恰是从可再生的生物质或生物有机物质直接变为聚合物，缩短了从二氧化碳到聚合物的转化过程，从而使地球上的碳能维持在平衡状态。

可见，生物基塑料是满足可持续发展要求的。开展生物基塑料研究，对国家能源的长久安全有重要意义。

目前，生物基塑料其原料主要来源于以阳光和二氧化碳为能源和碳源的可再生资源，如淀粉和纤维素等。不管是直接以淀粉等为原料加工制品，还是通过生物技术将淀粉和纤维素转化成的聚合物，相对于普通塑料，生物基塑料可降低 30%～50%石油资源的消耗，减少我们因塑料化学合成需要石油基炼化得到单体而对石油资源的依赖。

1.2　降解塑料

1.2.1　降解塑料的定义

降解塑料是在规定环境条件下，经过一段时间和包含一个或更多步骤，导致材料化学结构的显著变化而损失某些性能（如完整性、分子质量、结构或机械强度）和/或发生破碎的塑料。应使用能反映性能变化的标准试验方法进行测试，并按降解方式和使用周期确定其类别。

降解塑料按照原材料来源可以分为石化基降解塑料和生物基降解塑料。

降解塑料根据降解途径可以分为光降解塑料、热氧降解塑料、生物分解塑料和部分资源替代型降解塑料，其种类示意见图 1-5。

1.2.1.1　光降解塑料

由自然日光作用下，经过一段时间和包含一个或更多步骤，导致材料化学结构的显著变化而损失某些性能（如完整性、分子质量、结构或机械强度）和/或发生破碎的塑料。

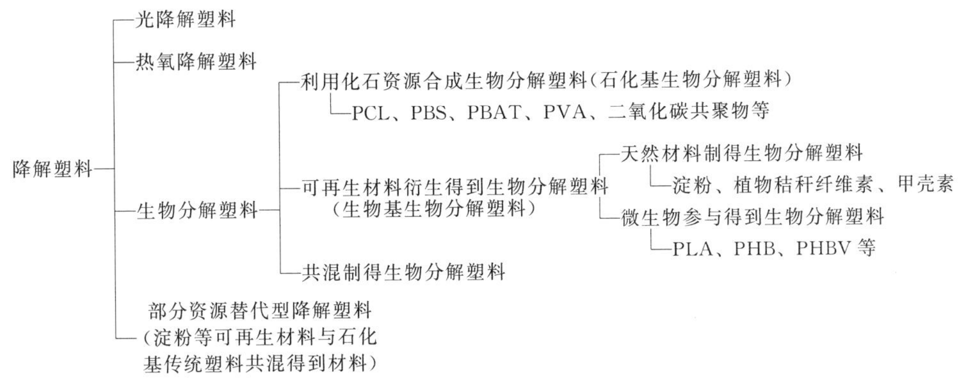

图 1-5 降解塑料种类一览表

光降解塑料的降解需要光的条件，而塑料废弃物废弃后，要么是被搁在封闭的垃圾处理系统（焚烧、填埋、堆肥等）中，要么就是暴露在条件不固定的自然环境中，很难保证光降解塑料所需要的固定条件。因此，在大多数情况下，光降解塑料因为受条件限制无论是在垃圾处理系统中还是在自然环境都不能全部降解。

1.2.1.2 热氧降解塑料

在热和/或氧化作用下，经过一段时间和包含一个或更多步骤，导致材料化学结构的显著变化而损失某些性能（如完整性、分子质量、结构或机械强度）和/或发生破碎的塑料。

热氧降解塑料因为受条件限制，大多数情况下也很难彻底降解。

1.2.1.3 生物分解塑料

生物分解塑料（也称生物降解塑料）是指，在自然界如土壤和/或沙土等条件下，和/或特定条件如堆肥化条件下或厌氧消化条件下或水性培养液中，由自然界存在的微生物作用引起降解，并最终完全降解变成二氧化碳（CO_2）或/和甲烷（CH_4）、水（H_2O）及其所含元素的矿化无机盐以及新的生物质的塑料。

生物分解塑料按照其原料来源和合成方式可以分为三大类，即利用石化资源合成得到的石化基生物分解塑料、可再生材料衍生得到的生物基生物分解塑料以及以上两类材料共混加工得到的塑料。

生物分解塑料因为在一定条件下可以生物分解，不增加环境负荷，是解决白色污染的有效途径。普通塑料如常用的聚乙烯（如塑料袋）、聚丙烯（如塑料餐具）、聚酯（如饮料瓶）等不能生物分解，在目前常用的垃圾处理方式即卫生填埋条件下，将存在很多年以上，而生物分解塑料在堆肥条件下短期内就可以完全分解，回归自然。

生物分解塑料可以和有机废弃物（如厨余垃圾）一起堆肥处理，因此和一般塑料垃圾相比，省去了人工分拣的步骤，大大方便了垃圾收集和处理，从而使城市有机垃圾堆肥化和无害处理变得极为现实。

（1）利用化石资源合成生物分解塑料（石化基生物分解塑料）

此类生物分解塑料，是指主要以石化产品为单体，通过化学合成的办法得到的一类聚合物，如聚己内酯（PCL）、聚丁二酸丁二醇酯（PBS）、改性聚乙烯醇（PVA）、改性芳香族聚酯（PBAT）等。另外，还有利用二氧化碳矿源或者利用工业生产中产生的二氧化碳废气为原料和环氧丙烷或环氧乙烷催化合成得到的聚合物。

（2）可再生材料衍生得到生物分解塑料

① 天然材料制得生物分解塑料　以天然生物质资源如淀粉、植物秸秆纤维素、甲壳素等，通过模塑、挤出等热塑性加工方法，直接制得产品。

② 微生物参与合成过程的生物分解塑料　利用可再生天然生物质资源如淀粉等，通过微生物发酵直接合成聚合物如聚羟基烷酸酯类等；或通过微生物发酵产生乳酸等单体，再通过化学合成聚合物，如聚乳酸（PLA）等。

（3）共混制得生物分解塑料

利用以上几种生物分解材料共混加工得到的产品。

1.2.1.4　可堆肥塑料

可在堆肥化条件下，由于生物反应过程，可被降解和崩解，并最终完全分解成二氧化碳、水及其所含元素的矿化无机盐以及新的生物质的一种塑料，并且最后形成的堆肥的重金属含量、毒性试验、残留碎片等必须符合相关标准的规定。

1.2.1.5　部分资源替代型塑料

该类材料是指用可再生资源材料与塑料共混后制得的一类材料，目前市场上主要是以淀粉基塑料和木塑、竹塑产品形式居多。淀粉基塑料总量在30万～40万吨，而木塑产品在150万～200万吨。

这类材料由于添加了一些可降解的天然材料，如果其共混材料是生物分解材料，那么其最终制品可以生物分解；如果其共混材料不是生物分解材料，那么虽然其具有一定的降解性能但却不能生物分解。因此，从某种意义上讲，其应该归类到生物基塑料比较合适。

1.2.2　开发生物分解塑料的目的和意义

塑料自20世纪发明以来，因为质轻、性能好而被大量使用。2018年全世界塑料消耗量在5亿吨以上，而我国在8000万吨以上，其中塑料包装材料的发展最迅速。塑料包装材料占生活垃圾的41%，而这种垃圾实际上是“永久性”的不能被降解。怎样面对及如何处理塑料垃圾已成为世界性的环保问题。另外，近年来其面临的资源紧缺和环境形势也变得越来越严峻。如何减轻对石油资源的依存，实施循环经济，保持可持续发展，成为塑料工业的全球性热门话题。

大量塑料的使用不仅消耗了大量的石油和能源，而且因为不能自然降解，燃烧时又释放出大量二氧化碳，部分地造成和加重了“白色污染”和“温室效应”。为净化周围环境，消除塑料废弃物，人们努力地做好以下工作来减少污染：一是卫生填埋（用土掩埋垃圾），二是废物利用。卫生填埋虽可明显地缓解环境污染，但是却将环保的重任推到下一代人身上。废物利用是较可行的办法，世界上相继出现了焚烧利用热能、回收再利用、自然降解等三种主要的解决塑料废弃物方法。回收再利用是从垃圾中回收塑料，要经过分拣、冲洗、干燥、粉碎等过程，最后加工成制品，虽然会耗费一定的人力和物力，但一定程度上能使环境有所改善。不过人们不禁要问这些塑料材料到底能回收再加工利用多少次、不能回收后如何处置？专家建议应大量开发和生产能自然降解且可回收再利用又对自然界、生物界无害的塑料，这才是从根本上解决“塑料垃圾”问题的办法。

开发可自然降解的塑料制品来替代普遍使用的普通塑料制品曾经成为20世纪90年代的热点，但是当时降解塑料因为成本和技术问题，发展缓慢。近年来随着原料生产和制品加工技术的进步，降解塑料尤其是生物分解塑料重新受到关注，成为可持续和循环经济发展的亮点。

无论是从能源替代、二氧化碳减排，还是从环境保护以及部分解决“三农”问题，发展降解塑料都是必要，也是十分有意义的。

1.2.2.1　减少二氧化碳排放，防治温室效应

我国二氧化硫和二氧化碳的排放量分居世界第一和第二位，每年产生的有机垃圾在 2 亿吨以上，而每年燃烧和填埋处理的塑料废弃物近千万吨，其释放的二氧化碳在上千万吨。

生物基降解塑料在生产过程中，主要以消耗二氧化碳和水（植物光合作用将其变成淀粉）来生产，可以减少二氧化碳排放，有利于《京都议定书》执行，是“绿色塑料”理念的完美体现。如果用生物基降解塑料替代原有通用塑料 100 万吨，则可以减少二氧化碳排放量约在 400 万吨以上。

另外，一般塑料和生物分解塑料燃烧时释放的二氧化碳量也不一样，焚烧处理时，一般塑料会变成约是自重 3 倍的二氧化碳，而生物基或生物分解塑料大约是 2 倍（具体数值比较见图 1-6），所以使用量越大这个差别也越明显。而且，通过对绿色塑料从原料到最终产品的工程、运输、使用后处理的总能耗的计算，可以确认绿色塑料的环保性。

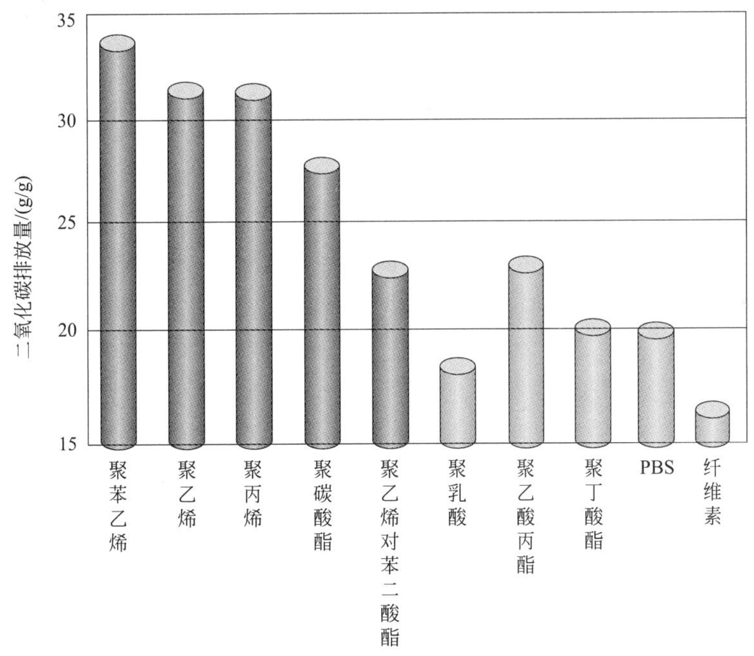

图 1-6　各种塑料燃烧时二氧化碳释放量

1.2.2.2　促进环境保护，减少白色污染

据有关部门统计，2017 年中国塑料表观消费量已经超过了 9000 万吨，塑料包装材料需求量已超过 2000 万吨，按其中 30％为难以收集的一次性塑料包装材料和制品计算，则废弃物产生量达 600 万吨；中国可覆盖地膜的面积约 3 亿亩（160 万吨），加上育苗钵、农副产品保鲜材料等预计需求量达 200 万吨，由于塑料地膜较薄，用后破碎在农田中并夹杂了大量的沙土，很难回收利用；一次性日用杂品和医疗材料中一部分也是难以收集或不宜回收利用的，预计其需求量达 100 万吨。据此，难以回收利用的塑料废弃物将达到 900 万吨，由此引发的环境问题日益严重。若其中 50％采用降解塑料替代的话，则降解塑料的需求量将达

到 450 万吨，因此降解塑料在中国具有较大的市场潜力。

1.2.2.3 部分解决三农问题

目前生物基降解塑料多以淀粉、秸秆等为原料生产，其大量推广后会拉动国内玉米、土豆等农副产品的需求，促进玉米、土豆等农产品种植、农副产品加工业的发展，提高农民收入。

1.2.2.4 突破贸易壁垒

现在一些发达国家对一些进口物品的包装提出了一些更新要求，即规定不能使用不可降解的材料包装货物，而降解塑料的出现有利于突破这些贸易壁垒。

2004 年，美国商务部作出终裁，认定从中国进口的零售购物袋存在倾销行为，平均税率为 23.06%～41.21%，中国塑料袋出口企业因此压力倍增，大部分企业放弃了美国市场而转向欧洲，至此欧洲塑料袋生产企业压力大增。近年欧洲各国环保意识日益增强，而中国出口到欧洲的塑料袋大都是用不可再生降解材料生产，处理这些白色垃圾只能挖土填埋或高温焚烧，这两种办法都不利于环境保护。欧盟对中国塑料袋的反倾销终裁，终在经济、环境保护等多方因素交错下产生。2005 年 5 月欧盟委员会决定对原产于中国和泰国的垃圾袋和塑料袋进行反倾销立案调查，一度有人乐观认为中国企业能够逃此大劫。中国和欧盟在经过 1 年零 3 个月的经济和政治博弈之后，欧盟委员会还是做出了让中国塑料袋企业难以承受的终裁决定：对中国 7 家企业和集团公司分别征收 4.8%至 12.8%不等的反倾销税；对参与合作但未被抽样调查企业征收 8.4%的反倾销税；对其余中国企业一律征收 28.8%的反倾销税。

塑料袋产生的“白色污染”越来越受到人们的关注，环境保护、再生利用、可持续性发展等问题已经为世界所认同。中国目前出口到欧洲的塑料袋多集中在彩印袋、垃圾袋、食品袋、冷冻袋、手提袋、手挽袋、边封袋等，这些塑料袋大都是用不可再生、降解的材料生产，欧盟对中国塑料袋的反倾销裁决也是在控制非降解型塑料袋在欧洲的“蔓延”。欧洲各国乃至全球其他地区，正采取愈来愈多的措施，来限制商店提供的非降解型塑料袋数量。

欧盟议会 2018 年 10 月 24 日投票，批准从 2021 年起禁止使用一次性塑料产品，以遏制日益严重的塑料废弃物对海洋和生态环境的污染。根据提案规定，从 2021 年起，欧盟将禁止生产和销售一次性餐具、棉签、吸管等一次性塑料制品，这些用品将由纸、秸秆或可重复使用的硬塑料替代。塑料瓶将根据现有的回收模式单独收集；到 2025 年，要求成员国的一次性塑料瓶回收率达到 90%。

因此，无论从外贸出口或者国内应用，生产、使用降解环保型塑料袋已是大势所趋。

1.2.2.5 改善企业形象

生物分解包装材料作为传统聚合物的环保型替代物将不断获得进展，一些零售商正在着力使用生物分解包装材料来提高他们自己的形象。

意大利一家连锁超市 IPER 的销售总监 Mario Spezia 表示，客户对以环境保护方式生产和包装的食品比较感兴趣，他们知道以可再生资源生产的包装材料的好处，因此使用生物分解塑料可以提高商家在消费者心目中形象。IPER 在 2002 年推出可生物分解包装材料以来，用量增加了一倍以上。目前，可生物分解包装材料在熟食、奶酪等新鲜食品包装方面的用量还非常有限，在包装黄瓜用的收缩膜、装橙子的网袋、包装蔬菜用的保鲜膜以及装方便食品用的热成形盒子等也是如此。较高的水汽隔绝性能可以让水果、蔬菜保持新鲜，而所使用的生物分解塑料其气密性能够使产品更加新鲜脆嫩。

沃尔玛公司在2007年推出新型的PLA包装材料。由于PLA优质的透气性能使得净菜、面包、油炸圈等产品保持了新鲜，提高了口感，降低了利润，促进了产品的销量。更重要的是，赢得了顾客的满意，降低了对环境的污染。不仅如此，沃尔玛还把PLA技术扩大到塑料包装盒，希望能够使得产品运输更加优化，食品更加安全。沃尔玛在2009年将在百货零售中使用的一亿一千四百万个普通塑料包装盒换成NatureWorks PLA包装盒，这就意味着沃尔玛为世界节省了大约80万加仑（1加仑=3.785L）的汽油用量，也减少了二氧化碳的排放量。

出于“发展绿色电子商务”的需要，京东方面针对电商、外卖、快递领域的塑料垃圾等问题表示，开展绿色消费可以提高消费者的绿色环保意识，对包装循环利用、垃圾分类回收等工作开展，也对“发展绿色电子商务”发展起到重要作用。在开展绿色环保减量包装做法与成效方面，京东表示：①100%推广使用电子面单，每年减少纸张使用6万吨纸；②推广使用“瘦身胶带”，宽度降低15%，每年减少使用10亿米；③降低纸箱克重，3层纸箱替代5层纸箱，每年减少纸张100万吨以上；④通过引入新材料技术，降低缓冲包装厚度，每年减少使用塑料500吨以上。目前，京东生物分解包装袋主要用在生鲜业务上，已使用近5000万个，占塑料包装材料用量的比例约5%；二次纸箱（品牌商纸箱和回收的纸箱）循环利用约5亿个，占纸箱用量的40%以上，如不能二次使用，由原纸厂进行回收再造纸，最终做成纸箱循环使用。京东将联合材料科研企业、回收机构等试点塑料包装回收再利用，探索塑料回收全程可追溯认证机制，做到行业减塑。将生物分解包装推广至普通业务上，通过前台包装可选系统，消费者下单时进行选择使用，预计每年可使用近2000万个。并已经在开发的循环包装/降解包装可选系统，消费者在下单时可自行选择绿色包装。

2017年，菜鸟推出“绿动计划”，将生物分解技术应用到物流包装方面，这种包装材料在自然界微生物作用下可分解成被土壤吸收的有机物。目标是到2020年，使阿里平台50%的包裹替换成完全可降解的包装材料。淘宝天猫商家通过天猫商家可以购买到绿色可降解包装袋，而购买了的商家能够被平台认证，打上绿色物流包材的标识，直到购买的包装量与销售量抵消后才会失效。这种方式既能给商家引流，又能满足消费者的环保需求，可以说是多赢的结局。据悉，目前已经有超过1500万个绿色包裹送达消费者手中。

华润万家超市于2018年开始全国（Ole、Blt、V+）投放全生物分解购物袋。

京东生鲜塑料袋已启用生物分解包装袋，月使用量已超过百吨。

1.3 降解塑料、生物分解塑料、可堆肥塑料与生物基塑料之间的区别

1.3.1 降解性能的区别

（1）降解塑料和生物分解塑料之间的区别

降解塑料是一个大类，包括了光降解、热氧降解塑料和生物分解塑料，生物分解塑料只是其中一种，只是它在自然环境、堆肥等条件下可以生物分解成二氧化碳（或甲烷）和水等。

（2）生物分解塑料和可堆肥塑料的区别

生物分解塑料是指在自然环境或堆肥化条件或土壤条件或高固态等条件下可以生物分解的一类塑料，而可堆肥塑料指在堆肥化条件下可以分解成二氧化碳和水的一类塑料，后者除了材料要求变成二氧化碳和水外，还要求在堆肥周期内塑料能变成小于 2cm 大小的小块，并要求堆肥产生的重金属含量要满足各国的标准要求，并且与传统堆肥比较不会对植物的生长产生不良影响。

国际上对生物分解性能要求虽不全一样，但基本类同，检验方法主要为 ISO 14855 堆肥条件下生物分解性能测定（我国标准为 GB/T 19277，等同采用 ISO），对单一聚合物生物分解率要求在 50%以上（180d 内），对共混物要求成分在 1%以上的每种材料生物分解率在 60%以上。欧洲的要求直接要求相对生物分解率或绝对生物分解率在 90%以上。我国的降解性能要求的国家标准为 GB/T 20197。国家市场监督管理总局（原质量监督检验检疫总局）、国家标准委发布新修订的《快递封装用品》系列国家标准，新版国家标准要求快递包装袋宜采用生物降解塑料，减少白色污染，相应增加了生物分解性能要求。降低了快递封套用纸的定量要求，降低了塑料薄膜类快递包装袋的厚度要求以及气垫膜类快递包装袋、塑料编织布类快递包装袋的定量要求。

可堆肥塑料要求的标准美国主要为 ISO 17088、ASTM D 6400、ASTM D 6868，欧盟的标准为 EN 13432、EN 14995，我国标准 GB/T 28206—2011《可堆肥塑料技术要求》等同采用 ISO17088，以上标准基本是等同内容。

关于生物分解塑料的降解性能要求，目前国际上各国要求基本接近，但是必须要搞清楚检验的条件和依据标准。

（3）生物基塑料、降解塑料及生物分解塑料之间的区别

根据降解塑料的定义，在一定条件下具有降解性能的塑料都可以称作降解塑料，而生物基塑料由于其成分中有很大一部分为生物质材料，所以生物基塑料可以称作为降解塑料。但是根据生物分解塑料的定义，生物分解塑料应该是在一定条件下能被降解成二氧化碳或甲烷、水以及生物死体的一类降解塑料，所以生物基塑料就不能简单地称为生物分解塑料，只有当其降解性能满足生物分解性能要求或其所有组分均为生物分解塑料时，才可以称作为生物分解塑料。

生物分解主要是从塑料废弃后对环境的消纳性能角度提出的概念，而生物基则是从原材料来源角度提出的概念。生物分解塑料在使用废弃后在一定条件下可以变成二氧化碳和水，而生物基塑料的原材料主要为可再生资源如淀粉、纤维素等。虽然大多数生物基塑料能够生物分解，但生物基塑料不一定能生物分解，而生物分解塑料也不一定是生物基塑料。

换句话说，生物基塑料是降解塑料，但不一定是生物分解塑料；生物分解塑料是降解塑料，但降解塑料不一定是生物分解塑料；生物分解塑料也不一定是生物基塑料。

1.3.2 原材料来源的区别

从生物基塑料的定义可以看出，其成分中应该有很大比例的一部分材料是可再生资源材料，目的是突出其原材料来源的可再生性，重点要解决的问题是资源可持续发展问题。因此，有的生物基塑料可能是生物分解的，但有的生物基塑料也可能是不是生物分解的。

而从生物分解塑料定义可以看出，其制品使用并废弃后，能在自然条件或堆肥等环境下被分解成二氧化碳、水等小分子物质，目的是突出其最终制品对环境无污染性，不会对环境造成额外的负担，重点要解决的问题是原先塑料废弃后不正当处理情况下的白色污染问题。

因此，其原材料可能是生物基的，也可能是石化基的。

1.3.3　使用后废弃处理的区别

目前，塑料制品使用完毕并被废弃后，有几种处理途径（图 1-7），第一种处理方式是塑料制品废弃后，对其进行分类回收，这也是首选的一种处理方式。我国国家标准 GB/T 16288—1996《塑料包装制品回收标志》于 2008 年重新修订为 GB/T 16288—2008《塑料制品的标志》，目的就是要对塑料制品进行标识，不仅要标识材质，还需要进行回收标志，目的就是加强塑料制品废弃后的分类回收，增加资源循环使用。第二种处理方式是将其与其他垃圾进行填埋，这是不合理的一种方式，但却是我国目前用得最多的一种处理方式。第三种处理方式是与其他垃圾进行焚烧处理，同发达国家一样对许多有机垃圾进行焚烧处理，并回收热能进行发电等，虽然焚烧也是我国垃圾处理运用较多的方式但多数情况下焚烧的主要目的只是处理垃圾。在这种情况下，由于生物基塑料在焚烧时，其释放的二氧化碳等废气比传统塑料相对说来要少，有利于环境保护。第四种处理方式就是将无法回收的无机垃圾进行填埋而将不易回收利用的有机垃圾进行堆肥化处理，而塑料如果可以进行堆肥化处理，那么垃圾的包装以及处置将会非常方便且能省去许多人工和麻烦。

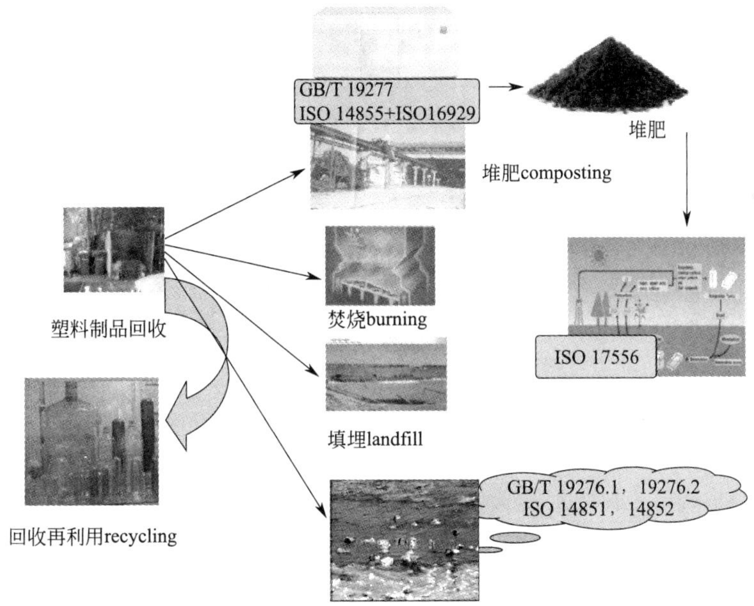

图 1-7　塑料的各种处理途径循环图

如果在对垃圾的管理体系很合理的情况下，垃圾始终在密封体系进行运输和处理，对可以回收利用的塑料制品进行回收再利用，对不能回收的一些一次性塑料制品设计成可以生物分解，那么对光降解等部分降解塑料的意义就不是特别大了，因为对包装有机垃圾的垃圾袋可以使用可堆肥塑料袋，其他一些一次性包装可以是生物分解塑料制作，这样的话原来的白色污染也就不再存在了。

因此，按照以上垃圾处理的方式来区别降解塑料、生物分解塑料、可堆肥塑料和生物基塑料的话，那么可以用有机垃圾处理方式来处理的有生物分解塑料、可堆肥塑料，而生物基塑料如淀粉基塑料则适于焚烧处理。

第 2 章　天然高分子基塑料

早在 20 世纪中叶，人们就利用樟脑作增塑剂，以消化纤维素为原料，制得了赛璐珞。这是最早利用天然高分子制造塑料的例子。以后，又出现了用天然多糖改性得到的乙酰纤维素，用于制造照相胶卷底基材料。之后，又有聚氨酯化纤维素、木质素、直链淀粉；由牛奶酪蛋白与甲醛制得的酪蛋白塑料；木粉与月桂酸制得的木质塑料，明胶与丙烯酸乙酯制得的共聚物等；在纤维素纤维和壳聚糖的乙酸水溶液中加入增塑剂，再经干燥和热处理制得的热塑性材料。

用于生产生物分解塑料的天然高分子原料有来自植物、动物两类，前者有淀粉、纤维素、半纤维素和木质素及其衍生物等，后者有明胶、甲壳素、脘乙酰化甲壳素、壳聚糖及其衍生物等。

用天然高分子材料生产生物分解塑料大都是采用改性的方法，使天然高分子材料具有热可塑性，然后成型加工制品。改性包括添加添加剂的物理改性，以及将天然高分子接枝到合成高分子上，如将直链淀粉、纤维素与聚氨酯接枝，明胶与丙烯酰乙酯共聚。

利用天然高分子生产的生物分解塑料有淀粉基塑料、纤维素基塑料，以及它们的共混改性、化学改性的品种。

2.1　淀粉基塑料

淀粉是一种天然可降解高分子，在微生物的作用下淀粉大分子可链断裂为葡萄糖等单糖及其他中小分子化合物，并最终代谢为 H_2O 和 CO_2。淀粉作为可再生的自然资源，价廉易得，其作为填料能促进基体树脂的降解，加工和成型能利用现有的填充塑料加工技术和设备，使用性能与基体树脂接近或相当，能达到一般的应用要求，并且在使用过程中无毒无害，所以在迄今已工业化的几类可降解塑料中，淀粉填充塑料是很有竞争力、极具发展前景的品种。

2.1.1　淀粉

2.1.1.1　淀粉的一般性质

淀粉可以从薯类、玉米、水稻、小麦和燕麦等植物的块茎或种子中提取，年产约 4 亿～5 亿吨，是既丰富又低廉的原料。天然淀粉是由无色无臭的白色 15～100μm 的小颗粒组成，颗粒内部存在结晶结构，密度 1.449～1.513g/cm^3，有吸湿性。淀粉颗粒主要由水分、脂类化合物、含氮物质、灰分、磷等组成。淀粉被淀粉酶或酸逐步分解的过程如下：

淀粉→红糊精→无色糊精→麦芽糖→葡萄糖

（遇碘呈红色）（遇碘不显色）

所以，可以认为淀粉是葡萄糖的高聚体。

各种来源的淀粉的性能见表 2-1。原玉米淀粉的一般性能见表 2-2。

表 2-1　各种来源的淀粉的性能

种　类	玉米	米	薯类
粒径/μm	15	5	80
密度/(g/cm^3)	1.28	1.28	1.28
热稳定性/℃	<230	<230	<230
含水量/%	15	15	15
经干燥/%	10～12	10～12	10～12
经特别干燥/%	<1	<1	<1

表 2-2　原玉米淀粉的一般性能

项目	淀粉类型	颗粒形状	粒径/μm	平均粒径/μm	比表面积/(m^2/kg)	密度/(g/cm^3)	每克淀粉颗粒数目/×10^6 个
玉米淀粉	谷物种子	圆形多边形	2～30	10	300	1.5	1300

淀粉有直链淀粉（淀粉颗粒质）和支链淀粉（淀粉皮质）两种类型结构（图 2-1），它们在淀粉中所占的比例随植物的种类而异。淀粉基塑料最常用的玉米淀粉中直链淀粉含量为 26%左右，高直链玉米淀粉可达到 70%，只有极少数的淀粉，如黏玉米全部是由支链淀粉组成的，不含直链淀粉。直链淀粉是由葡萄糖以 *α-D*-1,4-糖苷键结合而成的链状聚合物，分子量为（20～200）×10^4，能被淀粉酶水解为麦芽糖，能溶于热水而不成糊状，遇碘显蓝色；支链淀粉，葡萄糖分子之间除 *α-D*-1,4-糖苷键相连外，还有以 *α-D*-1,6-糖苷键相连的，分子量为（20～200）×10^6，分子结构带有分支，约 20 个葡萄糖单位就有一个分支，只有外围的支链能被淀粉酶水解为麦芽糖，在冷水中不溶，与热水作用则膨胀而成糊状，遇碘呈紫色或红紫色。

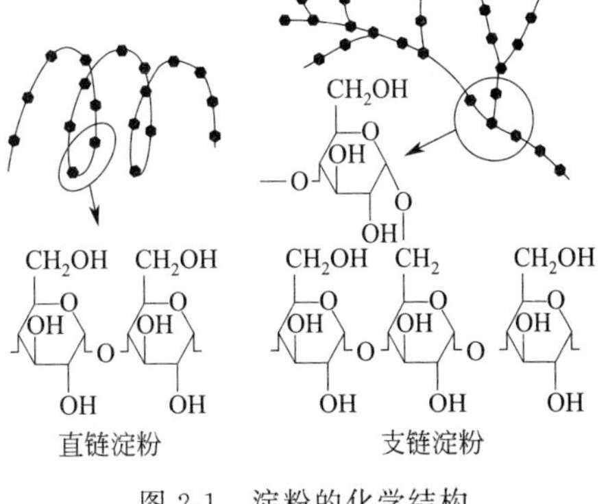

图 2-1　淀粉的化学结构

通常情况下，淀粉的直链部分与支链部分按辐射形式排列，支链分子的线型片段和直链分子平行排列在一起。邻近的片段产生氢键，形成微晶体，使淀粉能以淀粉颗粒的形式存在，以及呈现双折射现象。一般高直链含量的淀粉较易塑化。

直链淀粉和支链淀粉比较见表 2-3。

表 2-3 直链淀粉和支链淀粉比较

特征	直链淀粉	支链淀粉
分子形状	直链	交叉
糖苷键	α-D-1,4 键	α-D-1,4 键和 α-D-1,6 键
聚合度	100～5000	1000～3000
尾端基	分子的一端为非还原尾端基,另一端为还原尾端基,这两种尾端基数量相等	分子具有一个还原尾端基和许多个(有的达几百个)非还原尾端基
碘着色反应	深蓝色	红紫色
吸收碘量/%	20	<1
凝沉性质	溶液不稳定,凝沉性强	易溶于水,溶液稳定,凝沉性弱
络合结构	能与醇等有机物和碘生成络合结构	不能
X 射线衍射分析	高度结晶结构	无定形结构
乙酰衍生物	能制成强度很高的纤维和薄膜	无定形粉末,能制成薄膜很脆弱
纤维吸附	能被纤维吸附	纤维吸附很弱

淀粉是一种强极性的结晶性物质，分子内与分子间存在大量的氢键，一般条件下热塑性差；淀粉作为一种强极亲水性的物质，与聚烯烃通用合成树脂（如 PP、PE、PS）等非极性或极性很小的疏水性材料结构和极性相差甚大，因而与聚合物的相容性差，在聚合物基体中的分散性差；淀粉的亲水性对其制品的尺寸稳定性也存在不良影响；淀粉的热稳定性较差，加工温度不能高于 230℃，甚至更低。为了获得性能满足使用条件的材料，在制造淀粉基塑料时，常须对淀粉进行处理，方法有表面改性处理、糊化处理、各种变性处理以及接枝反应处理等。

2.1.1.2 变性淀粉

天然淀粉经化学、物理、生物等方法处理改变了淀粉分子中某些 *D*-吡喃葡萄糖单元的化学结构，同时也不同程度地改变了天然淀粉的物理和化学性质，经过这种变性处理的淀粉称为变性淀粉或淀粉衍生物。

发展变性淀粉是为了克服天然淀粉所存在的缺点，从而扩大淀粉在工业上的应用。变性淀粉最早是在十九世纪中叶因英国胶的发现而被发现的，至今已有 160 年的历史。在最近的 50 年发展比较迅速，目前以淀粉为原料进行变性处理的产品已有 2000 多种，全球年产量达到 800 多万吨。常见的种类包括物理方法制备的预糊化淀粉、电子辐射处理淀粉、热降解淀粉，化学方法制备的氧化淀粉、酯化淀粉、醚化淀粉、交联淀粉、接枝共聚淀粉，生物方法（酶及基因工程技术）制备的酶转化淀粉等。变性淀粉的制备方法和生产技术随着其相关行业领域发展而不断提升，使其在生物基塑料及生物分解塑料领域具有非常广阔的发展前景。

(1) 羟烷基淀粉

① 羟烷基淀粉发展历史　羟烷基淀粉的研制历史已经相当长。1920 年发明了淀粉与环氧乙烷的碱催化反应的专利，到 20 世纪 40 年代出现了廉价的环氧乙烷，使生产羟乙基淀粉的经济效益大大提高，因而在 20 世纪 50 年代早期就有了商业化生产低取代度产品的专利。羟丙基淀粉发明于 20 世纪 30 年代末及 40 年代初，它不仅具备羟乙基淀粉所具有的许多优良特性，更主要的是环氧丙烷比环氧乙烷沸点高，制造过程更安全。但环氧丙烷价格较高，衍生反应效率较低，限制了它的广泛应用。直到 50 年代，美国食品药物管理局批准羟丙基淀粉可作为食品的直接添加剂，才开始其工业化生产。由于羟烷基淀粉糊的高度稳定性和非离子特性，在工业上应用潜力很大。

② 羟烷基淀粉结构　羟烷基淀粉是一种醚化淀粉，工业上比较有实用价值的主要是羟乙基和羟丙基淀粉，它们是由淀粉在碱催化条件下分别与环氧乙烷或环氧丙烷反应而成的。在制备羟烷基淀粉时，环氧乙烷或环氧丙烷不仅能与淀粉脱水葡萄糖单位的三个活性羟基中的任何一个起反应，还能与已取代的羟烷基发生反应，形成多氧烷基支链。这种连锁反应的结果使得有大于三个分子的环氧乙烷或环氧丙烷与一个脱水葡萄糖单位反应，从而得到大于理论上最大取代度（DS＝3）的表观取代度。因此羟烷基淀粉与磷酸酯淀粉、阳离子淀粉等许多淀粉衍生物不一样，要用分子取代度（MS）来表示其反应程度。

③ 羟烷基淀粉性质　羟烷基淀粉属非离子淀粉醚，取代醚键的稳定性高。在水解、氧化、糊精化、交联等化学反应过程中，醚键不会断裂，取代基团不会脱落，并受电解质和 pH 的影响小，能在较宽的 pH 条件下使用。羟烷基淀粉具有亲水性，减弱了淀粉颗粒结构的内部氢键强度。随着取代度的增高，糊化温度下降，并最终能在冷水中膨胀。更高取代度的产品能溶于甲醇或乙醇。羟烷基淀粉糊化容易，糊液透明度高，流动性好，凝沉性弱，稳定性高。可低温存放或冷冻再融化，重复多次，仍能保持原有胶体结构。另外，糊的成膜性好，膜透明、柔韧和平滑，耐折性好，且由于没有微孔，因此改善了抗油脂性。

④ 羟烷基淀粉制备过程　淀粉是一种多羟基化合物，具有多元醇的化学活性，这些羟基在一定条件下易与卤化羟或含有羟基的物质发生反应生成醚类化合物。据美国默克斯（Mei Kus）及其合作者测试，在单取代衍生物中，70％～80％的取代基在 0-2 位置上，0-3 取代为 0-6 取代位置的两倍。

羟烷基淀粉是环氧丙烷在碱性条件下与淀粉反应的产物。当反应介质存在其他亲核性离子时，有可能生成副产物。羟烷基淀粉的制备工艺有以下三种。

水相法——制取低醚化度的羟烷基淀粉，产品主要用于造纸和纺织工业。主要工艺为将淀粉分散于水系中，在催化剂作用下与环氧丙烷反应，该方法简单易行，成本较低。

溶剂法——制取高醚度化的羟烷基淀粉；产品主要用于医药，工业，如人造代血浆即是高醚化度、高纯度的羟烷基淀粉。主要工艺为将淀粉分散于有机溶剂中（如异丙醇等），在催化剂作用下反应，该方法由于使用了有机溶剂，成本较高。

F 法——在密封高压釜中进行，是一种淀粉和环氧烷的气-固反应。优点是醚化度较高，其缺点是成品难于净化，另外环氧烷在碱催化下易于发生聚合作用，有爆炸的危险，难于实现工业化。

⑤ 羟烷基淀粉应用　低醚化度的羟烷基淀粉是一种优良的造纸助剂。据有关应用表明，已经糊化的醚化淀粉添加到纸张中，可成为纸张的增强剂。将羟烷基淀粉用于印刷用纸的表面处理，赋予纸张较好的强度和耐折性，它可以形成光滑的胶膜，抑制油墨浸透，使印刷效果好，并提高着色性、流水性、保水性。在食品工业上，羟烷基淀粉可作为食品增糊剂。在纺织工业上，用作纺织水浆剂。在石油工业上，作为石油钻井的井液添加剂。纯净的羟乙基淀粉可作为医学上的人造血浆等。羟烷基淀粉属非离子化合物，它具有在水中分散性好、物理化学性质稳定的特点，因而具有很强的商业吸引力。它是理想的表面施胶剂和涂布黏合剂，能有效地改善纸张的物理性能，如耐磨损性能、手感及纸张平滑度；能解决纸张易毛、掉粉的缺点；抑制印刷油墨的浸透，使印刷纸油墨鲜明、均匀，减少油墨消耗。由于羟烷基淀粉的非离子性，故很少用作浆内添加剂。另外羟烷基淀粉的保水性和成膜性好，适用于纸袋、纸盒、标签、信封等胶黏应用方面，在纺织工业中，低取代度的羟烷基淀粉可用于纤维纱上浆，单独或与聚乙烯醇混合使用均可，一般可使浆纱成本降低 35％左右，多用于永久

抗皱整理。

（2）交联淀粉

① 交联淀粉发展历史　交联淀粉是众多变性淀粉中的一种，是在1898年发现甲醛能抑制淀粉颗粒的膨胀而被发现的，此后这项技术立即被应用于淀粉糊的制备。1938年Rowland and Bauer报道了在酸性条件下用甲醛处理淀粉悬浮液的方法，获得的产品可用于施胶纸的打浆工序。1939年Maxwell提出当淀粉用双官能团试剂处理可生成具有高黏度浆液的变性淀粉，19世纪40年代开始商业化生产交联淀粉，到目前为止，交联淀粉不仅是变性淀粉的一个主要品种，同时还与其他淀粉变性方法相结合，广泛应用于复合变性淀粉的生产。

② 交联淀粉结构　交联淀粉是淀粉与具有两个或多个官能团的化学试剂反应，淀粉分子的羟基间形成醚化或酯化键而交联起来的一种衍生物。凡是具有两个或多个官能团，能与淀粉分子中二个或多个羟基起反应的化学试剂都能作为交联剂，文献上报道的交联剂很多，但工业生产上普遍应用的为数不多，主要有三偏磷酸钠和三氯氧磷，前者具有2个官能团，后者具有3个官能团，这两种交联剂无毒，制成的交联淀粉可应用于食品工业。

③ 交联淀粉分类　淀粉中有多个羟基，在每个葡萄糖基团中都含有两个仲羟基和一个伯羟基，这些羟基具有醇羟基的化学反应性能，可与许多化合物反应。当化合物具有两个或两个以上可以与羟基反应的基团时，就存在发生反应的可能，形成在同一分子或不同分子的羟基之间的交联键。

现在已经有相当数量的交联剂被专利或文献报道，具体可分为以下五大类：

a. 双或三盐基化合物：如三聚磷酸盐、三偏磷酸盐、己二酸盐、柠檬酸盐；

b. 卤化物：如环氧氯丙烷、三氧化磷、碳酰氯、脂肪族二卤化物等；

c. 醛类：如甲醛、已二醛、丙烯醛等；

d. 混合酸酐类：如己二酸和乙酸的混合酐、碳酸和有机酸混合酐等；

e. 氨基与亚氨基化合物：如尿素、尿素甲醛树脂、二羟甲基脲等。

④ 交联淀粉性质　淀粉交联后，当颗粒受热或被化合物糊化时，就显示出交联作用对颗粒的影响。交联主要是强化颗粒中的氢键，化学键的作用像分子之间的桥梁，交联淀粉受热时氢键可能被削弱，但是化学键使颗粒保持程度不同的完整性。

交联淀粉特性的改变取决于交联程度，从图2-2的布拉班德黏度曲线可以清楚地看出原淀粉与不同交联度的交联淀粉的区别。图2-2中A为原淀粉，与糊化现象描述一致。B为低交联度交联淀粉（每1000个葡萄糖残基有一个交联键），其黏度的变化趋势与原淀粉一致，B曲线位于A曲线上面，说明交联作用对淀粉颗粒的膨胀糊化影响不大，但交联形成的交联键增大了淀粉分子的分子量，表现在曲线上糊黏度增大。C曲线为中度交联淀粉（每440个葡萄糖残基有一个交联键），它已经可以阻止淀粉分子的膨胀。D曲线为高度交联淀粉（每100个葡萄糖残基有一个交联键），它已经完全不能膨胀糊化，黏度很低因此测不到。E曲线为加热温度变化曲线。

原淀粉经交联处理后，其热糊黏度相对稳定，而且耐酸、耐碱、抗剪切，这些性质的改善使交联淀粉在食品、造纸、纺织、石油钻探、电池等行业得到广泛的应用。交联淀粉的许多性能优越于原淀粉，因此应用范围也广泛得多，首先交联淀粉提高了糊化温度和黏度，其抗酸、碱的稳定性也大大优于原淀粉。

⑤ 交联淀粉的制备　以三氯氧磷为交联剂，此试剂无毒，可应用制备地膜。

淀粉与环氧氯丙烷的反应过程为：第一步淀粉与氢氯化钠反应产生碱性粉和水；第二步

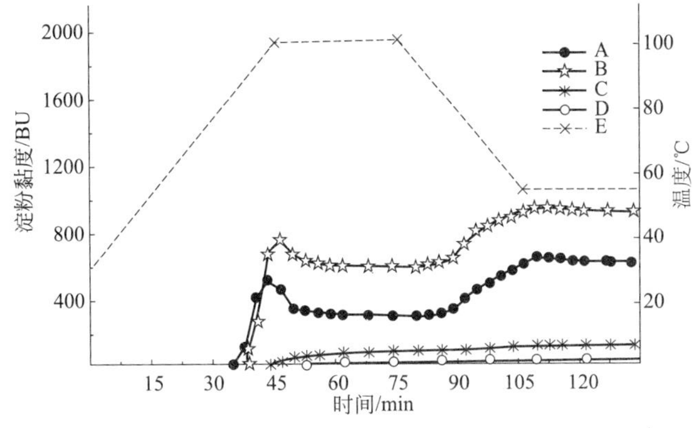

图 2-2　布拉班德黏度曲线图

是碱性淀粉与环氧氯丙烷反应，产生交联淀粉及氯化钠；第三步是另外的淀粉钠发生与第二步类似的反应，产生交联产物。

$$\text{St-OH} + :\text{OH}^- + \text{Na}^+ \rightleftharpoons (\text{St-O-H-OH})^- + \text{Na}^+$$

$$(\text{St-O-H-OH})^- + \text{Na}^+ \rightleftharpoons \text{St-O-Na} + \text{H}_2\text{O}$$

$$\text{St-O-Na} + \underset{\diagdown\text{O}\diagup}{\text{CH}_2\text{CH}}\text{-CH}_2\text{-Cl} \rightleftharpoons \text{St-O-CH}_2\text{-}\underset{\diagdown\text{O}\diagup}{\text{CHCH}_2} + \text{NaCl}$$

$$\text{St-O-CH}_2\text{-}\underset{\diagdown\text{O}\diagup}{\text{CH}_2\text{CH}} + \text{NaOH} \rightleftharpoons \text{St-O-CH}_2\text{-}\underset{|\atop\text{ONa}}{\text{CH}}\text{CH}_2\text{OH} + \text{H}_2\text{O}$$

$$\text{St-O-CH}_2\text{-}\underset{|\atop\text{ONa}}{\text{CH}}\text{CH}_2\text{OH} + \underset{\diagdown\text{O}\diagup}{\text{CH}_2\text{CH}}\text{-CH}_2\text{-Cl} \rightleftharpoons \text{St-O-}[\text{CH}_2\text{—}\underset{|\atop\text{ONa}}{\text{CH}}\text{CH}_2\text{O}]\text{-CH}_2\text{-}\underset{\diagdown\text{O}\diagup}{\text{CHCH}_2} + \text{HCl}$$

$$\text{St-O-}[\text{CH}_2\text{-}\underset{|\atop\text{ONa}}{\text{CH}}\text{CH}_2\text{O}]\text{-CH}_2\text{-}\underset{\diagdown\text{O}\diagup}{\text{CHCH}_2} + \text{St-O-Na} \rightleftharpoons \text{St-O-}[\text{CH}_2\text{-}\underset{|\atop\text{ONa}}{\text{CH}}\text{CH}_2\text{O}]_{x+1}\text{St}$$

将原玉米淀粉配制为6%的水溶液，于80℃下充分溶解并部分糊化，立即定量涂布玻璃板上，于70～80℃下干燥，结膜后存于通风干燥处。

配制一定浓度的淀粉悬浮液，100g原玉米淀粉与150mL碱性硫酸钠溶液（含有0.66g氢氧化钠和16.66g无水硫酸钠）搅拌混合成悬浮液。反应系统放在加热套内，用调压器维持反应所需要的温度；硫酸钠的作用是抑制淀粉颗粒的膨胀。溶解需要量的环氧氯丙烷于50mL碱性硫酸钠溶液中，待整个体系平衡一段时间后，在3～5min内滴入淀粉乳，密闭反应体系；恒温一段时间后，用一定量的盐酸调体系pH值至6左右，结束反应。立即涂布，揭膜。

⑥ 交联淀粉应用　交联淀粉可用于食品、医药、纺织、造纸等方面。在食品工业中，特别对于冷冻食品，利用交联淀粉具有较高的冷冻稳定性和冻融稳定性，在低温下较长时间冷冻或冷冻融化重复多次，食品仍能保持原来的组织结构，交联淀粉可用于色拉调味汁的增稠剂，能显示在低pH值和在均质而高速搅拌的情况下不降低黏度的特性，同时在低pH值贮藏时具有良好的稳定性。交联淀粉在罐头高温快速消毒时能显示低初始黏度、高热传递和快速升温的效果，随后增加稠度而提供必要的悬浮状态和组织形态，同样，广泛应用于汤料罐头、肉汁、酱汁调味料、婴儿食品及水果馅填料、布丁和油炸食品的制作中。在医药方面，医用外科手术手套、乳胶套等乳胶制品的润滑剂使用的就是这种变性淀粉。高度交联淀粉受热不糊化，颗粒组织紧密，流动性好，适合作为橡胶制品的防黏剂、滑润剂，因为有较好的滑腻感，对人体无害，无刺激，将逐步取代以往使用的滑石粉。高度交联淀粉能用作杀

虫药和除草剂的载体，喷雾使用方便。交联淀粉可作为排汗剂，含羧甲基或羟烷基的交联淀粉醚适合作为人体卫生吸收剂，吸湿能力达 20 倍，在卫生纸、外科用棉棒、病人体液的吸收剂中广泛应用。

2.1.2 淀粉基塑料分类

2.1.2.1 全淀粉热塑性塑料

淀粉作为可再生的自然资源，价廉易得，但是，淀粉是一种强极性的结晶性物质，分子内与分子间存在大量的氢键，一般条件下热塑性很差，用于成型需要进行改性。用于制造热塑性淀粉的天然淀粉，可从土豆、木薯等薯类植物的块茎，或从玉米、大米、小麦和燕麦种子等获得。用于淀粉塑料的淀粉以直链淀粉为好，主要是玉米淀粉，直链淀粉的含量约 26%，固有含水量 9%～15%。

全淀粉塑料一般含淀粉在 90%以上，添加加工助剂，在淀粉具有热塑性能下进行加工生产，因此又被称为热塑性淀粉塑料。全淀粉塑料淀粉含量高，其他添加剂也是能完全降解的，是一种完全可降解材料。

热塑性淀粉的生产原理是使淀粉在高于其玻璃化温度和熔点的温度下，经过热处理，因其组分经受吸热转化，以致分子结构改变成无序化，通过淀粉羟基官能团反应，将淀粉改性为一定疏水性淀粉，形成具有热塑性能、易加工成型的材料。

热塑性淀粉的熔体在 150～230℃之间表现出在通常加工方法的时间范围内的化学与流变学稳定性，其含水量极低（<0.005%），其制品的加工方法虽然可沿用塑料传统的挤出、流延、注塑、压片和吸塑等加工办法，但其工艺一般有所不同，有些设备需要改装或添加新的部件。

天然淀粉中存在氢键，溶解性差，亲水而不溶于水，加热无熔融过程，300℃以上分解。天然淀粉可以在一定条件下，通过物理过程破坏氢键。破坏淀粉氢键的方法：含水大于 90%条件下加热，60～70℃时，淀粉颗粒首先溶胀，达到 90℃以上时，淀粉颗粒消失，发生凝胶化。当淀粉含水量小于 28%时，在密闭状态下加热、塑炼、挤出，淀粉真正熔融。这时的淀粉称之为凝胶化淀粉，或解体淀粉。凝胶化淀粉和天然淀粉不同，加热可塑化，但与称为热塑性淀粉的品种还有差异，见表 2-4。

表 2-4 凝胶化淀粉和热塑性淀粉的差异

项　　目	凝胶化淀粉	热塑性淀粉
水含量/%	5～50	小于 5，熔体相中无水
增塑剂	水、乙二醇、山梨醇	乙二醇、山梨醇、乙二醇醋酸酯（无水）
结晶部分	远大于 5%，处理后结晶度很小，储存过程中会重新结晶，结晶度增加，从而导致解体淀粉基共混物在储存过程中会变脆，且有温度和时间依赖性，聚合物内的应变导致蠕变和材料扭曲	加工过程去结晶化，远小于 5%，或无结晶，储存过程不会重新结晶
制备过程	吸热	放热
玻璃化转变温度/℃	大于 0	小于－40
储存性能	变脆	保持可伸缩性
X-衍射	有结晶谱	无结晶谱

（1）国外现状

20 世纪 90 年代初意大利 Ferruzzi 公司宣称研究成功了“热塑性淀粉”，可用通用塑料设备加工，性能近似 PE，其薄膜三周内即可降解，可用于生产农用薄膜、饲料袋和肥料袋，袋子使用后可以回收造粒，用作饲料。

美国农业发展部植物聚合物研究所（USDA）用过硫酸铵、硝酸铵铈等作引发剂，将聚丙烯酰胺和淀粉在螺杆挤出机中反应，取得了较好的加工效果。

美国的 Waner Lambert 公司、日本的住友商事公司、意大利 Montedison 集团下属的 Novamont 公司、日本地球新技术研究所（RITE）及澳大利亚科学院等在全淀粉热塑性塑料的研究方面都已宣称获得了成功，可用于制造各种容器、薄膜和垃圾袋。

淀粉发泡塑料球、绳、条、网、片材及其真空成型容器、托盘等近年来已有较大发展，Amylun、National Starch&Chemical、Daniels、Novon International、Biotec、Storopack、Sunstarke、Novamont、Paper Foam、Japan Corn. Starch、ァイセ化学、Chisso/Novon 等公司均已批量生产。

日本绿色地球公司开发了性能较好的淀粉树脂，商品名为“绿色淀粉”；美国 Champion International 公司制成了力学性能优良的淀粉纤维；巴西坎皮纳斯大学开发了由粟米、大豆等制成的降解塑料。

（2）国内现状

关于全淀粉型降解塑料，中科院长春应用化学研究所、浙江大学、天津大学和华南理工大学等在淀粉的改性和塑化研究方面开展了大量工作；江西科学院应用所对淀粉结构的无序化进行了研究，制成热塑性淀粉塑料并加工成薄膜，其力学性能基本达到了普通塑料的性能指标，在土壤中露天放置 2 个月即全部降解，并通过改变配方可控制产品在 3 个月、6 个月及 1 年内全部降解。

长春应用化学研究所董丽松已经研制出挤出吹膜全淀粉薄膜，其物理力学性能基本达到了相关标准的要求，目前正在研究其应用范畴方面的问题。

2017 年山东寿光金玉米开发了淀粉热塑性颗粒，可用于和 PBAT 共混，制备生物分解薄膜。

（3）冲压成型全淀粉塑料

利用冲压成型工艺研制的全天然淀粉一次性餐具，其主要原料全部是天然产物，如淀粉及少量的纤维素和天然食用胶等助剂。由于其采用了较简化的工艺，使其成本有较大幅度的降低，加上其原料来源广泛，所以发展潜力巨大。

设备可采用现行纤维质餐具已有定型的成套制造设备，主要包括粉碎机、成型机、给料机、混合拌料机、远红外烘干线、紫外消毒线、输送流水线和包装生产线等。

主要原料：淀粉（品种不限，可以是玉米、红薯、木薯、马铃薯、芭蕉芋、大米、小麦和野生植物淀粉等）和无毒纤维（如草纤维、农作物秸秆和棉短绒等），可以是其中的任何一种，也可以是其中的几种复合。各地应因地制宜选择资源易得、最便宜的品种，然后将这些原料粉碎拌匀。

辅料：热熔胶黏剂，一般用食用天然胶、抗氧化剂、增塑剂及有关助剂等。

生产工艺：不论应用何种淀粉和纤维原料，其生产工艺大致相同，即将原料粉碎，再拌以热熔胶，然后热压成型，具体工艺流程如下：

热熔胶、助剂、原料→清理→仓储→粉碎→筛分→搅拌→热压成型→消毒处理→包装→

入库

仅就力学性能而言，天然淀粉质餐具足可以应付一次性应用，经多次测试，不同淀粉品种有所不同，但按国家标准 GB 18006.1 测试，基本能达到同类现行塑料产品的性能标准。

华中农业大学食品科技系将玉米淀粉于 105℃充分干燥，然后细化后对淀粉进行干法疏水化改性。改性淀粉与可生物分解聚合物共混在改性淀粉中添加甘油：乙二醇＝1：2（体积比）组成的复合增塑剂，复合增塑剂含量为 8%，以 NaOH 溶液调节 pH 值为 9，搅拌 15min 后，加入增溶剂乙烯-丙烯酸共聚物（EAA）、增强剂对二甲苯（PX），增溶剂 EAA 含量为 5%，增强剂 PX 含量为 20%～30%，PX 为一种可生物分解的聚酯类物质，起着骨架作用。反应物于 85℃高速搅拌 8min，继续搅拌至冷却。混合物进入双螺杆造粒机中于 135～150℃下共混造粒。共混物也可在开放式压延机一次压延成片材。测定片材的吸水率，进行耐沸水性实验、力学性能测试和熔融实验，同时用红外吸收光谱进行结构表征，用 SEM 观察表面结构特征。得到结论，通过对淀粉的交联改性和硅烷偶联剂表面处理，可以使改性淀粉具有一定的亲酯性能，干法改性可降低生产成本，减少废水产生，降低环境污染。经检测，该生物分解塑料中改性淀粉含量为 50%～70%，在 150℃具有良好的流动性，其各项性能指标达到了国家标准。

2.1.2.2 淀粉共混塑料

用于淀粉共混塑料的淀粉可以是原淀粉、物理改性或化学改性淀粉，也可以是与单体反应形成的共聚物。可与淀粉共混的合成树脂有聚乙烯、聚乙烯醇、聚氯乙烯、聚苯乙烯、聚酯等，其中以聚乙烯或聚乙烯醇为基料添加淀粉为降解塑料主要研究对象。淀粉与其他天然和合成生物分解塑料的共混物是另一类重要的产品，可用于制备包装材料或食品容器，其中，天然聚合物包括果胶、纤维素、半乳糖、甲壳质等。

（1）淀粉和传统合成树脂共混型塑料

未处理的淀粉有下述缺点：①与聚乙烯等聚合物的相容性差；②分散性差；③因有亲水性而影响成品的尺寸稳定性；④热稳定性差，加工温度不能高于 230℃，甚至更低。

淀粉的处理方法很多，有简单的表面处理、糊化处理、变性处理，以及淀粉的接枝改性等：

① 强力干燥，使水分含量小于 1%。

② 偶联剂处理：硅烷、环氧改性二甲基硅氧烷（加入玉米油），使具疏水性。

③ 相容剂：EAA、EVA、EVOH。

④ 接枝改性：接枝乙酸乙烯酯、PMMA、PS、MAH、PAA、SBS、丙烯酸乙酯。

将处理过的淀粉加上自氧化剂等添加剂，并与聚乙烯等载体一起在排气式同向旋转双螺杆挤出机中混炼，制成母料。母料按所需比例添加到通用塑料中，在通常的成型设备上加工成制品。

淀粉填充型塑料是目前国内外研究最为充分的淀粉基塑料，一般以天然淀粉或其衍生物为填充剂，以颗粒形态添加到聚合物中，以前一般添加到通用塑料中，如聚乙烯、聚苯乙烯等塑料。淀粉掺混不可降解的传统塑料中时，制得的塑料往往不能生物分解；而与其他可生物分解的聚合物共混加工时制得的塑料往往也可以是生物分解的。

1973 年英国 Coloroll 公司的 G. J. L. Griffin 为改善聚乙烯的手感，将淀粉添加到聚乙烯中制得具有纸质感的材料，并在英国和美国申请了专利。

美国 Warner Lamber 公司的 Novon 是以改性淀粉为主要原料配以其他生物分解性添加

剂制成的高淀粉含量的塑料，该产品能降解，能利用挤出、注塑、层压及吹塑等方法进行加工，可广泛用于包装、医疗器械和减震材料。

1988年美国的玉米商ADM（Archer Daniels Mildland）公司也利用该专利技术开发了类似的淀粉混配母料Polyclean。1989年纽约的Ampacet公司从ADM公司以许可证方式引进技术也开始生产这类母料。

1985年加拿大的大型淀粉企业St. Lawrence公司购买英国Coloroll公司的专利权，开始生产用于生物分解为目的的母料Ecostar。St. Lawrence公司将淀粉用硅烷偶联剂进行疏水处理后制成Ecostar母料，其中淀粉含量40%～60%，可与聚乙烯、聚丙烯、聚苯乙烯、聚乙烯醇以及聚氨酯共混制成淀粉基塑料，该公司制得的含15% Ecostar的聚乙烯膜，降解只需6个月。1990年美国Ecostar International公司收购了加拿大St. Lawrence淀粉公司，在进行了重大技术改进后，开始生产Ecostar plus母料。Ecostar是以塑料和淀粉为主要成分的母料。Ecostar plus是在Ecostar的基础上，添加聚合物光敏性添加剂和自氧化剂等加速聚合物降解的添加剂而制得的一种母料。两种母料可以一定比例加入通用塑料，如聚乙烯、聚丙烯、聚苯乙烯中，制得填充型淀粉基生物分解塑料制品，制品中淀粉含量5%～15%。这种材料的破坏由淀粉的生物分解和其中的聚合物的光氧降解及其后的生物分解引起。添加Ecostar plus母料的生物分解塑料的基本性能类似聚合物母体，降解性决定于淀粉含量和其他添加剂的种类及用量。

这类添加淀粉的降解塑料因其中的聚烯烃的耐生物分解性而在使用后的较长时间才能完成降解，添加40%淀粉的聚乙烯，采用可控堆肥条件下的二氧化碳释放量的测定方法测得的生物分解率约为20%，因为未能达到60%的判定值，所以，一般不被认为属于生物分解塑料。

由于使用聚烯烃为原料的淀粉基塑料不能完全降解，人们还对淀粉基聚乙烯醇塑料进行了研究。

意大利Novamont公司最早的产品是以改性淀粉为主要成分，和改性PVAL共混改性制得的具有互穿网络结构的高分子合金，该产品具有良好的成型加工性、力学性能和优良的生物分解性，主要用于医疗器具、玩具等，但存在易亲水、不宜与水接触、对环境的温度湿度有苛刻要求的缺点，另外价格也比较高。

美国Airproduct&Chemical公司以低分子量PVAL为基础树脂，生产牌号为Vinex的生物分解塑料，适用于食品包装薄膜、农用薄膜、容器及一次性包装等，降解性能优良。

日本合成化学公司也开发出热塑性的乙烯醇共聚物，可熔融成型，熔点为199℃，可采用挤塑、吹塑和注塑等工艺成型，产品的透明性、水溶性、耐药品性均优良，可用于涂布复合成型容器和包装材料。

意大利Ferruzzi研制出一种淀粉含量为70%的合金，所使用的合成树脂是无毒的，相对分子量范围为5000～50000，它与淀粉直接交联或产生间接物理作用，从而形成一连续相，合金材料的流变特性与聚乙烯相似，注射成型制品或薄膜的力学性能介于LDPE和HDPE之间。

德国的Battele研究所开发出淀粉含量高达90%的降解材料，它可作为包装材料使用，目标是取代PVC，因为PVC材料的后处理常引起一些问题，如释放HCl，这会严重腐蚀焚烧炉。

澳大利亚国家食品加工与包装科学中心通过深入研究淀粉的加工与力学性能，推出了一种全淀粉热塑性塑料，具有良好的流动性、延展性、脱模性，产品柔软、透明、强度高，降解速率可控，可用来制造农膜、食品包装膜等产品。

日本玉米公司和密西根技术研究所联合开发出高淀粉含量材料，这种材料以玉米淀粉为主要原料，经特殊化学与物理方法处理制成，与传统制造方法相比，这种材料具有耐水性强的优点，而在土壤或堆肥仓中28天可降解为 CO_2 和水。

（2）淀粉与可生物分解材料共混的降解塑料

淀粉可与天然大分子如果胶、纤维素、半乳糖、甲壳质等复合成完全生物可降解材料，用于制备包装材料或食品容器。淀粉共混生物分解塑料是淀粉与其他可生物分解聚合物共混制成，如聚己内酯、聚乳酸等，然后成型加工。淀粉与其他一些天然高分子物质，如纤维素、半纤维素、木质素、果胶、甲壳质、蛋白质等复合制造的完全生物分解塑料，是近年发展起来的一种全天然生物材料。

淀粉与合成生物分解聚合物的共混物，具有生物分解性能。与淀粉共混的生物分解材料主要为聚乙烯醇、聚羟基烷酸酯类（如聚羟基丁酸酯、聚羟基戊酸酯、聚羟基丁酸戊酸酯等）、聚己内酯、聚乳酸、聚丁烯酸琥珀酸酯等。

制备力学性能优良的生物分解淀粉基塑料的淀粉，须具备以下条件：①淀粉中直链淀粉的含量高；②淀粉与聚合物的相容性好，理想状态的生物分解淀粉基塑料应该具有在接近分子水平上淀粉与聚合物相容的形态；③最好有连续的淀粉相的存在，以保证微生物的酶的降解。

由淀粉与天然大分子制备的可降解材料具有很多优势，它所需的原料为可再生资源，其单位价格远比传统塑料低，平均成本随产量的递增而降低；并且该材料能完全生物分解，降解产物对环境无害，燃烧时不会产生有害气体；同时它还具有一定的热塑性，既可热封处理又可进一步深拉成型，是一种理想的生物分解材料。其膜材、片材可作为包装材料也可作为原料加工成各种制品，用途十分广泛。

Mayer 等人将淀粉与醋酸纤维素熔融加工成共混物，并对其生物分解性和毒性进行了评价。由醋酸纤维素、淀粉和甘油制成的共混材料，其力学性能和流变性能均类似于 PS。堆肥和土壤环境降解实验表明，共混体系中淀粉和甘油易受微生物的进攻而首先降解，而材料是完全可降解的。

德国 Battele 研究所采用改性淀粉和10%天然资源添加剂制得的生物分解聚合物，可用注塑、吹塑等普通加工方法成型，在水中或土壤中能在数月内完全分解。

荷兰瓦赫宁大学研制出不含石化产品的可降解生物塑料，这种材料用小麦玉米马铃薯淀粉制作并掺入大麻纤维以提高强度，用作包装涂层食物贮藏箱、垃圾箱衬里、购物袋以及农用薄膜，这种材料能完全溶于水分解为水和二氧化碳。

意大利 Novamont 公司的 Mater-Bi 是以改性淀粉为主要成分，和其他可生物分解树脂如 PBAT、PCL 等共混改性制得的具有互穿网络结构的高分子合金，具有良好的成型加工性能、力学性能和优良的生物分解性，主要用于医疗器具、玩具等，但存在易亲水、不宜与水接触、对环境的温度和湿度有苛刻要求的缺点，另外价格也比较高。

国内金晖兆隆公司、金发公司、武汉华丽等公司，也将淀粉和 PBAT 共混后进行造粒，然后制备可生物分解淀粉基塑料膜袋等制品。

2.1.3　淀粉基塑料实例

2.1.3.1　聚乙烯-乙烯/丙烯酸（EAA）/淀粉共混物

聚乙烯-乙烯/丙烯酸（EAA）/淀粉共混物是基于 F. H. Otey 等人的专利制得的一种共混型淀粉基生物分解塑料。淀粉加氨水或碳酸钠等碱混合碾碎糊化，再酯化键合到乙烯/丙烯酸上，并与聚乙烯等共混。美国 ATI（Agri-Tech Industry）公司于 1986 年获得该专利并进行了中试。我国于 1990 年引进了该技术，并有膜、发泡片和网等制品的试生产。

该共混体系配方解决如下问题。

① 降解性：憎水性、表面积、链端、培养基的可接近性。

② 淀粉/聚合物的相容性：降低淀粉亲水性，尺寸稳定性。

③ 提高淀粉流变性：可加工性。

具体配方如下：

① 糊化淀粉，EAA，NH_4OH，尿素。

② 糊化淀粉，EAA，PE，NH_4OH。

③ 糊化淀粉，EAA，PVAi，PE。

④ 糊化淀粉，EAA，PVA，山梨醇，甘油。

配好的物料经热混，挤出脱水，造粒。加工温度 230 ℃以下。

2.1.3.2　淀粉/聚乙烯醇共混物

（1）Mater-Bi

20 世纪 90 年代末，Novamont 公司商品名为 Mater-Bi 的产品是淀粉与合成或天然聚合物的共混物。它有下述类别：

A 型——40%～60%淀粉与聚乙烯醇、乙烯/乙烯醇共聚物

Z 型——40%～70%淀粉与脂肪族聚酯类

Y 型——40%～60%淀粉与改性纤维素

V 型——淀粉含量大于 85%，其他天然添加剂（实际上为热塑性淀粉）

① 性能　Mater-Bi 具有淀粉与热塑性塑料（如 PVA）形成的互穿网络的结构，结晶度低，熔点 135～150℃，具有亲水性，不溶于水，遇水溶胀，不导电，表面电阻 $10\times10^{8}\Omega\cdot cm$，摩擦带电小，耐油，耐化学药品（除甲醇、乙二醇），耐光，阻氧性好，力学性能类似聚乙烯，成型收缩率 0.6%～0.7%，离模膨胀小（类似聚苯乙烯），着色性、印刷性好，熔体流动速率 0.8～6.5g/10min，可挤出、注射、中空及二次成型成各种制品，再生性好，燃烧热值 25.10kJ/kg（为聚乙烯的一半），且燃烧时不释放有害物质和烟雾。Mater-Bi 各牌号性能见表 2-5。A 型在活性污泥中填埋 31 天，78%转化为二氧化碳，但是，因分子间的凝聚力强，不能在短时间内完全生物分解成二氧化碳和水。在用作堆肥袋时，堆肥化时间也较长。Z 型因加入了脂肪族聚酯，生物分解性提高，尤其是堆肥化性能大大提高。

表 2-5　Mater-Bi 各牌号性能

性能		B05H	B06H	F05H	F10H	I05H	T05H
熔体流动速率[ASTM D 1238(150℃)]/g/10min		4	1.3	9	6.2	3	2
螺线流动度熔点/℃	Novamont 法(175℃,50N)	500	380	664	420	450	430
	DTA 法(170℃,150MPa)	146	147	136	137	150	141

续表

性　　能	B05H	B06H	F05H	F10H	I05H	T05H
密度(ASTM D 1505)/(g/cm^3)	1.28	1.28	1.26	1.26	1.28	1.28
拉伸强度（ASTM D 638)/MPa	19	21	16	22	22	21
拉伸率(ASTM D 638)/%	160	105	600	380	80	210
弹性模量(ASTM D 638)/MPa	1100	1500	240	200	1300	1200
冲击强度(ASTM D 256)/(kJ/m^2)	15	4.3	断裂	断裂	6.6	11

② 制法　Mater-Bi 成分为淀粉、合成聚合物、增塑剂、淀粉结构破坏剂和其他添加剂。

用于 Mater-Bi 的淀粉不必预先干燥或加水。用于 Mater-Bi 的合成聚合物有聚乙烯醇（PVA）、乙烯/乙烯醇（EVOH）共聚物、乙烯/丙烯酸（EAA）共聚物。

聚乙烯醇的分子量 5 万～12 万，熔点 160～200℃，水解度 75%～98%，粒状、絮状或粉末状。为提高生物和光降解性，配方中加入 10%～50%的改性聚乙烯醇。改性途径有：a. 官能醇基用桥氧基（O═）或烷羰基（CR，R=C_1～C_4）取代。方法是将聚乙烯醇与过氧化氢和过二硫酸反应，或将聚乙烯醇与次氯酸盐和乙酸反应。b. 用环氧乙烷或硅烷醚化。c. 用硫酸盐、硝酸盐酯化。d. 用脂肪族或芳香族酸酯化。e. 与饱和或不饱和醛反应成缩醛官能团。

乙烯/乙烯醇共聚物，乙烯含量 10%～40%（摩尔分数为 30%～45%）；210℃、0.216MPa 条件下，熔体流动速率 6～20g/10min；熔点 160～170℃。可以改性，方法同聚乙烯醇。乙烯/丙烯酸共聚物，丙烯酸含量在 30%以内，可以改性，方法同聚乙烯醇。

为调节制品耐水性，可加入少量疏水性聚合物，如聚乙烯、聚丙烯和聚苯乙烯，加入量为塑料总重量的 2%～3%。

Mater-Bi 制造时添加增塑剂的目的是提高高熔点合成聚合物的流动性，使淀粉分子与合成聚合物分子达到完全相互贯穿。增塑剂主要有：乙二醇、聚乙二醇（分子量 200～4000）、丙二醇、聚丙二醇、甘油、山梨醇乙酸酯和山梨醇乙氧基化合物等脂肪族多元醇及其混合物。要求增塑剂与淀粉和合成聚合物的相容性好，沸点高于 150℃，在环境温度（25℃）下的蒸汽压较甘油低，溶于水，用量为塑料总重量的 5%～25%。

为使淀粉凝胶化，须加入淀粉结构破坏剂。用于 Mater-Bi 的淀粉结构破坏剂有水、尿素［$(NH_2)_2CO$］、碱金属氢氧化物和碱土金属氢氧化物。淀粉在水与增塑剂存在下加热到玻璃化转变温度和熔点以上，发生凝胶化，结构破坏，成无序状态，可与合成聚合物很好地共混。尿素用作结构破坏剂时的用量为塑料总重量的 2%～5%。

Mater-Bi 中加入的其他添加剂有：含硼化合物（硼酸、偏硼酸及其碱金属盐、硼砂及其衍生物），目的是提高淀粉和合成聚合物的相容性及制品力学性能和透明性，用量为 0.4%以下；氯化锂或氯化钠，作用同含硼化合物，用量为 0.5%～3%；醛类、缩醛和酮类，起交联剂的作用，根据需要加入；杀菌剂、防霉剂、阻燃剂、除草剂等，根据需要加入。

Mater-Bi 的制造采用母料技术。设备采用排气式同向旋转双螺杆挤出机。将淀粉、合成聚合物增塑剂、淀粉结构破坏剂及其他添加剂混合造粒，制成母料，然后再在各种成型机上加工成所需制品。

（2）Novon

Novon 是美国 Warner-Lambert 公司下属的 Novon Products 公司的产品，主要成分为淀粉与聚乙烯醇，物性和加工性与通用塑料，如聚烯烃相似。在土壤中微生物的作用下，其生物分解的速度和安全性与纤维素及纸相同。目前主要有 5 个牌号：M1801-9001、M1801-1008、M4900-9001、M5600-9001、N2002。前两个牌号为注塑级，可用于制作苗钵、一次性餐具、一次性剃须刀、照相底片盒、医用品、盖和罩类；M4900-9001 为挤塑级，主要用于薄膜、袋；M5600-9001 也为挤塑级，可挤出成型和注吹成型，可挤出管、网，制成各种瓶类，用于维生素、医药包装；N2002 为发泡制品，Novon 试样片及发泡制品的物性见表 2-6 和表 2-7。

表 2-6　Novon 试样片的物性

物性项目	JIS 试验法	M1801-9001 注塑级	M4900-9001 薄膜、片材级	M5600-9001 挤塑、吹塑级
相对密度	K-7122	1.24	1.19	1.26
拉伸屈服强度/MPa	K-7113(50mm/min)	30	15	20
拉伸断裂强度/MPa		25	15	20
拉伸断裂伸长率/%		8	76	13
弯曲弹性模量/MPa	K-7203	910	300	500
弯曲强度/MPa		28	12	16
冲击强度/(J/cm^2)	K-7110(缺口)	0.2	6.0	0.3
洛氏硬度(R)	K-7202	80	5	50
邵尔硬度(D)		80	50	70
热变形温度/℃	K-7207(0.46MPa)	54	55	50
维卡软化点/℃	K-7206	110	55	100

表 2-7　Novon 发泡制品的物性

项　　目	ASTM 试验法	N2002 发泡制品
表观密度/(g/cm^3)	D-1859	0.006～0.01
分散体尺寸/cm	D-3576	0.025～0.04
压缩强度/MPa	D-1261	0.35～0.49

2.1.4　淀粉含量的测定

2.1.4.1　红外光谱法测定淀粉的含量

若采用常规的化学分析方法共混物中淀粉含量的测定，则先要把淀粉从共混物中抽提出来，然后用苯磺酸比色法测定其含量。这种方法不仅测试周期长而且准确性差。Goheen 等认为用 FTIR 测试的淀粉含量数据同用常规的化学分析法及经典的热重分析技术（TGA）所测得的数据能够很好地重现。其缺陷是对较厚的薄膜制品，由于谱线的透射能力降低而导致测试的准确性偏差。本实验中的薄膜试样厚度均为 20μm 左右，因此可以使用 FTIR 方法测试样品在不同降解时间的淀粉含量的变化。先绘制一系列淀粉质量分数已知的薄膜试样的红外光谱图。谱图中 $960\sim1190cm^{-1}$ 的吸收带为淀粉的—C—O—(H)—特征振动伸缩带。以 $960\sim1190cm^{-1}$ 范围的积分面积与—CH_2—的 $1450\sim1490cm^{-1}$ 范围的积分面积的比值为纵坐标，以已知的淀粉质量分数为横坐标可以绘制出一条标准曲线。

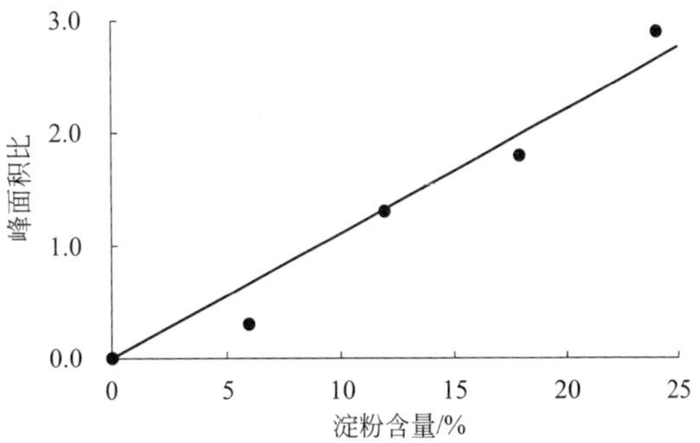

图 2-3　不同淀粉含量的标准工作曲线

实验的标准工作曲线绘于图 2-3。曲线的回归方程为：$Y=-0.10864+0.11959X$，$r=0.99$。对 PE/SME/F 的红外光谱图进行如上分析，可以求出 $960\sim1190cm^{-1}$ 带与 $1450\sim$

$1490cm^{-1}$ 带积分面积的比值，代入上述标准曲线回归方程即可求出试样在不同降解时间的淀粉含量。

2.1.4.2 淀粉含量的化学分析试验方法

以十氢萘溶剂溶解试样，用分液漏斗分离除去高聚物，然后再用斐林试剂法测定其淀粉含量。斐林液标定：准确吸取斐林甲乙液各 5mL 于 250mL 三角瓶中，加水 20mL，次甲基蓝指示液 2 滴，在沸腾状态下用上述水解糖液滴定到终点，消耗体积为 V_0。预试为正确掌握预加标准液体积，应先做预试，准确吸取斐林甲乙液各 5mL 于 250mL 三角瓶中，加入水解淀粉溶液 10mL，水 10mL，用 0.2%标准葡萄糖液滴定到次甲基蓝终点，消耗体积为 V_1。正式滴定：吸取斐林甲、乙液各 5mL，置于 250mL 锥形瓶中，加入 20mL 水解淀粉溶液，补加约 (V_0-V_1)mL 水，并从滴定管中预先加入约 (V_1-1)mL 的 0.2%葡萄糖标准溶液摇匀，于电炉上加热到沸腾，并保持微沸 2min，加两滴 1%次甲基蓝指示剂，在微沸下，继续用 0.2%葡萄糖标准溶液滴定至蓝色消失。此滴定操作须在 1min 内完成，其消耗 0.2%葡萄糖标准溶液应控制在 1ml 以内，总耗糖量为 V mL。

按下式计算出试样的淀粉含量：

$$G(\%)=(V_0-V)\times C\times(1000/20)\times(1/W)\times0.9\times100$$

式中 V_0——斐林试剂的标定值，mL；

V——斐林试剂的测定值，mL；

C——标准葡萄糖溶液浓度，g/mL；

W——试样质量，g；

0.9——葡萄糖与淀粉的换算系数。

平行测定两个结果取其算术平均值，计算精确至 0.01% 。

2.1.4.3 TGA 测定塑料中淀粉含量

北京工商大学和国家塑料制品质量监督检验中心利用 TGA 仪器来测定塑料中淀粉的含量，采用 TGA 法测定材料的与失重有关的特征温度和相应温度下的失重率（升温速率 20℃/min，N_2 流量 45mL/min，温度范围 20～900 ℃，试样质量 10mg 左右）。

使用 TGA 测定各种材料的热失重曲线，分析热失重曲线得到上述材料失重的起始温度与下降速率最快时温度（这些温度可作为具体材料的特征温度），并记录材料在相应温度下的质量保持率。

(1) TGA 实验结果

表 2-8 列出了 EAA 树脂的热失重实验结果。表 2-9 列出了玉米淀粉的热失重实验结果，热失重分为两个阶段，且最后有一定的残留质量，剩余物外观为黑色焦炭粉末。表 2-10 为 BSR 树脂的热失重实验结果，热失重曲线也存在两个可明显区分的阶段，与玉米淀粉比较，热失重所处的温度区间不同，但同样具有剩余物，且外观相似。

表 2-8 PE、PP 与 EAA 树脂热失重的特征温度及相应温度下的质量保持率

材料	试样	失重速率最大时温度/℃	失重速率最大时质量保持率/%	测得开始失重时起始温度 T_{onset}/℃	测得结束失重时起始温度 T_{onset}/℃	选择开始失重时起始温度 T_{onset}/℃	选择开始失重时质量保持率/%	选择结束失重时起始温度 T_{onset}/℃	选择结束失重时质量保持率/%	开始与结束失重起始温度区间内失重率/%
EAA	试样 1	508	39.1	486	523	486	82.3	523	3.8	78.5
	试样 2	516	36.0	490	530	490	84.2	530	4.4	79.8

表 2-9　玉米淀粉热失重的特征温度及相应温度下的质量保持率

热失重曲线阶段	测定项目	试样 1	试样 2	曲线阶段定性
第一阶段	失重速率最大时温度/℃	87	109	淀粉中所含的水分(根据温度判断)
	失重速率最大时质量保持率/%	96.0	96.5	
	测得开始失重时起始温度 T_{onset}/℃	61	84	
	测得结束失重时起始温度 T_{onset}/℃	126	144	
	选择开始失重时起始温度 T_{onset}/℃	61	85	
	选择开始失重时质量保持率/%	98.6	98.1	
	选择结束失重时起始温度 T_{onset}/℃	126	144	
	选择结束失重时质量保持率/%	92.3	94.2	
	开始与结束失重起始温度区间内失重率/%	6.3	3.9	
第二阶段	失重速率最大时温度/℃	360	369	淀粉
	失重速率最大时质量保持率/%	58.6	54.4	
	测得开始失重时起始温度 T_{onset}/℃	340	338	
	测得结束失重时起始温度 T_{onset}/℃	387	400	
	选择开始失重时起始温度 T_{onset}/℃	340	339	
	选择开始失重时质量保持率/%	83.8	86.5	
	选择结束失重时起始温度 T_{onset}/℃	387	399	
	选择结束失重时质量保持率/%	22.9	23.7	
	开始与结束失重起始温度区间内失重率/%	60.9	62.8	

表 2-10　BSR 树脂热失重的特征温度及相应温度下的质量保持率

热失重曲线阶段	测定项目	试样 1	试样 2	曲线阶段定性
第一阶段	失重速率最大时温度/℃	364	364	淀粉
	失重速率最大时质量保持率/%	79.4	78.2	
	测得开始失重时起始温度 T_{onset}/℃	341	343	
	测得结束失重时起始温度 T_{onset}/℃	381	381	
	选择开始失重时起始温度 T_{onset}/℃	340	343	
	选择开始失重时质量保持率/%	91.9	90.7	
	选择结束失重时起始温度 T_{onset}/℃	382	382	
	选择结束失重时质量保持率/%	67.8	65.5	
	开始与结束失重起始温度区间内失重率/%	23.2	25.2	
第二阶段	失重速率最大时温度/℃	509	509	基本确定为 EAA
	失重速率最大时质量保持率/%	31.8	23.2	
	测得开始失重时起始温度 T_{onset}/℃	489	487	
	测得结束失重时起始温度 T_{onset}/℃	530	522	
	选择开始失重时起始温度 T_{onset}/℃	489	487	
	选择开始失重时质量保持率/%	51.9	49.2	
	选择结束失重时起始温度 T_{onset}/℃	530	522	
	选择结束失重时质量保持率/%	8.8	8.4	
	开始与结束失重起始温度区间内失重率/%	43.1	40.9	

（2）TGA 实验结果可靠性分析

热失重仪测定淀粉/聚合物的共混物热失重数据可信度分析。表 2-9 中的失重速率最大时温度、失重速率最大时质量保持率、测得开始失重时起始温度和测得结束失重时起始温度为由热失重曲线经过数据处理直接确定的样品特征值，比较同种材料对应的两组不同数据，样品 1 的数据为 78.5%，样品 2 为 79.8%，两者平均值为 79.2%，标准偏差为 0.92。

表 2-9 中的选择开始失重时质量保持率、选择结束失重时质量保持率和开始与结束失重起始温度区间内失重率为由直接确定样品特征值数据对曲线进行分析得到的间接数据，对应数据间的偏差较小，尤其开始与结束失重起始温度区间内失重率两组数据间的偏差更小。因

此，使用热失重仪对淀粉/聚合物共混物组成进行分析具有一定可行性，所测得数据可信并存在规律性。

（3）共混物主体组成的定性分析

共混物各组分的定性。首先是确定所测得的这些特征值之中，哪些可以作为标定共混物的组成。比较表 2-8～表 2-10 中各材料两组间得失重速率最大温度与起始温度，发现同一种材料的失重速率最大温度相差较大，起始温度接近。原因为，材料恒速升温时，失重速率最大阶段试样变化速率最快、最不稳定；起始温度阶段，相对来说稳定性更高。因此用起始温度作为单个组分的特征值标定共混物的组成，具有一定的合理性。

共混物中淀粉的定性相对来说，比较简单。因为淀粉失重的起始温度与普通聚合物相差甚远，将表 2-9 中第二阶段的开始失重时起始温度与结束失重时起始温度与表 2-10 中第一阶段比较，可以确定共混物失重曲线的第一阶段由淀粉造成。

（4）共混物主体组分的定量分析

共混物主体组分定性分析确定后，可进一步根据所测得的热失重数据计算各组分的含量。具体思路为，针对具体的聚合物确定热失重的温度范围，由热失重曲线确定该纯树脂在此温度范围内的失重率；认为共混物各组分失重独立，且失重过程与纯树脂相同，相对纯树脂失重率相同；根据共混物中相同温度范围的失重率，换算出共混物中该组分的含量。

针对具体的聚合物温度范围的要求是纯树脂与其共混物间具有可比性，首先是纯树脂在此温度范围内的失重率保持稳定。从表 2-8 和表 2-9 中的开始与结束失重起始温度区间内失重率发现，对于 EAA，淀粉 3 类材料具有不同的失重率且数值较稳定。因此温度范围确定为开始失重时起始温度与结束失重时起始温度之间。表 2-11 和表 2-12 分别为根据这种比例的方法计算得到的 BSR 树脂中纯淀粉与纯 EAA 树脂含量。

表 2-11　BSR 树脂中纯淀粉含量的计算

（根据开始与结束失重起始温度区间内失重率）　　单位：%

项　　目	试样 1	试样 2	平均值
淀粉第二阶段开始与结束失重起始温度区间内失重率	60.9	62.8	61.8
BSR 树脂第一阶段开始与结束失重起始温度区间内失重率	23.2	25.2	24.2
BSR 树脂中淀粉(不干燥)含量			39
淀粉的含水率	8.5	5.7	7.1
BSR 树脂中淀粉(干燥)含量			36

表 2-12　BSR 树脂中纯 EAA 含量的计算　　单位：%

项　　目	试样 1	试样 2	平均值
EAA 开始与结束失重起始温度区间内失重率	78.5	79.8	79.2
BSR 树脂第二阶段开始与结束失重起始温度区间内失重率	43.1	40.9	42.0
BSR 树脂中 EAA 含量			53

通过试验，测得样品 1 中淀粉含量为 39%，样品 2 中的淀粉含量为 36%，以试样本身的淀粉添加比例 40%为真值，试验与真值的标准偏差为 0.02。

2.2　木塑材料

木塑材料是指一类木粉填充于合成树脂制得的材料，即由含纤维素的天然材料与合成材料制得的复合材料，也称木粉/塑料复合材料（wood-flour/plastic composites，WFPC）、木纤维/塑料复合材料（wood-fiber/plastic composites，WFPC），木塑复合材料（wood-plastic composites，wood-polymer composites，WPC）。木塑复合材料中的木粉来源广泛、价廉，以及可以再生和具有生物分解性，制品强度高、密度低，是一类环境友好的材料。

由于木塑复合材料具有一系列优点，特别是它的环境友好性，引起了国内外研究和工业界的普遍关注，逐渐取得商品化进展，应用也日益广泛。

木塑制品早在 20 世纪 70 年代就已经在欧洲和日本出现，一些住宅建筑商等利用木材的锯末，以大约 30%的比例混入到硬质 PVC 干混料中，生产具有木质感的异型材。但是，由于螺杆磨损严重，以及很低的生产率等原因而未能实现工业化生产。近年挤出木塑材料随着在原料处理、配方技术、挤出成型机、模具等方面问题的解决，以及进一步解决了物料的均匀混合和脱气问题，使该项技术和制品正式进入了商品化时代。

木塑制品新技术中，木粉（包括其他纤维）的用量都在 50%以上，因此，木粉已经不仅被看成是一种填料，而是其中的一种原料成分。

当前，这种材料的一些开发商认为：成为国内外热点的这种材料应该被看成为是一种全新的材料，木粉用量在 60%以下的材料可称为木塑制品，而木粉用量超过 70%的材料，应该称为木制品，因为它实际就是一种用树脂结合的木材。因此，高木粉含量的材料有它固有的性能和不足（与塑料材料相比，韧性较差），因而不能将其与添加木粉的 PVC、PP、发泡 PVC 材料相比，它的主要竞争材料是中密度板型材。

木塑制品因为其高的木粉用量，因此被看成是一种可生物分解的材料，而且大量使用的木粉或其他纤维不仅是可再生材料，而且大部分是废弃物，所以具有很好的生态环保性。木塑制品的外观类似天然木材，但无结疤、各向同性，尺寸稳定性、刚性和机加工性（可刨、可钉、可机械切削等）比纯塑料制品好，耐水性、耐候性、耐腐性、阻燃性、耐磨性又比木材好，不起毛刺，相对密度介于木材和塑料之间而且密度可控，一般在 0.4～1.4g/cm^3，隔声、隔热性好，产品可印刷、覆膜、复合、涂装、着色，而且可用黏结剂粘接，不怕虫蛀，同时还具有热塑性塑料的加工性，成型容易，100%可回收利用，便于推广。

木塑制品可采用热塑性塑料制品的成型加工方法，如注射成型、挤出成型、压缩成型等制得板、管、异型材制品等，还可以进一步进行热成型等深加工，如采用发泡工艺，加入发泡剂还可以制成发泡木塑制品。

由于上述一系列优点，因此，木粉与塑料的复合是目前木塑复合材料研究中最热门的课题。

2.2.1　原材料及配方

2.2.1.1　原材料

(1) 树脂

木塑制品用树脂可以采用 PE、PP、PVC、PS、ABS、PMMA 等的新料，也可以使用各种废旧回收材料，或两者的混合物。使用后的木塑成型制品也可以经磨碎后再重新使用。

用于木塑复合材料的树脂，因树脂本身的熔点和成型温度不同、制品的性能要求不同，以及成型工艺不同，故而对树脂要进行适当的选择。

① 树脂的成型温度　一般来说，在树脂中加入木粉后，其流动性能要下降，耐高温性

也有所降低，在有氧气存在下，200 ℃左右时，木粉会剧烈发烟，减重 5%～10%，产品有明显的木材烧焦味，色泽变深变黑，性能大幅下降。因此，用于木塑复合材料的树脂，其成型温度应在 240 ℃以下，否则极易烧焦。

因此，木塑复合材料中的树脂应该选用熔点和加工温度较低的树脂，这也是木塑复合材料较多使用烯烃类树脂的原因。

② 产品用途和对性能的要求　根据产品用途不同，对材料有相应的性能要求。

对于聚烯烃树脂，PE 树脂主要选用 PE-HD 和 PE-MD 两个品种；PP 因有均聚、嵌段共聚和无规共聚等不同聚合类型、不同单体组分的聚合物，性能有明显的差异。如 PP 均聚物、嵌段共聚物、无规共聚物的弯曲性能（弯曲模量，弯曲强度）依次由高到低；而冲击性能则从嵌段共聚物、无规共聚物、均聚物依次由高到低。因此，作为建筑和汽车件用材，一般都要求有较高的弯曲模量、一定的冲击性能，常选用刚性较好的均聚物或嵌段共聚物和均聚物共混的聚丙烯树脂；如产品要求韧性高，则断裂伸长率要求相对较高，则需选择嵌段聚丙烯共聚物甚至还需要进行必要的增韧改性。

③ 成型工艺　不同的成型工艺，对木塑复合材料的基础树脂也有不同的要求。这与传统的成型工艺对树脂性能要求基本相同，但更加苛刻。

注射成型，如预塑时螺杆速度过快，特别是注塑时高压、高速，物料在经过喷嘴和浇注系统时，因流速高，剪切摩擦热大，温度往往超过 240 ℃，而使材料变色、起泡，甚至烧焦，对此应选择流动性较好的树脂，并在工艺上进行必要的调整。对挤出成型，因物料经过机头窄缝时速度相对较低，剪切摩擦热较少，在定型部分因有冷却或有真空抽走热量，物料温度不会太高，因此在选择树脂时可与传统的挤出成型所采用的流动性相同或稍高即可。

PVC 树脂则应按不同的成型工艺选择相应的 K 值或聚合度的树脂。

总之，对于木塑复合材料应根据产品性能要求、成型工艺等选择熔点或黏流温度低于 200 ℃的树脂，以尽量避免在成型加工过程植物纤维的热降解。

（2）木粉

木塑制品使用的木粉实际是一类植物纤维，是自然界中最丰富的天然高分子材料之一，用于木塑制品的植物纤维，主要是木粉，也可以使用其他各种植物纤维素，如麻、麦秆、稻壳、竹子、玉米叶和秸秆、椰子壳、核桃壳、花生壳、柳子壳、甘蔗、干草、咖啡渣，甚至废纸、纸浆。木纤维的品种、粒径、表面状况、含量、与基体树脂的相容性都会影响木塑复合材料的加工性能和最终产品的性能。

① 木粉种类　木塑复合材料使用的木粉包括木材加工中的锯末、木屑、端头、树皮、芯材，甚至是虫蛀的木材经粉碎或专门磨制的粉状物。

木材有不同的种类，如柳安木、樟木、榉木等属于质地较硬的木材，而松木、杉木、柏木等一般质地较软。硬质木材一般力学性能较高、热稳定性较好，但有些硬质木材的颜色较深，会影响木塑复合制品的外观，而软质木材作复合材料力学性能较低，热稳定性较差。

由于不同木粉性能不同，在添加木粉比例相同的情况下，对制品有不同的影响。如杉木粉/PP 复合材料的拉伸强度、断裂伸长率、冲击强度与弯曲强度均高于松木粉/PP 复合材料。另外，由于松木粉含有较多的油脂量，在高温高压下会渗入树脂熔体而对树脂起增塑润滑作用。

② 木粉的形态和粒度　木粉的形态对木塑复合材料的成型和制品性能会产生影响，表 2-13 所示为 3 种不同木粉形态在制造聚丙烯木塑复合材料时对挤出成型行为的影响。由表

2-13 可知，复合材料的挤出流动行为，锯末好于粒状木粉，更好于纤维状木粉，长径比越大，挤出流动性越差。

表 2-13　木粉形态对挤出成型行为的影响

填充体系	粒度/目	长径比	挤出情况
粒状木粉	150 以上	2～3	挤出时下料不均或不下料
纤维状木粉	—	10 以上	下料比粒状木粉体系更差
锯末	20～50	—	下料挤出及物料均匀情况均较好

注：以上木粉均在 125℃干燥处理 3 h，物料挤出温度 160～250℃。

不同形态的木粉填充树脂后，其力学性能也有所不同，表 2-14 为 50 份（质量）不同形态木粉填充 PP 体系的力学性能。由表 2-14 可知，不同形态的木粉对 PP 填充体系的制品性能有着显著的不同。因此应根据产品的性能要求，用途和使用的工况条件，工艺操作性等选择木粉。

表 2-14　不同形态木粉填充 PP 制得的木塑板的力学性能

木粉形态＼力学性能	冲击强度/(kJ/m^2)	弯曲模量/MPa	弯曲强度/MPa	热变形温度/℃
粒状木粉	5.0	2008	30	126
纤维状木粉	5.7	2231	37.6	107
锯末	4.3	2673	25.3	86

上述杉木粉/PP 复合材料力学性能高于松木粉/PP 复合材料的原因在于杉木粉一般呈短纤维状，有较长长径比，可对 PP 起一定的增韧作用，而松木粉一般为球粒状，对 PP 没有增韧作用，甚至起反作用。另外，松木粉中松脂的增塑润滑作用，使松木粉填充 PP 的冲击强度、弯曲强度随添加比例增加而降低的幅度相对较少。

表 2-15 所示为木粉粒度对复合材料性能的影响。木粉粒径对复合材料的弯曲性能、冲击性能也有一定的影响，一般来说，随着木粉粒径的减小，长径比随之减小，弯曲性能逐渐变差，而冲击强度则呈先升后降的趋势。表 2-15 也说明了长径比大的木粉复合材料的弯曲性能、冲击性能比长径比小的要好，也就是说，长径比小的木粉对复合材料弯曲性能改善不大，故而在木塑复合材料中较多选用木粉粒径在 100μm 左右（150 目左右）、长径比为 10 左右的木纤维，其增强效果最好。

表 2-15　木粉粒度对复合材料性能的影响

木粉粒度/目＼性能	拉伸强度/MPa	断裂伸长率/%	木粉粒度/目＼性能	拉伸强度/MPa	断裂伸长率/%
纯树脂	26.70	10.32	55	23.02	6.4
28	16.89	4.0	80	22.15	14.0
40	23.75	6.8			

③ 木粉的添加量　随着木粉添加量的增加，木塑复合材料的弯曲性能显著提高，而冲击性能则迅速下降，拉伸强度、断裂伸长率也随之下降，耐热性却明显改善。

④ 木粉的表面处理　木粉和热塑性树脂的复合材料中，采用的树脂多为非极性，具有疏水性，而木粉等植物纤维含有大量的羟基和烷氧基，为极性，具有亲水性，所以两者的相容性不好，相界面间的结合差，致使木纤维在熔融树脂中分散不均匀，尤其是未经表面处理的木粉，在添加入木塑复合体系时，随着木粉含量增加，木粉均匀分散的难度加大，复合体

系的流动性变差且不稳定，不仅给加工带来一定的困难，木粉的加入量受到限制，而且复合材料体系中的缺陷及应力集中点增多，表明木粉和树脂间界面结合变得更差，会造成更多的缺陷，导致木塑复合材料的力学性能下降，特别是冲击性能很差。

因此，用树脂和未经表面处理的木粉直接加工木塑复合材料往往达不到所要求的各项性能。为了提高两者的界面结合力，提高相容性，可对木纤维的表面进行处理，或者采用加入添加剂、相容剂等方法。

对木粉等进行一定的表面处理要达到提高两者的界面结合力，使木粉分散均匀，有效地发挥出增强效果的目的。为了达到这一目的，可以采用：碱金属溶液处理方法、添加剂法、偶联剂处理法、相容剂法和接枝共聚法等方法。

a. 碱金属溶液处理方法　碱金属溶液处理法是用浓度为17.5%的NaOH水溶液浸泡木粉24h，然后漂洗、干燥。经此方法处理后的木粉，其中的木质素溶解于NaOH溶液中，木粉表面的油脂、灰分等被清除，木粉颗粒表层则由纤维素、半纤维素组成，变得较为疏松、多孔，当其与树脂共混时，在高温高压的作用下，树脂容易渗入木粉表层的松散结构和孔隙中，树脂就像“锚”一样固定了木粉，两者形成了互相紧密结合的界面，提高了界面的粘接效果。

此法对于含油脂较多的木粉，如松木，效果改善不大，这是由于高温高压的作用，木粉内部的油脂渗到木粉表面，反而起到隔离的作用；而对含油脂较少的木粉，此法则能有效地改善界面结合状况。

b. 添加剂法　添加剂法是一种通过添加某些添加剂改善木粉和树脂界面结合的方法。使用的添加剂主要有润滑剂、对熔融有促进作用的增塑剂和表面活性剂等。这些加工助剂能将木粉分子中的亲水基团变为亲油，从而有利于木粉在树脂中的分散，增加树脂与木粉的结合力，同时由于这些加工助剂的内外润滑作用，减少了加工中的摩擦发热现象，使成型时的发烟量大为减少，改善了产品外观。

常用的添加剂有：脂肪酸及脂肪酸的金属盐类，其中以C_{18}的硬脂酸为最好，在木粉/PVC复合体系中，较多采用该种方法。另外，还可使用固体石蜡、液体石蜡、氮化石蜡、硅油、硅油蜡、聚乙烯蜡、双硬脂酸甘油酯、丙烯酸酯类共聚物以及苯二甲酸或磷酸的酯类增塑剂、极性苯磺酰胺类增塑剂等。

添加剂的形状以室温下为粉状和片状的为好，熔点在40～250℃之间，其用量为5%～15%（木粉质量）左右。

c. 偶联剂处理法　偶联剂处理法是常用于木粉表面处理的一种方法，较多采用的有钛酸酯、铝酸酯或两者的复配物；还有硅烷偶联剂，如KH-550、KH-570、A-171、A-172。

在使用偶联剂作木粉表面处理剂时，首先要对木粉进行必要的干燥处理，尽量减少木粉的含水量，这样才能起较好的作用，另外，对偶联剂的用量、处理时间、温度都要能较好地掌握。偶联剂处理对于提高复合材料的力学性能特别是冲击性能，柔软性或拉伸强度等都有明显的作用。

d. 相容剂法　相容剂法是通过添加相容剂，如含有羧基或酸酐的化合物，通过上述基团与木粉中纤维素分子的羟基发生酯化反应以降低木粉的极性和吸湿性，使木粉和树脂两者混合状态和结合力改善从而达到改善界面结合状况的目的，实际上也是表面接技法，或者表面包覆法。

较多采用的相容剂有：EAA、PP-*g*-MAH、PE-*g*-MAH、SBS-*g*-MAH、SEBS-*g*-MAH等，这些相容剂通过酸酐与木粉中的羟基发生酯化反应，或通过苯基与羟基发生作用，或通过丙烯酸酯的作用，大大提高了树脂与木粉的界面黏结性。

加入相容剂后，木塑复合材料的弯曲性能或冲击性能都有较大的提高。

e. 接枝共聚法　接枝共聚法是将树脂、木粉、接枝单体、引发剂（DCP 或 DTDP）等其他成分一起进行熔融加工，在加工的过程中就地增容的方法。此法较加入相容剂法便捷、成本低，但加工要求较高。

正确选择木粉的表面处理方法、表面处理剂及其用量是制备性能优良的木塑复合材料的技术关键之一。不同处理方法对最终复合材料的性能影响不同，表 2-16 所示为各种处理方法对木塑复合材料性能的影响。

表 2-16　各种处理方法对木塑复合材料性能的影响

处理剂	拉伸强度/MPa	断裂伸长率/%	熔体流动速率/(g/10min)
未处理	11.74	3.0	1.69
钛酸酯	13.13	6.0	1.09
硅烷	16.71	4.0	1.03
异氰酸酯	25.56	10.0	1.43
马来酸酐改性聚丙烯(MAPP)	20.32	8.0	—

（3）其他添加剂

根据性能需要，在生产木塑制品时，需要添加各种添加剂。除了上述提到的用于改善木粉与树脂相容性的各种助剂外，根据用途还需要添加润滑剂、增塑剂、稳定剂、抗氧剂、着色剂等助剂。

为了提高挤出速度，达到较高的产率，配方中的润滑系统是关键。Honeywell 公司及 Lonza 公司专门开发了用于木塑材料挤出的加工助剂，其中 Honeywell 公司的 A-C Opti Pak 100 润滑剂的性能优于传统的润滑剂，降低了木塑挤出的成本，提高了现有设备的产能。其 A-C Opti Pak 300 可使挤出制品的力学性能包括弹性模量提高 30%，而且同时将吸水性减少了 30%。Lonza 公司目前提供的润滑剂有 Acraw C。

2.2.1.2　配方

通过采用不同的树脂和不同添加量的木粉可以制得很多种不同性能的材料，用于相应的用途。通常，用于户内的木塑制品的木粉用量可达到 85%，最高甚至可达 95%，而用于户外的木塑制品通常木粉的用量最高不超过 60%。作为参考，配方举例见表 2-17。

表 2-17　木塑制品（木制品）配方举例

原　　料	5	1	4	3	2	6
木粉/%	30～50	40～60	70	70～75	80	80
木粉粒度/mm	≤4	3～5			3～5	
PP(MFR 50)	—				10	
PP+添加剂	—		30			10
PP+MAH-g-PP		60				
树脂①+添加剂	70～50			30～25		
变性淀粉/%	—				5	10
粒料/mm				3～5		
粒料体积密度/(g/L)	300～400		350			
粒料含水率/%	≤8		1	4～6		
制品密度/(g/cm^3)	—		1.1	1.3		
应用领域	户内	户内	户外	户内	户外	
备注	先造粒			高速挤出须特殊设计模具		

① 树脂可以包括 PP、PE、PVC。

为了改善木塑复合材料的韧性，也有添加三元乙丙橡胶（EPDM）的，EPDM 的加入使抗冲击性能提高，同时，降低了硬度及拉伸强度，但断裂伸长率增加。

另外，日本第和工业公司采用木材和草等天然材料混入可生物分解的塑料，成功开发了生物分解木塑材料。新材料具有很好的生物分解性，埋于土中数月即发生生物分解，焚烧时不会产生二噁英，也无环境荷尔蒙等环保问题，可工业化大量生产。材料体系已经申请专利保护。材料可用于注射成型。工艺如下：木材或草等经粉碎，添加入淀粉、黏结剂等粘接材料，混合，制成粒料再注射成型得到制品。以重量计的材料配方是生物分解材料为草、木材料的 10%。制品的成本、耐热温度、强度与通用塑料相仿。制品经臭氧杀菌消毒，可用于托盘等与食品接触的包装容器。产品也适用于育苗钵等需要生物分解特性的应用领域。

2.2.2 成型工艺

木塑复合材料的成型方法主要有注射成型、挤出成型和热挤冷压成型，以及热成型等二次加工。

木塑复合体系属假塑性流体，其黏度要比纯的树脂或其他无机填料填充后的体系要小。低的体系黏度不利于成型加工，而且，体系黏度对温度非常敏感。温度升高可使复合体系熔体黏度降低，因此在成型时要严格注意温度的控制和调节，特别是挤出成型更应加以注意。

木塑复合材料的制备过程对其制品的性能影响很大，成型的主要难点如下：

① 木纤维的分散和浸润不良或过分混炼而造成纤维严重破损；

② 木塑复合材料的降解温度与成型加工温度非常接近，控制温度要非常严格；

③ 植物纤维在加工过程中会部分或全部分解，产生气泡；

④ 剪切力要适当，过分的剪切或高温会变色、烧焦等。

因此，对木塑加工设备必须具备下述主要技术特性：

① 对木纤维、树脂、增塑剂、其他助剂等能实现良好的分散和浸润；

② 有良好的混炼、剪切功能，但剪切力不能过高；

③ 有精确灵敏的温度控制系统，以实现对整个加热熔融过程的有效、稳定的控制和调节；

④ 有良好的排气系统，脱水脱挥，而使制品无气泡；

⑤ 有良好的冷却系统，特别是生产壁厚制品更不可缺少；

⑥ 设备的塑化系统的材质热处理要好，使螺杆、料筒等有足够的耐磨性和使用寿命。

另外，木粉的耐热性差，180℃以上易“烧”，外观变色，弯曲性能、冲击性能下降，同时温度高，体系黏度低，挤出压力不足，成型加工困难，产品质量不稳定。在同一剪切速率下，复合材料在 160℃时的熔体黏度要比 200℃时的熔体黏度高一个数量级。因此，成型加工时要使体系的熔体温度，特别是口模温度尽量低些。

不论是何种成型方法，都应该按正确的设定加工温度，并注意调节，同时要尽可能减少剪切力。因此正确选择成型加工设备和成型工艺是保证木塑复合制品质量的一个重要方面。

2.2.2.1 木粉的干燥

由于木粉中含有大量水分，所以在成型前需要对木粉进行充分干燥，以除去水分和易挥发成分。如果干燥不充分，在成型过程中会出现烟气，制品会带有气泡，制品颜色变暗、无光泽，也会影响制品力学性能。

木粉因品种、产地不同，其化学组成也有差别，但其主要成分通常为纤维素、半纤维素和木质素，含量分别为 44%～50%、35%～7%和 16%～33%，还有树脂、其他有机化合物和水等抽出物（含量为 5%～10%）。木纤维中含有很多亲水性的羟基，易吸水，最多含水率可达 14%～15%。如此之高的水分在与树脂复合加工时，除有部分水被加热蒸发外，绝大部分仍残留在复合体系中，引起发烟、发泡、烧焦，甚至在料筒内爆炸等问题而无法成型，或给成型和最终制品的性能带来严重的不良后果。为保证顺利成型加工和保证制品品质，必须在使用前对木粉进行干燥处理，使木粉含水率降至 4%以下，最好降到 1%。

通常木粉在干燥加热时，水分首先蒸发，然后是木质素中易分解的部分发生热分解，进一步升温后纤维素氧化分解，最后木质素发生分解。

木粉的干燥，其中温度条件最重要。如干燥温度高于 200℃，甚至高于 260℃，则分解反应快，中止分解反应难，甚至有着火的危险；在氧气存在下，木粉在 200℃左右会剧烈发烟，重量减少 5%～10%，颜色变深变黑；木粉在氧气中加热，通常在 260～290℃就会起火，为了保证安全，最好在不活泼的气体，如氮气中进行加热干燥。如温度低于 160℃，木粉的脱水、脱挥均缓慢，要延长干燥时间。因此干燥温度最好选择在 200℃以下。

干燥加热时间一般可根据木粉的含水量或水分以外木粉组成物减量 3%，最好是 5%～15%来进行调节，以便能顺利进行成型加工。

实验室，一般干燥处理温度 80～100℃，时间 18～24h。

干燥加热装置，可采用恒温烘箱、送风干燥器、真空烘箱、转鼓式干燥器、高速搅拌机或螺旋式输送装置等间歇干燥或连续干燥设备。一般间歇式干燥设备的单产可达到 450kg/h。据北京未来绿洲塑胶技术开发中心称，他们开发的连续式干燥设备加工能力可达到 700kg/h 以上。

2.2.2.2　挤出成型

木塑材料的挤出成型因其成型中剪切力较小，剪切热较低，成型比较简便，效率高，而使其成为目前木塑材料生产中最主要的成型工艺，它可制成板材、型材、管材，或者发泡制品，或再进行热成型等二次加工。

（1）挤出成型工艺

一般挤出成型工艺见图 2-4。

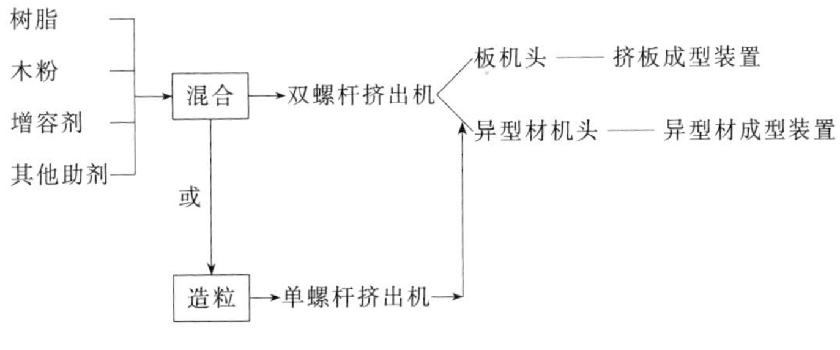

图 2-4　一般挤出成型工艺

木塑材料挤出成型工艺因开发商不同而有不同的方法，图 2-5 和图 2-6 所示为德国 Haller Formholz 公司与设备生产商美国 Davis Standard 公司开发的标准型和多挤出机型两种木塑成型工艺示意图。这种方法是湿木粉直接挤出的方法，是采用双螺杆挤出机同时完成木粉的干燥和异型挤出过程，而在中间通过单螺杆挤出机将熔融树脂挤入双螺杆挤出机，与经干燥、加热的木粉混合，再混炼，并从机头前端的模头口模挤出异型材制品。

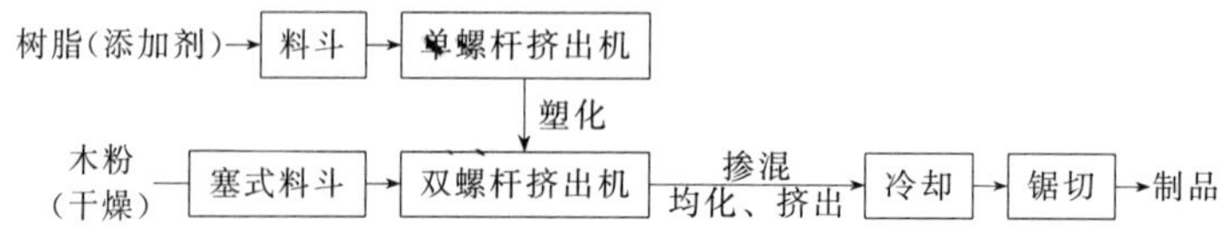

图 2-5　德国 Haller Formholz 公司标准型木塑成型双阶挤出机组工艺流程示意
（设备：美国 Davis Standard 公司 WOOD TRUDER）

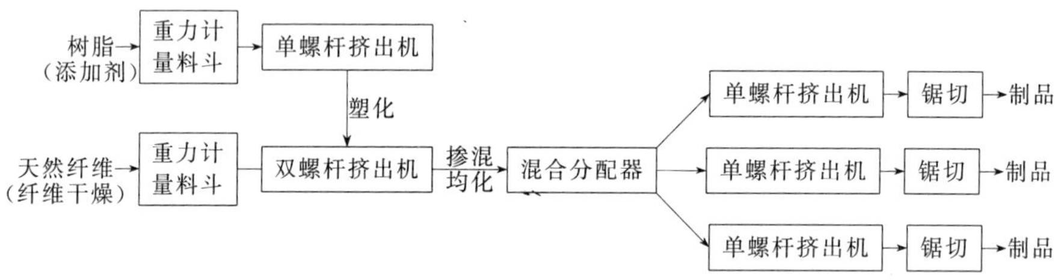

图 2-6　德国 Haller Formholz 公司多挤出机型木塑成型双阶挤出机组工艺流程示意
（设备：美国 Davis Standard 公司）

为了获得高质量的制品，机头压力要求较高，一般在 16～18 GPa 或更高，挤出成型机各段温度控制在 120～180℃。

标准型使用异向旋转双螺杆挤出成型机，该工艺的木粉添加量可达到 60%；多挤出机型使用同向旋转双螺杆挤出成型机，该工艺的木粉添加量可达到 85%，成型用单螺杆挤出机的台数可增加到 4 台，有的还采用旋转机头。

木塑复合体系黏度高，加上冷却速度慢，常常影响挤出速度，从而影响挤出量，这需要从配方和设备上加以调整。表 2-18 所示为辛辛那提挤出（Cincinnati Extrusion）公司 TITAN 型挤出成型机用于不同材料时的挤出量。

表 2-18　Cincinnati Extrusion 公司的木粉高填充异型挤出成型机的最大挤出量

挤出成型机	电机容量/kW	原料含水量		团聚物原料/(kg/h)	Fasalex®
		8%粒料/(kg/h)	1%粒料/(kg/h)		
TITAN45R	20.0	60～70	100～120	100～120	80
TITAN58R	39.0	100～120	180～210	200～230	150
TITAN68R	60.0	160～180	280～300	300～330	230
TITAN80R	78.0	280～300	400～500	450～550	350
TITAN92R	144.0	380～450	700～900	750～950	600

注：最大挤出量因原料条件、模具形状等不同而有变化，表中数据仅为参考值。

辛辛那提挤出公司还与 Fasalex 公司、ProPoly Tech 公司和 J. Rettenmaier & Söhne 公司合作，开发了木粉填充制品生产技术和产品，生产线 Fiberex line 长 16 m，生产线的中心是一台专用的 Titan 系列的锥形双螺杆挤出成型机。

其他挤出成型木粉填充塑料制品的加工厂商和机械生产厂商也开发了类似的工艺，如 W & P 和 Berstorff 公司已经也开发出了 PP/木粉型材的直接挤出成型技术。

(2) 挤出成型设备

① 挤出成型机　木粉或木纤维的特点：松密度大；含水量高，一般在 8%～15%；塑性差；热传导性差；具有热敏性。由于木粉或木纤维的上述特性，对加工机械一般要求：强制加料；设置排气系统；塑化能力强且平稳。

木塑复合材料用挤出成型机以双螺杆挤出成型机为主，可以采用同向或异向平行螺杆挤出成型机和异向锥形双螺杆挤出成型机，也有采用单螺杆挤出成型机生产的。

同向平行螺杆挤出机速度快，若采用组合式螺杆，可调节螺杆的构型，灵活设置排气口。它可由双阶挤出机组成，使木粉干燥和树脂的熔融分开进行；也可采用长径比大的双螺杆（如 $L/D=44\sim48$），在前段作为脱水、脱挥装置；然后通过侧向加料器加入塑料。另外也可以采用非组合式同向平行双螺杆挤出机。

锥形双螺杆挤出机因为具有较大推力和压缩比，比较有利这种材料的加工。异向锥形双螺杆挤出机速度低，非组合式螺杆，但要求螺杆对木纤维切断少，加工范围宽。这与一般的异向锥形双螺杆有些区别。

合理的螺杆结构可得到适当的剪切和良好的分散混合效果。

对于单螺杆挤出机，最好采用销钉等分流型螺杆，并带有混炼段。波形螺杆，可减少剪切热。

一般木粉含量小于 50%时，可以采用平行或锥形双螺杆挤出机，木粉含量在 50%～70%时建议采用锥形双螺杆挤出机，而当木粉含量大于 70%的情况，最好考虑使用锥形双螺杆挤出机。

螺杆剪切强度通常与木粉的用量相关，一般木粉含量越高的材料要求越高的剪切强度；螺杆的压缩比，也与木粉含量相关，一般木粉含量在 60%以下时，压缩比选（1.5～2）∶1，含量在 70%以上时，压缩比选（3.5～4）∶1。

螺杆加热采取热管，不仅节约能源，且加热平稳。

国外不少知名公司都在研制开发新型的适用于木塑复合材料加工的设备。如意大利的 ICMA，Bausano，美国的 Davis-Standard，Krupp、W&P，德国的 Battenfeld、Cincinatti 公司等，Battenfeld 公司根据双阶挤出机概念推出了行星辊式挤出机组，将行星辊和挤出机并用，可使物料均化，加料稳定和压力控制相互作用，最适于木粉填充树脂的混配。国内南京北化塑料机械公司成功地研制出使用同向平行螺杆挤出机一步法生产木塑复合制品的新技术，填补了国内该领域的空白。

② 模具和辅机　用于木塑制品的模头可以参考 PVC-U 异型材成型用的模头。不同木粉和木粉添加量的材料因性能不同，所以，要根据不同的材料，设计不同的模具。

当木粉含量小于 60%时，模具类似 PVC-U 异型材用的模具，用于门窗 PVC-U 异型材的辅机通常就能用。但是，由于木塑材料流动性差、黏度高、塑性差、硬度大，模具较为简单，端部冷却板可以短一些，以维持较低的熔体压力，从而离模膨胀和热收缩率可以控制在很小的范围。型材挤出后在干定型模后配置一个真空水箱或者真空涡流水箱进行冷却。牵引采用类似于 PVC-U 异型材用的装置，速度控制随壁厚而变。

当木粉含量大于 70%且含有水分时，为保证挤出产品的表面质量，模头和定型模之间不能留有空隙，以防止模头内背压升高。模头上直接装一冷却板，与自由发泡模具类似。中空异型材成型时，要求轴芯延长至短部冷却板。挤出的异型材直接进入真空涡流水箱或真空水箱冷却。冷却速度非常重要，因为决定挤出速度。

高木粉含量的木塑材料，因成型温度低、材料黏度高，常常无需如异型挤出那样的定型和冷却水槽，挤出后只要鼓风冷却即可。

为提高冷却速度最近也采用了独特的定径和真空定型成套设备，还配备有代替通常气冷的水冷浴槽。

挤出成型时采用背压大的锥形双螺杆挤出机，当木粉添加量大于40%时，无需牵引。但成型速度提高时有必要使用定型装置或定扭矩牵引机。

为保证直接加工木粉，生产线配备有可供多达4种成分使用的重量计量系统，它计量木粉、PP和所需的其他添加剂，并通过一个供料单元进入挤出成型机，从而无需进行预先的混配造粒，使木粉材料成本下降了约50%，而整个原材料的成本降低了约35%。一步式直接加工方法也可保证对材料和木纤维极其温和的处理，还能节约机器和能源的成本，从而资本投资成本也大大降低了。

控制系统采用Exc Pro-NT。

③ 表面装饰　为了提高产品的商品价值，挤出的木塑异型材常常需要进行表面装饰。各种表面装饰方法，包括压花、共挤、印刷、贴膜等都可以用于木塑异型材的表面加工。一般压花、共挤可以在线完成，而印刷、贴膜在生产型材后再完成。

木纹表面成型是另一类表面装饰方法，主要流行于日本。其方法有添加具有不同熔融黏度、不同颜色的母料进行混合挤出，也有通过特殊模头设计和工艺条件控制制得木纹，甚至其他纹样，如大理石纹等的表面修饰。

④ 性能　木塑材料的一般性能见表2-19。荷兰Aviplas公司开发的Tech-Wood技术制得的木塑材料性能见表2-20。公司所用的设备是与Cincinnati Extrusion公司共同研究开发的专用挤出机，其生产的Tech-Wood木塑材料中含有60%～80%的木质纤维，树脂是PP。

表2-19　木塑材料的一般性能

性　能	测试标准	单位	指标	备注
密度(发泡)	—	g/cm^3	1.1～1.3(0.7)	
弯曲弹性模量	ASTM D90	GPa	3.6～4.2	
弯曲断裂强度	ASTM D90	MPa	48.8～52.6	
拉伸断裂伸长率	ASTM D90	%	3.6～4.2	
压缩弹性模量	ASTM D695	GPa	1.2～1.8	
压缩强度	ASTM D695	MPa	30.0～40.0	
Izod冲击强度(无缺口)	ASTM D256	J/m	163.9～179.5	
螺钉拔出力	FTI	kg	342	
吸水性(24h水中)	FTI	%	0.2～0.5	地板用可达0%
线膨胀系数	FTI	(mm/mm)/℃	3.5×10^{-5}	
静载荷	ASTM D1185	t	15～20	托盘一般承载2～5
动载荷	ASTM D1185	t	1～4	
工作温度	—	℃	−25～45	
耐用性试验	VT	—	木质托盘的7～10倍	

表2-20　Tech-Wood公司的“Engineered Wood”的性能

性能	测试标准	结果	标准(BRL4101)	备注
弹性模量(理论值)/MPa	NEN-EN 310	7440	3000	
(轴向)/MPa	NEN-EN 310	7020	3000	
弯曲强度(理论值)/MPa	NEN-EN 310	74	30	
弯曲强度(轴向)/MPa	NEN-EN 310	72	30	
粘接强度(理论值)/MPa	NEN-EN 319	1.8	1.0	
粘接强度(轴向)/MPa	NEN-EN 310	1.9	0.2	
拉伸强度(理论值)/MPa	—	455	无标准	
拉伸强度(轴向)/MPa	—	918	无标准	

续表

性能	测试标准	结果	标准(BRL4101)	备注
耐湿性能/因相对湿度引起的尺寸变化				
湿度 65%～35%,长度变化/%		−0.02	−0.3	
湿度 65%～35%,厚度变化/%		−0.31	−6	
湿度 65%～85%,长度变化/%		0.07	0.3	
湿度 65%～85%,厚度变化/%		1.7	6	
热膨胀系数				
线性/$\times 10^{-6}$ K^{-1}		13	100	

另外，木塑材料的阻燃性也可以达到 DIN 的 B2 级，即一般木材的防火标准，如果更好一些，可以达到更高的 B1 级。

表 2-21 所示为 Fasalex 公司添加有 18%生物分解树脂的木粉/高淀粉含量树脂 Fasalex 371 B 的生物分解性。

表 2-21　Fasalex 371 B 的生物分解性

项　目		单位	性能指标	项　目	单位	性能指标
膨润性	水中浸渍 2h 后	%	3.22±2.0	冲击强度	kJ/m^2	6.2±0.8
	水中浸渍 24h 后	%	近似 14	弯曲强度	N/mm^2	38±6
重量增加(水中浸渍 2h 后)		%	4.1±1.2	弹性模量	N/mm^2	4042±1000
密度		g/cm^3	1.3±0.04			

注：$1N/mm^2 = 1MPa$。

⑤ 应用领域和实例　木粉填充挤出成型塑料制品主要用作建筑业、交通运输业、仓储业、农业、游乐设施和军工等领域。

a. 建筑业：各种板材，如建筑铺板（包括平台、路板、垫板）、护样板、建筑模板、天花板、装饰板、踏脚板、壁板、海边铺地板、防潮板等；建筑用异型材，如门框、窗框、窗台、楼梯扶手、栅栏；PVC 窗框等由于其环保上的问题，很有可能被木塑窗所替代，而且预计增长将会相当快。建筑业这一市场将占到木塑复合材料总量的 60%。

b. 交通运输业：各种板材、异型材，如高速公路的噪声隔板、防护栏；船舶座舱隔板、甲板、办公室隔板、储存箱、活动架、百叶窗；铁道防护栏、铁轨枕木；汽车衬垫配件、轨道等。

在汽车中的应用是仅次于建筑业的应用领域，主要用来制造门板，后搁物板、顶篷、高架箱汽车护板等。1975 年意大利在 LANCIA 车和 FIAT 车上首次采用了此种材料和技术后，世界上众多汽车商已相继采用了此种材料，如：如美国的 FORD、GM、CHRYSLER 等；日本的 MMC、ISUZU、TOYOTA、NISSAN、HONDA 等；欧洲的 ZASTAVA、MOSKWICH、CITROEN、MATRA、FIAT、BMW 等；韩国的 KIA、DAEWOO、HYUNDAI 等。20 世纪 80 年代起，国外汽车公司纷纷进入我国汽车行业，此种材料也被引入中国，并首先在上海大众 SATANA 上被采用，现在新桑塔纳、赛欧、奇瑞、帕列奥、英格尔、大发、中意等车型也都有应用。

c. 仓储业：主要用于做托盘，垫板，包装箱等。近几年，由于国家加大了对森林砍伐的控制，木材成本大幅上扬，另外国外对木制托盘的要求越来越苛刻等诸多原因，大大地推动了塑料托盘的发展，而木塑复合材料的托盘因其投资较少，工艺相对简单，成本较低，发展尤为迅速。在中国，托盘作为现代物流业中的新兴产品，具有极其广阔的发展前景，而木塑复合材料的组合托盘，将成为托盘中的一个重要品种。

d. 农业：如大棚支架、槽、水桶、粪勺等。

e. 游乐设施：如地板、道路的栈板、室外露天桌椅、栅栏、庭院梯手等。

f. 军工：如子弹箱等。原来弹箱都采用厚度 1 cm 以上并局部加强的硬制木板制成，重量大、不防潮、不阻燃，这对行军运输储藏都不方便。国外已有采用木塑复合材料生产的弹箱。

木塑材料应用广泛，下面介绍几个实例。

a. 装饰异型材　图 2-7 为奥地利 Neubury/Danube 的 Xaver Grünwald 有限公司生产的商标名为“Click Vision”的木塑装饰边条。

图 2-7　“Click Vision”木塑装饰边条

b. 木塑门窗　木塑门窗是近年开发的一类新型环保节能门窗。门窗经过了木材、钢材、铝材、塑料的发展过程，现在木塑门窗正得到越来越多的关注，其原因在于有如下优点：

- 在极热和极冷的气候条件下不发生凸出、下垂或断裂；
- 无需机械加工、染色、涂料，经久美观，且防腐蚀性好；
- 隔热性好，可达到国家标准Ⅲ级；
- 密闭性好，防水渗透能力达到国家标准Ⅰ级，防空气渗透能力达到国家标准Ⅱ级；
- 坚固性、稳定性优于 PVC-U 窗，抗风压性能可达到国家标准Ⅱ级；
- 节约不可再生的石油资源，可用废弃木屑等制造，为环境友好材料。

各种材料窗户的热传导系数见表 2-22。

表 2-22　各种材料窗户的热传导系数　　单位：kcal/(h・m^2・℃)

木窗	空实腹钢窗	铝合金窗	PVC-U	带冷桥铝合金窗	木塑窗
5.5	5～6(新)	4.9～5	4(单玻)	1.5～2.2	1.7～2.0
	6.5～7.5(旧)	3.8～4.2(中空玻璃)	2.4～2.6(中空玻璃)		

目前，美国 Andersen 公司已拥有专利技术，并正式商业化生产。

韩国大亚机研株式会社采用 PVC-木粉/PVC 复合共挤，型材内层是纯 PVC，外层是木粉/PVC 复合材料组成（含有 40%木粉，50%PVC 树脂和 10%其他添加剂）。外层的厚度为 0.3mm，有仿木花纹，解决了贴膜容易脱落的缺点，内层是 PVC 的，仍然保持了良好的焊接性，用这种挤出型材做门窗，和纯 PVC 型材制作工艺没有任何变化。

c. 木塑托盘　木塑托盘是仓储、运输业广泛使用的消耗性包装制品，国内流通量每年约为 8000 万个，其中，港口用量约 2000 万个。运输包装用的托盘 95%是木制的，每只木制托盘需要消耗木材 0.05m^3，由于环保原因，许多地方封山育林，禁止伐木，木材价格正在上升，另外，近年因为木制品中出现天牛危害，所以木质包装在包装出口产品时，必须要经过蒸煮或高温处理，否则国外拒绝入境。为此，近年塑料托盘替代木质托盘的速度在加快。通常托盘每个 20～35kg，可以采用 PP、PE、PVC 等材料或它们的回收材料，且使用后损坏的产品也可以 100％回收再利用。

木塑托盘与其他材料托盘性能比较见表 2-23。木塑材料制成的托盘尺寸规格与塑料、木材托盘大致相同，见表 2-24。

表 2-23　木塑托盘与其他材料托盘性能比较

性能	木质托盘	钢质托盘	全塑托盘	塑木托盘
刚性与承载能力	较高	高	低	高于木质和全塑
货架储存性	较高	不太适应	不适应	高
耐用性	易腐烂	易锈蚀	较高	7～10 倍于木质
吸水性	高	不吸水	不吸水	不吸水
耐日光老化性	好	好	差	好
耐酸碱性	差	差	优良	优良
耐环境污染性	较差	较好	好	好
维修频度与难易程度	高 方便	较低 难于维修	较低 不能维修	低 方便
可回收性	差	差	可回收,但性能降低大	可回收再生
使用安全性(尖钉木刺等)	差	较差	好	好
结构尺寸灵活性	高	低	低	最高
与现有物流搬运设备适应性	好	很难	很难	好
与自动化物流搬运设备适应性	难	好	难	好
废旧托盘的处理	废弃、交费回收	废弃、交费回收	低价进入回收市场	可以旧换新
市场价格/(个/元)	一次性 50～100 周转仓储 200～350	500～800	250～400	一次性 60～100 周转仓储 180～250
每次使用费用	较高	最高	较低	最低

表 2-24　木塑托盘尺寸规格

规格	长/mm	宽/mm	高/mm	最大载重/t	自重/kg(塑料)
1	1200	800	145	0.65	10.8～11.6
2	1200	1000	145	1.0	15.1～15.3
3	1200	1100	145	1.0	16.4～16.6
4	1200	1200	145	1.0	17.5～18.4
5	1300	1100	145	1.5	18.7～18.8
6	1300	1200	145	1.5	20.4～20.6

上海挤出机械厂的木塑货运托盘生产线，全电脑控制，电器全部采用西门子的，可用废木粉、谷壳、花生壳等磨成粉，以一定比例加入聚乙烯中再挤出造粒、挤出型材，装配成托盘。

d. 木塑夹心缠绕管　木塑夹心缠绕管是中间层为添加 50％木粉的 PE 材料的三层共挤大口径 PE 缠绕管，管材可用于下水管道，能耐 0.5MPa 的压力。夹芯层中的聚乙烯也可采用回收料。缠绕管最大直径可达 4m。

因为韩国出台政府令，从 1999 年起在一些场合禁用 PVC 材料，于是，韩国大山公司开发了这种新型管材。

2.2.2.3　注射成型

(1) 注射成型工艺

木塑材料也可用于注射成型，工艺过程见图 2-8。

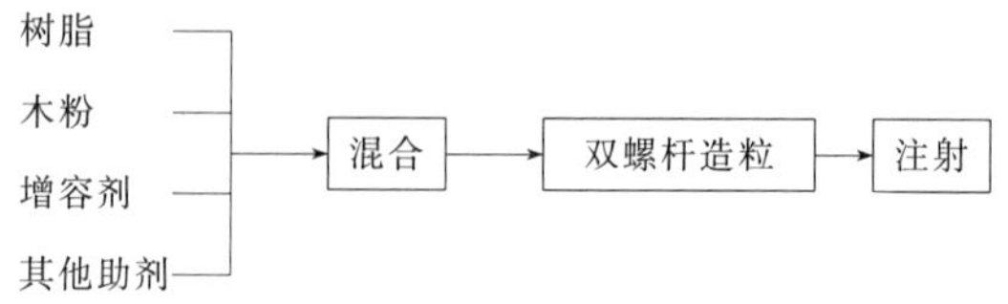

图 2-8　注射成型工艺

奥地利 Austel R & D 公司采用可再生材料在 IFA-Tulln 开发了专门用于注射成型的木塑粒料 Fasal®。Fasal® 是一种木粉和玉米淀粉制得的一种复合材料，含有树脂和少量的天然来源的增塑剂。Fasal® 可在大多数通用注射成型机上成型。Fasal® 有几个牌号：Fasal® 134 是完全可再生原料制得；Fasal® 465 是 Fasal® 134 和通用塑料的掺混物，用于防水成型材料；Fasal®-prosin 是基于天然蛋白质的材料，具有较高的韧性和耐水性。Fasal® 具有生物分解性，以及较好的耐热性，选择适当的牌号，在使用温度 150℃ 下不发生变形。制品表面可进行各种修饰，如涂饰、贴合等。

一般木塑材料的注射成型工艺条件见表 2-25。

表 2-25　注射成型的工艺条件

项　　目	试样数据	项目	试样数据
加热区 1/℃	170	注射压力/bar	1200
加热区 2/℃	190	第一保持压力/bar	1200
加热区 3/℃	210	保压时间/s	15
加热区 4/℃	210	冷却时间/s	15
加热区 5/℃	210	体积流速/(cm^3/s)	35
螺杆速度/(r/min)	136		

（2）注射成型机

普通注射成型机可以用于木粉填充母粒的成型，但是，如果能专门改进，则更好。Demag 公司为木塑材料设计了专用注射成型机。

（3）产品性能

木粉填充材料也可以用于注射制品，其力学性能见表 2-26。

表 2-26　力学性能

项　　目	测试标准	单位	未添加纤维	试样 1	试样 2
拉伸强度	DIN EN ISO 527-1	MPa	32.21	35.21	36.90
拉伸弹性模量	—	MPa	1592.39	2440.45	3887.80
挠曲强度	—	MPa	44.9	49.9	57.7
挠曲弹性模量	—	MPa	1487.90	1987.86	3136.16
缺口冲击强度	DIN EN ISO 179-1	kJ/m^2	4.00	8.53	13.80
邵尔硬度 D	—	—	70	70	71

（4）应用领域和实例

木塑注射成型制品可用于要求热稳定性和坚固耐久的用途，还可用于成型各种仿木制品。另一方面，在一次性应用领域，因为它的可生物分解性，也成为这一领域可选择的材料。具体如荷兰 Tecnaro 公司采用木粉填充塑料母料生产仿木杯垫和工艺品，还有高尔夫球场用钉。

2.2.2.4　热挤冷压成型

热挤冷压成型工艺见图 2-9。

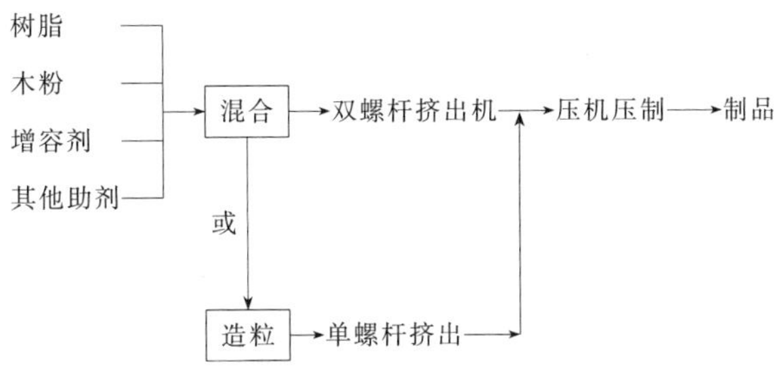

图 2-9　热挤冷压成型工艺

总之，木塑材料制品，或者木制品（高木粉用量的场合）是现有的木材制品和塑料制品的竞争材料，应用领域包括玩具、家具零件、盖子、容器、音乐器材，以及汽车、包装业的应用。另外，也可利用废旧塑料制造木塑制品。

2.2.3　发展前景

木塑复合材料是一种有机合成的高分子材料和天然的高分子材料组合而成的一种新的改性材料，它具有合成高分子材料和无机材料的改性材料相类似的技术要求和特性，同时也具有其自身的一些特性。它将会成为改性塑料的一个新兴的蓬勃发展的重要门类。它可以采用热塑料通常使用的加工方法进行加工。由于木塑复合材料优越性特别是环保性，加工技术，设备的日趋完善成熟及其多样化，其应用将越来越广泛。

木塑制品技术已经趋于成熟，许多开发商正在推广其技术，如拥有木塑挤出技术的著名的美国 Strandex 公司已经将其技术许可发放给了美国、加拿大和日本等国的几家公司。

第 3 章 生物基生物分解塑料

3.1 概述

目前，生物基生物分解塑料主要有几类，第一类就是天然材料直接加工得到的塑料，这类材料已在第 2 章中进行描述；第二类就是微生物发酵和化学合成共同参与得到的聚合物，主要是聚乳酸；第三类就是微生物直接合成的聚合物；第四类就是以上这些材料共混加工得到或这些材料和其他化学合成的生物分解塑料共混加工得到的生物分解塑料。本章所述为后三类材料。

聚乳酸（PLA）的原料乳酸，是由玉米、甜菜、甘蔗和陈米等生物质资源合成的，是生物基塑料的代表之一。PLA 是无色、透明的热塑性聚合物，熔点为 175℃，可采用通用热塑性塑料的加工方法，能进行挤出、注塑等，通过挤出成型将板材制成托盘，还可制成薄膜、纤维、食品包装材料、医用导入管。经过增韧的聚乳酸变得富有弹性，有可能取代聚乙烯、增韧聚氯乙烯和聚丙烯。当单体成分减少以及经过取向后，聚乳酸的弹性模量、热稳定性会有所提高，它的使用寿命也会延长。聚乳酸有比较好的生物分解性，可在堆肥或土壤条件下降解，也能在海水中的微生物吸收。

微生物直接合成的高分子材料主要有如下几类：聚羟基烷酸酯（PHA）、聚氨酸（聚谷氨酸、聚赖氨酸等）、多糖类（细菌纤维素、凝胶多糖、pullulan 等）。

（1）聚羟基烷酸酯

聚羟基烷酸酯（PHA）是生物聚酯里的一大家族，目前已经发现有 150 多种不同的单体结构，新的结构被不断合成出来。虽然 PHA 结构变化多端，物理性能各异，但都具有生物分解性。目前真正实现大规模生产的还只有几种，其发展前途广阔。

（2）聚氨酸

蛋白质是由 20 种氨基酸依次通过肽键结合而成的。用化学合成可以使氨基酸键合，但是无法控制结合顺序，所以一般都称为聚氨酸。聚氨酸的性质跟绢和皮革相似，其 20 种氨基酸主要通过发酵法由微生物制造。但是纳豆菌和放线菌也可以制造聚（γ-谷氨酸）和聚

（ε-赖氨酸）等高分子，化学结构如下。

$$\mathrm{H{-}\!\!\left(NH{-}\underset{|}{\overset{COOH}{CH}}{-}CH_2{-}CH_2{-}\overset{O}{\overset{\|}{C}}\right)_{\!n}\!{-}OH}$$

聚 γ-谷氨酸

$$\mathrm{H{-}\!\!\left[NH{-}(CH_2)_4{-}\underset{NH_2}{\underset{|}{CH}}{-}\overset{O}{\overset{\|}{C}}\right]_{\!n}\!{-}OH}$$

聚 ε-赖氨酸

（3）多糖类

① 细菌纤维素　1886 年，Brown 发现制造食醋的醋酸菌（Acetobacter xylinum）能够生物合成细菌纤维素，其化学结构如下：

$$\mathrm{CH_2OH}\quad\mathrm{CH_2OH}$$

以葡萄糖等多糖为培养介质培养菌体，可在菌体内以 β-1,4 键合成纤维素，以纳米大小直径的纳米原纤维（微纤维）的形式排出体外，形式如图 3-1 所示的网状结构。细菌纤维素制造的薄片，与纸相比在强度上有压倒性的优势，而且是现在能得到的有机物薄片中杨氏模量最高的（表 3-1）。利用这个特性，它可以用于生产扬声器用的音响振动板。

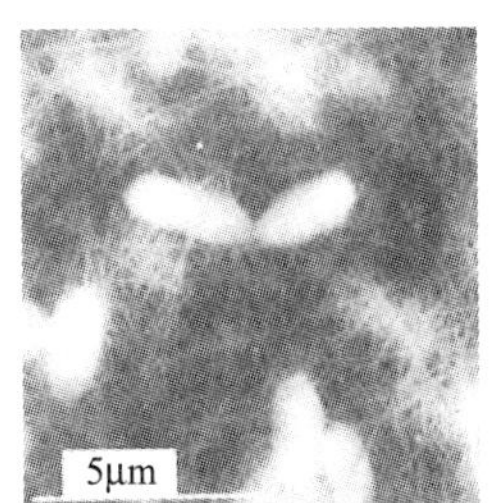

图 3-1　合成细菌纤维素的菌体和纳米纤维的网状结构

表 3-1　细菌纤维素片与聚合物膜等的物性比较

样　　品	拉伸强度/MPa	拉伸断裂伸长率/%	杨氏模量/GPa
细菌纤维素	100～200	1～2	1.5～30
聚丙烯	20～40	300～600	0.6～0.9
聚乙烯对苯二酸酯	60～180	70～100	3～5
赛璐玢	20～100	15～40	2～3
复印纸	3～7	1～8	0.4～1.3

风行一时的低卡路里健康食品“椰果”是由 99%的水加上 1%的细菌纤维素做成的。这是因为，细菌纤维素在自然环境中可以极速分解而在动物体内却不分解。而且，细菌纤维素的结晶化度、纤维密度、定向度都极其高，再加上网状结构的存在使表面积很大，保水性很高，所以在生物反应器、人造皮肤、分离膜等方面很有应用前景。最近的研究中，有把细菌纤维素在丙烯酸树脂/环氧树脂中含浸后作为透明材料增强剂的项目。由于热膨胀系数较低，在显像材料和光通信相关部件材料中的应用也很受期待。

② 凝胶多糖　1966 年由原田等人发现的凝胶多糖，是由微生物（*Alcaligenes faecalis varmyxogenes*）生产的葡萄糖，以聚合度为 400～500 的规模由 β-1,3 键结合而成的多糖，化学结构如下所示。在碱性溶液中可溶，但在水和酒精等有机溶剂中不溶。在水中加热可形成琼脂状固体。凝胶多糖分子是由三重螺旋结构紧密结合起来的，可用于水产类制品和面条等的弹力强化。

③ 普鲁兰（pullulan）　pullulan 是由黑酵母（*Aureobasidium pullulans*）生产的，葡萄

糖三个一组以 α-1，4 键结合，组与组之间再以 α-1,6 键结合，形成阶梯形结构，如下所示。聚合度为 1000～2000，可溶于水，但不溶于酒精和有机溶剂。Pullulan 加热后也不会凝胶化，安全性也很高，所以广泛应用于糊剂和增黏剂等食品领域中。而且，由于它在动物体内不消化，也能被用于低热量食品材料中。

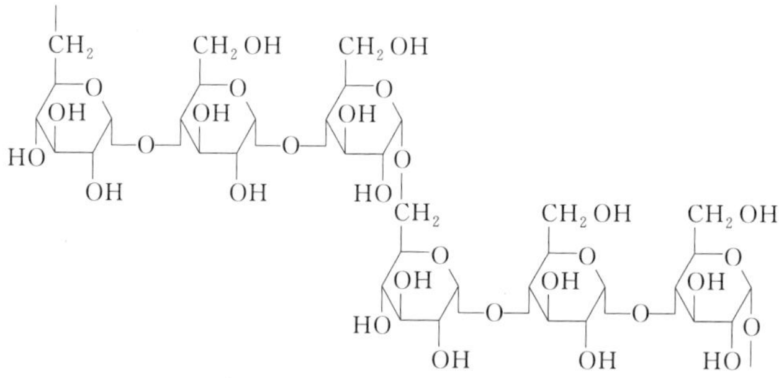

3.2 聚乳酸

聚乳酸（PLA）是当前可生物分解高分子材料中性价比最高，新兴生物塑料市场中产能规模最大、应用最广的品种。PLA 的原料乳酸，经过生物发酵法制备，工艺成熟成本廉价，广泛应用于食品添加领域。PLA 作为热塑性材料，力学性能和透明性类似于聚苯乙烯（PS）或聚（对苯二甲酸乙二醇）酯（PET）。PLA 可以采用与通用塑料相同的方法加工，如注塑、挤出成型、吸塑、吹塑、纺丝、双向拉伸等，PLA 经过增韧改性后可吹膜加工获得薄膜产品。此外，PLA 是一种具有良好的生物相容性与生物可吸收性的医用材料，广泛应用于药物缓释、手术缝合线、组织支架、骨科修复、运动医学固定材料等领域。基于巨大的市场需求和良好的产业化应用前景的推动，PLA 在合成、性能、改性与加工等相关领域的研究，取得了一系列重要的进展。

3.2.1 乳酸

乳酸又称 2-羟基丙酸，具有一个手性碳原子中心，因此分为 *D*-乳酸（右旋）、*L*-乳酸（左旋）两种，如下所示。目前国内市售的乳酸多为外消旋 *DL*-乳酸，即 *D*-乳酸与 *L*-乳酸的混合物。*L*-乳酸能完全被人体所代谢吸收，无任何毒副作用。乳酸可用于食品、制药、纺织、制革、环保和农业中，其产品主要用作酸味剂、调味剂、防腐剂、鞣制剂、植物生长调节剂、生物分解材料 PLA 和手性药物合成的原料。

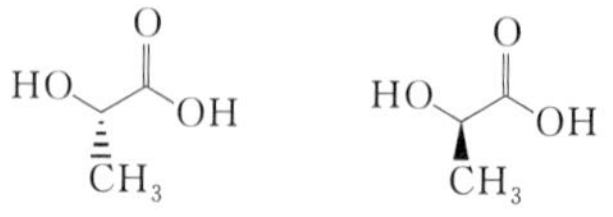

(*S*)-乳酸 *L*-(+)-乳酸　　(*R*)-乳酸 *D*-(−)-乳酸

工业生产乳酸可分为发酵法和化学合成法。发酵生产法，通过调控乳酸菌种及发酵条件，可以单独生产 *L*-乳酸、*D*-乳酸，或生产一定比例的 *L*-乳酸、*D*-乳酸混合物或外消旋体；化学合成法则生成外消旋乳酸，即 *DL*-乳酸。酶法生产乳酸虽可以专一性地得到高光学纯度的 *L*-乳酸或 *D*-乳酸，但工艺过程比较复杂，应用到工业上还有待于进一步完善。微生物发酵法，可通过菌种和培养条件获得具有立构专一性的 *D*-乳酸或 *L*-乳酸或是两种异构体以一定比例的混合物，以满足不同市场的需要。另外发酵生产法除能以葡萄糖、乳糖等单糖为原料，还可以淀粉、纤维素为原料发酵生产乳酸，利用这些可再生资源生产不会导致大气中二氧化碳的净增加，从而减少温室效应。因此，微生物发酵法生产乳酸因其具有原料来源广泛，生产成本低、产品光学纯度高、安全性高等优点，成为生产乳酸的主要方法。

3.2.1.1　乳酸发展现状

我国现有乳酸和乳酸盐生产能力约 30 万吨每年，产量约为 20 万吨每年。国内近几年乳酸消费市场增长较快，主要应用在如下领域：香精香料行业（生产乳酸乙酯）约占总消费的 40%；制药工业，包括红霉素林格氏液（平衡液）输液、乳酸罗氟沙星、乳酸钙、乳酸锌等，食品饮料工业应用乳酸基本处于起步阶段，但近年来发展也较快，包括乳酸、乳酸钙等盐类添加使用，使用的重点企业包括娃哈哈、乐百氏、喜之郎、春都集团等。乳酸的其他用途包括皮革脱灰及烟草工业的纺织印染业等。乳酸乙酯、乳酸丁酯用作溶剂，主要用于各类高档漆，具有使漆光亮等特点，另外，还可作为溶剂用于油田管道清洗。

乳酸全球总产能约为 60 万吨，远远超过市场需求量。科碧恩-普拉克（Corbion-Purac）是世界上最大的乳酸供应商，在荷兰、西班牙、巴西、美国都有生产厂，2007 年在泰国建立了 10 万吨乳酸厂，可扩建到 20 万吨的设计产能。随着泰国生产工厂的建成，荷兰和西班牙的工厂转为生产高端产品如医药级的衍生物、丁二酸和 *D*-乳酸等。美国嘉吉（Cargill）公司于 2001 年后陆续建成共计 18 万吨产能的 *L*-乳酸厂，专门供应 NatureWorks 的 15 万吨聚乳酸厂，其乳酸并不对外销售。美国发酵大户 ADM（Archer Daniels Midland）及比利时格拉特（Galactic）公司也有数万吨级乳酸厂供应全球。法国 JBL（Jungbunzlauer）公司，从柠檬酸供应商进军乳酸，目前拥有 1.5 万吨乳酸及 5000t 乳酸衍生物产能。爱尔兰 Cellulac 公司在 2013 年底，以酿酒废麸或乳清废液生产乳酸，已建 1000t 中试线，希望扩建至 2 万～10 万吨。日本武藏野是唯一用化学法合成消旋的 *DL*-乳酸及其酯类的企业，其他生产商多以发酵法生产 *L*-乳酸（光学纯度 96%～99%）。

3.2.1.2　乳酸的性质

乳酸分子同时具有羟基（—OH）和羧基（—COOH），因此易发生分子内和分子间的酯化反应。酯化反应的存在，导致乳酸溶液由单个乳酸分子、乳酸二聚体、乳酸内酯（丙交酯）以及乳酸低聚物等组分组成，上述组分的相对含量与含水量相关。乳酸的物理性质如表 3-2 所示。

表 3-2　乳酸的基本物理性质

性　　质	参　　数
分子量	90.08
熔点/℃	18(外消旋乳酸),53(*L*-或 *D*-乳酸)
溶解性	与水、乙醇或乙醚能任意比混溶,不溶于氯仿
热焓/(kJ/mol)	16.8(*L*-乳酸)
沸点/℃	122(14mmHg)
液态密度(20℃)/(g/mL)	1.224 (100%过冷溶液),1.186(80.8%水溶液)
黏度/mPa・s	28.5(25℃,85.3%水溶液)
pK_a	3.86

3.2.1.3　乳酸的生物发酵法

生物发酵法生产乳酸具有底物成本低的优势，底物主要以淀粉为原料，还可以葡萄糖、糖蜜、纤维素等为原料；生产过程温度温和，能耗低。同时，该生产方法产酸速率较快，产量较高，且通过筛选合适的细菌可以合成特定的乳酸同分异构体。发酵法生产的乳酸占总产量 90%以上。发酵法生产乳酸的原理如图 3-2 所示。

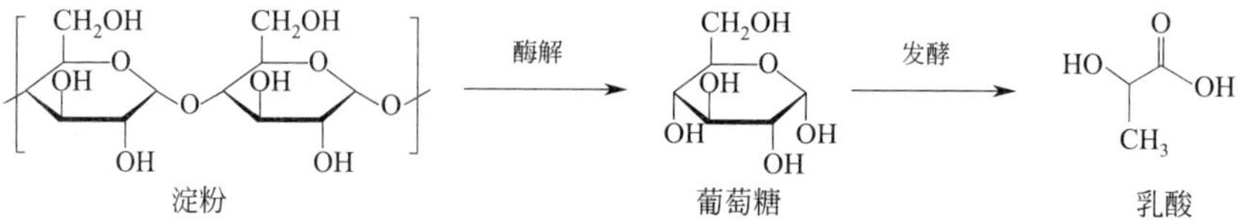

图 3-2　发酵法生产乳酸示意图

传统的钙盐法生产乳酸的发酵工艺为：首先将淀粉糖化，接入筛选的菌种后，再加入碳酸钙调节剂中和生成的乳酸，维持 pH 值在 5.0～5.5，让菌种在适合产酸的 pH 值下发酵，而乳酸转化成乳酸钙并溶解于发酵液。发酵结束后通过碱中和，过滤，脱色，硫酸酸化，纳滤，离子交换，浓缩，分子蒸馏等手段提取得到纯品乳酸。发酵法的关键是菌种的选择与乳酸分离。发酵生成乳酸的菌种主要有细菌和根霉；乳酸分离方法包括萃取、吸附、膜渗析和分子蒸馏等。

（1）乳酸发酵菌株

发酵法主要分为细菌发酵法、根霉发酵法及基因工程酵母发酵法。

① 细菌发酵法　细菌的乳酸发酵分为同型发酵和异型发酵。同型发酵的乳酸菌具有醛缩酶，发酵终产物以乳酸为主，这一类乳酸菌最具有商业化生产乳酸的潜力。葡萄糖经糖酵解降解为丙酮酸，丙酮酸在乳酸脱氢酶的催化作用下还原为乳酸。此发酵过程中，1mol 葡萄糖可生成 2mol 乳酸，理论转化率为 100%。在异型乳酸发酵菌作用下，葡萄糖发酵生成乳酸，同时还有副产物乙醇、乙酸和 CO_2 等生成。在同型乳酸菌作用下葡萄糖发酵原理，如图 3-3 所示。

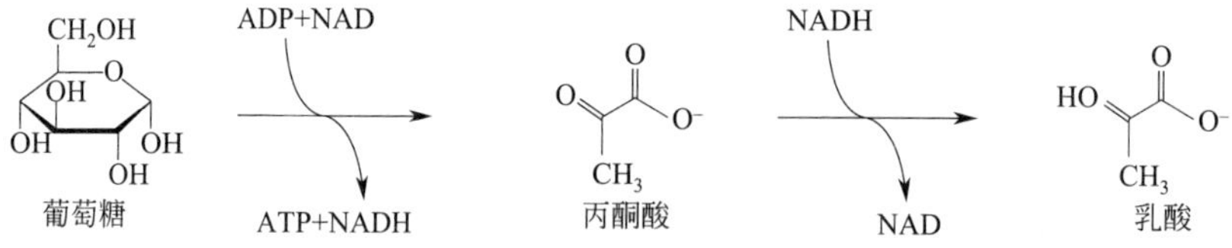

图 3-3　在同型乳酸菌作用下葡萄糖发酵原理图

ATP—三磷酸腺苷；ADP—二磷酸腺苷；NAD—烟酰胺腺嘌呤二核苷酸；NADH—烟酰胺腺嘌呤二核苷酸（还原态）

② 根霉发酵法　根霉发酵法多采用米根霉。米根霉的菌丝发达，游离细胞发酵过程中霉菌会形成很大的菌丝团，使得菌体与发酵液易于分离，缺点是易引起氧及其他营养物质的传递困难，造成产酸速率低、生产不稳定。固化米根霉发酵，可使菌丝均匀地分布于固定介质上，缓解上述难题。据报道，用气升式反应器固定米根霉生产乳酸，通过调控接种量和碳酸钙的加入量，进而调节根霉的生长形态，最终达到生产较高浓度的乳酸的目的。此外，通过间歇提取乳酸浓度较高的发酵液，同时再补加一定量的底物至发酵液中，也可提高乳酸的产量。

根霉菌与乳酸菌相比，具有淀粉分解能力，利用淀粉原料时可省去糖化操作，发酵过程乳酸的消旋作用低，有利于制备高光学纯度的 *L*-乳酸。根霉菌可利用再生资源生产乳酸，如糖蜜、未处理的淀粉原料和木质纤维素等。

乳酸的发酵生产已经形成了功能完整的体系。通过选育生产菌株，菌种的多样性在不断扩充，很多耐受高浓度底物和高浓度产物及耐受低 pH 值的乳酸高产菌株得到应用。分子克隆技术和代谢工程方法的应用，也为选育高产菌株提供了新的途径。经过改造的基因工程菌株对底物的利用范围得到了拓宽，许多可回收利用且廉价资源不断地被开发并应用于乳酸的发酵生产。发酵工艺的不断改进降低了生产成本，而提取工艺的进步大大提高了乳酸的回收率。

(2) 发酵液中乳酸的分离

发酵过程中，乳酸持续产生导致发酵液的 pH 值不断降低。当 pH<5 时，产酸受到抑制；为提高乳酸产率，需要控制发酵液的 pH 值。传统维持适宜 pH 值的方法是用 $CaCO_3$ 来中和乳酸。近年来，溶剂萃取分离法（油酸、叔胺等为萃取剂）、吸附法（离子交换树脂、活性炭、高分子树脂等）、膜分离（渗析、电渗析、中空纤维超滤膜、反渗透膜等）等方法取得快速发展，上述提取工艺的进步则为乳酸的高效发酵生产提供了保障。

① 萃取分离法　是在发酵过程中利用有机溶剂连续萃取出发酵产物，以消除产物抑制的耦合发酵技术。萃取分离法具有能耗低、溶剂选择性好、无细菌污染等优点。常用的萃取剂有十二烷醇、油醇、叔胺等。随着细胞膜上有机溶剂的积累，细胞膜结构可能会被破坏，细胞内的蛋白质可能会变性，代谢过程中所需各种酶的活性可能会受到抑制。寻找对细胞毒害作用小甚至是无毒的萃取剂，是充分发挥萃取分离纯化技术的关键。

② 吸附法　是在发酵过程中用吸附剂（如活性炭、离子交换树脂等）吸附分离乳酸。吸附法分离乳酸的优点是可直接原位分离乳酸，选择性高，操作简单、易于实现自动控制等优点，具有较强的竞争力。据报道，以沸石膜为吸附剂从发酵液中原位分离获得乳酸，收率为 65%；该方法简单易行，吸附剂可重复利用，且节省附加分离设备，显示了其应用潜力。然而吸附法分离乳酸，存在设备费用高、回收效率低等缺点，特别是发酵液中的阴离子（如 SO_4^{2+}、Cl^- 等）会与乳酸根竞争吸附活性点。因此寻找价格低廉且能高效吸附乳酸根的吸附剂，并提高收率，是该方法需要重点解决的问题。

③ 膜分离法　膜分离法把发酵与乳酸分离这两步过程耦合起来，在发酵过程中产生的乳酸通过膜连续移出，保持发酵液中较高的细胞浓度，明显提高了生产效率。细胞循环可以使用不同类型的膜，如：渗析（依靠扩散排阻）、电渗析（依靠离子排阻）、微滤和超滤（依靠分子排阻）等。膜分离法已取得了较好的研究成果：乳酸体积产出率达到 30g/(L·h)、产品浓度高达 90g/L。该方法具有的优点如下：a. 不易发生反混现象；b. 避免了菌体与萃取剂的直接接触，具有更好的生物适应性；c. 生产过程不用搅拌；d. 利用纤维筛、超滤滤膜等辅助材料实现菌体的循环利用，同时将乳酸从发酵液中移走，有助于获得较高的细胞浓度，更有助于建立高自动化的乳酸生产模式。

④ 分子蒸馏提纯　乳酸自身挥发性较差，采用常规蒸馏操作存在温度高、受热时间长、分离效率低等缺点。分子蒸馏属于高真空蒸馏技术，它特别适合于乳酸这类高沸点、热敏性及易氧化物质的分离，克服蒸馏过程中导致的聚合、分解和消旋化等作用。对于规模化乳酸的生产，分子蒸馏技术优于超临界萃取、柱层析分离等技术。通过分子蒸馏提纯乳酸，可使蛋白质和重金属完全脱除，同时除臭脱色，最终获得高纯度的乳酸。

3.2.1.4　乳酸的化学合成法

20 世纪 50 年代，日本首先采用化学合成法生产乳酸。但很不幸由于各种原因这种方法的竞争力逐渐下降，目前几乎所有的乳酸都采用发酵法生产。化学合成法中最具有现实意义的是乳腈法（乙醛-氢氰酸合成法），如图 3-4 所示。该方法采用乙醛与氢氰酸在碱性催化剂作用生成乳腈，粗乳腈通过蒸馏回收纯化并用浓盐酸或硫酸水解为乳酸，副产物为氨基酸，粗乳酸用甲醇酯化得到乳酸甲酯，精馏后再水解为乳酸。

$$\mathrm{CH_3CHO + HCN \longrightarrow CH_3CH(OH)CN \xrightarrow[H_2O]{H_2SO_4} CH_3CH(OH)COOH}$$

$$\downarrow \mathrm{CH_3CH_2OH}\ \text{蒸馏}$$

$$\underset{\text{乳酸}}{\mathrm{CH_3CH(OH)COOH}} \xleftarrow[\text{水解}]{\mathrm{H_2O}} \mathrm{CH_2CH(OH)COOCH_2CH_3}$$

图 3-4　乙醛-氢氰酸合成法合成乳酸

乳酸其他的化学合成法包括糖的碱性催化水解、丙烯乙二醇氧化、乙二醇的硝酸氧化等。化学合成法的缺点是产品为外消旋乳酸，即 *DL*-乳酸。另外，合成法所用的原料是乙醛和剧毒物氢氰酸，尽管美国食品和药物管理局（FDA）已将合成乳酸列为安全品，但人们依然对合成法生产的乳酸的安全性表示担忧。

3.2.2　聚乳酸的合成

目前，聚乳酸（PLA）的主要合成方法如图 3-5 所示。归纳起来，主要有两个途径：①一步法，乳酸通过溶剂共沸的方法发生脱水缩合得到高分子量 PLA；或者乳酸通过直接缩聚先得到低分子量的 PLA，通过扩链反应后得到高分子量的 PLA，一步法也称为缩聚法。②两步法，将乳酸进行脱水低聚后裂解，得到粗丙交酯，然后经过纯制、开环聚合，得到高分子量 PLA，也称为开环聚合法。

3.2.2.1　缩聚法

缩聚法制备 PLA 过程中，乳酸分子之间直接脱水缩合，去除小分子水，使反应向聚合的方向进行。缩聚法可以分为三个主要阶段：①脱除自由水，②低聚物缩聚，③熔融缩聚得到较高分子量 PLA。乳酸缩聚制备 PLA 的过程是一个可逆反应，反应过程中存在着未反应的乳酸、水、PLA 和丙交酯的平衡。随着反应进行到末期，体系的黏度不断增加，导致传质传热变差，体系中除去水变得困难。同时，体系中伴随着一系列副反应，如酯交换反应可能形成不同尺寸的环状产物，进而导致该方法只能获得分子量较低的 PLA。通过在反应后期添加扩链剂的方法，可以得到高分子量的 PLA，但产物性能与开环聚合法得到的 PLA 性能上会有所不同，同时，增加生产成本和工艺复杂程度。所使用的扩链剂中含有双活性官能团，能够与 PLA 缩聚物的端羟基或羧基反应，使 PLA 的分子链段增长。对于 PLA 而言，常用扩链剂有二异氰酸酯类、双噁唑啉类和双环氧类化合物等。

缩聚法早在 20 世纪 30～40 年代就已开始研究，但涉及反应过程中产生水难以完全脱除等关键技术尚未完全解决，故产物的分子量较低（均低于 4000），力学强度极低，易分解，实用性差。日本昭和高分子公司将乳酸在惰性气体中慢慢加热升温并缓慢减压，使乳酸直接脱水缩合，并使反应物在 220～260℃、133Pa 下进一步缩聚，得到分子量 4000 以上的 PLA。但该法反应时间长，产物在后期高温下会分解，变色，且分子量分布较宽。日本 Mitsui Toatsu Chemicals. 公司采用共沸脱水，将乳酸直接缩聚得到高分子量的 PLA。生产过程中需要高沸点溶剂带水，反应结束后还需要减压除去未反应的单体和溶剂，生产过程复杂且不环保，对设备要求高。

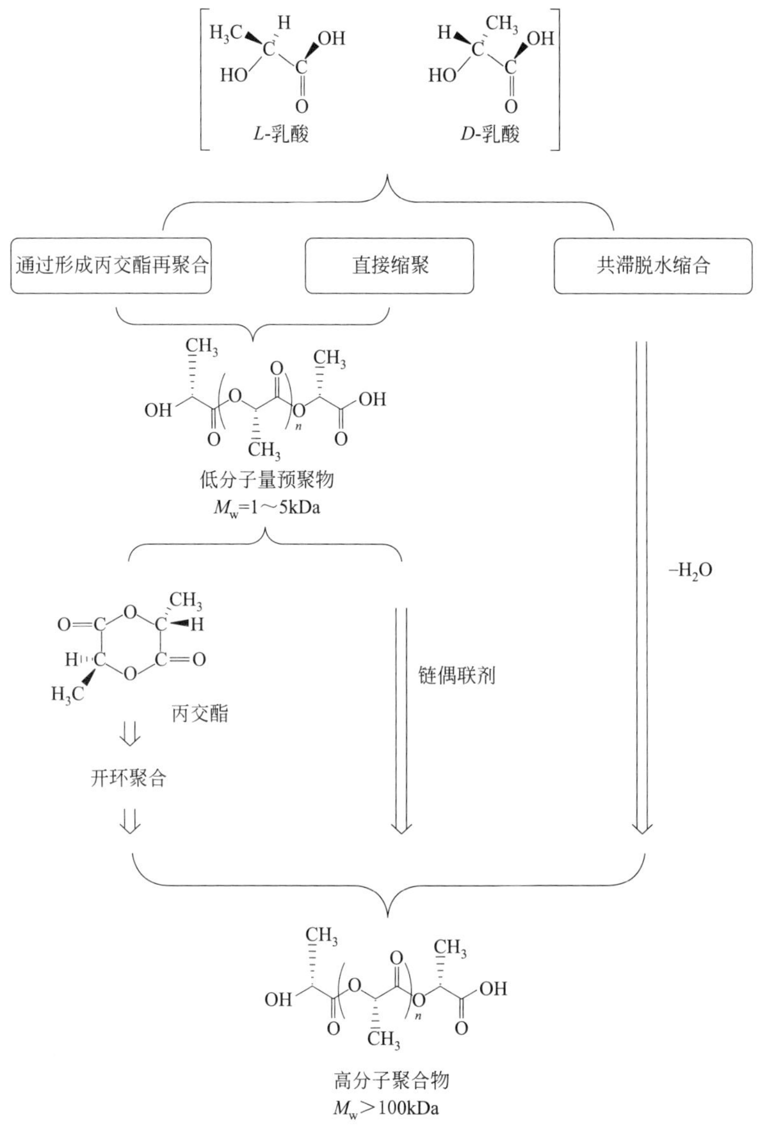

图 3-5　聚乳酸的主要合成方法示意图

3.2.2.2　开环聚合法

丙交酯开环聚合制备高分子量 PLA，是目前工业上生产的主要工艺，被认为是最简单且具有可重复性的工业化技术。该方法将乳酸的低聚物裂解得到粗丙交酯进行提纯（包括精馏、重结晶、熔融结晶、化学纯化等），获得聚合级丙交酯，然后进行可控的开环聚合；聚合过程可以调控 PLA 的分子量、分子链结构形态和物理化学性质。该方法通过熔融本体聚合技术实现，整个生产过程中不采用溶剂，聚合结束后采用高真空脱除未反应的单体，聚合物通过造粒、干燥后可以直接作为产品销售。目前美国 NatureWorks 公司年产 14 万吨生产线和中国浙江海正生物材料股份有限公司年产 2.0 万吨的聚乳酸生产线均采用该技术。

（1）丙交酯的化学结构

乳酸经过两个分子间脱水反应生成环化二聚体，通常被称为丙交酯（3,6-二甲基-1,4-二氧杂环己烷-二酮）。丙交酯中有两个手性碳原子，因此其具有三种不同的光学异构：*L*-丙交酯（*L*-lactide，*L*-LA），*D*-丙交酯（*D*-lactide，*D*-LA），内消旋丙交酯（*meso*-lactide，*meso*-LA）。其中，*L*-LA 和 *D*-LA 的熔点均为 96～98℃，*meso*-LA 的熔点为 53℃。另外，*L*-LA 和 *D*-LA 等比例的混合物称为外消旋丙交酯（*rac*-lactide），其熔点高达 125℃。丙交酯的立体化学结构，如下所示。

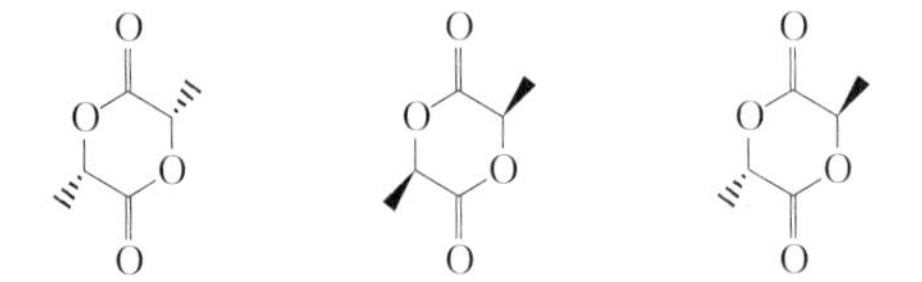

(*S*-*S*)-lactide　(*R*-*R*)-lactide　(*S*-*R*)-lactide

"*L*-lactide"　"*D*-lactide"　"*meso*-lactide"

50∶50 混合=*rac*-lactide

（2）丙交酯的物理性质

L-丙交酯（$C_6H_8O_4$），白色针状或片状晶体，熔点 96～98℃，沸点 250～260℃，易溶于氯仿、乙醇，不溶于水，易水解，易聚合，应低温保存，是合成 PLA 的中间体。表 3-3 给出了 *L*-乳酸和丙交酯的一些物理性质。

表 3-3　*L*-乳酸和丙交酯的物理性质

样　品	熔点/℃	比旋光度$[\alpha]_D^{22}$/(°)①	样　品	熔点/℃	比旋光度$[\alpha]_D^{22}$/(°)①
L(+)-乳酸	26	+2.6	*D*(+)-丙交酯	96～98	+297
D(-)-乳酸	26	−2.6	*meso*-丙交酯(内消旋)	53	0
DL-乳酸	16.8	0	*DL*-丙交酯(外消旋)	125	0
L(-)-丙交酯	96～98	−297			

① 苯溶剂中 22℃测定。

（3）丙交酯的制备

乳酸通常是 80%～95%的水溶液。制备丙交酯时，将乳酸水溶液加热脱出溶液中的自由水，再加入脱水催化剂缩聚脱除分子内水形成乳酸低聚物，催化剂包括如 $AlCl_3$、$FeCl_3$、$FeCl_2$、BF_3、BBr_3、$AlBr_3$、$TiBr_4$、Sn（Oct）$_2$、$SnSO_4$、$SnBr_4$、$SnCl_2$、$SnCl_4$。乳酸缩聚通常在减压条件下进行，产生的水不断从反应器中蒸出，乳酸低聚物分子量不断增加；然后乳酸低聚物在高温裂解，减压蒸馏收集丙交酯。裂解温度为 170～250 ℃，体系的压力保持在 400～650 Pa。最近比利时鲁汶大学 Michiel Dusselier 等人报道利用分子筛择形催化剂，将乳酸直接环化反应获得丙交酯，这将大大简化丙交酯的制备工艺。

由于低聚物裂解得到的丙交酯含有少量乳酸及其低聚物，难以满足聚合要求，因此，需要将粗丙交酯进行纯化，工业上常用的纯化方法有精馏和结晶两种。精馏是通过丙交酯与杂质之间气液两相平衡过程分配系数的不同，将轻重组分与主体丙交酯分离的纯化手段。精馏具有操作简便，易于实现连续操作，成本低等优点，但由于其操作温度较高，副反应多，丙交酯异构体之间分配系数差别小，很难得到高纯度的丙交酯。结晶法根据是否有溶剂的参与又可分为溶剂重结晶和熔融结晶两种方式，溶剂重结晶具有设备简单、操作方便的优点，但其生产过程中引入溶剂，容易产生环境污染，产品收率较低。而熔融结晶具有收率高、副产物少、废弃物易于回收利用等优点，所得产品纯度高，是工业应用较多的纯化方法。但熔融结晶的设备投资比较大。

(4) 聚乳酸生产的工艺流程

丙交酯的聚合工艺流程是从乳酸的多级浓缩开始，同时发生酯化反应缩聚，所产生的低聚物因受热发生解聚而形成丙交酯；丙交酯开环聚合生成 PLA。但 PLA 中残余的单体会引起 PLA 快速降解。因此要在高温高真空条件下脱除单体，最终形成 PLA 产品。其工艺流程示意如图 3-6 所示。

德国的研究者以 $MgBu_2$ 为催化剂，甲苯或二噁烷为溶剂，低温下引发 *L*-丙交酯或*DL*-丙交酯的开环聚合，得到数均分子量达到 3×10^5 的 PLA。由于 Mg^{2+} 与人体的新陈代谢完全相容，因而该方法是合成医用聚乳酸较好的聚合工艺。丙交酯的聚合已经成功采用熔融本体聚合、溶液聚合、悬浮聚合技术，这些聚合方法都有各自的优缺点，但熔融本体聚合是最简单、高效的聚合方式。

高分子量的 PLA，主要采用丙交酯开环聚合生产方法。该工艺具有分子量可以精确控制，副反应少，产品色度好，反应过程易于控制等优点，适合大批量的工业化生产。NatureWorks 基于卡吉尔的研发技术，成为全球最大的 PLA 生产商。其他主要的 PLA 生产商包括中国的浙江海正生物材料股份有限公司，日本的帝人以及韩国的 Toray 等公司。这些公司均是采用丙交酯开环聚合方法得到高品质的 PLA。也有公司（如 Mitsui Toatsu Chemicals Inc.），曾经尝试采用溶剂共沸脱水来生产高分子量的 PLA。

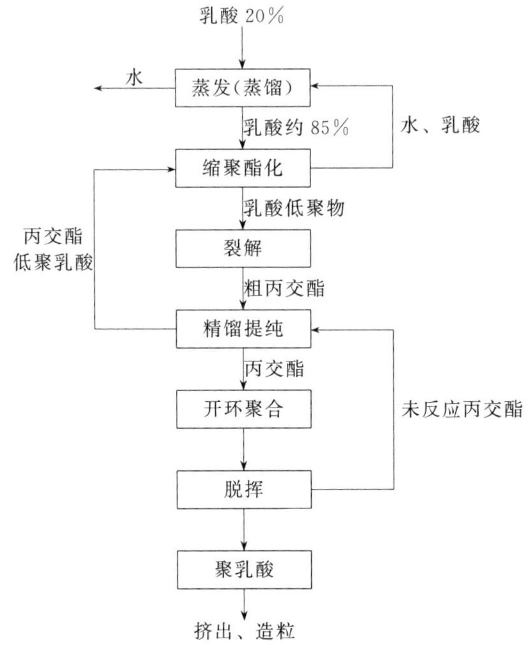

图 3-6 聚乳酸合成工艺流程示意图

(5) 丙交酯开环聚合的催化剂

丙交酯为单体进行开环聚合的方法，选择合适的催化体系，能够实现高单体转化率，并且可以控制聚合物的分子量，最高可以制得分子量上百万的 PLA。通过多年的研究，人们根据聚合机理的不同，将开环聚合主要分为以下几种类型。

1) 阳离子聚合

用于丙交酯开环聚合的阳离子催化剂主要有：①质子酸类，如 HCl、HBr、RCOOH、

RSO_3H 等；②路易斯酸类，如 $AlCl_3$、BF_3、$FeCl_3$、$ZnCl_2$ 等；③烷基化剂类，如$(CH_3)_2I^{(+)(-)}SbF_6$、$CF_3SO_3CH_3$、FSO_3Me、FSO_3Et、$EtO^{(+)}BF_4^{(-)}$ 等；④酰基化剂类，如 $CH_3CO^{(+)}OCl_4^{(-)}$ 等。聚合机理是引发剂提供 H^+ 进攻丙交酯环外氧生成氧鎓离子，按烷氧键断裂方式形成阳离子中间体，从而进行链增长。由于链增长是在手性碳上，外消旋化不可避免，而且消旋化程度随着温度的升高而增加。虽然很少量的引发剂就有足够的活性促进阳离子聚合，但很难获得高分子量，因此，丙交酯的阳离子聚合并不是一种有吸引力的方法。

在 20 世纪 80 年代，Hofman 等利用 $(CH_3)_2I^{(+)(-)}SbF_6$ 作为催化剂，引发己内酯聚合时，对聚合物进行了红外光谱和核磁共振表征，发现聚合物末端含有酯基（$—COOCH_3$）。因此，Hofman 等提出了一种新的聚合机理：烷基化剂引发内酯的聚合，催化剂首先使环外面的氧原子烷基化，然后随着烷氧键的断裂使分子链不断增长，机理如图 3-7 所示。

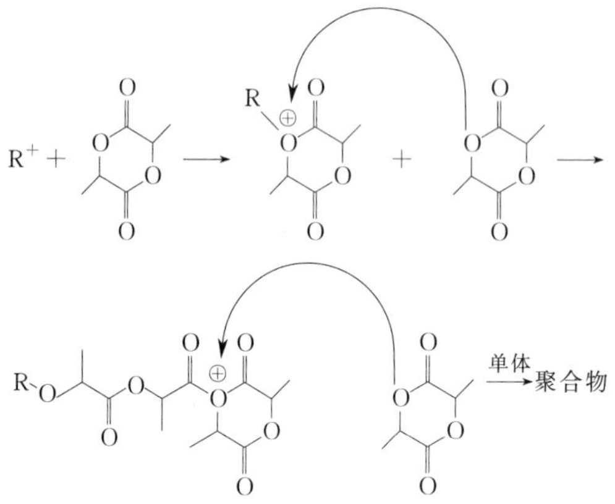

图 3-7　丙交酯的阳离子开环聚合机理

2）阴离子聚合

丙交酯开环聚合的阴离子催化剂主要是碱金属和碱土金属的烷氧化物。碱金属和碱土金属本身的电负性很小，所以金属与烷氧基之间靠离子键键合，溶液体系中就会以金属正离子和烷氧基负离子的形式存在。六元环丙交酯的阴离子聚合具有活性聚合特征，聚合体系易于控制；聚合机理是催化剂中负离子亲核进攻丙交酯的酰基碳原子，发生酰氧键断裂而开环的方式，聚合产物端基是烷氧基。烷氧基钾作为阴离子催化剂，虽然可以引发丙交酯开环聚合；同时烷氧基负离子可以从单体 α 位夺取一个氢，而失去氢的单体并不稳定，还会重新将氢夺回，所以便发生了消旋化。聚合过程中还会发生链转移、链终止等其他副反应，从而很难得到高分子量的 PLA，且分子量分布很宽。丙交酯的阴离子聚合机理，如图 3-8 所示。

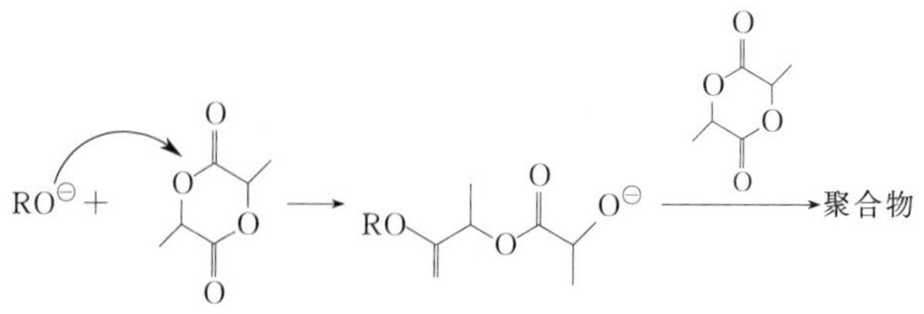

图 3-8　丙交酯的阴离子开环聚合机理

3）配位催化聚合

阴离子聚合的副反应非常多并且复杂，会发生分子内和分子间的酯交换、链转移、消旋化、还会发生“反咬现象”，这些副反应使得到的聚合产物分子量降低，分子量分布变宽，严重影响了聚合物的物理化学性质和加工性能。近年来，人们发现利用除碱金属之外的其他金属（如铝、锌、锰、锡、钙、铁和稀土金属等）的配位型化合物对丙交酯进行聚合时，往往得到很好的效果，配位金属化合物在溶液中以配位离子对的形式存在，在反应过程中金属与配体都参与反应，能够有效减少聚合过程中副反应的发生。辛酸亚锡［$Sn(Oct)_2$］是目前应用最为广泛的羧基金属催化剂，在含有活性氢的醇类做引发剂时，可以催化内酯的开环聚合。

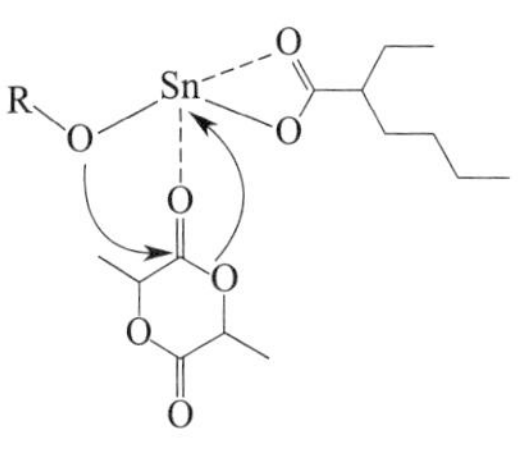

图 3-9　$Sn(Oct)_2$ 催化丙交酯的开环聚合机理

$Sn(Oct)_2$ 催化丙交酯的开环聚合机理，被广泛认可为活性种机理，如图 3-9 所示。充当引发剂的醇首先与金属锡进行配位，通过可逆反应达到平衡，产物是辛酸和锡的烷氧基化合物，然后，亚锡的烷氧基化合物则作为真正的催化剂来引发内酯单体进行开环聚合反应。

$$Sn(Oct)_2 + ROH \rightleftharpoons OctSnOR + OctH$$

目前这一开环聚合机理获得较多研究成果支持，例如：①$Sn(Oct)_2$ 与醇比例保持不变的情况下，丁醇-$Sn(Oct)_2$ 体系和锡辛酸-丁氧基锡体系催化聚合反应速度相当，得到聚合产物分子量也相当；②利用 $Sn(Oct)_2$ 做催化剂对内酯和交酯进行聚合时，没有醇存在时聚合反应进行缓慢，醇的加入可以使聚合速度增加；③利用基质辅助激光解吸电离飞行时间质谱（MALDI-TOF-MS）直接检测到了聚合过程中存在锡的烷氧化物。

以席夫碱金属配合物做为催化剂，丙交酯的立体选择性聚合得到有序结构聚合产物（包括全同立构、无规立构、不均匀有规立构、嵌段立构和间同立构）获得深入的研究。丙交酯的立体选择性聚合，借鉴具有单一活性点的烯烃立体选择性聚合催化剂的机理，可以总结成通式：Ln-M-R。其中：Ln 代表一个惰性的有机配合物；M 是活性金属中心；R 是引发种。在聚合过程中，惰性有机配合物 Ln 是与活性金属中心 M 相配合，可以控制聚合反应的速率、分子量、分子量分布、选择性和聚合物的立体化学等。例如，长春应用化学研究所陈学思研究员等开发出了一系列具有三个活性点的丙交酯立体选择性聚合的席夫碱催化剂，合成嵌段立构 PLA，催化剂结构式如下所示。

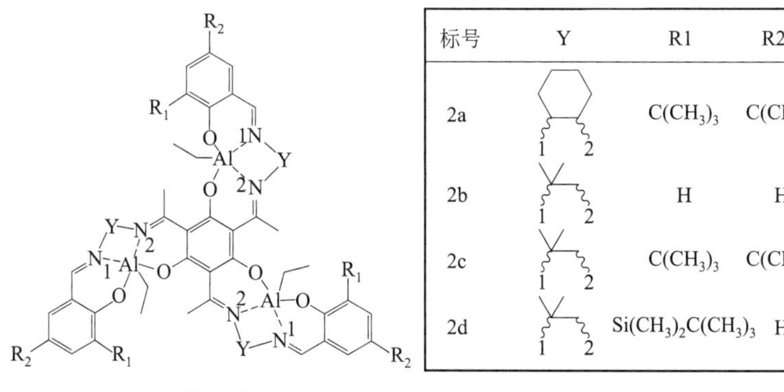

2a～2d

标号	Y	R1	R2
2a	1 2	$C(CH_3)_3$	$C(CH_3)_3$
2b	1 2	H	H
2c	1 2	$C(CH_3)_3$	$C(CH_3)_3$
2d	1 2	$Si(CH_3)_2C(CH_3)_3$	H

该三中心催化剂，可实现对外消旋丙交酯（*L*-丙交酯与 *D*-丙交酯）的高选择性催化聚合，全同立构连接概率（P_m）可达 0.98，反应活性高（$k_p=15.4L \cdot mol^{-1} \cdot min^{-1}$），催

化剂用量低（0.01mol%）。合成的聚乳酸立构物熔点达到220℃，是目前采用外消旋丙交酯合成的最高熔点的PLA。

丙交酯的开环聚合中，研究最多的催化剂是Sn和Al的羧酸盐和醇盐，而辛酸亚锡（2-乙基己酸亚锡）的研究最深入。用于丙交酯聚合的亚锡化合物虽然高效，但具有一定毒性，还有一些基于毒性更低的Ca、Mg、Fe和Zn的催化剂也具有很高的效率。然而，其中很多催化剂能够引发PLA消旋反应的发生，尤其在高温条件下消旋化更为严重。

除了金属催化剂外，有机催化剂和生物酶催化剂也陆续开发出来，用于丙交酯的开环聚合反应。目前脂肪酶催化剂作为新型的非金属催化剂受到了广泛的关注。很多脂肪酶已经商业化，例如：*Porcine pancreas lipase*，*Pseudomonas cepacia lipase*，*Pseudomonas fluorescens lipase*，等等。2001年，IBM Almaden研究实验室Nederberg等人报道了包括叔胺、三级膦和氮杂环卡宾等一系列的亲核有机试剂催化丙交酯开环聚合反应，通过优化选择合适的催化剂种类和聚合反应条件，可以实现丙交酯的活性聚合。

3.2.2.3 聚乳酸合成新方法

近年来，开发更高速、更廉价的高分子量聚乳酸生产方法受到广泛关注。为此，采用微波辐射、激光和超声波等方法作为聚乳酸合成新方法，从而降低传统聚合反应方法对高温和极低压力的需求。据报道，微波辐射法在促进聚乳酸合成方面的作用最为显著。由于微波能够快速均匀的直接加热分子，减少副反应的发生，提高反应产率，减少副产物。在这一方向中，微波辅助开环聚合技术由于加热均匀、效率高，被认为是一种新兴的绿色可行的制备聚乳酸的方法。Liu等人首次实现微波加热*DL*-丙交酯（DLLA）的聚合，发现其聚合速率明显快于常规加热的聚合速率。Singla等利用微波法和体积排除色谱成功合成了数均分子量为7.6×10^4的聚乳酸。Dubey和同事分别以辛酸亚锡、三苯基膦和1-十二醇作为催化剂、助催化剂和引发剂的前提下，在丙交酯的反应挤出过程中施加微波能，通过该方法在微波条件下合成聚乳酸的转化率和数均分子量分别约为80%和3.47×10^4。而无微波参与条件下合成的聚乳酸的转化率和分子量分别为62%和3.1×10^4。此外，根据Nagahata团队的报道，通过微波缩聚法有助于在30min内获得重均分子量为1.6×10^4的聚乳酸。

3.2.2.4 聚乳酸的大规模生产

由于用于获得聚乳酸的聚合缩聚和开环聚合方法具有若干优点和缺点，因此聚乳酸的工业生产策略是两种方法的结合。因此，缩聚方法可以用来聚合乳酸，从而获得低分子量聚乳酸。随后，在催化步骤中的高温和低压条件显示促进聚乳酸的解聚，这导致环二聚体（丙交酯）的合成。纯化的环状二聚体经过开环聚合，形成高分子量（$<10^6$Da）的聚乳酸。据制造业的领导者NatureWorks公司介绍，通过无溶剂工艺生产1.4×10^5t/a的数均分子量为1.22×10^4Da的聚乳酸。此外，丰田（岛津公司）通过熔融缩聚和开环聚合方法相结合，产物重均分子量为2.89×10^5Da，生产能力为100t/a。此外，一些公司，如PURAC生物材料公司（荷兰）、Hycail公司（荷兰）、Cereplast公司（美国）和Ingenta-Fisher公司（德国）等，生产少量的聚乳酸，Jamshidian和同事对此进行了核实。最后，值得一提的是，最终应用决定了具体方法的选择。例如，通过开环聚合方法获得的具有高分子量的聚乳酸将适合于包装应用，而通常通过缩聚方法获得的低分子量使得聚乳酸适合于优选高生物分解性的医疗应用。

3.2.3　聚乳酸的性能与表征

3.2.3.1　聚乳酸的分子结构

乳酸有 *L*(+) 和 *D*(−) 两种旋光异构体，两种异构体等量混合物称为 *rac*-乳酸（外消旋乳酸）。相应形成 *L*-、*D*-和 *meso*-丙交酯（内消旋丙交酯）三种光学异构体。前两个异构体等量混合物称为 *rac*-丙交酯（外消旋丙交酯）。由于聚合所用的丙交酯单体立体结构不同，相应获得聚 *L*-乳酸（PLLA）、聚 *D*-乳酸（PDLA）和聚 *DL*-乳酸（PDLLA）（包括间规立构的和无规立构的 PDLLA）。聚乳酸的立体化学结构，如下所示。由等量的 PLLA 和 PDLA 能形成 PLA 立体复合物（*sc*-PLA）。这些分子链的立体结构直接决定了聚乳酸材料的性能，对聚合物的热性能、阻隔性和力学性能等有极深的影响。

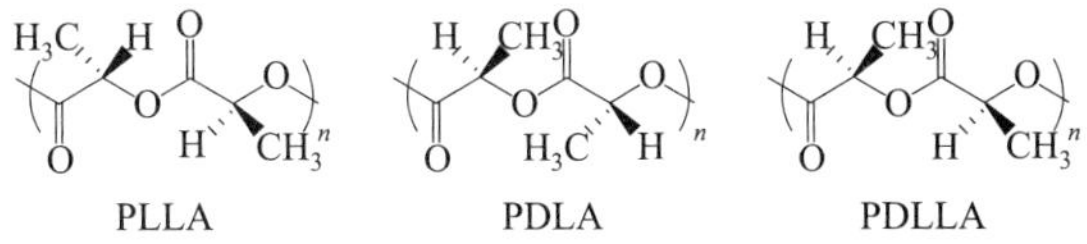

PLLA　　PDLA　　PDLLA

PLA 可表现出两种最大顺序的结构：全规立构和间规立构。具有全规立体结构的 PLLA 和 PDLA 均为热塑性结晶高分子聚合物，结晶度高达 40%，但材料硬而脆，不利于加工。不同比例的 PDLA 和 PLLA，或者 *meso*-丙交酯的嵌入，在一定程度上改变了聚合物的立构规整性，对聚合物性能影响很大。无定形的 PDLLA 就是由于 PDLA 和 PLLA 在 PLA 链中随机排列，破坏了结构的规整性，在结晶性结构中引起缺陷，降低了材料的结晶能力，因而是非晶型的透明材料。目前出售的低光学纯度的 PLA 商品，一般都是 *L*-、*D*-和 *meso*-丙交酯的无规共聚物，光学纯度会影响 PLA 的各种性能，光学异构的 PLLA 和 PDLA 之间，由于它们的强相互作用会发生立体复合，形成 PLA 立体复合物（*sc*-PLA），*sc*-PLA 的性能与 PLLA 及 PDLA 有显著的不同。表 3-4 列举了不同立体构型的 PLA 一些性质参数。高光学纯度的 PLLA 或 PDLA 的熔点（T_m）为 175～180℃，而平衡熔点（T_m^0）约为 207℃。通常由于 PLLA 或 PDLA 光学纯度不够高，或是 PLLA 或 PDLA 的结晶不够完善，致使其熔融温度区间为 130～180℃，或者成为无定型材料。100%结晶 PLLA 的熔融焓为 93.6J/g。

表 3-4　不同立体构型的聚乳酸的物理性能

项　目	PLLA 或 PDLA	PDLLA	*sc*-PLA
密度/(g/cm^3)	1.25～1.30	1.2～1.3	1.21～1.34
T_g/℃	60～65	43～58	65～72
T_m/℃	～180	—	200～240
ΔH_m(结晶度%=100%)/(J/g)	93.6	—	142
结晶度/%	10～40	—	—
断裂伸长率/%	2～10	5～10	2.6
拉伸强度/MPa	50～70	40～53	53
杨氏模量/GPa	3～4	1.9	—
弯曲强度/MPa	100～120	84～88	—
弯曲模量/GPa	4～5	—	—
降解时间(自然环境)/月	36～60	3～6	—
溶解度参数(25℃)	19～20.5	21.2	—
比旋光度$[\alpha]_D^{25}$(氯仿)/(°)	−156	—	—
水蒸气透过率(25℃)/[g/(m^2·d)]	80～172	—	—
溶解性	溶于：二噁烷、乙腈氯仿、二氯甲烷、1,1,2-三氯乙烷、二氯乙酸、乙酸乙酯；热的乙苯、甲苯、丙酮、四氢呋喃；结晶的 PLA 不溶于丙酮、乙酸乙酯、四氢呋喃	溶于：二噁烷、乙腈氯仿、二氯甲烷、1,1,2-三氯乙烷、二氯乙酸、乙酸乙酯；热的乙苯、甲苯、丙酮、四氢呋喃	溶于：六氟异丙醇

3.2.3.2 结晶

(1) 均聚物的结晶

只要PLA的立体规整度足够高，本体或溶液中的PLA就会结晶。PLA结晶度、晶体大小和形态均影响制品的性能（如冲击强度、开裂性能、透明性等）。现已发现PLA有3种晶格结构，即α晶型、β晶型、γ晶型，它们分别具有不同的螺旋构象和单元对称性。PLA是一类多晶型材料，采用不同的热处理方法及改变外界条件，可形成多种结晶结构。

α晶型为PLA最稳定的结晶结构，它可以在熔融、冷结晶以及低温溶液纺丝等过程中形成。广角X射线衍射显示，PLA的α晶型在2θ为12.5°、14.8°、16.9°、19.1°及22.5°等处有结晶衍射峰，这分别代表PLA的α结构的103、010、200/110、203、210晶面衍射，该结构中PLA分子链采用左旋10_3螺旋构象，其晶胞结构参数为$a=1.06\sim1.07$nm，$b=0.61\sim0.65$nm，$c=2.7\sim2.9$nm，晶胞中PLA分子链的构象为左旋的10_3螺旋（每3个乳酸单元上升10×10^{-10}m），晶轴之间的夹角$\alpha=\beta=\gamma=90°$，属准正交晶系，其单晶呈六边形片层形貌。

β晶型可在高温溶液纺丝过程中形成，它也是一种稳定的晶型，最先由Eling等提出。只有在高温、高拉伸率的情况下，α晶型才能够转变成β晶型。β晶型的晶胞结构参数a、b、c分别为1.031nm、1.821nm、0.900nm，晶轴之间的夹角α、β、γ均为90°，是斜方晶体，分子链构象为左旋的3_1螺旋（每个乳酸单元上升3×10^{-10}m），每个晶格包含6个螺旋。β晶型的熔融温度为175℃，稳定性稍逊于α晶型。β晶型属于三角晶体，a、b、c分别为1.052nm、1.052nm、0.88nm，α和β均为90°，γ为120°，每个晶格中含有3条3_1螺旋。

利用结晶基材六甲基苯诱导PLA结晶，可以得到γ型外延性结晶。γ晶型的分子构象为3_1螺旋，每个晶格中含有2条螺旋，晶胞结构参数a、b、c分别为0.995nm、0.625nm、0.880nm，晶轴之间的夹角α、β、γ均为90°，属于斜方晶体。详细的PLA的结晶结构主要参数列于表3-5中。

表3-5 聚乳酸不同的结晶结构基本参数

晶型	晶系	链构象	晶胞参数						理论密度/(g/cm³)
			a	b	c	α	β	γ	
α	准正交	10_3螺旋	1.07	0.645	2.78	90	90	90	1.247
α	正交	10_3螺旋	1.05	0.61	2.88	90	90	90	1.297
α	正交	—	1.078	0.604	2.873	90	90	90	1.285
β	正交	3_1螺旋	1.031	1.821	0.90	90	90	90	1.275
β	三方	3_1螺旋	1.052	1.052	0.88	90	90	90	1.277
γ	正交	3_1螺旋	0.995	0.625	0.88	90	90	90	1.312
sc	三斜	3_1螺旋	0.916	0.916	0.870	109.2	109.2	109.8	1.274
sc	三方	3_1螺旋	1.498	1.498	0.870	90	90	90	1.274

(2) 聚乳酸立构复合物的结晶

聚乳酸立体复合物不仅具有生物分解性、生物相容性，也具有比纯PLA更佳的理化性能，故一经发现立即引起广泛重视。迄今为止，人们已经了解到立体复合物为三斜晶系，晶胞参数$a=b=0.916$nm，$c=0.870$nm；$\alpha=\beta=109.2°$，$\gamma=109.8°$，其单晶为三角形。复合结构中两条分子链呈3_1螺旋结构，按照反平行的方式交替排列（图3-10）。PDLA与PLLA形成复合物（sc-PLA）结晶需要PDLA及PLLA分子链中同时含有至少7个相同手性的重复单元，而要形成均聚物 PDLA 或 PLLA 结晶至少需要 11 个结构相同的单元。PDLA/PLLA 共混物中立体复合物熔点更高、结构更致密、结晶速率更快，是因为 PDLA 分子链中的羰基氧能够与 PLLA 中甲基氢形成氢键作用（反之亦然，图 3-11）。共混物中 PLA 分子量较小时，如小于 5×10^3，立体复合物优先形成，PLA 分子量大于 60×10^3 时，共混物发生相分离，出现均聚物 PLA 的单独结晶。

图 3-10　立体复合物的结晶生长方式

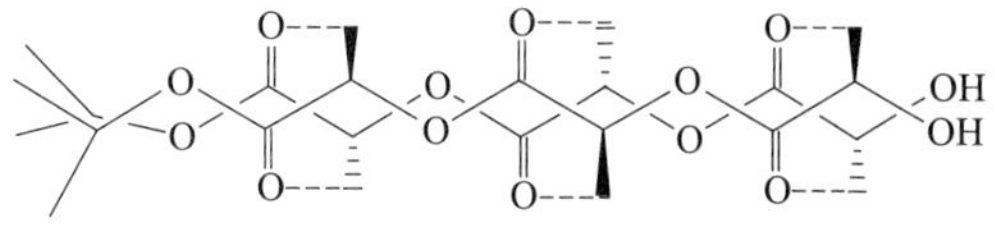

图 3-11　PLLA/PDLA 立体复合的方式

3.2.3.3　热性能

（1）玻璃化转变温度

立体异构的 PLA 的玻璃化转变温度（T_g）取决于分子量、共聚的丙交酯单体组成和序列分布，当分子量达到 100 以上时，PLA 的 T_g 达到稳定值。$M_n=430$ 的 PLA 的 T_g 为 −8.0℃，而 $M_n=22\times10^3$ 的 PLA 的 T_g 为 55.5℃。通常不同分子量 PLA 的 T_g 通过 Flory-Fox 公式计算，见式（3-1）。

$$T_g=T_g^{\infty}-K/M_n \tag{3-1}$$

式中，T_g^{∞} 为 M_n 为无穷大时的 T_g；K 为高分子链末端基团过剩自由体积常数。

高分子量 PLA 的 T_g 为 43～62℃。Feng 等研究不同立构的丙交酯单体的无规共聚 PLA，得出了 T_g 与共聚的丙交酯单体立构组成关系的经验关系式，如式（3-2）所示。

$$\begin{aligned}T_g=T_{g(0)}&-24.17\times\frac{\text{LLA\%}+\text{DLA\%}-|\text{LLA\%}-\text{DLA\%}|}{2\times(\text{LLA\%}+\text{DLA\%})}\\&-18.72\times\frac{\text{mLA\%}}{\text{mLA\%}+\dfrac{\text{LLA\%}+\text{DLA\%}+|\text{LLA\%}-\text{DLA\%}|}{2}}\end{aligned} \tag{3-2}$$

当 LLA%>DLA%时，式（3-2）简化为式（3-3）：

$$T_g = T_{g(0)} - 24.17 \times \frac{DLA\%}{(LLA\% + DLA\%)} - 18.72 \times \frac{mLA\%}{mLA\% + LLA\%} \quad (LLA\% > DLA\%) \tag{3-3}$$

式中，$T_{g(0)}$ 为纯 PLLA 或 PDLA 的玻璃化转变温度,℃；DLA%为共聚时 D-丙交酯的含量；LLA%为共聚时 L-丙交酯的含量；mLA%为共聚时 *meso*-丙交酯的含量。

(2) 熔融温度

材料的热性能，如熔融温度（T_m），熔融焓（ΔH_m）和结晶度（X_c）等是反映结晶区和无定型区堆砌的重要参数。聚合物的 T_m 随着其晶片厚度（l_c）升高而升高，T_m 和 l_c 之间的关系能够用 Thomson-Gibbs 公式表达：

$$T_m = T_m^0 [1 - 2\sigma_e / (l_c \rho_c \Delta H_m^0)] \tag{3-4}$$

式中，T_m^0 为平衡熔点，K；σ_e 为比折叠表面自由能；l_c（nm）$=0.288\times(0.8\times M_n)/72.1$；$\rho_c$ 为晶体密度、ΔH_m^0 为熔融焓。

Feng 等研究不同立构的丙交酯单体的无规共聚 PLA，得出了 PLA 的 T_m 与共聚的丙交酯单体的立构组成关系的经验关系式，如式（3-5）所示。

$$T_m = T_{m(0)} - 480.73 \times \frac{DLA\%}{(LLA\% + DLA\%)} - 308.20 \times \frac{mLA\%}{mLA\% + LLA\%} \quad (D\% \in [0, 12\%]) \tag{3-5}$$

式中，$T_{m(0)}$ 为纯 PLLA 或 PDLA 的熔点,℃；DLA%为共聚时 D-丙交酯的含量；LLA%为共聚时 L-丙交酯的含量；mLA%为共聚时 *meso*-丙交酯的含量。

3.2.3.4 力学特性

同其他高分子类似，聚乳酸的物理状态和力学性能受温度的影响。对于高分子量无定形的 PLA，如图 3-12 所示，在 β 松弛温度 T_β 以下时，材料是完全脆性的；在 $T_\beta \sim T_g$ 之间，材料由于物理老化，会变脆；在 110～150℃之间，材料从橡胶态向黏流态转变；当温度超过 215℃，材料开始热分解。

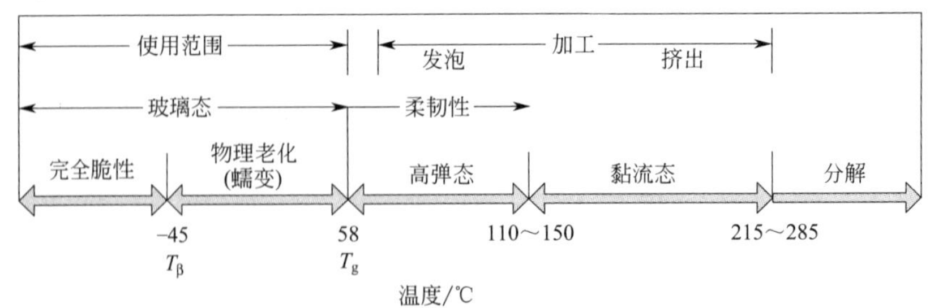

图 3-12 高分子量无定形聚乳酸的亚稳态结构

对于半晶性的 PLLA，如图 3-13 所示，在 $T_\beta \sim T_g$ 之间，材料的无定形区仍然会发生物理老化；T_g 是脆性断裂和韧性断裂的转变点；T_m 受 D-型含量的影响在 130～207℃范围内变化。

PLA 的力学性能主要依赖于分子量、立构规整性、结晶度、晶体厚度、球晶尺寸、分子链取向程度等。当 PLA 分子量较低时，PLA 的拉伸强度和弯曲强度随分子量增加而增大，当分子量超过一定值以后，则不再变化。Perego 等报道当 PDLLA 和无定形的 PLLA

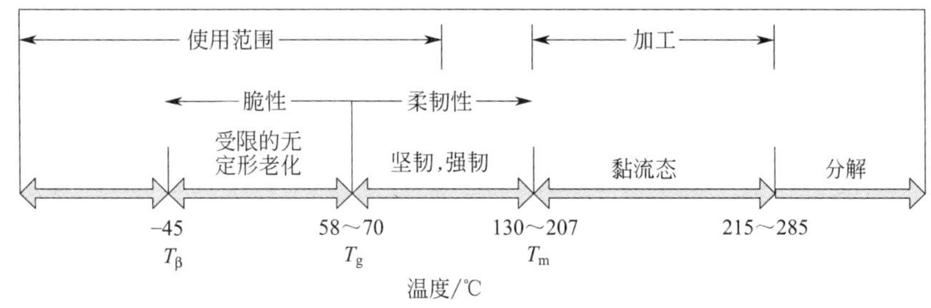

图3-13　高分子量半晶性聚乳酸的亚稳态结构

的分子量分别高于35000和55000时材料的弯曲强度趋于稳定。要使PLA具有可实用的力学强度，其分子量至少是可缠结分子量的两倍。PLA的力学性能受其热历史的影响，表3-6给出了非晶型PLLA、退火处理PLLA和非晶型PDLLA的力学性能。由表3-6可知，立构规整性好的材料强度较高，而退火处理能使材料的拉伸强度和冲击强度明显提高。

表3-6　热历史对聚乳酸力学性能的影响

项目	PLLA	退火的PLLA	PDLLA
拉伸强度/MPa	59	66	44
断裂伸长率/%	7.0	4.0	5.4
弹性应力/MPa	3750	150	3900
屈服强度/MPa	70	70	53
弯曲强度/MPa	106	119	88
无缺口冲击强度/(kJ/m^2)	195	350	150
缺口冲击强度/(kJ/m^2)	26	66	18
洛氏硬度	88	88	76
热变形温度/℃	55	61	50
维卡软化点/℃	59	165	52

通常状态下，聚乳酸的力学性能同聚苯乙烯（PS）或聚（对苯二甲酸乙二醇）酯（PET）等聚合物类似，具有较高的力学强度和模量，较低的断裂伸长率和冲击强度，是一种硬而脆的高分子材料。脆性是目前扩展PLA作为通用塑料使用范围的主要瓶颈。表3-7列出了PLLA的基本力学性能及与其他高分子材料的比较。由表3-7可见，PLA的力学性能与聚乙烯（PE）、聚丙烯（PP）的力学性能相当。由于其来源于可再生资源，具有优良环境相容性和生物分解性，有望成为石油基非降解型高分子材料的替代品。

表3-7　聚乳酸和其他高分子材料的力学性能比较

项目	PLLA	PET	PS	PP	PE
拉伸强度/MPa	65	55	45	30	12
断裂伸长率/%	5	200	3	＞230	150
杨氏模量/GPa	2.13	1.96	1.96	1.09	0.07
弯曲强度/MPa	100	90	80	35	5
弯曲模量/GPa	3.38	2.65	3.19	1.07	—
冲击强度/(kJ/m^2)	2.45	4.9	3.45	2.45	50
维卡软化点/℃	60	70	100	65	—

3.2.3.5　流变特性

聚合物的熔融流变学是聚合物加工的要素，如纤维纺丝、挤出吹膜、热成型和流延成膜等加工操作过程受到聚合物流变特性的影响较大。因为 PLA 的热降解和应力作用下的剪切降解，给 PLA 的流变性能测定带来极大困难，通常加入加工稳定剂来提高 PLA 的加工稳定性，如亚磷酸酯、环氧化合物等。PLA 的临界缠结分子量非常高，以含有 98% L-乳酰单元的 PLA 为例，其临界缠结分子量达到 9×10^3。PLA 的熔融黏度有较高的温度依赖性，但是在低剪切范围内对剪切频率依赖小，显示出牛顿流体行为。这是因为 PLA 分子链刚性大，链段较长，在黏度高的熔体中取向阻力大，不易取向，因而黏度变化小。高分子量 PLA 的熔体黏度在剪切速率为 10～50r/s 时大约为 500～1000Pa·s。PLA 是典型的假塑性高分子材料，即在较低的剪切速率下符合牛顿流体特性，在较高的剪切速率下发生剪切变稀现象。半结晶比无定型的 PLA 往往有更高的剪切黏度。随着剪切速率的增加，PLA 熔体黏度大大降低。Dorgan 等对 PLA 的流变性能进行了大量研究，测定了材料的动态、剪切和瞬时黏度。PLA 的流变性能强烈依赖于分子量、温度和剪切速率。对高 L-含量的 PLA ［M_w＝（100～120）$\times10^3$］的熔融流变性能研究发现指数方程 $\eta_0=AM_w{}^n$ 的指数 n 为 3.6，很接近理论预期值 3.4。高 L-含量的 PLA 显示较大的 Hencky 应变，没有断裂，在变形期间表现出明显的应变硬化现象。应变硬化是加工操作中的一种重要特性，如纤维纺丝、流延成膜和吹膜等。Yamane 等和 Rahman 等分别研究了添加 PDLA 对 PLLA 熔融流变学的影响。PDLA 和 PLLA 产生立体复合作用，PDLA 在 PLLA 中充当引发长链支化的介入交联点，导致分子量的增加。少量 PDLA 就能使复合物体系的黏度增加，这种复合物也显示了应变硬化现象。共混体系的零剪切黏度随着 PDLA 的增加而增加，当含量为 50%时出现最大值。低分子量 PDLA 对 PLLA 剪切流变行为的影响更明显。Ramkumar 等研究了 PLA 的流变行为，PDLLA 比 PLLA 有更高的弹性，导致更长的松弛时间，PDLLA 的缠结密度比 PLLA 更高。

PLA 的流变性能也能够通过聚合物链上引入支化到而改善。支化 PLA 表现出比线型聚合物更高的零剪切黏度。这种行为对支化 PLA 而言是通过在末端区长时间的聚合物链松弛引发的。支化 PLA 表现更强的剪切变稀行为，导致在更高剪切速率下较低的黏度。许多方法已经用来在 PLA 中引入支链，如多官能团的聚合物引发剂，多羟基环脂类引发剂，以及通过过氧化物引发的自由基加成交联反应等。线型和支化结构 PLA 共混物的流变性能被广泛研究。对线型结构，关联复数黏度对剪切黏度关系的 Cox-Merz 规则在较宽的剪切速率和频率范围内是有效的。支化结构 PLA 偏离 Cox-Merz 方程，而共混物显示中等偏离行为。零剪切黏度和弹性（通过可恢复的剪切柔量来测定的）随着支化 PLA 含量增加而增加。对于线型结构的 PLA，柔量与温度无关，但是这种现象对于支化和共混材料明显不同。Carreau-Yasuda 模型能够用来模拟线型 PLA 以及线型/支化 PLA 共混物的黏度和剪切速率的关系：$\eta=C_1[1+(C_2\gamma)^{C_3}]^{(C_4-1/C_3)}$（式中，$\eta$ 为黏度；γ 为剪切速率；C_1、C_2、C_3、C_4 为材料参数）。线型/支化 PLA 共混物的拉伸和热性能没有降低，而流变性能发生改变，这一结果暗示可以通过不同分子结构的 PLA 共混达到对流变特性的精确控制。

3.2.4 聚乳酸的改性

聚乳酸由于自身具有较高的拉伸强度和压缩模量、质硬、韧性较差，缺乏柔性和弹性、耐热性差等一些缺陷影响了其加工性能和应用；另外，PLA 的化学结构缺乏反应性官能团，不具有亲水性，降解速度需要控制，因此需要对 PLA 进行适当的改性处理以适应实际应用。

通常 PLA 的改性方法一般有化学改性和物理改性。化学改性主要是通过对聚乳酸的表面改性、共聚、接枝交联等途径改变其主链化学结构或表面结构来改善其可加工特性；物理改性主要是通过添加改性剂及其他一些生物材料等改变 PLA 的可加工性能。由于化学改性相对较为复杂（也比较难控制），与化学改性相比，共混改性工艺更简单经济，实际生产过程中往往还是以共混改性最为常见。

物理改性主要是从 PLA 的增塑和耐热方面入手。PLA 的抗冲击性和耐热性差，在室温下是一种较脆的热塑性材料，弹性模量很高，约 3GPa。国内常见的增塑手段是以添加柠檬酸三丁酯、聚乙二醇（PEG）、低聚物丙三醇等，来提高 PLA 的柔韧性和抗冲击性能。这些材料分子量相对较小，易迁移，材料耐水性也易变差，我们不建议使用上述增塑剂来改善 PLA 的柔顺性。生产中通过添加结晶成核剂、无机填料和其他一些生物分解高分子共混可以提高 PLA 的抗冲击性和耐热性。另外，对于片材和膜类，通过拉伸改变取向度和结晶度也能提高抗冲击性和耐热性，并能保持其较好的透明度。

3.2.4.1　改善耐冲击性、韧性

在为数不多的绿色塑料中，柔韧性的材料被要求有较好的耐久性和强度，刚硬性的材料则要求有耐冲击性和柔韧性。其中来源于生物质的 PLA 是一种刚硬性的材料，若赋予其一定的耐冲击性和柔韧性后，用途将十分广泛，几乎可以跟聚烯烃、PET 和 PS 一样得到大范围的应用。PLA 是一种半结晶性的聚合物，通常的改性剂大部分由于迁移析出现象的存在导致改性效果无法持久，而且会影响 PLA 的透明度。共混增韧时首先需要考虑材料之间的相容性、成型流动性、材料降解性能、透明性、成本、食品接触安全性等因素。抗冲击性改性材料必须具备较低的 T_g。实际生产中以不破坏 PLA 的生物分解性为前提，将 PLA 与生物分解高分子材料，如：PBS、PBAT、PCL、PHA 等共混来提高聚乳酸的柔韧性和抗冲击性。改性剂用来吸收冲击来达到提高耐冲击性的效果。通过改变添加量调节改性 PLA 材料的刚性与韧性的平衡。上述材料和 PLA 共混形成的共混材料是增韧组分为分散相、PLA 为连续相的“海-岛”分散结构，图 3-14 为加入改性剂的聚乳酸的电镜照片。虽然合金抗冲击性能提高，但由于分散相的平均粒径通常较大，妨碍了可见光的透过，材料的透明性受到损失。另外，聚乳酸与上述共混材料的相容性欠佳，共混过程中需适当添加相容剂来改善上述材料之间的相容性。实际生产中解决的关键在于提高增韧剂和 PLA 的相容性，当然，如果使增韧剂在 PLA 基体中的分散相尺寸减小，又能同时控制材料的透明性和抗冲击性能为最佳方案。

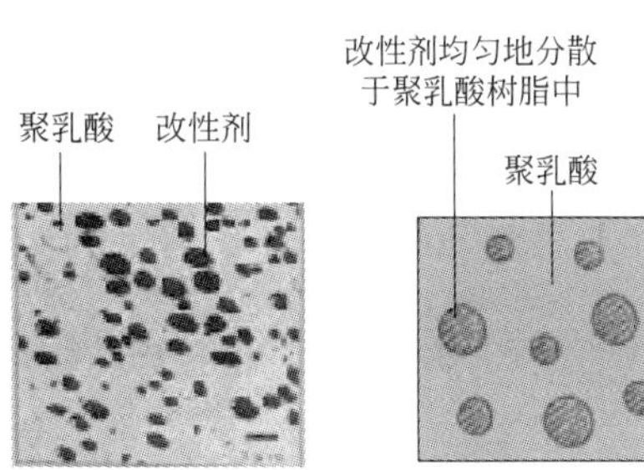

图 3-14　加入改性剂的聚乳酸的电镜照片

耐冲击改性、增韧改性已经在 PLA 的薄膜和片材上使用。在片材领域，已经有既保持透明性又有高耐冲击性的 PLA 树脂投入使用，其耐冲击性与聚苯乙烯相同。高耐冲击性的 PLA 树脂的耐屈折强度可达几千次以上，能够满足实际应用的需要。在拉伸薄膜领域，已经获得了跟双向拉伸聚丙烯（OPP）相当的柔韧性，可以使用到包装材料中。人们还在继续进行柔韧性改善的研究，以求达到 PE 的程度。而成型加工方面，要求在缩短成型时间的同时，得到耐久性和强度。PLA 的耐冲击性改善和柔韧性提高已经取得了长足的进步，工业化步伐加快。不同改性剂得到聚乳酸的物理性能见表 3-8。

表 3-8　不同改性剂得到聚乳酸的物理性能

项目	实验方法	PLA	改性剂添加十份	A-PET	OPS
杜邦冲击值/J	JISK5400	0.1	0.3	0.4	1.7
Haze/%	JISK7105	2	8	1～3	1～2
拉伸强度/MPa	JISK7127	60	55	82	65
拉伸断裂伸长率/%	JISK7127	5	25	4	65
1%正割模量/GPa	JISK7127	2.9	2.4	2.9	1.7
埃尔多门夫撕裂强度	JISK7182	0.8	2.7	0.9	7.8
MTI 耐折强度	JISK8115	70	>5000	10	>2000

3.2.4.2　提高耐热性、耐久性

大部分生物基聚合物的主要成分是脂肪族聚酯，但是一般的脂肪族聚酯耐热性和耐久性不足，无法广泛应用。PLA 虽然熔点约 178℃ 和玻璃化转变温度约 60℃，但是实际使用中的耐热温度在 60℃ 以下，而且在超过 60℃ 的高温高湿环境下时会加速水解，所以长期使用时的耐久性明显不足。主要是因为 PLA 虽然是结晶性高分子，但在实际普通注射成型过程中几乎不结晶或者说是结晶缓慢。除了在薄膜和纤维成型加工中通过拉伸取向可提高成核概率并促进 PLA 结晶以外，单纯的挤出成型、注射成型或其他普通的热塑成型方案，PLA 几乎不能结晶或结晶缓慢，造成聚乳酸材料不太适合日常成型应用。

实际生产中常采用无机化合物，如滑石粉，作为结晶成核剂。由于所用滑石粉目数较高(5000 目以上)，易团聚，生产中需要注意滑石粉的预处理和分散。通常 8%～11%的滑石粉用量成核效果最好，用量太少对聚乳酸的结晶耐热效果提高不显著，用量过高，材料变脆，抗冲击性能下降。采用滑石粉作为成核剂，改性后的聚乳酸密度较大。一些高级脂肪酸酯、脂肪酰胺等增材料对提高聚乳酸的结晶耐热也有很好的协同作用。另外，添加一定目数的竹粉纤维对提高聚乳酸的结晶速度和耐热也收到了很好的效果。加入层状硅酸盐（黏土矿物）形成黏土/聚乳酸的纳米复合物，能够将其结晶速度提高 100 倍左右，可获得耐热 100℃ 以上的产品。

另一方面，跟同为聚酯的 PET 相比，PLA 还存在容易水解的问题。因此 PLA 多用于商品寿命在常温下只有 3～5 年的产品上。但是，现在日本有关公司也拥有了可以抑制 PLA 水解速度的技术，所以 PLA 也可以用在耐久性要求高的电子产品、机器外壳和汽车内装材等方面。

电子产品、机器外壳用树脂的耐燃性最低限度必须达到美国的 UL 标准 V2 等级。现在，日本有关公司正在通过添加无机吸热材料和特性改良剂来制造世界最高水平的耐燃性 PLA，还可利用来源于植物的 Kenaf 纤维来强化 PLA，Kenaf 纤维促进了 PLA 结晶，从而使 PLA 得到增强（图 3-15～图 3-17），以此为基础日本公司开发的成果已经在汽车的备胎盖上实际应用。

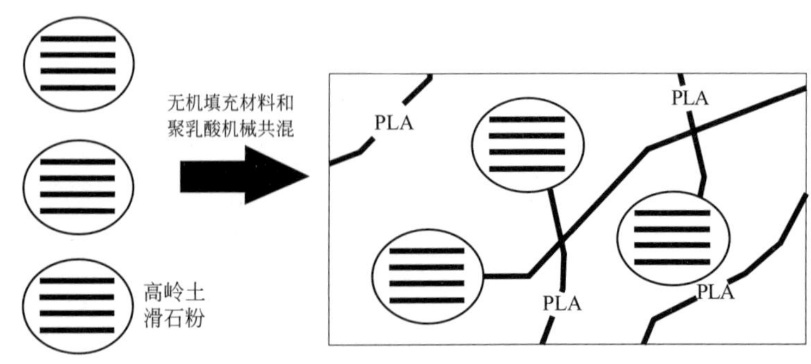

图 3-15　利用无机填充材料对 PLA 进行共混改性

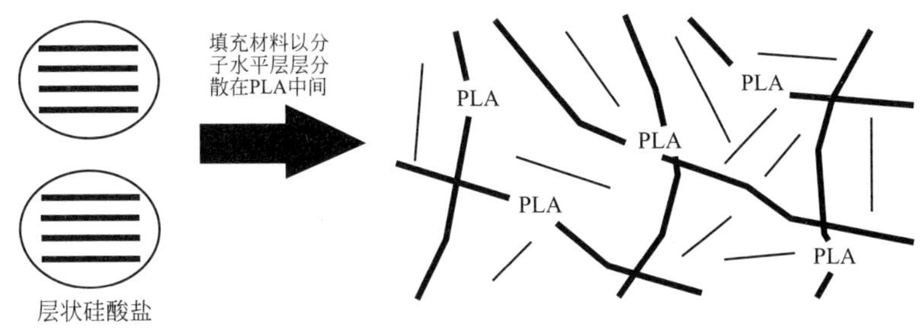

图 3-16　黏土/聚乳酸纳米复合物制造示意图

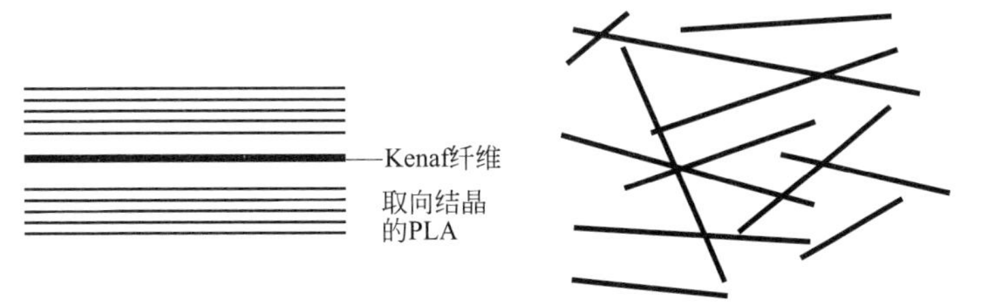

图 3-17　Kenaf 纤维增强 PLA 的示意图

3.2.4.3　提高熔体强度

PLA 由于分子链中长支链少、分子量低，熔体强度特别低，应变硬化不足，造成了加工困难。例如在吹膜过程中，熔体强度低造成膜泡不稳定，易破裂；在热成型过程中，由于 PLA 硬而脆，熔体强度很低，成型过程只能在很窄的温度范围内进行，如果温度太低，片材虽软化但没有完全熔融，导致成型制品的形状不能与模具形状精确相同；如果温度过高，片材的尺寸不稳定，在重力的作用下将过分下垂，最终导致成型制品壁厚不均甚至会使片材撕裂。此外，由于 PLA 熔体强度低，发泡成型十分困难，很难得到高倍率的发泡成型体。在发泡过程中，泡孔的增长和泡孔壁的稳定结构与聚合物熔体的流变学性质十分相关，具体表现为聚合物熔体应当有足够强的应变硬化行为来抵御泡孔增长过程中的张力，降低泡孔壁破裂的可能性。

PLA 一般通过以下几个方面来提高其熔体强度：一是提高其平均分子量，即通过延长反应时间得到高分子量 PLA，然而反应时间的延长造成了生产效率的降低，并且较长的热历史使 PLA 降解而变色，因此，实际工业生产中的 PLA 分子量上限为 5.0×10^5 左右；二是在其分子中引入长支链结构，即在 PLA 生产过程中加入多官能团单体或通过交联、表面改性等改变 PLA 分子结构。所以在 PLA 分子中引入长支链结构是提高其熔体强度的主要方法。

PLA 的支链结构通常可由聚合过程和反应加工两种途径获得。在聚合过程中，直接加入多官能团共聚单体，发生扩链和支化反应。作为扩链剂或支化剂的多官能团单体至少要有两个或两个以上官能团能够与 PLA 的端羧基或端羟基反应，包括异氰酸盐、酸酐、磷苯类、环氧和二胺类化合物等。另一类方法便是通过反应加工的方法在熔融状态下进行支化反应，其中最简便的方法就是在反应加工过程中加入自由基引发剂，通常是有机过氧化物，这种方法可以成功引入长支链。此外，还可以通过加入其他多官能团化合物，采用射线辐照技术及纳米技术等提高 PLA 支化度和分子量，从而实现 PLA 熔体强度的提高。图 3-18 为利用多官能团化合物制备支化 PLA 共聚物原理图。图 3-19 为不同的合成条件制备线型和支化 PLA 原理图。

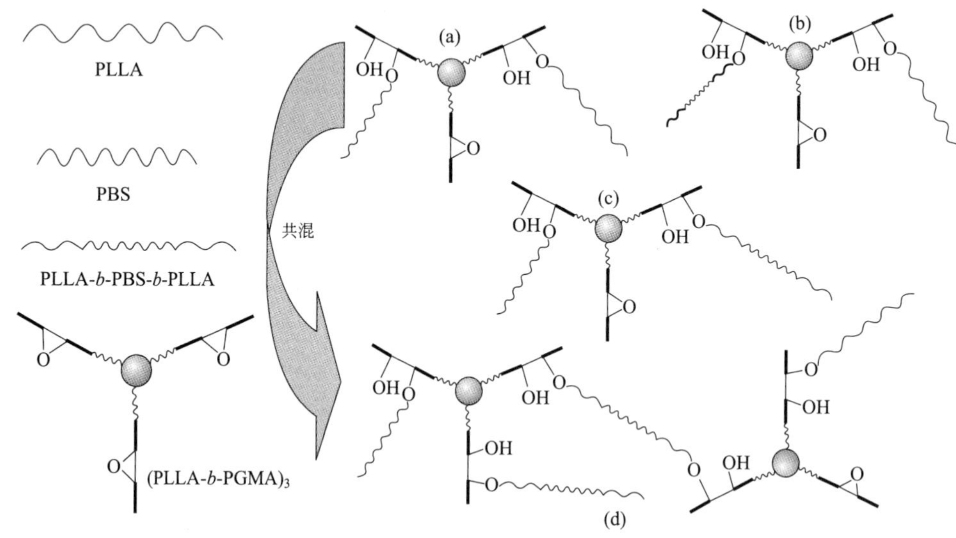

图 3-18 利用多官能团化合物制备支化 PLA 共聚物

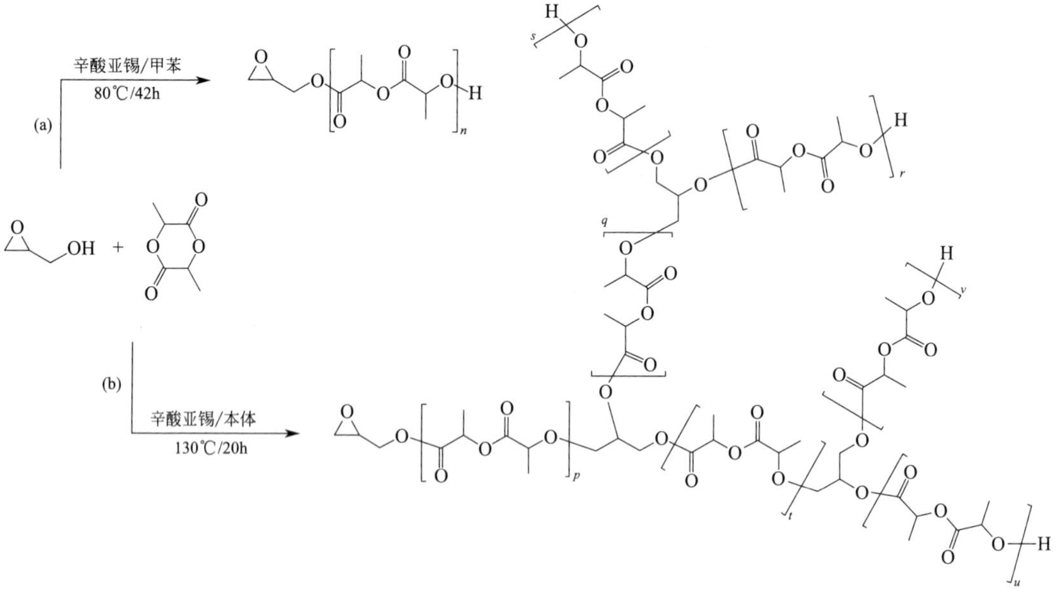

图 3-19 不同的合成条件制备线型和支化 PLA

3.2.4.4 提高阻燃性

聚乳酸和其他大多高分子材料一样，属于易燃材料，PLA 的阻燃性能只有 UL 94 HB 级，极限氧指数（LOI）为 21%，燃烧时只形成一层刚刚可见的碳化层，然后很快液化、滴下并燃烧。为了克服这些缺陷，拓宽其在航空、电子电器、汽车等领域的应用，对 PLA 阻燃改性的研究已成为关注的热点。

PLA 的阻燃改性可以通过加入反应型阻燃剂或添加型阻燃剂两种方法来实现。反应型阻燃剂工艺复杂、添加量较大，势必会降低 PLA 的力学性能。而添加型阻燃剂，价格较低，简单易行，因此，通常采用添加型阻燃剂来达到提高 PLA 阻燃性能的目的。PLA 的阻燃改性剂包括卤系、磷系、氮系、膨胀型、无机阻燃剂、纳米粉体及两种或多种阻燃剂的协效体系等。阻燃剂在一定程度上解决了一些领域对阻燃的要求，但是在实际应用中也暴露了不少问题。目前在塑料中使用的无卤阻燃剂中，磷系阻燃剂毒性低，可以产生较好的阻燃效果；硅系阻燃剂具有很多优点，但其价格普遍较高，通常只是选择性采用。无机阻燃剂虽有优良的阻燃和抑烟性能，但因添加量大而使塑料成型的加工性能和力学性能下降。目前，应用于 PLA 的阻燃剂研究最多的是膨胀型阻燃体系和纳米粉体。通过不同阻燃剂的协效作用提高阻燃剂的效率，改善 PLA 的阻燃性取得了一些有意义的成果，但是相关的应用研究还比较浅显，尤其是复合体系的阻燃机理还不清楚。因此从阻燃效率的角度出发，开发高效阻燃 PLA 仍然需要进一步研究，从而为 PLA 的应用开辟更广阔的前景。

同时，一些聚合物阻燃的新思路也正渐渐受到重视。现在使用的无卤阻燃剂的阻燃机理大部分是在聚合物表面形成一层含各种元素的炭质保护层，炭质保护层是在消耗掉一部分可燃气体后形成的，它覆盖于未燃材料表面起到隔热和隔氧的作用，从而阻止材料的进一步分解、氧化、燃烧。因此，需要增加复合材料在燃烧过程中的成炭倾向，据此可以考虑：在聚合物分子中导入一些能够在受热或受热催化下脱去小分子的链段，这样在高温下聚合物大分子之间就可以相互交联生成具有网状结构的物质，提高材料的热稳定性和成炭性。图 3-20 所示为 PLA 和 PLA/MWNT 的燃烧性能测试。

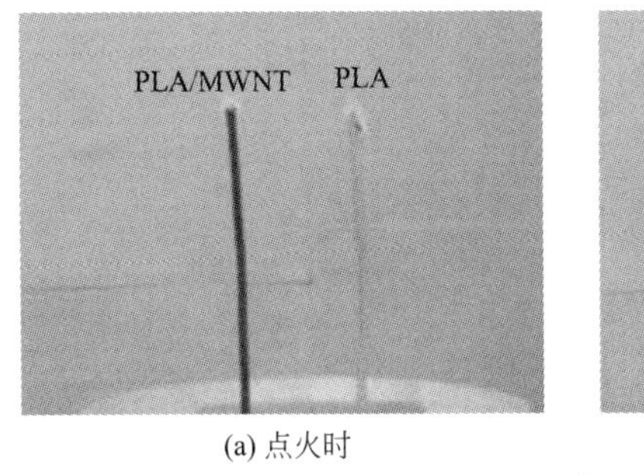

(a) 点火时

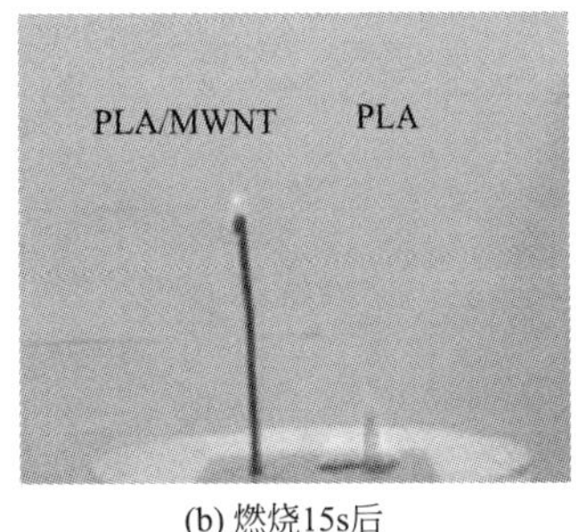

(b) 燃烧15s后

图 3-20　PLA 和 PLA/MWNT 的燃烧性能测试

3.2.4.5　聚乳酸/生物分解聚合物共混物

（1）聚乳酸/天然聚合物共混物

① 淀粉　聚乳酸/淀粉共聚物的早期研究工作为利用天然淀粉降低聚乳酸材料的成本并提高其生物分解性。聚乳酸/淀粉复合材料最早由 Jacobsen 和 Fritz 于 1996 年制备。虽然以干淀粉作为填料能够提高复合材料强度，但是由于淀粉颗粒的半结晶结构，当其用量高于 10%时，复合材料的性能受到显著影响。为了改善天然淀粉的性质并实现疏水性聚乳酸和亲水性淀粉之间的高度相容性，在体系中引入了各种增塑剂和添加剂。通常，增塑剂是含有极性基团的小分子化合物。这些极性基团能够使淀粉羟基之间的氢键断裂，使生淀粉中的半结晶结构变成均匀的无定形结构。改性淀粉通常被称为热塑性淀粉（TPS），表 3-9 所列为其与聚乳酸共混物。甘油因其成本低廉且天然、无毒适用于食品包装材料成为最常用的增塑剂。Martin 和 Averous 首次报道了采用甘油作为增塑剂制备聚乳酸/TPS 共混物，流变学和拉伸试验结果表明，TPS 的熔体黏度及其固态刚性主要受甘油用量影响。添加少量甘油时，

TPS 呈现刚性和脆性，而随着甘油量的增加，TPS 的柔韧性和延展性都增强。共聚物微观形态显示 TPS 与聚乳酸间界面结合较差，使共混物强度和模量均低于纯聚乳酸。Huneault 和 Li 使用双螺杆挤出机采用两段加工的方法，先将 TPS 在 130℃的压力下凝胶化，形成无定形 TPS；经过真空排气除水后，将其按质量分数 27%、43%和 60%与聚乳酸颗粒在 180℃和高压下进行共混。所得共混物的 TPS 分散性较差，粒径分布在 5～30μm；随 TPS 含量增大，拉伸强度降低而断裂伸长率提升（最高可达 20%）。Wang 等分别采用甲酰胺、甘油和水作为增塑剂制备了 PLA/TPS 共混物。甲酰胺由于其分子量较低、极性较高，改善了共混物的流动性。但是与 Huneault 和 Li 的研究相比，拉伸性能并没有明显的改善。

表 3-9　PLA/TPS 共混物

增塑剂	增容剂	亮点	结果
甘油	—	PLA/TPS 共混物相容性	PLA/TPS 共混物相容性较差
甘油	PLA-*g*-MA	PLA-*g*-MA 对机械性能和微观形貌的影响	PLA-*g*-MA 提高共混物的韧性
甘油	PLA-*g*-MA	以 CO_2 为发泡剂制备 PLA/TPS 发泡共混物	TPS 的添加导致较少的有序纤维结构和更多的韧性断裂
甘油、甲酰胺和水	—	增塑剂甲酰胺的影响	甲酰胺增塑剂提高 PLA 和 TPS 的相容性
柠檬酸三乙酯	—	PLA/TPS 共混物结晶性	热模塑(80℃)制备共混物全结晶样品
甘油和柠檬酸	—	柠檬酸对 PLA/TPS 共混物性能的影响	柠檬酸含量增加提高 PLA 和 TPS 的相互作用
山梨醇和甘油	PLA-*g*-MA	使用扩链剂(环氧-苯乙烯-丙烯酸共聚物)	PLA-*g*-MA 和环氧-苯乙烯-丙烯酸共聚物共用提高共混物性能
山梨醇和甘油	—	对比山梨醇和甘油的增塑作用	PLA/TPS 共混物性能显示在 TPS 相中山梨醇比甘油更稳定
甘油	GMA-*g*-POE	添加 GMA-*g*-POE 的 PLA/TPS 共混物性能	GMA-*g*-POE 提升 PLA/TPS 共混物的生物分解性能和热稳定性
甘油	TPS-*g*-MA	TPS-*g*-MA 对共混物生物分解性能的影响	TPS-*g*-MA 提升共混物的生物分解性能
增塑剂混合物	—	化学改性淀粉和物理增塑剂的对比	化学改性淀粉能够有效提升共混物性能
甘油和三乙酸甘油酯	PLA-*g*-TPS	PLA-*g*-TPS 共聚物对 PLA/TPS 共混物相容性的提高	PLA/TPS 共混物相容性取决于 PLA-*g*-TPS 中 TPS 含量
甘油	PLA-*g*-MA	几种 TPS/聚合物共混物对 PLA/TPS 相容性的影响	PLA/TPS 共混物相容性较 PE/TPS 和 PP/TPS 共混物更高
甘油和三乙酸甘油酯	TPS-*g*-MA	对比 PLA/TPS 共混物和 PLA/TPS-*g*-MA 共混物	相同共混工艺条件下，PLA/TPS-*g*-MA 共混物较 PLA/TPS 共混物性能更为优异
甘油和三乙酸甘油酯	商业聚合物扩链剂(Joncry™ ADR 4370S)	扩链剂对 PLA 和 TPS 相容性的提升作用	添加扩链剂能够改善共混物性能
甘油	EVA 和 TPS-*g*-MA	利用 EVA 调控 PLA/TPS 形态和性能	添加 EVA 提升了 TPS 在 PLA 基体中的分散，提高了共混物的韧性
甘油	—	己二酸和柠檬酸酯作为增塑剂制备 PLA/TPS 共混物	己二酸二乙酯能够有效提升 PLA/TPS 性能
甘油	—	PLA/TPS 样片涂层处理	在 PLA/TPS 片材表面进行壳聚糖包覆可降低片材的溶解性
甘油	—	PLA/TPS 共混物的回收利用	PLA/TPS 热回收可行性较纯 PLA 更高

Huneault 等人研究了采用山梨醇作为增塑剂对 PLA/TPS 共混物性能的影响。山梨醇增塑剂降低了界面张力和分散相（TPS）的团聚，从而在聚乳酸基体中形成细小均匀的 TPS 分散相，粒径小于 2μm。PLA/TPS 共混物的拉伸强度受山梨醇含量影响较小，近似于纯聚乳酸

（可达 65MPa）的拉伸强度，显著优于甘油增塑剂。另一方面，山梨醇对共聚物的韧性没有影响，采用甘油增塑剂和山梨醇增塑剂均表现出较低的断裂伸长率（4%～5%）。在体系中添加增容剂能够提高 PLA/TPS 的界面相容性以提高其韧性，如 PLA-*g*-MA、TPS-*g*-MA、甲基丙烯酸缩水甘油酯接枝辛烷乙烯共聚物（GMA-*g*-POE）和 EVA。此外，增容 PLA/TPS 共聚物比非增容共聚物和纯聚乳酸具有更好的生物分解性能。Shin 等人在受控的有氧条件下使用标准试验评估了 PLA/TPS-*g*-MA 共聚物的生物分解速率，研究发现由于 TPS-*g*-MA 生物分解产生自由基，共聚物的生物分解速率随着 TPS-*g*-MA 含量增加而增加。

制备 PLA/TPS 共混物的主要目的是制造廉价、高性能、可生物分解的聚合物复合材料，但是 PLA 和 TPS 共混过程中存在的主要问题是相容性差，会破坏最终产物的性能。通过添加增容剂来改善共混物各组分间的相容性，然而相容性提高后共混物的高刚性限制了其作为食品包装膜的适用性，通常需要同时添加增塑剂来平衡共混物的各种性能。

② 壳聚糖　使用壳聚糖的主要目的是增强聚乳酸的柔韧性。与用于食品包装的其他聚合物相比，聚乳酸的低柔韧性限制了其适用性。为了增强其柔韧性，通常采用柠檬酸三丁酯（TBC）和二乙基二羟甲基丙二酸酯（DBM）等增塑剂。增塑剂种类和分子量对聚乳酸的 T_g 有较大影响，低分子量增塑剂可显著降低聚乳酸的 T_g。应用过程中，低分子量增塑剂易迁移到材料表面，影响增塑作用。此外，低分子量增塑剂还会降低复合材料的强度。使用分子量较高的壳聚糖作为增塑剂能够解决这些问题。Bonilla 等研究了壳聚糖对聚乳酸薄膜性能的影响，发现将质量分数 5%～10%壳聚糖与聚乳酸挤出共混能够增强聚乳酸薄膜的强度和韧性。Claro 等研究了更高含量的壳聚糖（至多 30%）聚乳酸共混物性能。总之，通过将壳聚糖与聚乳酸与壳聚糖共聚，可以制造具有高生物分解性和力学性能（包括强度和柔韧性）的产品，具有食品包装等应用的巨大潜力。尽管如此，由于壳聚糖在熔融混合过程中分解，因此制备具有高比例壳聚糖（>30%）的聚乳酸共混物仍然是一个挑战，需要在未来的工作中加以解决。

③ 蛋白质　蛋白质是天然聚合物材料，可以从粮食作物等不同来源获得。蛋白质已被用于增强聚乳酸材料的生物分解性并扩大其对食品包装的适用性。目前，已经实现分离大豆蛋白（SPI）、大豆浓缩蛋白（SPC）和己二酸酐-增塑大豆蛋白（SP. A）等蛋白质与聚乳酸共混生产容器包装膜。由于蛋白质的结构，经过塑化后可与聚乳酸共混。水、甘油和甲醛等增塑剂已经用于制造蛋白质基塑料。张等利用双螺杆挤出机将 SPI、水、甘油以及其他助剂与聚乳酸共混制成薄膜，并研究了助剂用量对薄膜力学性能的影响。聚乳酸与大豆蛋白之间界面结合需要通过增容剂来进行改善，例如采用 PLA-*g*-MA、丙烯酸等作为增容剂。加工过程中，PLA-*g*-MA 分子链中 PLA 的部分融入基体，而另一端马来酸酐与大豆蛋白反应，从而提高 PLA 和大豆蛋白之间的界面结合，从而改善共混物的力学性能。采用丙烯酸作为增容剂，成功制备了高性能（外观和结构完整性）PLA/SP 园艺容器，其性能与传统聚苯乙烯容器相当。

通常需要在共混物中添加水、甘油等增塑剂来增加聚乳酸的塑性。然而，与其非塑性状态（填料）相比，增塑蛋白质在共聚物中的分散相更粗糙。此外，由于水、甘油的蒸发温度低，这些增塑剂在二次加工过程中会损失，因此，产物为聚乳酸/蛋白质复合物，而不是共混物。在这些方面，添加具有高分子量的功能化增塑剂可以改善共聚物中蛋白质的高温可塑性，还能够增强聚乳酸基质中蛋白质的分散。

（2）聚乳酸/生物聚酯混合物

① 聚己内酯　由于 PCL 玻璃化转变温度较低，将其与聚乳酸共混以期改善纯聚乳酸的脆

性，并通过改变共混物组分来调控 PLA/PCL 的拉伸性能和热性能。添加 PCL 对聚乳酸韧性改善不大，且大量添加后会影响共混物的模量和拉伸强度。添加少量低分子量 PCL 并适当延长共混时间能够提高 PLA/PCL 共混物的拉伸强度和韧性。采用异氰酸酯（LTI）作为增容剂提高 PLA/PCL 共混物的冲击性能，该共混物展示出更好的相容性和力学性能（强度和断裂伸长率）。Semba 等通过在共混过程中加入 DCP 来诱导 PCL 和 PLA 反应以提高复合材料组分间的相互作用，成功将 PLA 断裂伸长率由 10%提高到 150%。添加 DCP 可以诱导 PLA 和 PCL 相之间的酯交换反应，从而产生良好的界面黏附性，改善力学性能。Wang 等利用 TPP 作为偶联剂实现 PLA 和 PCL 的反应性增容，将聚乳酸的断裂伸长率提高至 120%。

② 聚丁二酸丁二醇酯 PBS 具有良好的熔融加工性、可生物分解性和耐热性，可用于改善聚乳酸的熔融加工性和韧性。Park 和 Im 将 PLA 和 PBS 在 180℃条件下通过双螺杆共混，发现 PBS 能够有效地提高 PLA 的结晶速率，并且共聚物显示出单一的 T_g，表明其非晶相的相容性。随着 PBS 用量的增加，T_g 的变化并不会太大以至于不满足 Fox 方程或 Gordon Tylor 方程。Yokohara 和 Yamaguchi 使用流变学测量来评估共聚物的相容性，得到了相似的结论。Bhatia 等通过双螺杆挤出机制备 PLA/PBS 共混物，等比共混产物在低频下显示出强烈的剪切稀化行为，而其他配比共混物表现为牛顿流体。低于 20% PBS 的共混物黏度介于纯 PLA 和纯 PBS 之间，表明共混物较高的相容性。含有少量 PBS（<20%）的共聚物断面微观形貌也显示了 PBS 在 PLA 基体中均匀细致的分散。但其力学性能并不突出，拉伸强度较低且韧性较差。因而，Harada 等使用 LTI、Persenaire 等使用 PLA-*g*-MA 和 PBS-*g*-MA、Chen 等使用含环氧基团的有机黏土（双功能化有机黏土，TFC）作为反应型增容剂来提高 PLA 和 PBS 的相容性，从而提高共混物的力学性能。LTI 中的异氰酸酯基团、PLA 和 PBS 的马来酸酐接枝物中的马来酸酐以及 TFC 的环氧官能团都能与 PLA 和 PBS 的末端羟基或羧基之间能够发生反应，能够提高 PLA 和 PBS 之间的界面结合，从而提升共混物的力学性能。

PLA 与 PCL 共混最显著的优点就是能够提高 PLA 的弹性、韧性和强度，并且能够通过优化两相之间的界面结合来进行调控，但是对于薄膜的透明度等物理性质却很少有研究。事实上，共聚物的透明度由共聚物的可混合程度和结晶行为控制。因此，对于需要高透明度和提升力学性能的综合应用，PLA/PBS 共聚物的最佳加工条件值得更多关注。

③ 聚丁二酸己二酸丁二醇酯（PBSA） PBSA 是由丁二酸丁二醇己二酸无规共聚物制备的可生物分解脂肪族聚酯。由于其高断裂伸长率（达 300%）和低黏度，可以使用 PBAS 来增强 PLA 的韧性和可注射性。Lee 等首先尝试使用双螺杆挤出机在 180℃条件下制备不同配比的 PLA/PBSA 共聚物，并研究了其共聚物的流变学、力学性能和微观形态。PLA 与 PBSA 的相容性较差，共混物的拉伸强度和韧性较差。10%～20%PBSA 填充 PLA 的冲击强度有所提高，表明 PBSA 可用作抗冲改性剂。生物分解测试的结果表明，随着 PBSA 用量的增加，混合物的生物分解性得到改善。这种混合物的改善的生物分解性归因于不相容混合物中的额外空间，使得细菌和真菌容易降解混合物，并且发生更多的氧气消耗。Ojijo 等利用密炼机在 185℃制备了 PLA 含量 0～100%的 PLA/PBSA 共混物，研究了不相容的 PLA/PBSA 共聚物界面和性质之间的相关性。共聚物的相态取决于各自组分的含量，PLA 含量为 50%时共混物呈现双连续相。Eslami 和 Kamal 利用双螺杆挤出机制备了 PLA/PBSA 共混物，并研究了其拉伸流变学和相态分布。应变速率>0.5s^{-1} 时，共聚物发生应变硬化行为。由于 PBSA 自身较强的应变硬化能力，共混物应变硬化能力随 PBSA 含量的增大而增

强。Ojijo 等利用 TPP 作为偶联剂实现 PLA 和 PBSA 的反应性增容，将 2% TPP 先与 PLA 进行共混，再与 PBSA 共混，总共混时间固定在 12min。在 PLA/PBSA 共聚物（70% PLA）中加入 2% TPP 不仅改善了共聚物的相容性和拉伸性能，而且还有助于提高其冲击强度。PLA 和 PBSA 链末端的羟基官能团与 TPP 反应实现界面扩链反应，聚合物的扩链反应在相界面处形成韧带状原纤维，从而增强界面黏合。由于 TPP 自身热稳定性较低，采用 TPP 增容共混物的热稳定较未增容共混物的热稳定性差。因此，为提高共混物的韧性、强度和热稳定性等性能，应该慎重选择增容剂。

④ 聚己二酸/对苯二甲酸丁二酯（PBAT）　PBAT 是己二酸丁二醇酯和对苯二甲酸丁二醇酯的共聚物，兼具 PBA 和 PBT 的特性，既有较好的延展性和断裂伸长率，也有较好的耐热性和冲击性能；此外，还具有优良的生物分解性，是目前生物分解塑料研究中非常活跃和市场应用最好的降解材料之一。Jiang 等利用双螺杆挤出机制备了 PLA/PBAT 共混物。将 PLA 与少量 PBAT（>20%）共聚可以改善 PLA 的延展性而不影响其强度。通过掺入 PBAT，PLA 的断裂模式从完全脆性变为韧性。然而，由于 PLA 和 PBAT 的完全相分离，PLA 的冲击强度仅在一定程度上得到改善。

Gu 等使用双螺杆挤出机制备了 PBAT 含量小于 30%的 PLA/PBAT 共混物并研究了其熔体流变性能。尽管 PLA/PBAT 共聚物显示出复杂的流变行为，但是 PBAT 的掺入改善了熔体加工性，PLA/PBAT 熔体剪切变稀趋势较纯 PLA 更明显。Signori 及其同事在氮气氛下在 200℃下制备的 PLA/PBAT 共聚物并研究了其在真实土壤条件下的生物分解行为，并与纯组分（聚乳酸和 PBAT）进行了比较。PLA/PBAT 共聚物的降解速率比单一聚合物（PLA 和 PBAT）的降解速率慢。

为了改善 PLA 和 PBAT 的相容性，可以在体系中引入 GMA、商业扩链剂（Joncryl ADR® 4368）、DCP、钛酸四丁酯（TBT）等增容剂。GMA 用作反应性处理剂以增强两种聚合物之间的界面黏合，其中 GMA 的环氧官能团可与聚乳酸和 PBAT 中的—OH 和—COOH 末端基团反应。使用 DCP 作为自由基引发剂，在 PLA/PBAT 共聚物中实现原位增容，为改善共聚物的拉伸强度，延展性和冲击强度提供了简单的方法。林等在反应挤出过程中使用钛酸四丁酯（TBT）促进 PLA 和 PBAT 之间的酯交换反应，以提高二者的相容性，进而改善共聚物的力学性能。

⑤ 聚羟基脂肪酸酯（PHA）　PHA 是由碳水化合物和脂质经细菌发酵天然产生的聚酯。细菌发酵的产物根据条件、细菌类型和基础材料不同而不同。因此，可以获得不同的聚合物，例如聚（3-羟基丁酸酯）（PHB），聚（3-羟基戊酸酯）（PHV），聚（3-羟基丁酸酯-3-羟基己酸酯）（PHBH）和 3-羟基丁酸酯与 3-羟基戊酸酯共聚物（PHBV）。由于 PHA 具有良好的生物相容性能、生物分解性和塑料的热加工性能，所以它可作为生物医用材料和生物分解包装材料，因此它已经成为近年来生物材料领域最为活跃的研究热点。考虑到 PLA 的局限性，主要是通过将 PLA 与 PHA 聚合物共聚来提高 PLA 的生物相容性和生物分解性。另一方面，由于 PLA 的高热稳定性，与纯 PHA 相比，PLA/PHA 共混物通常表现出更高的热稳定性。因此，与纯聚乳酸相比，PLA/PHA 共混物具有更高的热加工性，并且与纯聚乳酸相比具有更高的生物相容性和生物分解性。He 等研究了 PLA/PHBV 共混物制成的医用缝合纤维的可加工性和体内降解性。该共混物的生物相容性与纯 PHBV 相当。然而，由于共聚物中两种聚合物之间的界面黏合性低，共聚纤维的力学性能低于由 PHBV 制造的纤维的力学性能。可以使用反应性环氧树脂作为双功能增容剂增

强 PLA 和 PHBV 的相容性混物，改善 PHBH 在 PLA 基体中的分布，增强混合物的韧性。此外，与纯 PHBH 和不相容的共聚物相比，相容的共聚物显示出更高的热稳定性，这可以改善其加工性能。

通常，聚乳酸与 PHA 的共混物具有高生物分解性和生物相容性，适用于医学应用。就力学性能和热性能而言，与纯聚乳酸相比，该共聚物的强度提高通常伴随着韧性变差和热稳定性变差。尽管使用各种增容剂成功地增强了 PLA/PHA 共聚物的热稳定性，但韧性差仍然是主要缺点，因此应该更加关注解决这一问题。

3.2.5 聚乳酸的成型加工

3.2.5.1 注射成型加工

PLA 可以用普通的塑料注射模具设备加工成各种制品，如餐具：杯、碟、茶碟、饭盒、碗、刀、叉、筷子；如容器：瓶、桶、盆、牙刷、衣服挂、安全帽等。加工用 PLA 要求树脂的分子量不能太大，熔体黏度要小，否则加工温度高。注射模具加工 PLA 树脂的物理性能和加工性能列入表 3-10 中。

表 3-10 注射模具加工 PLA 树脂的物理性能和加工性能

性能	指标	性能	指标
密度/(g/cm^3)	1.21	断裂伸长率/%	2.5
熔体流动速率(190℃,2.16kg)/(g/10min)	10～30	冲击强度/(J/m)	0.16
透光性	透明	弯曲强度/MPa	83
拉伸强度/MPa	48	弯曲模量/MPa	3828

PLA 加工的首要问题是 PLA 颗粒物料的干燥，如果 PLA 中水分含量高，在加工过程中 PLA 会发生水解，导致分子量下降，影响制品的力学强度和拉伸模量。出厂后在存储过程中 PLA 中的水分含量要小于 0.025%（250ppm，1ppm$=1\times10^{-6}$）。PLA 树脂需要储存在干燥的条件下，一般要密封保存直到使用。加工过程中 PLA 的水分含量要求小于 0.010%（100ppm），因此使用前需要进一步干燥。PLA 颗粒树脂中水含量在一定的干燥温度下随时间变化的曲线如图 3-21 所示。PLA 在 100℃需要干燥 3h 以上才可使用。无定形 PLA 必须在 50℃以下干燥，因为其更容易发生降解。

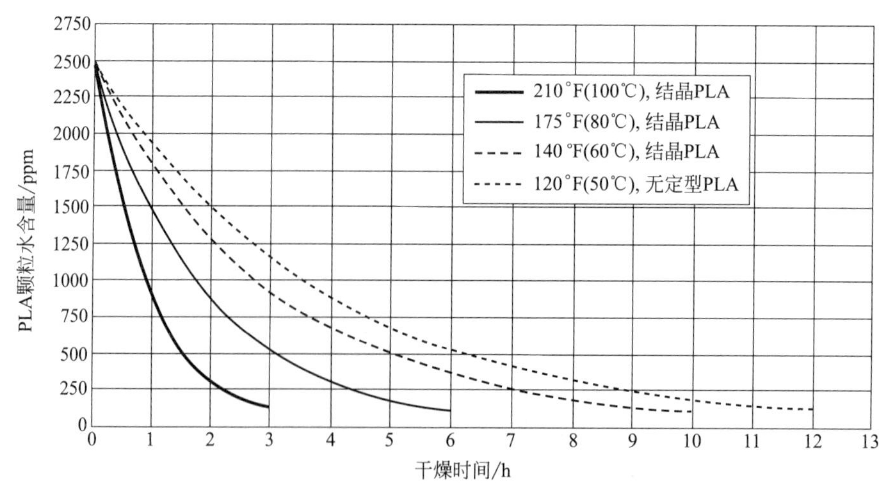

图 3-21 PLA 颗粒干燥时间和水含量曲线

PLA 的加工温度控制参数见表 3-11。无论是挤出还是注塑等热成型时，对 PLA 这种硬而脆、熔体强度相对较低的聚合物只能在很窄的温度范围内进行加工。注射模具加工用 PLA 通常要求熔融温度不要太高，否则熔融黏度太高，需要提高加工温度，而高温下 PLA 容易裂解，导致分子量和力学性能的降低。PLA 熔点一般控制在 145～175℃。控制的方法是调节 PLA 的光学纯度，即在 *L*-LA 单体中加入少量的 *D*-LA 或 *meso*-LA 单体，这样可以控制 PLA 的结晶性，也就是控制 PLA 的熔点，如图 3-22 所示。另外可以采用加入增塑剂的方法，降低 PLA 熔点。例如：日本岛津注射模具用 PLA 的熔点仅在 145～155℃，美国 Cargil-Dow 公司的 PLA 熔点为 120～170℃。

表 3-11　PLA 加工温度控制参数

参数	指标	参数	指标
熔融温度/℃	195～200	机头温度(3 段)/℃	205～210
供料口温度/℃	20～30	模具温度/℃	20～30
供料段温度(结晶球颗粒)/℃	160～170	螺杆速度/(r/min)	100～175
供料段温度(非晶球颗粒)/℃	145～155	回压力/MPa	0.35～0.70
挤压段温度(1 段)/℃	195～205	模具胀缩	±0.001
计量段温度(2 段)/℃	205～210		

生产中经常会使用带有 3 个或更多官能团的异氰酸酯、酸酐、环氧化合物、有机过氧化合物等参与反应挤出以提高聚乳酸挤出时的熔体强度，这是产品成型加工的一个重要特征。前面提到的聚乳酸同 PCL、PBS、PBAT 等生物材料共混改性，虽然能提高聚乳酸材料的柔韧性，但断裂伸长率往往提高不多。如果添加少量的有机过氧化物，能明显提高材料的断裂伸长率。由于过氧化物的反应活性高，实际使用量一定要严格控制，否则易导致聚乳酸产生过度交联，材料将失去热塑性，一般建议控制在 2% 以内。添加了异氰酸酯化合物 MDI、TDI 这些材料的 PLA，其熔体强度将提高到原来的 2.5～3.5 倍。

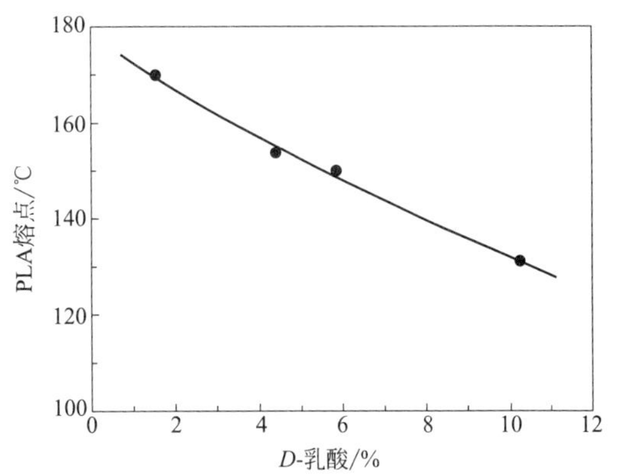

图 3-22　PLA 中 *D*-乳酸含量与熔点的关系

通常情况下，经挤出改性后的聚乳酸材料在用于注塑熔融状态下是相对稳定的，材料的流动性取决于熔体和模具温度。建议平衡螺杆转速、背压和工艺温度，注射速度应在中等至快速。PLA 材料在注塑成型加工时需要注意到可能会影响到材料加工的其他因素，如螺杆转速、物料停留时间等。根据材料配方特性，模具温度一般建议在 80～130℃ 范围内调整。

① 注塑温度　常见 PLA 的注塑温度一般在 170～200℃，添加较多量滑石粉后的 PLA 加工温度一般会高出 10～20℃。由于 PLA 对温度比较敏感，高温情况下较长时间停留在螺杆里易造成 PLA 材料产生热降解。因此，温度设定时要均衡温度与停留时间的关系，并考虑成品和模具的结构特点，经多次调整试验以便确定出最佳配合数据。

喂料段温度一般来说应尽可能设定较低些，尤其对于非结晶的 PLA 材料，建议使用带干燥除湿装置的料斗。螺杆转速也不易过高，避免因剪切产生的剪切热造成 PLA 的热降解。

② 模具温度　模具温度直接关系到 PLA 产品的冷却速度，并且影响到 PLA 产品的充

填结果，从而直接会影响到PLA产品性能。模具温度要保证射出时质量完整、脱模不变形，还要综合考虑PLA结晶、分子取向、成品应力和各种力学性能的影响。过度升高模温会导致成品翘曲度、收缩率增大以及成型周期加长，这需要通过对材料配方反复进行调整后来改善。

③ 成型周期　成型周期以冷却时间和射出时间最重要，对成品的性能和质量有着决定性的影响。一般制品射出时间都较短，约在1s内；保压时间在2～5s；冷却时间以保障制品在脱模时不翘曲，顺利脱模为标准，符合PLA结晶时间要求，根据产品的大小一般多为30～120s。

近年来已有不少原料商积极投入PLA材料的改性与注塑应用的研究。要提高产品热变形温度就必须提升T_g，最简单可行的方法就是使PLA材料的结晶度变得更高。当PLA原料长时间处于退火处理，材料的结晶度也随之升高。实验表明未做任何改性处理的结晶性PLA在退火时间达60min时，材料的热变形温度可提升到95℃。通过提高模温并增加冷却时间，可使PLA结晶度提升，而结晶化程度越高，耐热效果也越好。但是，生产中任何厂家都无法接受长达数十分钟的成型周期。因此，合理的改性配方是提高制品生产效率的一个要点。

④ 模具　模具的设计和结构也会严重影响到制品的生产效率和产品质量。事前的模流分析尤为重要，尤其对于一些结构较为复杂的注塑制品。

以改性材料CPLA-3105为例：主要成分为PLA（NatureWoks），PBAT（蓝山屯河）+PCL（帕斯托），成核剂，少量滑石粉（6000目），相容剂，抗水解剂。

改性材料基本性能见表3-12：

表3-12　典型材料及应用性能

物理性质		CPLA-3105	ASTM
密度		1.25～1.27	D792
熔体流动速率(210℃,2.16kg)/(g/10min)		12～16	D1238
相对黏度		3.1	D5225
成型温度为120℃的结晶制品的力学性能	拉伸强度/MPa	65	D638
	断裂伸长率/%	16	D638
	缺口冲击强度/(J/m)	32	D256
	弯曲强度/MPa	108	D790
	弯曲模量/MPa	4360	D790
	热变形温度(0.45MPa)/℃	110	E2092
	成型线性收缩率/%	1.0～1.2	
	清晰度	不透明	

3.2.5.2　薄壁注塑加工

PLA的薄壁注塑无论从市场应用还是从成本考虑，也是未来的一个主要应用方向。PLA薄壁注塑相对于PLA发泡片材吸塑制品成本偏高，但由于其成型方式、形状等有更大的空间，因此，成为目前一次性产品应用的主要方向。虽然薄壁制品有很多优点，但由于对工艺、材料配方等要求较高，对制品的可成型技术也提出了更高的要求。

关于薄壁注塑制品的定义一般有以下几种：

① 熔体进入模具到熔体必须填充的型腔最远点的流动长度L与相应平均壁厚T之比在100或150以上的；

② 制品厚度小于 1mm，并且制品投影面积在 $50cm^2$ 以上的；

③ 制品壁厚小于 1mm，或者 1.5mm，或者制品厚度 T、制品直径 D（针对圆盘形制品）的比值 T/D 在 0.05 以下的。

因此，薄壁注塑制品是一个相对概念，临界值会因制品不同而发生变化。

对于薄壁制品，尤其是对于流动长度大，冲击强度要求高的，除了需要优先考虑材料的热稳定性、热变形温度和良好的尺寸稳定性外，还需要考虑材料的低温冲击性、熔指特性以及外观质量等条件。图 3-23 为江西禾尔斯环保科技有限公司采用 CPLA-3105 制备的一次性可降解碗和采用 CPLA 与 40%蔗渣复合制备的可降解育苗杯，制品厚度均小于 0.5mm，适用温度为－20～100℃。注射成型工艺如表 3-13 所示。

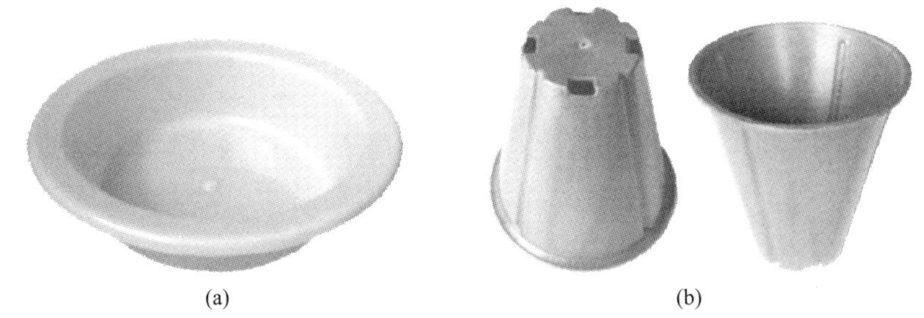

(a)　　(b)

图 3-23　一次性可降解碗(a) 和可降解育苗杯 (b)

表 3-13　PLA 薄壁注射成型工艺

项目	指标	项目	指标
熔融温度/℃	200	射嘴温度/℃	200
下料口温度/℃	20	模具温度/℃	120
进料温度/℃	185	螺杆转速/(r/min)	40
压缩段温度/℃	195	背压/MPa	1.8
计量段温度/℃	200	成型收缩率/%	1.55%

实际生产中，薄壁制品易产生翘曲变形、熔接线（也称为夹水纹）、缩水、缺料、气纹、表面影像、飞边、结合线等问题。这些现象往往是由薄壁制品生产过程中应力收缩不均、脱模不良、冷却不足、制品结构设计有缺陷、模具设计甚至注塑工艺参数不合理造成的。生产中需随时留意上述情况，有针对性地对冷却水路、浇口位置、浇口数量、模具表面光洁度、注射速度、压力、模温、排气、锁模、保压等参数进行调整。

目前，PLA 的成型加工主要是熔融加工，PLA 的结晶速率受其光学纯度影响。随着 D-乳酸含量的增加，结晶速率逐渐降低。因此，在不同的热成型加工类型中选择用合适的 PLA 是非常重要的。通常，有耐热要求的注射成型 PLA 制品，原料中 D-乳酸的含量要小于 1%。由于 D-乳酸含量高时相对更容易加工，热成型、挤出成型以及吹塑吸塑成型等对结晶度要求不高的产品时，可以选用 D-乳酸含量较高的 PLA（4%～8%）。

3.2.5.3　挤出纺丝加工

纺丝用 PLA 通常要求其分子量相对较高，数均分子量一般在 10×10^3 左右，熔融指数小，这样纺出来的丝强度和模量高。纺丝用 PLA 树脂的物理性能列入表 3-14 中。由于熔融纺丝加工温度较高，各段加工温度设定如表 3-15。供料 PLA 的水分要求含量小于 50ppm。

表 3-14 纺丝用 PLA 树脂的物理性能

项目	指标	项目	指标
密度/(g/cm³)	1.25	断裂伸长率/%	6.0
熔体流动速率(190℃,2.16kg)/(g/10min)	4～8	抗冲击强度/(J/m)	0.33
透光性	透明	弯曲强度/MPa	60
拉伸强度/MPa	53	弯曲模量/GPa	3.5

表 3-15 PLA 纺丝加工温度控制参数　　单位:℃

项目	指标	项目	指标
熔融温度	195～200	计量段温度(2 段)	210～220
供料口温度	20～30	接收器温度(3 段)	220～230
供料段温度(结晶球颗粒)	160～170	熔融泵温度	220～230
挤压段温度(1 段)	195～205	纺丝头温度	220～230

PLA 纺丝可采用普通单螺杆挤出、本体连续熔融纺丝的方法，螺杆的长径比为 24∶1，喷嘴的直径为 0.1～0.8mm，小单丝旦数（<3DPF）时，典型直径选用 0.2～0.3mm；高单丝旦数时，选用 0.4～0.8mm。PLA 的纺丝速度可以控制在很宽的范围，典型速度为 100～1000m/min。通常高速纺丝会导致低的牵伸比。PLA 的最佳牵伸温度在玻璃化温度 T_g（60～65℃）以上，预牵伸的最佳温度为 65～80℃，牵伸速度也将影响牵伸温度，牵伸速度快，牵伸温度高。牵伸温度过高会导致纤维单丝不良的结晶形态，造成纤维力学性能大幅下降。牵伸比是由 PLA 的分子量和光学纯度决定的。通常牵伸比为 1.5～5 倍，典型牵伸比为 3.5 倍，最佳牵伸比将根据不同加工条件而调整。要得到低收缩的（收缩率<10%，在沸水中）PLA 纤维，既要纺丝速度快（3000～6000m/min），又要牵伸温度高（100～130℃）。

3.2.5.4 挤出薄膜/膜加工

PLA 膜的透光性和光泽性可以与 PET 相比，优于 PE；硬度高，拉伸强度和模量高，与 PET 相当；耐弯曲和抗折叠，气体阻隔性强，抗脂肪溶解和耐油性好；PLA 亲水性强，与 PE 相比具有非常好的印刷性，可广泛应用于工农业上各种产品的包装薄膜和包装袋。

PLA 膜是采用螺杆挤出膜拉伸的方法制备的。PLA 膜的加工参数设定如表 3-16。单螺杆挤出机的长径比为（24∶1）～(30∶1)，压缩比为（2.5∶1）～(3∶1)。由表 3-17 双向拉伸 PLA 薄膜的力学性能发现，PLA 膜的强度和模量都很高。

表 3-16 PLA 膜加工参数设定　　单位:℃

项目	指标	项目	指标
熔融温度	200	计量段温度(2 段)	190～200
供料口温度	20～30	接收器温度(3 段)	190～200
供料段温度(结晶球颗粒)	165	5 倍拉伸温度	70～80
挤压段温度(1 段)	175	烤箱温度	120～140

表 3-17 双向拉伸 PLA 薄膜力学性能

项目	指标	项目	指标
密度/(g/cm³)	1.25	断裂伸长率/%	100
拉伸强度/MPa	145	玻璃化转变温度/℃	58
弯曲模量/GPa	3.8	熔融温度/℃	160

拉伸倍率对薄膜的性能有显著影响，如表 3-18 所示，纵向及横向拉伸倍率设定为 2.0～3.5 之间。在其他工艺条件不变时，拉伸倍率越大，拉伸强度就越大，断裂拉伸应变越小。纵向拉伸倍率不变时，增加横向拉伸倍率会使纵向拉伸强度有所降低，而纵向断裂拉伸应变

会轻微上升。

表 3-18　双向拉伸 PLA 拉伸倍率和拉伸强度的关系

拉伸倍率	拉伸强度/MPa		断裂拉伸应变/%	
	纵向	横向	纵向	横向
2.0×3.0	101	123	75	130
2.5×3.0	120	121	70	146
2.5×3.0	112	132	73	132
2.5×3.0	102	150	77	106
2.5×3.0	81	179	80	94
3.0×3.0	168	156	65	125
3.5×3.0	178	160	58	123

3.2.5.5　3D 打印成型

3D 打印又称增材制造，它是一种以数字模型文件为基础，运用粉末状金属或塑料等可黏合材料，通过逐层打印的方式来构造物体的技术。经过三十余年的发展，3D 打印技术已衍生出多种成型方法，如表 3-19 所示。

表 3-19　3D 打印成型方法及相应基本材料

3D 打印成型方法	基本材料
选择性激光烧结(selective laser sintering,SLS)	热塑性塑料、金属粉末、陶瓷粉末
直接金属激光烧结(direct metal laser sintering,DMLS)	几乎任何合金
熔融沉积成型(fused deposition modeling,FDM)	聚乳酸(PLA)、ABS 树脂等热塑性塑料，共晶系统金属、可食用材料
立体平版印刷(stereolithography,SLA)	光硬化树脂(photopolymer)
数字光处理(DLP)	液态树脂
融化压模(melted and extrusion modeling,MEM)	金属线、塑料线
分层实体制造(laminated object manufacturing,LOM)	纸、金属膜、塑料薄膜
电子束熔化成型(electron beam melting,EBM)	钛合金
选择性热烧结(selective heat sintering,SHS)	热塑性粉末
粉末层喷头三维打印(en:powder bed and inkjet head 3d printing,PP)	石膏

目前应用较广的是熔融沉积成型 3D 打印机，其工作原理如图 3-24 所示。

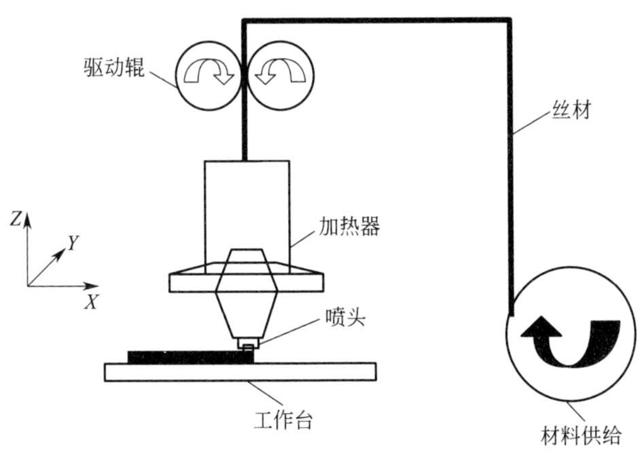

图 3-24　熔融沉积成型 3D 打印机的工作原理图

PLA 作为 3D 打印材料具有安全环保、节能、收缩率小及可降解的优势，是主要的熔融沉积类 3D 打印材料。3D 打印材料在使用前需制备成直径 1.75mm 或 3.00mm 的丝材，因此，PLA 材料需经过熔融加工成丝，才可供 3D 打印机使用，其工艺流程如图 3-25 所示。

PLA 原料 → 干燥 → 改性 → 挤出 → PLA 丝材

图 3-25　3D 打印 PLA 材料成型工艺

在这一流程中，挤出环节是最为关键，关系到丝束直径均匀性及最终的打印效果，挤出过程一般是在单螺杆挤出机中进行，材料经口模挤出后，在温水浴中进行初冷，保证材料尺寸稳定，然后在冷水浴中冷却定型，最后进行收卷、干燥等环节，得到如图 3-26 所示 3D 打印丝束产品。工艺流程如图 3-27 所示，主要工艺条件如表 3-20 所示。

图 3-26　PLA 3D 打印丝束产品

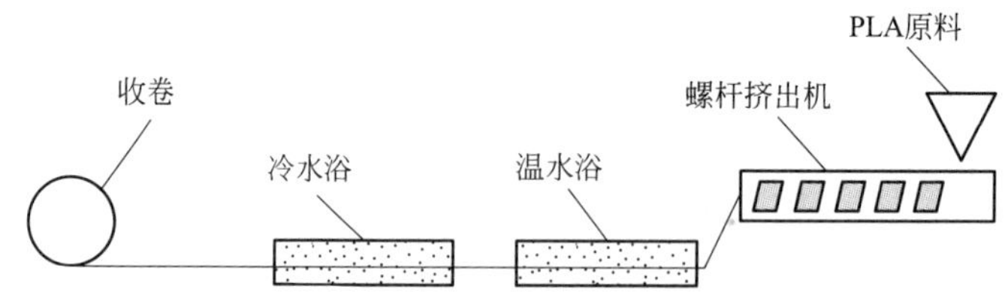

图 3-27　PLA 3D 丝束挤出流程图

表 3-20　PLA 3D 丝束挤出工艺条件　　单位:℃

项目	指标	项目	指标
挤出温度	180～220	冷水浴温度	≤30
温水浴温度	40～55		

PLA 丝束在 3D 打印过程中，沉积角度、打印层厚度对样品的力学性能有一定影响。研究显示，沉积角度 45°的样品，其力学性能如：拉伸强度、断裂伸长率、弯曲强度、冲击强度均高于沉积角度 0°的样品。固定沉积角度为 45°，打印层厚度为 0.2mm 样品的弯曲强度和冲击强度均高于打印层厚度 0.1mm 样品。同时，填充密度越高，样品的综合力学性能越优，打印耗时越长。

3.2.5.6　发泡成型

PLA 发泡材料具有无毒、生物来源的特性，可应用于汽车、包装、组织工程等多个领域。PLA 的主要发泡方法包括：釜压发泡法、挤出发泡法、注射发泡法。

(1) 釜压发泡法

釜压发泡成型方法分为 3 个过程：首先在低于玻璃化转变温度的条件下将发泡剂气体溶解扩散进入 PLA 基体中；随后调节温度调控 PLA 的流变性能；最后通过快速释压使气体从基体中分离出来，形成泡体结构。与挤出发泡法和注射发泡法相比，釜压发泡法和 PLA 后加工成型可以生产几何形状特别复杂的 PLA 发泡制品，并且釜压法可以制备出高发泡倍率的 PLA 可发性颗粒（EPLA）。与发泡聚苯乙烯（EPS）进行对比，如表 3-21 所示，两者大部分性能较为接近，EPLA 的压缩强度略低。

表 3-21　EPS 和 EPLA 产品主要性能对比

样品	密度 /(kg/m³)	热阻 /(m²·K/W)	热导率 /[W/mK]	压缩模量 /MPa	压缩强度 /MPa	压缩 10%时的应力/MPa	剪切模量 /MPa
EPLA	100	—	—	20.9	0.45	0.60	8.0
	60	—	—	11.3	0.25	0.33	5.4
	35	—	—	5.3	0.12	0.16	3.7
	25	0.69	0.035	2.9	0.07	0.10	3.0
EPS	25	0.68	0.035	5.3	0.12	0.16	3.2

（2）挤出发泡法

连续挤出发泡法是一种高效、易于量产的方法，主要用于生产 PLA 发泡片材、板材或管材等。挤出发泡时，首先将物理发泡剂注入挤出机中，与 PLA 熔体进行共混，形成稳定的 PLA/气体均相体系，此时发泡剂的注入量需保持在溶解度以内；随后，在挤出机内通过调节工艺参数使均相体系处于热力学不稳定状态；最后，在机头附近利用快速压力降的方法使气体和熔体分相，泡孔开始成核。气泡在离开挤出机机头后开始生长、稳定或破裂，形成发泡材料。典型的挤出发泡生产如图 3-28 所示。

图 3-28　PLA 挤出发泡成型示意图

1—自动干燥上料机；2—喂料系统；3—挤出机；4—管模机头；5—管模定型装置
6—管模发泡片切割；7—牵引设备；8—切割设备；9—收集码垛设备

PLA 可在传统的聚苯乙烯发泡板（XPS）设备上成型，但是 PLA 的加工温度和冷却定型温度相差较大，所以在后定型装置的设计上需要更高效的冷却系统和更长的冷却距离。

（3）注射发泡法

注射发泡法利用注塑机高锁模力，将聚合物熔体和发泡剂混合后填充至模腔内，快速释压为泡孔成核提供巨大的压力降。通过注射发泡得到具有固态表层/发泡芯层结构特征的发泡材料产品，可以应用于汽车和组织工程等领域。注射发泡具有许多独特优点，比如材料利用率高、尺寸稳定性好、生产周期短、能耗更低等。

在注射发泡工艺中，通常使用超临界氮气（N_2）作为发泡气体。N_2 成核能力好，对聚合物熔体有增塑作用，可以实现低温注射发泡成型，尤其适用于 PLA 这类对温度敏感的材度。采用 MuCell 技术可以制备高发泡密度、低孔隙率的微孔发泡材料。

3.2.6　聚乳酸的生物分解

与大部分热塑性聚合物相比，PLA 具有更好的降解性能。PLA 的降解首先通过主链上的 C—O 水解，然后在酶的作用下进一步降解，最终生成无害的 CO_2 和水。由于 PLA 具有降解性，人们担心其使用寿命。实际上，PLA 的降解速度相对比较缓和；更为重要的是，PLA 的降解总是在先行水解之后才可能酶解。依照聚合物的初始分子量、形态、结晶度等，PLA 降解速度可从几星期到几个月甚至是几年。但如果与微生物和复合有机废料混合埋入地下，它的降解速度会加快。因此它是一种理想的生物分解材料，特别适宜于 2～3 年的短期用途的产品。

影响 PLA 降解速度的因素主要有结晶度、玻璃化转变温度、分子量和介质的 pH 值等。Fukuzaki 等研究指出，水先渗入 PLA 的无定形区，导致酯键断裂，当大部分无定形区已降解时，才由晶区边缘向晶区中心逐步降解。晶区降解速度很慢，因此结晶度大小对降解速度有很大的影响。玻璃化转变温度低于水解温度则水解加快。分子量越小及其分布越宽的 PLA 降解速度越快，这是因为分子量越大，聚合物的结构越紧密，内部的酯键越不容易断裂，并且分子量越大，降解所得的链段越长，不易溶于水中，产生的 H^+ 越少，使 pH 值下降缓慢。酸或碱都能催化 PLA 水解，因此，介质的 pH 值也是影响 PLA 降解速率的重要因素。

PLA 是可降解的脂肪族聚酯，在人体和自然环境中都是可以完全降解的，并且降解最终产物为 CO_2 和 H_2O，对人体和自然环境的负面影响很低。常见的 PLA 降解途径主要是自然环境下的水解和生物分解以及加工过程中的热降解。

（1）PLA 的环境降解

PLA 的环境降解包括水解和生物分解两个过程。降解的最初阶段，在自然环境或堆肥环境下，首先 PLA 发生水解作用。PLA 的水解主要是吸附的水分子进攻羰基双键，使酯键断裂而导致分子量的下降，如下所示。当 PLA 因水解而分子量降至 4×10^5 以下时，可在各种微生物和酶的作用下通过新陈代谢作用，转化成 CO_2 和 H_2O，而使降解过程得以完成。PLA 的降解速率，除受其分子量和结晶度等因素影响之外，其所处的化学环境对其降解速率也有很大影响，主要包括湿度、温度、pH 值和氧浓度等。

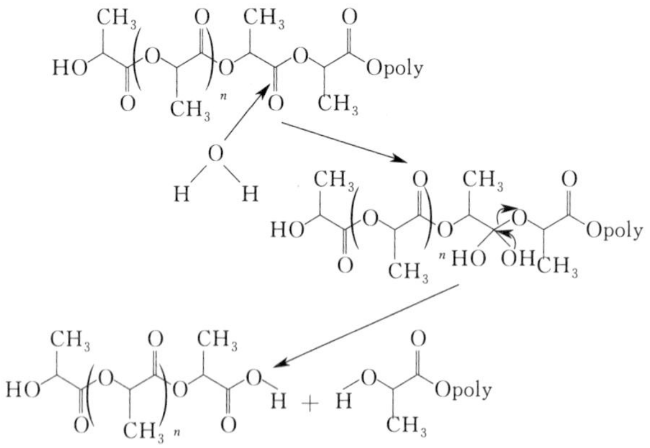

（2）PLA 的热降解

PLA 是由酯键连接的脂肪族聚酯，在其成型加工过程中，PLA 的分子链由于受热和应力的作用或在高温下受微量水分、酸和碱等杂质及氧的作用而发生降解或发生分子结构的改变等化学变化，从而影响聚合物的最终性能，例如力学性能。PLA 在成型热加工过程中的降解反应包括热降解反应、热水解反应、热氧化降解反应和酯交换反应等，其中热降解是 PLA 降解的主要反应。排除水分、聚乳酸单体、低聚物和残余催化剂等加速 PLA 热分解的影响因素后，低温下，PLA热降解反应是由于端羟基（—OH）而引发的“反咬”；在较高温度下，PLA热降解主要是酯键的存在而导致的主链任意断裂。PLA在热加工过程中的热降解导致分子量降低，造成材料力学性能的下降，可通过严格干燥、纯化和封端基以及添加热稳定剂等都可以抑制热降解，提高其热稳定性。

（3）PLA的生物分解

聚乳酸跟天然的生物分解性聚合物棉和绢一样，并不会在使用过程中分解。棉或绢的产品一般是在盛夏放在柜子深处的情况下，从有脏污的地方开始生物分解（发霉）的。也就是说，生物分解的开始，需要高温、高湿的环境和微生物营养源。PLA也是一样的，由于一般对PLA的介绍都是“在土壤中可以还原的塑料”，所以经常有消费者投诉说“埋到院子里了但是不分解”“放进家庭用堆肥器了却不分解”，等等。不分解，或者是分解缓慢，必定是由于高温、高湿、营养源这三个条件没有齐备。

由上述可知，PLA的分解受温度和湿度的影响很大。PLA在水中开始分解所需的时间和温度的关系总结如表3-22所示。常温下（25℃），水解开始于半年以后，生物分解开始则需要将近一年。在初期的分解中，微生物几乎不起什么作用，这也是PLA的一个重要特征。

表3-22 水中聚乳酸的水解/生物分解开始的时间与温度的关系

温度/℃	水解开始的时间	生物分解开始的时间
4	64个月	123个月
13	25个月	48个月
25	6个月	11.4个月
30	4.4个月	8.5个月
50	1.5个月	2.9个月
60	8.5天	16天
70	1.8天	3.5天

但是，在堆肥那样的高温（60～70℃）、高湿（相对湿度50%～60%）的环境下，分解将快速进行。图3-29中显示了PLA在60℃的堆肥中的分解推移情况。首先开始的是水解。所用PLA的初始平均分子量是70×10^3，分子量变成20×10^3时开始变脆，10×10^3时就变得粉碎。同时开始生物分解成乳酸和乳酸低聚物，放出CO_2。两个阶段分解是PLA产品的重要特征。因此，对PLA产品来说，最好的处理方法是进行堆肥。

聚乳酸共聚物的生物分解过程的主要机制被认为是微生物（例如细菌，藻类和真菌）对聚合物材料的作用。然而，生物分解依据环境中是否存在氧分为两类，好氧和厌氧。需氧生物分解发生在含氧的环境中，形成二氧化碳作为主要产物。相反，当环境不含氧时会发生厌氧生物分解，产物为甲烷而不是二氧化碳。另一方面，聚乳酸共聚物的生物分解性受到与生物分解介质相关的几个因素的影响，包括温度、pH、湿度和埋藏条件等。此外，共混物的混合比、相分散、热处理和添加剂的掺入是控制生物分解程度的重要因素。

① 生物分解介质的影响 Weng等测试了PLA与（3-羟基丁酸酯、4-羟基丁酸酯共聚物）共混物［PLA/P（3HB-*co*-4HB）共混物］在20cm和40cm深度土壤埋藏试验中的生物分解行为。研究发现，埋入深度为20cm的PLA/P（3HB-*co*-4HB）共混物表现出好氧生物分解，其速率高于埋藏在40cm处的有氧生物分解。此外，观察到共混物在40cm的埋藏深度下随着聚乳酸含量的增加而更容易降解。该结果与在该土壤深度下通过厌氧条件控制PLA的生物分解行为有关。为了PLA/PBAT共混聚物的生物分解性与埋藏时间的关系，Weng等将含有60% PLA与40% PBAT共混物的样品在40cm深土壤中进行生物分解试验

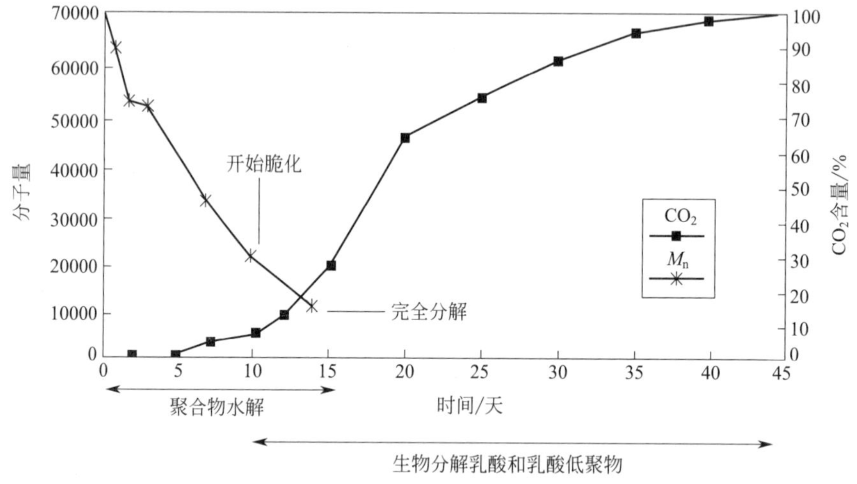

图 3-29　60℃堆肥条件下 PLA 的降解时间

4 个月，生物分解试验前后样品的外观和形态变化如图 3-30 所示。试验后共混物薄膜碎裂成较大的碎片显示 PLA/PBAT 共混物的生物分解速率低于纯聚合物，这可能是由于 PLA 与 PBAT 之间相容性较差。此外，最初在共聚物中形成的聚乳酸的线性肋在生物分解后会变浅，这使得共聚物的表面比纯聚合物的表面更粗糙（如图 3-30 所示）。

Cong 等研究了越南农业土壤中 PLA/EVA 共混物的生物分解行为，共混物表现出比纯聚乳酸更快的降解。该结果是由于越南农业环境中的新细菌菌株（对应于根瘤菌和 *Alphaproteobacterium* 菌种）能够生物分解聚乳酸 PLA/EVA 共混物。

Baena 等研究了熔融共聚法制备的 PLA/PCL 共聚物在实验室堆肥条件下的生物分解行为。随 PLA 配比的增加，共混物的生物分解性趋于延迟。PLA 分子链断裂，分子量降低而发生降解；而 PCL 通过分子量恒定的末端基团的断裂发生降解。

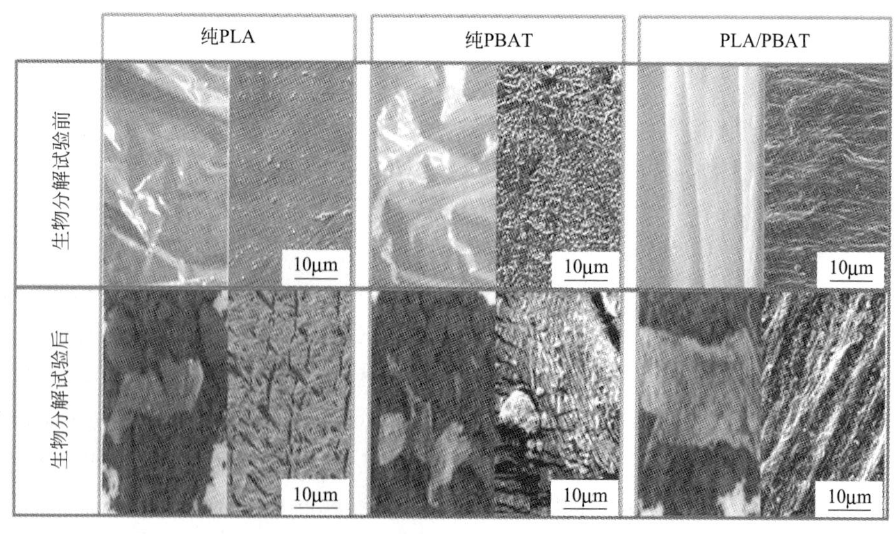

图 3-30　生物分解试验前和生物分解试验 4 个月后 PLA、PBAT 和 PLA/PBAT 共混物的外观和形态的变化

Dharmalingam 等选用了熔喷（MB）无纺膜和纺粘型（SB）地膜两种地膜，研究了 PLA/P（3HB-co-4HB）共混物农用地膜的生物分解行为。研究发现，添加 PHA 后，MB 膜堆肥生物分解行为受到显著影响，土壤埋藏 10 周后，其强度和分子量分别下降了 78%和 25.9%；另一方面，在 30 周的埋藏期间，SB 膜强度和分子量的变化十分微小。

② 组分配比的影响　Jaso 等研究了在模拟堆肥条件下，PLA 与热塑性聚氨酯（TPU）共混物在 70 天内的生物分解性。共混物生物分解性能主要受 PLA 和 TPU 配比的影响，含有高浓度 TPU 的共混物表现出与纯 TPU 相似的降解趋势，生物分解试验初期表现出较高的降解速率，然后缓慢降解（约 30%质量损失）。较高 PLA 含量的共混物生物分解试验初期表现出一定的延迟，但是 70 天后共混物基本完全降解。

③ 增塑剂和增容剂的影响　Arrieta 等研究了堆肥条件下增塑剂 PEG 和 ATBC 对 PLA/PHB 共混物生物分解性的影响。无论选用何种增塑剂，都会引发共混物的生物分解。堆肥 3 周后，以 ATBC 作为增塑剂的共混物生物分解程度较以 PEG 为增塑剂的共混物高。这主要是因为 ATBC 的羟基官能团能够引发聚合物分子链的水解反应，从而提高共混物的生物分解速率。Akrami 等研究了以马来酸酐接枝 PEG 接枝淀粉（mPEG-*g*-St）作为增容剂制备的 PLA/TPC 共混物的生物分解行为，发现添加增容剂对共混物的生物分解性的影响较小。这可能是因为共混物中 TPC 含量相同，而 TPC 才是共混物降解引发和发展的原因。添加增容剂的共混物的生物分解性能产生的微小变化可能是由于所含少量增容剂的生物分解。

由扩链剂增容的 PLA/PBAT 共混物表现出较为复杂的生物分解行为。由于扩链剂中的环氧基团可能与 PBAT 生物分解过程中产生的基团发生反应，扩链剂的存在会导致共聚物中 BBAT 的生物分解延迟。与纯聚合物相比，共混物生物分解性能居中，聚合物基体的降解行为占主导地位，直到分散相的表面适宜降解。Dong 等假设 PLA/PBAT 共混物在 60℃的碱性溶液中的生物分解行为仅受链增长剂存在的影响，结果发现其降解行为变化不明显。

④ 添加剂和热处理的影响　Malwela 和 Ray 研究了添加剂类型以及共聚物的热处理对 PLA/PBSA 共聚物在含有蛋白酶 K（pH=8.5）的 Tris-HCl 溶液缓冲液中的生物分解性的影响。使用三种商业类型的纳米黏土，即有机黏土 Cloisite（C30B）、Cloisite 20A（C20A）和 Somasif（MEE）作为添加剂。发现添加 C20A 导致分散相 PBSA 的尺寸急剧减小，这改善了聚乳酸和 PBSA 之间的相容性。这种界面变化加速了酶促攻击并提高了共混物的生物分解性。相反，添加 C30B 和 MEE 可以降低共聚物的生物分解性，因为这些添加剂可以提高聚乳酸和 PBSA 基体的结晶度。在热处理方面，在 70℃退火的共聚物表现出较低的生物分解速率，因为退火处理可以提高 PBSA 相的结晶度。此外，在 120℃的退火处理可以提高聚乳酸相的结晶度，从而导致生物分解过程的减速。

在 Haque 等最近的研究中，PLA/PVA/CNC 纳米复合材料是通过在甲基丙烯酸缩水甘油酯共聚的 PVA（PVA-GMA）存在下将 CNC 分散在 PVA 中制备的，他们还研究了共混物在 58℃、湿度为 50%的好氧复合条件下的生物分解行为。由于官能团（环氧基团）与 PVA 中—COOH 和—OH 基团之间的反应，形成自由基，促进共混物的降解。另一方面，在 CNC 存在下 PLA/PVA 的降解速率降低，表明 CNC 可以在一定程度上延迟生物分解速率。这是因为 CNC 产生的阻隔效应通过防止水吸附而延迟水解降解。

3.3 聚羟基烷酸酯

3.3.1 简介

聚羟基烷酸酯（pilyhydroxyalkylate，PHA）是一类利用微生物发酵工程技术生产的生物聚酯的总称。

聚羟基烷酸酯的主要品种有聚-β-羟基丁酸酯（PHB）、聚-β-羟基戊酸酯（PHV），以及它们的共聚物——聚-β-羟基丁酸酯/聚-β-羟基戊酸酯等。聚羟基烷酸酯既具有完全生物分解性、生物相容性、憎水性、良好的阻透性、压电性、非线性光学活性等独特的性质，又具有石油化工树脂的热塑加工性，可运用注塑、挤出吹塑薄膜、挤出流延、挤出中空成型、压缩模塑等工艺方法进行加工，制造成型制品、薄膜、容器，也可以和其他材料复合，其应用遍及高档包装材料、可被人体吸收的药物缓释材料、植入型生物材料等包装、医药卫生、农业用膜等各个应用领域。

像植物用淀粉贮藏糖分一样，自然界中许多微生物都使用一种叫作 PHA 的聚酯来贮藏能量，其代表性化学结构如下所示。

$$\left(O-\overset{CH_3\ \ H}{C}-CH_2-\overset{O}{\overset{\|}{C}}\right)_n$$

P(3HB)

$$\left(O-\overset{CH_3\ \ H}{C}-CH_2-\overset{O}{\overset{\|}{C}}\right)_m\left(O-\overset{CH_2CH_2CH_3\ \ H}{C}-CH_2-\overset{O}{\overset{\|}{C}}\right)_n$$

P(3HB-*co*-3HH)

$$\left(O-\overset{CH_3\ \ H}{C}-CH_2-\overset{O}{\overset{\|}{C}}\right)_m\left(O-\overset{CH_2CH_3\ \ H}{C}-CH_2-\overset{O}{\overset{\|}{C}}\right)_n$$

P(3HB-*co*-3HV)

$$\left(O-\overset{CH_3\ \ H}{C}-CH_2-\overset{O}{\overset{\|}{C}}\right)_m\left(O-CH_2-CH_2-CH_2-\underset{O}{\underset{\|}{C}}\right)_n$$

P(3HB-*co*-4HB)

生物聚酯是微生物体内蓄积的聚酯，是一类脂肪族聚酯，也是微生物的营养物质。这种聚酯在微生物陷入饥饿状态时，可以被微生物体内的分解酶分解成能量，即相当于动物的脂肪。当无碳源存在时，这些聚酯可分解成乙酰辅酶 A($H_2C\overset{O}{\overset{\|}{C}}SCoA$)，作为生命活动的能源。

图 3-31 是电子显微镜下在体内积蓄了干燥重量占 86%（白色部分）的脂肪的微生物的照片。图 3-32 是转基因植物产生聚酯的照片。

1925 年，法国 PASTEUR 研究所的 Lemoigne 博士在微生物培养中发现了微生物产生的聚酯。他发现光学上具有 100%R 体规则性的 3HB 键合后为直链状的 P（3HB）。Lemoigme 从巨大芽孢杆菌（*Bacillus megaterium*）中分离到聚-β-羟基丁酸酯（PHB，P-β-HB，P-3-HB)，分子式如下：

$$\left(O-\overset{CH}{\overset{|}{C}H}-CH_2-\overset{O}{\overset{\|}{C}}\right)_n$$

20 世纪 50 年代末科学家研究了生产条件对 PHB 代谢的影响，阐明了 PHB 的积累源于

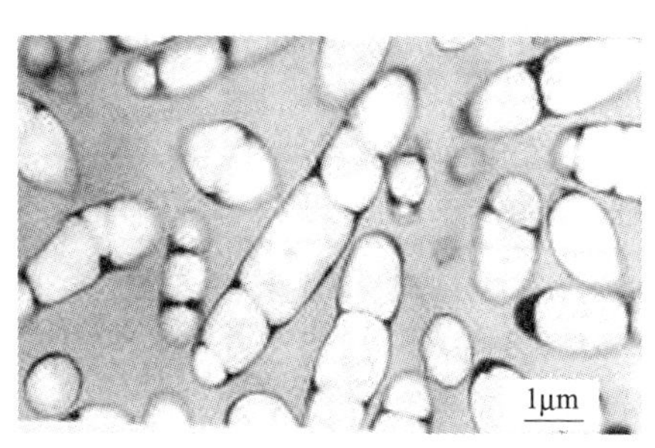

图 3-31　电子显微镜下微生物的照片

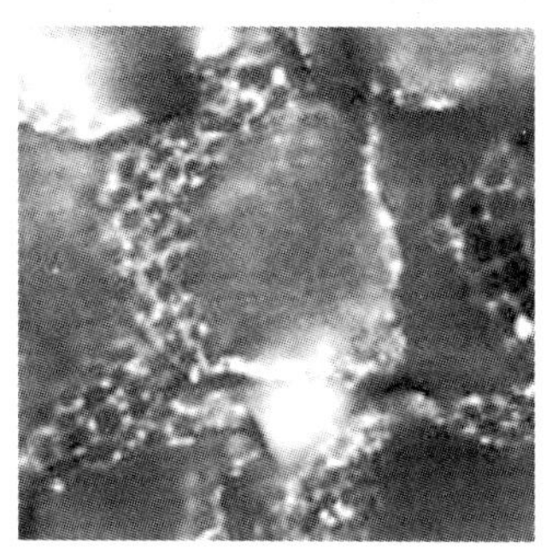

图 3-32　转基因植物（烟草）产生聚酯
（小点为积蓄在叶绿素中的聚酯）

细菌在不平衡生长条件下才产生的机理。1958 年 williamson 用微生物巨大芽孢杆菌，通过葡萄糖发酵，高效合成了聚-β-羟基丁酸酯。1960 年发表了许多有关聚-β-羟基丁酸酯的生物合成、降解、结构、物性、生理等方面的研究报告。20 世纪 70 年代中期的研究发现了含 β-羟基和其他 β-羟基单体的共聚物，从而研究的领域扩展到了聚羟基烷酸酯，其结构通式可表达为：

$$\left[\mathrm{O}-\underset{\displaystyle \mathrm{R}}{\overset{}{\mathrm{CH}}}-(\mathrm{CH_2})_m-\overset{\displaystyle \mathrm{O}}{\overset{\|}{\mathrm{C}}} \right]_n$$

式中，$m=1$，2 或 3，大多数情况下，$m=1$，即为聚羟基烷酸酯（P-β-HAS）；当 R＝甲基时，聚羟基烷酸酯成为聚-β-羟基丁酸酯；当 R＝乙基时，成为聚-β-羟基戊酸酯（PHV，P-β-HV，P-3-HV），即：

$$-\!\left(-\mathrm{O}-\overset{\displaystyle \mathrm{CH_2}-\mathrm{CH_2}}{\mathrm{CH}}-\mathrm{CH_2}-\overset{\displaystyle \mathrm{O}}{\overset{\|}{\mathrm{C}}}\right)_n$$

当 R＝丙基时，为聚-β-羟基已酸酯（PHC，P-β-HC，P-3-HC），以此类推。已发现的最大的 R 基为壬基，即单体为 β-羟基十二酸。同时，控制培养条件和碳源，细菌还能产生两种或两种以上单体形成的共聚物如 PHBV、PHBHX、P（β-HB-*co*-β-HH）等。

均聚聚 3-羟基丁酯熔点约为 175℃，结晶度 70%左右，缺乏韧性而性脆，易热分解而难于加工，一般不能单独使用。通过共聚或共混可获得力学性能和加工性能改善的产品。1980 年英国帝国化学公司（ICI）（后改为 Zeneca）公司从戊酮和葡萄糖出发，用微生物产碱杆菌（*Alcaligenes eutro-phus*）发酵合成了以 β-羟基丁酯和 β-羟基戊酯为聚合单元的共聚物——聚（β-羟基丁酯/β-羟基戊酯）共聚物［P（β-HB-co-β-HV，P（3-HB-*co*-3-HV）］，分子式如下：

$$-\!\underbrace{\left(-\mathrm{O}-\overset{\displaystyle \mathrm{CH_2}}{\mathrm{CH}}-\mathrm{CH_2}-\overset{\displaystyle \mathrm{O}}{\overset{\|}{\mathrm{C}}}\right)_z}_{\beta\text{-HB}}\underbrace{\left(\mathrm{O}-\overset{\displaystyle \mathrm{CH_3}-\mathrm{CH_2}}{\mathrm{CH}}-\mathrm{CH_2}-\overset{\displaystyle \mathrm{O}}{\overset{\|}{\mathrm{C}}}\right)_y}_{\beta\text{-HY}}$$

P（3HB）是在氢细菌、固氮菌、光合成细菌等 100 种以上原核生物的作用下，由糖、有机酸、二氧化碳等碳源合成的（图 3-33）。微生物通过细胞壁吸收上述碳源，在种种代谢体系的作用下生成 ACETYL CoA。一般来说 ACETYL CoA 通过三羧酸（TCA）回路转化成微生物生存所必需的能量，但是如果过量存在，会在三种酶的作用下转化成 P（3HB）。首先，过剩的 ACETYL CoA 通过乙酰醋酸缩合酶转化成乙酰乙酰基 CoA，然后被乙酰乙酰基 CoA 还原酶还原成 *D*（-）-3-hydroxybutyryl-CoA。最终在 PHA 合酶作用下聚合成 P（3HB）。

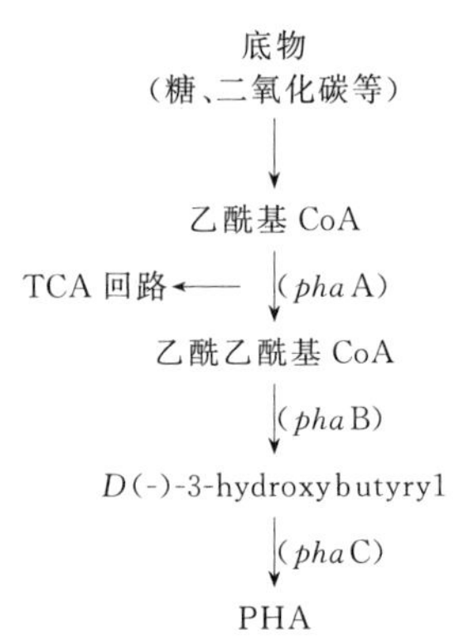

图 3-33　微生物体内的 PHA 合成路线

P（3HB）拥有跟 PP 同等的高熔点（180℃），拉伸强度也基本接近 PP，经常被拿来跟 PP 做比较。玻璃化转变温度为 4℃，所以在室温下就进行结晶化，结晶性高，材料的脆性较大。改善物性的方法之一，是引入第二成分基团进行共聚。根据微生物种类和底物的不同，可以形成不同的共聚酯。通过改变共聚物的种类和组成，可以得到从结晶性的硬塑料到弹性丰富的橡胶状等种种物性多样的产品。现在，代表性的共聚脂有下述几种：导入了 3HV 的 P（3HB-*co*-3HV）（ICI 公司的“Biopol”），导入了 3HH 的 P（3HB-*co*-3HH）（KANEKA 公司的和 P&G 公司的“Nodax”），导入了 4HB 的 P（3HB-*co*-3HB）（Tepha 公司），等等。最近，研究人员利用转基因大肠杆菌合成了超高分子量 P（3HB），开发了可以用于钓线和手术缝合线等强度和伸展性较好的高强度纤维和薄膜，并证明，分子量的增大是改善物性和加工性的有力手段。

对 PHA 的合成也在探索化学合成的方法，20 世纪 90 年代初，有报告称用锡类催化剂以化学合成方法制得了具有光学活性的高分子量的 PHB 及 PHB 与各种内酯，如 ε-己内酯、δ-戊内酯、β-甲基-δ 戊内酯、丙交酯的共聚物，但都处于研究阶段。

目前，PHA 的研究内容主要包括两大方向：

① 降低 PHA 产业化成本、提高其加工性能技术的研究。如采用基因工程菌、转基因植物来生产 PHA；通过与其他完全生物分解材料共混改性以提高其性能。

② 对带有特殊官能团如乙烯基、氰基、苯基、F、Cl 等的中长链聚羟基烷酸酯合成菌株和工艺的研究。

可以相信，随着研究的深入，将大大加快 PHA 大规模产业化及特种功能化 PHA 生产的进程，这类生物聚酯在完全分解材料大家族中将占有重要的一席，并对节约资源、保护环境起到重大作用。

与石油化工树脂的合成过程相比，微生物发酵合成生物聚酯具有以下优点：

① 合成工艺简单。微生物在生长过程中积累 PHA 而无须再次聚合，生产过程中几乎没有污染（废水已能处理并达到国家规定的排放标准）；

② 通过改变碳源和培养过程中的控制条件，可制备不同结构的 PHA，满足各种功能需要。

3.3.2 聚羟基烷酸酯的生物合成

3.3.2.1 生物合成路线机理

微生物代谢的多样性决定了合成 PHA 的路线也不尽相同，基质的变化也会使其合成路线出现差异。图 3-34 为一些微生物利用不同基质合成 PHA 的主要途径。

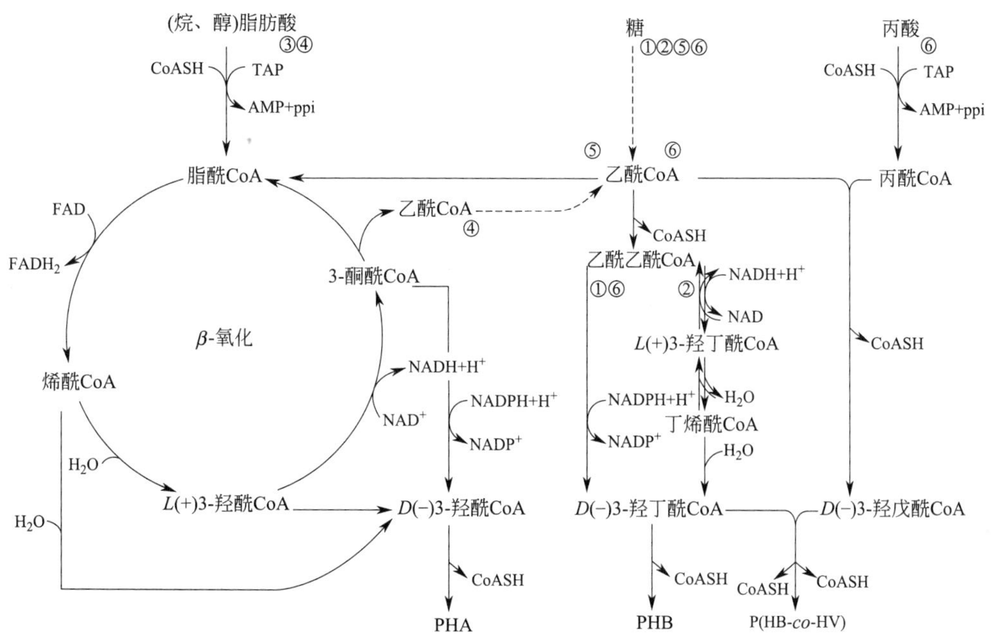

图 3-34　在不同微生物中从不同基质合成 PHA 的主要途径

①真养产碱杆菌及多数细菌从糖合成 PHB；②深红红螺菌从糖合成 PHB；

③食油假单胞菌等从中链烷、醇及酸合成 PHAs；④一株产碱杆菌从长链偶碳数脂肪酸合成 PHB；

⑤铜绿假单胞菌等从糖质碳源（如葡萄糖酸）合成 PHA；⑥真养产碱杆菌等利用糖＋丙酸合成 PHBV

在真养产碱杆菌和多数微生物中，合成聚羟基丁酸酯的酶主要包括 3 种酶：催化两个乙酰 CoA C—C 结合的 3-酮基硫酯酶（乙酰 CoA 乙酰转移酶）；依赖 NADPH，催化立体选择性反应，从乙酰乙酰 CoA 产生 *D*（-）-*β*-羟基丁酰 CoA 的乙酰乙酰辅酶 A 还原酶；将 *D*（-）-*β*-羟基丁酰 CoA 通过酯键连接成聚酯的 PHB 聚合酶。其合成路径可简化如下：

$$\mathrm{H_3C{-}\overset{\overset{\displaystyle O}{\|}}{C}{-}SCoA + H_3C{-}\overset{\overset{\displaystyle O}{\|}}{C}{-}SCoA \xrightarrow{\beta\text{-酮硫酯酶}} H_3C{-}\overset{\overset{\displaystyle O}{\|}}{C}{-}CH_2{-}\overset{\overset{\displaystyle O}{\|}}{C}{-}SCoA}$$

$$\Big\downarrow \text{乙酰乙酰辅酶 A 还原酶}$$

$$\mathrm{\left[O{-}\underset{\underset{\displaystyle CH_3}{|}}{CH}{-}CH_2{-}\overset{\overset{\displaystyle O}{\|}}{C}\right]_n{-}O{-}\underset{\underset{\displaystyle CH_3}{|}}{CH}{-}CH_2{-}\overset{\overset{\displaystyle O}{\|}}{C}{-} \xleftarrow{\text{PHB 合成酶}} HO{-}\underset{\underset{\displaystyle CH_3}{|}}{CH}{-}CH_2{-}\overset{\overset{\displaystyle O}{\|}}{C}{-}SCoA}$$

聚-（*β*-羟基丁酸酯/*β*-羟基戊酸酯）共聚物的生物合成也由上述 3 种酶催化，主要是因为这些酶的专一性不太强。硫酯酶可催化各种羧酸根与 CoA 的结合，而即使乙酰 CoA 换成了丙酰 CoA，*β*-酮硫酯酶还能催化它的缩合反应。此时缩合产物为丙酰乙酰 CoA，这就是 PHBV 中羟基戊酸单元的前身。同时，乙酰乙酰 CoA 还原酶可以利用 NADPH2 供给的氢来还原各种脂肪酰硫酯，如下式所示：

$$\mathrm{R{-}\overset{\overset{\displaystyle O}{\|}}{C}{-}CH_2{-}\overset{\overset{\displaystyle O}{\|}}{C}{-}SCoA + NADPH_2 \xrightarrow{\text{还原酶}} R{-}\overset{\overset{\displaystyle OH}{|}}{CH}{-}CH_2{-}\overset{\overset{\displaystyle O}{\|}}{C}{-}SCoA + NADP}$$

最后，无论单体中的 R 是 CH_3—或 C_2H_5—，聚合酶皆能催化其合成，当 R 是 C_2H_5 时，合成的就是 PHBV，其通式如下：

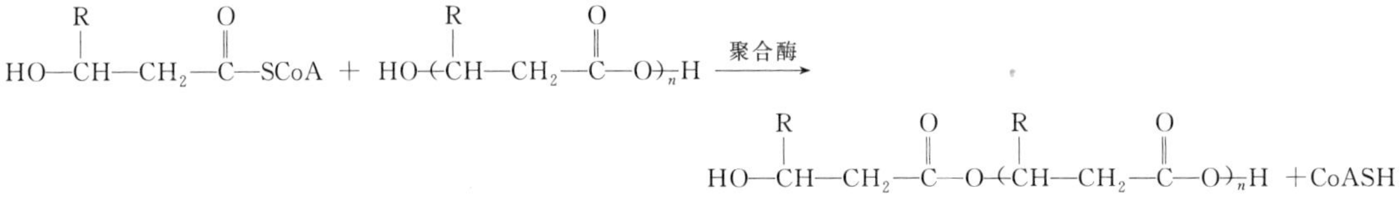

$$\mathrm{HO{-}\underset{}{\overset{R}{\overset{|}{C}}}H{-}CH_2{-}\overset{O}{\overset{\|}{C}}{-}SCoA} + \mathrm{HO{\left(\overset{R}{\overset{|}{C}}H{-}CH_2{-}\overset{O}{\overset{\|}{C}}{-}O\right)_n}H} \xrightarrow{\text{聚合酶}}$$

$$\mathrm{HO{-}\overset{R}{\overset{|}{C}}H{-}CH_2{-}\overset{O}{\overset{\|}{C}}{-}O{\left(\overset{R}{\overset{|}{C}}H{-}CH_2{-}\overset{O}{\overset{\|}{C}}{-}O\right)_n}H} + \mathrm{CoASH}$$

在营养平衡条件下，细胞中的乙酰 CoA 按正常途径进入三羧酸循环，生成高浓度的游离 CoA，抑制了 PHB 合成的关键调控酶——乙酰 CoA 乙酰转移酶的活性，最终抑制了 PHB 的合成。当营养失衡而碳源过剩时，NADH 氧化酶活性降低，NADH 逐渐增多从而抑制了柠檬酸合成酶及异柠檬酸脱氢酶的活性，阻断了三羧酸循环。未被利用的乙酰 CoA 积累到一定浓度，CoA 对乙酰 CoA 乙酰转移酶的抑制就被克服，乙酰 CoA 即可在该酶的作用下缩合成乙酰 CoA 并启动了 PHB 的合成。

3.3.2.2 聚羟基烷酸酯的合成工艺

据已有的报道，目前 PHA 的合成都是采用生物发酵法完成的。所谓发酵合成法是在具有微生物生长的适宜温度、pH 值、氧浓度和其他条件的生物反应器中，并在特定碳源存在下进行微生物发酵培养，经一定时间后将培养液放入萃提取罐中，用有机溶剂萃取，再经用各种方法分离除去微生物内的非 PHAS 成分进而制得产品聚酯的方法。其中，关键的过程包括菌种在特定营养介质中发酵和从发酵产物中提取产品两个过程。图 3-35 所示为其合成发酵工艺流程示意图。

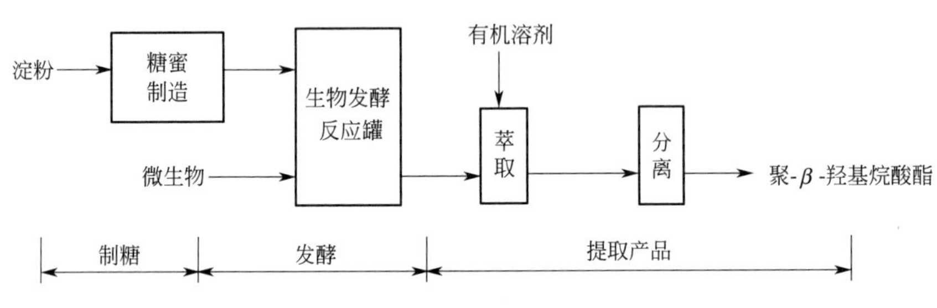

图 3-35 聚羟基烷酸酯发酵工艺流程示意图

（1）制糖

首先，将淀粉和水制成浆液，加入酶及 CaCl，在适宜条件下液化、糖化，获得用于发酵合成中必需的碳源——葡萄糖液。图 3-36 为工业化生产中典型的制糖工艺流程示意图。

淀粉 → 调浆 $\xrightarrow{\text{液化酶、CaCl}}$ 喷射液化 → 杀酶 $\xrightarrow{\text{糖化酶}}$ 糖化 → 过滤 → 葡萄糖液

图 3-36 制糖工艺流程示意图

（2）发酵

以聚羟基丁烷酸酯的发酵为例，其过程可用两步表示法：第一步在适当的培养基中高密度全组分营养介质上培育菌种；第二步在限磷、限氮、限氧条件下控制发酵使细胞逐步积累 PHAs 繁殖微生物。发酵工艺流程见图 3-37。

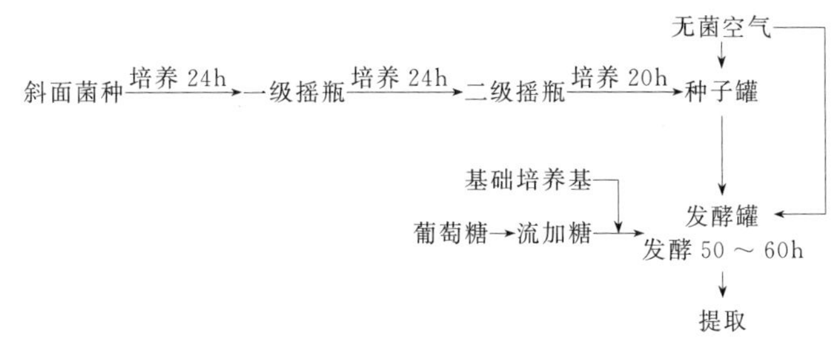

图 3-37　发酵工艺流程示意图

(3) PHA 的提取

PHA 的提取是获得最终产品的关键步骤之一，有时甚至是决定性的步骤。从目前聚羟基烷酸酯族材料已投入工业化生产的聚-β-羟基丁酸酯/聚-(β-羟基丁酸酯聚/β-羟基戊酸酯)(PHB/PHBV) 来看，造成成本高的主要原因是其分离提取成本和原料成本。原料成本可以通过扩大产量、提高技术指标来降低，而降低提取成本的关键常常决定于工艺方法。目前，从细胞中提取 PHB/PHBV 的方法主要有溶剂法、酶法、化学试剂法、机械法和其他方法，见图 3-38。

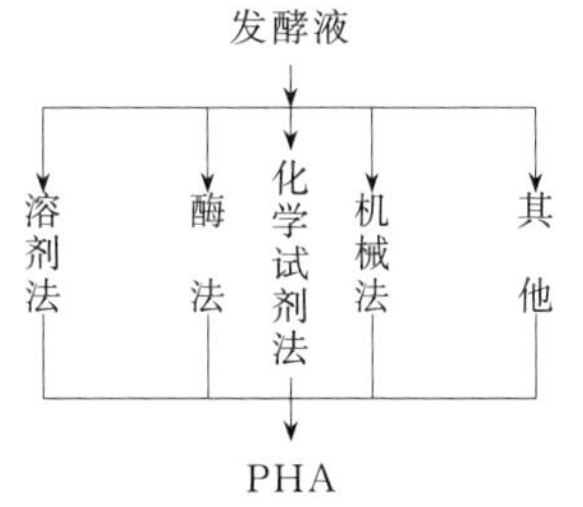

图 3-38　各种聚羟基烷酸酯提取工艺

① 溶剂法　溶剂法研究时间最长，应用较广。其原理是利用 PHA 可溶解于某些有机溶剂的特性而将其从细胞中萃取分离的。主要使用的溶剂有：1,2-二氯乙烷、三氯甲烷、四氢呋喃及其衍生物等。经典方法为：采用高速离心机从发酵液中获得湿菌体，加入萃取剂回流，高速离心分离后将萃取液倒入沉淀剂(甲醇或乙醇＋水，正己烷等) 中，PHB/PHBV 就会沉淀出来，离心分离、洗涤烘干即为产品。英国 ICI 公司曾使用过甲醇回流除去脂类和磷脂，再用氯仿或二氯甲烷提取，冷却沉淀 PHB 最后真空干燥的方法。

溶剂法操作较容易，步骤少，最大的益处是该法不会使 PHB/PHBV 降解，而且产品的纯度高、分子量大，但由于 PHB/PHBV 在溶剂中的溶解度较小，如 PHBV (HV 含量约 8%) 在氯仿中的含量达到 5.4%时，溶液已发黏，从而，工艺上为使下一步的分离容易，就必须大量增加溶剂用量，这不仅会造成回收成本的大幅度上升，也给生产车间带来了安全隐患并造成环境的污染。

② 酶法　酶法可避免大量使用有机溶剂，工艺过程几乎没有污染，但酶作用的条件较苛刻，操作步骤较多，影响收率。ICI 公司曾使用过类似工艺。清华大学陈国强教授领导的小组发明的一种方法 (已申请国家发明专利，专利号申请号：98100266.8) 比纯粹的酶法有了很大的进步，主要步骤包括：用阴离子表面活性剂在碱性条件下处理湿菌体并离心提取其内含的 PHAS；用蛋白酶处理获得的 PHAS；离心收集并洗涤干燥所得的 PHAS。该发明利用较廉价的原料，反应条件温和，生产设备较少，但该法须采用高速离心机分离收集菌体和 PHAS 颗粒，这可能会给大规模产业化时的设备选型带来困难。

③ 化学试剂法　是利用氧化剂、表面活性剂、螯合剂或其复合的作用，将细胞中的非 PHB/PHBV 杂质转变成可溶于水的成分而与提取物分离的方法。主要的化学试剂包括：$NH_3 \cdot H_2O$、NaOH、NaClO、H_2O_2、SDS、EDTA 等。这些化学试剂有的可以配合细胞膜上的钙镁离子；有的可与细胞壁上的脂类发生皂化反应；有的可与细胞中的非 PHAS 成

分发生氧化还原反应，使其降解成可溶于水的小分子；还有的可包裹细胞中的脂类和蛋白质并形成溶于水的胶束，从而较容易地使细胞壁破裂，释放出 PHAS。由于化学试剂法简单、成本较低，因此成了各国科学家竞相研究的方向。

李礼尧等人对采用次氯酸钠（NaClO）法提取 PHB 进行了研究，对反应过程中的 pH、浓度、反应时间等参数进行了优化，并摸索了 SDS-NaClO 复合使用的方法。

中国科学院微生物研究所翁维琦领导的小组在这方面取得了较为显著的成就，其提取工艺已申请了国家发明专利（专利申请号：00109156.5）。该专利技术的主要特征是：在以真养产碱杆菌发酵生产 PHB 的发酵液中，直接加入表面活性剂、NaClO 和变形剂，改变了 PHB 颗粒的聚集状态，通过普通三足式离心机即可分离提取 PHB，再经洗涤烘干后，可得纯度大于 95%、分子量 4×10^5 以上的 PHB 颗粒，提取收率约为 80%。

采用 NaClO 的方法，虽然工艺简单、成本低、收率较高，但 PHB 分子量的下降非常大，且由于其废水根本无法采用生化方法处理，因此该工艺不太可能应用于大规模生产。

④ 机械法　是采用高压匀浆机破坏细胞壁的肽聚糖结构，释放出 PHAS 的方法。该法与化学试剂法协同使用可大大降低试剂的用量，减少对环境的污染，但该法并未解决破壁后 PHAS 的分离问题，因此必须辅以后续处理工艺。

⑤ 其他提取方法　目前，为了提高生产效率，世界各国的科学家正在努力开发各种提取方法，此处介绍一二如下：

a. 中国科学院成都生物研究所的陈一平等人研究了激光破壁的方法，并对波长、功率、菌体浓度照射时间等参数进行了优化。

b. Dennis 等人采用 $CaCl_2$ 盐溶液从基因工程菌细胞裂解液中絮凝出 PHB 颗粒。

c. 维也纳大学的 Lubitz 与 Dennis 等人合作，试图在重组大肠杆菌中引入热敏性噬菌体溶解基因，如成功，细胞将非常容易释放出 PHAS 颗粒，大大简化 PHAS 的分离工艺。

综观各类破壁提取方法，都有其独特的机理和效能，但都存在着一定的缺陷。因此发展机械的、物理的、化学的、生物的多种方式结合的方式来去除菌体中非 PHAS 的杂质提纯 PHAS，将是今后研究的方向。

（4）合成工艺条件

微生物合成工艺条件包括使用的菌种（微生物）、碳源、pH 值、温度、溶氧浓度，以及环境气体等因素，这些因素都对生产过程和产率产生影响，现详细分别讨论如下。

① 微生物的影响　微生物合成 PHA 的首要条件是要选择能够产生 PHA 的菌种，也即微生物。这类微生物分布极广，包括了光能和化学能自养及异养菌共计 90 个属中的 300 多种，除上述曾经提到过的产碱杆菌属外，主要还包括：假单胞菌属（*Pseudomonas*）、甲基营养菌属（*Methylotrophs*）、芽孢杆菌属（*Bacillus*）、固氮菌属（*Azotobacter*）和红螺菌属（*Rhodospirillum*）等。能用于 PHA 微生物合成的菌种详见表 3-23。

表 3-23　合成聚羟基烷酸酯的微生物

微生物名称	微生物名称	微生物名称
Acinetobacter	*Haemophilus*	*Protomonas extorquens*
Actinomycetes	*Halobacterium*	*Pseudomonas*
Alcaligenes	*Hyphomicrobium*	*Pseudomonas oleovrans*
Alcaligenes latus	*Lamprocystis*	*Rhizobium*
Aphanothece	*Lampropedia*	*Rhodobacter*
Aquaspirillum	*Leptothrix*	*Rhodospirillum*

续表

微生物名称	微生物名称	微生物名称
Azospirillum	*Methylobacterium*	*Rhodospirillum rubrum*
Azotobacter	*Methylocystis*	*Sphaerotilus*
Bacillus	*Methylosinus*	*Spirillum*
Beggiatoa	*Methylotrophs*	*Spirulina*
Beijerinckia	*Micrococcus*	*Streptomyces*
Caulobacter	*Microcoleus*	*Syntrophomonas*
Chlorofrexeus	*Microcystis*	*Thiobacillus*
Chlorogloea	*Moraxella*	*Thiocapsa*
Chromatium	*Mycoplana*	*Thiocystis*
Chromobacterium	*Nitrobacter*	*Thiodictyon*
Clostridium	*Nitrococcus*	*Thiopedia*
Derxia	*Nocardia*	*Thiosphaera*
Ectothiorhodospira	*Oceanospirillum*	*Vibrio*
Escherichia	*Paracoccus*	*Xanthobacter*
Ferrobacillus	*Photobacterium*	*Zoogloea*
Gamphosphaeria		

不同的微生物能产生的PHA的品种和得率是不同的，所以，微生物品种的选取是微生物合成PHA的关键。真养产碱杆菌在一定的条件下积累聚羟基丁酸酯可达细胞干重（cell dry weight，CDW）的90%以上。

② 碳源的影响 碳源是微生物合成PHA的另一个重要工艺条件，通常用于PHA发酵的碳源有葡萄糖、有机酸、醇、石油、二氧化碳等。

采用不同种类和比例的微生物和碳源，可获得不同种类均聚或共聚等不同品种的生物聚酯。真养产碱杆菌能利用葡萄糖和丙酸或戊酸合成聚-β-羟基丁酸酯/β-羟基丁酸酯共聚物；大多数的假单胞菌能利用烷烃作为碳源合成PHA，如食油假单胞菌（*Pseudomonas oleovrans*）能利用辛烷合成聚-β-羟基辛酸酯；也能分别利用中等链长的单一烷醇或烷酸作为唯一碳源产生不同链长羟基烷酸的二元或三元共聚物。甲基营养菌能以相对价廉的甲烷和甲醇为碳源积累聚-β-羟基丁酸酯，如*Protomonas extorquens*菌以甲醇为碳源在反应器中培养170h，细胞干重达223g/L，PHB占其中的64%。固氮菌属中产生聚-β-羟基丁酸酯最有效的是以糖蜜为碳源的肥大产碱杆菌（*Alcaligenes latus*）。深红红螺菌（*Rhodospirillum rubrum*）可利用4-戊烯酸作碳源合成PHA。在多数情况下，微生物是利用糖加丙酸或戊酸产生P（β-HB-*co*-HV）的，并可通过调节两者的流量来控制共聚物中HB和HV的比例。但丙酸或戊酸价格较高，且对细菌有一定的毒性，在生产中使用时必须严格控制其在培养液中的浓度。

③ pH值 每种微生物都有一个可以生长的pH范围，但通常有一个最适pH值。培养基的pH值会影响基质的离子化程度，从而影响微生物对其的利用；不合适的pH值会对微生物体内的一些酶产生抑制作用，阻碍细胞的新陈代谢，进而影响细胞的生长和目标产物的积累。通过pH计可以在线检测发酵液的pH值，适时调节流加的酸或碱的流量可以方便地控制发酵液的pH。以真养产碱杆菌生产PHB为例，其最适pH为6.8～7.2，通过调节流加的液氨的流量，很容易控制发酵液的pH。液氨还可作为微生物的氮源。采用在线检测的pH计可以实现发酵过程中pH的自动控制，以稳定发酵。

④ 温度 是影响微生物细胞生长的主要环境因素之一。与pH同样，各种微生物都有适合于其生长的最适温度。细胞的新陈代谢对温度非常敏感。温度升高，细胞内的化学与酶

反应加快，生长就比较迅猛，但另一方面也会造成细胞的提前衰老，反映在发酵过程中就会发现后期的细胞活力下降非常快。温度也会影响到发酵液的理化性质，如溶解氧浓度、黏度等。工业上采用在发酵罐内加装冷却管，在发酵过程中通入冷却水的方法来控制。

⑤ 溶氧浓度　好氧微生物在深层发酵过程中需要从外界不断地供应氧气以维持其呼吸代谢和产物的合成。氧气的作用是作为葡萄糖完全氧化的电子受体。

菌体的需氧量应菌种的不同差异很大，每种菌都存在着最适溶解氧浓度和临界溶解氧浓度。发酵罐中细胞的最适溶解氧浓度必须通过实验来确定，溶解氧过高或过低都会影响细胞的生长。工业上一般通过在线显示的溶氧仪显示实际的溶解氧，通过调节搅拌转速、风量、温度等手段来实现对发酵液中溶解氧浓度的控制。在 PHB 的生产过程中，可以通过检测溶解氧来判断细胞的活力并作为是否决定放罐的参数之一。

⑥ 其他因素的影响（如设备等）　其他因素对发酵的影响也很大，包括高径比、搅拌转速、搅拌叶的型式和大小、通风管的型式和大小等，这些必须通过实验才可确定。此外，空气过滤系统、工人的操作水平也非常重要。

3.3.3 聚羟基烷酸酯的分解机理

研究 PHA 的分解机理非常重要，它可以间接地指明产品的应用方向和最终的处理方法。下面以聚羟基烷酸酯族材料中最简单的聚-β-羟基丁酸酯（PHB）的分解为例来简述其机理。

（1）胞内分解

PHB 在细胞内的分解是一个以营养条件为变化依据的循环过程，当营养失衡又有碳源存在时，细胞就会大量积累 PHB，而当营养重新平衡时，PHB 又会被分解。通过对真养产碱杆菌、拜氏固氮菌株的研究，发现 PHB 的主要代谢途径如图 3-39 所示。

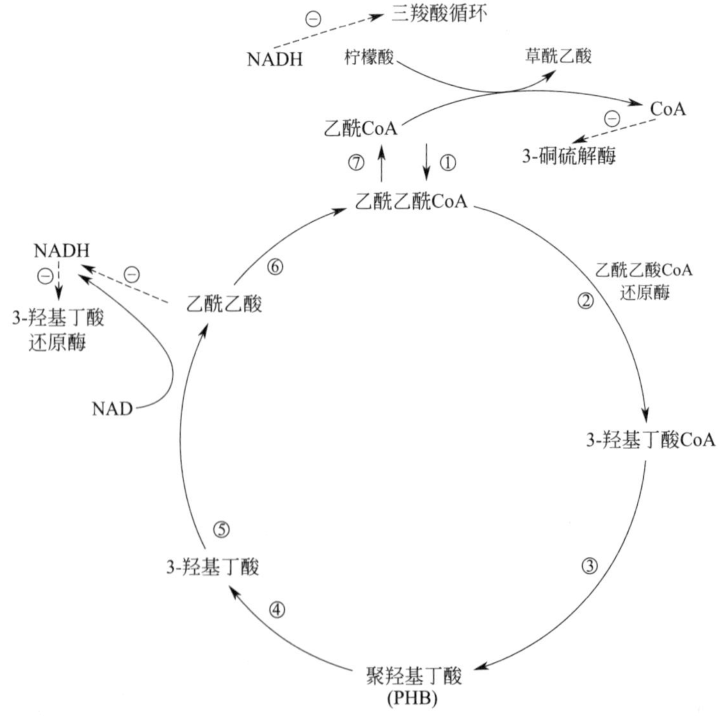

图 3-39　PHB 的主要代谢途径

研究表明，PHB分子链的分解是以外端即羟基端开始的，且链越长作用越快。在PHB的代谢中，最关键的酶是3-酮硫酯酶，它是一个双向调控酶，既参与合成又参与分解。当其催化合成时可被高浓度的CoA抑制，由乙酰CoA激活；相反，催化分解时，为CoA激活，被乙酰乙酰CoA抑制。

（2）胞外分解

包括了无菌条件下的水解和最重要的在环境中的分解。

PHB的水解（不排除其植入人体后诱导其产生物分解酶酶解的可能性）对其作为生物医用材料的应用（如手术缝线、骨针、骨板、药物缓释载体等）非常重要。聚-β-羟基丁酸酯/β-羟基戊酸酯（PHBV）共聚物在模拟生理条件下的分解速率与其中的羟基戊酸酯（HV）含量有关，这为定制各种不同分解速率制品以满足临床需要指明了方向。与聚乳酸的水解完全不同，PHBV的水解是从表面开始逐渐往内进入，而聚乳酸却是内外同时水解。PHBV的这一特性使其制品湿性强度的维持时间大大高于聚乳酸等其他完全分解生物医用材料。

PHB在环境中的分解主要为酶分解。目前，已发现在土壤中有几百种微生物，包括细菌、放线菌和霉菌都能分泌胞外解聚酶分解PHB，如粪产碱杆菌（*Alcaligenes faecalis*）、勒氏假单胞杆菌（*Pseuclomouas lemoignei*）、得氏假单胞杆菌（*Pseudomonds delafieldii*）、青霉菌（*Penicillium*）等。不同的菌株的分解性具有一定的差异：有的是诱导型酶；有的是组成型酶。通常情况下，PHB出现在环境中后，经过一定的迟滞期，微生物生成的PHB解聚酶会逐渐增多，活力升高，分解速率也会明显加快。

Y. Doi等人的研究认为：在一定范围内，PHB的分解速度与温度正相关，其分解分成两个阶段：①分子量下降至13000左右；②开始分解腐蚀。PHB的厌氧分解比有氧分解快且产物也不相同。如真养产碱杆菌在厌氧条件下，主要产物是乙酸和3-羟基丁酸，乙酰辅酶A转变成ATP；而在有氧情况下，乙酰辅酶A完全分解成二氧化碳和水，产生12个ATP。研究发现，有较长侧链的PHAS在环境中的分解速率比PHB要慢，这可能是因为长侧链的重复单元增加了PHAS的疏水性，抑制或阻碍了微生物在聚合物体表面的生长。据此，可以通过改变重复单元、立体构象等来控制聚合物的生物分解速率。PHB在不同环境条件下的生物分解见表3-24。

表3-24　PHB在不同环境条件下的生物分解

环境条件	1mm厚膜消失所需时间/周	分解速度/(μm/周)	50μm厚膜消失所需时间/周	分解速度/(μm/周)
厌气活性污泥	6	170	0.5	100
河口堆积物	40	25	5	10
土壤(25℃)	75	13	10	5
海水(℃)	350	2.5	50	1
好气活性污泥	60	17	7	7

3.3.4　聚羟基烷酸酯的鉴别

PHA组分的检测有很多方法：气相色谱法、核磁共振（NMR）谱法、裂解色谱法、傅里叶变换红外光谱法等。现以聚-（β-羟基丁酸酯/β-羟基戊酸酯）（PHBV）共聚物为例，介绍几种方法。

（1）气相色谱法

准确称取试样及已知含量的标准品，移至脂化管中，加入苯甲酸酸化甲醇（6%浓硫酸）溶液和氯仿溶液，100℃水浴中反应4h，冷却至室温后，加蒸馏水摇匀，静置分层后在有机相中取2μL进行色谱仪监测。根据样品中各组分出峰时间与标准样品出峰时间的比较，可以对样品中各组分进行定性鉴定。根据样品中各组分峰面积的积分值，可以对样品中各组分的含量进行定量测定。

(2) 核磁共振谱法

用核磁共振（NMR）谱法可防止高聚物裂解。取PHBV样品溶于氘代氯仿（$CDCl_3$）中，用高分辨^{1}H-NMR进行分析。羟基丁酸（HB）和羟基戊酸（HV）的摩尔比从NMR谱中峰面积比值确定。

图3-40是用^{1}H-NMR测定PHBV中HV含量谱图。以b和s分别代表分子主链和侧基。化学位移δ为0.894ppm处的峰面积S_v和1.274ppm处的峰面积S_b分别是HV和HB甲基的谱图，它们分别是0.30和2.86。试样中HV摩尔含量用下式计算：

$$S_v/(S_v+S_b)=0.30/(0.30+2.86)=9.5\%$$

^{13}C-NMR也可以用于测定PHBV的组成。

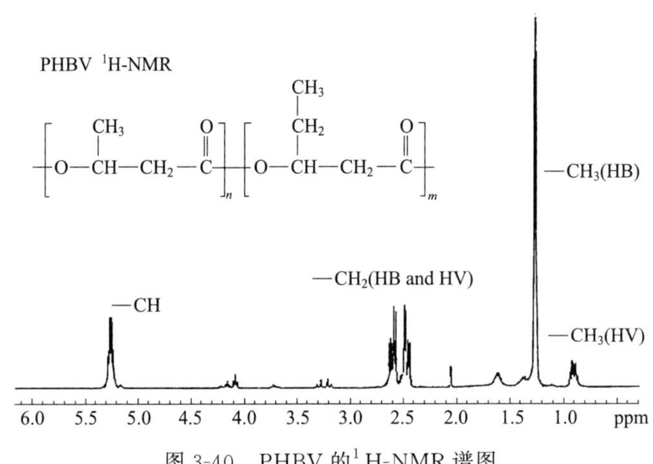

图3-40 PHBV的^{1}H-NMR谱图

(3) 傅里叶变换红外光谱法

傅里叶变换红外光谱法（FTIR）也可以用于测定PHBV中的HV含量。基于PHBV的分子结构，可以预测到FTIR某些吸收带强度同共聚物的组成密切相关，如2900cm^{-1}处的C—H键和977cm^{-1}处的C—C键的红外吸收，其中前者更容易分辨。因此，被选择用于PHBV的组成分析，但是C—H带吸收峰面积需选择内标峰进行归一化处理，其中1735cm^{-1}的C=0同PHBV的组成无关，可被选为内标峰。2900cm^{-1}处C—H吸收峰面积同1735cm^{-1}处C=0吸收峰面积之比同HV含量的关系结果同^{1}H-NMR相一致。由于红外光谱上吸收峰面积随结晶度而变化，因此，进行这种测定时应使试样具有相同的结晶度，测试结果应进行校正。

3.3.5 聚羟基烷酸酯的性能

下文主要讨论聚-β-羟基丁酸酯/聚-（β-羟基丁酸酯/-*co*-β-羟基戊酸酯）（PHB/PHBV）的性能。

3.3.5.1　热稳定性

PHB 的熔体的热稳定性很差，在它的熔点之上长时间放置就会发生降解产生丁烯酸。在挤出造粒及成型过程中，应尽量降低加工温度、缩短停留时间。PHB 的共聚物由于熔点降低，拓宽了它们的加工温度窗口，故加工热稳定性比 PHB 要好，但由于热稳定性仍较差，制品在模具中不宜长久停留，所以，在模具中欲使制品形成具有高结晶度的完善晶体是不现实的。

PHAs 的降解过程主要是断链，导致分子量降低。所以，用热失重方法分析 PHAs 的热稳定性并不是十分科学的。测试 PHBV（其中 HV 摩尔含量为 8%）在 175℃相对黏均分子量 M_V 随热处理时间的变化。在这个温度下 TGA 实验未检测到失重，表明无挥发物产生。前 15min 内，分子量迅速降低，超过 1h，降解速率趋于平缓。

FTIR 及 ^{1}H-NMR 研究结果表明在 240℃热处理时降解产物中含有双键和羰基碎片。降解主要发生在酯基处的链切断，导致了丁烯酸的形成，如图 3-41 所示。

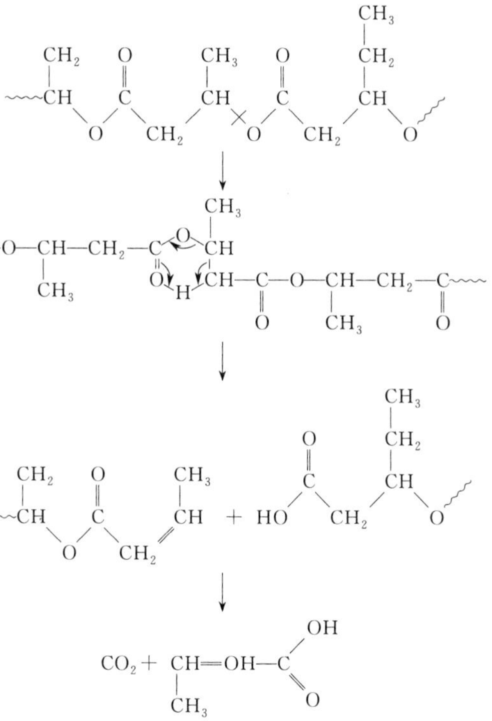

图 3-41　PHB 热降解机理

3.3.5.2　结晶性

PHBV 无规共聚物 X 射线衍射分析首先由 Bluhm 和 Kunioka 等完成。PHB 和 PHV 均为斜方晶系，PHB 晶胞的 $a=0.576$nm，$b=1.320$nm，$c=0.596$nm。PHV 的相应值则为 0.932nm，1.002nm 和 0.556nm，均是两个分子通过一个晶胞，图 3-42 是 HV 摩尔含量为 20% PHBV 的 X 射线衍射图，熔体淬火试样（曲线 a）是非晶的，室温放置 3h 有弱的结晶衍射峰出现，一周后结晶衍射明显增强。具有不同共聚组成的 PHBV 只有两种结晶形式，当 HV 摩尔含量为 0～27%时，只有 PHB 的结晶（$C=0.596$nm），当 HV 摩尔含量为 53%～95%时，只有 PHV 的结晶被检测到（$C=0.556$nm）。一般 PHBV 试样都呈现高结晶度（大于 50%），具有不同 HV 含量的 PHBV 有相似的平衡结晶度，一般 61%～74%。

由于 PHB/PHBV 的结晶度较高，球晶的尺寸较大，因此造成球晶同非晶边界处产生大的应力、裂口，进而使材料性能变差。同时其结晶速度又很慢，高温下加工成型的制品在室温下放置 600h 才会结晶完全。PHBV 的玻璃化转变温度均在 6℃以下，这两个因素共同作用使得 PHBV 加工成型速度很慢，在吹膜过程中，常常由于制品发黏而无法将膜分开。结晶速度慢带来的另一个问题是材料性质随放置时间的延长而变差。例如，凝胶纺丝的 PHBV 纤维其初生态纤维性能很好，经放置则变脆。PHB/PHBV 如此慢的结晶速率起因于十分低的成核密度。在加工成型过程中迅速冷却，发生结晶，然后在室温条件下贮存则会发生二次结晶。这将使其变脆，结晶度随贮存时间呈对数增加，从而使屈服强度增大，冲击强度则显著降低。

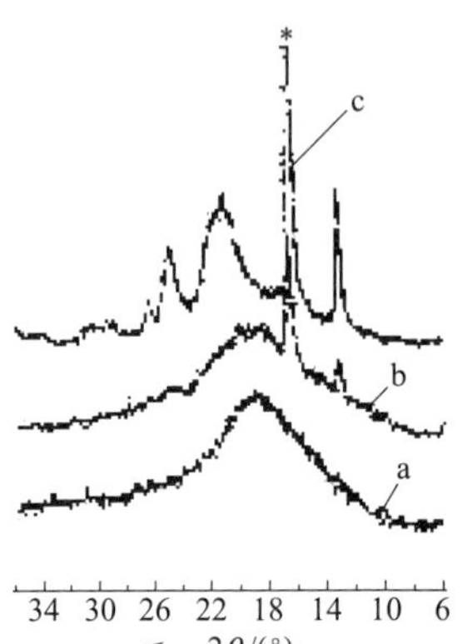

图 3-42 PHBV 的 X 射线衍射分析

3.3.5.3 玻璃化转变温度

高聚物玻璃化转变温度可以用 DSC 或动态力学性能谱测定。测得 PHB 的 T_g 为 279K（6℃），PHV 的 T_g 为 257K（−16℃），我们可以用 Fox 方程来计算具有任何组成的 PHBV 的玻璃化转变温度 T_g：

$$1/T_g(\text{PHBV})=W_1/T_{g1}(\text{PHB})+W_2/T_{g2}(\text{PHV})$$

式中，W_1 和 W_2 分别是 PHB 和 PHV 的质量分数，角标 1 和 2 分代表 PHB 和 PHV。

对于非晶高聚物，玻璃化转变温度是一个非常重要的黏弹性参数，它决定了非晶高聚物处于玻璃态、皮革态（转变态）和橡胶态的温度区域。但是，对于 PHB/PHBV 这种高结晶性聚合物而言，即使它们在室温（已远高于它们的 T_g=6℃）也仍然很脆，并不表现出类似橡胶的弹性行为。

3.3.5.4 力学性能

宁波天安生物材料有限公司生产的 PHB/PHBV 的主要力学性能检测值如表 3-25。

表 3-25 PHBV（HV 摩尔含量为 8%）和 PHB 的主要力学性能

项目	PHBV	PHB
拉伸模量/MPa	720	1300
屈服强度/MPa	26	30
断裂伸长率/%	16	6
缺口冲击强度/(J/m)	30	18
弯曲强度/MPa	40	55
弯曲模量/MPa	1950	2240

如前所述，PHB 和 PHBV 的性能与成型条件及放置时间有关，此外，PHBV 的性能随 HV 的含量而变化。

3.3.5.5 聚羟基烷酸酯的改性

PHA 中研究最多的、已投入工业化生产的是聚-β-羟基丁酸酯（PHB）和聚-（β-羟基丁酸酯/β-羟基戊酸酯）（PHBV）共聚物。从细胞中提取的 PHB 的结晶度高达 60%～80%，因此非常脆，断裂伸长率很低，易裂解（加热超过熔点 10℃就会发生物分解），加工窗口非常窄，因此 PHB 基本上不是一种实用的材料。PHB 与聚丙烯的性质相近，如表 3-26 所示。

表 3-26　PHB 与 PP 的性质比较

性质	PHB	PP
熔点/℃	171～182	171～186
玻璃化转变温度 Tg/℃	5～10	−15
结晶度/%	60～80	65～70
密度/(g/cm^3)	1.23～1.25	0.905～0.94
分子量 M_w/$\times 10^5$	1～8	2.2～7
分子量分布	2.2～3	5～12
弯曲模量/GPa	3.5～4	1.7
拉伸强度/MPa	40	39
断裂伸长率/%	6～8	400
透氧性/[cm^3/(m^2·atm·d)]	45	1700
抗紫外线照射	好	差
抗溶剂性	差	好
生物分解性	好	差

PHBV 与 PHB 不同，随着组分中 HV 含量的提高，PHBV 的熔点降低，冲击强度提高，使其加工性能得以较大改善，如表 3-27 所示。从表 3-27 可以看出，PHBV 的韧性还是无法与 PE、PP 等通用树脂相比。为提高 PHB/PHBV 材料的各种加工性能，降低成本，国内外的许多学者在对其改性方面进行了大量的研究和实验，方法主要有两种：共聚和共混，分别可获得它们的共聚物和共混物。

表 3-27　PHB、PHBV 与几种通用树脂性质的比较

物理性质	PHB	PHBV		PP	PET	HDPE
		10%HV	20%HV			
熔点/℃	177	150	135	170	262	135
拉伸强度/MPa	40	25	20	34.5	56	29
拉伸模量/GPa	3.5	1.2	0.8	1.72	2.2	0.94
断裂伸长/%	3	20	100	400	7300	—
缺口冲击强度/(J/m)	35	100	300	45	3400	32

（1）共聚改性

合成 3-羟基丁酸酯和其他羟基烷酸酯共聚物。如 4-羟基丁酸酯及一些中长链烷酸酯类共聚物等，它们仍是采用生物合成方法得到的共聚酯，这些共聚酯中共聚单体的种类、含量可以通过不同的菌种及生物发酵过程中供给不同的碳源来调节。这类 PHAS 共聚物的玻璃化温度 T_g 随单体中烷基链长增加而降低，可以得到结晶度很低且呈高无序的非晶态 PHAS 共聚物。

甚至有些共聚物在室温为发黏的橡胶态物质、液态物质。这是由于共聚物中长链烷基的内增塑作用及分子结构的高度无序性造成的。

除 HB、HV 及 4 羟基丁酸酯以外，还有许多单体用于合成中长链的 PHAS 共聚物，如 3 羟基丁酸酯与 3 羟基-4-甲基戊酸酯共聚物（PHBMV）。当 PHAS 中含有 3 羟基戊酸酯与 3 羟基-4-甲基戊酸酯共聚物烷基支链时，其加工性能远优于 PHB 和 PHBV，很容易加工成膜，具有较低的 T_m、低的结晶度、良好的熔体流变性能、改进的刚度及断裂伸长率增加。支链增加了共聚物流体动力学体积，导致链间缠结密度的增加。

为改善 PHB 及 PHBV 加工性能还可在侧链引入官能化基团，在主链或侧链改变亚甲基数目。通过改变共聚物的组成，可得到具有不同性能的 PHA，可制得从高结晶度刚性塑料到弹性体的各类高分子材料。

针对 PHB 的质脆缺点，人们进行了多方面的研究。目前最有效的方法是采用羟基戊酸酯（HV）进行内增塑，在 PHB 中加入共聚组分 HV 生成无规共聚物 PHBV，既改善了力学性能，又提高了在热加工过程中的热稳定性，这是已获得工业应用的共聚改性方法。PHB 熔点为 180℃，而 PHBV 可降低到 137℃（含摩尔分数 20%HV 单元），从而显著改善了热塑加工性，玻璃化转变温度也随 HV 含量的提高而有所降低，同时使共聚物刚性降低，韧性、抗冲击性和热稳定性提高。这些性能的提高可能是由于 HB 与 HV 的单元链节结构上的差异，共聚物不能形成相同类型的晶体，从而降低了聚合物的结晶度。

PHBV 的分子结构如下所示，其性能随 HV 含量的变化而变化，HV 含量则可以通过提供碳源来控制。随着 y/x 比值的增加，聚合物的热力学性能和加工方法也发生了变化。熔融温度随 HV 含量增加而下降，在 HV 摩尔含量为 28%时达到最小值 84℃，而后又随 HV 含量增加而增加，达到 105～108℃。

$$\left[\mathrm{O-\underset{HB}{\overset{CH_3}{\overset{|}{CH}}}-CH_2-\overset{O}{\overset{\|}{C}}} \right]_x \left[\mathrm{O-\underset{HV}{\overset{CH_3}{\overset{|}{\overset{CH_2}{\overset{|}{CH}}}}}-CH_2-\overset{O}{\overset{\|}{C}}} \right]_y$$

并且随 HV 含量的变化，PHBV 的柔顺性也随着发生变化。当 HV 含量高时，共聚物软而韧，类似于 PE。当 HV 含量中等时，具有良好的韧性，类似于 PP；而当 HV 含量低时，共聚物硬而脆，类似于不增塑的 PVC。表 3-28 列出了不同 HV 含量的 PHBV 材料的力学性能。

表 3-28　HV 含量对 PHBV 力学性能的影响（25℃）

摩尔组成/%		屈服应力/MPa	拉伸强度/MPa	断裂伸长率/%
HB	HV			
100	0	—	43	6
97	3	34	28	45
90	10	28	24	242
84	16	19	26	444
56	44	—	10	511

在众多生物分解高分子材料中，PHBV 属于聚羟基烷酸酯类，由微生物合成，其原料来源十分丰富，各种植物的残骸经发酵、分离均可制备 PHBV，而无需消耗石油能源，也不需要复杂的聚合工艺设备，这就为其大规模的工业化生产奠定了基础；PHBV 可完全生物降解，不会对环境造成危害，且其性能与通用树脂相当，因此是通用树脂的最佳替代品，这也是 PHBV 发展潜力之所在，所以 PHBV 是一种应用前景和发展前景都很广阔的生物分解高分子材料，是生物材料领域中颇具吸引力的课题之一。

（2）共混改性

通过 PHB、PHBV 同另外一些生物分解高分子、增塑剂、低分子量物质及其他合成高分子共混，制备共混物，可以达到改善材料性能的目的。

为降低 PHB/PHBV 的成本可采用淀粉共混。PHB 同聚己内酯（PCL）共混，可以改善 PHB 的韧性。

此外，还有PHBV同聚乳酸、聚醋酸乙烯酯、聚乙烯醇、聚甲基丙烯酸甲酯、乙烯-醋酸乙烯酯共聚物等进行改性。

这些共混物在不同程度上改善了PHB和PHBV的加工性能、结晶性能、力学性能或使其成本降低。但是，由于这些共混物存在一些缺点和问题，迄今尚未形成工业化产品，只是处于研究阶段。自1999年以来，中国科学院长春应用化学研究所同宁波天安生物材料有限公司开展合作，用一类合成的、完全生物分解的材料PX聚酯增韧PHB及PHBV，使它们的性能得到显著改善，所制得的薄膜主要力学性能如表3-29所示。

表3-29　PHB同PX聚酯共混物薄膜的性能

项目	纵向	横向
拉伸屈服强度/MPa	29.5	32.0
断裂伸长率/%	428	460
拉伸强度/MPa	24.3	19.9
拉伸模量/MPa	1230	1363

图3-43是其典型的应力-应变曲线。样品具有很高的屈服应力，屈服点过后样品表现出塑性流动并有橡胶行为、长程的应变、大分子的取向及应变硬化。

图3-44是共混物拉伸破坏断面扫描电子显微镜图像。虽然，两者是不相容的，有各自的独立相区，但是，组分间仍有较强的相互作用，所以，表现出较好的力学性能，是一种很有应用前景的、完全可生物分解的高分子材料。

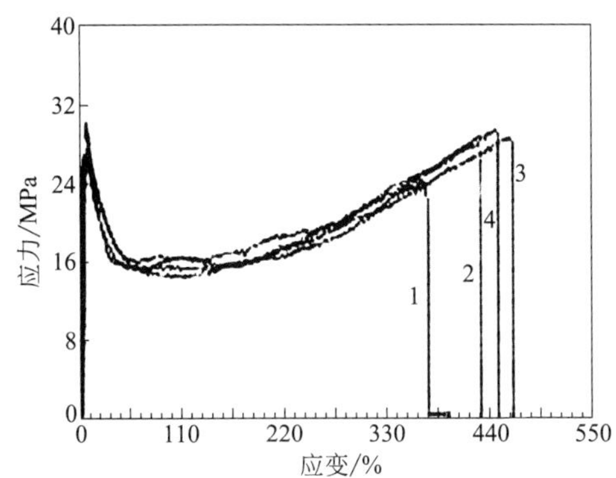

图3-43　PX聚酯和PHBV共混物的应力-应变曲线

图3-44　PX聚酯和PHBV共混物扫描电子显微镜图像

北京工商大学利用溶液共混对PHBV共混改性进行了研究。

以7∶3的比例配制三氯甲烷和四氯乙烷的混合溶液，作为溶剂待用。根据不同的共混材料，按照不同配比配制混合溶液（溶液中高分子浓度为3%），置于三口烧瓶中在50℃水浴条件下共混搅拌80min。然后将各混合溶液浇注至玻璃片上，室温挥发溶剂后成膜。

① PHBV与Ecoflex®共混　为了改善PHBV的成膜性差、膜脆的问题，采用与Ecoflex®生物降解材料溶液共混的方法。Ecoflex®由巴斯夫（BASF）公司工业化生产，它是一种由己二酸、对苯二甲酸和1,4-丁二醇为单体合成的脂肪-芳香共聚酯，这种聚酯材料可完全生物降解，它有很好的成膜性，所制成的膜具有良好拉伸性能和柔韧性。

经过反复多次重复性的实验，证实Ecoflex®含量较少时，成膜性不太好，制成的膜表面不平整，出现凹凸不平的情况，随着 Ecoflex® 含量的增多（达到 40%以上），膜的表观形态得到改善，成膜性较好，光泽度也好。

对薄膜进行光学性能测试，结果是共混膜比纯 Ecoflex® 膜和纯 PHBV 膜的透光率（分别为 91.0%和 89.6%）小。但随着 Ecoflex® 含量的增大，共混膜的透光率有所提高，特别是达到 40%后其提高幅度很大（达到 81.2%以上），如图 3-45 所示。

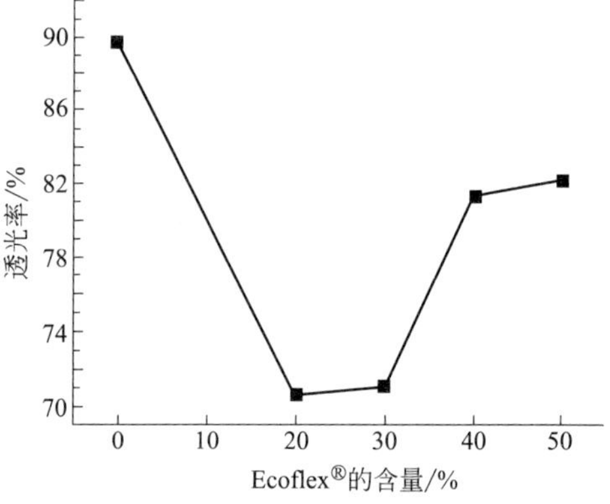

图 3-45 Ecoflex® 含量对共混膜透光率的影响

对薄膜进行力学性能测试，结果是随着 Ecoflex® 含量增大，共混膜的拉伸强度逐渐下降，当添加了 50%时，几乎下降了一半（13.5～6.8MPa），如图 3-46（a）所示。但它对薄膜的增韧作用很明显，特别是当添加量超过 40%后，薄膜的断裂伸长率大幅增长，当含 50%时达到了 75.1%，是纯 PHBV 膜的 15 倍以上，如图 3-46（b）所示。

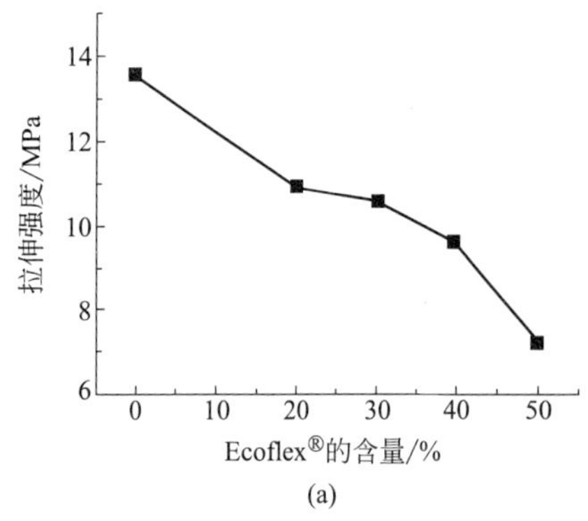

(a)

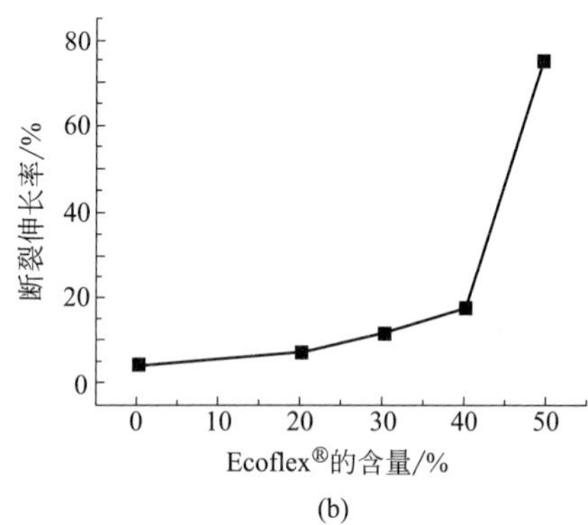

(b)

图 3-46 Ecoflex® 含量对共混膜力学性能的影响

将 Ecoflex® 含量不同的 PHBV/Ecoflex® 共混薄膜通过扫描电镜观察其表面的微观形态，当 Ecoflex® 含量为 20%时，可以看到存在明显的空洞，薄膜的致密性较差，如图 3-47（a）所示。当 Ecoflex® 含量为 40%时，薄膜的致密性增强，如图 3-47（b）所示。当含量达到 50%时，其微观形态呈现出均匀、致密、平整，如图 3-47（c）所示。

(a) Ecoflex®含量20%

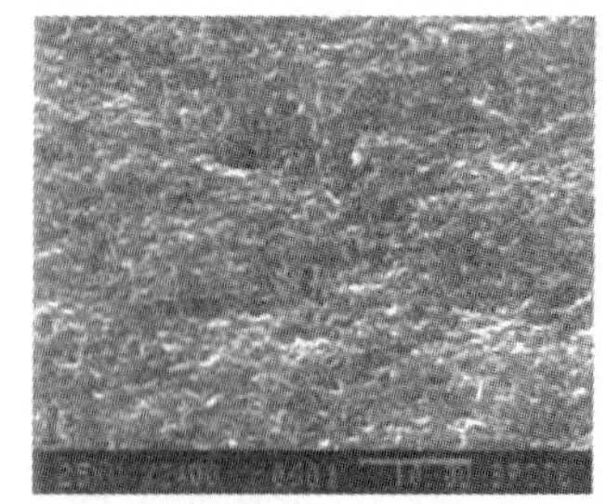
(b) Ecoflex®含量40%

(c) Ecoflex®含量50%

图 3-47 PHBV/Ecoflex® 共混薄膜电镜照片

分析原因认为，PHBV/Ecoflex® 共混体系具有部分相容性，Ecoflex® 含量为 20% 的共混物体系，可能是单相连续的形态结构，PHBV 为连续相，Ecoflex® 构成分散相，这样制成的薄膜性能主要取决于 PHBV 的性能，薄膜较脆。当 Ecoflex® 含量为 40%，可能形成两相交错的互锁形态结构，具有较大界面积的分散状态。当 Ecoflex® 含量为 50%，PHBV/Ecoflex® 共混体系出现了相反转，Ecoflex® 为连续相，PHBV 构成分散相，这样制成的薄膜性能主要取决于 Ecoflex® 的性能，薄膜韧性提高。

② 与双酚 A（BPA）溶液共混　双酚 A 是 2,2-二(4-羟基苯基) 丙烷的俗称，又被称为二酚基丙烷。BPA 分子链上带有一个—OH 侧基，是一个强的质子给体，极易与某些原子形成氢键。因此选用 BPA 对 PHBV 进行改性，希望它能起到交联剂的作用，提高 PHBV 的性能。BPA 添加量不高时，能够成膜；但当 BPA 含量在 40% 以后，便难于揭膜，如图 3-48 所示。成膜性能降低，在膜的表面出现泛白、混合不均等现象。

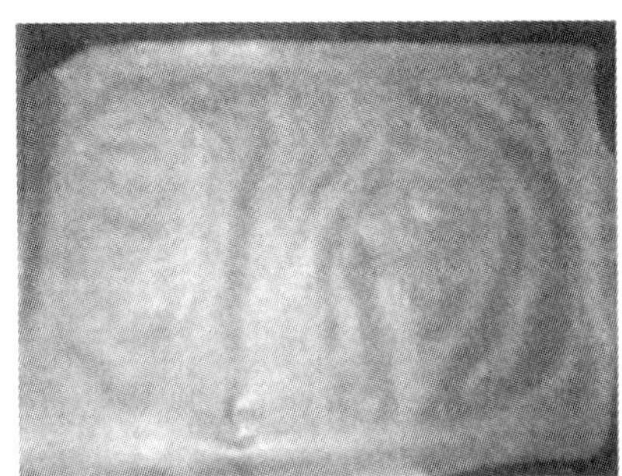

(a) BPA含量20%

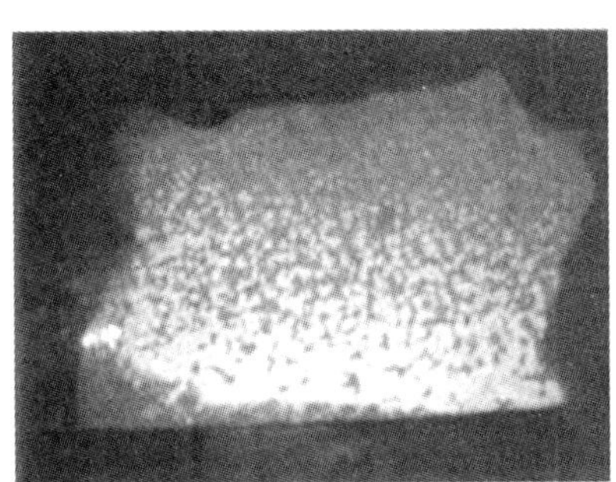

(b) BPA含量60%

图 3-48　PHBV/BPA 共混膜表观形态

由图 3-49 知，添加量在 20% 以下时，BPA 对 PHBV 的透明度影响不大，添加量为 20%，透光率仍能达到 85.4%。但 BPA 继续进一步增多，共混膜的透光率便急剧下降，添加量为 30%，透光率降至 61.7%。

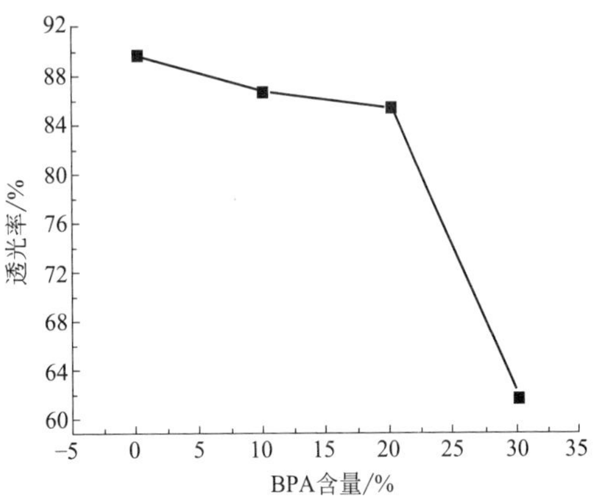

图 3-49　BPA 含量对共混膜透光率的影响

在 PHBV/BPA 共混体系中，随 BPA 质量分数的增大，薄膜的韧性变好，断裂伸长率增大，添加量为 30%，断裂伸长率达到 19.1%，是纯 PHBV 膜的 4 倍多，如图 3-50 所示。但与之相反，共混薄膜的强度呈下降趋势，添加量为 30%，拉伸强度仅为 4.6MPa。综合各方性能考虑，认为 BPA 添加量以 20% 为好。

对薄膜进行红外光谱测试，以考证共混物中的羰基与羟基是否产生了氢键作用，如图 3-51 所示。羟基中的 O—H 伸缩振动在 3200～3700cm^{-1} 区域有吸收峰。羟基若与氢缔合，随缔合度加大，吸收峰移向低波数区，且峰变宽。如果样品中既存在自由羟基，又有缔合的羟基，那么可以观察到两个峰。由以上理论依据分析谱图发现，在 3400cm^{-1} 区域内有一明显峰，随着 BPA 添加量的增大，逐渐向低波移动，且分裂为两个，由此可以认为该体系中有氢键形成。

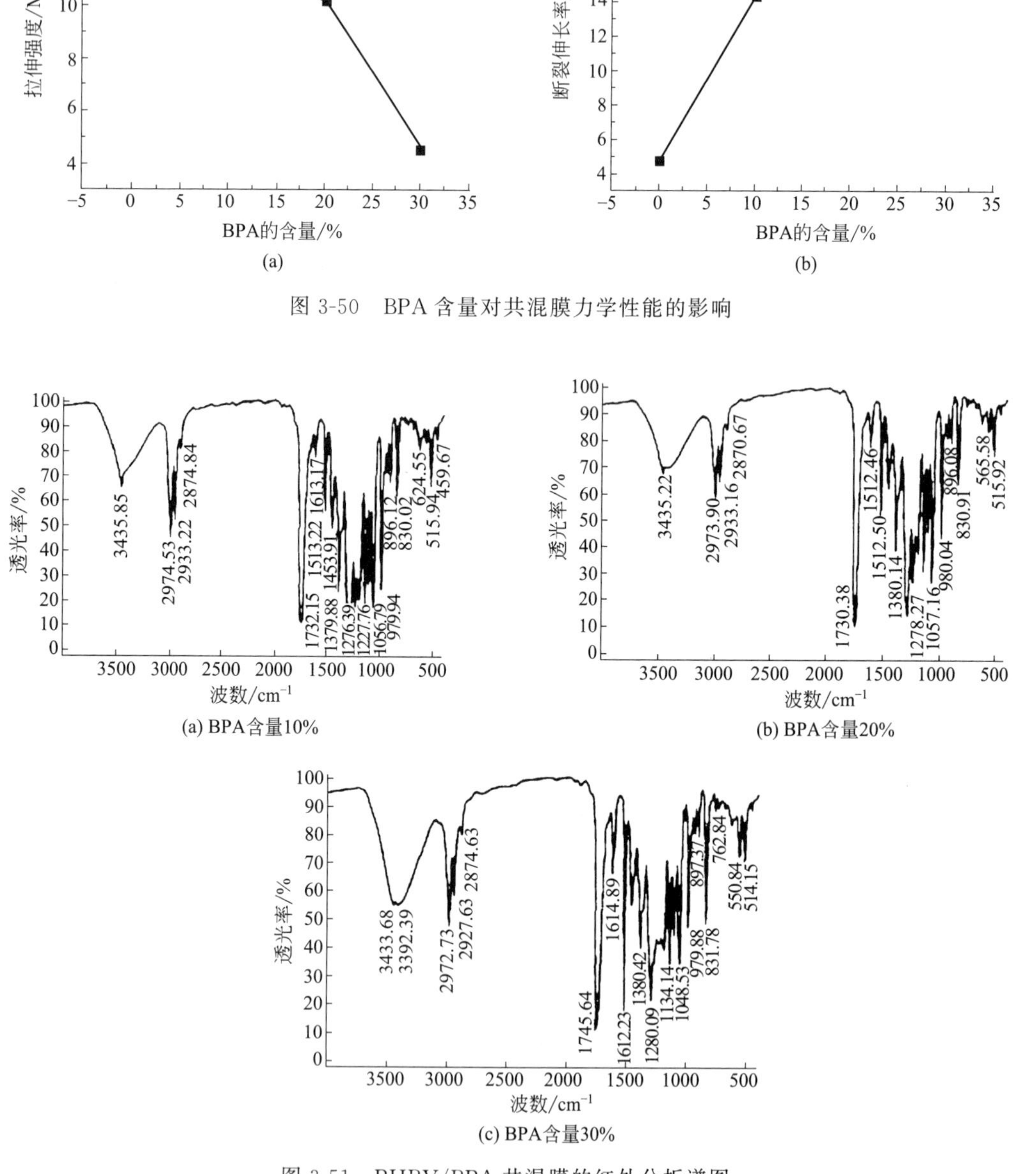

图 3-50　BPA 含量对共混膜力学性能的影响

图 3-51　PHBV/BPA 共混膜的红外分析谱图

③ 与羟丙基交联改性淀粉的共混改性　使用羟丙基交联改性淀粉与 PHBV 共混，这两者共混既可以保留 PHBV 薄膜的生物分解性，并且有研究表明加入淀粉可以促进其生物降解。图 3-52 为 PHBV/淀粉共混膜表现形态。

从图 3-52 可以看到，淀粉/PHBV 共混膜表面不光滑，有白色条纹，这可能是改性淀粉粒子不溶于溶剂，有少量粒子分散在表层。

随着改性淀粉含量的增加，薄膜的光学和力学性能都呈下降趋势，而且幅度较大。这是由于淀粉和 PHBV 不相容造成的，如图 3-53、图 3-54 所示。

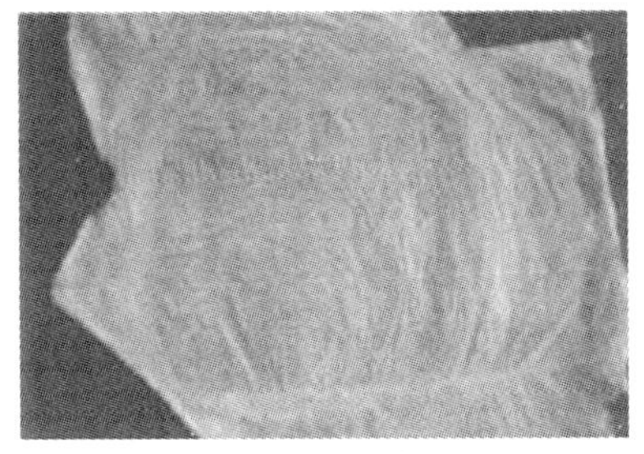

(a) 改性淀粉含量20%

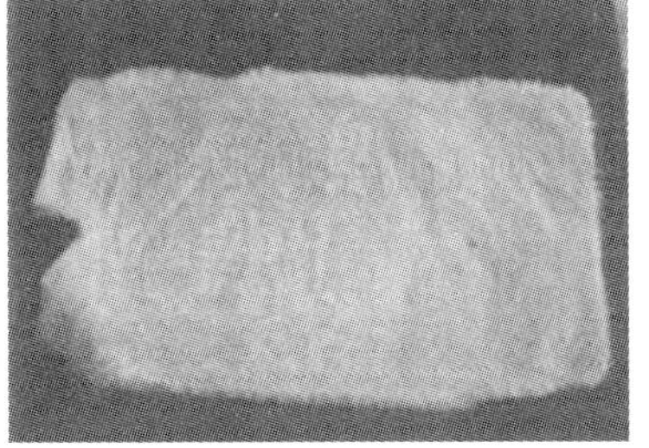

(b) 改性淀粉含量40%

图 3-52　PHBV/淀粉共混膜表观形态

通过电镜扫描（图 3-55）研究其微观结构。改性淀粉含量较少时（如 20%），改性淀粉相分散在 PHBV 相中，形成海岛结构，但分散并不均匀。随着改性淀粉含量的增多，淀粉粒子发生团聚，成大大小小的团状物堆积在一起，与 PHBV 相分散开来。两者不相容，是导致其力学性能及光学性能下降的主要原因。

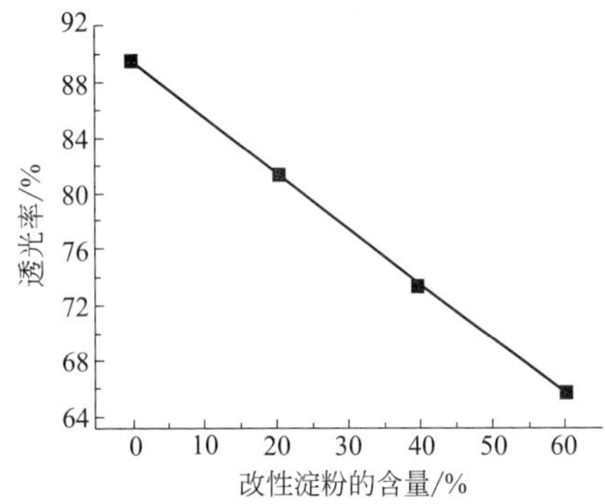

图 3-53　淀粉含量对共混膜透光率的影响

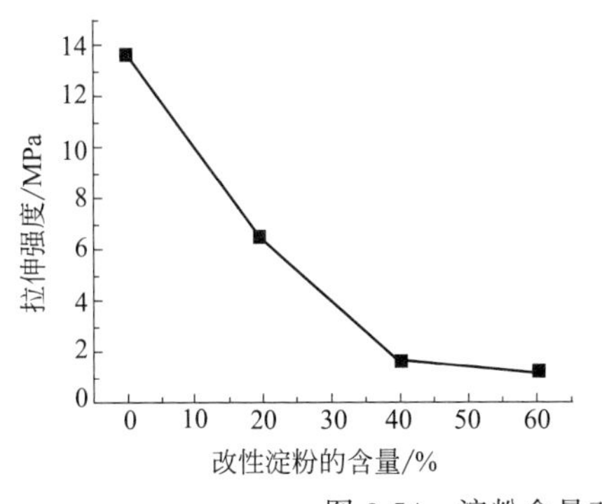

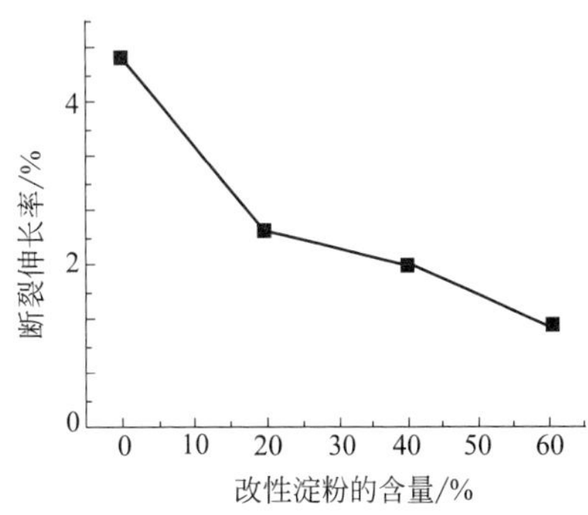

图 3-54　淀粉含量对共混膜力学性能的影响

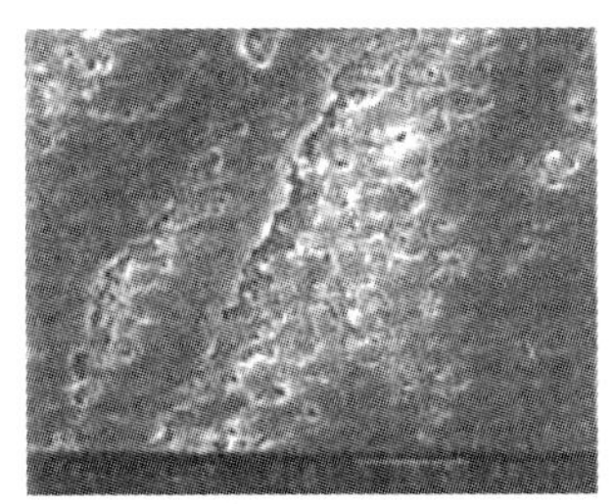
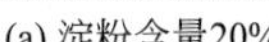

(a) 淀粉含量20%

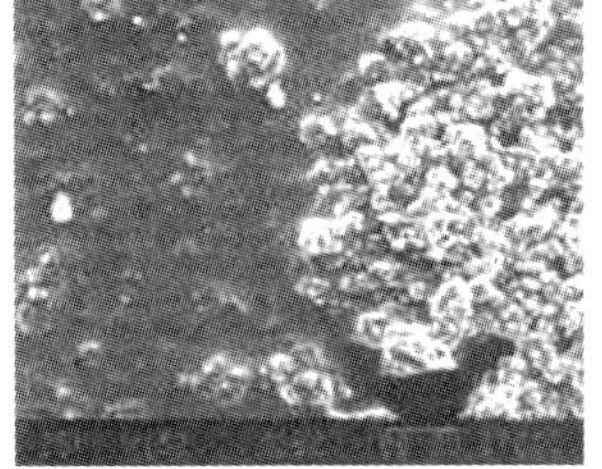

(b) 淀粉含量40%

(c) 淀粉含量60%

图 3-55　PHBV/淀粉共混膜电镜照片

④ 各种改性物质对 PHBV 改性效果的比较　将 PHBV/Ecoflex®、PHBV/双酚 A (BPA)、PHBV/淀粉 3 种共混体系的改性效果进行比较。选择各种共混体系的最佳配方进行力学性能的比较，如图 3-56、图 3-57 所示。在两图中，配方一：纯 PHBV；配方二：含 50%Ecoflex®；配方三：含 20%BPA；配方四：含 20%改性淀粉。

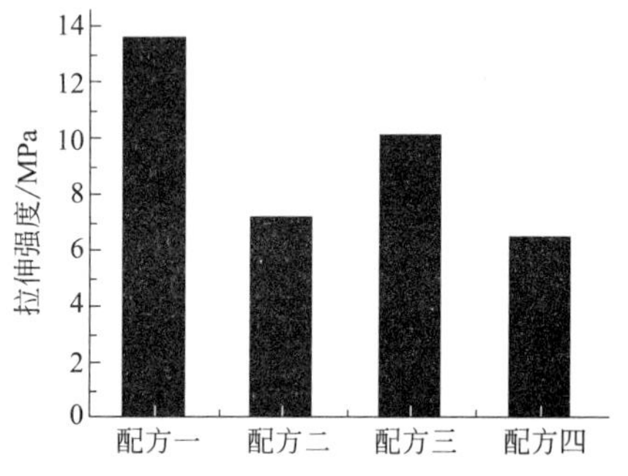

图 3-56　共混薄膜拉伸强度的对比

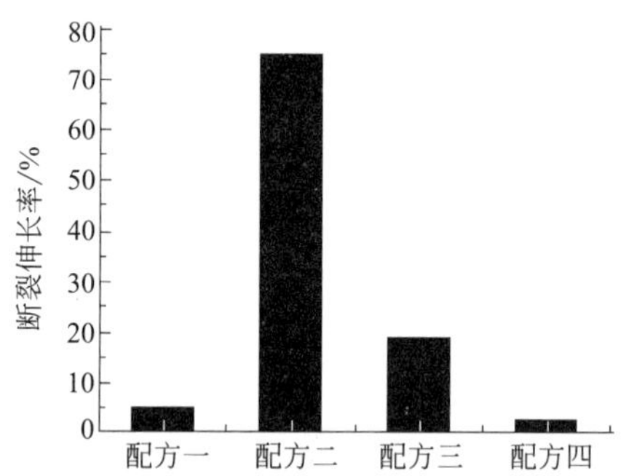

图 3-57　共混薄膜断裂伸长率的对比

由图 3-56、图 3-57 可见，Ecoflex® 对 PHBV 的增韧改性作用较明显。BPA 在低浓度情况下，对 PHBV 也有一定的改性作用。但拉伸强度都随着改性物质含量增大而呈下降趋势，且增韧的幅度不及 Ecoflex®。而改性淀粉由于两者不相容，对 PHBV 没有任何改性作用，使得光学、力学性能下降，只能起到降低其成本的作用。可见，在进行共混时，为了保持共混物的性能在可接受范围内，必须控制 Ecoflex®、BPA 等共混组分的含量。

（3）添加剂改性

通过添加各种添加剂可以改善 PHB/PHBV 的各种性能，特别是加工性能：

① 通过热稳定剂的研究提高其加工稳定性。

② 通过高效成核剂及其对结晶形态、结晶动力学的影响研究，加快其结晶速度、降低其球晶尺寸，进而改进其力学性能。

③ 通过共聚物结构研究降低其熔点，进而拓宽其加工温度范围。

④ 与上述基本问题相关的加工条件、加工技术的优化。

受阻酚类和胺类抗氧剂可以有效地捕获降解和分解过程中所产生的自由基，因而可防止自由基所引发的大分子进一步降解，因此，它们对增加 PHAS 的热稳定性是有效的。通过大量的实验，该研究组找到了可明显提高 PHB/PHBV 热稳定性的稳定剂 MA 和 MB。表 3-30 是 PHBV 分别加有 1%MA 和 0.5%MB 的热重分析结果。

表 3-30　PHBV 的热分解温度（试样中 HV 摩尔含量为 6.6%）

试样	T_d/℃	T(95%)/℃	T(peak)/℃
PHBV	264.7	247.5	277.3
PHBV+1%MA	269.7	259.2	284.1
PHBV+0.5%MB	266.4	259.5	282.7

可见这两种物质对于提高 PHBV 的热分解温度 T_d，特别对于提高失重到原始质量 95% 时的温度及热分解峰的温度均有较好效果。如前所述，PHAS 的降解主要是大分子断链而不是以生成挥发物为主，因此，用热失重法分析和表征其加工热稳定性不是很科学，但是可以用观察熔体样品在 Brabender 密炼机中转动力矩随混合时间变化规律的方法来定性地判断

它们的大分子断链过程，在相同混合条件下，加有稳定剂样品的转动力矩明显偏高，表明其熔体黏度和分子量较大。

(4) 提高结晶速率

为了加快 PHB/PHBV 加工成型过程中的结晶速率、降低球晶尺寸，进而改善其性能，加入成核剂是最有效的办法。

使用成核剂时必须考虑以下几个因素：

①粒子尺寸应该足够小，尺寸过大的粒子起不到成核剂的作用。

②成核剂应在 PHBV 中良好分散，防止其在混合过程中发生聚集。因为这种聚集的成核剂能使材料的均匀性变差，产生应力集中区域，从而使性能变差。

③有些成核剂会使 PHBV 着色，降低其透明性，这对于膜和注射成型制品尤为重要。

④成核剂的环境友好特性及毒性在某些应用领域是必须考虑的。

成核剂的主要作用是增加 PHBV 结晶成核密度，增大结晶速率，降低球晶尺寸。由于成核剂的效果可用结晶动力学来评价。因此，PHBV 结晶动力学研究也就成为 PHBV 加工过程中的一个重要课题。

常用的成核剂有：滑石粉、超细云母、碳酸钙、氯化铝、元素周期表中Ⅰ、Ⅱ族元素的羧酸盐、带有芳香环基的磷酸盐、环已磷酸和硬脂酸锌、稀土化合物、二氧化钛、黏土、短玻璃纤维等。非熔融态的 PHB 也可作为 PHAS 的成核剂。研究组从中选择了 5 种物质进行实验。表 3-31 是 5 种成核剂对 PHBV 结晶行为的影响。PHBV 中 HV 摩尔含量为 6%。成核剂质量分数除 B 为 5%而外，其余的均为 1%。可见，5 种成核剂对 PHBV 均有成核作用。它们使 PHBV 从熔体以 10℃/min 降温时的结晶峰温度 T_c 升高，T(onset) 值升高，ΔT 减小。进一步分析可将 5 种成核剂分为两组，第一组含混合物 A 和 B，第二组含 C 和 D。第一组成核剂使 PHBV 的 T_c 值从 84℃上升到 105～112℃，提高了 21～28℃，ΔT 值从 26.2 下降到 13.8～12.0℃。对于加有 1% A 的 PHBV 从熔体冷却过程中在 1.2min 内即可完成结晶，而没有成核剂的 PHBV 要在 2.8min 内才能完成。

表 3-31　成核剂对 PHBV 熔体结晶参数的影响（冷却速度为 10℃/min）

成核剂	T_c/℃	T(onset)/℃	ΔT/℃	ΔH_c/(J/g)
A	109	115.2	12.1	63.4
B	105	113.3	13.8	62.8
C	95	106.6	19.6	60.1
D	94	105.2	20.3	60.3
E	112	117.8	12.0	63.7
无(纯 PHBV)	84	100.4	26.2	58.4

表 3-32 列出了 5 种试样等温熔体结晶动力学参数。这些参数是从等温结晶动力学 Avirami 方程得到：

$$\alpha = 1\text{-}\exp[-Zt^n]$$

式中，α 是等温结晶条件下，时间 t 时 PHBV 达到的相对结晶度；n 是同球晶生长及成核方式有关的指数；Z 是同成核及球晶生长有关的结晶速度常数，将上式线性化，则有：

$$\lg[-\ln(1-\alpha)] = n\lg t + \lg Z$$

表 3-32　成核剂对 PHBV 等温结晶动力学参数的影响

样品	T_c/℃	n	Z/min^{-n}	$k_g(\mathrm{K}^2)$	$\sigma_e/(\mathrm{J/m}^2)$
PHBV	98	2.2	4.6×10^{-1}	5.3	0.037
	100	2.1	2.3×10^{-1}		
	104	2.2	1.2×10^{-1}		
	106	2.0	1.1×10^{-1}		
	108	2.2	7.7×10^{-2}		
PHBV-D	102	2.4	9.5×10^{-2}	4.6	0.032
	104	2.5	7.2×10^{-2}		
	106	2.7	3.3×10^{-2}		
	108	2.6	2.0×10^{-2}		
	110	2.5	1.8×10^{-2}		
PHBV-C	102	2.1	1.9×10^{-1}	4.0	0.028
	104	2.1	1.0×10^{-1}		
	106	2.4	6.2×10^{-2}		
	108	2.5	4.7×10^{-2}		
	110	2.8	1.8×10^{-2}		
PHBV-B	112	2.2	2.7×10^{-1}	3.9	0.027
	114	2.8	6.4×10^{-2}		
	116	2.9	4.9×10^{-2}		
	118	2.9	2.0×10^{-2}		
	120	2.8	1.4×10^{-2}		
PHBV-A	118	2.1	3.0×10^{-1}	3.4	0.024
	120	2.4	1.6×10^{-1}		
	122	2.4	1.1×10^{-1}		
	124	2.6	4.3×10^{-2}		
	126	2.8	1.1×10^{-2}		

由表 3-32 可见 PHBV 即使在更大的过冷度下结晶（108℃）其结晶速度常数 Z 也要比在较高过冷度下（118℃）结晶的 PHBV/A 体系小一个数量级。其原因是成核剂 A 有效地降低了 PHBV 的成核自由能 σ_e。在制品加工过程中，物料从熔体冷却结晶过程主要受成核过程控制。

3.3.6　聚羟基烷酸酯的成型

聚羟基烷酸酯的成型主要讨论聚-（β-羟基丁酸酯/β-羟基丁酸酯-β-羟基戊酸酯）（PHB/PHBV）的成型。

长春应用化学研究所刘景江教授领导的研究组通过多年艰辛的工作，在 PHB/PHBV 的加工领域取得了可喜的成果。

PHAS 加工成型过程中的冷却问题也是至关重要的，其目的是促进其尽快结晶，以防止制品发黏以及由此而引起的诸如薄膜粘联、注射件在模腔中停留时间过长等问题。

高聚物结晶动力学理论是以高聚物折叠链结晶、成核及沿着径向生长成球晶为基础。球晶的径向生长速率 G 同结晶温度 T_c 以及过冷度 ΔT 的关系式如下：

$$G=G^0\left[-\exp\frac{U^*}{R(T_c-T_\infty)}\right]\exp\left[-\frac{k_g}{T_c f\Delta T}\right]$$

式中，G^0 为常数；U^* 是高聚物分子链段运动迁移活化能；R 是气体常数；T_∞ 是高聚物分子链段运动完全冻结的温度，通常 $T_\infty = T_g - 50℃$；f 为温度校正因子，$f = 2T_c/(T_m^0 + T_c)$，这种温度校正对于高过冷度下的结晶现象的描述是十分必要的；k_g 是与能量及结晶生长区域有关的常数，按下式计算：

$$k_g = Ab_0\sigma\sigma_e T_m^0 / k\Delta H_f$$

式中，k 为 Boltzman 常数；b_0 是结晶表面层分子链的厚度；T_m^0 是高聚物的平衡熔点；ΔH_f 是单位质量高聚物的理论熔融热；σ 和 σ_e 分别为平行和垂直于分子链方向单位面积的界面自由能；A 是与结晶生长区域有关的系数，对于Ⅰ区和Ⅲ区，$A=4$，对于Ⅱ区，$A=2$。

高聚物的结晶须在 T_∞（$T_\infty = T_g - 50℃$）和 T_m^0 之间才能进行。当 $T_c = T_\infty$ 时，分子链运动完全被冻结，不能折叠，因而不能结晶，当 $T_c = T_m^0$ 时，过冷度 $\Delta T = 0$，温度达到其平衡熔点，即使能形成结晶也随之而熔化。

当 PHA 试样在高过冷度下，即在低 T_c 一侧是固体状态下结晶，其球晶径向生长速率 G 随 T_c 值增加而增大，受分子链运动热活化控制，式中的 U^* 起主导作用，然后 G 值达到极大值，它们对应的温度标记为 T_{max}。右侧 G 值则随 T_c 的升高而降低，主要受成核过程控制，高聚物是从熔体结晶。通过以上分析可以确定，PHAS 在从熔体加工成型过程中，使其结晶速度最快的温度应选择在 T_{max}。

对 PHAS 制品成型后进行结晶处理的另一个优点是所得到的产品性能稳定，随放置时间延长性能下降的幅度减小，进而达到改善其性能的目的。在诸多性能中，抗冲击性能和断裂伸长率尤为敏感。表 3-33 是 HV 摩尔含量为 10%的 PHBV，$M_w = 477000$，$M_w/M_n = 3.12$，含 1%的稳定剂 A，分别用方法 1、方法 2 和方法 3 结晶处理 1h，断裂伸长率随放置时间衰减情况。

表 3-33　PHBV 断裂伸长率（相对值）随放置时间的变化

结晶处理方法	立即测试	一天	一周	一个月
未处理	1	0.105	0.054	0.044
方法 1		0.175	0.113	0.118
方法 2		0.567	0.152	0.121
方法 3		0.466	0.367	0.134

可见经结晶处理后的产品性能稳定性明显变好。

结晶处理对冲击性能稳定性更为明显。例如，HV 摩尔含量为 8%的 PHBV，经结晶处理 20min，放置一个月后其冲击强度仍为初始值的 76.25%，而未经处理样品仅为初始值的 31.25%。

3.3.7 聚羟基烷酸酯的产业化前景

PHA 结构的多样化带来多种多样的性能，从坚硬质脆的硬塑料到柔软的弹性塑料、纤维等，再加上其生物分解性、生物相容性和可再生资源合成的特点，在化工产品、医用植入材料、药物缓释载体、燃料等领域具有广泛的应用前景。

3.3.7.1 聚羟基烷酸酯的产业化问题

PHA 的产业化尝试在 20 世纪 70 年代就已经开展。目前实现商业化的 PHA 主要为

PHB（聚 3-羟基丁酸酯）、PHBV（3-羟基丁酸酯和 3-羟基戊酸酯的共聚物）、PHBHHx（3-羟基丁酸酯和 3-羟基己酸酯的共聚物）、P3HB4HB（聚 3-羟基丁酸酯和 4-羟基丁酸酯的共聚物）。然而 PHA 的生产成本过高，难以与石油基塑料竞争，因而也大大限制了 PHA 的大规模商业化。

包括 PHA 生产在内的生物转化过程的生产成本过高主要由以下几点造成：第一，底物（原材料）价格偏高，例如葡萄糖来源于淀粉水解，其价格增长迅速，且淀粉来源于粮食作物，大量使用于工业生产会造成“与人争粮”的问题；第二，生物转化过程通常需要消耗大量的淡水，这又会加重水资源问题，PHA 的生产成本当中底物和淡水的成本就占了将近一半；第三，为了避免杂菌污染，整个生物反应体系包括发酵罐、管道以及底物培养基都需要进行高温高压蒸汽的灭菌处理，这一过程会消耗很多能量；第四，同样是为了避免杂菌污染，生物转化（发酵）过程是按批次不连续的，这虽然可以降低杂菌污染的概率但也降低了生产效率，而且每一批次的发酵过程都需要进行灭菌处理，这又增加了灭菌的次数及其所带来的能量消耗，这一能耗成本可占总成本的四分之一左右；第五，为了耐受灭菌过程的高温高压蒸汽，发酵设备需要不锈钢等坚实材料制造，其价格不菲；第六，每一批次的发酵过程为了避免杂菌污染，操作复杂、耗时耗力，在一定程度上增加了人力成本。

解决 PHA 产业化的问题有 2 种思路：一是改善和提高 PHA 的材料性能，赋予其优于石油基塑料的高附加值，寻找对应的应用领域；二是通过合适的手段大幅降低 PHA 的生产成本，使之接近甚至低于石油基塑料。

3.3.7.2 国内外研究进展

早在 20 世纪 90 年代，英国 Zeneca Bioproducts PLC 公司不仅生产可生物降解的聚丙交酯，还生产使用范围广的聚羟基羧酸共混物如聚-3-羟基丁酯及共聚物，聚-2-羟基丁酸和聚-3-羟基戊酸。许多国家目前都在研究开发用微生物生产热可塑性高分子材料，其中实现工业化生产的，主要为美国 Metboxi 和巴西等国。

英国 ICI 公司曾用真养产碱杆菌以葡萄糖和丙酸为原料，使用 35m^3 的气升罐和最大容积为 220m^3 的通用式发酵罐生产 PHBV（即 Biopol），是分子量在 50 万～60 万左右的结晶性热塑性聚酯，其工业化产品牌号与性能见表 3-34。

表 3-34　各种 Biopol 的性质一览表

性质	牌号		
	D411G	R-31	XB275
密度/(g/cm^3)	1.3	1.5	1.3
拉伸强度/MPa	23	26	19
伸长率/%	8	2	19
弯曲强度/MPa	31	47	22
弯曲弹性模量/MPa	992	3623	706
悬臂梁冲击强度(缺口)/(J/cm)	60	40	80
热变形温度(18.5kgf/cm^2)/℃	60	92	55
洛氏硬度 R	68	97	67

注：18.5kgf/cm^2≈1.85MPa。

目前国外 PHA 的主要生产厂家见表 3-35。

表 3-35　国外 PHA 主要生产厂家一览表

产品名称	生产厂家	商品名	国家	规模/(t/a)	计划规模/(t/a)	备注
PHA	Metabolix		美国	50	50000	利用转基因植物生产。目前已停产
	Mitsubishi Gas Chemical	Biogreen	日本	10	1000	
	Kaneka		日本	5000	20000	
	Polyferm					以廉价原料(半纤维素)生产
	Biocycle		英国	1000		
	P&G		美国			
	Zeneca Bio Product		巴西			以分批发酵生产 PHB 及 PHBV
	PHB INDUSTRIAL S/A company		巴西	50	5000	
	Biomer		德国			
	Bioscience		芬兰			医药应用
	Bioventures Alberta		加拿大			
	Agrotechnology & Food Innovations		荷兰			

PHA 是生物聚酯里的一大家族，目前已经发现有 150 多种不同的单体结构，新的结构被不断地合成出来。虽然 PHA 结构变化多端，物理性能各异，但都具有生物可降解性。

国内有许多科研院所对发酵法生产 PHAS 进行了从生物合成、细胞破壁、PHAS 提取到 PHAS 的应用加工等方面的研究，主要的有：中科院微生物所、清华大学、无锡轻工大学、中科院成都生物所、广西大学、西北大学、辽宁大学等等，目前生产单位有宁波天安生物材料有限公司（规模 2kt/a)、天津国韵生物科技有限公司、蓝晶公司等。

宁波天安生物材料有限公司与中国科学院微生物研究所通过多年的合作，自主开发了一种新的提取工艺，大大降低了生产成本，并解决了原工艺废水无法生化处理的难题，打通了产业化的瓶颈，大大低于国际同类产品，目前，产能最大约 2000t/a。该工厂的建成，彻底改变了目前国际上美国、日本在完全生物分解材料领域的技术垄断地位。

3.3.7.3　蓝水生物技术：基于嗜盐微生物的低成本生产技术

由生物转化过程的成本因素可知，底物成本和灭菌能耗是造成 PHA 高生产成本的主要因素。如能使用价格低廉的底物，减少淡水资源的使用，同时降低甚至取消灭菌过程带来的能耗，则有可能实现低成本的生产技术。而嗜盐微生物恰好能够满足低成本生产技术的这几点要求。

（1）嗜盐微生物简介

嗜盐微生物（halophiles，halophilic microorganisms）是一类需要环境中存在较高浓度的盐（NaCl）才能生长的微生物，广泛存在于古菌界、细菌界和真核生物界。根据最适生长条件下的盐浓度，嗜盐微生物大致分类为中度嗜盐微生物和极端嗜盐微生物，前者的适宜生长的盐浓度范围为 3%～15%，后者的最适生长盐浓度则在 15%以上。

嗜盐微生物中存在两种机制防止过多的盐扩散进入细胞内从而能够在高盐环境中生存。第一种存在于好氧的极端嗜盐古菌和一些厌氧的嗜盐细菌，是在胞内积累一些矿物盐离子来平衡胞外的渗透压。第二种存在于多数嗜盐细菌和嗜盐真核生物，在胞内积累小分子的水溶性有机化合物来维持胞内低的盐浓度的同时平衡胞外渗透压，这些有机化合物被称为亲和性溶质，四氢嘧啶是嗜盐微生物主要的亲和性溶质。亲和性溶质是一种稳定剂，除了使细胞耐受高盐浓度，还可以耐受高温、干燥、寒冷甚至冰冻环境，因此可用于蛋白质、DNA 和哺乳动物细胞的保护剂。

一些嗜盐微生物的生存环境为生物量极少的盐碱环境，当有生物质（如腐烂植物或动物尸体）进入到该环境时，嗜盐微生物就要充分利用这些生物质，因此这些嗜盐微生物能够分泌各种水解酶，包括淀粉酶、脂肪酶、蛋白酶、木聚糖酶和纤维素酶等。由于这些水解酶能够在高盐浓度的条件下发挥作用，因而被称为嗜盐水解酶。一些嗜盐水解酶还具有热稳定性和广范围的 pH 适应性，这些独特的性质使得嗜盐水解酶具有其特殊的应用价值。

（2）基于嗜盐微生物的低成本生产技术

嗜盐微生物的生长环境为高盐浓度，且有些嗜盐微生物同时还喜欢在碱性条件下生长，在这种高盐高碱条件下普通的微生物难以生存，因此用于培养嗜盐微生物的培养基即便在没有灭菌的情况下也很难染杂菌。

以嗜盐微生物作为工业生产菌株，就能够实现无灭菌开放式发酵，从而减少灭菌过程的能耗及其所带来的复杂操作和人力成本；同时无灭菌发酵可以实现连续式发酵，一方面减少了批次发酵过程中每一批次的灭菌和清洗等操作，另一方面连续发酵的生产效率高于批次发酵；无需灭菌还意味着生物反应器无需使用不锈钢材料来耐受高温高压蒸汽，使用塑料或陶瓷等材料可降低设备成本。培养嗜盐微生物需要含高浓度盐的底物培养基，这意味着可以使用海水来替代淡水资源，从而避免水资源问题。如上文所述，一些嗜盐微生物能够分泌各种水解酶，则有可能使用廉价的混合底物，如含有淀粉、纤维素，甚至是富营养废水、餐厨垃圾、地沟油等。

综合以上几点，嗜盐微生物利用海水和廉价底物进行无灭菌开放连续式发酵，可大大降低发酵过程的生产成本。另外，一些嗜盐微生物受到低渗处理后细胞壁会出现破裂，对于 PHA 等胞内产物，可简化破裂细胞提取产物的复杂度和成本。我们将这种利用嗜盐微生物以海水为介质的低成本生产技术称之为蓝水生物技术。

目前应用嗜盐微生物最成功的例子是利用嗜盐微藻杜氏盐藻 Dunaliella 合成 β-胡萝卜素和甘油，已实现了工业化规模的生产；在嗜盐古菌 Halobacterium 菌属种有一种独特的光驱动质子泵蛋白菌视紫红质，也实现了商业化生产。

（3）嗜盐微生物生产聚羟基烷酸酯

自从 1972 年第一次报道在嗜盐微生物中发现 PHA 以来，越来越多的嗜盐微生物被发现可以合成 PHA。嗜盐古菌 Haloferax mediterranei 能够积累占细胞干重 46％的 PHA，以葡萄糖或淀粉为碳源时合成的 PHA 种类为共聚物 PHBV。据报道利用 Haloferax mediterranei 生产 PHBV 的成本比利用重组型大肠杆菌要低 30％。

合成 PHA 的嗜盐微生物的另一代表性菌株是玻利维亚盐单胞菌 Halomonas boliviensis。该菌能够耐受的盐浓度范围为 0～25％，可在 0～45℃，pH6～11 的环境中生长。该菌能够利用多种底物，包括葡萄糖、木糖、蔗糖等来生产 PHB。在优化条件时，其合成的 PHB 的分子量能够达到百万道尔顿。

在一些情况下嗜盐微生物在合成 PHA 的同时还会合成亲和性溶质。Methylarcula marina 和 Methylarcula terricola 两株嗜盐菌在 6％～10％盐浓度的环境中合成四氢嘧啶和谷氨酸等亲和性溶质以及18%的PHB；盐单胞菌属 Halomonas campaniensis 在5.8%盐浓度下可以同时积累PHB和四氢嘧啶；还有报道利用盐单胞属的几种菌株实现40%的PHB和10%的四氢嘧啶的共产。研究证明PHB合成途径和四氢嘧啶合成途径均以乙酰辅酶A为前体，但是两条途径分别由营养限制和盐浓度压力两种不同的因素来启动。用两步法培养玻利维亚盐单胞菌，第一步在最适生长条件下培养细胞，第二步提高盐浓度来促进四氢嘧啶的合成，同时限制营养促使细胞积累PHB，最终得到占细胞干重13.2%的四氢嘧啶和68.5%的PHB。

从新疆盐湖土壤样品中分离筛选得到的两株嗜盐微生物（盐单胞菌 Halomonas TD01 和盐单胞菌 Halomonas campaniensis LS21）应用于无灭菌的开放式连续发酵，均表现出了优异的PHA合成能力。

盐单胞菌TD01为革兰氏阴性的中度嗜盐菌，耐受的盐浓度为10～250g/L，最适为60g/L；pH耐受范围为5～11，最适为9；可耐受0～45℃的温度，最适为37℃。野生型的盐单胞菌TD01能够以葡萄糖为唯一碳源合成80%以上的PHB。用2个发酵罐体系进行盐单胞菌TD01的无灭菌连续发酵，第1个发酵罐用于培养细菌，并将其中的细菌和培养基连续地泵入第2个发酵罐；第2个发酵罐的培养基含有葡萄糖且限制氮源以促使细菌进行PHB积累。最终在第1个发酵罐中细胞干重达到40g/L，PHB含量为60%，葡萄糖到PHB的碳源转化率在20%至30%之间；而在第2个发酵罐中细胞干重较低，在20g/L左右，但PHB含量保持在70%以上，碳源转化率超过了50%。整个发酵过程持续了14天，没有发生杂菌污染。利用该菌在山东鲁抗进行无灭菌发酵生产的中试，经粗略核算PHA的生产成本能够降低近一半。

盐单胞菌LS21同样为一株中度嗜盐菌，生长最适盐浓度为40～60g/L，pH耐受范围为8～11，最适为10，生长温度范围为25～55℃，最适为37～42℃，可在人工海水或天然海水为介质的培养基中生长。利用该菌及其重组菌进行的无灭菌连续发酵，其过程持续了65天，且无杂菌污染，细胞干重最高达到70g/L，PHB最高含量达到74%。

这些结果均说明嗜盐微生物在利用低成本生产工艺的蓝水生物技术来生产PHA方面具有良好的应用前景。

3.3.7.4　应用合成生物学手段改良嗜盐微生物

嗜盐微生物作为一类具有工业生产应用前景的菌株，应当满足对其进行分子和遗传改造来改良特性，优化产量的需求。经过20多年的开发和发展，已经有多种适用于嗜盐微生物的分子生物学工具，如表达载体、启动子、基因突变、基因敲除技术等。合成生物学的不断发展可以使研究者对野生菌株进行系统水平上的改造，构建性能优良的底盘微生物。

基因组学技术为系统解析细胞内的代谢调控网络及其变化机制提供了手段，使合成生物学改造底盘微生物更具有靶向性。近年来越来越多的嗜盐微生物有全基因组测序和分析信息，包括盐单胞菌TD01、LS21以及嗜盐古菌 Haloferax mediterranei、H. volcanii 等，为定向改造这些嗜盐微生物提供了依据。

例如，细菌只有一微米的维度，密度小，很难从高密度的发酵液中分离出来，高速离心等操作所带来的能耗也额外增加了成本。通过形态学工程改造细菌，可以使细菌体积增大，使之有利于分离。清华大学陈国强教授团队发现在盐单胞菌TD01中过表达细胞分裂抑制蛋白MinCD，促使细胞纤长化达到近百微米，菌体之间相互缠绕形成网状结构，可以加快菌体自沉，简化下游处理步骤。同时细菌的纤长化还增加了胞内 PHA 的容纳空间，PHA 的含量从野生型对照的 69%提高到了 82%。

嗜盐微生物以葡萄糖、淀粉等廉价底物为单一碳源时通常只会生产单一种类的 PHA，另外细菌生长过程中还会产生各种次级代谢产物从而影响碳源到目的产物的转化率。通过遗传改造和代谢工程手段可以使嗜盐微生物生产其他种类的 PHA，通过基因敲除可以阻止碳源被代谢为其他产物。例如，野生型盐单胞菌 TD01 以葡萄糖为单一碳源时生产的 PHA 种类为 PHB，在其基因组上表达异源基因构建新的代谢通路可以使重组菌以葡萄糖为单一碳源生产 PHBV。在嗜盐古菌 Haloferax 中，在敲除 pyrF 基因（乳清酸核苷-5-磷酸脱羧酶）的基础上，以 5-氟乳清酸和尿嘧啶作为选择压力，可大大提高双交换的效率，多次应用到了其他基因的敲除中，可用于次级代谢产物通路的敲除。

嗜盐微生物多为好氧型，发酵过程需要压缩空气并鼓入发酵体系当中，而这一部分的能耗占发酵过程中所有能耗的近一半。因此若能够提高嗜盐微生物在微氧条件下的氧气利用率和 PHA 合成效率，则有可能降低压缩和鼓入空气的能耗和相应成本。例如在大肠杆菌中利用串联重复的微氧启动子来表达 PHB 合成通路的基因，能够提高菌株微氧合成 PHB 的能力，在微氧条件下积累量最高可以达到 90%。若能将该技术应用到嗜盐微生物当中，有可能提高嗜盐微生物在发酵过程中氧气不足条件下的 PHA 合成能力。

清华大学陈国强教授团队重组菌 Halomonas bluephagenesis TD40 的中试放大发酵生产工艺以达到 $1m^3$ 和 $5m^3$ 发酵罐。该放大生产工艺利用葡萄糖、相关碳源以及玉米浆废液为主要原料进行低成本的 P（3HB-*co*-4HB）共聚物的发酵生产。该研发过程通过结合无灭菌开放连续的下一代生物发酵技术平台，节省了大量的发酵灭菌能耗。此外，在 7L 罐小试发酵中验证了葡萄糖酸钠废液作为碳源生产 P（3HB-*co*-4HB）共聚物的可能性，未来可实现约 60%原料成本的降低。在发酵放大过程中，通过建立盐单胞菌的代谢网络模型及发酵放大的理论计算，对整个发酵培养控制和放大工艺进行全方位的理性设计，成功地指导小试发酵的底料及补料优化，以及在 $1m^3$ 和 $5m^3$ 发酵罐中的放大发酵测试。最终，在 $5m^3$ 发酵罐的 36h 中试放大发酵中获得高达 100g/L 的干物生物量和 60.4%的 PHA 含量。而在优化了玉米浆废液使用量后，PHA 含量增加至 74%，而干物生物量基本不受影响。最后，通过与下游提取工艺的耦合，成功开发了一个稳定连续且高效的 P（3HB-*co*-4HB）共聚物中试生产线。

3.3.8 聚羟基烷酸酯的应用

（1）聚羟基烷酸酯的商业化应用

PHA 由于其繁多的单体种类，造成了不同 PHA 之间的物理化学性能也有很大的差异，既可以获得坚硬质脆的硬塑料，又可得到柔软的弹性体，可以满足不同需求。通常情况下，短链 PHA 具有比较高的结晶度，表现出强而硬的塑料特性；而中长链的 PHA 由于结晶度很低，表现出软而韧的弹性体特征。

目前商业化的 PHA，主要是可降解热塑性材料，其性能可以和传统的石油基材料相媲美（表 3-36），当前多数用于包装和涂层等领域。PHA 先后被 Wella AG、P&G、Biomers、Metabolix 及其他的一些公司开发为包装膜，主要用于购物袋、集装箱和纸张涂层和一次性的用品，例如剃面刀、器皿、尿布、女性卫生产品、化妆品容器和杯子及医疗器械手术服、家居装饰材料、地毯、包装袋和堆肥袋等。

表 3-36　PHA 和传统聚合物塑料性能的比较

聚合物	杨氏模量/MPa	拉伸强度/MPa	断裂伸长率/%
P(3HB)	3500	40	6
P(4HB)	149	104	1000
P(3HB-*co*-3%3HV)	2900	38	
P(3HB-*co*-20%3HV)	1200	32	50～100
P(3HB-*co*-16%4HB)		26	444
P(3HB-*co*-3%4HV)		28	45
P(3HB-*co*-10%4HV)		24	242
P(3HB-*co*-17%3HHx)	0.173	20	850
P(HO)	17		250～350
P(3HO-*co*-12%3HHx-*co*2%3HD)	7.6	9.3	380
P(3HO-*co*-4.6%3HHx)	599.9	22.9	6.5
P(3HO-*co*-5.4%3HHx)	493.7	23.9	17.6
P(3HO-*co*-7%HHx)	288.9	17.3	23.6
P(3HO-*co*-8.5%HHx)	232.3	15.6	34.3
P(3HO-*co*-9.5%HHx)	155.3	8.8	43
HDPE	400～1000	17.9～33.1	12～700
LDPE	50～100	15.2～78.6	150～600
PS	3000～3100	50	3～4
PA66	2800	83	60

通常情况下，PHA 的原始状态并不能很好地满足工业产品的要求，常采用化学和物理等方法对其改性，以满足不同的性能要求。最简单的方法就是通过物理共混改变结晶性能，以提高其力学性能。同时 PHA 的引入也可以提高其他生物基材料的性能，中科院宁波材料所研究人员将 PLA 与 PHBV 反应性共混，再经熔融纺丝制得品质优异的新型生物基化学纤维——禾素™。在加工过程中，PHBV 和 PLA 相互促进结晶，短时间内可以达到较高的结晶度，得到性能优异的纤维，其风格与手感等方面与真丝、铜氨等高档纤维品种相媲美。

Metabolix 还将 PHA 作为一种新型环保的增塑剂改性 PVC，拓展了 PHA 在塑料添加剂方面的应用。Sudesh 等研究发现 PHA 具有明显吸油效果，可能在化妆品和护肤品领域具有应用市场，基于吸油性，也可用处理污水，吸附污水中的有机物。

(2) PHA 在医药领域的应用

PHA 除了具有生物分解性外，还具有良好的生物相容性，能够提供多种组织器官细胞生长的环境，且不具有致癌性，其降解产物大多在动物体内存在。以最常见的 PHB 来说，其降解产物 3HB 的血液中的浓度在 0.3～1.3mM 之间，因此 PHA 材料作为医用的植入性材料具有极大的潜力。研究者针对 PHB，PHBV，P3HB4HB，P4HB，聚-3 羟基辛酸 P3HO（poly-R-3-hydroxyoctanoate）和 PHBHHx 等 PHA 材料在外科手术中用到的（外科缝合线、绷带、纱布、防粘连膜）和各类支架（关节软骨修复支架、脊髓支架、人造食道、心脏支架）等方面的应用进行了开发。PHA 材料制备的三维支架可以支持细胞生长，随后降解保留修复组织，可以用于心血管系统、角膜、胰腺、消化系统、肾脏、泌尿生殖系统、神经系统、牙齿、口腔和皮肤等。美国 Tepha 的 P4HB 以 PHA4400 为名字作为医用材料进入市场。近期研究显示，PHBHHx 因其良好的压电性而被成功地用于促进骨骼再生。研究者对于 PHBHHx 在神经损伤的修复和人工血管方面的应用也加以开发。理想情况下，组织工程支架在实现组织修复的同时，自身完全降解，因而 PHA 制成的支架需要满足各种组织器官的结构和力学性能同时以合理的速率进行降解，在这两个方面 PHA 材料性能仍有待提高。

PHA 作为可降解的载体用于药物、激素、杀虫剂和除草剂等的可控释放也越来越多的引起研究者的关注。Voinova 等研究了 PHA 作为杀虫剂——六六六和林丹的载体在土壤中的靶向可控释放，实验发现包被在 PHA 中的杀虫剂逐步缓慢释放，并未出现突然释放，随后 PHA 被土壤微生物降解。通过改进和修饰 PHB 聚合物的组成，得到的共聚物可以改善表面特性，进而很好的控制药物的释放速率和载体的降解。Gref 等研究中，成功地将 PHB 和 PEG 共聚，显著提高了 PHB 纳米颗粒在血液中的循环时间，从而提高药物的生物利用率、降低给药剂量、减轻毒副作用。

在水产养殖业，PHA 作为饲料添加剂表现出抑制细菌性病原体的效果。研究者发现，喂养 PHB 的对虾的肠道菌群得到明显改善，抗病能力增强，存活率增加，PHB 可以作为抗生素的替代品，缓解海产品的抗生素耐药性问题。

(3) 羟基脂肪酸单体及低聚物的应用

PHA 的手性单体含有两个易于修改的功能团（羟基和羧基），可以用来合成昂贵的化合物和新型聚合物。1958 年，Chiba 和 Nakail 应用 R-3-羟基丁酸（R--3HB）作为抗生素碳青霉烯合成的手性底物。Merck 的抗青光眼药物“Truspot”也是有 R-3HB 参与合成。Kamachi 等分别合成了 3-羟基-3-环丙基-丙酸和 3 羟基-4 氯丁酸的辅酶 A 硫酯衍生物，利用菌株沙氏外硫红螺菌的聚合酶在水溶液中分别合成相应的手性线装聚合物。这些新型的线状聚合物都具有同一个手型中心并具有特异的结晶性能。

此外，研究者发现 PHA 的寡聚物具有营养和治疗的功效，3HB 单体对治疗骨质疏松，糖尿病和神经性退行等疾病具有一定的效果，表现出潜在的医疗保健药用价值。

(4) 聚羟基烷酸酯的应用展望

随着 PHA 多样性的日益拓宽，PHA 的应用领域也必然越来越广。然而 PHA 的大规模产业化和商业化一直受到生产成本的制约，特别是新型 PHA 的生产成本大大高于传统 PHA，在一定程度上限制了对其应用研究的开展。通过合成与系统生物学、蓝水生物技术等手段整合各种 PHA 的合成，实现一种底盘菌、多个代谢途径、按需合成某一种的 PHA 低成本生产平台，最终将有可能降低所有种类 PHA 的生产成本，从而促进不同类型 PHA 应用于不同领域。

第4章 石化基生物分解塑料

4.1 概述

利用化石资源合成生物分解塑料（以下简称石化基生物分解塑料），是指主要以石化产品为单体，通过化学合成得到的一类聚合物，如聚丁二酸丁二醇酯（PBS）、聚对苯二甲酸/己二酸/丁二醇共聚物（PBAT）、聚己内酯（PCL）等。

（1）脂肪族二元酸和二元醇共聚物

脂肪族二元酸和二元醇共聚物目前主要以PBS及其共聚物的研究和生产为主，例如丁二醇和琥珀酸缩合成PBS，丁二醇和己二酸缩合成PBSA等，化学结构式如下所示。以PBS（熔点为114℃）为基础材料制造各种高分子量聚酯的技术已经达到工业化生产水平。其发泡产品可用作家用电器和电子仪器等的包装材料。

$$\left[O \left(CH_2 \right)_x O - \underset{\underset{O}{\|}}{C} \left(CH_2 \right)_y \underset{\underset{O}{\|}}{C} \right]_n$$

$x=4, y=2$：PBS

$x=2, y=2$：PES

$x=4, y=2,4$：PBSA

（2）引入芳香基的二元醇和二元酸共聚酯

引入芳香基的聚酯是在二元醇二元酸类聚酯共聚物中引入对苯二甲酸，通过导入芳香基，可以提高熔点等物性，若对苯二甲酸酯在40%以下时，则仍具有生物分解性。

PBAT是对苯二甲酸、己二酸和丁二醇的共聚酯，化学结构式如下所示，生产的公司有BASF公司、Eastman Chemical公司（已被意大利Novamont公司收购）等，分别以Ecaflex®、Easter Bio®等商标上市。Dupont（杜邦）公司类似的产品为PETA，商品名为“Biomax”。

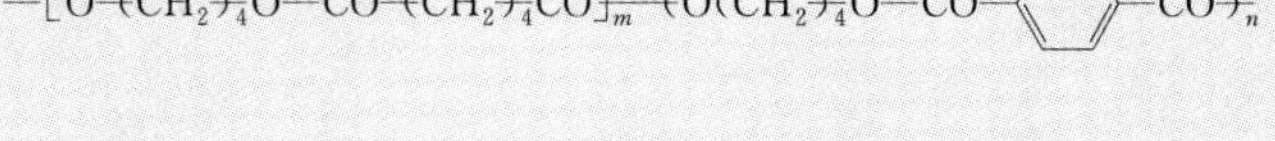

$$-\left[O \left(CH_2 \right)_4 O - CO \left(CH_2 \right)_4 CO \right]_m \left(O(CH_2)_4 O - CO - \bigcirc - CO \right)_n$$

（3）二氧化碳共聚物

二氧化碳共聚物是以二氧化碳与其他可以共聚的单体经共聚反应生成的聚合物的总称。1969 年，日本科学家井上祥平等发现二氧化碳可与环氧化物开环聚合生成脂肪族聚碳酸酯（APC），这是迄今最有应用前景的二氧化碳共聚物。最早研究二氧化碳共聚物的国家主要为日本和美国，国内主要研究单位有中科院长春应用化学研究所、中科院广州化学研究所、浙江大学、中山大学理工学院等。目前，二氧化碳共聚物的应用主要集中在包装和医用材料上，其中二氧化碳-环氧丙烷共聚物（PPC）已经实现工业化。

（4）聚己内酯

聚己内酯（PCL）是由七元环的 ε-己内酯在辛酸锡等催化剂的作用下开环聚合而成的，化学结构式如下所示。

$$\text{七元环 }\varepsilon\text{-己内酯}\xrightarrow{\text{辛酸锡}}\left[\!-O-(CH_2)_5-\overset{\overset{\displaystyle O}{\|}}{C}-\right]_n\ \text{聚 }\varepsilon\text{-己内酯}$$

PCL 熔点较低，只有 60℃，所以很少单独使用。但是跟很多树脂的混熔性都很高，可作为改性剂和其他生物分解性聚酯的混熔物使用。这种塑料具有良好的生物分解性，分解它的微生物广泛地分布在喜氧或厌氧条件下。作为可生物分解材料，它可与淀粉、纤维素类的材料混合在一起，或与乳酸聚合使用。现在应用较多的有地膜、堆肥袋、缓冲材、钓鱼丝和渔网等。

（5）聚对二氧环己酮

聚对二氧环己酮（PPDO）由单体对二氧环己酮（PDO）在催化剂的作用下开环聚合而成。其合成反应式为：

$$\text{PDO}\xrightarrow{\text{催化剂}}\left[-O-(CH_2)_2O-CH_2-\overset{\overset{\displaystyle O}{\|}}{C}-\right]_n$$

PPDO 的玻璃化转变温度为－17～－10℃，熔点为 110℃，热变形温度在 90℃左右，其最大特点是兼具高强度和优良的韧性；该产品另一个突出特点是，通过热化学回收，可回收其原料 PDO 单体，并且回收率高达 93％～96％，回收的单体可以直接用于合成 PPDO，是一种真正的“绿色”产品。

（6）聚醚

聚醚主链含 C—O—C 链，是水溶性的高分子。有 PEG、PPG、PTMG 三种，但 PEG 的产量占的比例最大，从低聚物到分子量 20000 左右都有生产，化学结构式如下所示。一般，通过环氧乙烷开环聚合而成。因为它能以百分之几十的浓度溶于水，所以在化妆品、医药品、水溶性涂料、黏合剂、赛璐玢等方面有广泛的应用。

$$HO-(CH_2CH_2O)_n-CH_2CH_2OH$$

（7）聚天冬氨酸

L-天冬氨酸热聚生成聚酰胺，再在碱中加水分解可生成聚天冬氨酸，化学结构式如下所示。聚天冬氨酸是通过 α 键和 β 键结合成的水溶性聚酰胺，可用于生理用品、保冷剂、湿布剂等。最近的研究中还发现，聚天冬氨酸可以在分解酶的作用下选择性的断开 β 键，得到

低聚物。

$$H_2N-\overset{*}{C}H(COOH)-CH_2COOH \xrightarrow{180\sim240^\circ C} \text{聚天冬氨酸酐}_n \xrightarrow{NaOH} \text{聚天冬氨酸}\ \alpha_x(30\%)\ \beta_y(70\%)$$

L-天冬氨酸　　聚天冬氨酸酐　　α (30%)　β (70%) 聚天冬氨酸

(8) 脂肪族聚酯与聚酰胺的共聚体

这种材料是为了改善脂肪族聚酯的物性而开发的，在熔点和拉伸强度等特性上有了改善，是新一代可降解塑料。不过，它的脂肪酶的分解性由于尼龙量的增大而降低。拜耳公司(BAYER AG) 公司、杜邦公司分别推出了这种产品。

4.2　脂肪族二元酸和二元醇共聚物

脂肪族聚酯被认为是完全生物分解材料，其中尤以聚丁二酸丁二醇酯 (PBS) 和它的共聚物因熔点较高，又有良好热塑性、易加工等特点而被广泛研究，并且已经被工业化生产。

4.2.1　PBS 的合成

脂肪族聚酯的主链大都由易水解的酯键连接而成，主链柔顺，可被自然界中的多种微生物分解、代谢，最终形成二氧化碳和水，因此脂肪族聚酯是很好的生物分解材料。

聚丁二酸丁二醇酯的合成如下式所示：

$$n\,HOOC\text{-}(CH_2)_2COOH + n\,HO\text{-}(CH_2)_4OH \longrightarrow [OOC\text{-}(CH_2)_2COO\text{-}(CH_2)_4]_n + 2n\,H_2O$$

PBS 的合成方法主要为化学合成，包括直接酯化法和酯交换法，其中直接聚合的方法较为常用。在酯化过程中所用的催化剂主要有钛酸酯类、对甲苯磺酸等。在实际合成中会出现聚合物色泽发黄，主要原因是原料丁二醇的环化和高温下的氧化等，为此，要控制预聚合阶段的温度（一般在 160℃左右)，使其不进行环化，或采用冷阱的方法在反应过程中抽出环化的副产物四氢呋喃。此外，为了防止氧化，可以在聚合时加入抗氧化剂。George Z 等在第二步缩聚反应时加入聚磷酸，以防止醚化和热分解等副反应。这些措施在改善产品色泽方面有一定的作用。

催化剂对聚合物的分子量也有影响，传统的催化剂如钛酸四丁酯会使产品色泽发黄。Momoko Ishii 等使用 CHTD (1-chloro-3-hydroxy-1,1,3,3-tetrabutyldistannoxane) 作为催化剂合成的 PBS，其分子量达到 277000。PBS 基塑料在力学性能和生物分解性上的差别很大，这主要决定于其分子量、共聚组分等，因此分子量的控制比较重要。一般来说，酯键之间结合的亚甲基数为 4～8 时比较合适。随着亚甲基数目的增加其降解性会下降，而且密度和吸水性也会下降。

据文献报道，获得高分子量 PBS 主要有 3 种方法：熔融聚合法、溶液聚合法、预聚体扩链法。上述方法均是从反应热力学的角度，通过不同的方式（高温、高真空、延长反应时间）尽量除去合成反应的副产物水，使反应正向进行，或通过扩链，从而得到高分子量 PBS。

目前，工业上生产高分子量的聚酯主要有两种措施：①进一步延长熔融缩聚的反应时间以提高分子量；②由缩聚物进行固相缩聚，以达到所要求的分子量。这两种方法都有缺陷，前者在反应后期物料黏度大，搅拌及副产物扩散很困难，反应速度慢，导致降解等副反应加剧，产品质量下降。后者反应时间长，耗能大。

为了在较缓和条件下得到高分子量产物，可以采用扩链反应。化学扩链法是一种重要的合成高分子量聚酯的方法，该方法在聚酯中加入能与其端基反应、具有较高活性的双官能团物质，即扩链剂，使其分子量在短时间内迅速增大。

缩聚-扩链法是一种重要的合成高分子量聚酯的方法。该法是在缩聚法获得聚酯的基础上，利用扩链剂进一步提高其分子量。该法可以在短时间内大幅度地提高其分子量，替代传统的固相缩聚法，具有便捷、高效、设备投资低等优点，因此近十多年来在国内外很受重视。

扩链反应中所用的扩链剂可根据聚酯端基的不同来选择。目前常用的扩链剂如二异氰酸酯类、二酸酐、二酰氯等，适用于端羟基聚酯的扩链；而唑啉、双环氧化合物，则适用于端羧基预聚体。

Nery 等采用唑啉类化合物为扩链剂，研究了聚酯的扩链反应。Fujimaki 等采用二异氰酸酯、二酸酐等为扩链剂，对聚丁二酸丁二醇酯（PBSU）、聚丁二酸乙二醇酯（PESU）等进行扩链，获得了高分子量的脂肪族聚酯。但异氰酸酯类具有一定的毒性，扩链过程中往往副反应多，影响了最终产品的性能。

清华大学高分子研究所采用化学合成法合成线型聚酯 PBS，后缩聚在真空、有扩链剂存在下采用螺杆挤出机进行，聚合物分子量较高。张贞浴等使用 TDI（甲苯二异氰酸酯）作为扩链剂对 PBS 进行改性，研究发现其数均分子量由原来的 34520 提高到 56845，产物结晶速度下降，力学性能提高，降解性能也有所改善。新型扩链剂 BOZ 还具有增加 PBS 黏度和改善加工性能的作用。

中国工程物理研究院孙杰和北京理工大学谭惠民等人，利用丁二酸和丁二醇，以 $SnCl_2$、$Ti(OBu)_4$、$Ti(iOPr)_4$、$Sn(Oct)_2$、$Zn(Ac)_2$、p-TS 作催化剂，催化剂与反应物的摩尔比为 1/600，加入 60mL 十氢萘，油浴加热，先在 140～150℃反应 1～4h，当分出水的质量达到理论值的 70%时，升温至 190～200℃，此时溶液沸腾，水进入分水器，溶剂回流入反应系统，当总反应时间达到 12～14h，停止反应，冷却至室温，倒出十氢萘，加入 100mL 三氯甲烷溶解后，过滤，在磁力搅拌下用 400mL 甲醇沉淀，得白色纤维状固体产物，在 50℃真空干燥 24h，得到不同高分子量的 PBS。

北京化工大学材料科学与工程学院李开勇和赵京波，利用己二酰双己内酰胺（ABC）为扩链剂，合成了高分子量的聚己二酸丁二醇酯（PBA）。在 250mL 四口瓶中，加入 50g 己二酸（0.34mol）、36.7mL 丁二醇（0.42mol）、0.2622g 二丁基氧化锡及 0.1748g 亚磷酸。首先于 150～160℃、机械搅拌下进行常压反应。待无明显的水溢出后，将温度升至 200℃，用水泵逐步减压，反应 3h。然后改为油泵减压，继续在 200℃下减压反应 2～3h，得到聚己二酸丁二醇酯（PBA）低聚物。称取 5g 左右预聚体加入磨口三口瓶中，机械搅拌、油浴加热，氮气保护下升至反应温度，待预聚体熔融后，加入计算量的扩链剂，常压下反应 30min，随后抽真空继续反应一定时间后，直至体系黏度无明显变化，停止加热，得到产物。调整己二酸与丁二醇摩尔比［(1∶1.1)～(1∶1.2)］，选择合适的聚合温度、压力及反应时间，可以合成不同分子量的端羟基聚己二酸丁二醇酯预聚体（HO-PBA-OH）。

三己内酰胺基磷（TCP）作为扩链剂，在聚酰胺的扩链及 PET 聚酯-聚苯醚共混增容中有研究报道。Akkapeddi 等在研究 TCP 对聚酰胺扩链时认为，TCP 使聚酰胺的端羧基活化，形成活性酰胺结构，再与氨基反应，使分子量提高。采用溶液法及熔融缩聚法合成低分子量的聚己二酸丁二醇酯（PBA），研究三己内酰胺基磷对 PBA 的扩链反应。研究发现，该扩链反应能够显著地提高 PBA 的分子量。以下是主要研究内容。

（1）扩链剂 TCP 的合成

将 37.35g（0.33mol）己内酰胺溶于 100mL 四氢呋喃后加入 500mL 三口烧瓶中，再加入 46mL（0.33mol）三乙胺，控制反应温度在 0～5℃之间，将 8.7mL（0.10mol）三氯化磷用 20mL 四氢呋喃稀释后，于 2h 内缓慢滴入反应瓶中，滴加完后继续反应 3h。所得固体物质用水洗涤三次后，以无水乙醇重结晶，干燥，得结晶固体 16.2g，产率为 44%，熔点为 112.5℃。

（2）聚己二酸丁二醇酯低聚物的合成

溶液缩聚：在 250mL 三口瓶中，加入 29.23g（0.2mol）己二酸、17.77mL（0.2mol）丁二醇及 0.19g（0.4%）的二丁基氧化锡、60mL 二甲苯，在温度 140～150℃、机械搅拌下进行聚合反应，以油水分离器收集生成的水，待无明显的水滴出后，停止反应。将溶剂二甲苯减压蒸出后，得到聚己二酸丁二醇酯低聚物。

熔融缩聚：采用相似的比例在无溶剂存在下进行熔融缩聚，获得 PBA 预聚体。

（3）聚己二酸丁二醇酯的扩链反应

称取 6～7g PBA 预聚体放入 100mL 磨口烧瓶中，油浴加热，机械搅拌，氮气保护下升至反应温度，加入计算量的扩链剂，常压下反应 30min，随后抽真空，在 133Pa 的压力下继续反应 1～2h 后，停止加热，取出产物。用 GPC 测定其分子量。

西北大学化学系张世平和中国科学院上海有机化学研究所高分子研究室曹阿民等人，利用琥珀酸、富马酸、丁二醇的共缩聚，合成了系列主链含有碳碳不饱和双键的生物分解性聚酯，并通过碳碳双键的羟基化反应制备了带有亲水性羟基的新型脂肪族聚酯。将装配有导气活塞、分水器和磁力搅拌的干燥三口烧瓶抽换气 2～3 次使反应体系中无水无氧。然后在氮气的保护状态下，按不同摩尔比依次加入琥珀酸、富马酸（共投料 50mmol）、1,4-丁二醇（60mmol）和 30mL 的甲苯溶剂。反应在氮气氛中进行，于 130～135℃回流酯化 24h。酯化反应结束后，蒸去水和溶剂甲苯，撤去分水器，并将磁力搅拌换为机械搅拌，加入 0.05mmol 的聚合催化剂四异丙氧基钛。继续反应 0.5h 后，开始缓慢减压，同时将反应温度从 130℃升至 200℃。当反应体系的黏度明显增大时中止反应。然后，在无水、无氧的氮气气氛中，迅速取出聚合产物，冷却后得到粗产物。将上述粗产物溶于适量的氯仿中，用过量的冷甲醇沉淀、抽滤和甲醇洗涤后置于真空烘箱中干燥至恒重得到了聚（琥珀酸丁二醇酯-共-富马酸丁二醇酯）[P（BS-*co*-BF）]。

对溶液熔融相结合进行改进，缩短反应时间，得到高分子量的 PBS。将丁二酸、丁二醇、不同量的催化剂和 50mL 甲苯加入 250mL 三口圆底烧瓶中。安装机械搅拌装置、分水装置，回流装置，搅拌下油浴温度为 140℃反应 1h，然后停止搅拌，打开分水器活塞，将甲苯蒸出。去掉分水装置、回流装置，改为减压蒸馏装置。通入氮气、搅拌下，将油浴温度升至 200℃以上某温度，将内压减至 1330Pa（10mmHg）左右，200℃以上某温度恒温反应一定的时间，停止加热，停止搅拌，移出油浴，趁热取出 PBS，降至室温后，适量氯仿溶解 PBS，将聚酯的氯仿溶液倒入适量甲醇中，聚酯以白色絮状物形式析出，过滤后，在 50℃下真空干燥后备用。

与芳香族聚酯如聚对苯二甲酸丁二醇酯（PBT）共聚是降低脂肪族聚酯如聚丁（己）二酸丁二醇酯（PBS、PBA）等结晶度、提高力学强度及热稳定性和改善其降解性能的有效方法。Witt 等对脂肪族/芳香族共聚酯 PBA/PBT（Ecoflex）的研究表明，共聚物降解速率随其组成中 PBT 含量增加及其平均序列长度增长而降低，产物主要是无急性生态毒性（ecotoxocity）的 PBT 与 PBA 的低聚物和相应单体如对苯二甲酸、己二酸及丁二醇等；产生的单体、PBA 低聚物和聚合度小于 3 的芳香族聚酯 PBT 能很快被微生物代谢，而序列长度相对较长的 PBT 低聚物对环境也是较为安全的。同时，Lee 和 Park 等将 1，4-环己烷二甲醇（CHDM）分别引入均聚酯 PBS 及共聚酯 PBS/PBT 体系中，由于结构中包含空间体积较大、热稳定性较高的环己基，不仅大大降低了原聚合物结晶度，提高了降解速率及断裂延伸率，还赋予材料更好的热稳定性和透明性。对以聚醚 PEG 为软段的可降解聚醚酯弹性体 PEGT/PBT 而言，随体系中 PEG 含量的增加，其力学强度和热稳定性迅速降低。北京理工大学材料科学与工程学院张勇等人为改善此类共聚物的力学性能及热稳定性，以熔融缩聚法，向 PEGT/PBT 共聚体系中添加单体 CHDM，引入芳香族聚酯聚对苯二甲酸环己烷二甲醇酯（PCT），合成了 P（BT-*co*-CT)-*b*-PEG 共聚物（PBCG）。

在脂肪族聚酯中，聚丁二酸丁二醇酯（PBS）具有较高的熔点和力学强度，因而受到了最多的关注，相关产品已经商品化。然而 PBS 结晶度高达 40%～60%，使其生物分解速度较低，而且其脆性高，断裂伸长率为 300%左右。因此，通过共聚改性，可望降低其结晶度，提高其生物分解速度和断裂伸长率。有关共聚改性的研究报道较多，用得较多的共聚成分有：1,4-环己基二甲醇、对苯二甲酸、PET，这些刚性基团提高了聚合物的力学性能，但降低了其生物分解性；其他共聚组分还有己内酯，乙二醇，癸二酸、己二酸，聚乙交酯、聚丙交酯等。

北京理工大学材料科学与工程学院孙杰等人，采用自行开发的溶液缩聚方法，以二元酸和二元醇为原料进行直接聚合，不用分子筛或其他除水剂，而得到高分子量聚酯。在 250mL 三口瓶中，加入 0.20mol 丁二酸、0.16mol 丁二醇、0.04mol 乙二醇、0.07g 氯化亚锡（约 0.04mmol)、60mL 十氢萘，分别装上机械搅拌器、油水分离器、氮气管、油浴加热，先在 150～160℃下搅拌反应 1～2h 后，再在 190～200℃反应 10～12h，停止反应，冷却后倒出十氢萘，加入 150～200mL 三氯甲烷溶解后，用 1 号滤杯过滤，在 60℃真空烘箱干燥 24h，即得丁二酸丁二醇酯-丁二酸乙二醇酯共聚物。用己二醇代替乙二醇，得丁二酸丁二醇酯-丁二酸己二醇酯共聚物。用 0.16mol 丁二酸、0.04mol 己二酸、0.20mol 丁二醇为原料聚合，其他条件相同，得丁二酸丁二醇酯-己二酸丁二醇酯共聚物。实验得到结论，溶液熔融相结合法结合了熔融缩聚法和溶液聚合法两者的优点，利用溶液法使用甲苯作溶剂 140℃反应 1.0h 完成酯化，然后用熔融法 230℃高真空下反应 3.0h 完成缩聚。溶液熔融相结合法可以在较短的时间内合成高分子量的 PBS，也能用于以二元酸、二元醇为原料的其他脂肪族聚酯的合成。

通过熔融缩聚法合成不同分子量端羟基的聚丁二酸丁二醇酯，并通过与低分子量的端羟基聚 *L*-丙交酯、端羟基聚己内酯进行扩链改性，改进其柔韧性，从而改善其降解性能和力学性能。共聚物的合成步骤如下。

① 端羟基聚 *L*-丙交酯的制备：将丙交酯与二元醇按 4∶1（摩尔比）的比例称取并放入烧瓶中，加热至 120℃使其熔融，加入 0.03%的辛酸亚锡，温度升至 130℃并保持恒温，通氮气搅拌反应 2h，然后减压反应 4h，最后得到无色透明黏稠液体。

② 预缩聚反应以适当的酸醇摩尔比，在三口瓶中分别加入丁二酸和1,4-丁二醇，加入钛酸四丁酯，其用量为二醇摩尔数的0.3%。将盐浴温度升至175℃后保持恒温。通氮气保护，搅拌反应3h以上直到基本无馏分生成为止。

③ 后期缩聚反应将反应温度升至220℃，进行减压缩聚反应。减压至瓶内压力为5～10mmHg，继续反应3～6h以上。反应结束后，将产物直接倒入容器内冷却固化。

④ 扩链反应称取一定质量的端羟基聚己内酯、端羟基聚丁二酸丁二醇酯和端羟基聚*L*-丙交酯，放入反应器中，在130℃下熔融，然后加入一定量的辛酸亚锡，搅拌均匀，缓慢加入4～6mL的TDI，快速搅拌至体系发白且黏度增大为止。将产物倒入模具中，在120℃下固化6～12h。

以己二酸（ADA）与1,4-丁二醇（BG）为原料，采用真空熔融法生产PBA，其反应方程式如下：

$$n\mathrm{HOOC{-}R{-}COOH} + (n+1)\mathrm{HO{-}R'{-}OH} \longrightarrow \mathrm{OH{-}R'}\!\left(\mathrm{O\overset{\displaystyle O}{\overset{\|}{C}}R\overset{\displaystyle O}{\overset{\|}{C}}OR'}\right)_n\mathrm{OH} + 2n\mathrm{H_2O}$$

真空熔融法可分为三步，第一步是升温脱水段：将一定量的己二酸与1,4-丁二醇投入反应釜中加热熔解，升温待物料大部分熔融后开启搅拌，通入氮气，当温度超过100℃时，反应开始。不断升高反应温度使反应速度加快，生成的水逐步蒸出，釜内生成齐聚酯混合物(低分子量的PBA)，控制塔顶温度90～105℃。第二步是保温脱水段：继续加热，在釜内温度为220℃左右保温2～4h，当酸值降低至15～30mg(KOH)/g后，进行冷却，冷却到120℃便能进入下一阶段。最后一步是真空脱水段：在真空度为0.099MPa，抽真空4～5h，釜内温度为210～220℃。此时可以将过量的二元醇和少量副反应产物（低分子聚酯、醛和酮）与反应中的残留水一起蒸出。使酸值降低至0.3～1mg(KOH)/g范围之内，此时可停止反应，降温放料。

4.2.2 PBS的性能

PBS由丁二酸和丁二醇经缩聚而成，日本昭和高分子公司生产的Bionole（#1000）即是一种PBS生物分解材料，其基本物理性能如表4-1所示。

表4-1 日本昭和高分子公司生产的Bionole（#1000）性能

材料	M_n /×10^4	分子量分布 (M_w/M_n)	熔点 /℃	结晶化度 /%	燃烧热 /(cal/g)	断裂强度 /(kg·f/cm^2)	断裂伸长率 /%	弯曲模量 /(kg·f/cm^2)
PBS	5～30	1.2～2.4	114	30～45	5.640	580	600	5300

日本三菱化学公司生产的牌号为GSPla的PBS产品的性能如表4-2所示。GSPla是以琥珀酸和1,4-丁二醇作为主要原料的脂肪族聚酯树脂，GSPla的物性相似于聚烯烃（聚乙烯和聚丙烯）。根据用途GSPla具有标准型的AZ系列和在AZ系列上附加透明性和柔软性的AD系列两种基本牌号。AZ系列具有熔点类似于聚乙烯的特性、但透明性较差，这与AZ系列的结晶性有着密切的联系。通过对结晶种子的最佳化处理，可既控制结晶性，又改进透明性和柔软性，产物即AD系列。表4-2列出了其主要物性值，同时列出了聚乙烯（HDPE、LDPE)、聚乳酸（PLA)、聚苯乙烯（PS）的对应物性。如表4-2所示，GSPla弹性模量与聚乙烯几乎相同，具有柔软的特性。此外，GZ95T是在AZ系列上添加了滑石等矿物成分，可发现与聚丙烯同等的弹性模量（约1500MPa)，同时可提高耐热性能。通过配方设

计，可调整弹性模量从低到高，从而可适应广泛用途。

表 4-2　GSPla 的主要特性

性质	GSPla(三菱化学产品商品名)			HDPE	LDPE	PLA	PS
	AZ91T	AD92W	GZ95T				
密度/(g/cm^3)	1.26	1.24	1.51	0.95	0.92	1.26	1.05
T_g/℃	−32	−45	−32	−120	<−70	59	100
T_m/℃	110	88	110	132	108	179	—
拉伸强度/MPa	55	50	33	70	18	55	40
拉伸断裂伸长率/%	450	800	5	800	700	2	2
弯曲模量/MPa	550	300	1,800	900	150	3,500	3,150
悬臂梁冲击实验值(缺口)/(kJ/m^2)	10	35	5	4	50	3	2

日本三菱化学的 GSPla 还显示良好的热封性能。与聚乙烯相同，在 125℃左右呈现热封特性。图 4-1 表示温度与热封强度的关系。此外，GSPla 以聚酯为基本骨架，与聚烯烃相比具有更多的极性基团，因此，不需修饰，即具有良好的印刷性和黏结性，这也是 GSPla 的特点。

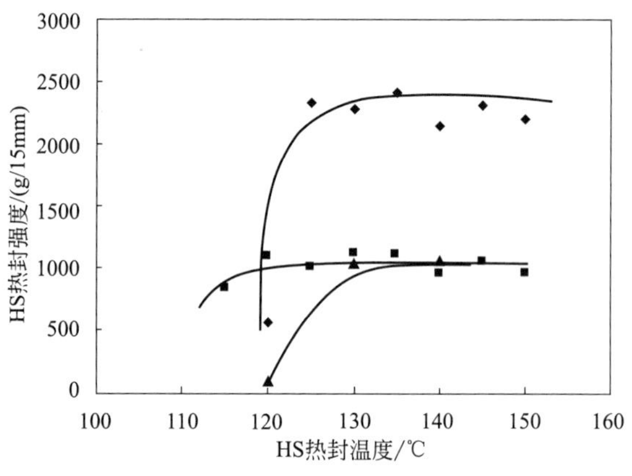

图 4-1　GSPla 的温度与热封强度的关系

◆AZ91T（50μ）■AZ91T（25μ）▲LDPE（50μ）

PBS 在土壤中分解为水和二氧化碳，具有生物分解功能，考虑废弃时的操作方便性和费用等情况，回收再利用困难时，在环境中即可分解、消灭。例如 GSPla 的 AZ91T 按 JIS K6953（ISO 14855）标准好气堆肥试验获得生物降解度 77%（65 天后）的结果。运用这一特点的用途中，农业材料为一个方面，尤其是农业用薄膜。

4.2.3　PBS 的成型加工

现行树脂材料所用的几乎所有成型加工方法（吹塑成型、注射成型、挤压成型、片材成型、发泡成型、真空成型等）均可适用于 PBS 的加工。

三菱化学的 PBS 成型加工性能与聚烯烃相似，确定加工条件比较容易。作为具体实例，表 4-3 和表 4-4 分别列出了吹塑成型和注射成型条件。

目前，以这些成型加工性和力学性能为基础，在各方面的应用（农业材料、日用杂货、包装材料、工业用材料等）正展开市场开发。

表 4-3 吹塑成型条件实例

试样		AZ91T	AD92W
温度/℃	C1	140	100
	C2	150	140
	C3	160	160
	H	160	160
	D	160	160
螺杆转速/r/min		50	50
领取速度/(m/min)		4.5	4.5
冻结线/mm		200	200
折叠直径/mm		200	200
薄膜厚度/μm		50	50
吹塑比		1.7	1.7

模具压紧压力:100t

模具直径:ϕ75、唇部宽度:1mm

表 4-4 注射成型条件实例

试样		AZ81T	AD82W
温度/℃	NH	190	190
	H1	200	200
	H2	200	200
	H3	180	180
模具温度/℃		40	30
螺杆转速/r/min		70	70
注射压力/MPa		70	70
保压/MPa		40	50
注射时间/s		15	15
冷却时间/s		30	40

模具压紧压力:100t

模具直径:ϕ75、唇部宽度:1mm

4.2.4 PBS的改性研究

4.2.4.1 共聚改性

共聚改性的组分有脂肪族组分和芳香族组分。添加脂肪族组分可改善其脆性和提高其生物分解性。所使用的脂肪族共聚组分较多,如己二酸、己二醇、PEG等。张杰等分别以乙二醇、己二醇、己二酸等作为共聚组分对其进行改性。

芳香族组分的加入可以提高PBS的刚性和熔点,改善其力学性能。芳香族改性剂主要有对苯二甲酸、间苯二甲酸和邻苯二甲酸等。张勇、冯增国等用熔融缩聚法合成了一系列PBS嵌段共聚物(PBT-*co*-PBS/PEG)。研究发现,将脂肪族聚酯PBS与PEGT/PBT共聚,可赋予高分子链更好的柔韧性及亲水性,加快降解速率。其他具体的共聚改性方法如表4-5所示。

表 4-5 其他具体的PBS共聚改性方法

原料与催化剂	分子量	性能	备注
丁二酸,丁二醇,己二醇催化剂:$SnCl_2$	M_n 78912, M_w 252992	熔点114℃,特性黏度175mL/g,拉伸强度37.5MPa,断裂伸长率354.5%,结晶度56.2%	十氢萘作溶剂,催化剂为憎水性,不容易失活
丁二酸,1,4-丁二醇,7-*co*-tene-1,2-diol(OD),催化剂为titanium(Ⅳ)but oxide	M_n 2.81×10^4, M_w 1.43×10^4	T_g −37.8℃,熔点114.5℃,DHm为86.9(J/g)	此性质为其中的一个样品PBS001
丁二酸,1,4-丁二醇,甲基丁二酸,催化剂为:钛酸四丁酯	—	PBSM-10的T_g为36℃,熔点为117℃,结晶度为59.7%	T_g随甲基丁二酸增加而下降
富马酸,琥珀酸,1,4-丁二醇,催化剂为四异丙氧基钛	M_n 0.65×10^4~1.9×10^4	PBF的熔点为139℃	随着聚合物中BF单元含量的增加,聚合物样品的熔点逐渐增加
对苯二甲酸二甲酯,1,4-丁二酸;1,4-丁二醇,ARCOS,聚乙二醇1000,催化剂为钛酸四丁酯和醋酸镁,抗氧剂Irganox 1010及Irgafos 168	M_w 6.23×10^4, M_n 4.75×10^4	特性黏度为$1.66dL\cdot g^{-1}$,弹性模量为22.19MPa,断裂伸长率为671.78%,拉伸强度为16.71MPa	当PBS摩尔含量<40%时,随MPBS增加,材料弹性模量,断裂强度及屈服强度逐渐降低,而断裂延伸率增加约1.5倍

4.2.4.2 与其他组分共混

与 PBS 共混的材料有淀粉、聚酯（如 PET、PBT）等。它们可以提高 PBS 的力学性能，同时也可降低成本。添加淀粉可以提高材料的弹性模量，而且淀粉本身是可完全生物分解的，所以添加淀粉对 PBS 的生物分解性有好处。聚乳酸是比较优良的可降解材料，但是其结晶速度慢，将其与 PBS 共混则可以综合两者的优点。

聚乳酸作为以植物资源为原料的树脂材料而被人们所熟悉并正在积极开展市场开发。与此相比 GSPla 具有各种不同的特性。正如前面所述，GSPla 的弹性模量较小，为“柔软的材料”。而聚乳酸的弹性模量则非常大，为刚性材料。因此，这两种材料可在各自不同的领域里使用，同时以物性互补的聚合混合物也在展开应用。GSPla 与聚乳酸熔融混合时，呈现良好的相容性，形成几百纳米级的海岛构造（图 4-2，图中黑色部分为 GSPla）。

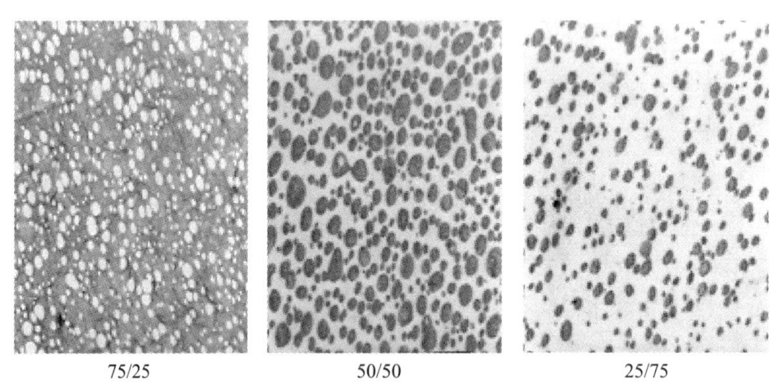

图 4-2 GSPla 和聚乳酸共混后的电镜结果

PBS/淀粉混合物有一个不足就是力学性能较差，可以考虑对 PBS 和淀粉的比例调整或者加入少量可以增强力学性能的添加剂。

针对淀粉与 PBS 共混存在两相相容性差的问题，有报道称，可以在共混物中加入马来酸酐（MAH）合成 PBS-*g*-MAH，当 MAH 加入量为 PBS 的 1%时，其拉伸强度提高约 94%，冲击强度提高 143%；体系的相容性也得到提高，合金的熔点也发生了不同程度的变化。

4.2.4.3 其他改性方法

有研究人员采用云母原位插层的方法对 PBS 进行改性，所用的黏土颗粒尺寸达到 20nm，随着黏土含量的增加，材料的断裂伸长率和初始模量以及热降解性都有所提高。另外有一个很特别的改性方法是加入蚕丝纤维。研究发现，粒度较细碎的蚕丝纤维对 PBS 的性质改善有很大作用。随着短蚕丝含量的增加，材料的拉伸性能和柔韧性都有提高。目前，对于蒙脱土插层改性 PBS 较少报道，可以进行尝试。

除了进行改性外，加工方式也会影响材料的性能。一般来说，采用挤出的方法加工的样品在拉伸强度上要优于注射成型的样品。

4.2.5 国内外生产现状

日本催化剂公司、三菱瓦斯化学公司等把碳酸盐（酯）引入 PBS，开发成功耐水可降解性塑料。日本三菱化学和昭和高分子公司已经开始工业化生产，规模在千吨左右。韩国 Sun Kyong Ind 公司研制出一种结构类似聚丁烯丁二酸酯、性能接近聚乙烯或聚丙烯的生物分解聚酯膜 Skyprene。Skyprene 具有制品的瞬时强度高及可再生利用的特点，在淡水、海水中或埋在地下 60 天可生物分解形成二氧化碳和水。

国内外 PBS 及其共聚物生产厂家见表 4-6，国内主要生产企业有浙江杭州鑫富药业股份有限公司、安徽安庆和兴化工有限公司等。

表 4-6 国内外 PBS 及其共聚物生产厂家一览表

产品名称	生产厂家	商品名	国家	生产能力/t/a	计划规模/t/a
聚丁二酸丁二醇酯(PBS)及其共聚物	Mitsubishi Chemical(/Ajinomoto)	GSPla	日本	3000	30000
	Showa Highpolymer	Bionole	日本	3000	20000
	Ire Chemical	Enpol	韩国	8000	50000
	SK Chemicals	Skygreen	韩国		
	杭州鑫富药业股份有限公司		中国	3000	10000
	安徽安庆和兴化工有限公司		中国	3000	

4.2.6 应用

① 包装材料 可降解包装材料主要有垃圾袋、食品袋、各种瓶子和标签等。日本昭和公司生产的 Bionole 可以制作各种包装材料。德国 APACK 公司开发了 PBS 降解塑料薄膜，可用于生产食品包装袋等。上海申花集团、福建恒安集团等也开发了可以用在一次性包装用品、餐具等领域的 PBS 产品。

② 农林业用品 农林业中常用的是农用薄膜，以及各种种植用器皿和植被网等。因为 PBS 的脆性比较大，一般需要进行改性，比如加入柔性组分己二酸等。

③ 日用杂品 日用杂品一般要求具有一定的机械强度和耐用性。日本 YKK 公司以 PBS 为主要原料，并填充滑石粉、碳酸钙，制成各种成型制品。上海申花集团等企业还将 PBS 用作卫生产品，对 PBS 的市场拓展具有一定意义。

④ 纺织业 日本尤尼吉卡公司以 PBS 为原料制造了一些复合纤维材料。除了生产普通的纤维外，还可以探索对 PBS 纤维进行功能化，如与带有金属离子的陶瓷材料共混生产抗菌纤维或者与锆化合物共混生产保温纤维等。Eun Hwan Jeong 首次采用电纺的方法从溶有 PBS 的有机溶剂得到 PBS 纤维，得到的纤维直径只有 125～315nm。

⑤ 医用 医用制品中的各种人造材料如人造软骨、缝合线、支架等也可使用 PBS。

4.3 引入芳香基的二元醇和二元酸共聚酯

近年来，开发可生物分解的合成高分子替代传统的不可降解的通用塑料，成为未来从根本上解决白色污染，减少碳排放，合理有效利用生物质和化石资源，改善生态环境，让高分子材料更广泛合理为人类服务的最有效解决方案。其中脂肪族聚酯是最重要的生物分解高分子材料，但是因为其结构因素的限制，材料的热性能和力学性能难以满足各方面的使用需求。因此，在高分子主链或侧链上，适当引入芳香族链段，制备脂肪芳香共聚酯（PBST），在可以控制的生物分解能力下，有效改善物理性能，是一条行之有效的解决方案。

脂肪芳香共聚酯的制备，可以通过各种单体酯化生成各自的酯化物，经过真空缩聚制备生成共聚酯。也可以通过将各自的聚合物进行熔融共混，通过酯交换方式制备生成共聚酯。还有一类针对回收的芳香族聚酯 PET 或 PBT 等与脂肪族聚酯的低聚物进行酯交换反应，制备生物分解的脂肪芳香共聚酯产物。无论是哪种聚合方式制备的脂肪芳香共聚酯，要具备一定的生物分解能力，都需要控制芳香族均聚序列链段的长度。脂肪芳香共聚酯的生物分解能力与组成、序列分布、结晶度、晶体结构及熔融温度等有很大影响。

4.3.1 合成

4.3.1.1 对苯二甲酸亚烷基酯与脂肪族二元酸亚甲基酯的共聚合

由脂肪族二元酸、芳香族二元酸和脂肪族二元醇，在催化剂作用下，制备生成的脂肪芳香共聚酯，是一类性能优异的材料，可以在许多领域进行拓展应用。这是一类最早商品化的生物分解脂肪芳香共聚酯产物，典型代表为德国 BASF 公司的 Ecoflex® 和美国 Eastman 公司的 Eastar Bio®（2004 年，Eastman 将该产品卖给了 Novamont 公司，改名为 Origo-Bi）产品，它们均是以对苯二甲酸（PTA）、1,6-己二酸（AA）、1,4-丁二醇（BDO）为原料单体，制备的聚（对苯二甲酸丁二醇-*co*-己二酸丁二醇）酯，简称 PBAT。

脂肪族二元酸、芳香族二元酸、脂肪族二元醇制备脂肪芳香共聚酯的反应见图 4-3。将二元酸（或其酯化物）与二元醇一起进入酯化釜，酯化脱水（或酯交换脱除甲醇等小分子物质）；最后将各种酯化后的低聚物进入预缩聚釜和终缩聚釜进行缩聚。

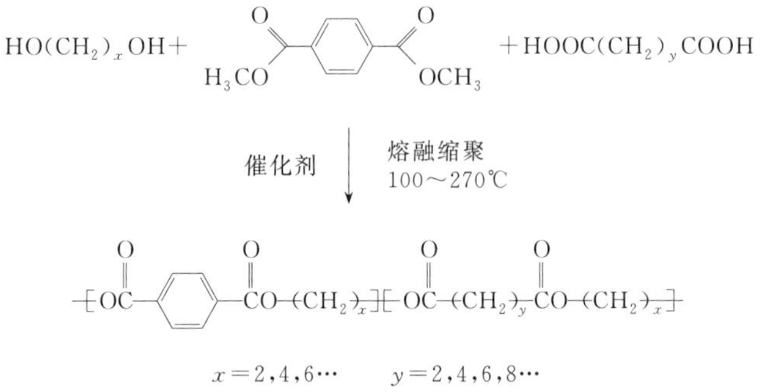

$$HO(CH_2)_xOH + H_3CO-\overset{O}{\overset{\|}{C}}-C_6H_4-\overset{O}{\overset{\|}{C}}-OCH_3 + HOOC(CH_2)_yCOOH$$

$$\xrightarrow[\text{催化剂}]{\text{熔融缩聚 } 100\sim270^{\circ}C}$$

$$-[OC-C_6H_4-CO-(CH_2)_x]-[OC-(CH_2)_y-CO-(CH_2)_x]-$$

$$x=2,4,6\cdots \qquad y=2,4,6,8\cdots$$

图 4-3 脂肪芳香共聚酯合成示意图

根据 Witt 等人的试验论证，当对苯二甲酸摩尔含量在 35%～55%（相对于二酸的总含量）时，共聚酯生物分解性、力学和物理性能综合效果最佳。共聚酯中的脂肪芳香族的组分比例可以用核磁共振（NMR）方法进行表征计算，同时还可以计算聚合物链段的平均序列长度和共聚酯的无规度。研究发现，当芳香族二元酸序列长度为 $n=1\sim2$ 时，脂肪芳香共聚酯降解很快，在堆肥条件下 4 周内即可完全降解；当芳香族低聚物序列长度 $n\geqslant3$ 时，降解速度迅速下降，经过数月几乎都不降解。因此要了解脂肪芳香共聚酯的生物分解行为，需要从分子水平上去控制单体组分，基于以下结构数据：

① 聚合物中脂肪芳香族单体的精确组分比；

② 共聚物内的嵌段长度分布。

脂肪芳香共聚酯聚合所需的单体可以来自石油基原料，也可以部分来自生物基。催化剂的选择一般基于通用聚酯 PET 所使用的催化体系，凡是能聚合 PET 的催化剂，几乎都能用作脂肪芳香共聚酯的聚合。但是从环境友好材料的角度出发，传统的锑系催化剂因其具有一定的毒性则不被建议使用，因此具有较好催化活性且低毒的钛系催化剂成了首要选择。因为脂肪芳香共聚酯在聚合后期，熔体黏度较高，不利于小分子的扩散脱除，想要制备高分子量的聚合产物，钛系催化剂就显得有些力不从心了。且钛系催化剂在催化聚合反应的同时，副反应也很严重，易使制品着色，影响使用。针对这一存在的问题，开发了一系列新型催化体系，如醋酸锌、锗系化合物、锆系化合物、稀土化合物、路易斯酸等。但是要得到使聚合产品满足应用要求，且易于大规模制备和储存，价格适中又环保绿色的催化体系，单一的催化剂很难达到最终的要求。因此选用钛系金属化合物与其他化合物复配的催化剂体系是一种推荐的选择，并且大部分也非常适宜产业化推广应用。

Ecoflex® 产品是此类结构的典型代表，其产品结构如下，其中，M 为扩链单体：

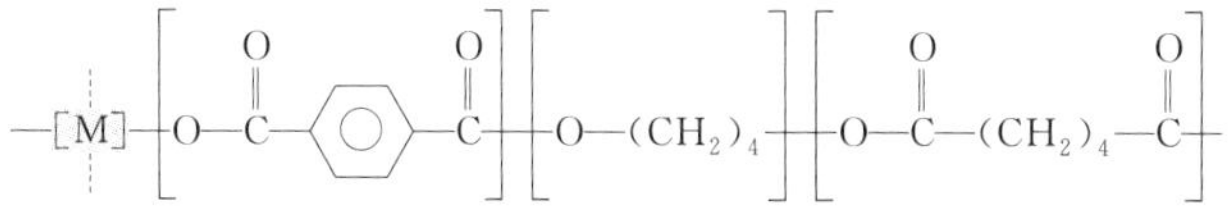

$$-[M]-\left[O-\overset{O}{\overset{\|}{C}}-C_6H_4-\overset{O}{\overset{\|}{C}}\right]\left[O-(CH_2)_4\right]\left[O-\overset{O}{\overset{\|}{C}}-(CH_2)_4-\overset{O}{\overset{\|}{C}}\right]$$

4.3.1.2　羟基烷酸与对苯二甲酸亚烷基酯的共聚酯

将对苯二甲酸与乙二醇的酯化物低聚物或对苯二甲酸与丁二酸的酯化物低聚物与乙交酯或丙交酯共聚合，制备 PET-GLA、PET-*co*-LA 或 PBTL。其反应式如图 4-4～图 4-6 所示：

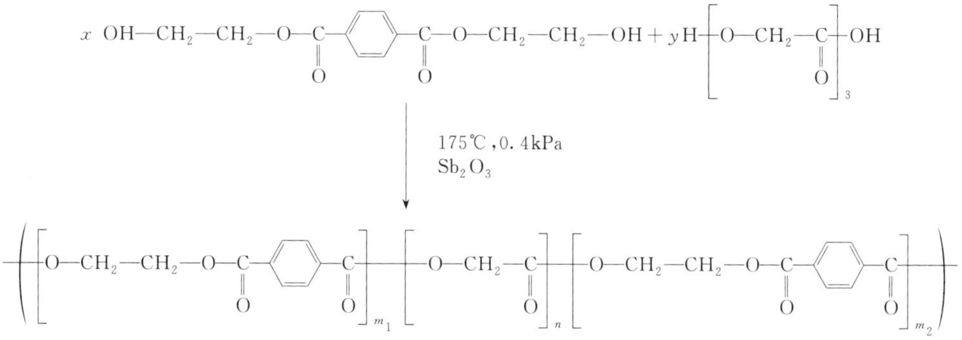

$$x\ OH-CH_2-CH_2-O-\overset{O}{\underset{}{C}}-C_6H_4-\overset{O}{C}-O-CH_2-CH_2-OH+yH\left[O-CH_2-\overset{O}{C}\right]_3OH \xrightarrow[Sb_2O_3]{175℃,0.4kPa} \left(\left[O-CH_2-CH_2-O-\overset{O}{C}-C_6H_4-\overset{O}{C}\right]_{m_1}\left[O-CH_2-\overset{O}{C}\right]_n\left[O-CH_2-CH_2-O-\overset{O}{C}-C_6H_4-\overset{O}{C}\right]_{m_2}\right)$$

图 4-4　合成 PET-GLA 共聚物的反应示意图

$$\underset{EG}{HOCH_2CH_2OH}+\underset{DMT}{H_3COOC-C_6H_4-COOCH_3}+\underset{LA}{HO-CH(CH_3)-COOH}\xrightarrow{Sb_2O_3}\underset{PET\text{-}co\text{-}PLA}{OH\left(CH_2CH_2O-\overset{O}{C}-C_6H_4-\overset{O}{C}-O\right)_x\left(CH(CH_3)-\overset{O}{C}-O\right)_yH}$$

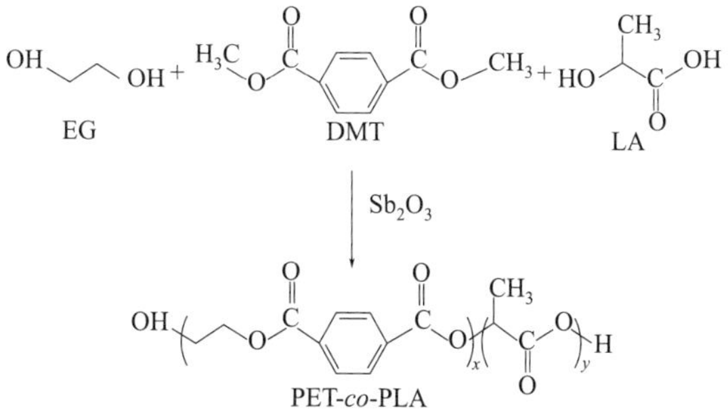

图 4-5　合成 PET-*co*-PLA 共聚物的反应示意图

这类材料的合成目前还限于试验室小试开发阶段，可以考虑回收塑料（PET、PBT）的废物利用，将原本不具备生物分解能力的聚酯（PET、PBT 等）制备成可生物分解塑料，使用后最终生物分解为可被自然界消化吸纳的小分子产物，是一种符合生物循环绿色发展途径的方法。

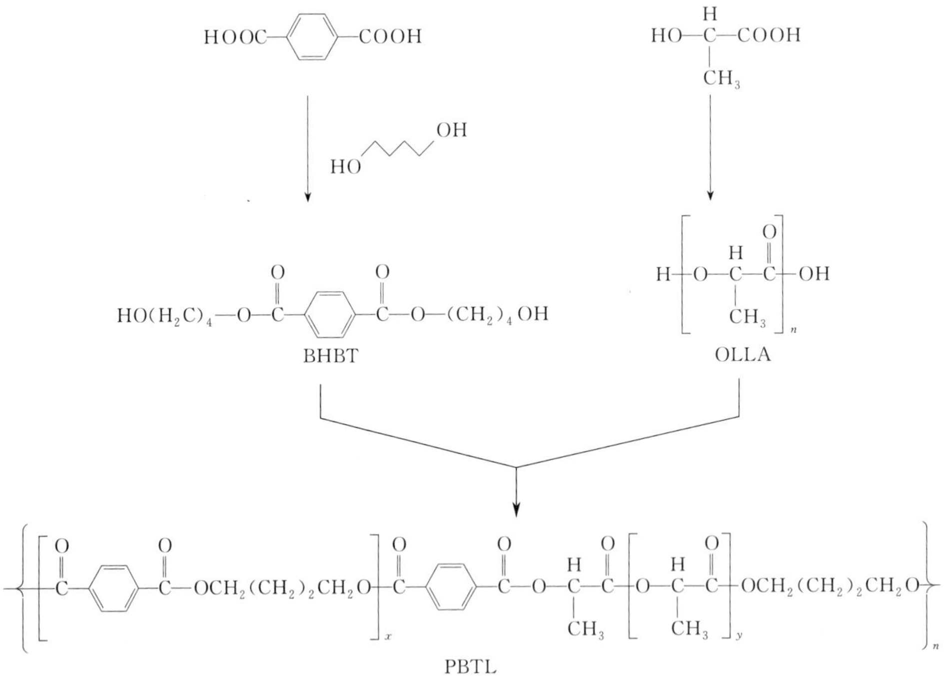

图 4-6　直接熔融缩聚合成共聚酯 PBTL 的反应

4.3.1.3　回收废塑料 PET 与 PEA 的共聚合反应

同样地，还可以将回收的废塑料 PET 与脂肪族聚酯如聚己二酸乙二醇酯（PEA）通过熔融酯交换反应，制备 PET-*co*-PEA 共聚酯。共聚酯可能存在三种序列结构：TET、AEA、TEA，如图 4-7 所示。

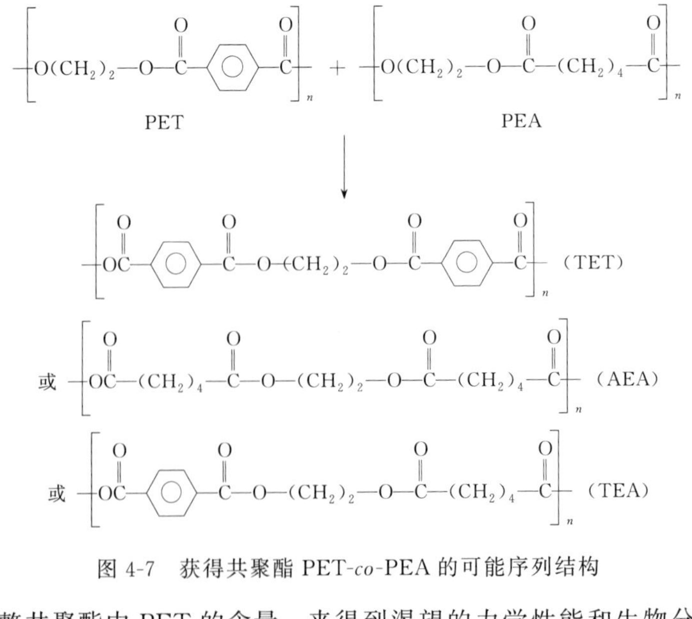

图 4-7　获得共聚酯 PET-*co*-PEA 的可能序列结构

可以通过调整共聚酯中 PET 的含量，来得到渴望的力学性能和生物分解性能。反应初期，两种聚酯会发生酯交换反应，体系熔体黏度会下降，如果不加入聚合催化剂，很难得到高熔体黏度的共聚酯产物。加入聚合催化剂后，酯交换结束，会迅速发生共聚合反应，体系熔体黏度会增加。通过 NMR 谱图，计算 TET、AEA 和 TEA 的百分含量，判断所生成的共聚酯是无规共聚酯，还是嵌段共聚酯。

4.3.1.4　呋喃二甲酸系列共聚酯

近年来，呋喃二甲酸（FDCA）因为具有和对苯二甲酸（PTA）相似的环状结构（如下所示），可以通过糠醛（来源于玉米芯等农副产品）和 5-羟甲基糠醛（HMF）（由葡萄糖或果糖脱水生成）来制备，被美国能源部定义为 2004 年以来筛选的 12 种最重要的顶级增值生物基平台单体化学品。有望替代 PTA 在制备聚酯 PET、PTT、PBT 等类材料方面使用。

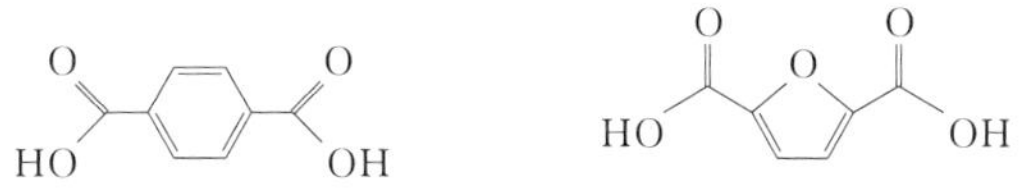

（PTA）　　（FDCA）

用 SA、BDO 与 FDCA 作为单体，可以制备脂肪芳香共聚酯 PBSF，其反应式见图 4-8。

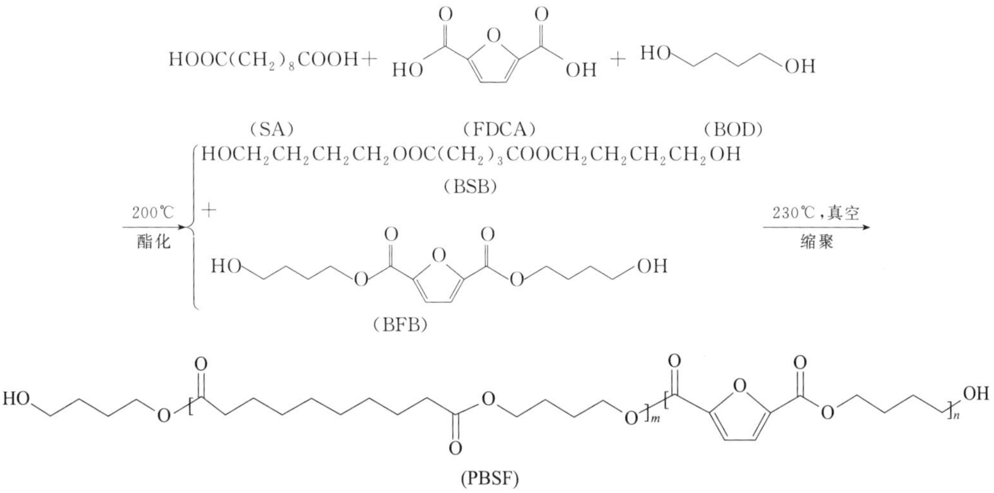

$HOOC(CH_2)_8COOH$ +　（SA）　（FDCA）　（BOD）

$HOCH_2CH_2CH_2CH_2OOC(CH_2)_3COOCH_2CH_2CH_2CH_2OH$

（BSB）

200℃ 酯化　　230℃，真空 缩聚

（BFB）

（PBSF）

图 4-8　PBSF 共聚酯的合成路线

呋喃环替代苯环，所制备的共聚酯 PBSF 较 PBST 具有更强的生物降解能力，当 FDCA 摩尔分数达到 70%（总酸含量）时，共聚酯仍然具有一定的堆肥降解能力。而 PBST 和 PBAT，为了保持具有一定的生物分解能力，一般限制芳香族含量不超过 50%。目前限于生产规模和提纯工艺所限，呋喃二甲酸价格还比较高，难于被市场接受，未来需要对其进行进一步攻关，来降低其价格，逐步达到市场接受的程度。中国科学院宁波材料技术与工程研究所已经掌握了百吨级生物基原材料制备呋喃二甲酸的技术，产品纯度可达 99.9%，有望在未来几年，完成千吨级连续化生产工艺的突破。

4.3.2　性能与表征

各种结构的脂肪芳香共聚酯，因为主链结构特征，兼具了脂肪族聚酯和芳香族聚酯的综合性能，又因为链结构和微观晶体结构的改变，弥补了每种均聚酯的一些性能缺陷，带来了一些更加优异的性能变化。相比于组成共聚酯的每一种均聚酯材料，因为共聚后每种晶体结晶能力的破坏和抑制，共聚材料会更加柔顺，如 PBAT 或 PBST 材料，相比于 PBA、PBS 或

PBT，更加适宜吹膜。

芳香族单元的引入，会引起聚酯降解性能的改变。Witt 及其合作者发现，当对苯二甲酸含量少于 50%时，PBAT 都具有很高的生物分解能力。降解初期，主要是采用 GPC 和 MALDI-TOF-MS 方法对产物分子量和降解成分进行检测，作为堆肥处理的材料，如果不能完全降解只是崩解或碎裂为小颗粒，对环境的危害是很大的，因为最终它们都会慢慢通过土壤，渗入水资源系统，污染水源。

可以通过气相色谱/质谱联用（GC/MS）的方法来表征降解过程，单一的细菌可以把聚合物链完全降解为单体，通过混合微生物的作用，可以把单体进一步代谢分解为二氧化碳（CO_2）和水（H_2O）。在混合微生物作用下，有机碳最终可以全部转化为 CO_2。

一种内置式直接测量呼吸系统（DMR）与 CO_2 红外气体分析仪连接，来定时监测二 CO_2 的释放量，从而作为堆肥的生物分解性测定，已经被很多国家采用作为判定材料是否为全生物分解材料的一个标准。通常以 180 天至少 60%高分子有机碳转化为 CO_2 作为判据（参考 DIN V 54900，见图 4-9）。

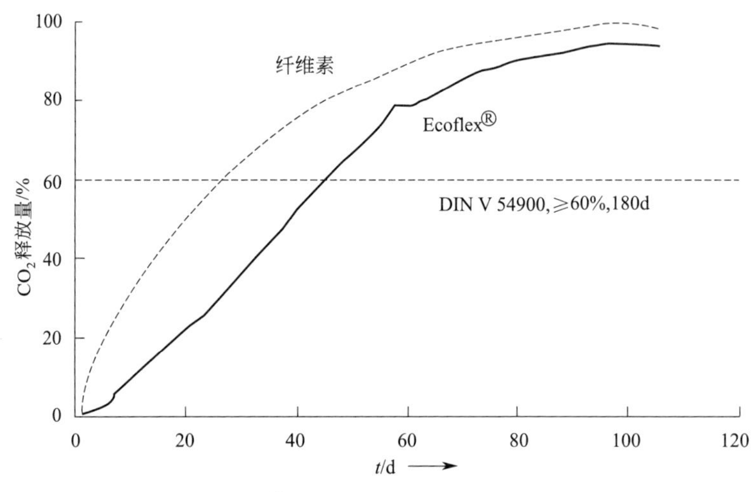

图 4-9 Ecoflex® 依据 DIN V 54900 的生物分解能力

PBAT 生物分解示意图见图 4-10。可以发现，细菌消化脂肪族单体明显比芳香族单体快得多（见表 4-7）。Witt 及其合作者发现，PBAT 在堆肥环境下具有很高的生物分解能力，经过 124 天后，大约 95%的 PBAT 中的碳被代谢为二氧化碳。

进一步的毒性测试证明，PBAT 的分解产物对环境和土壤没有明显毒性，可以通过非常安全的方式生物分解。采用 PCR-DGGE 分析方法（变形梯度凝胶电泳法）来测定土壤中埋入 PBAT 后，土壤中微生物的变化。从分解产物的生态毒理学影响来看，不仅因 PBAT 降解而形成的微生物群落，而且 PBAT 的分解产物对大多数植物生长均没有明显的负面影响。综上所述，这表明含有 PBAT 的农业材料适合作物栽培。

表 4-7 PBAT 的结构组分被 KCM1712 菌株消化吸收的能力

碳源	干细胞质量/mg	分解率/%
1,4-丁二醇	3.3±0.2	98.1
脂肪酸	3.1±0.2	97.6
对苯二甲酸	2.4±0.3	52.2

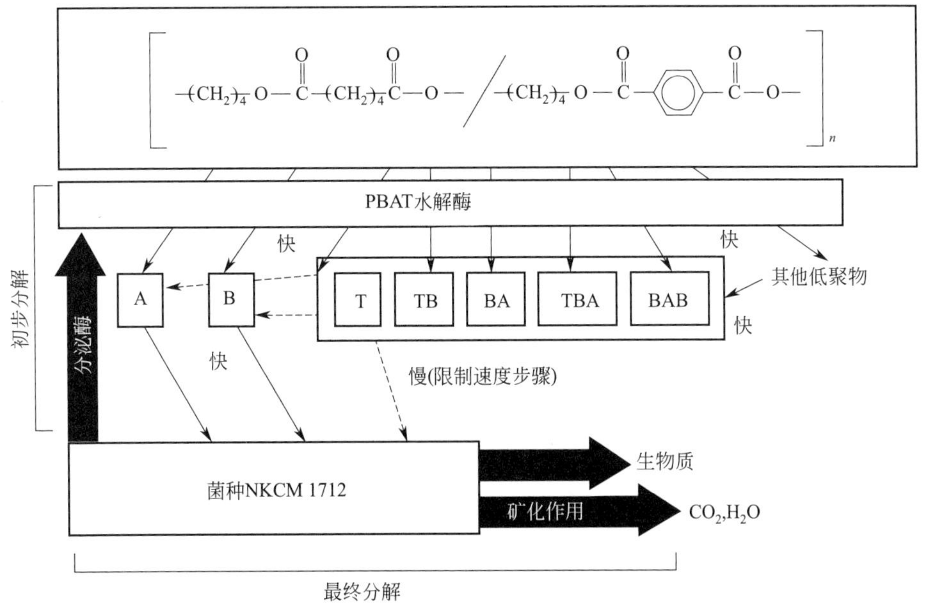

图 4-10　PBAT 被 1712 菌株生物分解的工艺过程

A—己二酸；B—丁二醇；T—对苯二甲酸

4.3.3　改性研究

通过钛系催化剂制备的脂肪芳香共聚酯，一般都会带有一定的颜色（粉红色或黄色，颜色依据脂肪族二酸的结构决定），在某些应用领域特别是纤维纺丝时，会影响其推广应用。为了解决这个问题，Dutkiewicz 等通过试验发现可以在聚合反应体系中加入环境友好的碱金属的碳酸盐或碳酸氢盐作为无机改性剂，之后将制备的聚合物颗粒在紫外线下进行 20～60h 的照射，可以得到颜色明显改善的聚合物树脂（乳白色）。聚合物经过紫外线照射后，本身的分子量并没有明显改变。沙特基础工业公司采用加入山梨醇等类物质作为减色剂来制备颜色明显改善的脂肪芳香共聚酯。

脂肪芳香共聚酯具有很好的柔韧性，断裂延伸率很高，非常适宜作为包装膜使用。但是因为热性能和强度性能不够好，限制了其更加广泛的工业和医疗应用。因此对其进行耐热性和增强的改性是非常必要的。Yang 等通过将 PBAT 与纳米复合材料进行填充，改进了其热稳定性、硬度及弹性等性能指标（见表 4-8 和图 4-11）。

表 4-8　纯 PBAT 及其纳米复合材料在氮气和空气中的 TGA 数据

样品	氮气中		空气中	
	$T_{5\%}$/℃	T_{max}/℃	$T_{5\%}$/℃	T_{max}/℃
PBAT	358	401	357	400
PBAT+5%NAN	352	407	358	402
PBAT+10%NAN	362	410	356	403
PBAT+5%CLO30B	363	409	358	405
PBAT+10%CLO30B	363	408	353	407
PBAT+5%SOMM100	366	408	365	405
PBAT+10%SOMM100	369	412	350	408
PBAT+5%SOMMEE	367	411	358	410
PBAT+10%SOMMEE	360	412	356	410

续表

样品	氮气中		空气中	
	$T_{5\%}$/℃	T_{max}/℃	$T_{5\%}$/℃	T_{max}/℃
PBAT+5%SEP	367	409	358	406
PBAT+10%SEP	360	410	366	407

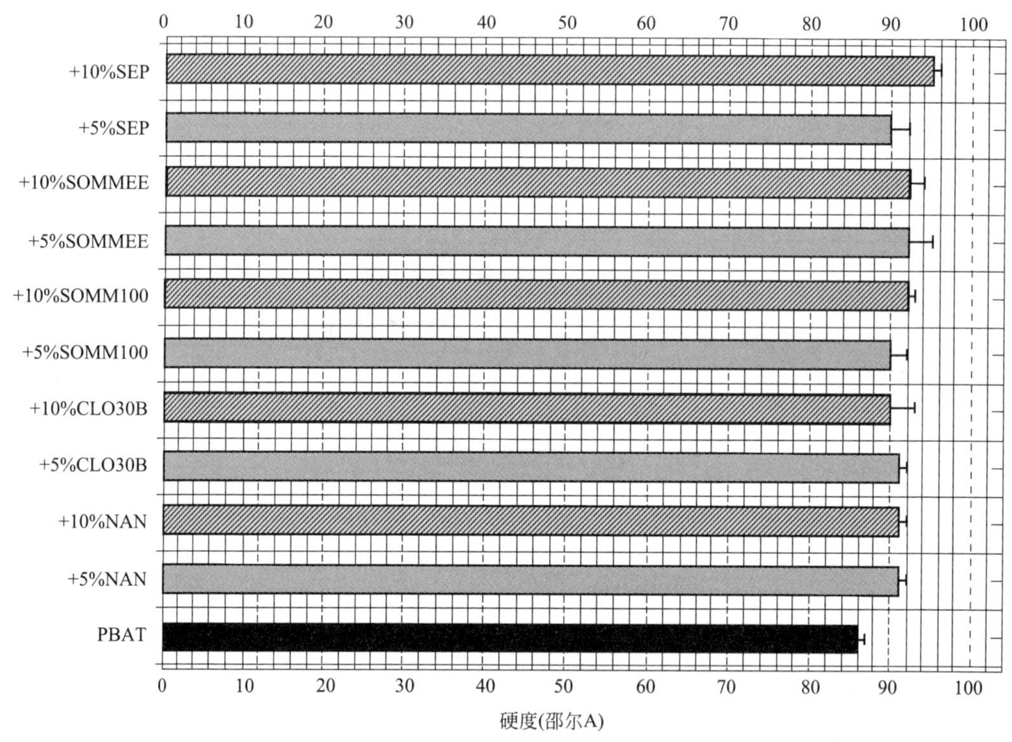

图 4-11　PBAT 及其纳米复合材料的硬度

在许多应用领域，如食品包装和医疗卫生领域的应用，材料的使用需要考虑到抑菌性能，使接触的食品和人体不受来自材料本身或周围环境细菌的污染。通过与具有抑菌性能的含有末端胺和胍基的 PHMG（聚六亚甲基胍盐酸盐）等类物质混合，可以有效抑制 PBAT 膜上各种易感菌（如革兰氏阳性菌或革兰氏阴性菌等）的生成。经过抑菌改性后的材料，可以应用到食品包装、医疗卫生等领域。经过抑菌改性后的 PBAT 材料，生物分解性能并不会受到很大影响，用后依然可以进行堆肥处理。

一种聚合物作为材料使用时，考虑到需要弥补单一材料的诸多性能因素，往往需要与其他材料共混或复合使用，材料之间的相容性对于复合材料的性能影响很大。Wu 在将 PBAT 与花生壳混合到一起时，如果直接混合，因为两相相容性极差，材料的力学性能会下降许多（拉伸强度和断裂延伸率均显著下降）；当将 PBAT 用马来酸酐（MAH）接枝后，混入花生壳，因为体系相容性的增强，共混体系的力学强度随花生壳填充量的增加而增强，延伸率下降也没那么明显了（见图 4-12）。

另一个重要的应用，就是 PBAT 与目前人工合成的生物基高分子产量最大宗的聚乳酸（PLA）共混。PBAT 本身的柔韧性可以弥补 PLA 的脆性，PLA 的高强度可以赋予 PBAT 更广泛的应用领域。两种材料直接混合，因为相分离显著并不能得到理想性能的材料。Ma 等采用过氧化二异丙苯（DCP）引发 PLA 与 PBAT 反应，形成二者的接枝或交联产物。经过过氧化物引发后，共混物的断裂延伸率和冲击韧性得到了明显改善，断裂由典型的脆性断裂，转变为韧性断裂（图 4-13 和图 4-14）。BASF 公司则是采用加入可以与 PBAT 与 PLA 均能生成共价键的第三化合物的作用下（如环氧化合物）进行增容，实现 PBAT 与 PLA 二者的有效混合，制备各种包装膜材料或地膜材料，并有了相应的商业化产品，如 Ecovio®。

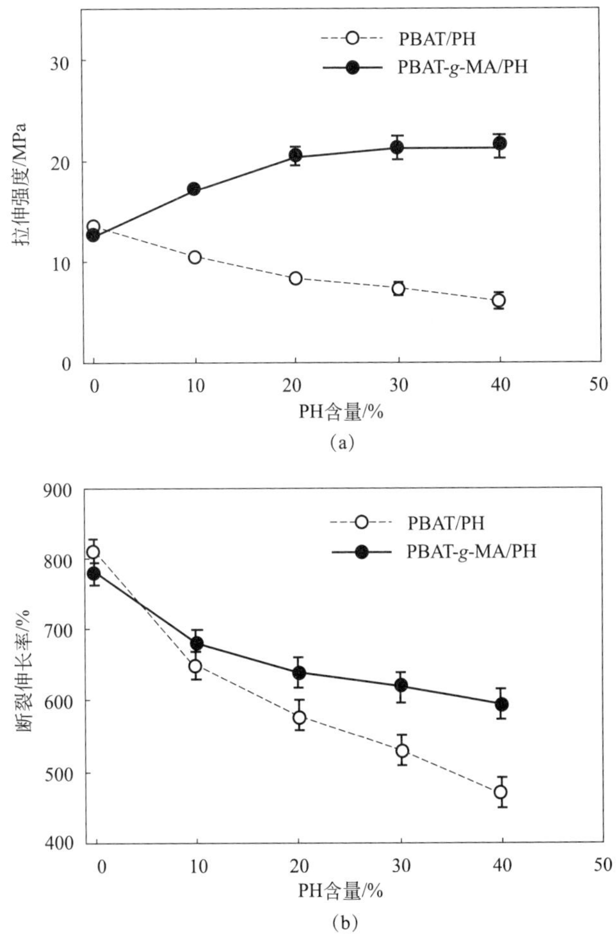

图 4-12　PH（花生壳）含量对 PBAT/PH 和 PBAT-g-MA/PH 复合体系拉伸强度（a）和断裂伸长率（b）的影响

4.3.4　应用

4.3.4.1　BASF 公司的 PBAT

BASF 公司开发的生物分解塑料 Ecoflex® 是一种脂肪族/芳香族无规共聚酯，具有一种量身订制的大分子体系结构，其单体为：1,6-己二酸（AA）、对苯二甲酸（PTA）、1,4-丁二醇（BDO）。Ecoflex® 可用于生产农用薄膜、涂覆纸，或与纸层合等，也可以与可再生原料，如淀粉掺混应用。Ecoflex® 特别设计用于食品包装，尤其是高级食品或绿色食品的包装。

Ecoflex® 符合德国 DIN V 54900 标准定义的全生物分解塑料的定义，并符合欧洲标准 DIN EN 13432，也通过了日本生物分解材料 GreenPla 体系的测试和认证，在土壤或堆肥环境条件下可在几周内降解而不留下残留物，可替代现有的通用塑料。

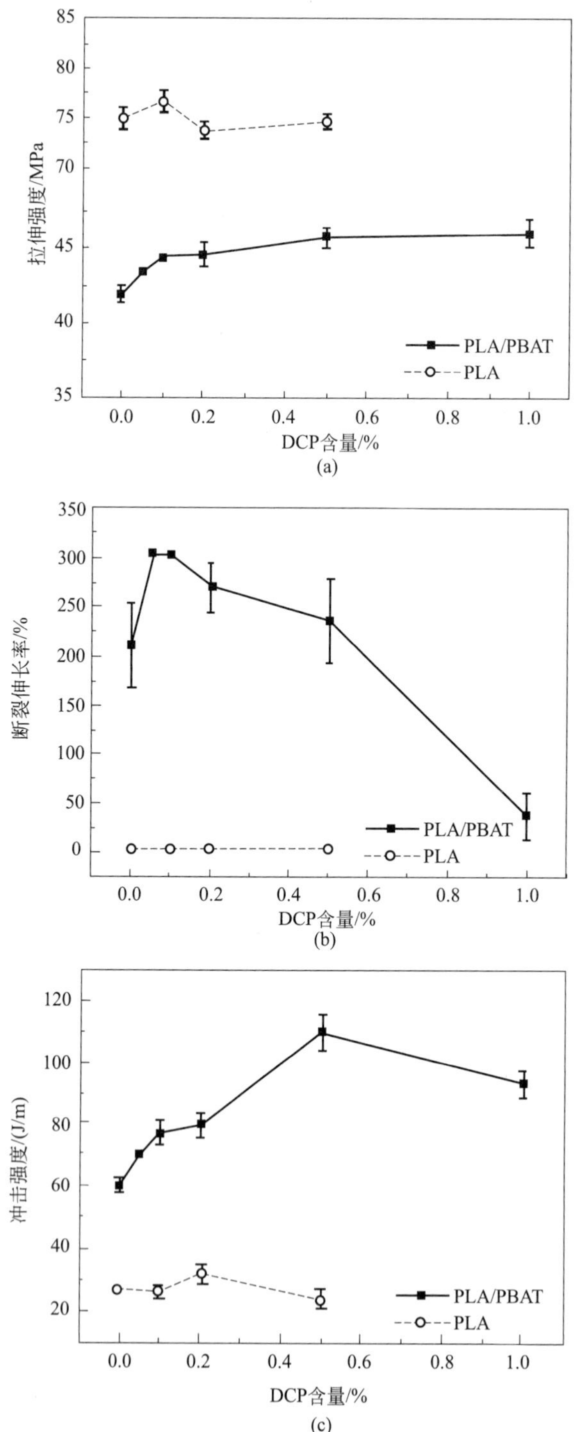

图 4-13　PLA/PBAT 共混物力学性能与 DCP 含量的关系

（1）Ecoflex® 基本特性

Ecoflex®具有良好的加工性能，可制成各种薄膜、餐盒。Ecoflex® 薄膜的性能类似低密度聚乙烯（LDPE），并有弹性，可在加工 LDPE 的设备上加工，可用于涂覆发泡淀粉餐盒，使淀粉餐盒的撕裂强度和湿强度提高，并可防油、水。Ecoflex®的印刷性能也好。

(a)PLA

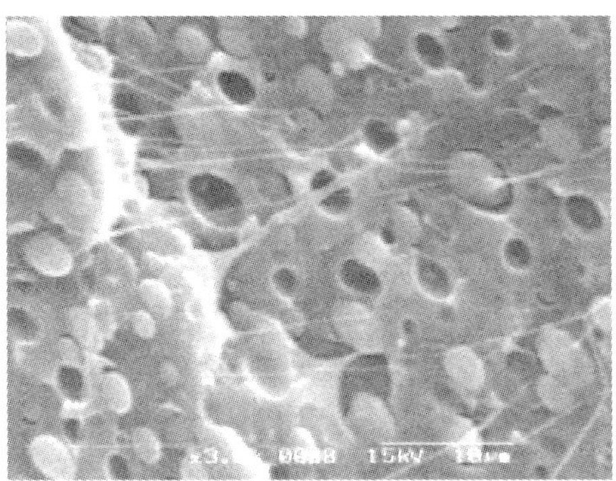
(b)DCP含量为0的PLA/PBAT共混物

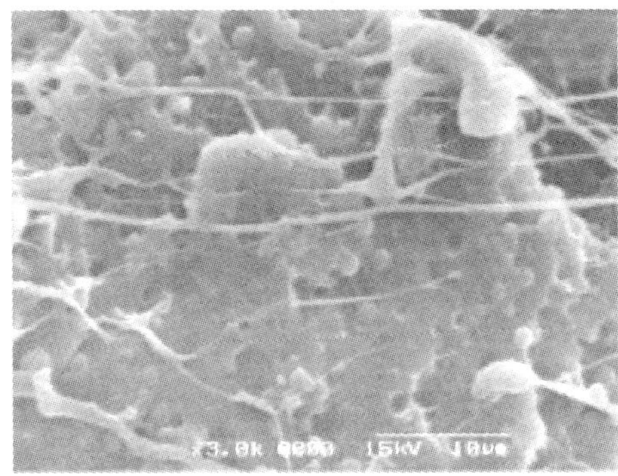
(c)DCP含量为0.1%的PLA/PBAT共混物

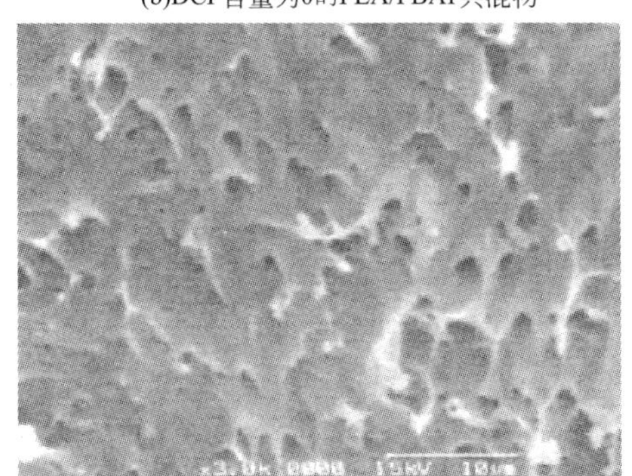
(d)DCP含量为0.5%的PLA/PBAT共混物

图 4-14　PLA 与 PLA/PBAT（80/20）共混物缺口冲击断裂表面的 SEM 图像

Ecoflex® 有如下特点：

① 在加工前不用干燥。

② 在低于 230℃时加工熔体稳定性好。

③ 好的拉伸性能：能够制得厚度为 10μm 薄膜。

④ 对氧气和水蒸气有良好的阻透性能。

⑤ 与加工 LDPE 的设备相同。

⑥ 优良的价格性能比。

Ecoflex® 虽然是一种聚酯，但加工前不需要干燥，从而具有节省能量的优点。另外，通常 Ecoflex® 的加工温度仅为 150～160℃，而且可以用加工 LDPE 的设备加工 Ecoflex®。Ecoflex® 的基本性质见表 4-9，和其他聚酯一样，Ecoflex® 的密度比 LDPE 大。

表 4-9　Ecoflex®、Lupolen 2420F 的基本性质

性质	测试方法	Ecoflex®	Lupolen2420F(LDPE)
密度/(g/cm^3)	ISO 1183	1.25～1.27	0.922～0.925
熔体流动速率 MVR(190℃,2.16kg)/(mL/10min) MFR(190℃,2.16kg)/(g/10min)	ISO 1183	3～8 —	— 0.6～0.9
熔点/℃	DSC	110～115	111
玻璃化转变温度/℃	DSC	−30	
邵尔 D 级硬度	ISO 868	32	48
维卡转变温度 VST A/50/℃	ISO 306	8	96

（2） Ecoflex®生物分解性能

Ecoflex®按照标准进行 ISO 14855：2018《受控堆肥化条件下塑料材料生物分解能力的测定——采用测定释放的二氧化碳的方法》（《Determination of the ultimate aerobic biodegradability of plastic materials under controlled composting conditions——method by analysis of evolved carbon dioxide》）测试。Ecoflex®具有很好的生物分解性能，但是，生物分解速率与纤维素相比稍慢。

DIN V 54900（EN 13432）和 BPS 都要求材料能在 180d 内有 60%发生生物分解，才能被认定为生物分解材料。Ecoflex®完全符合这些要求。

上文图 4-9 是一个显示 Ecoflex®降解速率的验证试验降解曲线图。4 个星期后，30μm 厚的 Ecoflex 薄膜几乎完全消失，其后面的景物显现出来。

Ecoflex®在欧洲选择几处不同的土壤进行 Ecoflex®薄膜的降解试验。在汉诺威附近 Herrenhausen 作了土壤降解试验，半年后，Ecoflex®膜几乎完全消失，过程见图 4-15。

图 4-15　Herrenhausen 进行降解试验的结果

在 Champagne 的土壤降解试验可以看到，随着土壤的不同，降解速率也发生变化，但都在正常的范围内。

（3）安全和卫生试验

表 4-10 所示为 Ecoflex®降解中间体的分析。

表 4-10　降解中间体

试验	单体			脂肪族低聚物		芳香族低聚物	
	B	A	T	BA	ABA	BT	BTB
1①	×	×	×	×	×	×	×
2②	×	×	×	×	×	—	—
3③	×	×	×	—	—	—	—
4④	—	—	—	—	—	—	—

① 1750 mg Ecoflex®，21d。通过 pH 值的改变使酶失活。

② 350 mg Ecoflex®，7d。

③ 350 mg Ecoflex®，21d。

④ 试验 2＋堆肥提取物。

为了研究 Ecoflex®的降解中间体，将 Ecoflex®粉末同从堆肥中提取的酶（热性单孢子菌），在 80mL 的介质中保温培养。

在试验 1 中，检测到所有可能的单体和低聚物。其原因为保温培养时 Ecoflex®的用量较大，降解产生的己二酸和对苯二甲酸使酶失活。

在第 2 个试验和第 3 个试验中 Ecoflex®的用量较小。所以低聚物也发生降解，仅检测到单体。

当试验 2 中加入堆肥提取物时，所有的单体和低聚物都消失了（GC-MS。试验 4：14d，55℃）。

（4）食品卫生性能

Ecoflex®的食品卫生性能符合欧洲 EC 90/128 与日本食品卫生法的规定。

毒理学试验：植物生长实验（夏季收获的大麦）、蚯蚓强毒性试验（OECD 207）、水蚤试验（DIN 38412/30）、荧光细菌实验（DIN 38412/34）、口服毒性（OECD 423）、皮肤毒性（OECD 404）、皮肤敏感性（OECD 406），进行这些病毒实验没有得到异常的结论。

蚯蚓实验（OECD-guidline Nr. 207；试验长度：14 天；Test-Organism：Eisenial foetida），在堆肥和 Ecoflex®混合土壤中，蚯蚓的体重增加，没有不良影响，蚯蚓体重的增加可能是由于混合土壤湿度较大造成的。

（5）加工性能

Ecoflex®是吹塑柔性膜的优良生物分解塑料，并且可用作其他生物分解塑料的改性剂，对天然生物分解塑料，例如淀粉、PLA，尤其适合。

Ecoflex 可用于吹塑薄膜，也是它的主要的应用。为了防止吹膜过程中粘连，应加入防粘连剂母料和润滑剂母料。吹塑薄膜的工艺条件和步骤如下：机筒温度：140～160℃；吹胀比 2～3.5；加入 2%～5%的防粘连剂母料（AB1）和 0.5%～1%的润滑剂母料（SL1）；膜冷却后判定其润滑性。Ecoflex®吹塑薄膜的性能见表 4-11。

表 4-11　Ecoflex®吹塑薄膜的性能

样品	Ecoflex® 20μm	Ecoflex® 50μm	LDPE 50μm
极限强度 N/mm²			
纵向	32	35	26
横向	40	34	20
极限伸长率/%			
纵向	470	650	300
横向	640	800	600
断裂能量(动态试验)/(J/mm)	20	14	5.5

表 4-12 是几种生物分解塑料低温冲击强度的数据比较。

表 4-12　一些生物分解塑料的低温冲击强度的数据比较（－60℃）

性能	Ecoflex®	PCL	PBSA	PBS	PLA
强度/(kJ/m²)	2271	2000	596	295	215

注：样品为 250μm 厚的模压片材。在－60℃下冷却，放在室温下 15s 后测定拉伸冲击强度。

显而易见，Ecoflex®即使在非常低的温度下也是强度最好的生物分解塑料。

（6）应用

Ecoflex®具有应用前景的领域：农用地膜或其他材料，柔性膜（堆废膜、阻透膜、保鲜膜），与其他生物分解高分子（聚乳酸、淀粉等）共混，纸的涂覆，卫生用品，发泡产品如图 4-16 所示。

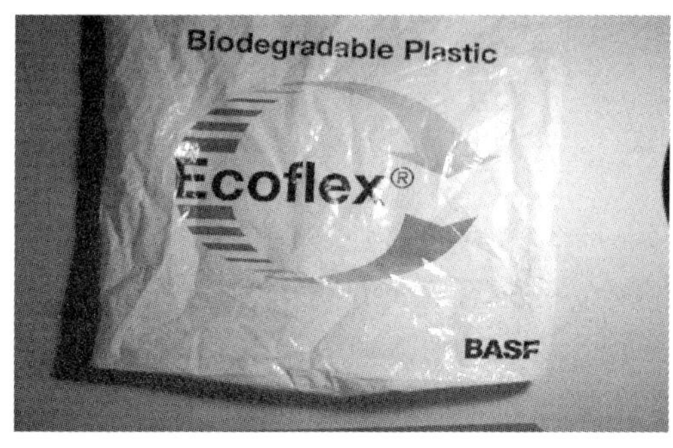

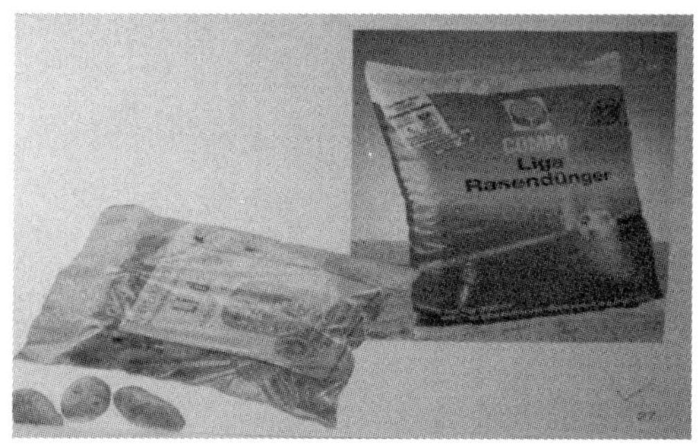
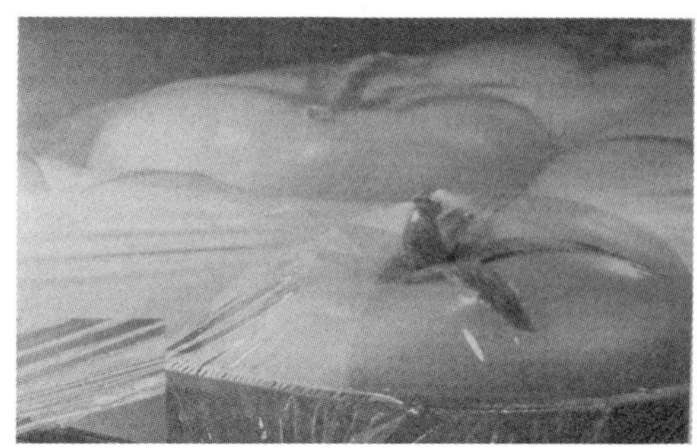

图 4-16　Ecoflex®的各种应用

① 农用地膜　地膜现在是 Ecoflex®的一个重要应用领域。在日本，收获后使用过的地膜禁止在农田就地燃烧。因此，农民必须收集起这些使用过的地膜并将其运到集中地。然后被当作工业垃圾在巨大的焚烧炉或水泥窑中处理掉。为此，农民的在每千克地膜上的花费达到 50 日元。而采用生物分解塑料地膜，在耕地时可以与农作物秸秆等一起埋入地下，化为有机肥料。这样既可以节省许多开支和劳动，又有利于土壤改良。

② 包装薄膜　Ecoflex®可以用作购物方便袋、庭院垃圾（草、落叶）袋，也可以用作保鲜膜和托盘用包装薄膜。

③ 冰淇淋和饮料杯　Ecoflex®可用于热饮料和冷饮料的饮料杯，也可用作冰淇淋盒和冷冻食品的外包装。

④ 丝　Ecoflex®可以像 LDPE 一样拉伸生产扁丝。拉伸倍率 6 倍的扁丝可以用于水果包装编织袋。

⑤ 纸的涂覆层　Ecoflex®具有良好的拉伸性能、黏结性能、抗油溶性能和热合性能，适用于纸的涂覆层，应用前景十分诱人。

⑥ 改性材料　在很多情况下，单单一种生物分解塑料很难满足材料使用性能的需要，因此需要一些生物分解塑料混合在一起使用。Ecoflex®是其他生物分解塑料，例如聚乳酸或淀粉最好的改性物质。

Ecoflex®是 PLA 最好的柔性和抗冲击改性剂。100% Ecoflex®是非常柔软的，而 100% PLA 非常硬。杨氏模量随共混比呈线性改变。断裂伸长率与之相同。Ecoflex®/PLA 共混，纯 PLA 的冲击强度很弱，当共混物中组分 Ecoflex®为 40%时，冲击强度显著提高。BASF 公司的 Ecovio®产品即为 PBAT/PLA 共混产物。

由于天然生物分解塑料其生物分解过程二氧化碳释放少且可再生，其重要性日益提高。与此不同，Ecoflex®为合成生物分解塑料。Ecoflex®将在天然生物分解塑料改性的过程中扮演重要角色，并且它可能逐渐演变成由生物基单体来合成。

4.3.4.2　Dupont 公司的 Biomax®

Dupont 公司推出的生物分解塑料 Biomax® 是一种以对苯二甲酸乙二醇酯（PET）为基础，经分子设计完成的新型可生物分解聚酯材料，分子通式：

$$-\!\!\left[\overset{\overset{\displaystyle O}{\|}}{C}-\!\!\bigcirc\!\!-\overset{\overset{\displaystyle O}{\|}}{C}-\!\left(OCH_2CH_2O\right)\!\right]\!\!\left[M\right]\!-$$

这种降解塑料的拉伸强度、伸长率、弹性模量和冲击性能类似于 PET，采用不同的加工条件，可以获得满足使用要求的不同的耐热性，根据用途，有适用于注塑、挤塑等不同牌号的产品，商品名分别为 Biomax® WB100F、Biomax® WB100（耐热级）、Biomax® WB200（高强度级）和 Biomax® 6924（表 4-13 和表 4-14）。

在贮藏条件下可以稳定保持产品的力学性能。在堆肥条件下，可分两步先后发生水解和生物分解，最终产物为二氧化碳和水。厚度 1.6mm 的注射成型材料，在试验条件下 9 周后可降解成碎片；厚度 40μm 的薄膜，在实验条件下 3 周后即降解破碎成小于 2cm 的碎片，6 周后降解成粉末状物质，7 周后基本消失。降解产物对土壤无不良影响，焚烧热值低，且无有害物质释出或残留。Biomax® 6924 的热值为 5340cal/g(1cal=4.184J)。Biomax® 可以生产吹塑薄膜、双向拉伸薄膜、纤维、无纺布等挤出成型制品，片材可进行热成型，也可以注塑和中空成型，另外，具有热封性和高频焊接性。

虽然 Biomax® 具有较其他可生物分解塑料更高的熔点和结晶度，但是这并未因此而影响其生物分解性。

表 4-13　薄膜级 Biomax®

性能	测试方法	Biomax® 6924		PET
密度/(g/cm³)	JISK7112	1.35		1.38
MFR/(g/10min)	—	11①		40②
熔点/℃	—	200		260
分解温度/℃③	—	363		370
薄膜性能		未拉伸	双向拉伸	双向拉伸
拉伸强度(纵/横)/MPa	JISK7127	54/55	120/110	210/220
伸长率(纵/横)/%	JISK7127	12/48	200/200	120/120
拉伸弹性模量(纵/横)/MPa	JISK7127	2200/1800	3500/3400	5200/5400
撕裂强度(纵/横)/N	JISK7128	—	0.15/0.15	0.15/0.15
冲击强度/J	薄膜冲击	—	1.0	1.0
氧气透过率(20℃、60%RH)/[g/(m²·d·atm)]	JISK7126	88④	80	60
透湿率(40℃、90%RH)/[g/(m²·d·atm)]	JISK7129	120④	80	20

① 2.16kg、220℃。

② 2.16kg、265℃。

③ TGA（10℃/min）热分解的开始温度（重量损失 1%）。

④ ASTM D3985。

表 4-14　注射成型级 Biomax®

性能	测试方法	Biomax® WB100F	Biomax® WB100	Biomax® WB200	PET
拉伸强度/MPa	ASTM D 638	25	39	64	158
伸长率/%	ASTM D 638	5.5	1.4	2.2	2.7
弯曲强度/MPa	ASTM D 970	39	58	1108	231

续表

性能	测试方法	Biomax® WB100F	Biomax® WB100	Biomax® WB200	PET
弯曲弹性模量/GPa	ASTM D 970	1.7	6.8	9.0	9.0
Izod 冲击强度/(kg/m)	ASTM D 256	0.26	0.021	0.067	0.103
热变形温度（成型模具温度：室温）/℃	ASTM D 648	41	47	47	—
热变形温度（成型模具温度：室温）/℃	ASTM D 648	125	167	183	247

DuPont（日本）公司在日本开发成功具有阻燃性能的生物分解塑料，是以改性聚对苯二甲酸乙二醇酯为原料制得的，商品名“バイオマックス”。该阻燃生物分解塑料的组成中没有会造成环境问题的卤素阻燃剂，也不含磷系阻燃剂，而采用无机阻燃添加剂，热变形温度163℃，注射成型性好，阻燃达到UV 94 V-0级，较之前开发的含卤体系还在价格上占优势。基础原料由在美国田纳西州的年产100kt的DuPont公司提供。

4.3.4.3 Eastman 公司的 Eastar Bio®

脂肪芳香共聚酯是一类非常柔软的材料，具有很好的弹性，除了适合做薄膜制品使用外，作为纤维使用，在医用、农业、园艺和非传统纺织品一次性产品应用中，非常有助于减轻繁重的废品丢弃问题。

Krystyna 等将 Eastman 公司的 PBAT 共聚酯产品 Eastar Bio® 通过直接熔喷法制成了无纺布，并研究了该无纺布产品在水中和堆肥环境中的降解情况，可以观测到无纺布的逐步降解过程。

4.4 二氧化碳共聚物

二氧化碳共聚物是以二氧化碳与其他可以共聚的单体经共聚反应生成聚合物的总称，其合成始于日本科学家井上祥平在1969年发表的工作。目前研究最充分的二氧化碳共聚物是二氧化碳与环氧化物共聚反应所生成的聚合物，如二氧化碳-环氧丙烷共聚物（PPC）、二氧化碳-环氧乙烷共聚物（PEC）、二氧化碳-环氧环己烷共聚物（PCHC），如下所示。理想状况下二氧化碳与环氧化物在催化剂下发生交替共聚生成100%碳酸酯结构的高分子量共聚物，但由于反应过程中很难避免环氧化物的均聚，共聚物主链会出现少量的醚段结构。另一方面，如果在共聚反应中加入含活泼氢的链转移剂，可生成低分子量的聚合物多元醇即聚碳酸酯醚多元醇，可用于合成聚氨酯。因为篇幅所限，加上本书涉及的高分子材料主要是以生物分解高分子为主，本节将主要介绍高分子量的二氧化碳共聚物材料。

R_1, R_2, R_3, R_4 环氧化物 + O=C=O —催化剂→ 二氧化碳共聚物

二氧化碳共聚物

二氧化碳/环氧乙烷共聚物(PEC)：$R_1=R_2=R_3=R_4=H$

二氧化碳/环氧丙烷共聚物(PPC)：$R_1=R_2=H, R_3=H, R_4=CH_3$

二氧化碳/环氧环己烷共聚物(PCHC)：R_1, R_2, R_3, R_4=环己基

高分子量二氧化碳-环氧化物共聚物中所固定 CO_2 的质量分数在30%～50%，是一种生

物分解高分子材料，其中 PPC 最受关注。与 PEC 相比，合成 PPC 的另一个原料环氧丙烷（PO）来自丙烯，是原料来源丰富的化工产品，操作安全性上远优于环氧乙烷（EO），且所合成的 PPC 的综合热力学性能远优于 PEC。另一方面，尽管 PCHC 的玻璃化转变温度超过 115°C，远高于 PPC 的 35°C，但是其另一个单体氧化环己烯的来源有限，且所得的 PCHC 脆性很大，很难进行熔融加工。毫无疑问 PPC 是目前最重要的二氧化碳共聚物品种，也是已经工业化的极少数二氧化碳共聚物品种之一。如无特殊说明，本节中二氧化碳共聚物均指 PPC。

4.4.1 PPC 的合成

二氧化碳共聚物合成研究可以追溯到 20 世纪 60 年代末期，日本东京大学的井上祥平（S. Inoue）教授在利用二乙基锌/光学活性醇催化内消旋环氧丙烷聚合时，发现二乙基锌还可以实现环氧化物与环状酸酐的共聚合。由于二氧化碳是碳酸的酸酐，因此他们推测二氧化碳有可能与环氧化物发生类似的共聚合反应。为此他们采用 $ZnEt_2/H_2O$ 催化二氧化碳与环氧丙烷的反应，首次合成了 PPC。虽然当时的催化活性很低（3.0g PPC/g 催化剂），并且需要较高的反应压力（5.0MPa），但该发现开辟了高分子科学研究的新方向，无论是对二氧化碳利用还是新材料开发而言，都具有里程碑的意义。

4.4.1.1 二氧化碳共聚物合成的基本问题

二氧化碳与环氧化物发生共聚反应生成脂肪族聚碳酸酯，同时会生成一定量的环状碳酸酯。如何控制该反应的产物选择性，即抑制环状碳酸酯的生成是早期二氧化碳共聚物化学领域的最重要研究方向。随着对二氧化碳共聚物化学研究的深入，聚合物的分子量及其分布、聚合物中醚键和酯键的含量、聚合物区域选择性和立体结构选择性等构成了二氧化碳共聚物合成化学的完整图像。

4.4.1.2 合成二氧化碳聚合物的催化体系

迄今为止已经发展了系列催化剂体系用于合成二氧化碳与环氧化物的共聚物，如烷基锌-多活泼氢化合物催化体系、金属卟啉、戊二酸锌、双金属氰化物、稀土三元催化剂、酚氧基锌催化剂、β-二亚胺锌催化剂和希夫碱金属催化剂等，以下分别做简要介绍。

（1）烷基锌-多活泼氢化合物催化体系

1969 年，井上祥平利用 $ZnEt_2/H_2O$ 体系催化二氧化碳与环氧丙烷反应首次实现了 PPC 的合成。$ZnEt_2$ 与 H_2O 的比例直接影响催化活性，单独使用 $ZnEt_2$ 时仅生成环氧丙烷均聚物。当 $ZnEt_2$ 与 H_2O 摩尔比为 1 时，催化活性最高。$ZnEt_2/H_2O(1:1)$ 体系不仅可以催化二氧化碳与环氧丙烷共聚，而且可以催化二氧化碳与其他环氧化物的共聚，包括氧化苯乙烯、环氧乙烷和环氧异丁烯等。

随后 Inoue 等又考察了多种含活泼氢化合物与等摩尔 $ZnEt_2$ 组成的催化体系，包括 $ZnEt_2$/伯胺、$ZnEt_2$/多元酚、$ZnEt_2$/羧酸等，Kuran 则提出了 $ZnEt_2$/联苯三酚（Pyrogallol）和 $ZnEt_2$/邻氨基酚（*o*-aminophenol）催化体系。烷基锌-伯胺体系可有效催化二氧化碳与环氧化物共聚反应，只是催化活性低于 $ZnEt_2/H_2O$ 体系，如 $ZnEt_2$/苯乙胺的催化活性（每小时的转化数，TOF）仅为 $0.06h^{-1}$，而烷基锌-甲醇与烷基锌-仲胺体系虽然与 $ZnEt_2/H_2O$ 一样可催化环氧丙烷均聚，却几乎无法催化 CO_2 与环氧化物共聚生成聚碳酸酯。借此 Inoue 等提出了 $ZnEt_2/H_2O$（摩尔比 1∶1）体系的催化机理：由于 CO_2 与烷氧基锌反应的速度远高于环氧丙烷与碳酸锌盐的反应速度，因此催化体系首先与 CO_2 反应生成碳酸盐中间体，该中间体进攻 PO 使其开环生成烷氧基锌类化合物，随后 CO_2 插入和 PO 开环继续交替进行，交替生成金属碳酸盐和金属烷氧基化合物，进而形成交替共聚物。

除了烷基锌化合物之外，镉和铝等金属化合物也可催化 CO_2 与环氧化物的共聚合反应，但是有机铝化合物仅得到低分子量且醚段含量较高的聚合物，有机镁化合物活性很低，仅得到微量聚合物，而钙和锂化合物则不能催化该共聚反应。

经过多年的机理研究，对 $ZnEt_2$-多活泼氢化合物下二氧化碳与环氧丙烷共聚反应的催化机理达成了共识，如图 4-17 所示。具有原子桥连结构（X 为 O、N）的多锌聚集态对催化共聚反应是必要的，相邻的两个锌原子起到了相互协同效应，而具有重复结构的 Zn—O 或 Zn—N 键被认为是反应的活性中心，通过反应单体 CO_2 与环氧化物在 Zn—O(N) 键间的交替插入来实现聚合物链的增长，共聚合反应总体上符合阴离子配位聚合机理。由于多活泼氢化合物与 $ZnEt_2$ 更倾向于形成这种活性聚集态，因此具有较好的催化活性，而单活泼氢化合物则不利于这种聚集态的形成，所以不具有催化聚合反应的能力。

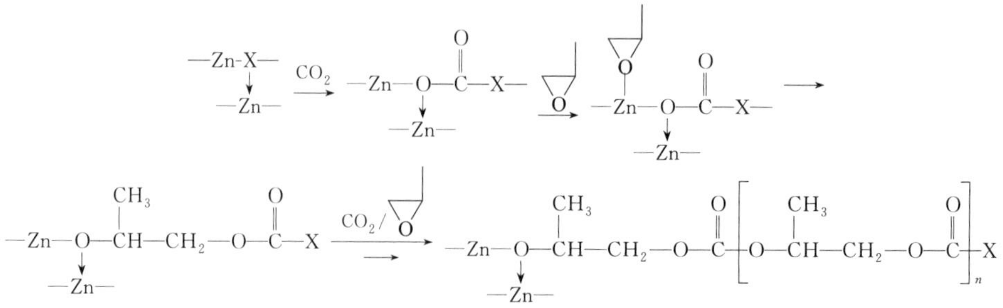

图 4-17　乙基锌-多活泼氢化合物催化下二氧化碳与环氧丙烷共聚反应的机理

（2）金属羧酸盐催化体系

Soga 等研究了金属羧酸盐和碳酸盐催化体系，指出锌、钴、钙、铝、铬等的羧酸盐对二氧化碳和环氧丙烷的聚合反应有催化活性，且不同金属所得聚合物的结构各不相同，其中锌、钴和钙能得到 CO_2 和环氧化合物的交替共聚物，锌的催化活性最好，铝、铬、镍、镁等催化所得聚合物的分子量和酯单元含量都很低，醋酸锡只能催化环氧丙烷的均聚反应，羧酸钾和碳酸钾即使在 18-冠-6 醚的存在下，也不能催化 CO_2 和环氧丙烷的共聚合反应，只能得到环状碳酸酯。Inoue 的研究也表明锌和钙的羧酸盐能够得到交替共聚物，而铝羧酸盐催化所得聚合物的酯单元含量很低，一般小于 20%。

Soga 等以氢氧化锌和氧化锌为锌源制备了多种二元羧酸锌化合物，指出羧酸锌的配体结构是影响聚合反应收率的重要因素，二元羧酸锌的催化活性大于醋酸锌，其中戊二酸锌的催化活性最高，且所得聚合物几乎具有完全交替结构。如采用 $Zn(OH)_2$ 和戊二酸合成的非均相的戊二酸锌催化剂，对 CO_2 和 PO 的共聚反应的催化活性较高，在 60℃ 和 3.0MPa 下 TOF 为 $1.1h^{-1}$，不过所得 PPC 的数均分子量仅为 1.2×10^4。

戊二酸锌的催化活性在很大程度上依赖于其制备方法，Ree 采用不同锌化合物和戊二酸衍生物合成了一系列戊二酸锌化合物，其中 ZnO/戊二酸体系表现出较好催化活性，优化后其 TOF 可达到 $34h^{-1}$。Ree 等随后研究了 ZnO 与 11 种戊二酸衍生物反应生成的各种羧酸锌催化剂下二氧化碳和环氧丙烷的共聚反应，指出戊二酸上取代基团的电子效应、空间位阻和取代基的位置直接影响其与锌离子的配位。他们总结出羧酸基团与锌之间存在如下三种配位方式：①桥双齿配位，如：间-反，间-间桥；②单齿配位；③混合单齿和双齿配位。上述几种配位方式的羧酸锌催化剂均能催化二氧化碳和环氧丙烷的共聚反应，其中以桥双齿配位方式键合的催化剂活性最高，最典型的就是戊二酸锌，不仅具有较高的催化活性，产物的分子量也较高。不过在戊二酸配体上无论引入吸电子或供电子基团都显著降低催化活性，原因在于引入取代基团后改变了中心金属的路易斯酸性，甚至改变了所得催化剂的表面形态。事实上，催化剂的 X 射线衍射和粒度分析结果表明，高结晶度是催化剂具有高催化活性的关键因素之一。当然，当戊二酸锌的结晶度＞77％时，比表面积上升为影响催化活性的主导因素。因此，如果在合成过程中加入有机模板剂，进一步提高戊二酸锌的比表面积，可显著提高催化活性。

总体而言，羧酸锌催化 CO_2 与环氧化物的共聚反应属于配位阴离子聚合，其反应机理如图 4-18 所示。

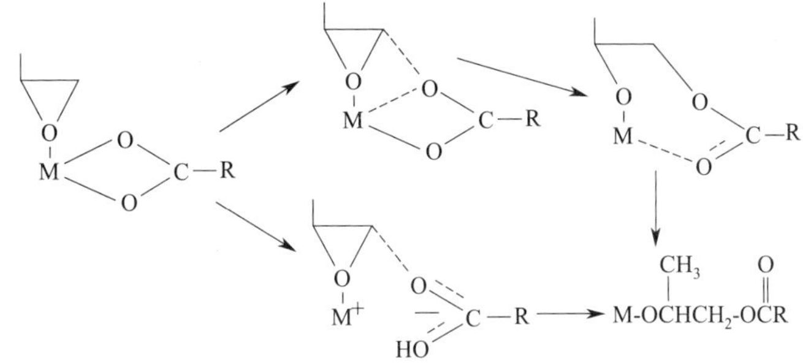

图 4-18　羧酸锌催化二氧化碳与环氧化物共聚反应的配位阴离子聚合机理

羧酸锌体系活性较高，且不使用活泼的烷基金属化合物，操作起来相对安全、简单，有一定的工业化前景。只是所得聚合物的分子量相对较低，而且聚合反应时间通常超过 40 小时，成为制约其工业化应用的瓶颈。

(3) 稀土三元催化剂

沈之荃等在 1991 年研究了稀土催化体系[$Y(P_{204})$-$Al(i\text{-}Bu)_3$-甘油]下 CO_2 与环氧丙烷的共聚反应，在较短的时间内制备了高分子量而且分子量分布较窄的聚合物，不过聚合物中二氧化碳固定率仍然有待提高。随后郭锦棠等研究了不同稀土磷酸盐与 $Al(i\text{-}Bu)_3$/甘油(glycerin) 形成的催化体系对环氧氯丙烷（ECH）和 CO_2 共聚反应，他们指出 $Y(P_{204})_3$-$Al(i\text{-}Bu)_3$-glycerin 体系的催化活性较高。除了二元共聚，这类催化体系还能催化 ECH、CO_2 和其他环氧化物的三元共聚反应，尽管可以得到分子量较高的聚合物，但是聚合物中二氧化碳的固定率很低。随后的单体拓展研究表明，$Y(P_{204})$-$Al(i\text{-}Bu)_3$ 体系也能催化 CO_2 与烯丙基缩水甘油醚、氯乙基缩水甘油醚和苯基缩水甘油醚等多种环氧化物的共聚反应。

Tan 等分别以 $Y(F_3COO)_3$ 和 $ZnEt_2$ 替代 $Y(P_{204})_3$ 和烷基铝构建了稀土催化剂体系，不仅催化效率得到了进一步提高，且所得聚合物为高交替共聚物，碳酸酯含量在 95％以上。此外，该催化体系还能实现二氧化碳和环氧环己烷的共聚反应，而且可通过二氧化碳、环氧丙烷和环氧环己烷的三元共聚反应制备相应的嵌段共聚物，解决了之前的催化体系仅对环氧丙烷或环氧环己烷有效的问题。随后王献红等以更廉价的 $Ln(CCl_3COO)_3$ 取代 $Y(F_3COO)_3$，构建了 $Ln(CCl_3COO)_3$-glycerin-$ZnEt_2$ 催化体系，考察了催化剂合成条件、稀土配合物种类、烷基锌结构等对催化剂性能的影响，高效实现了 CO_2 与环氧化合物交替共聚反应。在 60～70℃和 3～4MPa 下该催化体系的活性可达 5×10^4 g/mol Ln，他们的研究表明催化剂中的稀土配合物对缩短聚合诱导期、提高催化活性和聚合物分子量等方面具有重要作用。

稀土三元催化体系具有较好的产物选择性，并可制备高分子量、高碳酸酯单元含量的二氧化碳共聚物，同时成本相对较低，这也使其成为首例万吨级工业化生产 PPC 的催化体系。

（4）双金属氰化物催化剂

双金属氰化物（DMC）是 20 世纪 60 年代由美国通用轮胎公司开发的一种用于环氧化物均聚的催化剂。DMC 是一类可变结构的催化剂，其具体结构至今仍然不易确定，因此通常采用如下结构式进行简要描述：

$$M_{1a}[M_{2b}(CN)_c]_d \cdot xM_1X_e \cdot yL \cdot zH_2O$$

其中 M_1、M_2 为金属离子，可分别为 Zn^{2+}、Co^{2+}、Co^{3+}、Ni^{2+}、Fe^{3+}、Fe^{2+} 等，M_1X_e 为水溶性金属盐；L 为有机配体，通常为含杂原子的水溶性化合物，如醇、醛、酮、醚等；x 和 y 值通常难以准确限定，这也是双金属催化剂重复性差的原因之一。

DMC 可高效催化 PO 均聚，所得聚合物的分子量分布很窄，因此 DMC 在合成聚醚均聚物方面很有价值，实际上从 20 世纪 90 年代开始 DMC 已成功用于环氧丙烷均聚的工业化生产线。

1985 年美国陶氏化学公司的 Kruper 首先用 Fe-Zn 双金属氰化物催化剂（DMC）催化二氧化碳和环氧丙烷的共聚合反应，尽管二氧化碳固定率不够高，但 DMC 显示了很高的催化活性。随后壳牌公司的 Kuyper 等用 $Zn_3[Co(CN)_6]\cdot xZnCl_2\cdot yH_2O\cdot zDME\cdot mHCl/ZnSO_4$ 和 $Zn_3[Co(CN)_6]\cdot 2DME\cdot 6H_2O/ZnSO_4$ 催化 PO 与 CO_2 共聚反应，制备了含多羟基端基的聚碳酸酯，但聚合物中二氧化碳固定量最高为 13.4%，且生成较高含量的环状碳酸酯副产物。1996 年陈立班采用聚合物负载的 DMC 催化剂催化 PO/CO_2 共聚，并用含 1～10 个活泼氢的物质做调节剂，得到脂肪族聚碳酸酯多元醇，其数均分子量在 $(2\sim20)\times10^3$ 的范围内可调，聚合物中碳酸酯含量为 30%。

DMC 的中心金属对催化活性有显著影响，如 Co-Zn 双金属氰化物就是将中心金属 Fe 替换成 Co，其催化 PO 共聚的活性显著高于 Fe-Zn 双金属氰化物，因此 Co-Zn 双金属氰化物成为 DMC 的代表。戚国荣等将 DMC 的中心金属由 Fe 换成 Co 以改变 Zn 的电子结构，并研究了不同有机配体下 $Zn_3[Co(CN)_6]$ 催化环氧环己烷与 CO_2 的共聚反应，制备了分子量在 $(5\sim20)\times10^3$、碳酸酯含量在 43%～47%的共聚物，TOF 值达到 $1670h^{-1}$。随后他们采用 PPG-400 为活化剂，$Zn_3[Co(CN)_6]$ 为催化剂进行 PO 与 CO_2 共聚反应，制备了分子量为 $(2.6\sim3.8)\times10^3$、碳酸酯含量在 30%左右的低分子量 PPC，催化活性达 2000 g 聚合物/g 催化剂，不过副产物环状碳酸酯含量较高，达到 12%～28%。

2011 年王献红等研究了 Zn-Co DMC 催化剂下二氧化碳和环氧丙烷的共聚合反应，在 90℃下经过 10h 的共聚反应，催化活性达到每克催化剂可催化 60.6kg 聚合物，且产物中环状碳酸酯的含量低于 1%，聚合物的数均分子量超过 1×10^5，不过聚合物中的碳酸酯含量仍然较低，约为 34%～49%。随后王献红等又利用稀土掺杂等手段进一步发展了 Zn-Co 双金属催化剂，基于这种高活性的双金属催化剂，引入多元羧酸为链转移剂，制备出数均分子量在 2000～5000 之间（CO_2 含量 20%～35%之间）的二氧化碳基二元醇、三元醇、四元醇和六元醇。由于二氧化碳基多元醇结构中含特殊的聚醚和聚碳酸酯结构，使其成为聚氨酯行业的一种重要原料，有望应用于水性胶黏剂、低醛硬泡制品等领域。

虽然目前采用DMC制备的二氧化碳与环氧丙烷共聚物的分子量已经可以达到十几万，但是聚合物中碳酸酯含量很低（低于50%），因此主要用于制备低分子量聚合物多元醇。

（5）金属Salen催化剂

Jacobsen等利用手性铬成功实现了环氧化物的不对称开环，受此启发2001年Darensbourg用配合物1（如下所示）为催化剂、*N*-甲基咪唑（*N*-MeIm）为助催化剂，实现了二氧化碳与环氧环己烷的共聚反应。与此同时Nguyen和Paddock利用包括配合物1在内的多种SalenCrCl配合物为催化剂，在二羟甲基丙酸（DMAP）存在下催化CO_2与脂肪族环氧化物进行100%的偶联反应制备环状碳酸酯，其中环氧化物包括环氧丙烷、环氧氯丙烷、环氧丁烷和氧化苯乙烯等，催化剂活性可达127～254h^{-1}。2003年Coates等合成了SalenCoCl催化体系，在助催化剂存在下进行二氧化碳与环氧化物的共聚反应，其TOF约70h^{-1}，且所得共聚物的交替结构超过99%。

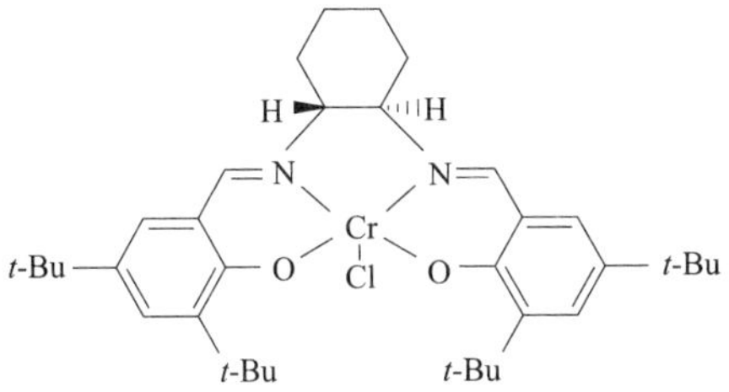

1 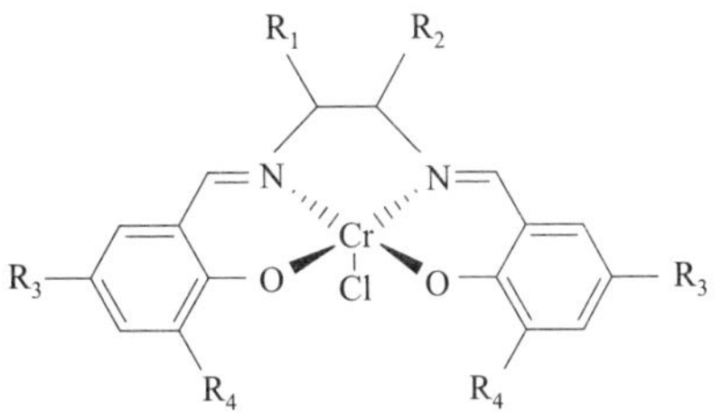　　　　2

虽然SalenCoCl在助催化剂作用下其活性可以大幅度提高，但产物选择性随反应温度的升高而下降，同时该催化体系在较低催化剂浓度下会失去活性，原因可能是在低浓度下，中心金属离子之间距离变大，不能产生相互作用来催化共聚反应。为此，2006年Nozaki等在Salen配体上连接哌啶基团，合成了如下所示的单组分双功能催化剂，即使采用很低的催化剂浓度，也可在60℃下高效催化CO_2与PO的共聚反应，TOF值大幅度提高到602h^{-1}，聚合物选择性90%。此后Lee和吕小兵等又进一步发展了这类Salen催化体系，可以获得100%交替的二氧化碳共聚物，TOF值超过28，000h^{-1}，且聚合物的数均分子量也可超过20万，SalenCoCl催化剂也因此成为里程碑式的催化体系。

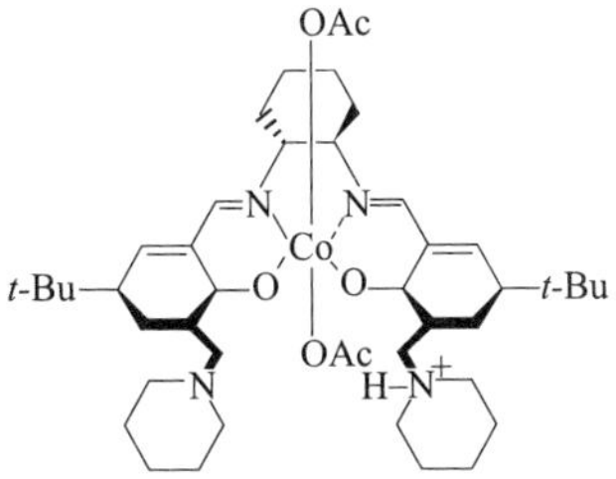

3

SalenCoCl是近20年来PO与CO_2共聚反应中来最引人注目的一种高活性、高选择性催化剂，单纯从该催化剂的性能上看确实具备很好的工业化前景，因此美国Novomer公司、韩国SK集团旗下的SK Innovation公司等均开展了工业化尝试。令人遗憾的是，由于国际上生物分解塑料的堆肥标准中对钴类毒性重金属的含量有严格限制，因此必须将Co从产物中尽可能完全分离，而这种催化剂去除问题在高分子工业中是很难实现的，由此限制了该类催化剂的工业化应用。

（6）金属卟啉催化剂

早在 1978 年 Inoue 等就发现四苯基卟啉铝化合物（结构式如下所示）可催化二氧化碳与环氧丙烷的共聚反应生成 PPC。当采用季铵盐或季膦盐作为助催化剂时，不仅能提高催化活性，还能使聚合物中碳酸酯含量提高到 99%，如采用等当量的 $EtPh_3PBr$ 与催化剂 4a 组成二元催化剂，在 20℃ 和 4.8MPa 下可得到数均分子量为 3.5×10^3 的 PPC（TOF＝$0.18h^{-1}$），其碳酸酯含量＞99%。王献红等研究了四苯基卟啉铝［(TPP)AlCl］下二氧化碳与环氧环己烷的共聚反应，单独采用 TPPAlCl 为催化剂时其催化活性极低，且所得聚合物以醚段为主，当加入助催化剂四乙基溴化铵（Et_4NBr）时，在 60℃ 下反应 9 h，TOF 值可达 $36.1h^{-1}$，且共聚物中碳酸酯含量提高到 97.9%。进一步引入大位阻 Lewis 酸时，其 TOF 值可提高到 $44.9h^{-1}$。

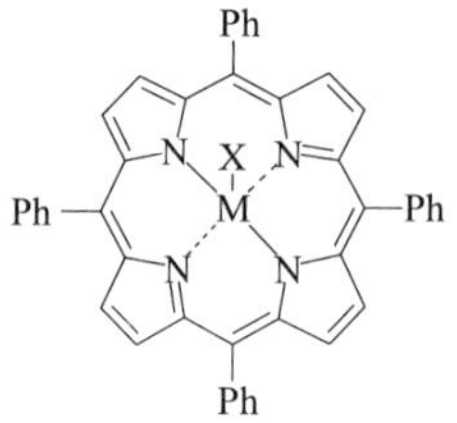

(TPP)MX
4a: M=Al, X=Cl
4b: M=Al, X=OMe
4c: M=Al, X=Me
4d: M=Al, X=OR
4e: M=Mn, X=OAc

随后王献红等研究了四苯基卟啉钴/双三苯基正膦基氯化铵二元催化体系（$TPPCo^{III}Cl$/PPNCl）下二氧化碳与环氧丙烷的共聚反应，在 25℃ 和 2.0MPa 下反应 5h 制备了数均分子量为 4.8×10^4 的 PPC，几乎 100% 交替结构，环状碳酸酯低于 1%，PO 转化率可达 62.7%，TOF 值为 $188h^{-1}$，表明 $TPPCo^{III}Cl$/PPNCl 体系可高效催化二氧化碳与环氧丙烷的共聚反应，具有催化活性高、产物高交替和 PPC 选择性高等特点。为了进一步提高催化剂的选择性和活性，2012 年王献红等将助催化剂连接到卟啉配体上，合成出单组分双功能的卟啉钴催化剂，即同一个催化剂分子中同时含一个 Lewis 酸金属中心与 Lewis 碱中心。在 50 °C 和 4MPa 下进行共聚反应，TOF 值可达 $496h^{-1}$，约为双组分卟啉钴（TPPCoCl/PPNCl）的 3 倍。

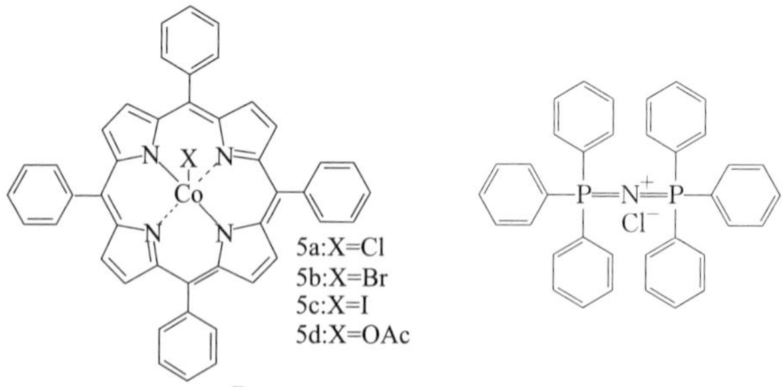

5a:X=Cl
5b:X=Br
5c:X=I
5d:X=OAc

$TPPCo^{III}X$　　PPNCl

（7）其他催化剂

除了上述几类催化剂，文献报道用于二氧化碳与环氧化物共聚反应的催化剂还很多，如酚氧基锌催化剂、β-二亚胺锌催化剂、双核 Robson 型配合物和均相稀土金属配合物等体系，但是这几类催化剂往往只能催化二氧化碳与环氧环己烷的共聚合，在催化二氧化碳与环氧丙烷共聚时选择性很差，甚至不能催化共聚反应，因此不做详述。

4.4.1.3 二氧化碳共聚物合成产业化现状

从 20 世纪 90 年代开始就有公司尝试进行二氧化碳共聚物的工业化，其中最早实现吨级生产的是美国的 Empower Materials 公司，他们生产了聚碳酸丙烯酯（QPAC®40），聚碳酸乙烯酯（QPAC®25）和聚碳酸丁烯酯（QPAC®60）等品种，由于分子量较低，其产品主要用于牺牲型胶黏剂，在高级陶瓷、微电子产品、金属焊接等领域应用。20 世纪初美国的 Novomer 公司、韩国的 SK 集团均尝试了 PPC 的工业化，但至今没有大规模的产品上市。总而言之，PPC 的低性价比问题（成本较高且物性难以满足应用要求）限制了 PPC 的大规模工业化生产。

中国科学院长春应用化学研究所成功开发出具有我国自主知识产权、可供工业化应用的稀土三元催化剂，基本上解决了二氧化碳的快速、高效活化难题，解决了 PPC 的分离和后处理的瓶颈，并通过改善 PPC 的热稳定性，实现了 PPC 薄膜的成型加工。2004 年 2 月在内蒙古蒙西高新技术集团公司建成了世界上第一条千吨级 PPC 中试线，数均分子量超过 15 万。此后，长春应化所通过改进催化体系和聚合工艺于 2013 年在浙江温岭建成了万吨级的生产线并实现连续稳定生产，2017 年开始与博大东方集团合作在吉林市建设 5 万吨 PPC 的生产线。此外，江苏中科金龙化学公司利用广州化学研究所的双金属催化剂技术于 2006 年建成了一条千吨级生产线，主要生产低分子的二氧化碳基多元醇，多元醇的数均分子量在 3000～20000 之间，主要用于聚氨酯的原料。2009 年河南天冠集团也与中山大学合作建成了 5000t/a 的 PPC 中试装置。

4.4.2　PPC 的结构与性能

高分子材料的性能取决于其分子链结构和凝聚态结构，PPC 也不例外。从链结构上看，PPC 是一类以碳酸酯结构为主的脂肪族聚碳酸酯，因此具有生物分解性能。尽管 PPC 分子中存在极性较大的羰基，但由于受羰基两侧的 C—O 键影响，使得主链上的酯基成为弱极性基团，因此 PPC 的极性较弱。此外，PPC 的主链上还存在部分醚键单元，因此其链段容易发生内旋转，存在一定的柔性。

从 PPC 的凝聚态结构上看，其动态力学分析（DMA）谱图上只有一个玻璃化转变和一个玻璃态松弛，广角 X 射线散射（WAXD）表明 PPC 没有结晶峰，且差示扫描量热法（DSC）证明 PPC 没有熔融峰，说明 PPC 整体上呈无定型态，即使拉伸取向后其结晶性也很差。

表 4-15 总结了文献报道的几类典型二氧化碳-环氧化物共聚物的性能，这些共聚物除 PPC 外，还包括二氧化碳-环氧乙烷共聚物（PEC）、二氧化碳-氧化-2-丁烯共聚物（PBC）、二氧化碳-环氧环己烷共聚物（PCHC）、二氧化碳-氧化苯乙烯共聚物（PStC）等。

表 4-15　一些典型二氧化碳-环氧化物共聚物的性能

性能	PEC	PPC	PBC	PCHC	PStC
玻璃化转变温度 T_g/℃	0～10	30～41	60	110～115	76～80
弹性模量 E/MPa	2～5①	993②	2190②	—	2400②
拉伸强度/MPa	5～10①	30～40②	30～40②	—	54.1②
密度/($\times 10^3$ kg/m^3)	1.43	1.2～1.3	1.18	—	1.27
介电常数(10^3 Hz)	4.32	3.0	—	—	3.25
体积电阻率/Ω·cm	10^{16}	10^{16}	—	—	—
折射率 n	1.470	1.463	1.470	—	—

续表

性能	PEC	PPC	PBC	PCHC	PStC
燃烧热/($\times10^3$kJ/kg)	13.9	18.5	21.2	—	—
吸水性(23℃)/%	0.4～0.7	0.4～0.7	—	—	—
热分解温度②T_d/℃	180～220	180～220	—	240～280	—

① 拉伸速率 200 mm/min。

② 拉伸速率 10 mm/min。

③ 空气中 0.05g 样品从 120℃开始以 2.5℃/min 升温速度加热至失重 5%时的温度。

由表 4-15 可以看出，二氧化碳与环氧化物共聚物中，侧基对共聚物的性能影响很大。侧基增多或尺寸变大，一方面使分子链刚性增加，内旋转位垒增大，导致聚合物强度、玻璃化转变温度增高，断裂伸长率和冲击韧性则随之下降；另一方面侧基增多或尺寸变大可使分子链间距增加，分子间作用力减弱，使聚合物的 T_g、T_m 和力学性能下降，两方面的综合因素决定了相关二氧化碳共聚物的性能。侧基对聚合物的热稳定性和氧化稳定性也有影响。因而原理上可通过选择不同结构的环氧化物与 CO_2 共聚制备系列性能不同的二氧化碳共聚物。鉴于二氧化碳-环氧丙烷共聚物（PPC）是最典型、研究得最深入的二氧化碳共聚物，因此下面主要介绍 PPC 的基本性能。

4.4.2.1 PPC 的热学性能

（1）PPC 的基本热学性能

玻璃化转变温度是指聚合物链段开始运动的温度，是橡胶长期使用的下限温度，也是塑料长期使用的上限温度。除了玻璃化转变温度，材料的热稳定性是材料加工中必须注意的问题，其中热分解温度是表征材料热稳定性的重要参数。

早在 1975 年，井上祥平就详细研究了 PPC 的热分解性，发现温度在 200℃时 PPC 热失重率不到 10%，并提出了 PPC 的热分解机理，包括解拉链过程和无规链断裂。解拉链过程被认为是活化能较低的降解途径，在较低温度下（130℃）可发生此反应，聚合物中存在从催化剂转化而来的金属氧化物或盐时也容易加速解拉链反应，而 PPC 的无规断链降解通常发生在较高温度下（170℃以上）。Dixon 等研究了封端剂对脂肪族聚碳酸酯热稳定性的影响，发现只有解拉链降解受到抑制时才发生无规降解，而无规降解的温度要高于发生解拉链降解的起始温度，所以封端后的脂肪族聚碳酸酯热分解温度会有所提高。

PPC 的解拉链降解反应如图 4-19 所示，是通过活化的分子链末端进攻主链上相邻单元的碳原子，发生“回咬”形成小分子的环状碳酸丙烯酯（PC）副产物，从而导致 PPC 分子量逐渐降低。此过程要求 PPC 分子链末端由相邻的 CO_2 和 PO 单元组成，也就是解拉链过程中，如果末端变成连续的 PO 单元或其他结构单元，反应将被终止，因此醚键含量较高的 PPC 或者加入第三单体共聚的聚合物都比 CO_2-PO 的交替共聚物更稳定。

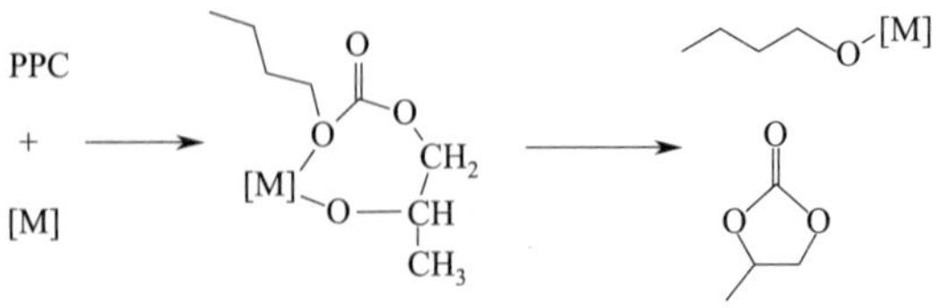

PPC + [M] → [M]—O—CH(CH$_3$)—CH$_2$—O—C(=O)—O— (环状过渡态) → —O—[M] + 碳酸丙烯酯

图 4-19 PPC 的解拉链降解反应

如图 4-20 所示，回咬反应通常由两个途径进行，一种羟基回咬，即端羟基对羰基中的碳原子进行亲核进攻，另一种则是羧基回咬，即端羧基进攻相邻的电负性碳原子。由于 PPC 的解拉链降解主要与端羟基或短羧基有关，因此若能引入可与端羟基或短羧基反应的所谓封端剂，则可大幅度抑制这类解拉链降解，这也是目前 PPC 熔融加工中普遍采用的提高 PPC 热稳定性的方法。

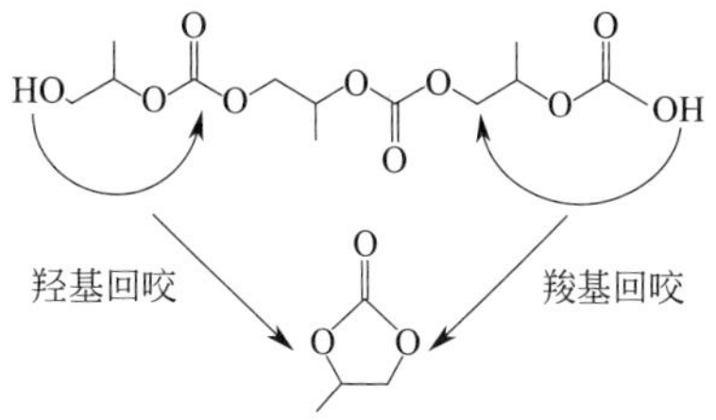

图 4-20　PPC 解拉链降解过程中的两个回咬反应

如图 4-21 所示，在更高温度下，即使 PPC 的解拉链降解受到抑制，PPC 也能发生所谓的无规链断裂。此时 PPC 主链中的碳酸酯基团发生断裂，释放出 CO_2，同时在 PPC 主链上生成不饱和基团，此外也生成端羟基，进而引发下一步的解拉链降解。

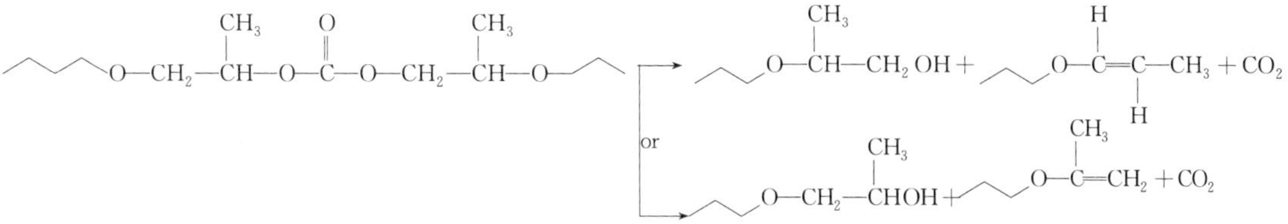

图 4-21　PPC 的无规链断裂机理

PPC 的无规断链降解在机理上与普通聚醚树脂的不同，后者发生降解时有末端酮基或醛基生成，可通过添加抗氧剂来抑制，而在高温下，即使在 PPC 中添加抗氧剂也不能抑制其降解，这也从另一侧面说明 PPC 的降解并非自由基引发的氧化过程。另一方面，与解拉链降解过程受催化剂转化产物如氧化物，PPC 的无规断链降解基本不受残余催化剂的影响，碳酸酯含量的减少和不饱和双键增加的量基本吻合。

（2）影响 PPC 热学性能的因素

① 分子量　改善 PPC 热稳定性的方法之一是提高其分子量，从而减少端羟基的浓度，减少发生解拉链降解的概率。如表 4-16 所示，当 PPC 的数均分子量从 50×10^3 增加到 360×10^3 时，PPC 的玻璃化转变温度从 33℃提高到 39℃，而 5%热分解温度能提高 30℃。不过 PPC 的热分解温度并非随分子量的增大而无限制增高，因为当 PPC 的聚合度很大时，其端羟基浓度变得很低，几乎可以忽略不计，此时进一步提高分子量对 PPC 热分解温度的影响不大。

表 4-16　PPC 的 T_g 和热分解温度随分子量的变化

$M_n/\times10^3$	分子量分布指数(PDI)	T_g/℃	$T_{d,5\%}$/℃
50	2.06	33.2	201.8
105	2.13	35.3	207.3
158	2.36	36.1	213.1
211	1.72	36.8	217.5
280	2.79	37.6	228.1
360	2.03	39.1	232.6

如表 4-16 所示，增加 PPC 的分子量可提高其玻璃化转变温度，当 PPC 的分子量较低时，这种影响变得更明显。这是因为在分子链的两头各有一个末端链段，从自由体积概念出

发，末端链段的活动能力要比链中的链段来得大。分子量越低，末端链段的比例越高，所以玻璃化转变温度相对较低。随着 PPC 分子量的增大，末端链段的比例不断减少，所以玻璃化转变温度不断增加。当分子量超过一定程度以后，玻璃化转变温度随分子量的增加就不明显了，因为分子量增大到一定程度后，链端单元比例可忽略不计，此时玻璃化转变温度对分子量依赖性很低。

② 封端　采用合适的封端剂与 PPC 的端羟基反应，使其转变为稳定的端基，可显著提高其热稳定性。常见的封端剂有酸酐、酰氯、磺酰氯、异氰酸酯、氯代硅烷、硫醇和有机磷酸酯等。Dixon 等以 O—C、O—P、O—S 键代替端羟基，PPC 的起始热分解温度可提高 20～40℃。未封端的 PPC 主要发生解拉链降解，形成环状碳酸丙烯酯，无规断链降解发生的概率较低。封端后可大幅度抑制解拉链降解反应，但却不能抑制无规断链降解，因此封端后第一步先发生无规断链降解，然后因为生成了端羟基才发生解拉链降解，如图 4-21 所示。

③ 三元共聚改变化学组成　三元共聚（加入第三单体共聚）也是改善 PPC 热稳定性的一种方法，其基本原理是：第三单体加入后形成三元共聚物，当降解从链端发展到第三单体链节时，即停止解拉链式降解。肖红戟等合成了 CO_2、环氧丙烷（PO）、甲基丙烯酸酯三元共聚物，其热稳定性大幅度提高，不过其生物分解性能可能会受影响。陈立班等将邻苯二甲酸酐（PA）和顺丁烯二酸酐（MA）等单体与二氧化碳和环氧丙烷进行三元共聚，在共聚物中引入芳香基团或不饱和基团可改善热稳定性。王献红等引入双官能的缩水甘油醚为第三单体，在稀土三元催化体系下制备类三元共聚物，其分子量可达 200×10^3，同时起始热分解温度提高了 37℃。此外，PPC 中的端羟基与异氰酸酯反应，或与其他聚合物形成互穿网络结构，也可大幅度提高热分解温度。

④ 残余金属氧化物或金属盐　聚合物中残留金属催化剂或相应的催化剂转化产物（如金属氧化物）对聚合物的热分解性能有重要影响，残留金属催化剂含量越高，PPC 的热分解反应更容易进行，其起始热分解温度越低。采用稀土三元催化剂得到的 PPC，如没有预先分离催化剂，通常含有 0.2％的金属氧化物，其 5％热分解温度（$T_{d,5\%}$）低于 170℃。当 PPC 经过纯化后金属氧化物含量降至 5ppm 时，$T_{d,5\%}$ 值则超过 240℃。因此除去残余催化剂（或其转化产物）是改善 PPC 热稳定性的一个重要途径。同样的情况也发生在 PCHC 上，如金属锌含量为 5 ppm 的 PCHC 的 $T_{d,5\%}$ 比锌含量为 4400ppm 的 PCHC 高 56℃，相应的热分解活化能则分别为 190kJ/mol 和 146kJ/mol，两者差距达到 44kJ/mol。

⑤ 区域规整性　由于环氧丙烷分子中存在不对称的碳，共聚合过程存在不同的开环方式，导致 PPC 分子链存在头尾、头头（或尾尾）偶联等形式，从而产生了 PPC 的区域规整性，这也是影响 PPC 玻璃化转变温度的因素之一。通常采用稀土三元催化体系所制备的 PPC，其头尾偶联结构含量在 70％左右，玻璃化转变温度在 35℃左右。采用给电子试剂改变稀土三元催化体系的电子结构，可制备数均分子量超过 100×10^3 的 PPC，此时头尾结构含量大于 80％，其玻璃化转变温度比头尾结构含量为 70％且分子量相当的 PPC 提高 6～8℃。不过头尾结构含量对 PPC 玻璃化转变温度的影响只有在 PPC 分子量达到一定值后才会明显出现，如采用金属 salen 配合物催化剂体系，即使能制备头尾结构含量达到 99％的 PPC，但是当数均分子量低于 30×10^3 时，其玻璃化转变温度和热分解温度没有发生明显变化。若采用钴卟啉/双三苯基膦氯化铵（PPNCl）催化体系，则可制备出数均分子量为 110×10^3、头尾结构含量为 90％的 PPC，其 T_g 达到 44.5℃。因此，有理由相信，在确保聚合

物的分子量超过 50×10^3 的前提下，提高头-尾结构的含量，PPC的玻璃化转变温度就能有一定程度的提高。

⑥ 醚段含量 PPC中的醚段含量也是影响其 T_g 的重要因素，如在双金属催化剂（DMC）催化体系下合成的PPC，其醚段含量为40%～60%，即使数均分子量超过 100×10^3，其 T_g 只有8℃，而分子量相当但醚段结构含量在95%的PPC，其 T_g 达到35℃。

4.4.2.2 PPC的力学性能

由于PPC的玻璃化转变温度通常在35℃左右，因此环境温度对PPC的力学性能影响很大。当环境温度小于聚合物的 T_g 时，聚合物表现出大的模量和高的拉伸强度。当环境温度接近或高于 T_g 时，由于聚合物链的链段运动变得容易，其力学性能就会发生很大的变化。

图4-22为不同分子量的PPC的储能模量（E）随温度的变化情况。储能模量确实在 T_g 附近发生了很大变化，在 T_g 以下（35℃以下），当PPC的数均分子量为 10.9×10^4 时，储能模量为4300MPa，当PPC的数均分子量为 22.7×10^4 时，其储能模量高达6900MPa，分子量增加1倍，储能模量增加了150%。但是PPC的储能模量在玻璃化转变温度之上时迅速下降，如在50～70℃之间时，对分子量为 22.7×10^4 的PPC，其储能模量从6900MPa下降到38MPa，而对分子量为 10.9×10^4 的PPC，储能模量仅为8.6MPa，因此尽管分子量仅相差1倍，储能模量却相差了4倍，这也与PPC是无定型材料相符。总体而言，提高PPC的分子量对改善其力学性能是有一定效果的，尤其是在玻璃化温度之上的温度区间内，这种提升效果较为显著。

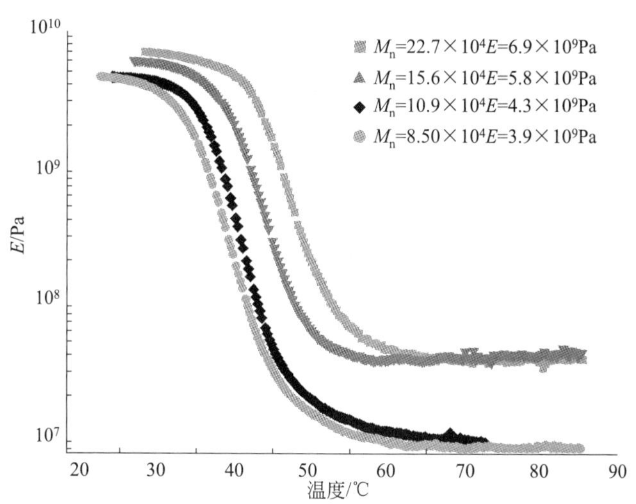

图4-22 不同分子量PPC的储能模量随温度的变化情况

PPC的拉伸强度和弹性模量略高于聚乙烯和聚丙烯，因此可针对PPC耐温性不足和脆性较大的问题，与其他生物分解高分子如德国巴斯夫公司生产的Ecoflex®（脂肪芳香共聚酯）、日本昭和高分子的PBS（聚丁二酸丁二醇酯）进行共混，适当牺牲其拉伸强度或弹性模量，获得有实际应用价值的高分子合金。当然也可通过共混方法引入氢键、电荷转移、离子-离子、离子-偶极等分子间相互作用，改善PPC的力学和耐温性能，拓宽其应用领域。

4.4.2.3 二氧化碳-环氧丙烷共聚物的流变学

PPC的熔体流变行为是确定其熔融加工参数的依据，如前所述，PPC在高温下容易发生解拉链反应，封端是抑制其解拉链反应的最重要手段。了解封端前后 PPC 的熔体行为是很有必要的，图 4-23 给出了 PPC 经马来酸酐封端前后的熔体黏度随温度的变化情况，其中 PPC 的数均分子量为 100×10^3，马来酸酐的用量为 1%。未封端 PPC 的熔体黏度在 130℃即开始下降，该下降趋势在 150℃以上更为明显，表明 PPC 在 130℃时已经开始解拉链降解。马来酸酐封端后的 PPC（MA-PPC）的熔体黏度则从 145℃才开始下降，提高了 15℃，而且 175℃以后才开始快速下降，提高了 25℃，可见封端确实明显改善了 PPC 的耐温性能。

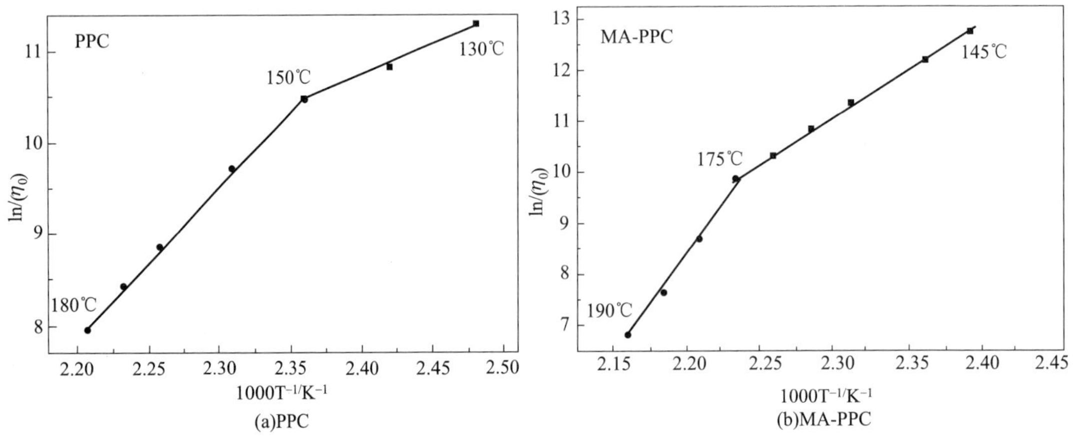

图 4-23　封端前后 PPC 的熔体黏度随温度的变化

图 4-24 给出了 PPC 封端前后链段运动活化能随温度的变化趋势，通常链段运动的活化能 E_a 在玻璃化转变温度附近变化很大，对未封端 PPC 而言，当温度从 315K(42℃）升高到 350K(77℃）时，其活化能从 510kJ/mol 降低到 46kJ/mol，下降超过 10 倍。而对 MA-PPC 而言，活化能从 280kJ/mol 下降到 170kJ/mol，仅下降了 64%，因此封端后 PPC 链段运动明显受限，耐温性能明显改善。

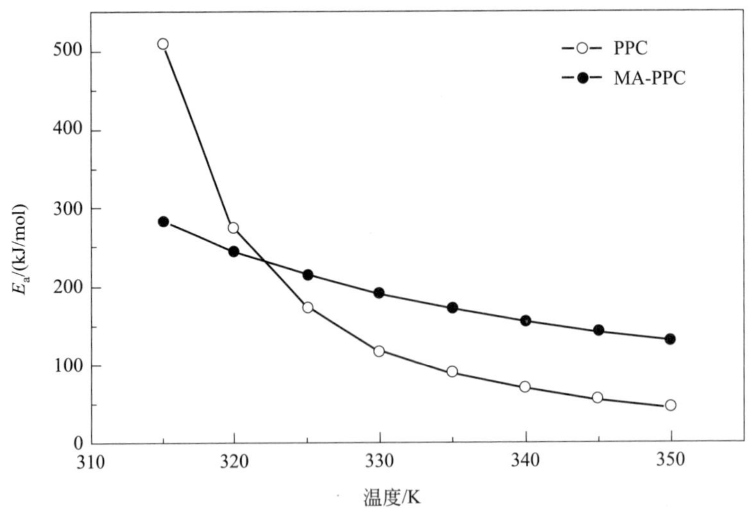

图 4-24　封端前后 PPC 的链段运动活化能随温度的变化趋势

PPC 的线膨胀系数（α）随温度的变化也是该材料能否在一定温度下使用的重要参数。图 4-25 为 MA-PPC 在不同温度下线膨胀系数的变化情况，线膨胀系数随温度的变化并非线性关系，在 30℃以下 PPC 的线膨胀系数几乎稳定在 4.05×10^{-5}，此时聚合物处于玻璃态。

随后线膨胀系数开始升高，50℃左右升到 2.48×10^{-3}，相当于高弹态。值得指出的是，在 50～70℃存在一个准平台，这一特性是 PPC 可以在 60～70℃下使用的重要依据。

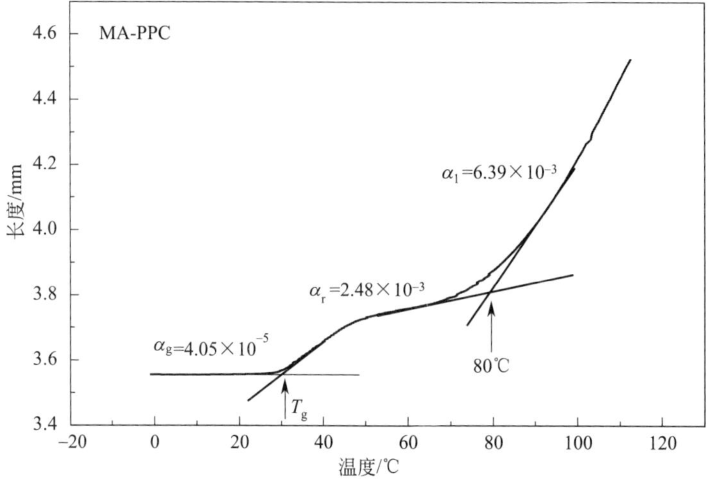

图 4-25　封端后 PPC 的线膨胀系数随温度的变化趋势

4.4.2.4　PPC 的阻隔性能

早期有文献报道 PPC 薄膜的气体透过率很低，可作为气体阻隔材料，但是由于未能稳定制备有一定数量（100 公斤级）的 PPC，长期以来一直难以得到准确的阻隔性能数据。中科院长春应化所采用工业化生产的 PPC（数均分子量 120×10^3～130×10^3），吹制成薄膜后，测得了其气体透过率的数据。如表 4-17 所示，PPC 的氧气透过率低于 $20cm^3/(m^2\cdot d\cdot atm)$，气体阻隔性能比其他生物分解塑料如聚丁二酸丁二醇酯（PBS），聚乳酸（PLA），Ecoflex®（德国 BASF 公司生产的一种脂肪族-芳香族共聚酯）要优越得多。当采用三层共挤出方法做成 Ecolex/PPC/PBS 薄膜时，氧气透过率降至 $9.3cm^3/(m^2\cdot d\cdot atm)$，显示多层薄膜复合可进一步改进阻氧性能。不过，由于这种多层复合膜全部采用聚酯材料，阻水性能还是较差［水汽透过率高于 $50g/(m^2\cdot 24h)$］，若采用低密度聚乙烯与 PPC 做成三层共挤薄膜 LDPE/PPC/LDPE，则氧气的透过率可达到 $9.5cm^3/(m^2\cdot d\cdot atm)$，水的透过率接近 $10g/(m^2\cdot 24h)$，有望用于高气体阻隔薄膜。

表 4-17　不同聚合物薄膜的阻隔性能①

材料名称	$H_2O/[g/(m^2\cdot 24h)]$	$O_2/[cm^3/(m^2\cdot d\cdot atm)]$
双向拉伸聚对苯二甲酸乙二醇酯(BOPET)	100	60～100
双向拉伸聚丙烯(BOPP)	—	2000
高密度聚乙烯(HDPE)	20	1400
尼龙-6(PA6)	150	25～40
聚偏二氯乙烯(PVDC)	0.4～1	<1
乙烯-乙烯醇共聚物(EVOH)	20～70	0.1～1
聚丙烯碳酸酯(PPC)	40～60	10～20
聚丁二酸丁二醇酯(PBS)	—	1200
聚乳酸(PLA)	325	550
Ecoflex®(BASF)	170	1400
Ecoflex®/PPC/PBS 三层共挤膜	52	9.3
LDPE/PPC/LDPE 三层共挤膜	5.3	9.5

① 数据在 20℃下测定。

4.4.2.5 PPC 的降解性能

PPC 一直被认为是一类生物分解高分子材料，但是文献上对 PPC 生物分解性能的报道很少，尤其是高分子量（数均分子量大于 100×10^3）PPC 的生物分解性能报道更少。

通常高分子量 PPC 在土壤掩埋或中性缓冲溶液中降解速度较慢，但是 Luinstra 等指出，数均分子量为 50×10^3 的 PPC 在堆肥条件下 69 天内可以被降解。长春应化所在中国塑料制品质量监督检验中心测试了数均分子量为 110×10^3 的 PPC 的堆肥降解情况。试验按照 GB/T 19277—2013（IDT ISO 14855）标准进行，生物分解速率通过检测放出的二氧化碳来计算。图 4-26 为生物分解速率随时间的变化情况。在开始的 20 天内，PPC 的降解很缓慢，降解不到 10%。随后降解速度开始加快，45 天内降解了 25.8%，然后降解进一步加快，在 95 天内降解了 63.5%，说明 PPC 是可以生物分解的。开始阶段降解速度缓慢的原因之一是由于 PPC 属于疏水材料，因此细菌很难附着，只有当降解开始发生后，PPC 的疏水性能下降，亲水性增强，降解速度才不断加快。因此，改善 PPC 的亲水性可能是加速其生物分解的重要途经。

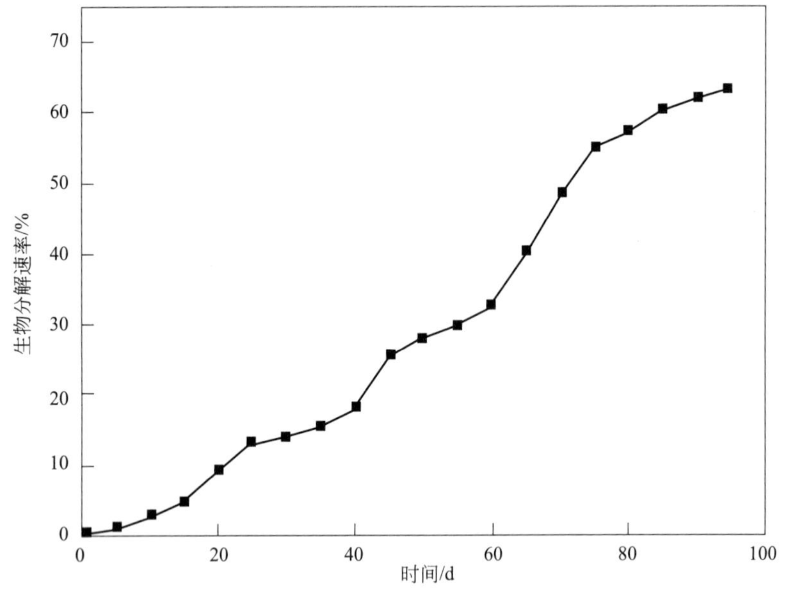

图 4-26　PPC 在堆肥条件下（60℃，90%的相对湿度）的降解情况

另一方面，由于 PPC 的主链上存在酯键，容易发生水解反应，尤其是在高温下水解更易发生，因此 PPC 在熔体加工前必须严格干燥除水。室温下 PPC 的水解并不显著，但是在碱的催化下其水解速度明显加快。碱催化水解后的 PPC 中碳酸酯含量依然维持在 80%以上，但其数均分子量在 2～6h 内就可下降 50%。此外，PPC 的水解速度与其浓度有关，PPC 的浓度为 0.1g/L 时，在 50℃下降解 8h 后其分子量变为 18.5×10^3，当 PPC 的浓度为 0.5g/L 时，其分子量最终变为 33.7×10^3。

利用 PPC 的水解反应可制备低分子量的聚合物，但降解时间和碱浓度是影响低分子量 PPC 产率和碳酸酯含量的关键因素，当碱（如 NaOH）浓度为 0.25g/L 时，48h 内低分子量聚合物收率为 90%，聚合物中碳酸酯含量超过 80%。当碱浓度提高到 2.0ml/L 时，低分子量聚合物的收率下降到 60%，因此提高碱浓度会减少低分子量聚合物的收率。在 PPC 的碱催化水解过程中，第一阶段以无规降解反应为主，随着降解反应的进行，由于端羟基的出现和增多，解拉链降解反应开始占优势。一般而言，PPC 的碱催化水解反应可用于制备数均分子量 $4\times10^3\sim10\times10^3$ 的低分子羟基功能化 PPC。

4.4.2.6　PPC 的共混改性

根据 PPC 的结构，其主链存在柔顺结构，属于非晶高分子材料，且分子链间相互作用力较小，因此其玻璃化转变温度较低，存在低温（20℃以下）脆性，而在较高温度下（25℃以上）会出现黏结现象，即所谓的冷流现象。因此 PPC 通常不能单独使用，将 PPC 与不同高分子材料共混是提高其热学和力学性能，拓展其使用范围的最重要途径。

（1）PPC 与聚乳酸的共混

聚乳酸（PLA）是生物分解塑料的标志性品种，左旋或右旋聚乳酸具有良好的结晶性能，玻璃化转变温度为 55℃左右，聚乳酸已经有很长的工业化历史（早在 1992 年就有千吨级的工业化生产线）。目前已经开发出了注塑、薄膜、纤维等专用料，在包装材料、纤维和非织造物等方面开始获得规模化应用。采用 PLA 与 PPC 共混是两者相互改性的常用方案，于九皋等采用熔融共混制备了 PPC/PLA 共混物，他们认为两者只是部分相容，加入 PLA 可在一定程度上提高共混物的热稳定性。

（2）PPC 与聚 ε-己内酯的共混

陈利等研究了 PPC 与聚 ε-己内酯（PCL）的共混体系，当 PPC 含量低于 30%时，PPC 可“溶于”PCL 非晶相中，两者完全相容。但是当 PPC 含量高于 30%时，两者只是部分相容。

（3）PPC 与聚羟基烷酸酯的共混

聚 β-羟基丁酸酯-β-羟基戊酸酯（PHBV）是由生物法合成的脂肪族聚酯，属于一类结晶性高分子，具有优异的生物分解性能和生物相容性。低羟基戊酸酯含量的 PHBV 尽管耐温超过 100℃，但脆性很大。刘景江等采用熔融共混法制备了 PPC/PHBV（质量比为 70/30）共混材料，他们指出 PHBV 与 PPC 熔融共混过程中发生了部分酯交换反应，两组份间具有一定的相容性。利用 DSC 研究了该合金的熔融结晶行为和等温结晶动力学，加入 PPC 后，PHBV 的熔融和结晶过程中的参数见表 4-18。共混样品的结晶温度比纯 PHBV 低 8℃，过冷度 Δt 值相差 0.12℃，结晶初始温度（t_{onset}）低将近 6℃。共混样品的 t_c 值向低温方向移动，说明其结晶变得较困难，结晶所需的位垒增加，PPC 的引入降低了 PHBV 的结晶速率，增大了分子链规整折叠排列的空间位阻，造成晶粒粒径分布较宽，PHBV 结晶完善程度降低，片晶厚度减小。由 DSC 测定等温结晶样的熔融温度，外推得到平衡熔点，纯 PHBV 的平衡熔点为 187.1℃，共混物的相应值是 179.0℃，平衡熔点的降低证明两组分间确实存在一定的相互作用。

表 4-18　PPC 对 PHBV 结晶行为的影响

样品	PPC 含量/%	t_c/℃	t_{onset}/℃	Δt/℃	ΔW/℃	ΔH_c/(J/g)	S_1/(tanα)
纯 PHBV	—	109.4	116.1	77.6	1.0	−76.0	7.9
PHBV/PPC	70	101.3	110.7	77.7	1.4	−18.1	2.7

注：t_c 为结晶放热峰温度；S_1 为初始放热斜率（即放热峰高温侧拐点处斜率），与成核速率有关；t_{onset} 为放热峰高温侧切线与基线交点所对应的温度；ΔW 为放热峰半高宽，用来表征结晶的晶粒粒径分布的宽窄；$t_{c(onset)}$-t_c 为整个结晶速率量度，其值越小，结晶速率越快。

表 4-19 列出了 PHBV/PPC 共混物的力学性能，与纯 PHBV 相比，加入 PPC 后共混物

的力学性能发生了很大变化，可以从脆性材料转变为具有一定韧性的材料。

表 4-19　PHBV/PPC 共混物的力学性能

PHBV/PPC(质量比)	屈服应力/MPa	断裂应力/MPa	断裂伸长率/%	拉伸模量/MPa	吸收能量/mJ
100/0	38.2	38.2	4.0	1515	25.3
30/70(机械共混物)	17.7	9.7	74	1096	428
70/30(反应共混物)	3.8	3.6	1300	66.6	4236

不过，溶液共混的结果与熔融共混差距很大。董丽松等研究了溶液共混得到的 PPC/PHBV 共混物性能，DSC 曲线上不同比例共混物均存在两个 T_g，且基本不随组成而变化，说明 PPC 与 PHBV 相容性很差，而且对不同比例的 PPC/PHBV 共混物，其球晶生长速率基本相同。产生上述现象的根源在于样品制备的方法不同，溶液共混在常温条件下实施，两者没有发生酯交换反应，而熔融共混时两个组分会发生端基的酯交换反应，从而产生了一定的相容性。

杨冬芝等采用溶液共混和熔融共混法制备了聚β-羟基丁酸酯（PHB）和 PPC 的共混物，他们指出 PPC 的存在可以抑制 PHB 的结晶过程，降低 PHB 的熔点，拓宽其熔融加工温度范围，但是当 PHB 含量大于 40%时，共混物熔点均出现在 156℃附近，几乎与共混物组成无关，进一步表明若没有酯交换反应发生，PHB 与 PPC 的相容性是比较差的。

（4）PPC 与聚丁二酸丁二醇酯的共混研究

聚丁二酸丁二醇酯（PBS）是以脂肪族二酸和二醇为原料，经缩聚反应合成的脂肪族聚酯，PBS 的热变形温度为 115℃。采用熔融共混法制备的 PPC/PBS 共混物也是部分相容体系，当 PBS 含量为 10%时二者是相容的，共混物的玻璃化转变温度比纯 PPC 下降了 11℃，且有更好的抗冲击强度和拉伸强度。随着 PPC 含量的增加，PPC/PBS 共混物的起始结晶温度升高，因此 PPC 的加入抑制了 PBS 的结晶。当 PBS 含量大于 10%时，利用偏光显微镜观察到了结晶引起的相分离，随着 PBS 含量增加，球晶尺寸和密度都逐渐增大，甚至可形成 PBS 连续相。王献红等采用熔融共混的方法制备了 PPC/PBS 共混物和 PPC/PBS/DAOP（邻苯二甲酸二烯丙酯）增塑共混物，他们指出 PPC/PBS 共混物总体上为不相容体系，PPC 对 PBS 的结晶度影响很小。但是 PBS 的加入提高了共混物的起始热分解温度（$T_{d,5\%}$），当共混物中 PBS 含量为 10%时，其 $T_{d,5\%}$ 比纯 PPC 增加 15℃，当共混物中 PBS 含量为 90%时，其 $T_{d,5\%}$ 比纯 PPC 提高 59℃。另一方面，DAOP 对 PPC/PBS 共混物有增塑作用，当 PPC/PBS/DAOP 的重量比例从 30/70/0 变化到 30/70/30 时，共混物 T_g 下降了 36.9℃。重量组成优化后的共混物 PPC/PBS/DAOP（30/70/5），其断裂伸长率达到 655.1%，断裂能达到 3.4J/m^2，分别比纯 PPC 提高 31 倍和 34 倍，因此大幅度拓宽了共混材料的使用温度范围。

（5）PPC 与天然高分子的共混

董丽松等将玉米淀粉与 PPC 共混制备生物分解材料，研究表明 PPC 分子链上的碳酸酯基团和玉米淀粉中羟基之间存在氢键作用，这种相互作用抑制了 PPC 链段的自由内旋转，从而提高了 PPC 的玻璃化转变温度，同时加入淀粉还可以提高共混物的热稳定性。富露祥等制备了接枝率较高的马来酸酐酯化淀粉，并采用熔融共混法制备了淀粉/PPC/马来酸酐酯化淀粉共混物，加入马来酸酐酯化淀粉的样品（淀粉/PPC/马来酸酐酯化淀粉质量比＝20/40/40）最大断裂伸长率为 9.84%，比未加入酯化淀粉的样品（淀粉/PPC/马来酸酐酯化淀粉质量比＝60/40/0）增加了近 4 倍，而拉伸强度则没有很大变化，只是杨氏模量略有下降，这说明马来酸酐酯化淀粉的加入，可以提高共混体系的力学性能，部分原因可能是马来酸酐酯化淀粉的加入提高了淀粉/PPC两相间的黏结性，降低了淀粉与PPC的界面张力，提高了共混体系的相容性。

莫志深等采用溶液共混方法制备了马来酸酐封端的PPC/乙基纤维素共混物（MA-PPC/EC），研究表明共混物存在单一玻璃化转变温度，可能是MA-PPC和EC在非晶区是相容的，富EC共混物的固相-液晶相转变温度、液晶相-各向同性态转变温度和转变焓均随EC含量增加而增加。同时在MA-PPC中加入EC可提高热分解温度，如质量比为90∶10的MA-PPC/EC共混物的热分解温度增高最为显著。

（6）PPC与十八烷基羧酸的共混

十八烷基羧酸（OA）是一种双亲性分子，王笃金等将OA与PPC进行溶液共混，得到PPC/OA复合材料。由于PPC分子链与OA分子中的羧基形成较强的氢键作用，共混物在没有刚性介晶单元存在的情况下形成了热致性液晶，并显示出很好的耐热性，复合材料的 $T_{d,5\%}$ 最高可达264.1℃，超过了纯PPC（$T_{d,5\%}$ 为179℃）和OA（$T_{d,5\%}$ 为197.5℃）两种组分各自的热分解温度，这是分子间氢键作用抑制了PPC解拉链降解的典型结果。

4.4.2.7　PPC与非生物分解材料的共混

聚乙二醇（PEG）是由环氧乙烷均聚而成的线型高分子，尽管不具有生物分解性能，但是PEG具有良好的亲水性，且热稳定性高于PPC。将PEG与PPC共混，可以改善PPC的亲水性，提高其热稳定性。张亚男等采用溶液共混法制备了PPC与PEG共混物，研究发现两个组分相容性较好，共混物的亲水性随PEG组分的增加而增大。共混物的玻璃化转变温度最高可达51℃，热分解温度最高达到410℃，分别比纯PPC提高了29℃和130℃，有望用于制备高性能的包装材料。

与PEG类似，聚对乙烯基苯酚（PVPh）可作为一种质子给体聚合物，其4-位羟基可以和PPC中的羰基等质子受体形成氢键以改善两者的相容性。莫志深等采用溶液共混制备了PPC和PVPh共混物，研究表明不同重量比的PPC/PVPh共混物均出现单一的 T_g，且 T_g 依赖组成变化，因此PPC与PVPh是相容的。

聚氯乙烯（PVC）是用量最大的几类通用塑料之一，但是其软制品需要大量的增塑剂，而常用的小分子增塑剂存在着易挥发、耐久性差、有潜在毒性等缺点。黄玉惠等研究了低分子量（数均分子量低于 20×10^3）PPC作为PVC的高分子增塑剂的可能性，不过PPC单独作增塑剂并不能明显降低PVC的黏流温度，也不能显著抑制PVC的降解。但是当采用丁腈橡胶（NBR）与PPC反应形成交联互穿网络弹性体后，再作为PVC/PPC体系的偶联剂，可展现良好的增容作用。

4.4.2.8　PPC与无机材料的共混

胡平等采用经硅烷偶联剂KH750处理的羟基磷灰石（HA）与PPC共混制备了复合材料，复合材料的玻璃化转变温度受HA影响不大，保持在35℃左右。当HA含量为20%时，复合材料的断裂伸长率达到315%，弹性回复率可达98%。

王献红等研究了PPC与蒙脱土的插层共混，先以十六烷基三甲基溴化铵（HTAB）改性钠基蒙脱土制备有机改性蒙脱土（OMMT），其层间距扩大到2nm，比普通的钠基蒙脱土增加了0.74nm，然后采用熔融插层法制备了插层-絮凝型PPC/OMMT复合材料。当OM-

MT 含量为 5%时，复合材料的杨氏模量较纯 PPC 树脂提高了 61.8%，且玻璃化温度（T_g）提高了 2.4℃，热分解温度提高了 32.3℃，表明 OMMT 对大幅度提高 PPC 的杨氏模量具有很大的潜力。

4.4.3 PPC 的应用

尽管 PPC 的发现始于 1969 年，且从 20 世纪 90 年代开始就已经有百公斤级的生产，但由于当时 PPC 的分子量较低，也仅仅用于特殊的热牺牲胶黏剂。随着 PPC 的研发不断深入，其分子量和结构控制水平得到大幅度改善，最近开始在薄膜制品领域获得规模应用，经过近十年的摸索，薄膜制品已经被认为是最适宜 PPC 本征结构和性能的应用领域。

4.4.3.1 基于薄膜制品需求的 PPC 改性

薄膜制品在包装和农业领域有着非常广泛的应用，仅塑料袋一项我国每年就使用 160 万吨塑料，而 2017 年全国农用地膜用量已达 190 万吨。目前这些薄膜制品绝大部分是不能生物分解的，尽管给人们的生产和生活带来了很大的方便，却也造成了严重的白色污染，尽管存在回收再利用与生物分解的争议，在一次性使用且难以回收的薄膜制品领域，采用生物分解塑料是最有可能的解决方案。

PPC 的玻璃化转变温度在 35℃左右，且为无定型结构，PPC 的结构和性能与聚乙烯或聚丙烯不同，因为尽管聚乙烯或聚丙烯的玻璃化转变温度远低于 0℃，但却具有很好的结晶性能，因此可在较宽的温度区间直接使用。PPC 也不像聚苯乙烯，因为尽管聚苯乙烯不结晶，其玻璃化转变温度却高于 100℃，因此聚苯乙烯仅需简单的增韧即可应用。

由于 PPC 的玻璃化转变温度低，且为无定型结构，因此温度对 PPC 的力学性能影响很大，表 4-20 列出了不同温度下 PPC 的力学性能。当温度低于 25℃时，由于 PPC 属于玻璃态，拉伸强度超过 30MPa，断裂伸长率低于 25%。一旦环境温度达到 30℃时，PPC 由玻璃态转变为高弹态，其强度下降 60%，断裂伸长率增加近 23 倍。因此 PPC 单独作为薄膜材料使用时同时面临低温脆性大、高温尺寸稳定性差的缺点，PPC 必须进行增塑和增韧改性，才能作为薄膜材料使用。

表 4-20　不同温度下 PPC 的力学性能

温度/℃	拉伸强度/MPa	断裂伸长率/%	拉伸模量/MPa
20	37.6	8.9	1198
23	37.7	11.8	1247
25	33.8	23.1	1210
30	13.6	543	820
35	4.3	1481	174
40	2.1	1815	57

针对薄膜专用料的改性主要包括 PPC 的增塑和增韧改性两方面，常用的 PPC 增塑剂有柠檬酸三丁酯（TBC）、乙酰柠檬酸三丁酯（ATBC）、三乙酸甘油酯（GTA）和邻苯二甲酸二烯丙酯（DAOP）等。表 4-21 为典型的增塑剂三乙酸甘油酯对 PPC 性能的影响，随着增塑剂用量的提高，PPC 的玻璃化转变温度明显下降，当增塑剂用量达到 20%时，其玻璃化转变温度降到零度以下，断裂伸长率超过 1380%（提高了 98 倍），不过模量仅为 0.82MPa（降低了 1000 倍），拉伸强度仅为 1.16MPa（较低了 37 倍），因此单纯的增塑改性后的 PPC 无法直接用来制备薄膜。

表 4-21　三乙酸甘油酯对 PPC 性能的影响

增塑剂含量/%	杨氏模量/MPa	拉伸强度/MPa	断裂伸长率/%	T_g/℃
0	1051.00	44.24	13.97	33.1
5	134.21	15.31	907.14	24.4
10	9.27	6.99	1019.11	15.5
20	0.82	1.16	1387.74	−3.6

鉴于 PPC 的无定形结构和较低的玻璃化转变温度对其薄膜制品的性能影响较大，可通过引入结晶聚合物或引入纳米无机材料对 PPC 进行增韧、增强，提高薄膜制品的性能。图 4-27 为采用聚丁二酸丁二醇酯（PBS）和共聚尼龙（COPA）增韧后 PPC 薄膜的拉伸曲线，加入少量 PBS 对 PPC 韧性提高不明显，只有 PBS 重量比达 40%以上时，共混物的断裂伸长率才能达到 500%以上，此时拉伸强度低于 30MPa。可加入共聚尼龙 COPA 来提高薄膜的拉伸强度，表 4-22 列出了不同含量的 COPA 对 PPC 薄膜性能的影响。随着 COPA 含量的增加，薄膜拉伸强度逐步提高，加入 5%COPA 后，薄膜强度提高了 24%，加入 10% COPA 则可使薄膜强度提高 58.4%，而加入 15%时 COPA 时，强度几乎提高了 1 倍，但断裂伸长率仍保持在 500%左右，说明 COPA 对提高 PPC 的强度和韧性均有很好的效果。

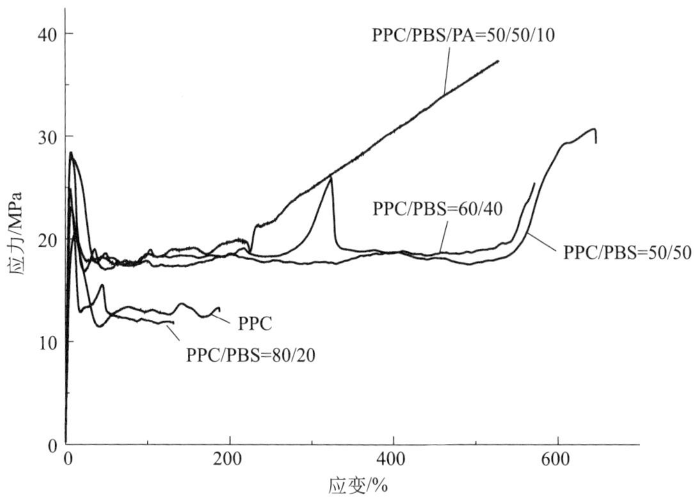

图 4-27　增韧改性 PPC/PBS 共混物的拉伸曲线

表 4-22　COPA 含量对 PPC 薄膜性能影响

COPA 含量/%	拉伸强度/MPa	断裂伸长率/%
0	26.7	710
5	33.1	700
10	42.3	600
15	50.1	470

4.4.3.2　基于 PPC 的包装膜和农用地膜

PPC 是一类脂肪族聚酯材料，与常用的聚乙烯材料相比，存在热分解温度低、产品收缩率较高等问题，改性后 PPC 薄膜专用料的性能与线型低密度聚乙烯（LDPE）相近，可采用普通吹塑设备进行薄膜加工，其吹塑成型条件可整理如下。

① 加工温度　LDPE 的热稳定性好，分解温度高达 300℃，一般成型条件在 180～220℃之间。与 LDPE 不同，改性 PPC 在高温下容易产生解拉链和无规断链降解，因此成型

温度通常低于 180℃。表 4-23 为不同加工温度对 PPC 性能的影响，可见加工温度从 130℃提高到 180℃时，材料强度和模量只有原来的 1/3，而断裂伸长率提高了 10 倍，这说明提高加工温度，使聚合物发生了解拉链降解甚至无规断链降解，降解产生的环状碳酸酯在高聚物中起到了增塑作用，从而造成材料力学性能的变化。

表 4-23　不同加工温度对 PPC 性能的影响

吹塑温度/℃	杨氏模量/MPa	拉伸强度/MPa	断裂伸长率/%	M_w/kDa
130	1033.4	49.14	12.41	350
140	1241.9	53.47	9.5	320
160	1087.1	49.2	13.47	370
180	395.9	18.94	132.06	190

② 剪切强度　对 LDPE 而言，为了得到较好的塑化效果，需要螺杆提供较大的剪切强度，吹塑设备采用长径比为 28 以上的单螺杆挤出机。改性 PPC 材料由于分子内存在较弱的酯键，在高剪切强度下易发生无规断链降解，因此在能够满足完全熔融的条件下适当采用较短螺杆。

③ 冷却装置　吹塑薄膜的冷却主要分为风环冷却和水冷却两种方式，水冷却由于急冷效果较好，主要用于制备高透明聚丙烯薄膜，不过大部分聚乙烯的吹塑装置采用风环冷却方式。与 LDPE 相比，PPC 材料冷却慢，收卷温度要求尽可能低，因此可通过调整风环的结构，如采用高压风环或双风环等方式加快冷却速度制备薄膜产品。

表 4-24 为采用聚乙烯吹塑装置获得的改性 PPC 薄膜与 LDPE 薄膜的性能比较，PPC 薄膜的强度超过 LDPE 薄膜，但断裂伸长率仍然较低，有较大的提升空间。不过已经能够满足市场对包装薄膜的简单要求。图 4-28 为采用 PPC 材料为原料生产的背心袋。

表 4-24　PPC 薄膜与 LDPE 薄膜的性能比较

薄膜性能		单位	LDPE	PPC	测试方法
屈服强度	MD	MPa	12	30	ASTM D-882
	TD	MPa	10	24	
断裂强度	MD	MPa	35	49	ASTM D-882
	TD	MPa	29	36	
断裂伸长率	MD	%	700	390	ASTM D-882
	TD	%	750	470	

注：TD 为横向拉伸性能，MD 为纵向拉伸性能。

图 4-28　博大东方集团采用改性 PPC 材料生产的背心袋

除了在一次性包装材料方面的应用，PPC 还是制备超薄地膜的核心原料。一方面原因在于 PPC 与其他生物分解材料相比其生物分解速度相对较慢，有利于延长覆膜时间，另一方面 PPC 的水阻隔性能远远优于其他生物分解塑料，其水蒸气渗透率最接近目前地膜的典型材料线型低密度聚乙烯（LLDPE），从而确保优良的保墒性能，有助于农作物保产甚至增产。近 5 年来，中国科学院长春应用化学研究所研制出超薄 PPC 生物分解地膜，其力学性能与目前商品化的 LLDPE 地膜产品相当（表 4-25），在新疆、吉林、河北、山西、陕西等地连续 4 年进行了田间试验，已经证明具有保产甚至增产的能力。不过其水蒸气阻隔性能尽管是所有生物分解塑料中最佳的，但与 LLDPE 相比还需要进一步提高。图 4-29 为 PPC 超薄地膜（厚度

8μm 以下）2016 年在吉林乾安玉米地覆膜情况。

表 4-25　PPC 等生物分解膜性能参数

样品	熔体流动速率/(g/10min)	拉伸强度/MPa	杨氏模量/MPa/	断裂伸长率/%	落标冲击/g	水蒸气透过量/[g/(m^2·d)]
PPC	0.17	41	770	21	<35	86
PPC 改性膜	1.2	31	330	>500	150	190
PBAT 膜	4.7	30	350	>500	150	>1000
PBS 膜	4.2	30	320	>500	80	>1000
PLLA 膜	4.3	45	1200	<5	<35	>1000
LLDPE 膜	1.7	23	300	>300	150	42

图 4-29　PPC 超薄地膜（厚度 8μm 以下）2016 年在吉林乾安玉米地覆膜情况

4.4.3.3　基于 PPC 的阻隔包装膜

随着人们生活水平的提高，对食品药品保质期的要求不断提高，这就要求采用阻隔包装材料（阻隔氧气和水蒸气）以防变质。尽管材料的高阻隔、中阻隔、低阻隔的严格区分至今尚无统一定义，但从实际应用角度出发，可将厚度 0.025mm 的薄膜透气量低于 5cm^3/(m^2·24h·atm)的薄膜称为高阻隔性包装膜，透气量在 5～200cm^3/(m^2·24h·atm)之间的称为阻隔性包装膜，透气量大于 200cm^3/(m^2·24h·atm)的则称为低阻隔性包装膜。

目前市场上常见的高阻隔包装材料主要有聚偏二氯乙烯（PVDC）、乙烯-醋酸乙烯酯共聚物的水解产物（EVOH）和聚丙烯腈（PAN）等几类，主要用于包装需要长时间保鲜的果汁、茶叶、熟食和香料等产品。中阻隔包装材料主要有聚萘二甲酸乙二醇酯（PEN）、聚对苯二甲酸乙二醇酯（PET）和尼龙（PA）等，主要用于包装储存时间道中的牛奶、饮料、酒水和药剂等产品。低阻隔包装材料主要有高密度聚乙烯（HDPE）、聚丙烯（PP）等，主要用于短期食品、药品的简单包装。表 4-26 列出一些常用包装材料的阻隔性能，可见 PPC 的阻隔性与 PET 相当，可用于鲜牛奶包装等中等阻隔要求的产品。

表 4-26　各种材料的阻隔性能

分类	材料	氧气透过量/[cm^3/(m^2·d·atm)]	水蒸气透过量/[g/(m^2·24h)]
高阻隔包装材料	PVDC	<1	0.4～1
	EVOH	0.1～1	20～70
	PAN	2～3	10～20
中阻隔包装材料	PEN	4～8	2～3
	PET	10～30	5～10
	PA6	6～14	50

续表

分类	材料	氧气透过量/[cm^3/(m^2 · d · atm)]	水蒸气透过量/[g/(m^2 · 24h)]
低阻隔包装材料	HDPE	1400	20
	PP	2000	—
可生物分解材料	PPC	10～30	40～80
	PBS	280	450～500
	PLA	550	330
	Ecoflex	1400	170

注：膜厚度为 0.025mm。

现阶段阻隔包装膜主要采用两种方法生产：

① 以 PVDC 或 EVOH 为阻隔层，外层采用 PE 为支撑层的结构，但由于 PVDC 和 EVOH 与 PE 之间的表面张力差距很大，粘接强度很低，因此必须在两者之间加入胶黏层（AL），即 LDPE/AL/阻隔层/AL/LDPE 的五层结构；

② 采用外层涂覆聚乙烯醇（PVA）或表面蒸镀二氧化硅（SiO_2）、铝或氧化铝等金属或非金属膜的方法提高阻隔性。

上述两种方法生产的薄膜由于具有多层结构，很难回收再利用，尤其含有 PVDC 的薄膜，由于 PVDC 中含有氯原子，在焚烧过程中会产生二噁英，对环境造成严重污染，因此采用可降解材料生产阻氧包装产品，对保护环境具有重要意义。

图 4-30 为 PPC 膜的厚度与氧气透过量的关系，可见随着膜厚的提高，PPC 膜的氧气透过量明显降低，当膜厚达 30μm 时，薄膜的氧气透过量为 15 cm^3/(m^2 · d · atm)。该氧气阻隔性已经能够满足大部分现有阻隔包装材料的要求，有望部分替代 PVDC 和 EVOH 用于食品包装领域。

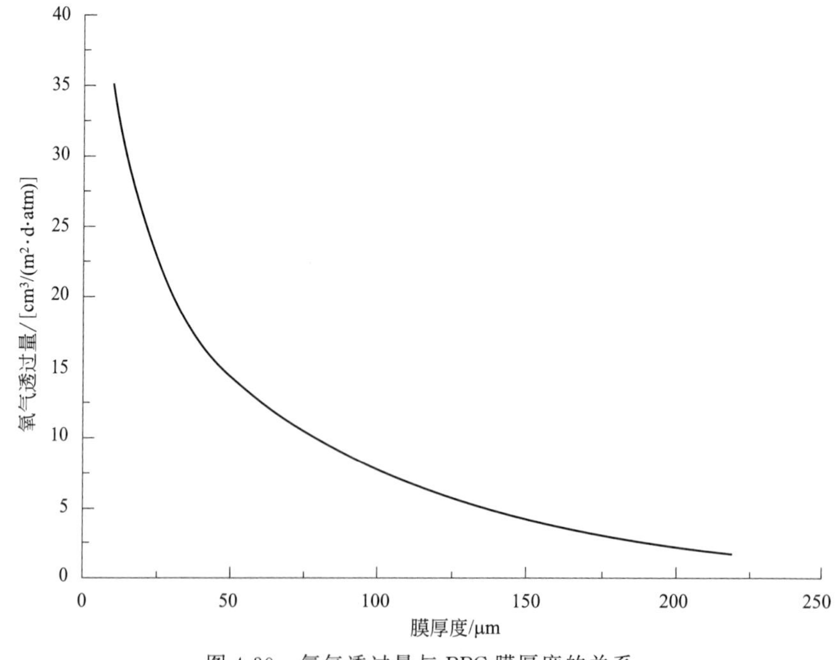

图 4-30 氧气透过量与 PPC 膜厚度的关系

考虑到 PPC 的玻璃化转变温度较低，难以单独使用，因此采用三层共挤出方法制备中间层为 PPC，内外层为其他生物分解高分子的阻隔材料。长春应用化学研究所研制了一类三层共挤出薄膜，内层为巴斯夫公司生产的 Ecoflex® （脂肪芳香共聚酯）、中间层为 PPC、外层为日本昭和高分子生产的 PBS（聚丁二酸丁二醇酯），表 4-27 列出了该多层复合膜（Ecoflex®/PPC/PBS）的基本性能，其中薄膜总厚度为 90μm，各层厚度比为 3∶4∶3。

表 4-27　Ecoflex®/PPC/PBS 三层共挤出薄膜性能

性质		单位	数值	测试标准
拉力(屈服)	MD	MPa	18	ASTM D-882
	TD	MPa	16	
拉力(断裂)	MD	MPa	43	ASTM D-882
	TD	MPa	35	
抗张延伸率(断裂)	MD	%	370	ASTM D-882
	TD	%	430	
氧气透过量		$cm^3/(m^2 \cdot d \cdot atm)$	9.3	ISO 2556:2001
水蒸气透过量		$g/(m^2 \cdot d)$	52.0	ISO 2528:1995

注：MD=纵向，TD=横向。

另一方面，由于药品保质期的需要，现有的一次性药品包装主要采用铝塑复合的方法包装，塑料基材一般采用聚氯乙烯为原料，由于聚氯乙烯不可降解，焚烧处理会产生二噁英，对环境危害较大，因此欧盟各国已经立法限制使用聚氯乙烯作为一次性医用材料。

二氧化碳基塑料具有良好的阻隔性，能够满足药品包装的基本要求。如采用二氧化碳基塑料作为阻隔层，采用硬纸板或无机填料改性二氧化碳基塑料作为支撑层，在 80～130℃下复合，在采用现有生产药包材的设备上以二氧化碳基塑料板材代替聚氯乙烯板材，有望实现药包材的全生物分解化。

4.4.3.4　基于 PPC 热牺牲特性的应用

与聚烯烃等聚合物相比，PPC 具有热分解温度低、燃烧热低和热分解无残余的特点，可作为高温发泡剂和牺牲型黏结剂使用，用于制备耐高温发泡工程塑料的发泡剂和多孔陶瓷材料、多孔金属材料和多层电路板的牺牲型粘接材料。如美国的 Empower Materials 公司就已以百公斤级供应牺牲型二氧化碳共聚物材料，用于高端电子产品和陶瓷制品的牺牲型黏结剂，其完全热分解温度比普通的牺牲型黏结剂降低 100℃以上，从而大幅度减少了能耗。

美国专利 US5089070 介绍了一种以 PPC 为陶瓷黏结剂的方法，其方法是将 PPC、陶土溶剂和增塑剂按一定比例混合均匀，黏度控制在 500～4500cps（25℃），然后将上述浆状物制成薄膜，除去溶剂后，可得到具有一定强度、可以卷取的薄膜，此薄膜可以很容易制备多层陶瓷结构产品（如陶瓷电容器等），定型后通过烧结除去 PPC 黏结剂即可。美国专利 US4874030 介绍了一种以 PPC 和聚甲基丙烯酸甲酯（PMMA）共混物作为牺牲型发泡剂和黏结剂的应用，由于 PPC 与 PMMA 具有不同的热分解温度，通过调整 PPC/PMMA 的比例和控制升温过程，调整黏结剂的性能和分解速率，制备满足要求的陶瓷黏结剂，可防止由于聚合物在短时间内分解生产的大量气体对陶瓷和金属烧结材料的破毁。

4.4.3.5　基于 PPC 的其他应用

含 PPC 与 $LiClO_4$ 的固体电解质具有良好的成膜性和柔性，在室温下具有良好的导电性。Przyluski 将 PPC 与碱金属盐的混合溶液在平板上浇注成固体离子导电薄膜。Sony 公司将 PPC 用于密封非水电解质电池，粒状 PPC 吸收泄漏的电解质即膨胀，从而阻止泄漏。Kono 把铅锡黄铜与 PPC 一起烧结，PPC 彻底分解，无污染，放出的气体充当发泡剂，使烧结体呈现为多孔状物，增大了表面积，用于制造固体电解电容。此外，IBM 公司将 PPC 通过偶联剂与基体聚合物交联然后加热到 PPC 的分解温度，得到的多孔物质为良好的绝缘材料，适合制备数字电路或数字电路的包装材料。

4.4.4 展望

二氧化碳共聚物作为一种新兴的高分子材料，由于利用了廉价的二氧化碳为原料，并且具有生物分解的特性，因而受到科研界和工业界的广泛关注，其中最突出的品种就是二氧化碳和环氧丙烷的交替共聚物（PPC）。自 1969 年 PPC 被发现至今，经过五十年的发展，已经成功实现了工业规模的生产，成为生物分解塑料领域的一个新品种。当然，PPC 的工业化目前还处于初级阶段，在性价比上与传统的聚烯烃等材料仍然存在一定的差距。因此，针对以薄膜制品为代表的规模化应用领域，发展高活性、高选择性催化剂体系，研发低成本的聚合工艺和改性加工技术，是该领域未来发展的最重要方向，也是推动二氧化碳共聚物规模化应用的关键。

4.5 聚己内酯

聚己内酯（polycaprolactone，PCL）又称聚 ε-己内酯，是一种重要的人工合成脂肪族聚酯材料。PCL 分子链的重复单元有 5 个非极性亚甲基（—CH_2—）和 1 个极性酯基（—COO—），其特有的分子结构赋予了它诸多特殊性能，其中包括：①较快的结晶速率和较高的结晶；②较低的玻璃化转变温度（T_g）和熔点，比普通聚酯高近 100℃的热解温度（约 350℃）；③室温呈橡胶态、断裂伸长率较聚乳酸（PLA）高上百倍（市售 PCL 与 PLA 树脂材料性能参数如表 4-28 所示）；④较好的流变性、黏弹性，良好的柔韧性与加工性能；⑤突出的抗紫外线辐射、耐磨损、抗老化性能，较 PLA 更长的降解半衰期；⑥优异的生物相容性和生物分解性、无毒无害，通过欧盟和 FDA（美国食品药品监督管理局）认证可植入人体使用；⑦较强的疏水性和优良的药物通过性等。PCL 具有如此丰富的特殊性能，使其迅速成为新材料开发的研究热点。

表 4-28 市售 PCL 与 PLA 树脂材料性能参数对照表

产品牌号 \ 性能参数	PCL(Perstorp)①		PLA(Natureworks)②		PLA(浙江海正)③	
	Capa™ 6500	Capa™ 6800	Ingeo™ 3052D	Ingeo™ 4032D	REVODE 101	REVODE 190
密度/(g/cm³)	1.15	1.15	1.24	1.24	1.25	1.25
T_g/℃	−59	−59	55～60	55～60	56～60	56～60
熔点 /℃	56～60	56～60	145～160	155～170	140～155	170～180
拉伸强度/MPa	29	56	61	53	≥50	≥50
断裂伸长/%	800	800	3.5	6.0	≥3.0	≥3.0
冲击强度(Izod)/(J/m)	—	—	16	16	17	17

① Perstorp 公司官网，https：//www.perstorp.com/en/products。

② Natureworks 公司官网，https：//www.natureworksllc.com/Products。

③ 浙江海正生物材料有限公司官网，http：//www.hisunplas.com/products_no.html。

进入 21 世纪以来，围绕 PCL 开展的研究工作逐年递增。如图 4-31 所示，以“Polycaprolactone”为关键词在“Web of Science”中进行检索，1999～2018 年的 20 年间，检索到的论文数量逐年递增；其中，2018 年度析出的文献数量较 1999 年度增长了近 10 倍。下面将从 PCL 的合成方法、PCL 材料的应用、ε-己内酯的工业化开发、新型官能化 PCL 四个方面展开，简要介绍 PCL 材料的应用开发历程与研究现状，并对该领域面临的困难及潜在的市场机遇加以展望。

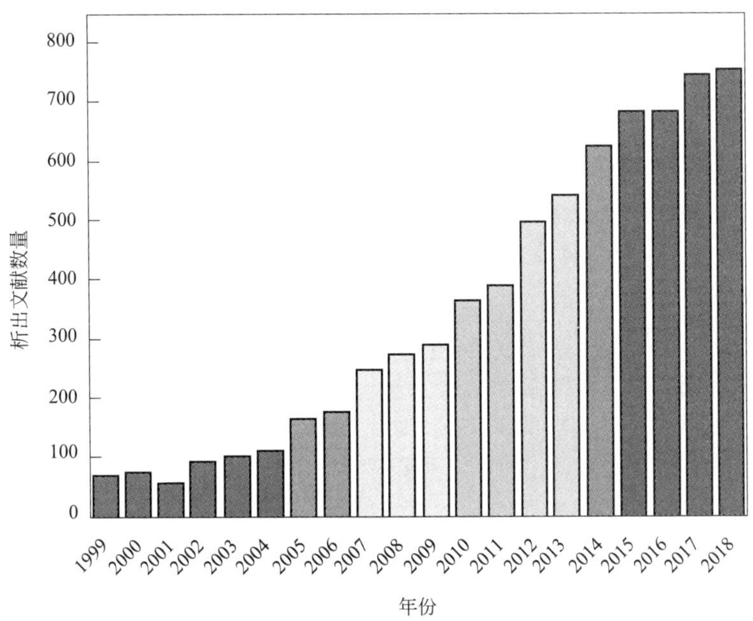

图 4-31　"Web of Science"中检索"Polycaprolactone"析出文献数量的年度变化趋势

4.5.1　聚己内酯的合成

与 PLA 的制备方法类似，PCL 也可以通过缩聚反应和开环聚合两种途径合成。如图 4-32 所示，前者以 6-羟基己酸或 6-羟基己酸酯类为单体，通过加热缩合、脱出小分子副产物（水或醇），逐步完成聚合过程；而后者则以环状 ε-己内酯为聚合单体，利用不同引发剂引发单体开环聚合，相互连接形成线性 PCL。

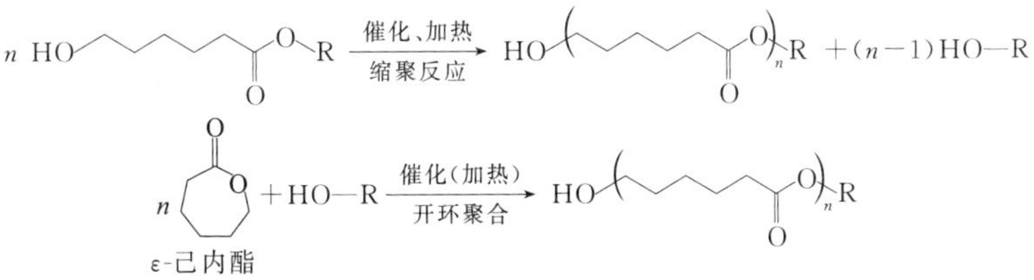

n HO–(CH₂)₅–C(=O)–O–R —催化、加热 / 缩聚反应→ HO–[(CH₂)₅–C(=O)–O]$_n$–R ＋(n−1)HO—R

n ε-己内酯 ＋HO—R —催化(加热) / 开环聚合→ HO–[(CH₂)₅–C(=O)–O]$_n$–R

图 4-32　PCL 的主要合成路线示意图

缩聚反应过程中的小分子副产物（水或醇）不断累积会影响反应的平衡，导致聚合产物 PCL 的分子量偏低。通过加入溶剂共沸除水、提高聚合温度蒸除或者抽真空脱除副产物等方法，尽管可以在一定程度上提高缩聚产物的分子量，随之而来的却是反应时间过长、生产成本增加、安全风险提高、聚合产品黄变以及分子量分布变宽等一系列问题。因此，缩聚法制备 PCL 主要出现在缩聚反应机理及催化效果评价等理论研究当中。例如：Richard A. Gross 等在研究生物酶催化的羟基羧酸本体缩聚反应活性过程中，利用念珠菌里的脂肪酶

(Novozyme-435）催化 6-羟基己酸发生缩聚反应，在抽真空脱水的条件下，缩聚 48h 得到了分子量（M_r）约 9000、分子量分布指数（PDI）约 1.5 的 PCL 聚合物。

相比之下，以 ε-己内酯为原料单体、通过开环聚合反应合成 PCL 的方法更为高效。开环聚合作为一种链式聚合反应，通过加入特定的引发剂诱导环状单体开环的同时、形成活性中心；活性中心作为活性种，继续进攻其他游离单体开环，从而实现聚合物的链增长。针对活性开环聚合体系，当 ε-己内酯单体消耗殆尽后，活性种的催化活性仍能有效保持；人们可以选择加入链终止剂终止反应，也可以补加相应单体，继续进行聚合。通过选择适当的催化体系，ε-己内酯的开环聚合可以在相对温和的条件下进行，在获得较高产率的同时，实现 100%的原子经济性。ε-己内酯开环聚合没有副产物，可控性更好，更容易实现对 PCL 分子量大小、分子量分布，以及分子结构（嵌段、环状、星型等）等参数的精确调控，是针对各种应用领域所需 PCL 可控合成的首选方案。因此，下面将主要介绍 ε-己内酯开环聚合制备 PCL 的相关研究。

自 1934 年 Carothers 等人利用 ε-己内酯开环聚合方法首次合成 PCL 以来，ε-己内酯的开环聚合体系已经成为历史最为悠久、研究最为深入的开环聚合体系之一。ε-己内酯开环聚合技术更是被广泛应用于热塑性 PCL 树脂乃至 PCL 多元醇的工业化生产。大量的研究结果表明：ε-己内酯在不同催化剂的作用下，可以产生阴离子型、阳离子型以及配位型等多种不同的活性中心，进而引发不同类型的开环聚合过程。接下来，将分别对阴离子、阳离子、配位-插入和有机小分子 4 类催化剂引发的 ε-己内酯开环聚合反应进行简单介绍。

（1）阴离子催化

以高催化活性、强亲核性的碱金属醇盐作为催化剂，引发 ε-己内酯开环聚合的反应过程通常遵循阴离子聚合机理。如图 4-33 所示，聚合过程中碱金属醇盐加成到酯键上，导致酰氧键断裂，继而形成阴离子活性种；阴离子活性种重复进攻环状单体、使其开环后插入聚合物链中，促进聚合反应进行。由于阴离子型聚合催化剂活性过高，常常会发生一系列酯交换副反应。一方面，分子内酯交换反应会使聚合物分子量下降，并导致环状聚合物的生成；另一方面，分子间的酯交换反应会使聚合产物的分子量分布变宽。为了降低副反应发生的概率，在催化体系设计上宜选用活性适中的催化剂，使聚合过程中活性中心能够选择性地与活性相对更高的 ε-己内酯单体的酯键发生作用，而不与活性较低的 PCL 分子链上的酯键反应。研究发现：选择大空间位阻的配体以及正电性较弱的中心金属进行配合，可以有效控制催化体系的催化活性。

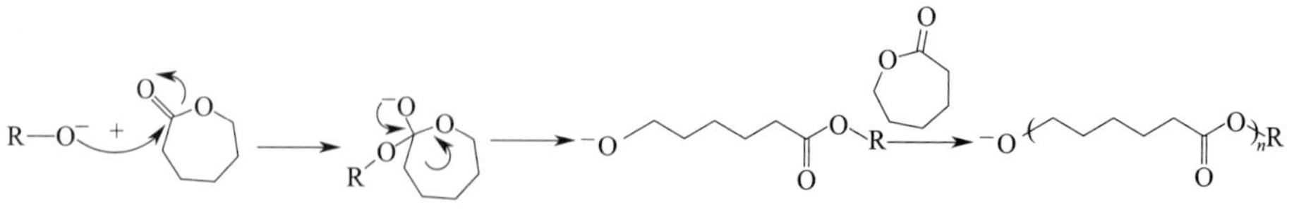

图 4-33　阴离子型 ε-己内酯开环聚合反应过程示意图

（2）阳离子催化

以质子酸、Lewis 酸、酰化试剂或烷基化试剂等作为催化剂，催化 ε-己内酯开环聚合的反应过程遵循阳离子聚合机理。如图 4-34 所示，阳离子型开环聚合过程中，催化剂中的阳离子首先与 ε-己内酯环外的羰基氧原子发生反应，形成烷氧碳正离子，随后己内酯环上的烷氧键被切断从而引发开环聚合。虽然阳离子型 ε-己内酯开环聚合的研究已经有相当长的历史，但是此类聚合可控性差，容易发生解聚、链转移等副反应，导致聚合产品 PCL 分子量不高且分布不均匀，因而限制了这种聚合方法的实际应用。直到 2000 年，Endo 等以 HCl · Et_2O 为催化剂实现了 ε-己内酯的阳离子型可控开环聚合，为开发低毒性、非金属催化合成的 PCL 提供了重要尝试。

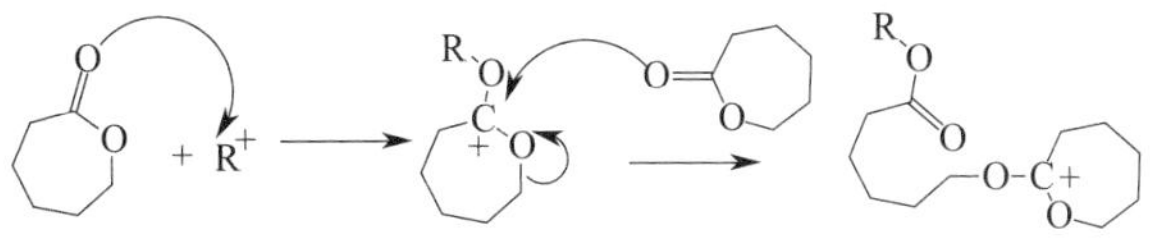

图 4-34　阳离子型 ε-己内酯开环聚合过程示意图

(3) 配位-插入催化

为了进一步提高开环聚合过程的可控性，人们设计开发出一系列聚合活性相对低的催化体系（包括锡盐类、铝化合物以及稀土化合物催化体系等）。该系列催化体系引发的 ε-己内酯开环聚合一般遵循配位-插入机理（如图 4-35 所示），即 ε-己内酯单体首先向催化剂中心金属靠近并被配位活化，进而向金属-醇键中插入发生开环聚合。配位开环聚合催化剂中经典的一类是铝醇盐系列催化剂，其聚合速率相对较低，但聚合反应的可控性大幅提高，因而成为可控开环聚合机理研究的关注热点。然而，规模化生产过程中应用更广的配位型开环聚合催化剂则是辛酸亚锡，这一方面得益于其较其他金属催化剂具有更好的水、氧等杂质的耐受性，另一方面还因为其具有低生物毒性，并因此被 FDA 批准可用于食品直接接触包装塑料的合成。

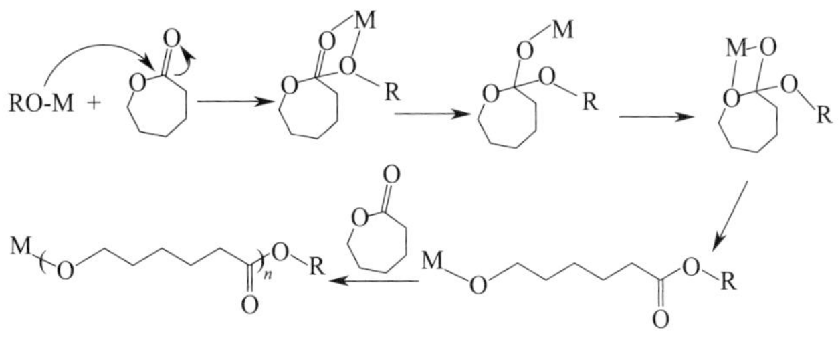

图 4-35　配位型 ε-己内酯开环聚合过程示意图

(4) 有机小分子催化

近年来，利用有机小分子催化 ε-己内酯开环聚合的研究方兴未艾。有机催化聚合反应较金属催化剂更加温和、可控性更好，同时可以避免金属离子残留带来的生物毒性问题，因而成为高分子催化领域的研究热点。通过各国学者的不懈努力，一系列适用于 ε-己内酯开环聚合的有机聚合体系先后被开发出来。研究发现：有机催化聚合具有更加丰富的聚合机理。例如：①以丙氨酸、苯丙氨酸、亮氨酸等氨基酸为代表的有机小分子质子酸，通常作为亲电试剂进攻 ε-己内酯的羰基氧使羰基活化后，从而诱导亲核性的引发剂或链端基对羰基进行加成，促进开环聚合反应的引发或链增长。②有机膦、吡啶以及氮杂环卡宾等亲核性有机小分子，则是通过进攻环状单体羰基上的碳原子，使 ε-己内酯开环形成两性离子中间体，该中间体与醇类引发剂发生亲核取代反应，使催化剂得以再生。通过调节单体与引发剂的用量配比，此类聚合反应能够实现对 PCL 分子量及其分布的良好控制。③磷腈类有机碱作为亲核试剂不仅可以活化 ε-己内酯单体，还能够通过氢键作用活化醇类引发剂或链端基，使引发剂或链端基的亲核进一步增强，从而实现良好的开环聚合催化效果。

4.5.2 聚己内酯材料的应用

（1）热塑性聚己内酯

通过ε-己内酯开环聚合得到的热塑性 PCL（通常 $M_r \geqslant 30000$）具有良好的形状记忆特性、低温柔韧性、耐水解性等优点，是一类重要的无毒无害、高性能生物降解塑料。截至目前，热塑性 PCL 不仅在医用敷料、树脂绷带、骨折固定器材、计生用品、牙印模材、食品包装等领域广泛应用，而且在可吸收手术缝线、面部填充材料、组织工程支架、人工皮肤、人造血管以及长效药物缓释植体等方面大显身手。另外，通过将热塑性 PCL 与 PLA 共混可以制备完全生物分解、绿色环保的吹塑薄膜、层压材料和包装材料等产品，包括生物分解农膜、一次性环保餐具、生物分解塑料袋等；此类应用尽管附加值不高，但潜在用量巨大、生态及环境价值无可限量。

（2）聚己内酯多元醇

以小分子多元醇引发ε-己内酯开环聚合制备的 PCL 多元醇（poly-caprolactone polyols），是市场需求量最大的 PCL 产品。目前，全球有 80%以上的ε-己内酯单体被用于生产 PCL 多元醇，其主要用途是与多异氰酸酯反应合成各类高性能的 PCL 型聚氨酯产品。考虑到聚氨酯合成过程中反应体系的传质、传热以及反应活性等因素，PCL 多元醇的分子量一般相对较低（$500 \leqslant M_r \leqslant 8000$）。

与聚醚多元醇和普通聚酯多元醇相比，PCL 多元醇具有反应活性高、黏度低、分子量分布窄、酸值和含水量低等特点。基于这些特质，PCL 多元醇与多异氰酸酯反应制备聚氨酯材料的反应过程可控性更好、工艺稳定性更高，制得聚氨酯产品性能更加优异。通常情况下，PCL 型聚氨酯产品在低温柔顺性、老化耐候性、光稳定性、耐水解性以及抗撕裂性能等诸多方面表现突出。因而在高档家私、合成皮革、汽车内饰，高铁漆装以及高端运动器材生产等众多领域得到广泛应用。不仅如此，基于特殊牌号 PCL 多元醇制备的聚氨酯胶黏剂、密封件、弹性体等制品，在耐冲击、耐磨损、耐高低温、抗腐蚀、抗辐射老化等方面性能卓越，并因此在航空航天、深海探测、战略武器装备制造等特种领域有着重要应用。

4.5.3 ε-己内酯的工业化开发

作为 PCL 合成的基本原料，ε-己内酯的稳定供应对于 PCL 相关产业的健康发展至关重要。然而，由于ε-己内酯的合成过程存在控制安全风险、提高产品收率以及稳定产品质量等众多技术难题，其规模化生产工艺的开发难度很大。截至目前，我国还没有能够实现ε-己内酯规模化稳定生产的企业。国内所需ε-己内酯单体主要依赖进口。西方发达国家的少数几家公司掌控着从ε-己内酯单体到 PCL 聚酯乃至于 PCL 多元醇的生产与销售，使得我国市场上ε-己内酯相关产品价格居高不下，严重制约着相关产业的发展进程。随着 PCL 应用领域不断拓展，国内市场对于ε-己内酯的需求日益增加，突破ε-己内酯工业化开发技术难题的紧迫性也日益凸显。

（1）国外ε-己内酯产业发展的历史与现状

20 世纪 60 年代末以来，欧、美、日本等多家化工巨头（图 4-36）先后通过研发或并购的方式获得了ε-己内酯生产技术。1967 年，美国 UCC（Union carbide corporation）公司开发出过氧乙酸氧化环己酮制备ε-己内酯的工艺路线；1969 年，该公司年产能 3.6 万吨的ε-

己内酯生产装置在洛杉矶塔夫脱建成投产。UCC 生产的 ε-己内酯一方面通过开环聚合制备 PCL 多元醇（注册商标：TONE®），另一方面通过氨解制备己内酰胺；1972 年，其氨解工序停工，保留 ε-己内酯生产用于制备 PCL 相关产品。1975 年，比利时苏威（Solvay）公司在英国沃灵顿（Warrington）建立 ε-己内酯生产线；40 余年来，历经易主、扩产变迁，沃灵顿工厂已经成为全球最大的 ε-己内酯生产基地。20 世纪 80 年代，日本 DAICEL 株式会社在其大竹工厂建成亚洲最大的 ε-己内酯生产线，目前年产能超 1 万吨。2001 年，美国陶氏化学（DOW Chemical）全面并购 UCC 公司，沿用 TONE® 商标成为北美最大的 ε-己内酯生产供应商；同年，巴斯夫（BASF）公司在美国的德克萨斯州的 Freeport 建成 ε-己内酯生产基地（2008 年宣布扩产至 2000t/a）。2005 年，受卡特里娜飓风影响，陶氏化学的 ε-己内酯生产装置被迫停运。2008 年，陶氏化学宣布基于产品成本及市场情况等因素考量，该公司决定退出 ε-己内酯领域、不再重启相关生产线；同年，瑞典柏斯托（Perstorp）以 2.85 亿美元全面收购苏威旗下的沃灵顿工厂及其 ε-己内酯、PCL（商标标识：CAPATM）业务。2011 年，柏斯托完成 ε-己内酯生产线的扩能改造、实现产能翻番（达到 3 万吨每年），一举成为全球己内酯产品的领导者。2018 年 5 月，柏斯托 CAPATM 产品全球经理 Joel Neale 宣布：该公司正在基于 2011 年建成的 ε-己内酯单体生产装置，扩建第二条生产线；扩建工作定于 2019 年年底前完成，届时沃灵顿工厂将拥有两条平行的生产线、产能再次翻番。2018 年 12 月 10 日，柏斯托发布公告：同意以约 5.9 亿欧元的价格向美国英杰维特（Ingevity）公司出售包括沃灵顿生产基地在内的己内酯业务，该交易预计将于 2019 年第一季度完成。

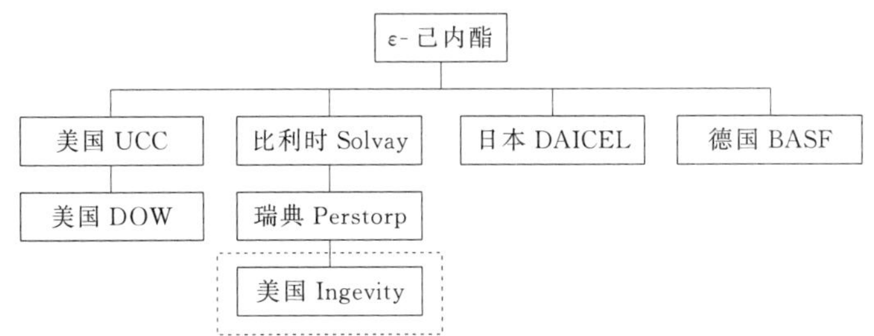

图 4-36　国外具备 ε-己内酯单体规模化生产技术的化工企业

（2）国内 ε-己内酯研发的历史与现状

我国对 ε-己内酯的产业化研究始于 20 世纪 70 年代，几乎与日本同步。然而，由于西方国家的技术封锁，我国的 ε-己内酯工业化生产之路步履维艰。即便如此，仍有多家研究机构和企业（中国科学技术大学、中科院长春应用化学研究所、国防科技大学、巴陵石化、四川大学、武汉理工大学、黎明研究院、湖南聚仁、安徽红太阳等）迎难而上，相继开展相关研究开发工作。在众多研究机构中，进入中试阶段的包括：20 世纪 70 年代，南通醋酸化工厂建成的年产 50t ε-己内酯单体的中试装置。尽管该装置在开车后不久即因为反应失控被迫终止试验，但是作为国内建设的首条 ε-己内酯中试线，为后续研究者提供了宝贵的经验。2009 年 10 月，巴陵石化环己酮事业部采用双氧水-丙酸路线建成年产 200t ε-己内酯中试装置，在经历不良事件考验后、完成了长周期的稳定试验。基于中试积累的实验数据、巴陵石化与上海石油化工研究院合作，完成年产 1 万吨 ε-己内酯成套技术工艺包的开发和编制。中科院长春应用化学研究所经过 10 余年的探索研究，自主研发出独特的催化体系，实现了环己酮向 ε-己内酯的安全、高效转化。经过上千次的小试实验，积累了充足的实验数据、摸索出合理的工艺流程，并建立可靠有效的安全防爆措施；2012 年，长春应用化学研究所建成年产

100t ε-己内酯的中试线，并顺利完成中试实验研究。中试过程产出的 ε-己内酯单体检测指标≥99.9%，经多家企业试用，能够满足企业生产需要，品质达到进口优级品水平。基于中试优化改进的 ε-己内酯生产技术，长春应用化学研究所正在与企业合作推进年产 1000t ε-己内酯及 PCL 产品的示范生产线的建设工作。2014 年，南京红太阳新材料有限公司基于自主研发的工艺技术，建成 500t/a 中试生产装置，完成中试实验，该公司正在筹建年产 5000t ε-己内酯生产线。2016 年 6 月，湖南聚仁化工科技新材料有限公司建成年产 2000t ε-己内酯单体生产装置，并开发出相应的 PCL 生产工艺，目前正在筹建年产 3000t PCL 高分子降解材料的聚合生产线。

（3）环己酮催化氧化制 ε-己内酯的研究

根据有限的文献资料可知，国外成熟的 ε-己内酯生产工艺均采用环己酮路线，其基本原理是利用 Baeyer-Villiger 催化体系实现环己酮的氧化重排获得内酯结构。由于国外企业对相关催化体系与生产工艺采取了严密的技术封锁，我国只能依靠自身研发力量，努力寻找高效的催化体系、建立合理安全的工艺流程、开发高效经济的生产设备，以期早日打破西方国家在 ε-己内酯生产领域的壁垒。在国内众多科研人员的不懈努力下，一系列基于环己酮氧化制备 ε-己内酯的方法被开发出来。根据氧化剂不同，将这些研究工作分为过氧酸氧化法、双氧水氧化法和氧气/空气氧化法，并对不同氧化方法制备 ε-己内酯的代表性工作加以简单介绍。

① 过氧酸氧化法　虽然过氧酸包括无机过氧酸和有机过氧酸两大类，但是无机过氧酸（如过硫酸钾、过硫酸氢钾、过硼酸钠以及过碳酸钠等）氧化环己酮反应的速率通常较低，限制了它们的应用。因此，大多数研究者都着眼于利用有机过氧酸［过氧乙酸、过氧丙酸、三氟过氧乙酸、间氯过氧苯甲酸（*m*-CPBA）等］作为氧化剂制备 ε-己内酯。张光旭等以 70%的双氧水氧化丁二酸酐制备固体过氧丁二酸，进而氧化环己酮合成 ε-己内酯。该方法不仅反应活性高、选择性好，而且更加安全。李韶峰等利用过碳酰胺氧化乙酸酐制备过氧酸，进而一锅法原位氧化环己酮制备 ε-己内酯。该方法无须预先制备过氧酸，也不需要过氧酸的纯化工艺，能耗低、流程短。

② 双氧水氧化法　以双氧水直接氧化环己酮制备 ε-己内酯是近年来备受关注的 ε-己内酯合成工艺，该反应过程副产物为水、绿色环保。李心忠等设计合成出新型杂多酸离子杂化体作为非均相催化剂，在无溶剂条件下以 35%的双氧水为氧化剂，进行环己酮的催化氧化制备 ε-己内酯，得到了较好氧化效果。李翠林等设计将树状大分子的金属锡配合物担载于纤维素上，作为 30%双氧水氧化环己酮制 ε-己内酯的非均相催化剂。研究发现，在此类天然高分子纤维素担载的配合物作用下，环己酮能够高选择性地转化为 ε-己内酯。

③ 氧气/空气氧化法　分子氧作为环己酮氧化反应的氧化剂，具有安全、廉价、对环境污染小等优点。因此，以氧气/空气作为氧化剂制备 ε-己内酯的具有重要的研究价值。孙小玲等以氯化铜或负载型氯化铜为催化剂、氧气为氧化剂、醛类为助氧化剂，在有机溶剂存在条件下催化氧化环己酮制备 ε-己内酯，得到较好的实验效果。周志伟等以分子氧为氧化剂，研究了镁铁复合金属氧化物对环己酮氧化制备 ε-己内酯反应的催化性能。研究发现，控制适当的 Mg、Fe 比例可以获得较高的环己酮转化率与 ε-己内酯选择性。

4.5.4　新型官能化聚己内酯

PCL 具有结晶性强、亲水性差、生物分解速度慢等特点，限制了其在组织工程等生物医药领域更广泛的临床应用。为了改善以上不利因素，科学家设计通过在 PCL 主链上引入功能性官能团，不仅可以有效降低 PCL 材料的结晶性、调控其亲水性与降解速率，而且可以利用官能团的反应活性对 PCL 进行丰富的化学改性。目前，制备功能化 PCL 的策略主要有两种：一是先合成新型官能化己内酯单体，然后开环聚合；二是直接在 PCL 的 α-位引入功能化基团。

（1）新型官能化 ε-己内酯单体的合成

由于 ε-己内酯主要是由环己酮的 Baeyer-Villiger 氧化重排反应制备得到，因此功能化单体有两种合成途径：①首先合成功能化的环己酮，然后通过 Baeyer-Villiger 反应得到单体；②ε-己内酯的亲电加成反应引入功能化基团。功能化 ε-己内酯的合成和纯化过程烦琐，但能通过均聚反应或与其他单体的共聚反应得到结构规整的聚合物。以下分别介绍功能化单体的合成策略。

① 官能化环己酮的合成与 Baeyer-Villiger 氧化　环己酮的官能化反应通常是在 α-位或 ε-位引入功能基团。环己酮的 α-位氢原子比较活泼，可以与卤代试剂等发生反应，引入卤素、氨基、羟基、羧酸等功能化基团。由于 Baeyer-Villiger 反应的催化剂没有选择性，导致非对称环己酮的氧化反应可能会生成性质接近、不易分离的 α-位和 ε-位取代的同分异构体，如图 4-37(a) 所示。γ-位功能化己内酯可以从对位取代的环己醇开始经过氧化反应，得到 γ-位功能化的环己酮，由于其分子结构对称，通过 Baeyer-Villiger 氧化重排反应可以制得结构单一的官能化 ε-己内酯，同时由于取代位远离酯键，有利于开环聚合制备高分子量的官能化 PCL。官能化环己酮的 Baeyer-Villiger 氧化策略反应位点多、原料种类丰富，可以得到取代基团更多样化的 ε-己内酯单体，因而成为当前官能化 ε-己内酯合成的首选策略。

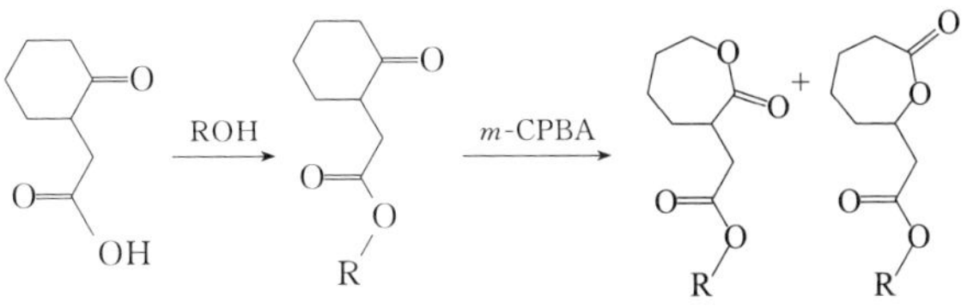

ROH　m-CPBA

(a)

m-CPBA

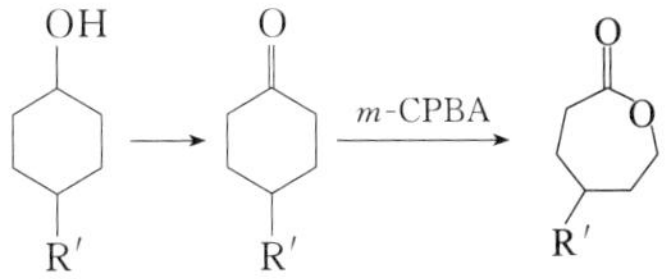

(b)

图 4-37　官能化环己酮的 Baeyer-Villiger 反应示意图

② ε-己内酯的亲电加成反应　利用 ε-己内酯 α-位氢原子相对活泼的特性，可以通过亲电加成反应引入官能团。如图 4-38 所示，首先利用二异丙基氨基锂（LDA）拔掉 ε-己内酯的 α-位氢原子，然后加入亲核试剂进攻碳负离子得到官能化的 ε-己内酯单体。该合成路线步骤简单、转化率高，但是反应条件苛刻，能够合成的官能化单体种类相对较少。

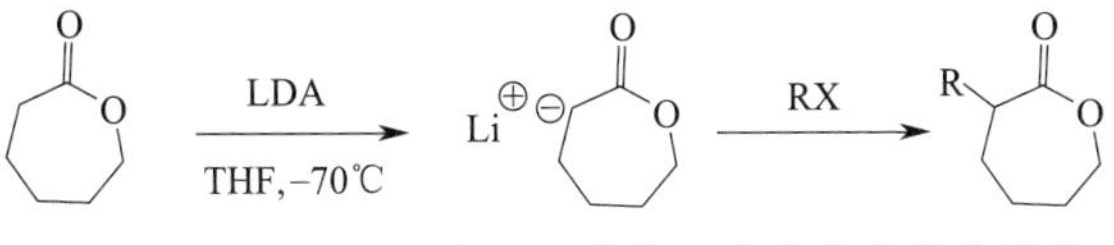

LDA　THF,−70℃　RX

图 4-38　ε-己内酯 α-位亲电取代反应合成官能化单体

（2）聚己内酯的功能化

如图 4-39 所示，对 PCL 大分子进行 α-位亲电加成反应引入侧链基团，同样可以实现官能化 PCL 的制备。该方法具有操作简单、后处理方便等优点，但是反应过程中容易发生酯键断裂，导致改性后聚合物的结构可控性不佳。

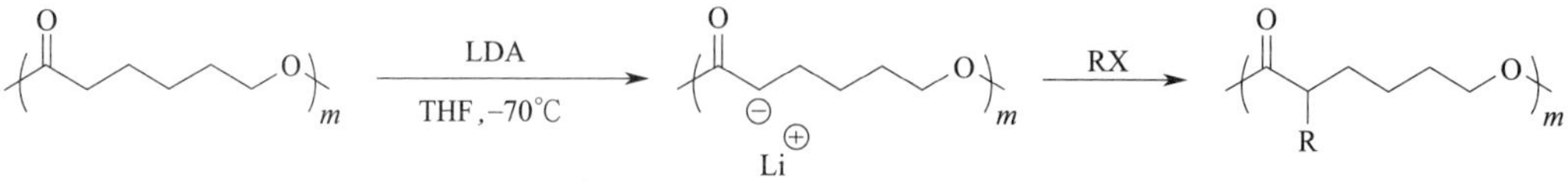

图 4-39 PCL 的亲电加成反应过程示意图

4.5.5 展望

经过科研人员半个多世纪的不懈努力，PCL 及其相关材料的研究与应用取得了长足的进步。西方发达国家已经建立了完善的 ε-己内酯单体与 PCL 生产工艺体系，开发出品类丰富、应用广泛的 PCL 系列产品，其应用范围几乎涵盖了人类生产生活能够涉及的所有领域，包括：生物医药、组织工程、航空航天、兵器工业、轨道交通、汽车船舶、建筑装潢、食品包装以及服饰加工等。然而与之相对的，我国在 PCL 相关领域的发展还比较落后。这不仅体现在 ε-己内酯单体规模化生产能力的缺失，而且体现在由于长期缺少供应稳定、价格合理的单体原料，导致我国在 PCL 相关的科学研究、产品开发、乃至于市场认知度、接受度等方面严重滞后。

在推进“中国制造”转向“中国创造”的过程中，需要 PCL 基新材料的助力、从而创造出能够代表“中国品质”的高性能新产品。今后的 5～10 年间，国内市场对 ε-己内酯相关产品的需求将大幅增加。为了摆脱依赖进口、受制于人的不利局面，早日在 ε-己内酯规模化开发领域取得突破，是 PCL 相关研究的当务之急。

近 5 年来，国内 ε-己内酯产业化开发研究取得了较大进步，先后有多家单位已经建成或正在筹建年产 1000t 级以上 ε-己内酯开发项目，包括：湖南聚仁化工（2000t/a，建成）、山东吉鲁己内酯（1000t/a，在建）、河南中原大化（2000t/a，筹建）和安徽红太阳（5000t/a，筹建）等。虽然这些项目的逐步实施让我们有理由相信，中国实现自主生产 ε-己内酯的时代即将到来；但是考虑到继承了 UCC 全套 ε-己内酯生产工艺和 40 余年的运营经验的陶氏化学，在特定时期、特殊因素影响下仍然被迫退出市场，这其中蕴含的风险警示不容忽视。我们要对 ε-己内酯项目的开发难度保持清醒的认识，不应急功近利、操之过急，务必保持谨慎扎实的科研态度，摸索前进、稳扎稳打，避免盲目扩产，以防发生安全事故、前功尽弃。

技术研发方面，PCL 相关研究的努力方向包括：①开发新型、高效的 ε-己内酯合成催化体系，降低安全风险、提高生产效率，节能降耗、控制成本。②充分利用实时监测、数据远传、自动控制等现代化技术手段，建立 ε-己内酯自动化生产工艺与设备体系，尽量避免人员误操作或长时间暴露于危险工段带来的安全隐患。③针对当前我国缺少自主品牌高品质 PCL 多元醇以及热塑性 PCL 树脂产品的现状，集中力量开发窄分子量分布的 PCL 多元醇（不同引发剂、官能度及分子量等）系列产品以及性能稳定、分子量可控的热塑性 PCL 树脂等。④大力研发 PCL 型聚氨酯弹性体、胶黏剂、涂料、纤维等产品。

政策导向方面，针对“ε-己内酯产业化开发”这一研发难度大、运营风险高、久攻不克的行业难题，相关职能部门应该开展以下工作：①鼓励科研人员勇于尝试、谨慎研究。②组织成立ε-己内酯行业协会，引导来自不同研究机构、从事相关研究的科研人员打破藩篱、加强合作。③组织研究机构与生产企业合作编制ε-己内酯、热塑性PCL以及PCL多元醇相关的行业标准乃至于国家标准，规范引领行业的健康发展。研究机构与生产企业之间应努力消除隔阂、认清形势，我们真正的对手不是国内同行，而是西方国家的化工巨头，它们更加乐见我们互相芥蒂、各自为战、多走弯路，以维持其垄断地位和高额利润。面对如此高难度的研发项目和强大的竞争对手，国内同行之间只有加强人才、技术与资金整合，互相借鉴、取长补短，才能早日实现突破、满足国内市场需求、保障PCL及其下游行业健康发展的同时，争取打入国际市场。

4.6　聚对二氧环己酮

聚对二氧环己酮［poly（p-dioxanone），PPDO］是一种脂肪族聚醚-酯，与聚乳酸（PLA）、聚乙醇酸（PGA）、聚己内酯（PCL）等类似，其分子主链中含有酯键，赋予了聚合物优异的可生物分解性、生物相容性和生物可吸收性；此外，由于其分子主链中还含有独特的醚键，又使得该聚合物在具有良好的强度的同时还具有优异的韧性，是一种理想的可降解生物医用材料。早在20世纪70年代，美国Ethicon公司成功开发了基于PPDO的可吸收手术缝合线，商品名为普迪斯（PDS）。与以PGA为原料的手术缝合线德胜（Dexon）和以乙交酯/丙交酯共聚物（PLGA）为原料的手术缝合线薇乔（Vicryl）相比，PDS因其具有优异的强度和韧性，可制备为单丝缝合线。此外，PDS在降解过程中还具有较高的抗张强度和打结强度保留率。除了在手术缝合线中的成功应用以外，PPDO还成功应用于可吸收血管夹、疝修补片、骨科固定材料、组织修复材料、细胞支架和药物载体等。

与现有已商业化的其他可生物分解脂肪族聚酯相比，PPDO具有均衡的力学性能、热性能和结晶性能，综合性能更为优异（见表4-29）。不仅如此，PPDO还具有突出的可回收性，可在高温和减压条件下发生解拉链式的解聚反应，最终得到单体对二氧环己酮（PDO），回收率可高达95%以上，回收后的单体又可以用于合成新的PPDO聚合物。因此，PPDO是高分子家族中少有的既具有可完全生物分解性，又易于回收为单体的高分子品种，是一类真正的“绿色低碳高分子材料”。当完成使用功能废弃后，方便回收的PPDO废弃物可以回收为单体，进而聚合成新PPDO材料，实现多次循环再利用；而对于不宜回收的应用领域，PPDO又可以完全生物分解为对环境无害的小分子，不产生污染。

虽然PPDO具有优异的综合性能，但并未像PLA和聚丁二酸丁二醇酯（PBS）等脂肪族聚酯那样在通用环境友好材料领域得到广泛的应用。其中一个最主要原因是PDO单体的传统合成方法较为烦琐、生产成本居高不下，也使得PPDO聚合物的成本与价格远高于上述脂肪族聚酯，在对于产品价格较为敏感的通用材料领域难以被市场所接受。近年来，四川大学环保型高分子国家地方联合工程实验室在PDO单体合成技术方面取得突破，利用廉价的二甘醇为原料环化脱氢一步合成单体PDO，解决了PPDO规模化生产中最为关键的核心问题，使得PPDO的成本可望明显低于现有的同类产品，从而在通用环保材料领域取得应用。

表 4-29 PPDO 与其他脂肪族聚酯综合性能比较

产品	熔点/℃	拉伸强度/MPa	断裂伸长率/%	热变形温度/℃
PPDO	约 110	35～60	200～600	80～90
PLA	约 180	约 60	6	50
PCL	约 60	约 20	300	50
PBS	约 120	约 40	400	80
PHBV	120～170	10～30	5～10	110

4.6.1 PPDO 的合成

对二氧环己酮的开环聚合与己内酯、丙交酯等典型内酯、交酯的开环聚合机理类似，常见适用于催化丙交酯、己内酯等开环聚合的催化剂基本均可用于 PDO 开环聚合。但需要指出的是，PDO 单体结构中含有醚键，环张力和亲和性与其他内酯或交酯单体存在差异。而从热力学角度分析，PDO 开环聚合较为困难，聚合活性和反应效率较低。一些在内酯、交酯开环聚合中具有较高效率的催化剂，在用于 PDO 开环聚合时往往不具备较好的效果。因此在本节中，仅对目前已应用于催化 PDO 开环聚合的典型催化体系加以介绍。此外，PDO 单体的合成与纯化、PDO 开环聚合热力学与其他类别的内酯单体存在较大差别，以下将进行介绍。

4.6.1.1 对二氧环己酮（PDO）的制备

PDO 是 PPDO 的单体分子，熔点为 25℃，常温下为无色透明的结晶或液体；常压下沸点 220℃，22mmHg 减压条件下沸点 109～110℃、10mmHg 沸点 92～93℃。其分子结构可用多种方法表征，如红外光谱、核磁氢谱、质谱等。

要获得高分子量的 PPDO 聚合物，首先必须获得高纯度的单体。但 PDO 单体在过去很长一段时期内都不是一种通用易得的商业化产品。早在 20 世纪 70 年代，有研究者采用乙二醇、金属钠和氯乙酸等经过一系列化学反应和纯化，制备得到了高纯度的 PDO 单体。然而，这种方法步骤繁多、反应条件苛刻、操作复杂，使得单体 PDO 的产量小、价格高昂，不能满足大规模生产和应用的需要。近年来，四川大学环保型高分子材料国家地方联合工程实验室对 PDO 的合成进行了大量的研究，以价格低廉的一缩乙二醇为原料，通过采用自主研发的高效高选择性脱氢成环催化剂，一步合成 PDO 单体，产率和纯度最高均可到达 99%，催化剂寿命超过 180 天，从而使 PDO 的生产成本大幅降低，为 PPDO 规模化应用奠定了基础，其合成反应式为：

HO～O～OH —催化剂→ (PDO)

4.6.1.2 PDO 开环聚合热力学

从 PDO 的结构来看，它是一个既具有酯键又具有醚键的六元环单体。从热力学角度来看，判断环状单体是否能发生开环聚合及其聚合能力高低可从两方面来衡量。其中聚合焓的大小和环张力以及侧基的空间效应等有关。PDO 为六元环结构，虽然六元环的环烷烃和环醚都属于稳定结构，但是 PDO 中除了有醚键还存在酯键，分子运动受到醚键和酯键之间协同效应的作用，因此其开环聚合的能力比常规的内酯/交酯单体更差。

对于开环聚合反应，聚合与解聚处于一定的平衡状态，温度的升高有利于解聚反应的发生，反应平衡向解聚方向移动。当体系在某一临界温度下时，聚合反应停止，此时 $\Delta G_p=0$，此温度被称为聚合上限温度 T_c：

$$T_c=\frac{\Delta H_P}{\Delta S_P}$$

PDO 开环聚合的上限温度为 265℃，远远低于 L-LA 的 640～786℃，因此 PDO 开环聚合可选择的温度范围要小得多，比较适宜的聚合温度为 80～100℃。

4.6.1.3　PDO 开环聚合催化剂

开环聚合的发生首先是从环的断裂开始。内酯/交酯的开环发生在酯键处，因此通常开环聚合的催化剂是一些能对内酯或交酯的酯键进攻、使其发生断裂的试剂。在 PDO 开环聚合合成 PPDO 的过程中，催化剂起到了重要作用，不仅决定了反应速率、转化率、产率等聚合参数，还对分子量及分子量分布等聚合物的性质具有一定影响。因此，选择合适的催化体系对于 PPDO 的合成非常重要。许多研究人员在这方面作了大量的有价值的工作，开发了多种高效催化体系并成功应用于 PDO 的开环聚合。其中具代表性、研究较为系统的催化体系包括：

(1) 有机锡类催化剂

这类催化剂主要包括辛酸亚锡、草酸亚锡、二丁基氧化锡、四丁基锡、氯化锡、氯化亚锡、溴化锡、溴化亚锡、乙酰丙酮锡等，其中效果最好且应用最多的为辛酸亚锡，它是为数不多的获美国食品与药物管理局（FDA）批准可用作食品添加剂的催化剂之一，因此在合成生物分解材料时，不必担心由催化剂引入有毒物质。正是基于这个优点，在合成医用材料时，辛酸亚锡成了最优选择，并被广泛应用于 PLA、PGA、PCL 和 PPDO 的聚合中。尤其是现有 PPDO 聚合的研究工作中，绝大多数采用辛酸亚锡作催化剂。通常情况下，辛酸亚锡并不单独使用，而是和助引发剂共同作用，达到催化目的。常用的助引发剂主要为醇类或胺类化合物，如以辛酸亚锡作催化剂，同时采用十二烷醇作引发剂可对 PDO 进行开环聚合，在单体与催化剂的比例为 10000∶1 时，其分子量最高可达 81000，但其转化率仅为 67%。

虽然目前尚无关于辛酸亚锡引发 PDO 开环聚合机理的报道，但使用这种催化剂催化丙交酯（LA）开环聚合机理的研究报道却非常多。但到目前为止还存在许多争论，尚没有一种机理得到一致的认可。其中最具代表性的机理为二次插入机理。由于辛酸亚锡作催化剂时，其分子量与单体/催化剂比例大小没有直接的关系，因此辛酸亚锡在与单体分子相互作用前首先与醇分子中的羟基进行配位，然后再插入单体分子实现开环反应，其反应式为：

$Oct_2Sn\cdots O(H)—R$ + 丙交酯 $\longrightarrow$ $Oct_2Sn.\ O(H)—CH(CH_3)—O—CH(CH_3)—CO—O—R$

(2) 有机铝类催化剂

有机铝类催化剂主要包括三乙基铝（$AlEt_3$）、三异丁基铝［$Al(i\text{-}Bu)_3$］、异丙醇铝［$Al(O^iPr)_3$］和卟啉铝等。这类催化剂对内酯或交酯的开环聚合有很高的活性，尤其在丙交酯和己内酯的聚合及共聚反应中应用十分成功。三乙基铝和异丙醇铝均已成功用于 PDO 的开环聚合，研究表明这类催化剂对 PDO 具有很高的催化活性和良好的可控性。$Al(O^iPr)_3$ 催化内酯开环聚合的机理为配位插入机理，催化过程是通过配位和插入两步来完成的，首先是内酯单体与不断增长的烷氧基金属的配位，然后发生共价键重排使得内酯单体插入增长链活性端的 Al—O 键之间。有机铝类催化剂对于 PDO 的开环聚合是一种非常高效的催化剂，与辛酸亚锡相比具有活性高的优势。但是考虑到铝元素残留对生理机能的危害性，采用有机铝类催化剂制备的 PPDO 聚合物一般不适宜用于生物医用材料。

（3）有机锌类催化剂

有机锌类催化剂也是一种较常用的开环聚合催化剂，锌元素在低浓度下也不存在毒性问题。最常用的有机锌催化剂是二乙基锌（$ZnEt_2$），其催化内酯聚合的机理和三乙基铝类似，只是催化活性要低一些。采用二乙基锌催化 PDO 开环聚合，聚合条件较为苛刻，聚合时间也较长（72h），且聚合产物的分子量也较低。而且，二乙基锌具有自燃性，使得其储存和使用很不方便。乳酸锌（$ZnLac_2$）合成和储存都很方便，用于 PDO 的开环聚合更加绿色和安全，但相对而言催化活性也比较低。在 100℃条件下，当 M/C 为 2000/1 时，反应 14 天黏度可达到 0.95dL/g，但产率只有 62%，聚合机理如下所示：

Lac_2Zn+HO-R ⟶ H—O—R（…Lac_2Zn）⟶

Lac_2Zn…O(H)—R ⟶ Lac_2Zn…O—CH_2CH_2—CO—O—R（O 上连 R）

（4）有机稀土类催化剂

稀土化合物是发展很快的一类催化剂，被证明是对内酯开环聚合的高效催化体系。大多数有机稀土催化剂都可以用通式 MR_n 来表示，其中 M 表示稀土金属，R 表示一种或多种配位体，如酰基醇、烷基醇、胺和烃等。催化剂的活性与稀土金属原子的半径以及配位体的体积有关。通常情况下，稀土元素的原子半径越大，配位体的体积越小，催化剂的活性越高。目前对于内酯催化聚合研究表明效果较好的稀土类元素为钇（Y）和镧（La）。采用 2,6-二丁基对甲基苯酚镧［$La(OAr)_3$］催化 PDO 开环聚合，在单体/催化剂比例 800/1、反应温度 40℃条件下制备得到分子量 1.95×10^5 的 PPDO 聚合产物，聚合机理为配位插入机理。三（*N*-苯乙基-3,5-二叔丁基水杨醛甲胺）镧催化剂［$La(OPEBS)_3$］催化 PDO 聚合，黏均分子量和产率分别可达到 8.29×10^4 和 91.5%。胺桥接的双芳氧基与双胍基钇配合物也是一种高效的 PDO 开环聚合催化剂，其催化机理为配位插入机理，聚合反应为一级反应。总的来说，有机稀土类催化剂活性高，催化效率高，但相比而言制备比较烦琐、价格昂贵，同时也存在金属残留的问题，不适用于生物医用材料。

（5）非金属催化剂

采用上述有机金属类催化剂进行内酯开环聚合，得到的聚酯在应用于医用材料领域时，将面临如何除去金属残留物的问题。采用常规的溶解-沉淀的提纯方法不能彻底除掉这些残留物，这就给以后的应用带来了一些隐患。而采用酶作催化剂可解决这一问题，因此，酶催化内酯开环聚合的研究取得了很大的进展。反应温度、酶的种类和来源、反应介质等都会对酶催化的效率产生影响。采用质量分数 5%的脂肪酶 Lipase CA 在 60℃条件下经过 15h 催化 PDO 开环聚合可合成不含任何金属的无毒无害的 PPDO，分子量最高可达 41000。但使用酶作为催化剂不能忽视的一点，是其催化效率和催化活性往往不高，因此要采用这种方法来实现工业化生产，还有很长的路要走。与酶催化相比，膦腈碱类非金属催化剂对于 PDO 的开环聚合具有更加优异的催化效果，在 100℃条件下可以获得产率 88.7%、黏均分子量 2.09×10^4 的聚合产物。总体而言，非金属催化剂用于内酯开环聚合的研究仍然很少，主要原因在于这类催化剂往往存在催化活性不高、制备困难、不易长期保存等缺点。在未来的研究中仍需针对以上问题加以重点突破。

4.6.2　PPDO 的性能与表征

（1）溶解性

PPDO 的溶解性不同于大多数的聚内酯/交酯如聚己内酯、聚戊内酯、聚丙交酯，在甲苯、丙酮、1,4-二氧六环和四氢呋喃等常用的聚内酯/交酯溶剂中不能溶解。PPDO 室温可溶于二氯甲烷、氯仿、1,1,2,2-四氯乙烷和六氟异丙醇，加热回流可溶于 1,2-二氯乙烷。但是，高分子量的 PPDO 在二氯甲烷和氯仿中溶解性较差。PPDO 在室温也可溶于 DMSO、DMF 及类似的胺类溶剂，但是，在这些吸湿性溶剂中，PPDO 易于水解。此外还可采用一些混合溶剂溶解 PPDO，例如在苯酚/四氯乙烷（体积比 1∶1）混合溶剂中，PPDO 具有非常好的溶解性。因此，这种混合溶剂也常用于 PPDO 黏均分子量的测定。PPDO 的特殊溶解性能使得其合成、纯化条件都较为苛刻，间接增加了其生产的成本。

（2）降解性

PPDO 常见的降解行为有热降解、水解降解、生解分解三种。

限制 PPDO 应用的一个重要因素就是其较差的热稳定性，其较低的上限温度，直接影响到该聚合物的加工。PPDO 聚合物裂解过程在较低温度条件下主要为零级拉链式解聚成 PDO 单体。但当裂解温度过高时，也会发生大量分子内酯交换降解和分子间酯交换降解反应，并伴随有较低活化能和指前因数的无规降解反应发生，产生一些端基为乙烯基或酸酐类的降解产物，这些初级阶段的无规降解产物又会抑制 PPDO 的主要降解过程。在惰性气体保护下 PPDO 的无规降解机理主要是单个粒子的单核随机成核的 F1 机理，而在空气中则与成核生长机理有关。

PPDO 的水降解性对它作为生物医用材料和可生物分解材料的使用起着至关重要的作用。PPDO 分子主链中的酯键，决定了聚合物在有水存在的条件下的主要降解方式是水解。其分子链中的醚键在赋予其优异韧性的同时，也是促进其水解降解的关键因素。37℃条件下，通过对 PPDO 在磷酸缓冲溶液中的水解情况的研究，证明 PPDO 的水解过程是一个自加速过程，首先酯键断裂生成相应的酸和醇，体系 pH 值降低，然后水解生成的酸进一步加速 PPDO 的水解。其水解分为两个阶段，第一阶段是无定形区降解，无定形区首先吸水，材料被塑化，如有取向则取向度逐渐降低，然后聚合物链段开始水解，残余单体浸出，且降解产物开始逐渐流失，最后随着降解产物的流失，其吸水性，取向度进一步增加，力学性能下降。由于 PPDO 结晶区中分子链段排列紧密有序，水及其他小分子难以向结晶区中渗透，在初始阶段降解难以进行。但随着无定形区的降解，结晶区逐渐裸露出来，其表面在水解作用下也开始发生降解，引起晶片的断裂和破碎化，从而进一步加速其降解速度。相对而言，结晶区的降解速度要明显慢于无定形区，因此 PPDO 制品在体外水解降解过程中，其力学性能在最初的几周内就会发生明显的下降并碎片化，但仍需约 6 个月时间才能完全降解为小分子化合物。对于 PPDO 纤维制品（如可吸收手术缝合线），其水解降解过程变得更加缓慢，主要是因为纤维成型过程中的拉伸诱导结晶作用，明显提高了材料的结晶度和结晶区尺寸。此外，PPDO 的降解过程中还会出现降解诱导再结晶现象。通过结合计算试样降解过程中的质量保留率和相对结晶度，结果发现试样随着降解的进行结晶区的绝对质量也出现提升。出现这种特殊现象的原因在于，由于无定形区中分子链的断裂，分子链运动能力有明显提高，原先由于链缠结等作用造成无法结晶的链段此时变得可以结晶，从而进一步提高了结晶。

生物分解性和生物相容性是用于医用可植入的材料所需满足的首要要求，普迪斯（PDS）手术缝合线的体内降解研究表明，其具有良好的生物分解性和生物相容性。PPDO 在自然环境中的生物分解性也被证实，在自然环境下，发现了许多种能使 PPDO 降解的微生物，并且这些微生物广泛分布于自然界环境中（如各种水体、淤泥、土壤中均有发现）。其中，对 PPDO 具有较好生物分解性的菌种为变形菌属和放射菌属的 α 和 β 分支，生物分解产物主要为水溶性的单体酸。

（3）结晶结构与结晶行为

PPDO 是一种半结晶性的聚合物，其玻璃化转变温度（T_g）为－10℃左右，熔点（T_m）为 110℃左右。对 PPDO 结晶行为的了解，将有利于更好地指导材料的加工和使用。

PPDO 在等温结晶条件下主要形成球晶，在偏光显微镜下观察可以看到明显的马耳他消光黑十字和同心圆环带结构。以 1,4-丁二醇为溶剂配制 PPDO 的极稀溶液（1mg/10mL），然后在 100℃条件下静置等温结晶 40h 可以获得 PPDO 单晶，通过 X 射线衍射分析得到其晶体结构属于由 $P2_12_12_1$ 空间群形成的正交晶系，晶胞参数具体为 $a=0.970$nm，$b=0.742$nm，$c=0.682$nm，平衡熔点为 127℃。等温结晶形成的球晶形态受外界条件影响较大，如图 4-40 所示晶体形态会随着 PPDO 的分子量和结晶温度的变化而变化，剪切对球晶生成速率没有影响，但是极大地提高了成核速率，从而降低球晶的半径。对于后期改性的 PPDO，尤其是为了增大分子量而采用扩链法制备的 PPDO，其结晶速率受扩链剂用量的影响较大，扩链剂引入到聚合物中的比例越大，PPDO 链的规整性越差，结晶速率和结晶度都大幅降低。

（4）流变与力学性能

PPDO 与绝大多数聚合物一样，属于假塑性流体，具有剪切变稀的特点。切变速率对 PPDO 熔体流变行为影响显著。在低频区存在较宽的牛顿平台，此时振荡频率/剪切速率对表观黏度几乎没有影响，而当达到一定值时，表观黏度随着振荡频率/剪切速率的增加而迅速下降。PPDO 熔体流动行为对温度十分敏感，只能在很窄的温度范围进行流变性能测试。随着温度的升高，PPDO 的表观黏度下降很快。分子量也是影响 PPDO 流变性能的重要参数之一，随分子量的增加，熔体的表观黏度增加。总体而言，PPDO 的流变及加工性能较差，熔体强度低，受温度影响明显。为了改善以上问题，可采用引入接枝、长链支化等结构或加入纳米粒子等方法。

拉伸实验结果表明，高分子量的 PPDO 具有较高的拉伸强度和模量，其中 $[\eta]=1.66$dL/g 的 PPDO 拉伸强度为 24MPa，模量为 307MPa。分子量对拉伸强度的影响显著，分子量越高，拉伸强度越高。但是在实验所选择的分子量范围内，分子量的大小对材料的储

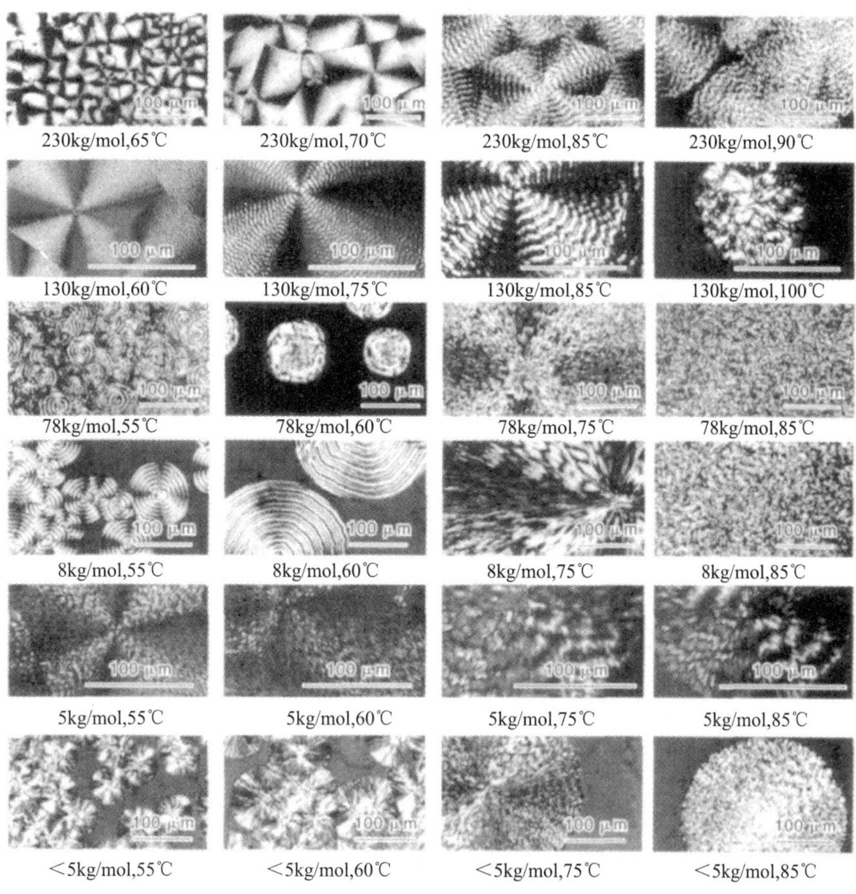

图 4-40　不同分子量 PPDO 在不同温度下等温结晶形成的球晶的偏光显微照片

能模量和损耗模量以及玻璃化转变温度基本没有影响。

4.6.3　PPDO 的改性研究

尽管 PPDO 是一种综合性能较好的可生物分解聚酯醚，但是其均聚物存在结晶速度慢、熔体强度低、热稳定性较差、降解行为不连续等缺点，限制了其成型加工方式和应用范围。目前，对 PPDO 的改性和高性能化已有大量研究。

4.6.3.1　扩链

由于采用 PDO 一步开环聚合得到高分子量 PPDO 的合成方法，反应条件较为苛刻，对单体纯度以及催化/引发体系的要求都很高，不利于规模化生产。为降低聚合难度和提高分子量，采用偶联剂扩链法来获得高分子量的 PPDO 是一种有效的手段。传统的扩链方法是直接在低分子量的 PPDO 预聚物中加入扩链剂如二异氰酸酯，但由于可反应的端羟基数量不足，得到的扩链产物的分子量增长幅度并不大。而采用双端羟基预聚物扩链法（图 4-41）获得了较理想的扩链效果。首先以 1,4-丁二醇为引发剂，使用辛酸亚锡催化 PDO 开环聚合，得到双羟基封端的 PPDO 预聚物；再以二异氰酸酯（HDI）作为扩链剂进行扩链反应。在优化的反应条件和配比下，扩链产物的分子量相比预聚物可以提高 50 倍以上，分子量可达 25.7×10^{4}。尽管该方法分两步进行，但是总的反应时间大大缩短，且聚合难度降低，有利于降低聚合物的生产成本。

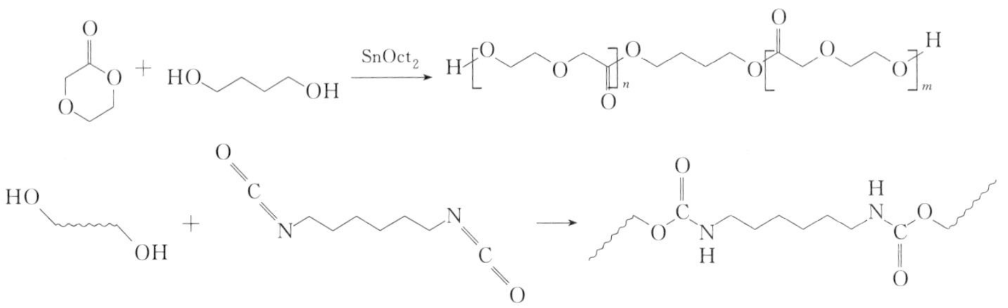

图 4-41 双端羟基预聚物扩链法

4.6.3.2 共聚改性

（1）与亲水聚合物共聚

采用辛酸亚锡等有机配位金属催化剂催化 PDO 开环聚合的机理为配位插入机理，单体依次开环并插入引发剂 R—OH 的羟基氧与氢原子之间。因此采用链端或结构单元中含有羟基的高分子预聚物为大分子引发剂，可以非常容易地实现 PPDO 与其他聚合物的共聚，制备得到相应的嵌段共聚物或接枝共聚物。而采用与 PDO 具有相似开环聚合机理的其他内酯/交酯单体共聚，则可以得到线型的无规共聚物。

PPDO 和其他可生物分解脂肪族聚酯一样具有明显的疏水性，这削弱了其与柔软生物组织和亲水性生物大分子的相容性，同时也使得其降解行为具有不连续性，限制其在生物医用材料领域更广泛的应用。采用将 PPDO 与亲水性高分子接枝共聚的方法可改善 PPDO 疏水性和降解行为不连续的缺点。如将 PPDO 接枝在聚乙烯醇（PVA）上；聚乙烯醇具有良好的亲水性和生物相容性，是一种被证明可生物分解的碳-碳主链聚合物，且具有优良的力学性能，在 PPDO 接枝中常被选用做亲水性主链。将 PVA-*g*-PPDO 接枝聚合物共混入 PPDO 基体中还可改善基体热稳定性，调控 PPDO 降解速率。此外，天然高分子多糖如淀粉、纤维素及其衍生物、壳聚糖及其衍生物等具有良好生物分解性和生物相容性，同时聚合物结构单元中含有大量活性的羟基或氨基，可以作为大分子引发剂引发 PDO 单体开环聚合，通过 graft from（从主链上接枝）的方式制备得到可获得生物相容的可降解两亲性接枝聚合物。此外也有研究采用聚乙烯亚胺、聚乙二醇等端基为羟基或氨基的聚合物为大分子引发剂制备嵌段型的两亲性共聚物。

一般而言，两亲性共聚物在选择性溶剂中会自组装形成以疏溶剂链段聚集为核、亲溶剂链段为壳层的球形纳米胶束（自组装体）。然而由于 PPDO 具有半结晶性，结晶这种各向异性作用会影响自组装过程及其自组装体的形貌，表现出独特的结晶诱导自组装行为。研究表明，以 PPDO 为疏水链段的两亲性共聚物在水等选择性溶剂中会自组装形成独特的片层状自组装体，并进一步堆叠形成“八角”状的形貌，如图 4-42 所示。两亲性共聚物纳米聚集体形貌的改变与 PPDO 链段的结晶和熔融过程高度相关，随着环境温度逐渐升高，纳米聚集体的结晶结构逐渐被破坏，首先解离为片层状纳米粒子，当温度达到 PPDO 链段的熔点以上（80～90℃）后，共聚物所形成的自组装体转变为普通的球状，并随着温度进一步升高而凝聚。采用混合溶剂这一简单方法也可有效调节共聚物的结晶行为，研究发现，基于 PPDO 的两亲性共聚物在良溶剂氯仿中可以形成澄清透明的溶液，但当加入 DMF 为混合溶剂时，PPDO 链段随着 DMF 的含量增加开始逐步聚集并结晶，其形貌逐渐由无规颗粒状结构转变为有序的片层结构。此外，除了混合溶剂的配比，混合溶剂的混入速度对共聚物结晶诱导自组装行为也有非常重要的影响。当选择性溶剂快速混入预先配置的共聚物溶液中，由于溶剂环境的迅速改变，共聚物的 PPDO 链段迅速结晶并诱导自组装形成梭状的半结晶胶束，这些胶束再进一步组装形成“菊花”状纳米自组装体。而当选择性溶剂缓慢混入时，溶剂环境改变是渐变的过程，PPDO 链段的结晶较为充分，从而形成更为饱满的片层状半结晶自胶束，而后进一步组装成为“八角”状纳米自组装体。

图 4-42　PPDO 两亲性共聚物形成的八角状纳米自组装体

将这类具有各向异性形貌的纳米自组装体与其他聚合物如 PVA、PLA 等在选择性溶剂中复合，进而采用简单的单轴静电纺丝的方法可以制备得到具有清晰两相界面的纳米核壳纤维。这是因为片层状的结构非常有利于纳米自组装体在静电纺丝的拉伸流场中取向，并进而通过层层堆叠的方式紧密堆积。疏溶剂的 PPDO 相随着溶剂的挥发逐渐积聚到内核部分并相互融合，最终形成连续的核壳两相分离结构。

(2) 与其他脂肪族聚酯共聚

生物可吸收聚内酯均聚物虽然都具有良好的生物分解性和生物相容性，但由于其结构的不同，在降解速度、结晶性能，机械性能等方面却各有优势和劣势。如经美国 FDA 批准的可用作医用手术缝合线和注射用微胶囊、微球及埋植剂等的材料 PLA，其降解性和生物相容性都较好，最终代谢产物为 CO_2 和 H_2O，中间产物乳酸也是体内正常代谢产物。而其缺点是降解速度较慢，且材料较硬脆，缺乏韧性和弹性。PGA 同 PLA 一样具有良好的生物分解性和相容性，最终代谢产物也为 CO_2 和 H_2O，但其降解速度过快，体内强度保持率低，而且由其制造的缝合线物理形态为编织的复丝结构，摩擦系数大，易损伤伤口。PCL 则具有优良的药物透过性，有望成为理想的药物载体，其缺点是结晶性太强，降解速度慢，抗应力开裂性差，缺乏染色性、黏附力和光泽。与前三种聚合物相比，PPDO 的综合性能相对较好，由于其分子链上含有特有的醚键，使其分子链柔顺性好，聚合物具有优异的柔韧性，抗张强度、打结强度，降解过程中强度保留率大，可制成单丝缝合线。其缺点是降解速度较慢，吸收期过长，且单体的活性比前几种单体都低，聚合难度大。

由此可见，采用单一内酯/交酯单体聚合所得的脂肪族聚酯往往都具有明显的弱点。选择不同的单体进行共聚合成，是获得具有可调控综合性能生物分解材料的有效方法。目前已有多种以 PDO 为共聚单体的脂肪族共聚酯报道。共聚方式包括嵌段共聚、接枝共聚、无规共聚、交替共聚或复合型共聚。共聚所采用的催化剂基本属于上述几类催化体系，聚合方式也和均聚反应相似。

PDO 与 GA 进行共聚，在不牺牲 PPDO 均聚物的柔韧性和强度的前提下，可以有效地提高其体内吸收速率。PDO-*b*-GA 嵌段共聚物具有强度好、吸收快和韧性好的优点，可制成单丝缝合线。二者的无规共聚则大大降低了聚合物的结晶度，不仅远远低于均聚物的结晶度，同时也低于相同比例的嵌段共聚物的结晶度，因此其体内吸收速率也更快。

PDO 与 LA 进行共聚可以结合 PLA 的高强度和 PDO 的优良的柔韧性。对于 PDO-*co*-LA 的嵌段和接枝共聚物，其 LA 结构单元构成了共聚物的“硬”相，而 PDO 重复单元构成了共聚物的“软”相。对于 PDO 结构单元含量较高的共聚物具有韧性好、弹性高的特点，而 LA 结构单元含量高的共聚物则具有较高强度，因此通过调节二者比例可以获得满足不同需求的产品。

将 PDO 与 CL 的共聚可以获得具有优异柔韧性的产物。PCL 的熔点为 60℃左右，这大大限制了其应用，而 PPDO 的熔点要高得多，达到 110℃左右。合成的半结晶的 PPDO-*b*-CL 嵌段共聚物则在 55℃和 102℃显示出两个完全独立的熔点。

4.6.3.3 基于 PPDO 的纳米复合材料

由于无机纳米粒子具有纳米尺寸效应、巨大的比表面积和强的界面作用，较低的添加量就能起到明显的改性作用。其中，天然黏土具有高强度、高长径比、易解离、资源丰富及廉价等特点，将其引入聚合物基体中，可赋予材料优异的力学性能、流变加工性能、气体阻隔性能、热性能、尺寸稳定性等，因而受到广泛关注。不同结构、形状及纳米尺度的黏土的复合对 PPDO 的性能具有不同程度的影响。用作 PPDO 改性的天然黏土包括具有层状结构的蒙脱土（MMT）、蛭石（VMT）、锂皂石（LAP）、累托石（REC），纤维状结构的海泡石（SEP）、凹凸棒（AT）和管状结构的埃洛石（HNT），以及具有生物活性的羟基磷灰石。

具有层状结构的 PPDO/黏土纳米复合材料中最典型的是 PPDO/MMT 纳米复合材料。MMT 对 PPDO 的增强和增韧效果最为明显，如添加 1%（质量分数）的 MMT，材料的拉伸强度可由 35.6MPa 提高到 48.1MPa，断裂伸长率可由 212%提高到 608%。不仅如此，在聚合过程中，MMT 的加入还可加快 PDO 单体的聚合速率。在原位聚合法制备的 PPDO/蛭石纳米复合材料中，蛭石主要以剥离的黏土片层分散在 PPDO 基体中，虽不能起到成核剂的作用，但是它可以作为球晶生长的模板，纳米复合材料中的球晶生长速度随着蛭石含量的增加而加快。此外，分散在 PPDO 基体中的蛭石片层，会阻碍 PPDO 热分解产物的挥发，使得 PPDO 的热分解延迟、纳米复合材料的热稳定性提高。纳米层状黏土的加入还大幅提高了 PPDO 的熔体性能，热塑加工性有明显改善，不仅可通过挤出、注塑等方式，还可实现吹膜加工。

纤维状黏土海泡石具有大的比表面积、纤维状形貌、高密度的表面硅羟基及良好的分散性。原位聚合法制备的 PPDO/海泡石纳米复合材料中，海泡石表面的硅羟基可以引发 PDO 的开环聚合，将部分 PPDO 聚合物链接枝到海泡石纳米纤维表面，提高纳米复合材料的熔体强度。具有表面化学惰性的埃洛石纳米纤维之间的相互作用力较弱，原位聚合法制备的 PPDO/埃洛石纳米复合材料中，高含量（10%质量分数）的埃洛石纳米纤维，仍能在 PP-

DO 基体中获得均匀分散，可有效提高 PPDO 的结晶速度。然而，由于埃洛石纳米纤维与 PPDO 基体的相互作用较弱，高含量埃洛石的加入会使得纳米复合材料的黏度下降。凹凸棒纳米纤维与 PPDO 基体具有强的界面相互作用。因此，与 PPDO 基体具有强的相互作用的凹凸棒纳米纤维的加入，可提高了纳米复合材料的黏度。表面具有高密度硅羟基的纤维状黏土凹凸棒与 PPDO 基体具有强的界面相互作用。因此，与 PPDO 基体具有强的相互作用的凹凸棒纳米纤维的加入，可提高纳米复合材料的黏度。

4.6.4　应用

（1）PPDO 的回收

虽然较低的解聚温度对于 PPDO 加工性能有一定限制，但这对于其回收再利用却十分有利。在 150～250℃ 温度范围内的减压条件下，PDO 单体回收率可高达 99.3%。因此，PPDO 是高分子家族中少有的既具有可完全生物分解性，又易于回收为单体的高分子品种，是一类真正的“绿色低碳高分子材料”。方便回收的废弃 PPDO 产品，可以在简单的条件下解聚回收其聚合单体，回收率超过 95%，并且回收的单体又可用于 PPDO 的聚合；对于不宜回收的应用领域，PPDO 又可完全生物分解。对不同类型 PPDO 聚合物及共聚物在不同温度和真空度条件下的解聚研究发现，解聚反应效率非常高，不会受到其他组分副反应的干扰。此外，添加适当的催化剂对解聚反应也有很好的促进作用。

通过对 PPDO 样品的非等温降解以及等温降解行为研究，结果显示不含金属离子的 PPDO 样品在氮气氛下相对于含有金属离子的样品来说，具有更高的热稳定性，表明金属离子能够高效催化 PPDO 热解聚过程。研究还发现残留金属离子的类型和含量同样对 PPDO 聚合物热分解行为产生影响，不同金属离子对 PPDO 在氮气氛下热稳定性影响的顺序如下：Al>Zn>Sn。对回收得到的单体纯化后可以进行再次聚合，可完全达到聚合要求，能够获得高分子量聚合产物，与直接合成的单体没有区别。

目前，可实现高效循环利用的环酯单体比较有限，例如聚 *L*-乳酸在适当条件下可以高效回收为丙交酯单体，回收率可以达到 95%，但是回收后的单体会发生严重的消旋化，不再适宜直接用于重新聚合。此外，其他一些单体如 γ-丁内酯等也可以实现聚合-解聚循环再利用，但也往往同时存在聚合反应较为困难、聚合物稳定性不高等缺点。与这些聚合物相比，PPDO 在聚合和解聚两个方面具有最优的平衡效果。

（2）在环境友好通用材料领域的应用前景

PPDO 具有非常良好的生物相容性、可生物分解性、以及生物吸收性，已经获得美国食品药物监督管理局的认证，经批准可以在人体中使用，在生物医用材料方面得到大量研究与应用。与此同时，PPDO 相较于其余脂肪族聚酯具有较为优异的综合性能，且具有非常突出的可回收性和循环利用性。虽然目前 PPDO 的应用集中于具有高附加值的生物医用材料领域，但随着低成本 PDO 单体合成技术的出现，PPDO 聚合物的生产成本在未来将有进一步的下降。因此，这种具有优异综合性能和可循环利用的脂肪族聚醚-酯材料在环境友好通用材料领域，如一次性塑料餐具、包装材料、农地膜等也将有着非常重要的应用前景。

PPDO 的力学性能优异，兼具有良好的强度和韧性，而且还具有较高的热变形温度，可以达到 80℃以上，高于大多数可生物分解塑料品种。这些力学性能和热性能优势使得 PPDO 非常适合应用于对使用温度有一定要求的可降解材料，例如一次性塑料餐具等，可以盛放热食。

PPDO 和其他脂肪族聚酯类似，熔体强度较低，黏度随温度和剪切速度变化明显，不利于高效的热塑性加工。这一缺点可以通过引入长链支化结构或纳米粒子的方式加以解决。在线型聚合物中引入长链支化结构，对提高聚合物熔体强度非常有效。在浓溶液或者熔体中，长支链由于其链足够长，分子链之间很容易相互缠绕在一起，从而改变聚合物的流动性。与相同分子量的线型聚合物相比，长链支化结构聚合物表现出如下的性能：强的剪切变稀、低牛顿黏度、强的熔体弹性、高模量及在拉伸流变中表现出加工硬化现象等。通过多羟基化合物为引发剂引发 PDO 开环聚合可制备具有星形或梳状长链支化结构的聚合产物，也可利用星形 PPDO 预聚物的偶联反应制备得到长链支化 PPDO。长链支化结构的引入可以大幅增加 PPDO 的熔体强度。即使将少量长链支化 PPDO 与线型 PPDO 混合，也能够有效改善线型 PPDO 的热塑加工性能，可以采用吹塑的方式加工为力学性能优良、厚度很薄的膜材料。引入纳米粒子尤其是片层状纳米粒子也是改善 PPDO 热塑加工性能的一个有效方法，PPDO 分子链与层状黏土纳米片层的插层复合，可以有效增加分子链与纳米粒子之间的相互作用，从而提高熔体强度和复合物的热塑加工性。采用以上两种方法均可实现 PPDO 塑料薄膜的规模化生产，从而为其在包装材料、农用棚地膜等领域的应用打下了良好的基础。

第 5 章　生物基塑料

近年来，随着国际原油价格的持续攀升和资源的日渐趋紧，石油供给压力增大，生物能源产业、生物制造产业已成为全世界发展热点，其经济性和环保意义日渐显现，产业发展的内在动力不断增强。生物基材料由于其绿色、环境友好、资源节约等特点，正逐步成为引领当代世界科技创新和经济发展的又一个新的主导产业。生物基材料，是利用谷物、豆科、秸秆、竹木粉等可再生生物质为原料制造的新型材料和化学品等，包括生物合成、生物加工、生物炼制过程获得的生物醇、有机酸、烷烃、烯烃等基础生物基化学品，也包括生物基塑料、生物基纤维、糖工程产品、生物基橡胶以及生物质热塑性加工得到的塑料材料等。

生物基化学品和材料产业已逐步从实验室走向市场实现产业化。国际上，1,3-丙二醇、丁二酸等重要生物基材料单体的生物制造路线，已经实现规模化生产。2018 年，全球生物基材料产能已达 3500 万吨以上，生物基塑料表现尤其突出。我国的生物基材料产业发展迅猛，关键技术不断突破，产品种类速增，产品经济性增强，生物基材料正在成为产业投资的热点，显示出了强劲的发展势头。2018 年，我国生物基材料总产量约 550 万吨，其中生物基纤维产能约 250 万吨，有机酸、化工醇、氨基酸等化工原料生物基化学品约 200 万吨，生物基塑料约 100 万吨。

非生物分解的生物基塑料中发展较快的几种材料主要为生物基聚乙烯（BioPE）、生物基聚对苯二甲酸乙二酯（BioPET）、生物基聚酰胺（俗称生物尼龙，BioPA）。这些以生物质为原料生产的 PE、PP、PET 等通用塑料虽然以生物质代替石油原料，但是产物的结构与性能与石油基塑料并无区别，可以采用相同的加工设备和方法，最终产品的性能也是一致的。BioPE 和 BioPET 主要生产国为巴西和美国，2018 年这两种材料的年产量超 75 万吨。BioPA 的研究和产业化吸引了杜邦、巴斯夫、阿科玛、DSM 等传统化工巨头投入研发与中试，Rennovia 公司是专注于研发 BioPA 的公司，我国广州金发公司等单位也已经规模生产 BioPA，据预测，到 2025 年，全球 BioPA 的产量将达到 100 万吨以上。郑州大学黄正强等，较为详细地介绍了 BioPA 国内外研究进展，我国 BioPA 的研发和产业化同美国、欧洲、日本等发达国家相比还存在一定差距，主要表现在技术不够成熟，需要加强原料的工业化制备，并在生物催化、产品纯化等方面加大研发投入力度。生物基化学纤维，是生物基材料应用的一个大门类，是我国战略性新兴材料产业的重要组成部分。根据原料来源与纤维加工工艺不同，生物基化学纤维可分为生物基新型纤维素纤维、生物基合成纤维、海洋生物基纤维和生物蛋白质纤维四大类。以生物基聚乳酸为原料，可分别通过熔融纺丝、溶液纺丝、静电纺丝工艺获得乳丝，用于生物医药、服装、装饰、包装等领域。同济大学任杰等以聚乳酸为基材的无纺布和底膜，成功应用于卫生巾、尿布等，产品具有透气、亲肤、抑菌、干爽等特性。而且，由于原油价格的不断上涨以及生物基塑料制备技术的不断发展，生物基塑料成本较高的问题也将得到缓解。

5.1 生物基聚乙烯

5.1.1 生物基聚乙烯的合成

BioPE 是由甘蔗等农作物发酵产生的生物乙醇催化脱水生成单体乙烯再聚合得到的聚乙烯。虽然生物乙醇可以由甘蔗、玉米、小麦等多种粮食作物发酵生产，但目前我们仅用甘蔗生产的生物乙醇来作为生产 BioPE 和 BioPET 的原料。巴西和印度作为世界上最大的甘蔗和甘蔗乙醇的产地，分别建立了 BioPE 和 BioPET 的工业生产厂商。

印度甘蔗种植农业生产主要依靠人力和动物劳力，产量明显较低（约 55t/ha），需要灌溉。在巴西，新鲜的甘蔗汁直接发酵和蒸馏成乙醇，但在印度只用甘蔗糖浆。在这两个国家，乙醇生产产生的副产品在国内使用，减少了投入（如化肥），减少了对外部能源的依赖，并提供了富余的电力和生物质。在甘蔗榨汁过程中，从纤维秆中分离出果汁，提取的蔗渣丝用于热电联产装置，产生蒸汽和电能，能满足工艺能耗要求。在巴西和印度，越来越多的工厂将生产富余的电力卖给国家电网，富余的蔗渣通常作为固体生物燃料或造纸工业的原料出售。甘蔗汁过滤的残留物一般制成滤饼或泥，与锅炉的灰烬混合，作为肥料返回甘蔗田。蒸馏所产生大量的废水（釜馏物），在巴西是在开放的池塘中冷却后，分配到田间，有价值的营养物质被循环利用；印度通常是在厌氧消化器中生产沼气，用于联合发电设施以及生产现场的能源供应。一些酿酒厂用釜馏物来进行生物堆肥，这些生物堆肥可以出售或者免费提供给农民。

过去，乙烯是由生物乙醇脱水得到的。然而，在 20 世纪 40 年代中期以后，随着石化工业的兴起，石油和天然气重馏分的蒸汽裂解成为乙烯生产的主导工艺。由乙醇制备乙烯的工艺得到了进一步优化，开发出了各种新型高效催化剂。

生物乙醇在气相反应中催化脱水，每个乙醇分子脱除去一个水分子，从而产生乙烯。该反应为吸热过程，其理论反应焓为每千克乙烯 1.63MJ。反应在 150～300℃之间形成乙醚副产物，在 300～500℃之间产生主要产物乙烯。由于氧化铝、硅氧化铝催化剂的高选择性、高生产率和抗失活性，常被用于固定床反应器或流化床反应器中，副反应会产生少量的乙烷、丙烯、丁烯、乙醛和少量的甲烷、一氧化碳和二氧化碳、乙醚和氢。反应产生的废水主要含有乙醛、乙醚和未反应乙醇。经过分离，达到含量低于 100ppm 的化学需氧量水平。通常，轻质有机副产物和重质有机物被收集起来用作燃料，减少生产过程的净能量需求。

根据应用需要，生物乙烯在高压管式或高压釜式反应器中聚合成 LDPE，通过悬浮或气相聚合的方式在低压反应器中生产 HDPE，在相对较低的压力和温度下通过溶液或气相聚合生产 LLDPE。在这些生产过程中，由于生产 LDPE 对电力的要求较高，能耗较高；由于蒸汽的能量转化率较电力高得多，HDPE 和 LLDPE 虽然蒸汽需求较高，但是能耗较低。

5.1.2　生物基聚乙烯的性能和改性方法

BioPE 虽然是生物基塑料，但是并不能进行生物分解。其结构与性能和石油基聚乙烯并无区别，并且可以采用相同的加工设备和方法，最终产品的性能也是一致的。利用生物乙醇聚合得到的 BioPE 的重均分子量为（10～600）$\times 10^4$，分子量分布为 2.1～6.8，与石油基聚乙烯是完全相同的。BioPE 的杨氏模量为 102MPa，拉伸强度为 22～29MPa，断裂伸长率高达 298%。BioPE 的玻璃化转变温度为 33.4℃，熔融温度为 136.4℃，BioPE 的热稳定性体现在 371℃失重率为 5%，与石油基聚乙烯相同。因而，可以代替石油基 PE 和 PP，应用于包装材料、食品包装、玩具、灌溉以及排水管、医用材料、个人卫生用品、农用地膜。

BioPE 的改性方法主要有化学改性和物理改性。化学改性主要是在 BioPE 主链中引入极性链段实现 PE 的可生物分解和自组装，例如 PE-*b*-PEO 共聚物和 PS-*b*-PE-*b*-PCL。物理改性为将 BioPE 与淀粉等生物分解材料或 PC、PET 等工程塑料共混来提升材料的结晶性和力学性能。BioPE 与淀粉共混能够促进 PE 主链 C—C 键的断裂，提升其生物分解性能。

5.1.3　生物基聚乙烯的发展现状

PE 来源于石油乙烯的聚合，石油乙烯的聚合决定了 PE 市场必然紧随国际原油价格的非理性震荡而大幅波动。近年来，国内 PE 市场随原油市场而动的情况频频发生，一方面反映了国内 PE 市场的脆弱，另一方面也说明原油和 PE 市场的关系变得越来越密切了，特别是在市场走势不明朗时，油价的涨跌往往能改变 PE 市场走势，给国内 PE 生产造成了巨大压力。随着全球性石油资源供求关系日益紧张，油价不断飙升，同时石化工业所造成的环境污染问题日益严重，传统聚乙烯工业将面临新挑战。突破资源短缺的瓶颈，利用可再生生物质资源经发酵生产乙醇，在催化剂作用下脱水成乙烯，再进一步聚合成聚乙烯，实现石油路线替代，是聚乙烯工业可持续发展的必然要求。PE 作为产量最大的高分子材料和消耗石油乙烯最多的产品，发展生物基聚乙烯产业将会推动生物基材料产业发展，促进 BioPE 产业发展，进而推动燃料乙醇和生物基化学品产业的发展，对实施石油替代战略、确保国家能源安全和解决环境污染严重问题均具有重要作用。

2007 年，美国陶氏公司与巴西 Crystalsev 公司合作建设从甘蔗中生产 35 万吨每年的 PE 装置，先由甘蔗生产生物乙醇，然后生产“绿色聚乙烯”，据陶氏化学公司估算，基于其专有 Solution 技术的新工艺，与传统 PE 生产工艺相比，其产品质量与 Dowlex 品牌产品相同，完全可以循环利用。2008 年，日本丰田通商贸易公司与巴西 Braskom 公司合作，在巴西 Triunfo（地名）建立一套年产能力为 20 万吨的工业装置，以甘蔗为原料生产生物乙醇，然后生产绿色高密度聚乙烯（HDPE）和低密度聚乙烯（LDPE）。日本国家先进工业科技研究所与工业界和学术界正通力合作，建设 1 套年产百万吨的 BioPE 和 BioPP 生产装置，并将进一步制备聚烯烃，该项目被称为 JCⅡ工程，共有 5 所大学和 19 家来自化工、工程、发酵、造纸和信息等行业的企业以及最终用户联手，与日本国家先进工业科技研究所共同促进 JCII 项目的开发建设。从 CO_2 排放意义上来说，BioPE 具有环境友好的优势。石油基聚乙烯从化石原料生产乙醇、乙烯生产聚乙烯，再到最终废弃物的处理过程，平均每百吨聚乙烯释放出 315tCO_2，而 bioPE 工艺的这一指标仅为石油基聚乙烯的 1/10，即每百吨 BioPE

释放 30tCO_2。另外，JCⅡ工程所得的 BioPE 和 BioPP 规格完全符合现有基础设施要求，已有的聚合工厂和工艺设备可以直接用 BioPE 和 BioPP 为原料生产合成塑料或其他产品，无需新建工厂。

我国在 BioPE 生产上也具备产业化条件，从原料供应角度出发，国家在“十五”至“十三五”期间制定了多项鼓励政策，促进了生物乙醇产业的快速发展，解决了生物乙烯产业所需的原料问题。“十一五”期间，国家将生物乙烯产业列为重点扶持项目，2008 年国家发展和改革委员会启动了生物基材料高技术产业化专项，作为最大的生物基化学品和生物基材料单体，年产万吨级生物基乙烯项目已得到发改委资金的支持，攻克了制约生物乙烯产业发展的技术难题，为生物乙烯产业的健康和稳定发展奠定了原料基础和技术保障。

国内基于木薯、甜高粱和木质纤维素等非粮原料的生物乙醇产业将得到长足发展，除了作为燃料使用外，生物乙醇下游产品链的良性、稳定开发也具有重要意义。BioPE 作为生物乙醇最重要的下游化工产品已经得到了足够重视，并已实现产业化，而聚乙烯作为最重要的高分子材料，在国外也即将实现生物质原料的工艺路线，从而使聚乙烯也成为生物基材料。国内社会经济的可持续发展，国家一系列重大基础设施建设的实施和建筑产业的稳定发展，保证了 PE 工业的快速发展，但 PE 需求仍将保持高度的对外依存度。全球性石油资源的日益枯竭和非理性震荡，国内石油替代战略的深入实施，环境保护的日益重视，生物乙醇和 BioPE 下游产品的进一步延伸，聚乙烯产品的市场需求和重要的石油替代作用，使发展生物基聚乙烯这一最大的生物基材料成了社会、经济可持续发展的必然要求，也是开展节能减排技术研究和发展低碳经济的基本国策和必然要求。

5.1.4 生物基聚乙烯的应用

（1）BioPE 薄膜标签

2015 年，艾利丹尼森公司隆重推出了 2 款 BioPE 薄膜标签产品。这些新产品是首批面材中可再生材料含量超过 80%的压敏胶 PE 薄膜标签，在实现可再生资源包装目标的同时，保持了常规 PE 标签所具备的功能和性能。

艾利丹尼森材料部北亚区产品管理高级总监 Jan’tHart 表示：“经济发展、自然资源匮乏以及对商品和服务需求的不断增长，都将在未来几年内造成有限的非再生资源出现供应不确定性。随着艾利丹尼森的环保标签材料的种类不断增加，包括此次新推出的 BioPE 薄膜标签，我们不仅支持标签加工商满足品牌所有者在包装领城利用可再生资源的需求，还能帮助他们提供与众不同的产品，在快速发展的细分市场推动销售增长。”

生物基 PE 薄膜所使用的树脂由 Bonsucro® 认证的甘蔗制成，符合严格的社会和环境监测标准。2 种新产品的性能和可回收性与标准 PE85 树脂相当。采取恰当的防范措施和准备工作，这些薄膜可直接用作替代方案，即标签加工商无需购买新机器，即可用生物基 PE 标签薄膜替代传统 PE。

通过采用生物基树脂含量超过 80%的 PE 标签薄膜，品牌所有者可降低对石化包装材料的依赖。推出生物基薄膜正是响应他们对生物包装材料的兴趣。整个价值链内各成员之间的紧密合作促成了 BioPE 标签薄膜的问世。艾利丹尼森与全球树脂生产商 Braskem 和比利时标签加工商以 Desmedt Labels 合作生产样品，并在生态环保清洁产品制造商 Ecover 的比利时基地对 BioPE 标签进行了测试。此款新产品是艾利丹尼森为实现 2025 年可持续发展目标，进行的多项投入的其中一大成果，它证明了环境改善可与商业成功共存。

(2) 生物基发泡聚乙烯用于T恤生产

2013年12月，荷兰Avantium公司成功将生物基发泡聚乙烯材料（PEF）用于T恤生产。该公司称，PEF性能与聚对苯二甲酸乙二酯（PET）相近，可用于纤维制造，然后作为原料生产100%可再生的T恤衫。在进行大批量生产生物基T恤衫之前，德国亚琛工业大学纺织技术学院研究人员对Avantium公司的样品进行了对照性实验。研究发现，与传统纤维相比，PEF更加适合生产编织及染色类衣物。Avantium公司CEO Tomvan Aken说："以PEF为原料生产出来的时装及运动装都能够循环再生，将为服装行业增加新的卖点。"

(3) 包装材料和汽车材料

BioPE除可用作凸版印刷的层压包装材料"BIOAXX"和三井化学东压公司的多层包装薄膜使用外，东丽公司还将其用于汽车材料和建材等环保型聚烯烃发泡体。三菱汽车公司的新款小型汽车的脚踏垫也使用了BioPE和BioPP为原料。

5.2 生物基聚酯

5.2.1 生物基聚酯的合成

生物基聚酯的生物基成分为二元醇，与二元酸进行酯化反应生成生物基聚酯。生物基二元醇可由葡萄糖、蔗糖等发酵制备。例如，甘蔗等农作物发酵得到生物乙醇，经催化脱水成乙烯，再氧化成环氧乙烷，然后水解成生物基的乙二醇（BioMEG），BioMEG与对苯二甲酸进行酯化反应生成BioPET；由葡萄糖发酵可以制备1,3-丙二醇，再与对苯二甲酸酯化聚合成生物基聚对苯二甲酸丙二醇酯（BioPTT）。无论原料是生物基的还是石化基的，乙烯进一步转化为这些聚合物的过程都是一样的，产物也是相同的聚合物，与石化产品一致。巴西和印度生产的甘蔗乙醇都被用于制备BioPET，而只有巴西的乙醇用于生产BioHDPE。

乙烯与氧气、二氧化碳、氩气和甲烷或氮气混合稀释，将气体混合物通入管状催化反应器制备环氧乙烷（EO）。该反应过程放出大量的热，反应温度由反应产生的蒸汽和汽包内的压力来控制。产物EO用水冲洗，副产物二氧化碳被分离并输回反应器回路，EO被蒸汽分离并以浓缩水溶液回收，采用多效蒸发器系统进行除水。乙二醇被干燥、冷却后送到蒸馏装置进行分离纯化，在蒸馏装置中，MEG与较重的二甘醇（DEG）和三甘醇（TEG）分离。

生产BioPET所需BioMEG的加料量为27.7%，另一种单体是由对二甲苯和乙酸合成的纯化对苯二甲酸。目前为止，还没有商业化的生物基对二甲苯生产线，现在的二甲苯主要是炼油厂对富含芳香族的馏分进行溶剂萃取和分馏蒸馏得到的。对苯二甲酸与BioMEG直接酯化熔融聚合成无定形PET。再次聚合成固态产物才能用于生产塑料瓶。

5.2.2 生物基聚酯的性能和改性方法

与BioPE类似，生物基聚酯虽然是生物基塑料，但是并不能进行生物分解。其结构与性能和石油基聚酯并无区别，并且可以采用相同的加工设备和方法，最终产品的性能也是一致的。利用BioMEG合成得到的生物基聚酯的重均分子量一般为几十万，分子量分布为2左右，与石油基聚酯是完全相同的。生物基聚酯的杨氏模量可达700MPa，拉伸强度约为50MPa，断裂伸长率高于160%。BioPTT的玻璃化转变温度为42.6℃，熔融温度为

227.6℃，BioPTT 的热稳定性体现在 364℃失重率为 5%，与石油基 PTT 相同。因而，生物基聚酯可以代替石油基聚酯，应用于纤维、织物、热塑性工程塑料、电子连接器和排线。例如，由于 PTT 不仅具有聚酯的基本特性而且还具有优良的抗污性和弹性，常用作地毯纤维，也可用于其他纺织品、薄膜。

生物基聚酯的改性方法主要有化学改性和物理改性。化学改性主要是在聚酯中引入癸二酸、脂肪酸、对乙酰苯甲酸等，例如在 PTT 分子结构中引入三亚甲基间苯二酸、对乙酰苯甲酸、乙二醇来提高 PTT 的力学性能和热性能。物理改性方法与 BioPE 类似，将生物基聚酯与结晶或无定形热塑性工程塑料以及热塑性弹性体共混来提升材料性能。

5.2.3 生物基聚对苯二甲酸乙二醇酯

PET 纤维的消费呈持续增长态势，1990 年 PET 纤维消费量仅占纤维总消费的 22%，到 2010 年已增长到 49%，预计 2020 年将会突破 55%的比例。纵观国内 PET 纤维产能走势亦大体如此，1990 年中国 PET 纤维产量仅占全球的 13%，2010 年达到了 65%，预计 2020 年可超过 70%。

近年来，BioPET 技术取得了新进展：使用非粮食生物质资源合成生物基对二甲苯（PX），进而制备 100%BioPET 技术已进入了商业化生产阶段。可口可乐、亨氏公司的饮料与食品包装以及医用、卫生保健纺织品的需求正是催生 BioPET 产品快速进入市场的最直接的推动力。BioPET 生产技术被认为是足以改变聚合物纤维材料现状，影响力极为深远的一项技术。它涉及 PET 及其纤维技术的进步和市场的拓展，具有替代传统 PET 材料，而无须改变或调整现有聚合设备、深度加工工艺和消费习惯的优势。

目前已进入市场的生物基 PET 是使用生物基乙二醇（EG）和石油基对苯二甲酸（TPA）制得，其生物组分占 30%（再生碳含量在 20%）。100%生物基 PET 更受到业内的普遍青睐。预计 2017～2020 年间，全球生物聚合物市场中，BioPET 的份额将会快速上升到 80%。生物基 PET/PEF 的不寻常的增长态势是基于其有效融入传统 PET 工业的技术特点。

近年来国内的多家大学、科研院所及企业开展了生物基化学品的研究，并在诸如聚乳酸（PLA）、聚羟基脂肪酸酯（PHA）等生物材料的研究开发方面取得了不小的进步，但多数研究课题还仅是基于原有特定技术方向的延伸。总体上看，国内从事生物化学品研究的企业不多，工程化能力薄弱，尚未见到生物基 PET 及 PEF 工业化研究的相关报道。

5.2.3.1 BioPET 的合成

（1）生物基二元醇的制备技术

多元醇（polyols）亦称糖醇，包括山梨醇（sorbitol）、木糖醇（xylitol）、甘露醇（mannitol）、麦芽糖醇（maltitol）、赤藓糖醇（erythritol）、乳糖醇（lactitol）、异麦芽酮糖醇（isomalt）等。大部分多元醇最突出的特性是具有与蔗糖相类似的化学和物理性质，但热值较蔗糖低，多数情况下不致龋齿，因而在食品和医药上得到广泛的应用。

生物基多元醇可以通过传统的生物基水解等途径得到，如纤维素水解生成葡萄糖，然后加氢转化为山梨醇（六元醇），从植物或动物的油脂中富含的脂肪酸甘油酯水解获得甘油（三元醇）。这些多元醇能进一步转化为燃料和化学品。最近，人们在这方面开展了一系列的研究，特别是以 Dumesic 等的工作为代表，发现山梨醇和甘油等多元醇可以有效地催化合成氢气、液体烃燃料和化学品。这些基于多元醇的工艺较之目前比较普遍采用的热裂解、气化和生物发酵等生物基转化技术，在能量和资源利用效率以及过程绿色化等方面具有明显的优势。

目前我国乙二醇的生产大部分集中在大型石油化工企业，石油路线主要的合成方法包括常压催化水合法、加压水合法。但由于石油资源日益开采发掘，可利用的石油资源在慢慢地减少，同时石油路线合成乙二醇会对环境构成一定的污染。因此，一些研究人员开始探索寻求可再生且对环境友好的乙二醇生产路线。由徐周文等发明了以玉米为原料制备多组分二元醇的方法，以玉米为原料，通过玉米→淀粉→山梨醇→加氢裂解→多组分混合醇→截馏出玉米基乙二醇的工艺路线成功地制备出玉米基乙二醇。该方法操作简单，可供工业化生产。2005 年，大成集团通过发酵法生产葡萄糖，随后转化成糖醇，再加氢催化裂解的方法建成了年产 2 万吨的中试生产线，2007 年在此基础上创新发展了年产 20 万吨的工业化示范装置。自然界中的碳水化合物，无论是淀粉基的多糖类作物，如玉米、小麦、土豆、红薯、甜菜等高产作物；还是单糖或多糖类农作物，如甜高粱、菊芋和木薯等，均可以作为生物基乙二醇原料。而最新的研究结果是生物基乙二醇由第一代粮食作物玉米发酵制备转化为第二代由玉米秸秆发酵制备。这一过程大大提高了生物基乙二醇开发的可行性。此外，生物基乙二醇的乙二醇含量也得到了提高，乙二醇含量由原来的 97%到目前的 99%。

一直以来利用玉米资源制取纤维，成熟的工业化路线主要有两条：一是以美国杜邦公司为代表的，用生物发酵法制取 1,3-丙二醇，进而与 PTA 聚合生产 PTT；二是以美国嘉吉公司和陶氏化学的合资公司 CDP 为代表的，采用生物发酵法生产聚乳酸（PLA），进而制取聚乳酸纤维。不过“非 A 即 B”的模式终于被打破，中国长春大成集团成功开拓了世界上第 3 条以玉米为资源生产纤维的工业化路线，并将通过生物发酵和化工氢化裂解方法，制备的乙二醇正式定名为生物基乙二醇。

（2）BioPET 的聚合工艺

PET 的合成由对苯二甲酸二甲酯（DMT）或精对苯二甲酸（PTA）和生物基 MEG 聚合而得 PET 树脂。类似于 PET，其合成工艺主要为直接酯化法。直接酯化法的主要原料就是 PTA 和生物基 MEG。其聚合过程主要分为 3 个阶段，包括 PTA 与 MEG 酯化、预缩聚及终聚 3 个主阶段组成，基本上与石油基 PET 的聚合工艺相似。由于生物基 MEG 含有其他组分的多元醇，还有少量的醛类物质，在集合的过程中还要对工艺进行适当的调整。生物基聚酯的聚合相比石油基聚酯的聚合需要更长的反应时间，缩聚反应时的真空度也需要有提升。

BioPET 聚合过程更复杂，需要更加高效的催化体系，目前适合的催化剂主要有钛系催化剂和锑系催化剂。但由于生物基乙二醇中其他成分的存在，这些催化剂依然会产生部分副反应，使产品的性能有所下降。因此，BioPET 聚合所使用的催化剂需要有进一步的改进。复合型催化剂在合成聚酯方面应用越来越广泛，不久的将来，复合催化剂将成为合成聚酯用催化剂的主要品种。将各种金属配合物、无机化合物、有机化合物通过各种技术进行复配，形成各式各样的复合催化剂，从而开发出的合成聚酯反应活性高，所制得产品性能优良。

5.2.3.2　BioPET 的加工

BioPET 一般用作纤维，其加工工艺与石油基 PET 的加工方法基本一致。

（1）切片的干燥技术

在纺丝前需要对湿切片进行干燥除湿，以保证切片的可纺性和产品质量良好。BioPET 结晶温度比 PET 低 15℃左右，同时结晶速率高于 PET。所以在干燥过程中，切片很快结晶，表面软化温度提高，其预结晶温度在70～80℃，干燥温度为120～140℃，干燥时间根据设备情况而定。干切片中水的质量分数控制在不高于（30～40）$\times 10^{-6}$，否则熔融纺丝过程中发生水解，断头增加，毛丝增多。

（2）纤维纺丝技术

① 纺丝技术　BioPET属芳香酯系列，分子结构与石油基PET基本相同，BioPET熔点254℃与石油基PET（265℃）接近；所以纺丝成型和卷绕均可以利用国内现有的PET设备来完成，不需要对设备进行大的技术改造。但是BioPET也有很多性能不同于石油基PET，需要在今后的研究中探索改进的纺丝工艺。

② 纺丝温度　BioPET比石油基PET熔点低10℃左右，纺丝熔融温度要适当降低，调整范围一般为BioPET：265～280℃。如果温度高于280℃，聚合物易发生热分解反应，断头增加。此外，经干燥或预结晶之后的BioPET切片的结晶度高于石油基PET切片，因此熔融时螺杆挤压机各区温度匹配也要做适当调整，使熔体更趋于稳定、均匀，提高纤维质量。

③ 纺丝组件　纺丝组件内过滤介质的比例要根据组件压力的变化进行适当调整。压力过高，漏头率提高，不经济；反之，过滤及熔体均化效果差，影响纺丝质量。喷丝板仍可以用石油基PET喷丝板，为了提高纤维的稳定性，喷丝孔的长径比大一些为好。

④ 冷却成形　熔体冷却成形时，在相同纺速下，由于BioPET的结晶诱导期和形成球晶的时间短，结晶温度低，结晶速率大，因此要注意观察分析，适当调整侧吹风温度、湿度和给油嘴位置，使纤维保持均匀、稳定适宜的结构和纺程张力，提高产品质量，便于后加工。

⑤ 纺丝油剂　BioPET纺丝油剂可以用石油基PET纺丝油剂，实际生产已证实效果良好。

5.2.3.3 BioPET纤维产品性能

BioPET纤维相比较于石油基PET具有更高的亲水性、更好的染色性能和更好的抗静电性。

（1）纤维的形态结构

BioPET纤维的表面形态结构基本上均与PET纤维相似，呈光滑条状，且光反射、折射较强，纤维光泽较强；表面有空隙，有一定的导湿、透气及保暖性；可制成各种不同截面形态的纤维产品，如三叶形、三角形等异形纤维，还能增加纤维抱合力，改善光亮度。

（2）纤维的物理、化学性能

① 力学性能　BioPET纤维的弹性回复率和热收缩高于石油基PET纤维，拉伸强度基本一致，伸长率为35%～42%，高于石油基PET的30%～38%，比强度较低为58cN·$dtex^{-1}$。

② 染色性能　和石油基PET纤维相比，BioPET纤维具有较低的玻璃化转变温度。玻璃化转变温度较低导致了BioPET纤维可常压染色，而石油基PET纤维玻璃化转变温度比BioPET高5～15℃，结构也更紧密，染料分子不易进入纤维内部，需在高温高压下用分散染料染色，因此相对石油基PET而言，BioPET纤维具有更好的上染率以及更高的色牢度。

③ 亲水及抗静电性能　BioPET回潮率高于石油基PET，这是由于BioPET在聚合的过程中，其原料中含有少量的山梨醇，山梨醇的多羟基结构促进了BioPET的亲水性能。Bio-

PET 和石油基 PET 纤维比电阻分别为 $10^5 \Omega \cdot cm$ 和 $10^8 \Omega \cdot cm$。可以看出，BioPET 纤维抗静电性能比较优秀。

④ 环保特性　美国 ASTM D6866—2010 方法已经开发出来，用以证明材料是否含生物基物质。宇宙射线与大气层相撞意味的是一些碳含同位素的放射性碳－14。植物光合作用是吸收 CO_2，因此新的植物材料将同时包含碳－14 和碳－12。在适当的条件，并在地质时间尺度，居住的遗迹被转化成生物化石燃料。10 万年后的所有碳－14 在原有机材料现在将发生放射性衰变只留下碳－12。生物源的材料碳－14 的含量相对较高，而石油源的材料则不含碳－14 固体或液体材料。

可以看出，BioPET 纤维的生产在低碳排放方面更具优势，相较于石油基 PET 则具有相对的低碳排放量。

5.2.3.4　BioPET 技术的发展

全球对二甲苯产量的 96％用作 PET 合成及其加工工业。取之于可再生资源的对苯二甲酸和乙二醇的 BioPET 可满足人们对食品饮料包装和绿色纤维材料的需求，受到业内的广泛关注。近几年间，选择非粮食生物质原料，开发 BioPET 的努力取得了不小的进展：美国 Virent 公司、Gevo 公司和 Anellotech 公司的 BioPET 技术的商业化生产已在实施中；荷兰 Avantium 公司 YXY 技术在饮用水瓶、包装材料和纺织纤维领域已显示出可替代传统 PET 的优势。

（1）非粮食生物质资源的利用

BioPET 利用的资源主要是玉米秸秆、甘蔗渣、木屑、稻草、麦秆以及高粱秆等纤维素类。随着生物经济的发展，木质纤维素原料的开发已经开始，而未来取材于 CO_2、CO 和 H_2 等气体的研究也已进入人们的视线。

与传统石油基对二甲苯比较，Virent 公司生物基对二甲苯的碳排放（GHG）可大幅度降低，如使用美国产地的玉米原料时 GHG 降低 30％，使用欧洲产地的甜菜原料时 GHG 可降低 35％～55％。采用 Virent 生物基 PET 技术的某生产工厂生物质原料的供给方案大体是：全年可使用糖厂供给的 65 万吨每年的甘蔗渣，在 7～12 月份的生产期可补充部分甜高粱或糖蜜原料以备不足。

目前生物可再生资源的利用主要基于如下三个方面：①生物质原料的成本，通常占总成本的 40％～60％，价廉原料的选择关系成本效益；②提高 BioPET 单体的生产总得率至关重要，目前尚低于石油基聚合物单体的得率；③原料供给过程简易。已大量使用的生物质多系甘蔗和玉米类，属第一代生物质，受到人类粮食供给的制约；而第二代生物质资源，如木质纤维素、农业与食品加工业的副产品正成为生物聚合物原料的新选择。

（2）生物基 PET 技术的新变革

① Virent 公司“Bioform PX”生物基 PET 技术　Virent 公司开发的生物基 PET 工艺，即“Bioform PX”技术。该工艺使用甘蔗或玉米为原料，生物质经液相重整，碳氢化合物在催化剂条件下转化为芳烃混合体（BTX），进而形成 PTA 并与生物基乙二醇制得 PET，见图 5-1。

通常，投入 2.6t 生物质原料（甘蔗或玉米等）和 0.17t 氢气，通过 Bioforming 方法可制得 1t 液态碳氢化合物，最终得到 0.6t 对二甲苯、0.2t 甲苯以及 0.1t 生物燃料油和 0.1t 生物天然气。“Bioform PX”工艺的生物质单耗可以控制在 2.6t/t，理论上最佳可达到 2.3t/t，液态碳氢化合物的得率达 38％，理论得率在 43％。

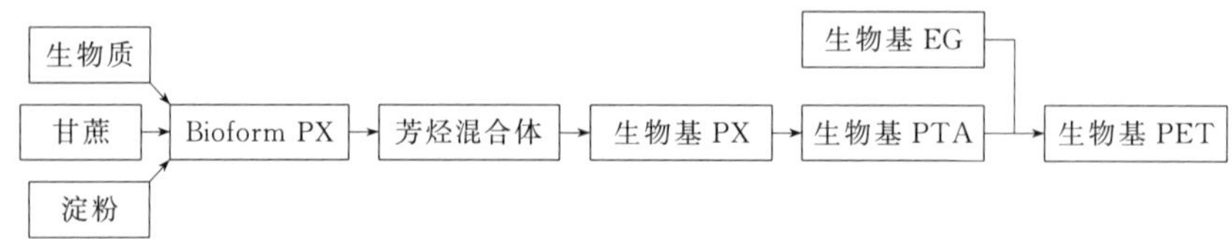

图 5-1 Virent 公司的“Bioform PX”技术及加工链

“Bioform PX”工艺具有如下技术特征：

a. 原料的选择。该项技术以可再生生物质为原料，通常根据用户的要求、价格、产地、可利用性以及污染物排放状况加以选用，即以满足地域农业发展、能源供给自主和经济运行安全为基本宗旨。

b. 可靠的环境特征。Virent 公司的生物基 PET 技术在能源效率、水资源利用和生命周期分析中的碳足迹指标比传统石油基化工制品要优越。产品成本更具有竞争性。

c. 基本建设投资省。“Bioform PX”生产线的建设可以利用部分经改造而成的传统石油基 PET 设备，可有效降低项目的基本建设投资规模。

d. 高生产效率，良好的可利用性和规模化生产的可靠性。“Bioform PX”的催化系统可赋予高生产效率、低能耗和良好的原料适应性。拟建的生产工厂规模在年产 3 万～22.5 万吨，产品以 0.295L 饮用水瓶和 0.590L 的 SDB 饮料瓶为主体，毋庸置疑其在纤维和薄膜领域的潜在市场巨大。

② Anellotech 公司的生物基 PET 技术　Anellotech 公司（美）开发的 BioPET 技术选用林业加工废弃物和玉米秸秆等为原料，通过快速催化热解方法（CFP）制取混合芳烃技术，加工过程包括催化剂回收循环系统和反应气态物料的循环系统。该项技术具有的可持续性特点主要表现在如下几个方面。

a. 高加工效率。CFP 过程采用的反应装置结构紧凑，配备高效催化系统，一段反应工艺 BTX 的得率高，显示出了 CFP 生产效率上的优势。

b. 低成本。CFP 为快速催化热解过程，选用非粮食生物质原料，主要包括林产加工副产品（木材废料）、农业副产品（玉米秸秆、甘蔗渣以及棕榈油加工时的副产品果壳）等，这些生物质成本低，不存在对粮食供应链的冲击。

c. CFP 的催化系统具有十分高的选择性。CFP 生产过程使用特别的沸石催化系统，对于芳烃的生产过程具有十分高的选择性。

d. 经济竞争能力具有优势。CFP 技术的竞争优势取决于其采用了简洁紧凑的工艺过程，利用成本低廉的非粮食生物质资源制备 BTX。该项技术有望进入未来的能源和化工制品领域。图 5-2 为 Anellotech 公司生物基 PET CFP 技术制造流程。

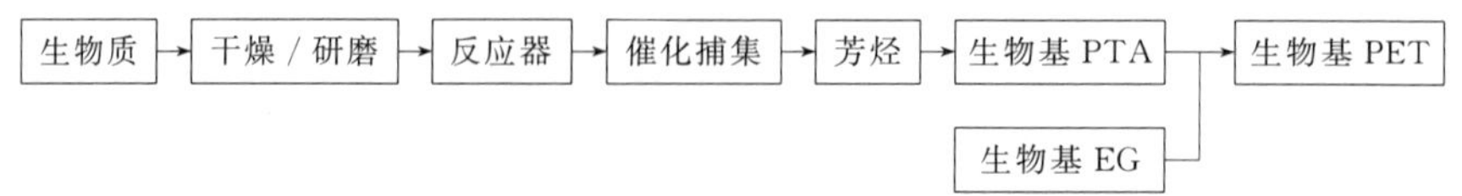

图 5-2 Anellotech 公司生物基 PET CFP 技术制造流程

③ YXY 技术

Avantium 公司（荷兰）利用玉米、甘蔗或淀粉原料，开发了 YXY 技术，即新一代聚酯（PEF）技术。生物质原料诸如六碳糖在高效催化系统条件下，完成脱水和催化氧化反应而得到 2，5-呋喃二羧酸（FDCA），后与生物基乙二醇进入聚合工序，最终制得 100％生物基 PEF。商业性生产试验显示 PEF 可以顺利进行饮料瓶、纤维和薄膜制品的加工。图 5-3 为 YXY 制造工艺流程。

与传统 PET 相比，PEF 的热稳定性好，玻璃化转变温度为 88℃，比 PET 高，抗张模量是传统 PET 的 1.6 倍。用作瓶基原料时，PEF 的氧气透过率、水气透过率以及 CO_2 的透过性能比 PET 明显提升。

PEF 产业链的生命周期分析研究（LCA）显示，PEF 可回收再利用，与传统 PET 具有相同的使用性能；成本低于 PET，吨产品成本在 1200～1600 美元；碳足迹比 PET 低 50%～60%，非可再生能耗（NREU）低 40%～50%。100%生物基 PEF 的技术特性和品质指标见表 5-1。

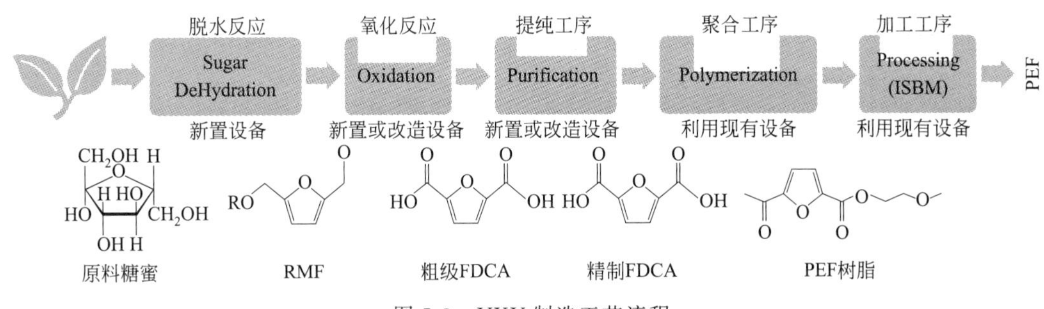

图 5-3　YXY 制造工艺流程

目前，采用 YXY 技术的 200～400t/a 的半生产性装置已在运转中。预计 2019～2020 年间，年产 30 万～50 万吨的生产工厂将投入运转。近来该公司与 BASF 合作拟在比利时 Antwerp 建设生产能力年产 5 万吨的 FDCA 工厂。PEF 产品在成本与性能上具有替代传统石油基 PET 的可能性，目前 PEF 原料的 CSD 瓶商业化生产线上已成功试用了标准 PET 加工工艺，PEF 纤维成型工艺也显示出极具竞争性的生产效率，并实现了 100%生物基材料的使用和可回收再利用。

表 5-1　PET 与 PEF 技术特征与品质比较

技术特性	PET	PEF
密度/(g/cm^3)	1.36	1.43
O_2 透过率/%	0.114	0.0107
T_g/℃	76	88
T_m/℃	250～270	210～230
弹性模量/GPa	2.1～2.2	3.1～3.3
强度/MPa	50～60	90～100

在与食品接触的 PEF 制品安全性能的研究中，全面的试验数据表明 PEF 聚合物和单体是安全的。2014 年欧洲食品安全局（EFSA）已对 PEF 公布了肯定性的技术意见，并已进入美国 FDA 认证的程序。单体 FDCA 已完成欧盟化学品评估、许可和限制（REACH 法规）的注册，并已确定是安全的。

Avantium 公司开发中的生物基 PEF 技术，其研究与开发的终极目标就是进入传统 PET 市场。基于 FDCA 使用廉价易得的原料、六碳糖原料脱水加工的高碳效率以及低温氧化反应的低能耗、低腐蚀等诸多因素，当 FDCA 生产规模达到年产 35 万吨时，成本可与 PTA 的水平相当。

YXY 技术的商业化试验已经证明其工业规模生产可借助于现有 PET 设备的改造进行，

即脱水工序需要新装备，氧化和净化工序可以新建或在现有设备上改造完成，而聚合工序、后加工工序可沿用现有 PET 设备。应该说 YXY 技术具备十分好的实用化条件。

（3）生物基 PET 的市场空间

早在 2012 年，可口可乐、福特汽车、亨氏（Heinz）、耐克（Nike）以及 P&G 公司就合作建立了技术协作关系，旨在开发 100%生物 PET 材料及纤维。目前市场上生物基 PET 制品已具有 20%的回收碳组分，可口可乐公司生物成分达 30%的 PET 饮用水瓶和 SDB 瓶每年市场的投放量已达 150 亿个，亨氏公司番茄酱包装瓶以及 P&G 的洗发液包装瓶市场消费量也已接近 70 万吨每年。生物基 PET 成功进入市场也大大促进了一个继续开发 100%生物基 PET 的态势。

台湾远东新世纪公司使用 Virent 公司的生物基 PET 原料成功制得 POY-DTY 纱和 T 恤衫。德国 Aahen 大学纺织技术研究所使用 Avantium 公司的回收的 PEF 瓶料，在常规的涤纶设备上制得纤维并最终得到 T 恤衫。

基于目前的市场状况估计，生物基 PET 实际需求量大约在 1890 万吨每年，2017 年生物基 PET 市场规模达到年产 500 万吨左右。目前全球主要的生物基 PET 生产厂家主要是印尼 Indorema 公司、日本帝人公司、东丽公司和丰田公司以及 Polylex 公司。生物基 PET 的成本价格大约是石油基 PET 的 1.25～1.50 倍。生物基 PET 制品进入食品、药品及卫生保健用技术纺织品领域正成为人们的共识。

5.2.4 生物基聚对苯二甲酸丙二醇酯

PTT 是继 20 世纪 50 年代 PET 和 70 年代聚对苯二甲酸丁二醇酯（PBT）之后新开发的一种非常具有发展前途的新型聚酯高分子材料。它是以对苯二甲酸（PTA）和 1,3-丙二醇（1,3-PDO）为单体生产的，结构如下：

$$\left[\overset{O}{\overset{\|}{C}} - C_6H_4 - \overset{O}{\overset{\|}{C}} - O - CH_2 - CH_2 - CH_2 - O \right]_n$$

PTT 纤维具有特别优异的柔软性和弹性回复性，优良的抗折皱性和尺寸稳定性、耐候性、易染色性以及良好的屏障性能，能经受住 γ 射线消毒，并改进了抗水解稳定性，因而可用于开发高级服饰和功能性织物；同时，PTT 纤维的拉伸回复性、耐污性与锦纶 66 相当，其蓬松性与弹性、低静电、耐磨性及低吸水性均优于锦纶，长丝与短纤维均适宜于加工地毯，成为铺地材料应用领域中最具竞争力的材料。除此以外，还有其他的一些应用新领域，如 PTT 还可用作工程塑料，将逐渐替代 PET、PA6、PA66 成为新型生物基塑料。作为热塑性工程塑料，PTT 结合了 PET 和 PBT 的优良性能，其主要优点在于既具有 PET 的物理性能，包括强度、韧性和耐热性；又具有 PBT 的加工优势，如熔体温度低、结晶快等；同时还保持有聚酯尺寸稳定性高、电绝缘性好和耐化学品腐蚀的优点。BioPTT 纤维是以甘油、葡萄糖或淀粉等为原料通过微生物发酵法生产的 1,3-PDO 和 PTA 为聚合单体，经与 PET 相近的熔融纺丝制备而成的 PTT 长丝或短纤维，具有优异的机械性能和化学性能。

5.2.4.1 BioPTT 的合成

（1）单体 1,3-PDO 的合成

合成 PTT 的关键原料是 1，3-PDO 单体，其生产方法有环氧乙烷法、丙醛法、生物发酵法、酸氢化法、羟甲基法、山梨糖醇法等，目前能实现工业化生产的主要有德国 Degussa

公司的丙醛法，美国 Shell 公司的环氧乙烷法和美国 DuPont 公司的生物发酵法。丙醛法是以丙烯为原料，经过氧化生成丙醛，然后在催化剂作用下丙醛与水进行双键水合制得 3-羟基丙醛（3-HPA），3-HPA 在镍等催化剂作用下加氢制得 1,3-PDO。该方法的技术难度相对较小，生产工艺较为成熟，但原料成本较高，经济效益低；环氧乙烷法是以乙烯为原料，与氧反应生成环氧乙烷，随后环氧乙烷在催化剂存在下与一氧化碳和氢气发生加氢甲酰化反应得到 3-HPA，然后加氢得到 1,3-PDO。该方法具有成本低、技术先进且产品质量好的优点，但技术难度较大，前期投资大，不利于大规模工业化生产。

生物发酵法是采用甘油、葡萄糖或淀粉等为原料，通过与微生物催化剂接触，在适当的发酵条件下制得 1,3-PDO。该方法技术条件较为温和，且副产物少，原料来自天然的可再生资源，具有较大的发展潜力。其中，以甘油作为底物的工艺路线是在厌氧环境下，利用多种菌类例如克雷伯氏菌、肺炎杆菌、丁酸梭状芽孢杆菌等将甘油转化为 1,3-PDO。甘油是生物柴油发酵过程中的副产物，近年来随着生物柴油的迅速发展，甘油产量大大增加，价格有所降低，促进了甘油生物化制备 1,3-PDO 的产业化，该技术需要进一步提高终产物的浓度、转化效率、菌类的重复利用率等。对于甘油价格较高的国家如中国、美国等，采用甘油发酵法制备 1,3-PDO 的成本比化学合成法高，因此，研究人员积极寻求采用更廉价的碳源制备 1,3-PDO 的方法。以葡萄糖作为底物用基因工程菌生产 1,3-PDO 最早出现在 DuPont 公司的专利中，由于从自然界分离得到的菌种只能以甘油为碳源进行转化，广泛采用的为两步转化法即先将葡萄糖转化为甘油，再将甘油与相应的微生物催化剂接触制备得到 1,3-PDO。20 世纪 90 年代末，DuPont 公司与 Genencor 公司利用基因改造重组技术，在大肠杆菌中插入取自酿酒酵母中将葡萄糖转化为甘油的基因，再插入取自柠檬酸杆菌和克雷伯氏菌中将甘油转化成 1,3-PDO 的基因，从而形成工程菌，开发了用葡萄糖一步生产 1,3-PDO 的发酵方法，其工艺成本比化学合成法低 25%，使得生物基 PTT 纤维得以迅猛发展。生物基 1,3-PDO 相比于石油基 1,3-PDO，其 CO_2 的排放量低 56%，相比于石油气基 1,3-PDO 低 42%。从非再生能源的消耗上看，生物基 1,3-PDO 比石油基低 42%，比石油气基低 38%。可见，生物发酵法制备 1,3-PDO 的工艺能耗低，更环保，更符合经济可持续发展需要。

(2) BioPTT 的合成

PTT 的合成方法主要有 DMT 酯交换法和 PTA 直接酯化法。

DMT 法生产 PTT 是将对苯二甲酸二甲酯（DMT）和 1,3-PDO 进行酯交换反应，反应温度为 140～220℃，催化剂为四丁基钛或四丁氧基钛。反应后除去副产物甲醇，再将温度升至 270℃，压力降至 5kPa 进行缩聚反应获得 PTT。

PTA 法生产 PTT 为将对苯二甲酸（PTA）和 1,3-PDO 直接进行酯化反应，生成对苯二甲酸丙二醇酯，再降温降压进行缩聚反应即可获得 PTT 树脂。酯化反应可以使用钛催化剂，于 260～275℃常压下进行，酯化时间 100～140min，n（PTA)：n（1,3-PDO）小于 1.4，酯化反应结束后在 255～270℃下压力降至 10kPa 进行预聚合，30～35min 后将压力降至 0.2kPa 进行缩聚反应，缩聚时间 160～210min。缩聚反应可以采用钛及锑化合物催化剂。

自 1956 年美国 Amoco 公司开发 PTA 的精制方法后，PTA 价格降低，相比于 DMT 法，PTA 法生产成本低，流程简单，无需回收甲醇，对环境污染小，所以工业生产中多采用 PTA 法。

以生物质为原料制备原料 PTA 和 1，3-PDO，再将其中至少一种通过上述合成方法制备得到PTT树脂，然后经熔融纺丝制备得到的纤维均可称为生物基PTT纤维。据称美国的Gevo、Draths和Anellotech等公司正在进行生物法制备PTA的产业化研究，韩国Huvis公司近期也有同时采用生物基PTA和生物基1,3-PDO制备PTT纤维的报道，但现阶段生物基PTT纤维中的生物法成分仍以1,3-PDO为主。

5.2.4.2 BioPTT纤维发展概况

PTT生产主要集中在壳牌和Dupont两家公司，壳牌公司主要定位于向纤维生产厂家出售PTT聚合物以及发放PTT聚合技术生产许可证；而Dupont公司则以出售纤维产品为主。PTT单体之一1,3-丙二醇是一种重要的化工原料，可作为有机溶剂应用于油墨、印染、涂料、润滑剂、抗结冻剂等行业。传统化学法1,3-丙二醇合成路线以壳牌公司的环氧乙烷法和Dupont公司的丙烯醛法为代表，这两种方法副产物多，工艺过程需要高温高压，且设备投资巨大。生物法生产1,3-丙二醇具有条件温和、选择性高、原料可再生等优势，但是受原料和技术水平的影响，生物基化学品价格较石油基产品高，长期以来1,3-丙二醇售价是其他二元醇的十几倍甚至几十倍，直到1995年几家世界著名的大型化学工业公司相继投入规模化生产，随着产量大幅度增加，其价格也降为3～5美元/kg。2008年，生物技术的突破使得1,3-丙二醇价格降低到0.8美元/lb，同时在2008年1,3-丙二醇的市场增长到了1亿磅。

我国石油、石化两大集团也投入较大人力、财力研究1,3-丙二醇的化学合成工艺，但技术和工业化水平与国外相比有较大差距。目前，我国聚酯迅速发展，生产能力已超过2000kt/a。为了利用现有的部分聚酯生产装置生产新型聚酯弹性纤维PTT，满足市场需要，上海石化等公司都在积极开发PTT合成工艺。近年来，国内1,3-丙二醇和PTT技术呈现加速发展的态势，除个别企业如山东邹平铭波化工公司、安徽绩溪立兴化工公司和上海试剂一厂等采用化学法进行生产外，湖南海纳百川生物工程有限公司、河南天冠集团以及黑龙江辰能生物等公司相继建设年产500t到2万吨级的工业装置，形成了具有自主知识产权的1,3-丙二醇技术。

20世纪90年代，国际上几家大公司相继在1,3-丙二醇合成新工艺上取得了突破，从而使PTT生产进入工业化开发阶段，由于工业化1,3-丙二醇装置建成投产，各纤维厂商纷纷加入PTT开发行列。美国DuPont公司开展生物发酵法合成1,3-PDO的研究，并与Genensor公司合作开发出大批量生产1,3-PDO的生物技术，于2000年推出商品名为“Sorona”的PTT树脂即BioPTT树脂。Sorona（PTT）聚合物中有37%的原料来自天然可再生资源，因而减少了合成纤维对矿石资源的依赖性。法国的Metabaolic Explorer公司利用工业粗甘油通过发酵法制备出1,3-PDO，利用其开发的提纯技术，产品纯度超过99.5%，可用于合成PTT。此外，日本旭化成公司也积极推进PTT纤维工业化研发，该公司申请了上百件关于纤维的制造和加工技术专利，主要涉及原料、纺丝、机织、针织和染整等领域，纤维的商品名为“Solo”，由100%Corterra聚合物纺丝制备得到。PTT纤维作为韩国化纤行业重点生产品种，也被列入韩国政府的开发计划中，SK化学公司生产、销售商标为Es-pol的衣料用原丝，晓星公司开发了商标为Neo-pol的地毯用PTT原丝，可隆、韩国合纤公司也计划批量生产商标为Zispan的PTT纤维等。

为巩固其在PTT纤维领域的领先地位，DuPont公司主要以出售Sorona（PTT）聚合物、纤维及其制备技术的形式与韩国的新韩工业、日本的东丽公司和帝人公司、中国台湾的远东纺织等公司合作开发PTT纤维。其中东丽公司主要开发生物基PTT-PET双组分纤维及共纺纤维，并在 2002 年与 DuPont 公司达成协议，即在亚洲销售采用 DuPont 公司的技术生产的 PTT 纤维；韩国 Huvis 公司利用 DuPont 公司的技术将一套 PET 的生产线改造成为年产 1 万吨的 PTT 生产线。国内生物基 PTT 纤维的产业化始于 2000 年 7 月，方圆化纤公司获得 Dupont 公司授权，成为国内首家获得 PTT 纤维产品生产权的公司，随后，国内多家公司与 DuPont 公司展开合作共同开发 PTT 纤维及制品。

20 世纪 90 年代，国内科研单位如清华大学、大连理工大学、华东理工大学、抚顺石化研究院等开始以甘油或葡萄糖为原料通过生物发酵制备 1,3-PDO 的研究。黑龙江辰能生物工程有限公司、河南天冠集团和湖南海纳百川生物工程公司相继采用清华大学技术建立了发酵法制备 1,3-PDO 的生产线。2011 年，江苏盛虹集团与清华大学合作，利用清华大学的专利技术以生物柴油副产物甘油作为主要原料，建成年产 3 万吨的生物法 1,3-PDO 生产装置，用于开发 PTT 弹性纤维，2014 年，盛虹集团开发出具有自主知识产权的 PTT 及改性 PTT 关键设备及成套生产技术，成全球第二家、国内首家集 1,3-PDO 生产、聚合纺丝、面料印染技术等完整的 PTT 产业链技术的公司，打破了国外在这一行业的垄断。

BioPTT 生产目前存在的问题主要集中在原料 1,3-丙二醇的生产，微生物发酵合成 1,3-丙二醇受到复杂的代谢调控，代谢中间产物的致死性积累会威胁 1,3-丙二醇发酵的安全和产率；国内一般采用克雷伯氏菌作为 1,3-丙二醇发酵菌株，优点是能够好氧发酵，缺点是克雷伯氏菌属于条件致病菌，因此克雷伯氏菌毒力因子研究和基因工程改造非常迫切；要降低 1,3-丙二醇及 PTT 合成成本，必须建立低能耗、低排放、高收率的 1,3-丙二醇下游提取工艺，因此，促进聚酯工业发展是 1,3-丙二醇发酵及其与对苯二甲酸高效共聚的关键问题。

5.2.4.3　BioPTT 的应用

BioPTT 的性能与石油基 PTT 完全一致，因而完全可以替代石油基 PTT 应用。由于 PTT 纤维既具有常规聚酯纤维的抗污性和抗静电性，又同时具有尼龙纤维的回弹性、蓬松性和染色性，特别适合于用作地毯纤维。因此 PTT 纤维初期主要用于地毯工业，后又逐步拓展到服饰和非织造布领域，纤维中近 45% 应用于地毯，50% 以上用于其他纺织领域。PTT 面料具有手感柔软、回弹性好、耐磨、色泽鲜艳、抗紫外线、抗污、易护理等优点，可制成内衣、泳衣、袜类、紧身衣、运动服装等。PTT 基非织造布可以使用 PTT 短纤维（纯纤或混纤），通过针刺或水刺缠结技术制得，也可以采用纺粘法或熔喷法直接制得，可用于医疗无纺布、卫生巾、纸尿裤、建筑安全网、车内装饰品、家具坐垫等多个领域。

5.2.5　生物基聚酯的发展现状

PET 是纺织工业中应用最广泛的合成纤维，也广泛应用于制瓶和汽车轮胎行业。预计 2024 年 PET 的市值为 424 亿美元，年均复合增长率为 4%。各公司的目标是用生物基聚合物代替石油基聚合物，欧盟和美国的公司正在开发的三条有效代替 PET 或 PET 石油衍生物的催化路线：第一条是由 Synvina 公司及股东 BASF 和 Avantium 公司领导的 11 个欧盟工业伙伴联盟热衷推进的聚乙烯亚油酸酯（PEF）路线。PET、PEF 均使用生物基原料，而不是产自对二甲苯或乙二醇。PEF 比 PET 更容易生物分解，其机械强度（是纺织和轮胎应用的重要特性）和阻隔性能也优于 PET。PEF 的这些特性对于食品包装和制瓶具有吸引力。2，5-呋喃二羧酸（FDCA）是 PEF 的主要化学成分。FDCA 是从可完全再生的生物质生产的可生物分解塑料单体，FDCA 可由己糖衍生物（如葡萄糖或果糖）脱水合成的中间体 5-羟甲基糠醛（HMF）转化而成。HMF 转化有催化氧化或生物学两种途径，后者更复杂，尚无竞争力。Synvina 公司正在 BASF 公司位于比利时安特卫普的联合装置中建造一个 50kt/a 的生物基 FDCA 装置。该装置将使用 Avantium 公司的 YXY 工艺，将果糖转化为 FDCA。2017 年 5 月欧洲生物基础产业联合（BBI）向由 11 个工业联盟成员组成的“PEF-erence”联合体提供了 2500 万欧元，用于开发新一代 PEF。虽然在经济和技术上依然存在挑战，但是，如果 Synvina 公司及其合作伙伴能够成功地生产出成本相当于 PET 的 PEF 产品，则其很可能会完全替代 PET。

法国生物聚合物公司 Carbios 与 TechnipFMC 正在追求第二条可持续路线，通过使用酶将 PET 催化解聚，实现 PET 的循环利用。两家公司已经宣布推出 Carbios 公司的 PET 酶回收工艺工业开发项目。Carbios 公司已经成功地演示了在中型装置上将 PET 解聚为聚合级对苯二甲酸。如果工艺放大成功，该技术将能够从全球不断增长的塑料废料中生产 PET。

包括美国 Anellotech 公司在内的几家公司正在追求的第三条路线是将生物质催化转化为对二甲苯（PX），PX 是生产 PET 的基本原料。Anellotech 公司与其合作伙伴 Axens 和 IFPEN 公司共同开发了一种用于生产 PX 和其他单环芳烃的流化床工艺（Bio-TCat）。2017 年第二季度，Anellotech 公司宣布其位于德克萨斯州 Silsbee 的单反应器型连续催化剂再生和转化中型装置成功放大。

我国宁波材料技术与工程研究所在生物基 PET 聚酯合成方面取得了新进展，中科院宁波材料技术与工程研究所通过以生物基芳香单体 2,5-呋喃二甲酸与乙二醇共聚，采用熔融缩聚法，制备了一系列分子结构中呋喃环含量不同的生物基芳香聚酯——聚呋喃二甲酸乙二醇酯（PEF），（又称生物基 PET），特性黏度控制在 0.75～0.98dL/g 之间。由于生物基芳香聚酯 PEF 具有好的耐热性、强度、模量和阻隔性，其应用前景十分看好。目前已放大到 5L 反应釜，实现了 PEF 公斤级制备，特性黏度 0.65～1.0dL/g 之间，不同级别精确可控，并解决了呋喃聚酯颜色发黄的问题，制备出了无色透明聚酯。

5.3 生物基聚酰胺

5.3.1 简介

聚酰胺（polyamide，PA），俗称尼龙，在我国用作纤维时，称为锦纶，是指分子主链中含有酰胺键（—NH—CO—）的一类聚合物。1936 年 W. H. Carothers 申请了第一个聚酰胺的专利，1939 年，Dupont 公司宣布世界第一个聚酰胺品种 PA66 实现产业化，产业化以来，聚酰胺已被广泛用于纺织、汽车、电子电器、包装、体育产品等方面。生物基聚酰胺的研究紧跟石油基聚酰胺的研究，在 1950 年底法国 Arkema 公司利用蓖麻油作为原料，合成全生物基聚酰胺 PA11，该公司以 Rilsan® 为商标，将全生物基 PA11 应用于汽车行业、电子电器、耐压管道、运动器械、医药和食品包装、水处理等领域。近年来，考虑到经济和环境的原因，生物基聚合物成为研究的热点。

根据原料的来源，聚酰胺一般分为两类，一类是由氨基酸缩聚或者内酰胺开环聚合得到的聚酰胺，也称为 AB 型聚酰胺；一类是由二元酸和二元胺缩聚得到的聚酰胺，也称为 AABB 型聚酰胺。生物基聚酰胺的原料主要来自可再生的资源，如淀粉、纤维素、木质素和动植物油等。

5.3.2 AB型生物基聚酰胺

AB型生物基聚酰胺的研究主要集中在生物质原料得到氨基酸，经缩聚制得聚酰胺方面，由生物质原料得到内酰胺，经开环聚合得到聚酰胺的尚未见报道。

5.3.2.1 基于直链氨基酸的AB型生物基聚酰胺

在AB型全生物基聚酰胺的研究中，最成熟的是PA11，PA11是公认的第一个产业化的生物基聚酰胺，以蓖麻油为原料，经过裂解、醇解、高温裂解、水解、溴化、氨解等步骤制成ω-十一碳氨基酸。由蓖麻油制备ω-十一碳氨基酸的步骤如图5-4所示。PA11的物理性能如表5-2所示。

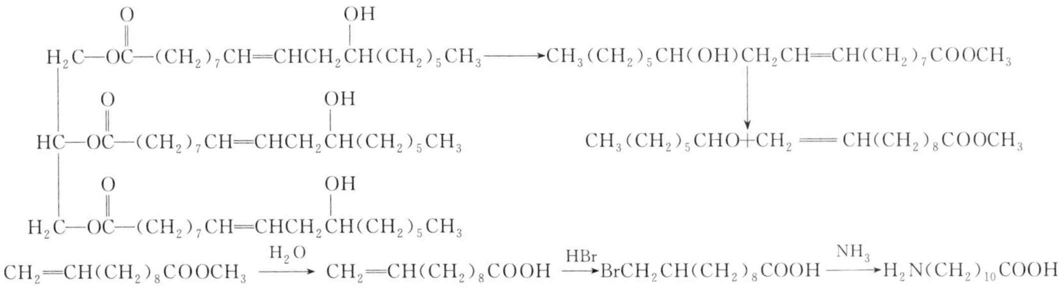

$$\begin{array}{l} \mathrm{H_2C{-}O\overset{\overset{O}{\|}}{C}{-}(CH_2)_7CH{=}CHCH_2\overset{\overset{OH}{|}}{C}H(CH_2)_5CH_3} \longrightarrow \mathrm{CH_3(CH_2)_5CH(OH)CH_2CH{=}CH(CH_2)_7COOCH_3} \\ \mathrm{HC{-}O\overset{\overset{O}{\|}}{C}{-}(CH_2)_7CH{=}CHCH_2\overset{\overset{OH}{|}}{C}H(CH_2)_5CH_3} \qquad \downarrow\ \mathrm{CH_3(CH_2)_5CHO + CH_2{=}CH(CH_2)_8COOCH_3} \\ \mathrm{H_2C{-}O\overset{\overset{O}{\|}}{C}{-}(CH_2)_7CH{=}CHCH_2\overset{\overset{OH}{|}}{C}H(CH_2)_5CH_3} \end{array}$$

$$\mathrm{CH_2{=}CH(CH_2)_8COOCH_3 \xrightarrow{H_2O} CH_2{=}CH(CH_2)_8COOH \xrightarrow{HBr} BrCH_2CH(CH_2)_8COOH \xrightarrow{NH_3} H_2N(CH_2)_{10}COOH}$$

图5-4 由蓖麻油制备ω-十一碳氨基酸的合成路线

表5-2 生物基聚酰胺PA11的物理性能

性能	数据	测试方法/ASTMD
密度/(g/cm^3)	1.03～1.05	1505
熔点 T_m/℃	191～194	3418
最高分解温度HDT(1.82MPa)/℃	52	648
最高分解温度HDT(0.45MPa)/℃	149	—
拉伸强度/MPa	55	638
断裂伸长率/%	300	638
弯曲强度/MPa	69	790
缺口冲击强度(20℃)/(J/m)	43	256
缺口冲击强度(40℃)/(J/m)	37	—
邵尔硬度/HA	72	2240
介电强度/(kV/mm)	16.7	149

F. O. Ayorinde等利用斑鸠菊油经过皂化和重结晶得到斑鸠菊酸，以斑鸠菊为原料，经过氢化、氧化、肟化得到中间产物十二烷酸肟。十二烷酸肟可经过氢化反应得到ω-十二碳氨基酸，也可经过贝克曼重排、霍夫曼降解、水解反应得到ω-十一碳氨基酸，分别作为聚酰胺PA11和PA12的原料。其制备过程如图5-5、图5-6所示。与蓖麻油制备PA11相比，该方法避免了高温降解步骤，进一步降低了碳排放。

A. Y. Mudiyanselage等人利用油酸为原料，采用三步法制备十一内酰胺、十二内酰胺和十三内酰胺分别作为PA11、PA12和PA13的合成单体。首先将油酸转变为烯基酰胺，烯基酰胺经过闭环酯交换反应生成不饱和内酰胺，再经过催化加氢制备饱和的内酰胺。其制备过程如图5-7所示。相对于其他合成单体的方法需要4～6步，该方法缩短了聚酰胺单体的合成步骤，提高了效率并节约了能源。

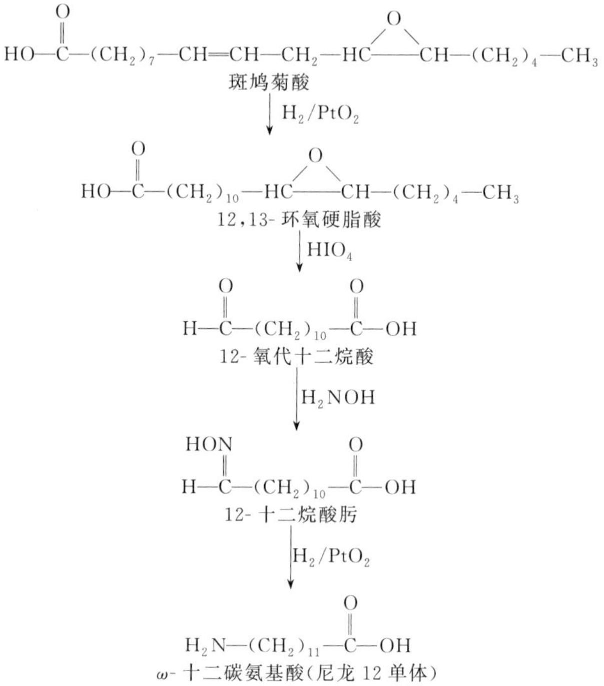

$$HO-\overset{O}{\overset{\|}{C}}-(CH_2)_7-CH{=}CH-CH_2-HC\overset{O}{\frown}CH-(CH_2)_4-CH_3$$

斑鸠菊酸

↓ H_2/PtO_2

$$HO-\overset{O}{\overset{\|}{C}}-(CH_2)_{10}-HC\overset{O}{\frown}CH-(CH_2)_4-CH_3$$

12,13-环氧硬脂酸

↓ HIO_4

$$H-\overset{O}{\overset{\|}{C}}-(CH_2)_{10}-\overset{O}{\overset{\|}{C}}-OH$$

12-氧代十二烷酸

↓ H_2NOH

$$H-\overset{HON}{\overset{\|}{C}}-(CH_2)_{10}-\overset{O}{\overset{\|}{C}}-OH$$

12-十二烷酸肟

↓ H_2/PtO_2

$$H_2N-(CH_2)_{11}-\overset{O}{\overset{\|}{C}}-OH$$

ω-十二碳氨基酸(尼龙 12 单体)

图 5-5 斑鸠菊酸制备 ω-十二碳氨基酸的合成路线

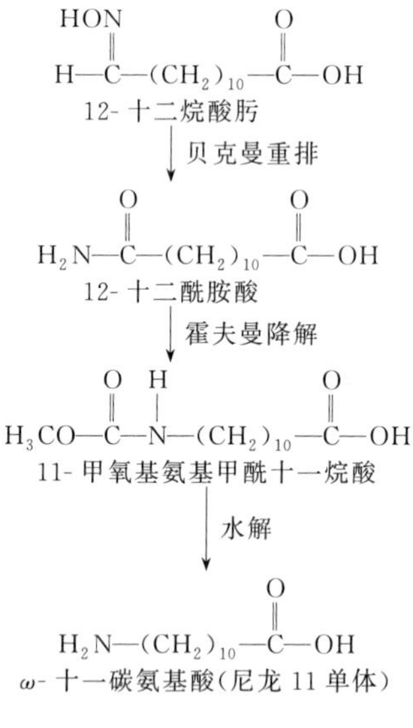

$$H-\overset{HON}{\overset{\|}{C}}-(CH_2)_{10}-\overset{O}{\overset{\|}{C}}-OH$$

12-十二烷酸肟

↓ 贝克曼重排

$$H_2N-\overset{O}{\overset{\|}{C}}-(CH_2)_{10}-\overset{O}{\overset{\|}{C}}-OH$$

12-十二酰胺酸

↓ 霍夫曼降解

$$H_3CO-\overset{O}{\overset{\|}{C}}-\overset{H}{\overset{|}{N}}-(CH_2)_{10}-\overset{O}{\overset{\|}{C}}-OH$$

11-甲氧基氨基甲酰十一烷酸

↓ 水解

$$H_2N-(CH_2)_{10}-\overset{O}{\overset{\|}{C}}-OH$$

ω-十一碳氨基酸(尼龙 11 单体)

图 5-6 十二碳烷酸肟制备 ω-十一碳氨基酸的合成路线

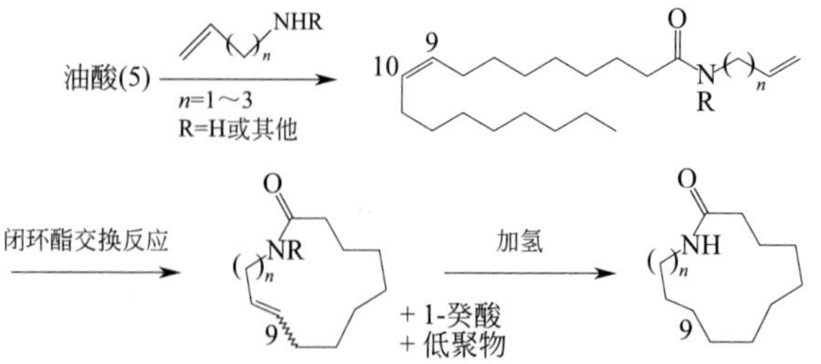

油酸(5) —NHR (n=1～3, R=H或其他)→ 9 10 O N R n

闭环酯交换反应 → O NR n 9 + 1-癸酸 + 低聚物 —加氢→ O NH n 9

图 5-7 油酸制备尼龙单体内酰胺的合成路线

Moo-hyun Koh 等报道了以蓖麻油裂解产物十一烯酸为原料制备 C10、C11、C12ω-氨基酸和癸二酸、1，11-十一碳二酸、1，12-十二碳二酸的方法。其中 C10、C11、C12ω-氨基酸的产率分别为 79%、94%和 84%，具有很可观的工业化前景。

C. Jeanluc 利用不饱和脂肪酸经过裂解、腈化、丙烯酸酯酯交换、加氢等过程，制得 C11、C12ω-氨基酸和氨基酸酯。

PA11 具有吸水率低、耐油性好、耐低温性能好和容易加工等特点，尤其是具有良好的压电性能。张庆新等对 PA11 的物理化学性能、晶型转变和压电性能的研究进展进行了总结，提出 PA11 的压电性能与凝聚态结构的关系存在不同的观点，有待进一步研究。胡国胜等利用 PA1010、PA6、PE、EVA 对 PA11 进行了增韧改性，降低了 PA11 产品的价格，同时综合性能得到了提高。郭云霞论述了用聚烯烃、橡胶、液晶高分子、树形大分子及无机刚性粒子等对尼龙 11 进行增韧增强改性的研究发展。卞军等将热膨胀纳米石墨与 PA11 熔融共混，研究发现，石墨片层以 20nm 的厚度均匀分散于 PA11 中，有效提高了 PA11 的耐热性和力学性能。L. Martino 等利用 ω-十一碳氨基酸、双（六亚甲基）三胺和 2，2，6，6-四羧乙基环己酮采用一锅煮法制备了星型 PA11，研究发现聚合物的流变性能受支链的影响较大，可以通过自组装调节，兼顾物理性能和加工性能。星型聚合物的晶型转变与线性 PA11 一致。

除去研究最多的 PA11，PA9、PA4 等 AB 型生物基聚酰胺品种也见诸报道。S. M. Aharoni 以油酸为原料，制备生物基聚酰胺 PA9。D. Jean-luc 报道了以不饱和脂肪酸经过复分解反应和氧化反应制备 9-氨基酸，聚合得到 PA9 的方法。S. J. Park 等以谷氨酸钠盐为原料，利用大肠杆菌发酵制备 γ-氨基丁酸，γ-氨基丁酸在氧化铝催化下得到 2-吡咯烷酮。2-吡咯烷酮以 CO_2 为引发剂，KOH 催化开环聚合制得白色固体 PA4，但该反应需要在 80℃保持 1～5 天，周期长。赵黎明等人也报道了以谷氨酸为原料制备 γ-氨基丁酸，直接将 γ-氨基丁酸在 200℃、1.5MPa 下反应制备生物基聚酰胺 PA4，该项目已被列入国家“863”计划。D. Jean-luc 利用单一的不饱和天然脂肪酸经过发酵、醛化、氨化等步骤制备系列 AB 尼龙，并申请专利。该专利提到的聚酰胺品种有 PA4、PA5、PA6、PA7、PA8、PA9、PA10、PA11、PA13 和 PA15。

5.3.2.2　基于含有支链的氨基酸的 AB 型生物基聚酰胺

侧链的引入破坏了聚酰胺的链段规整性，同时降低了结晶度，含有侧链的聚酰胺也被期望一些特殊的性能，Miller 等以油酸为原料，经过腈化、氨化制备出如图 5-8 所示的Ⅰ和Ⅱ两种化合物，通过聚合得到新型的 AB 型生物基聚酰胺 PA-Ⅰ和聚酰胺 PA-Ⅱ。由于结构的不同，PA-Ⅰ和 PA-Ⅱ表现出不同的性能，PA-Ⅰ是一种透明的硬质聚合物，有脆性；PA-Ⅱ则是柔软的橡胶状聚合物，室温下缓慢流动。

M. Bueno 等则以 *D*-葡萄糖为原料制备了含甲氧基侧基的立构规整 PA6，制备过程如图 5-9 所示，该聚合物光学活性和水溶性引起了研究者的关注。

M. de G. García-Martín 等以异亚丙基-*D*-甘油醛为原料制备得到具有旋光性的取代 PA3，制备过程如图 5-10 所示。

5.3.3　AABB 型生物基聚酰胺

AABB 型生物基聚酰胺通常是由生物质原料得到的二元酸和非生物基二元胺经缩聚制得，或者由生物质原料制得的二元酸和二元胺经缩聚制得。

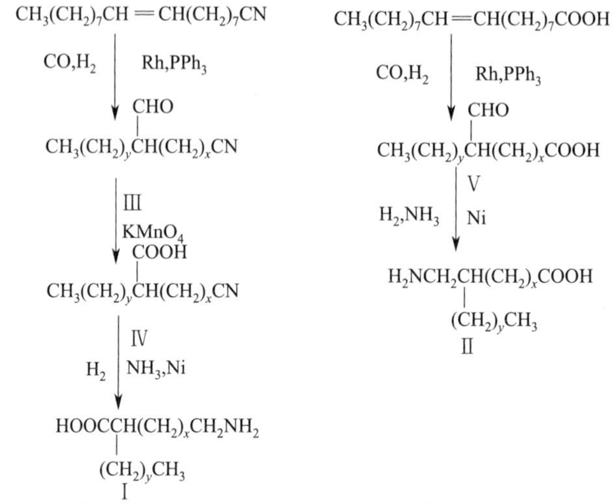

图 5-8　以油酸为原料制备的 9-烯-18 腈制备 C19 烷基取代氨基酸的合成路线

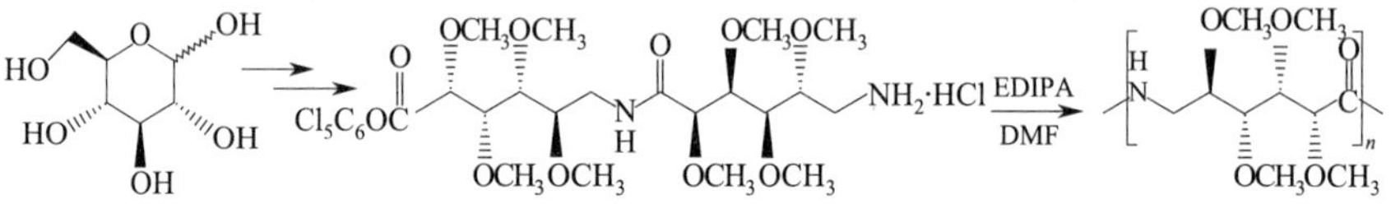

图 5-9　用葡萄糖制备立构规整性的生物基聚酰胺 PA6

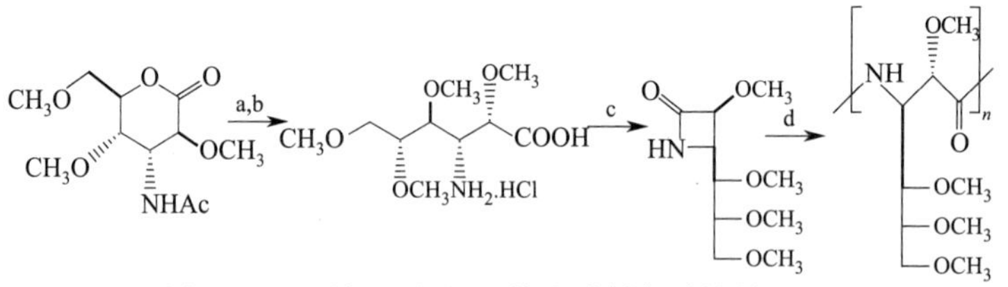

图 5-10　以异亚丙基-*D*-甘油醛制备手性的 PA3

a—MeI，KOH，THF；b—4M HCl；c—1. DIPEN，MeCN；2. MsCl，$NaHCO_3$，CH_3CN；d—*t*-BuOK，CH_2Cl_2

5.3.3.1　基于生物基癸二酸的生物基聚酰胺研究现状

最早实现产业化的生物基聚酰胺是以蓖麻油为原料制备的 PA1010，于 1961 年由上海赛璐珞厂实现工业化。蓖麻油经高温裂解后可以得到如图 5-11 所示编号为 1～6 六种产物，其中产物 3 经过加工后可作为 PA11 的单体，产物 6 可用于制备基于癸二酸的聚酰胺，如 PA410、PA610、PA1010、PA10T 等。

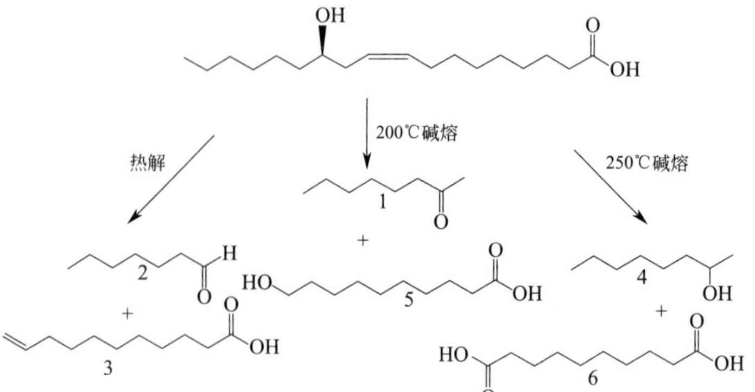

图 5-11　蓖麻油在不同条件下的裂解产物

癸二酸经过腈化、氨化等步骤可得到癸二胺，之后经过溶液成盐、熔融缩聚步骤可制得PA1010。PA1010的性能如表5-3所示。

表5-3 生物基聚酰胺PA1010的性能

性能	数据	测试方法/ASTMD
密度/(g/cm)	1.04	1505
熔点 T_m/℃	204	3418
最高分解温度 HDT(1.82MPa)/℃	54.5	648
拉伸强度/MPa	70	638
断裂伸长率/%	340	638
弯曲强度/MPa	131	790
缺口冲击强度(20℃)/(J/m)	9.1	256
缺口冲击强度(40℃)/(J/m)	5.7	—
体积电导率/Ω	5.9×10^{15}	257
介电强度/(kV/mm)	21.6	149

近年来，阿科玛公司位于法国的生产装置以蓖麻油为原料生产出尼龙（PA）1010产品。另外阿科玛公司还收购了蓖麻油衍生物癸二酸生产商卡斯达（衡水）公司、用蓖麻油生产尼龙产品的翰普高分子材料（张家港）公司，以及一家从事蓖麻油生产的印度公司。这一系列从原材料到聚合物的全面整合，使得阿科玛公司成为全球生物基PA1010的最大供应商。

对PA1010的改性主要有：纳米改性、合金增韧、增强和阻燃等。

基于蓖麻油制癸二胺的另一AABB型代表聚酰胺为PA10T（T，terephthalic acid的缩写，下同），目前广州金发科技股份有限公司、瑞士EMS公司和法国Arkema公司是其主要的生产商。PA10T具有接近PA9T的物理力学性能，同时较低的熔点使其具有比PA6T更好的加工性能，其主要性能如表5-4所示。

对PA10T的改性研究主要集中在共聚改性方面，如PA10T/PA6T共聚、PA10T/PA11共聚。

表5-4 几种耐热性聚酰胺的物理机械性能

样品	密度/(g/m^3)	T_m/℃	T_g/℃	HDT/℃	吸水率(23℃,24h)/%	拉伸强度/MPa	断裂伸长率/%	弯曲模量/GPa
PA10T	1.11	316	125	143	0.17	100.8	—	2.7
PA9T	1.14	308	126	143	0.17	92.0	20.0	2.6
PA6T	1.21	370	180	—	0.55	—	—	—
PA46	1.18	295	78	220	1.8	102	50.0	3.2

5.3.3.2 基于生物基丁二酸的生物基聚酰胺研究现状

生物质生产的丁二酸是一种重要的化工原料，已经有大量的产业化研究报道。荷兰DSM公司进一步以生物基丁二酸为中间体合成己二酸。同时，DSM公司以淀粉为原料，以增加转录效率遗传修饰的鸟氨酸脱羧酶为催化剂，生物法合成丁二胺的研究也已取得阶段性成果，这些都为实现100%生物基PA46提供了可能。PA46的熔点290℃，可以作为耐高温尼龙使用，30%玻璃纤维增强的PA46热变形温度和连续使用温度分别达到290℃和170℃。PA46分子规整度高，酰胺键含量较高，因此结晶度高，结晶速度快，耐热性能好，能在150℃下长期使用并能保持优良的力学性能，其储能模量高，保证了高温下蠕变较小。另外，DSM公司以生物基丁二胺为原料生产出碳中和的PA410以及半芳香聚酰胺PA4T及其共聚物。

5.3.3.3 基于生物基己二酸的生物基聚酰胺研究现状

韩丽等对葡萄糖，通由顺-黏康酸和 α-酮己二酸制备己二酸的研究进行了总结，成本问题可能会成为限制该路线的工业化。J B J H Duuren 等利用葡萄糖经过发酵后得到顺，顺-己二烯二酸，加氢还原后得到己二酸。J P Lange 等以纤维素为原料，经酸解得到乙酰丙酸，再氢化、脱水，生成 γ-戊内酯，戊内酯经酯交换、加成、水解，得到己二酸。

美国 Rennovia Inc. 公司 T. R. Boussie 等以纤维素为原料催化氧化葡萄糖二酸，经过催化加氢得到己二酸，该技术路线如图 5-12 所示，相应的商业化的生物基己二酸装置已于 2014 年开建。另外该公司 2013 年 4 月宣布利用自己独有的催化技术生产出了生物基己二胺，该技术生产的生物基己二胺的成本预计比石油基己二胺低 20%～25%，并可减少 50% 的温室气体排放。由此可见，PA66 有望实现全生物基生产。

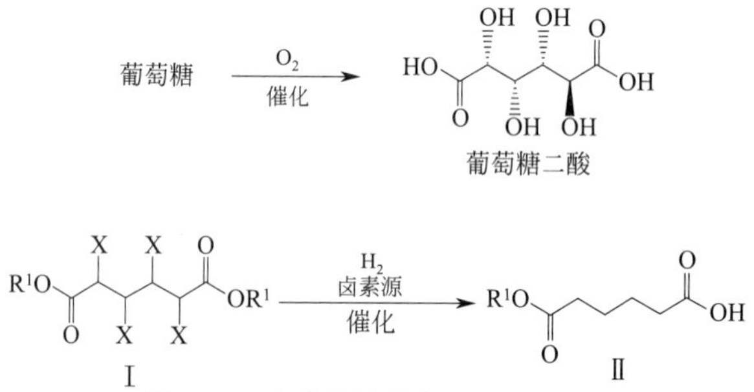

图 5-12　由葡萄糖制备己二酸（酯）

5.3.3.4 基于生物基十三碳二酸的生物基聚酰胺研究现状

H. J. Nieschlag 在 20 世纪 70 年代利用植物油提取的芥酸（1，13-十三碳二酸）为原料，经过腈化、氨化制得 α，ω-十三碳二胺，成盐后熔融聚合得到 PA1313，与 PA11 和 PA12 相比，PA1313 具有较低密度、低熔点、低吸水率等特点。由芥酸生产 PA1313，聚合物的产率可达到 96%。S. Samanta 等人以蓖麻油为原料，制备 1，13-十三碳二元胺，并首次合成生物基聚酰胺 PA136，该聚酰胺熔点 206℃，玻璃化转变温度 60℃，他们同时利用 1，13-十三碳二元胺制备生物基半芳香聚酰胺 PA13T，PA13T 的熔点和玻璃化转变温度分别为 263℃和 90℃。陈林峰等在 20 世纪 80 年代初，也报道了利用芥油酸制备 1，13-十三碳二酸，但至今未见类似报道和该方法制备的 PA1313 产业化信息。

5.3.3.5 其他 AABB 生物基聚酰胺研究现状

S. Kind 等人用谷氨酸棒状菌发酵葡萄糖制得纯度为 99.8% 的 1，5-戊二胺和蓖麻油制备的癸二酸进行缩聚，制备了全生物基聚酰胺 PA510，并指出，PA510 有望替代 PA6 和 PA66。通过 30% 玻璃纤维增强聚酰胺的性能对比，发现 30% 玻璃纤维增强的 PA510 的热变形温度较低，力学性能与同样比例玻璃纤维增强的 PA6 和 PA66 性能接近。N. Kiyohiko 等经过酶催化下的脱羧反应，用赖氨酸为原料制备了 1，5-戊二胺，并以此为原料制备了 PA56、PA510 等聚酰胺。M. Völkert 等利用赖氨酸经过发酵、调节 pH 值、提取、蒸馏等步骤制得 1，5-戊二胺。以 1，5-戊二胺为单体，可以合成一系列生物基聚酰胺，如 PA54、PA56、PA59、PA512、PA5T 等。Y. A. G. E. Hashim 以赖氨酸发酵制得的 1，5-戊二胺和己二酸聚合得到 PA56，并通过熔融纺丝制得 PA56 纤维，与 PA6 纤维相比具有相同的染色性和耐磨性，回潮率较高。

F. Pardal 等利用油酸发酵生产的 9-烯-18 酸与不同的二胺经成盐缩聚制备如图 5-13 所示的五种生物基不饱和聚酰胺。通过与 PA618、PA1018、PADPX18 和 PA12 的对比，分析了双键、脂环以及苯环的对聚酰胺玻璃化转变温度、熔点和结晶温度的影响。

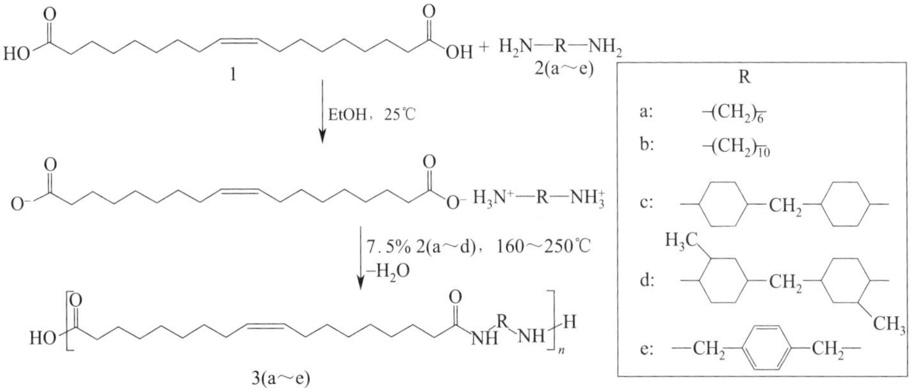

图 5-13 由 9-烯-18 酸制备聚酰胺反应过程

5.3.4 展望

随着石油资源的日益匮乏，石油基聚酰胺的价格也与日俱增，尤其是伴随着石油资源带来的环境问题，生物基聚酰胺的研究得到研究者和生产商的青睐。但生物基聚酰胺的发展也面临着亟待解决的问题，如生物质的来源、生产过程的碳中和、生产过程中副产物和综合利用、生物基聚酰胺的性能等问题。

当前，生物基聚酰胺的产量不足聚酰胺总量的 1%，但生物基聚酰胺的研究和产业化不仅吸引了杜邦、巴斯夫、阿科玛、DSM 等传统化工巨头的浓厚兴趣，而且催生了诸如 Rennovia 公司这种专注于研发生物质聚合物原料的公司。据 Rennovia 公司的预测，到 2022 年，全球生物基 PA66 的产量将达到 100 万吨，同时生物基聚酰胺的价格也将大幅度下降。

我国的生物基聚酰胺尤其是全生物基聚酰胺的研发和产业化同美国、欧洲、日本等发达国家相比还存在一定差距，主要表现在技术不够成熟，尤其是我国早在 20 世纪 60 年代就实现了生物基 PA1010 产业化，但其他生物基聚酰胺的研究和产业化进程缓慢，近年来国外的研究者和生产商已经报道或者产业化了生物基 PA6、PA66、PA11、PA12、PA410 等常见聚酰胺品种。我国的研究者应该紧跟国际发展新形势，加强从动植物脂肪酸提炼聚酰胺所需原料的研究，并在生物催化、产品纯化等方面加大研发投入力度。

5.4 生物基化学纤维

生物基化学纤维（bio-based fiber）是指以生物质为原料所制备的化学纤维。除天然动植物纤维外，特指生物基再生纤维、生物基合成纤维及海洋生物基纤维。生物基化学纤维原料是以天然动植物为来源，用生物法生产的应用于生产生物基化学纤维的“四醇、四酸、一胺”。生物基化学纤维及其原料是我国战略性新兴生物基材料产业的重要组成部分，具有生产过程环境友好、原料可再生以及产品可生物降解等优良特性，有助于解决当前经济社会发展所面临的严重的资源和能源短缺以及环境污染等问题，同时能满足消费者日益提高的物资生活需要，增加供给侧供应，促进消费回流。

我国生物质资源储量十分丰富，用农、林、牧、海洋等生物资源为原料，生产化学纤维具有很好的发展前景，符合绿色、循环、可持续发展的战略。“十二五”期间，国家将生物产业列为七大战略性新兴产业之一，提出了大力开发生物基化学纤维及其原料。

根据原料来源与纤维加工工艺不同，生物基化学纤维可分为生物基新型纤维素纤维、生物基合成纤维、海洋生物基纤维和生物蛋白质纤维四大类，具体品种及 2015 年产能见表 5-5。

表 5-5　生物基化学纤维品种分类及主要品种产能　　单位：t/a

分类	纤维品种		2015 年产能	2018 年产能
生物基新型纤维素纤维	新溶剂法再生纤维素纤维	Lyocell 纤维	32000	61000
		离子液体纤维素纤维	中试	工程化中试
		低温碱/尿素溶液纤维索纤维	1300	1300
	新资源再生纤维素纤维	竹浆纤维	120000	120000
		麻浆纤维	5000	5000
生物基合成纤维	生物基降解合成纤维	PLA 纤维	15000	35000
		聚羟基丁酸羟基戊酸酯(PHBV)/PLA 共混纤维	1000	1000
		聚丁二酸丁二醇酯(PBS)纤维	研究阶段	
	生物基非降解合成纤维	PTT 纤维	43000	120000
		聚己二酸戊二胺(PA56)纤维	1000(中试)	30000
		PDT 纤维	20000	
		PEF 纤维	研究阶段	
海洋生物基纤维	壳聚糖纤维		2500	2500
	海藻纤维		2000	5000
生物蛋白质纤维	大豆蛋白纤维		5000	10000
	羊毛蛋白纤维			
	牛奶蛋白与丙烯腈接枝纤维			
	蚕蛹蛋白纤维			

5.4.1 简介

5.4.1.1 生物基新型纤维素纤维

（1）Lyocell 纤维

Lyocell 纤维是以 *N*-甲基吗啉-氧化物（NMMO）的水溶液为溶剂，溶解纤维素后进行纺丝制得的一种再生纤维素纤维。该纤维生产过程绿色环保，纤维性能优良，在服装面料市场得到广泛应用。目前，Lyocell 纤维及其生产技术主要由奥地利兰精公司控制。我国 Lyocell 产能情况见表 5-6。

表 5-6　国内 Lyocell 产能情况

单位	产能/t	发展现状	技术来源
上海里奥纤维企业发展有限公司	1000	连续生产，差别化 Lyocell 纤维为主，已开发出相变、抗菌等功能性纤维	德国 LIST 公司
中纺绿色纤维科技股份公司	30000	2018 年 12 月首条全国产化单线年产 3 万 t Lyoell 纤维生产线成功开车	中国纺织科学研究院与新乡白鹭化纤集团有限公司合作开发
保定天鹅新型纤维制造有限公司	30000	2015 年已连续生产运营，2019 年实现 50kt/a 产能正式投产	引进奥地利 ONE-A 公司技术进行二次开发
山东英利实业有限公司	15000	2016 年已连续生产运营	引进奥地利 ONE-A 公司技术进行二次开发

续表

单位	产能	发展现状	技术来源
淮安天然丝科技有限公司	100	主要生产Lyocell长丝,已实现第二代开发升级,目前正在规划建设年产10万t Lyocell长丝	与东华大学合作开发
湖北金环绿色纤维有限公司	40000	2020年预计投产,一期产能40kt/a	引进奥地利ONE-A公司技术进行二次开发
唐山三友集团兴达化纤有限公司	5000	2019年1月开车试运行	自主研发
宁夏恒利集团科技有限公司	40000	筹建阶段,恒天集团收购	恒天技术转化
湖北新阳特种纤维股份有限公司	32500	一期2500t/a,2期30t/a	
江苏金荣泰新材料科技有限公司	60000	项目一期开始建设中,预计2019年投产	

(2) 竹浆纤维

竹浆纤维是以竹浆粕为原料得到的一类纤维。竹纤维制品具有天然的抗菌、抑菌作用和亲肤性能，在儿童用品、妇女卫生材料、医用材料、高档服饰等领域广泛应用。竹浆纤维所需的竹浆粕生产工艺和竹浆纤维生产技术和装备，是我国自主研发，是生物基纤维行业重大创新成果。目前，总产能达120kt/a，其中河北吉藁化纤有限公司已经建成100kt/a的生产线，并成立天竹品牌联盟，形成产业联动合作和品牌效应。

(3) 麻浆纤维

麻浆纤维是以麻浆粕为原料得到的一类纤维。麻浆纤维具有干湿强度高、吸湿透气、抑菌防霉的特性，是一种新型、健康、时尚、绿色的生态纺织纤维。麻浆纤维也是我国自主研发成功的又一新产品，目前恒天海龙潍坊新材料有限公司、山东银鹰化纤有限公司和河北吉藁化纤有限公司都具有生产麻浆纤维的能力，产能约5000t/a。

5.4.1.2 生物基合成纤维

(1) 聚乳酸（PLA）纤维

聚乳酸纤维，具有与聚酯纤维相似的高结晶度和取向度，具有良好的手感、悬垂性及回弹性，优良的卷曲性及卷曲稳定性，有一定的自熄性，被广泛应用于服装、家用纺织品、农业用及生物医用卫生材料等领域。目前生产规模达到35000t/a，分布在江苏、上海、河南等地，主要生产企业有上海同杰良、河南龙都、恒天长江生物、海宁新能、嘉兴昌新、张家港安顺等。聚乳酸纤维在产品加工及产品应用方面领域比较成熟，企业分布在江苏、上海、河南等地，但是但其产业规模、生产成本和产品质量还有待进一步改进。

(2) 聚羟基丁酸羟基戊酸酯（PHBV）和聚乳酸（PLA）共混纤维

从反应性共混出发，通过熔融纺丝研制出以聚羟基丁酸羟基戊酸酯（PHBV）和聚乳酸（PLA）为主要成分的新型生物基化学纤维，既有效克服了PLA纤维耐热性差、手感偏硬等性能缺陷，又获得了近似于真丝的光泽和手感。PHBV树脂合成及反应性母料，产能达到1500t/a，主要生产企业为宁波天安，产品可用于纺织、医用材料、卫生防护和产业用。

(3) 聚丁二酸丁二醇酯（PBS）纤维

PBS纤维，目前以处于基础研究为主阶段，已有试验线建成，但工业化的技术装备还在探索阶段，产品在服用、工业领域、医疗器材等领域具有广泛应用潜力。

（4）聚对苯二甲酸1,3-丙二醇酯（PTT）纤维

国内从20世纪90年代开始，用国外PTT树脂开发生产PTT纤维，目前PTT纤维已应用于纺织领域，总产能达到120kt/a，主要产地为江苏、上海、辽宁等。盛虹集团旗下的中鲈科技已实现了PTT聚合装置的产业化生产。因其原料之一的1,3-丙二醇（PDO），世界上只有杜邦公司生产，且其PTT树脂指定供应，所以，产业发展的瓶颈为PDO生产及PTT聚酯合成技术和产业化。

（5）聚酰胺（PA56）纤维

PA56的单体戊二胺用生物法生产，将戊二胺和己二元酸聚合、纺丝得到生物基聚酰胺（PA56）纤维。PA56纤维在吸湿排汗、可染色性、舒适度、弹性、耐磨性、阻燃性等性方面都展示了极其优异的性能，广泛应用于地毯、高级箱包、服装、安全气囊丝等领域。目前，1000t级中试线已取得产业化突破。PA56成功地与涤纶通过共混、混纺和共聚等形式纺出高质量的丝，为提升我国涤纶产品质量提供了一条有效途径。

（6）聚对苯二甲酸混二醇酯（PDT）纤维

PDT纤维是以生物基混合二元醇与精对苯二甲酸聚合制得，产品具有优异的可纺丝性能和染色性，在纺织服装、装饰材料、工业领域得到大量应用，主要产地为福建、吉林。属于自主创新品种，“十二五”期末已突破产业化生产技术瓶颈，目前，PDT纤维在万吨级聚酯装置上实现了产业化生产。

（7）聚对苯二甲酸1,4-丁二醇酯（PBT）纤维

PBT纤维是以1,4-丁二醇（BDO）与对苯二甲酸聚合而成的一种新型生物基化学纤维，纤维具有优良的综合性能，近年来在纺织服装、家纺等领域用量快速增长，产地集中在江苏。国内自主研发了纤维级PBT树脂合成技术，打通了工程化生产环节。

5.4.1.3 海洋生物基纤维

（1）壳聚糖纤维

壳聚糖纤维是以虾、蟹壳为原料，通过湿法纺丝制备得到的一类纤维，该类纤维具有天然抗菌、抑菌功能。产品在航天、军队、医疗、防护、服装等得到广泛应用，主要生产地为山东、天津等。企业拥有完全自主知识产权，国内产能2kt/a。

（2）海藻纤维

海藻纤维是利用海藻提纯的海藻酸盐为原料，经湿法纺丝制得。纤维具有绿色环保、天然阻燃、良好的生物相容性等特点，已应用于医卫材料、高档保健服装、家用纺织品等领域。目前，我国已建成拥有自主知识产权和自行设计的产业化生产线，总产能为5kt/a。

5.4.1.4 生物

生物蛋白质纤维是由蛋白质生产下脚料混合抽丝或接枝在其他高聚物上，采用湿法纺丝工艺生产的化学纤维，其中蛋白质质量比例小于20%。生物蛋白质纤维，属于对传统化学纤维的改性提升，已应用在服装、家用高档纺织品。主要品种有大豆蛋白纤维、胶原蛋白纤维、牛奶蛋白纤维、蚕蛹蛋白纤维。目前总产能10kt/a，主要产地为上海、江苏、四川、辽宁等。

5.4.2 生物基化学纤维原料

（1）乙二醇（EG）

安徽丰原生物化学公司采用SD工艺，以玉米、木薯等淀粉为原料，建设年产18.0万

吨乙二醇生产装置；吉林博大生化有限公司以玉米为原料，建设年产10.0万吨乙二醇装置；杜邦能源化工公司拟在黑龙江双鸭山采用山梨醇加氢技术，建设一套年产20.0万吨乙二醇装置；长春大成集团开发了以淀粉为原料，采用生物发酵制备以乙二醇为主的混合多元醇的工艺，建成了年产20万吨的多元醇化生产线。

(2) 1,3-丙二醇 (PDO)

以玉米糖为原料发酵生产的1,3-丙二醇（PDO），是合成聚对苯二甲酸丙二醇酯（PTT）的主要原料。研究机构主要有清华大学、华南理工大学等科研院所。苏州苏震生物工程有限公司采用清华大学技术，建成一套年产2万吨基于生物柴油副产物粗甘油经生物发酵制备PDO的装置，于2015年10月投产；张家港华美生物材料公司建有年产6.5万吨的PDO生产线，产品主要对日本出口。

(3) 1，4-丁二醇 (BDO)

BDO是重要的乙炔系化工原料，化学法生产BDO路线有Reppe（雷珀）法、正丁烷/顺酐法、丁二烯法和环氧丙烷法等，其中Reppe法和正丁烷/顺酐法是1,4-丁二醇最主要的两种生产方法。

生物发酵法生产BDO在国际上已经实现了工业化生产，2013年美国吉诺玛蒂卡公司和杜邦泰特乐利生物产品公司使用常规糖类为原料，采用直接发酵方法，生产出超过2200t BDO，标志着生物法BDO成功实现商业化生产。我国生物法生产BDO还处于研究阶段。

(4) 聚四亚甲基醚二醇 (PTMEG)

PTMEG是由四氢呋喃经阳离子引发开环再聚合而制得的一类具有不同分子量的直链聚醚二元醇，是合成聚氨酯弹性体、聚氨酯弹性纤维的主要原料，在石油化工、机械、军工、造船、汽车和合成革等工业具有广泛的应用。四氢呋喃的生产方法很多，根据原料不同，目前所采用的生产工艺有：1，4-丁二醇（BDO）脱水法、糠醛法、丁烷直接转化法。其中，BDO脱水法是目前的主要生产方法。糠醛和BDO均可以采用生物原料制取，是实现可持续发展的工艺技术路线。糠醛由农副产品玉米芯加10%硫酸高温水解后得到的聚戊糖裂解后脱水而得。国内PTMEG主要用于生产氨纶和聚氨酯弹性体。

(5) 乳酸 (LA)

中国科学院微生物研究所、浙江海正药业股份有限公司以及安徽丰原集团有限公司等单位较早地开展了乳酸的生物炼制技术研究与开发，随着聚乳酸需求量的日益增加，通过生物炼制生产乳酸的规模将会进一步扩大。

我国的乳酸生产企业比较多，目前在生产的企业主要有安徽丰原格拉特、河南金丹、宁夏昊凯、江西武藏野、盐城森达、四川博飞等。

(6) 丁二酸

丁二酸又名琥珀酸，是一种常见的天然有机酸，广泛存在于人体、动物、植物和微生物中。目前丁二酸大多数仍采用化学法合成，其原料依赖于化石资源。随着化石资源日益枯竭和生物法制备丁二酸的技术进步，利用生物转化法大规模生产丁二酸的方法引起越来越多的国家重视，近年来已成为全球研究的热点。

以生物资源为原料的方法有淀粉→葡萄糖→丁二酸路线。我国目前尚未见有以生物法生产丁二酸的报道。

(7) 己二酸

己二酸（ADA），又称肥酸。主要用于生产尼龙66盐、聚氨酯、合成树脂及增塑剂等。

目前，工业化的己二酸生产工艺除住友公司采用由己内酰胺副产回收己二酸外，其他企业全部采用KA油（环己酮K和环己醇A混合物）或纯环己醇经硝酸氧化制己二酸。目前正在开发的清洁生产工艺主要有环己烷氧化法、环己酮氧化法、C4烯烃法以及生物催化法。生物法包括采用生物原料和采用生物酶催化的工艺，以*D*-葡萄糖为原料，经生物催化制己二酸或用酶在合适条件下将环己醇选择性转化成己二酸。

（8）长碳链二元酸

长碳链二元酸是生产长链聚酰胺树脂及长链聚酰胺纤维的主要原料。长碳链二元酸可以用化学法或者生物法来生产，生物法生产长碳链二元酸反应条件温和，在常温常压下进行，环境友好，并且可以生产从十一个碳到十八个碳的多种长碳链二元酸。

2014年，上海凯赛生物产业有限公司建成了万吨级采用植物油生产烷烃的装置，并通过生物转化生产出生物基长碳链二元酸。这使得我国生物法长碳链二元酸的菌种、发酵和提取、精制工艺具有拥有完整的知识产权。

（9）戊二胺

戊二胺是一个重要的C5平台化合物。以生物基戊二胺为原料生产PA56、PA510、PA512等已实现工业化生产。上海凯赛生物产业有限公司开发了生物法生产戊二胺的产业化技术，高效菌种和提取精制，从淀粉糖或秸秆纤维素制备戊二胺。

生物基戊二胺合成的异氰酸酯，作为聚氨酯单体，不但具有脂肪族异氰酸酯优良的机械性能、突出的化学稳定性和优秀的耐候性，其奇数碳的结构使得聚氨酯与物体表面结合更加牢固，在汽车和家具涂料上得到广泛应用。

5.4.3 聚乳酸纤维

聚乳酸纤维又称乳丝，是一种可生物分解的新型绿色纤维，目前制备方法主要有熔融纺丝、溶液纺丝和静电纺丝等三种。乳丝产业化生产时，主要利用玉米、木薯、甘蔗、稻草、秸秆等含淀粉、纤维素的植物等为原料，经生物发酵转化成乳酸，再经聚合、纺丝制成乳丝。乳丝温润柔滑，弹性好，具有生物相容性、亲肤性、柔软性，加工的产品有丝绸般的光泽及舒适感，悬垂性佳。此外，虽然乳丝不亲水，但具有良好的芯吸效应，有很好的导湿作用。由于乳丝初始原材料是利用来自生物质材料，又可以在自然界完全分解，对环境极其友好，故被认为是未来替代石油基化纤的主要材料。作为一种新型的可降解纤维材料，其环保性、吸湿性、透气性、生物相容性以及优良的力学性能决定了其在生物医用、织物面料、非织造材料及制品（如一次性卫生用品、过滤材料等）等很多方面都将得到广泛应用。

5.4.3.1 聚乳酸纤维的制备方法

（1）熔融纺丝法

聚乳酸熔融纺丝的生产工艺分为高速纺丝一步法、纺丝-拉伸二步法。

高速纺丝不仅可以提高聚乳酸纤维的产量，还可通过其本身的热拉伸过程生产非取向或部分取向的纤维。其工艺一般为：聚乳酸先进行高真空下干燥，然后再熔融纺丝（温度185～210℃，纺丝速率2000～5000m/min）。

二步法制得的聚乳酸纤维的机械性能一般好于高速纺丝制得的纤维。对于熔融纺丝-拉伸二步法，聚乳酸同样需要抽真空、干燥等预处理。其工艺一般为：预处理→螺杆挤出机纺丝（温度190～240℃，纺丝速率500～1000m/min）→热拉伸（温度100～160℃，拉伸倍数4～7）。

聚乳酸在熔融纺丝过程中会因为酯键水解反应而产生降解，造成分子量大幅度下降，而严重影响成品纤维的品质。此外，这种降解反应对温度也很敏感，即使在水分含量很低的情况下熔融纺丝，聚乳酸也会因热分解而损失分子量（可达15%以上）。因此，纺丝前要在高真空下严格地除去聚乳酸物料中水分（含量$<50\times10^{-6}$）。为了提高聚乳酸的热稳定性，Hyon等在60℃下用醋酸酐和吡啶对*L*-聚乳酸（PLLA）末端的—OH基团进行乙酰化，然后再进行熔融纺丝，发现：在纺丝温度低于200℃时PLLA基本不发生热分解；当纺丝温度超过200℃时，PLLA的热分解仍十分明显，分子量有很大下降。Cicero等研究发现加入少量的抗氧剂亚磷酸三壬基苯酯（TNPP）可以有效地抑制聚乳酸在熔融纺丝过程中的降解。

聚乳酸熔纺工艺具有重现性好、环境污染小、生产成本低、便于自动化和柔性化生产的优点。目前，熔融纺丝法生产聚乳酸纤维的工艺和设备正在不断改进和完善，市场中商品化的聚乳酸纤维均采用了熔纺工艺，已成为工业化聚乳酸纺丝成型加工的主流。

（2）溶液纺丝法

将聚乳酸溶于二氯甲烷、三氯甲烷、甲苯等溶剂或混合溶剂后，溶液作为纺丝液进行纺丝，并在一定条件下进行拉伸定型，这种方法称作溶液纺丝。根据其成丝的氛围是气体或液体的不同，分为溶液干法、湿法两种。溶液纺丝的流程为：溶解→老化→过滤→喷丝孔挤出→成型→卷绕→拉伸；溶液干法纺丝/热拉伸制得的PLLA纤维的强度约为熔纺/热拉伸所得纤维强度的4倍以上。

不同分子量的聚乳酸，选用的溶剂也不同。二氯甲烷和三氯甲烷适用于分子量低一些的聚乳酸纺丝过程，而甲苯是分子量高一些聚乳酸的良溶剂。若溶剂选择不适当，聚乳酸纤维的可纺性就变差，如在纺丝工程中，聚乳酸的分子量大幅度下降或所得纤维成型不好，会出现“熔体破裂”等现象。聚乳酸的分子量及其分布、纺丝溶液的组成选取及浓度的选择、拉伸温度、聚乳酸的结晶度、所纺纤维的线密度要求等工艺参数最终都会影响成品纤维的品质。

周赟等以二氯甲烷/1，4-二氧六环的双溶剂体系，经过优化工艺条件（PLLA含量=0.06，电压10kV，纺丝流速为0.5mL/h，极板接收距离为16cm），最终制得的纤维直径分布在500～700nm之间。

Fambri等以氯仿为溶剂，获得黏均分子量只下降约6%，拉伸强度为1.1GPa的PLLA纤维。Penning等以氯仿/甲苯为混合溶剂，获得断裂应力高达2.3GPa，模量可达16GPa的PLLA纤维。

由于溶液纺丝法的工艺较为复杂，溶剂回收困难，纺丝环境恶劣，且所采用的溶剂有毒，所得的聚乳酸纤维需要经过特殊处理才能适合于医疗卫生的要求，从而导致了聚乳酸纤维的高成本。目前，溶液纺丝法制备聚乳酸纤维还停留在实验室阶段，尚未见商业化生产报道。

（3）静电纺丝法

静电纺丝，是指在电场力作用下，处于纺丝喷头的聚合物溶液或熔体液滴，克服自身的表面张力而形成带电细流，在喷射过程中细流分裂多次，经溶剂挥发或冷却而固化形成纳米级至亚微米级（5～1000nm）的超细纤维，最终被收集在接收屏上，形成非织造超细纤维膜，或附加特殊装置，将超细纤维纺成纱线。由于静电纺丝所得到的纤维比常规方法得到的纤维直径小，所以其非织造膜具有超高的特异性、比表面积和孔隙率，可用作聚合物纳米复合材料的增强材料、过滤膜材、功能性织物保护涂层、传感器、纳米模板和生物医用材料等。

何晨光等采用静电纺丝方法制备了纤维支架，并考察了静电纺丝主要参数对PLGA纤维支架形貌和纤维直径的影响。在浓度为0.2g/mL、流速为0.4mL/h、电场强度为1.5kV/cm的条件下制备的PLGA纤维直径分布最窄、珠滴最少、纤维平均直径最小为330nm。

葛鹏飞等研究了质量分数对纤维直径的影响。随着质量分数的增加，溶液的黏度和表面张力相应增大，在电场强度不变的情况下，喷射流和形成的纤维所受到拉伸应变速率变小，且溶剂完全挥发后固化的聚合物越多，平均纤维直径逐渐增加。

Li 等制备的 PLGA 电纺纤维，孔隙率达 90%以上，大多数孔的尺寸在 25～100μm 的范围内，提高了材料的细胞渗透性，为细胞生长提供了更多的结构空间，是理想的组织工程支架材料。

Zong 等用无定形 PDLA 和半结晶 PLLA 为原料，利用静电纺丝法制备了可生物吸收的无纺布纳米纤维膜，发现溶液浓度和盐的加入对纤维直径影响比较明显。

静电纺丝法装置简单，操作方便，制得的 PLA 超细纤维能到微米甚至纳米级，纤维有很大的比表面积，非常适合生物医用领域的应用。但是静电纺丝法制备聚乳酸超细纤维也面临一些问题：电动力学及其与聚合物流体的关系尚不明确，需要深入研究，产率很低，得到的纤维机械强度不够；熔纺静电纺过程中如何进一步减少 PLA 的热分解，降低聚合物熔体的黏度，获得直径更细的纤维是未来需要进一步解决和完善的难题。

5.4.3.2 聚乳酸纤维的基本性能

（1）力学性能

乳丝的断裂强度在 3.2～4.9cN/dtex 之间，比天然纤维棉高。干态时的断裂伸长率大于涤纶以及黏胶、棉、蚕丝和麻纤维，与锦纶和羊毛纤维相近，且在湿态时伸长率还出现了增加，表明乳丝制品具有高强力、延伸性好、手感柔软、悬垂性好、回弹性好等优点，但在加工时需要调整纤维易伸长所引起的工艺参数的变化。表 5-7 为乳丝与其他纤维的力学性能比较。

表 5-7 乳丝与其他纤维的力学性能比较

力学性能＼纤维	竹纤维	莫代尔	聚酯	大豆纤维	PLA
密度/(g/cm^3)	1.34	1.50～1.48	1.47	1.28	1.29
细度/dtex	1.65	1.40	1.38	1.34	1.50
长度/mm	38.00	38.00	38.00	38.00	38.00
干态强度/(cN/dtex)	4.40	3.20	5.57	4.21	3.67
干态断裂伸长率/%	19.80	14.00	17.90	17.69	25.54
湿态强度/(cN/dtex)	3.90	3.00	5.49	3.51	3.43
湿态断裂伸长率/%	22.40	14.60	17.90	19.89	25.54
湿度/%	11.80	9.80	0.40	6.78	0.43
抗拉强度/(g/cm^2)	8.8	7.9	8.1	10.1	8.4

注：1tex=10^{-6}kg/m。

（2）生物分解性

在正常的温度与湿度下，聚乳酸及其产品相当稳定。当处于有一定温湿度的自然环境（如沙土、淤泥、海水）中时，聚乳酸会被微生物完全降解成水和二氧化碳。乳丝的降解过程分阶段进行，其机理不同于天然纤维素类聚合物及有酶的直接反应分解，首先在降解环境中主链上不稳定的 C—O 链水解生成低聚物，水解作用主要发生在聚合物的非晶区和晶区表面，使聚合物分子量下降，活泼的端基增多，聚合物的整规结构受到破坏（如结晶度、取向度下降，促使水和微生物容易渗入，内部产生生物分解），然后在酶的作用下降解成二氧化碳和水。表 5-8 是四种试样在降解前和土中降解两个半月后的称重结果。从表 5-8 可见，蛹蛋白黏胶纤维失重率最高，聚乳酸纤维和大豆纤维次之，而聚酯无变化，可见聚乳酸纤维具有优良的可生物分解性。

表 5-8 四种纤维降解前后质量变化

纤维	PLA	大豆纤维	蛹蛋白黏胶纤维	聚酯
降解前质量/g	0.060	0.500	0.900	0.080
降解后质量/g	0.048	0.415	0.605	0.080
失重率/g	20.0	16.0	32.8	—

（3）生物相容性

聚乳酸纤维因具有良好的生物相容性特点，近年来广泛应用于医用缝合线、药物释放系统和组织工程材料等生物医用领域，是美国食品药物管理局（FDA）批准用于人体的聚酯类化合物。此外，乳丝的主要原材料PLA经美国FDA认证可植入人体，具有100%生物相容性，安全无刺激，早年已应用于手术缝合线和组织工程材料等医疗领域。1962年，美国Cyanamid公司发现用PLA做成的可吸收的手术缝合线，克服了以往用多肽制备的缝合线所具有的过敏性，且具有良好的生物相容性。

人们对聚乳酸在生物医用领域的研究和应用逐渐增多，特别是近年来，随着聚乳酸合成、改性和加工技术的日益成熟，大大丰富了聚乳酸的功能，有效扩展了其应用范围。而聚乳酸与纳米技术的结合，也有力推动了其在生物医用领域的发展。目前，聚乳酸及其共聚物在生物医学方面的应用，包括可吸收缝合线、骨科内固定材料、体内填充材料、组织工程支架、药物载体和基因载体等多个方面。

Lee等将间充质干细胞（mesenchymal stem cells，MSCs）滴加在PLA新型多孔支架表面进行培养，MSCs在多孔支架上连续生长，表现出良好的细胞活性，表明PLA支架支持MSCs的生长和增殖。

陈亮等人对静电纺丝PLA/聚己内酯共混纤维支架与兔脂肪源干细胞的体外生物相容性进行研究，发现其具有良好的生物相容性。

同济大学纳米与生物高分子材料研究所以PLA-PEG为载体，研究了复乳法和相分离法对药物载体形成的影响，研究发现相分离法制备的微球分布较宽，药物封包率高，并成功制得了可有效控释药物的载体。

（4）吸湿性和透气性

吸湿性强的材料能及时吸收人体排出的汗液，起到散热和调节体温的作用，使人体感觉舒适。衡量吸湿性的指标一般用回潮率表示。乳丝的回潮率与天然纤维和合成纤维（除涤纶外）相比都较低，吸湿性能较差，疏水性能较好，使用时比较干爽。

PLA纤维和聚对苯二甲酸乙二酯（PET）纤维的回潮率分别为0.65和0.45。从PLA纤维和PET纤维的分子式可以看出，两者均属于疏水性纤维，大分子结构中只有端基存在亲水性基团，故回潮率都不大，其中PLA纤维的回潮率较PET纤维大些，因其端基在整个大分子中所占比例比PET纤维大些。

乳丝虽然不亲水，但聚乳酸纤维具有良好的芯吸效应，有很好的透气作用。因为聚乳酸纤维的横向截面呈扁平圆状，中间近似圆形，纵向表面比较光滑、呈均匀柱状，但表面有少数深浅不等的沟槽。孔洞或裂缝使纤维很容易形成毛细管效应从而表现出非常好的芯吸和扩散现象，所以PLA纤维的芯吸和扩散作用非常好。而且水分芯吸特性是PLA纤维所固有的，不是通过后整理获得的，所以这种特性不会因时间而减弱。因此PLA纤维织物具有比聚酯纤维更优良的芯吸性能和强度保持性，从而赋予了织物良好的透气快干性。

严玉蓉等采用三叶异形喷丝板纺制三叶异形的PLA纤维，可以提高纤维的吸湿透气性。意大利床垫生产商采用PLA纤维，制成的垫子经压缩后能回复其丰满的体积，易于维护，而且有良好的导湿性，能够抑制细菌的繁殖。

（5）阻燃性

聚乳酸纤维的阻燃性能较差，其本身的阻燃性能只有UL94HB级，极限氧指数为

21%，燃烧时只形成一层刚刚可见的碳化层，然后很快液化、滴下并燃烧。为了克服这些缺陷，使其更好地满足在航空、电子电器、汽车等领域的某些应用，近年来对聚乳酸阻燃改性的研究已成为热点，NEC（日电）、尤尼吉卡、金迪化工等公司也相继开发出阻燃型聚乳酸产品。目前公开报道的关于聚乳酸阻燃改性的研究不多，并且从操作难易性和成本角度考虑而多采用添加型阻燃剂，主要使用的是卤系、磷系、氮系、硅系、金属化合物阻燃剂以及多种阻燃成分的复配。

Kubokawa 等采用质量浓度为 4.98%的四溴双酚 A（TBP-A）溶液对聚乳酸纤维进行了阻燃改性。研究发现：经处理的乳丝极限氧指数值（LOI）达到 25.9%，并且无论在氮气还是氧气氛围下，其热分解过程明显加速而残渣量增加，具有良好的阻燃效果。NamikaT 等研究发现，聚二甲基硅氧烷、聚甲基苯基硅树脂对提高 PLA 的阻燃性非常有效，使用日本信越硅公司的 X40-9850、道康宁硅公司的 MB50-315 等添加到 PLA 中，添加量在质量分数 3%～10%之间即可使 PLA 树脂阻燃型达 UL94V-0 级。

（6）热性能

聚乳酸纤维耐热性较差，加热到 140℃时会收缩，聚乳酸纤维热收缩率比聚酯纤维略高，尺寸稳定性稍差。故在纺纱织造后整理加工过程中及服装的熨烫与烘干过程中需要特别注意温度的控制。因此聚乳酸纤维的耐热性改进已经引起了人们的特别注意。

杨革生等将干燥的 PLA 切片与 PDLA 切片按（20：80）～（80：20）重量比混合，再加入质量分数 0.01%～5%的有机磷酸酯金属盐与水滑石的组合物共混，熔融纺丝制成耐热性好、力学性能优良的聚乳酸纤维。另外，从成型加工的角度，通过提高纺丝速度或加入成核剂，加大取向及结晶程度，也可以提高纤维的耐热性，例如 Tsuji 等在左旋聚乳酸中加入 P（L-2HB）和 P（D-2HB），提高聚乳酸的结晶速率，同时优化纺丝工艺，最终提高 PLLA 的取向及结晶度。通过将 PLLA 和 PDLA 立构复合，制成的 SC-PLA 将 PLA 的熔点提高了 50℃。Pyda Marek 等年通过烷基二元醇或双酚 A 诱导体共聚的 PET 或者和长链羧酸共聚的 PET 与 PLA 共混纺丝，制备耐热的 PLA 长丝。Touny Ahmed 等在中加入三斜磷钙石，三斜磷钙石作为成核剂，加快了 PLA 的结晶速率，提高了结晶度，最终提高纤维耐热性。

5.4.3.3 乳丝的应用

由于乳丝较好的物理力学性能，热塑性好，柔滑透气，可生物分解，有生物相容性，使其在医疗、针织物、机织物及非织造物方面得到了广泛的应用。

（1）生物医药

聚乳酸纤维表面的 pH 值在 6.0～6.5 之间，为弱酸性，健康的皮肤也呈弱酸性，因此，它与皮肤有良好的相容性。同时，聚乳酸的降解产物——乳酸为人体中葡萄糖的代谢产物，因此易于吸收。这些特性使聚乳酸纤维适宜在医疗方面使用，如手术缝合线。这种缝合线一经问世，就立即受到广泛青睐，不仅是因为它在伤口愈合后能自动降解并被人体吸收，术后无需拆线，同时，因为它具有较强的抗张强度，可以有效控制降解速度，使缝合线随着伤口的愈合自动缓慢降解。

据李孝红等报道：PLA 在体内代谢最终产物是 CO_2 和 H_2O，中间产物乳酸也是体内糖代谢的正常产物，所以不会在重要器官聚集。聚乳酸及其共聚物作外科缝合线，在伤口愈合后自动降解并吸收，无需二次手术。

目前聚乳酸及其共聚物制作可吸收缝合线也在研究中，如 PGA 和 PLA 共聚得到的 PGLA 制得的缝合线，其降解产物对人体无毒、无积累、组织反应小，比 Dexon 具有更好的柔顺性和更长的强度维持时间，是目前使用最广泛的合成类可吸收缝合线。Miller 等研究发现，PGA 和 PLA 共聚后可使降解速度比均聚物提高 10 倍左右，并且通过改变 PGA 和 PLA 的组分比例，可以有效地调节共聚物的降解速率。

近年对乳丝应用于缝合线的研究主要集中在以下几方面：①提高缝合线的机械强度，合成高分子量 PLA，改进缝线加工工艺。②光学活性聚合物的合成。半结晶的 PDLA、PLLA 比无定形 PDLLA 具有较高的机械强度、较大的拉伸比及较低的收缩率，更适于手术缝合线。③缝合线的多功能化。

（2）服装用纺织品

聚乳酸纤维独特的结构，使其具有良好的柔软性、优良的形态稳定性，与棉混纺与涤棉具有同等的性能，处理方便，光泽比涤纶更优良，且有蓬松的手感，与涤纶有同样的疏水性。聚乳酸纤维又有优良的导湿性，对皮肤不发黏，聚乳酸混纺做内衣，有助于水分的转移，不仅接触皮肤时有干爽感，且可赋予优良的形态稳定性和抗皱性，它是以人体内含有的乳酸作原料合成的乳酸聚合物，不会刺激皮肤，对人体健康有益，非常适合做内衣的原料。

另外聚乳酸纤维具有优良的弹性、良好的保型性、悬垂性以及染色性能。由聚乳酸纤维纯纺纱或与毛纤维混纺纱加工制成的服装织物毛型感强、抗皱性好。同时，由于聚乳酸纤维初始模量适中，织物具有良好的悬垂性和手感。因此，聚乳酸纤维是开发外衣服装织物较为理想的原料。

聚乳酸纤维尽管不是一种阻燃性聚合物，但纤维具有较好的自熄性、较好的弹性回复性和卷曲持久性，使其织物有良好的保形性和抗皱性。

微细特纤维也很容易制得，用微细特聚乳酸纤维织成的织物有丝绸般的感觉，具有悬垂性好、耐用性好、吸湿透气性好等优点，是理想的女装和休闲装面料。

Penn Nyla 公司推出一系列 PLA 长丝织物和一种含 10%PLA 的短纤纱，用于制作运动服和休闲服；Fountain Set 公司开发出一系列 PLA 针织面料；远东集团推出 Ingeo 聚乳酸短纤纱，聚乳酸短纤纱可采用平针、螺纹、添纱等方法生产针织内衣及运动系列面料。日本钟纺纤维公司已将 PLA 纤维与棉、羊毛混纺，或将其长纤维与棉、羊毛或黏胶等生物分解性纤维混用，纺制成衣料用织物，生产具有丝感外观的 T 恤、夹克衫、长袜及礼服。

（3）家用装饰纺织品

聚乳酸纤维具有良好的 UV（抗紫外线）稳定性、发烟量少、燃烧热低的特点；聚乳酸纤维织物具有较好的耐洗涤性。Dartee 等人研究了 35%聚乳酸纤维/65%棉混纺织物的耐洗涤性，研究发现聚乳酸纤维织物的耐洗涤性良好，使其在家用装饰市场具有吸引力，并且它的优异的弹性更拓宽了其在该领域的应用。特别适用开发室内悬挂物（窗帘、帷幔等）、室内装饰品、地毯等产品。PLA 纤维良好的芯吸性，使其吸液率大大增加，可用来做产业用及家用擦拭布。

上海同杰良生物材料有限公司研制出一种含聚乳酸纤维的三层健康被，由于聚乳酸纤维层和聚乳酸外套的使用，使被子具有防潮、抑菌效果，具有极好的亲肤力；其柔软舒适性、蓬松保暖性、吸湿透气性的均衡性等综合特性均优于单一的棉纤维被。同时马鞍山同杰良生物材料有限公司发明公开了一种生态健康环保被，由被芯包覆织物层、被芯填充物层构成，所述的被芯填充物层由生物质聚乳酸纤维经开松平铺的絮片构成。被芯包覆织物层由生态环保纤维无纺布构成。该生态健康环保被具有持久天然抗菌、防螨，快速导湿，对人体皮肤无毒、无过敏反应，柔软、舒适贴身，蓬松有弹性、保暖效果好的特点。无论被芯包覆织物或填充物，其在土壤堆肥中能完全降解，生态环保。

（4）非织造布

聚乳酸纤维采用干法、纺粘法和熔喷法等成网，用水刺、针刺或热黏合等方法加固，可制成各种非织造产品。由于聚乳酸具有较低的熔点，不同聚乳酸纤维的熔点范围很宽（120～170℃），而且具有很好的黏结作用，很适合制成复合纤维，并在非织造布方面应用。

① 一次性医疗卫生领域　鉴于乳丝具有的诸多独特优势，特别适用于对人体安全性要求较高，而对环境危害又较大的一次性医疗卫生用品方面，如卫生巾、护垫、纸尿裤、成人失禁用品、医用纱布、绷带、医用床单、高档抑菌抹布等产品领域，不仅解决了与人体接触的安全抑菌问题，同时乳丝材料的生物分解特性可以解决困扰城市生活环境已久的一次性卫生用品导致的“白色污染”问题。

由同济大学和上海同杰良生物材料有限公司经多年攻关研发出的以聚乳酸为基材的无纺布和底膜，已经成功应用于爱加倍卫生巾。该产品是全球第一款采用这种创新技术的卫生巾，克服了现在市场上的卫生巾采用涂覆硅油的棉柔型化纤或纯棉（吸收后非常潮湿）为面层的缺点，同时具有透气、亲肤、抑菌、干爽等特性，提高了妇女经期的安全性，减少经期感染妇科疾病或皮肤过敏的危险。

同时乳丝也可作为抑菌除异味的吸收层黏结固定材料。婴儿纸尿裤的发展趋势之一是更加轻薄柔软，产品芯体吸收层中对木浆的使用量将越来越少，因此采用低熔点纤维作为高吸收性树脂（SAP）的黏结固定和导湿成为必然发展方向。由于乳丝具有较低的熔点、弱酸性、天然抑菌性和良好导湿性，可以替代 ES 纤维，成为未来高比重 SAP 复合吸收芯体开发纤维应用的首选。

在婴儿纸尿裤的实际使用过程中，乳丝的弱酸性能够吸收中和婴儿尿液散发的刺激性氨气，可以起到很好的除臭和除异味效果，同时可以有效缓解因 NH_3 的刺激性导致婴儿的红臀现象。此外，乳丝的天然抑菌性也有助于减少婴儿尿布疹（红屁股）产生的概率，如果在婴儿尿裤产品中的面层和吸收层同时采用乳丝纤维技术，则有望更好地解决婴儿纸尿裤所导致的婴儿红臀现象。马鞍山同杰良生物有限公司采用了聚乳酸纤维三层纤网复合体作为尿裤的表层研制出的新型纸尿裤，由于聚乳酸纤维是以非粮作物经过现代生物技术生产出的乳酸为原料，表面呈弱酸性，在纸尿裤和婴儿皮肤之间潮湿的环境中，会综合掉尿液释放出的氨气，从而阻止尿布疹的产生。

② 生活用品领域　由于聚乳酸纤维有着较好的物理强度和可生物分解性，可用做擦拭布、厨房用滤水、滤渣袋等。同时其天然抑菌性和生物相容性等优势使其可应用于面膜，称为乳丝生物质面膜，这将是面膜布材质使用的一大创新和突破。面膜中的乳丝纤维与人体面部皮肤接触，游离在纤维表面的天然乳酸小分子具有较强渗透力，可以迅速渗透到皮肤表皮层，长期使用，有助于皮肤润滑和弹性的增加，对过敏性皮肤有所改善。此外，乳丝生物质纤维面膜还具有优异的吸水和吸附性能，可贮存更多精华液，保湿、锁水效果好，对延长皮肤吸收时间、提升护理效果有帮助。

③ 产业用产品领域　聚乳酸纤维的强度高、耐用性好，不易燃，抗紫外线性能强，耐热性能好，可生物分解性等优点，使其非常适合开发民用工程和建筑装潢用产品，如编织袋、工业墙嵌板、人造草坪、包装材料、强化纸和特殊用纸等。还可开发农、林、渔业用产品，如农、林业覆盖材料、捆扎带、除草袋、植被网、养护薄膜、培植、育秧、防霜及除草用布，渔业用捕鱼网、钓鱼线和可生物分解的包装材料。

5.4.3.4 展望

聚乳酸树脂及其纤维的初始原料为木薯、甘蔗、稻草、秸秆等含淀粉、纤维素的非粮农作物和农业废弃物等生物质资源，具有可再生、循环使用、无公害的特点。如能替代石油基的合成纤维和塑料，将有不可估量的经济效益和环境意义。

聚乳酸纤维具有较高的力学性能和完全生物分解性能，在纺织品等工农业、组织工程等生物医学领域有着巨大的发展潜力。尤其聚乳酸本身的生物分解特性，使得其作为环保材料取代现有的不可降解的织物与非织造布产品，推进绿色环保有着巨大的作用，将成为 21 世纪织物与非织造布中的一种重点发展的产品之一。

目前，国内外熔融纺丝法制备聚乳酸纤维的工艺比较成熟，已有不少聚乳酸纤维类商品面世。我国是农业大国也是石油消耗大国，生产聚乳酸纤维可以消化大量的木薯、甜高粱、甘蔗等非粮农产品以及稻草、秸秆等农业废弃物，解决三农问题、缓解能源危机，减少环境污染。因此，我国应积极进行聚乳酸纤维的研究、开发和应用。

5.4.4 生物基纤维发展存在的问题

(1) 科技、工程难度大，行业内的大企业远未成为技术创新主体

生物基化学纤维及其原料从研发、技术、工程化到产业化，科技和工程交叉复杂，所涉及的基因技术、工业微生物技术、生化技术处于产业化前期基础研究阶段，难度大，流程长，关键环节较多。我国的生物基纤维企业，多以中小型科技企业为主，缺乏足够的技术储备积累及资金积累储备，在整合产业链及扩大再生产中缺乏实力及号召力，抗风险能力差，融资能力弱，重复低层次研发。而大型企业及社会资本由于对生物基纤维产业缺乏认识，难以形成以企业为创新主体的产、学、研、装备相结合的工程化利益共同体。

(2) 产品成本高、市场竞争力不强，“三个替代”任务艰巨

我国生物基化学纤维及其原料研发及工程化基本处于起步阶段，无论从研究队伍、资金投入以及研究以及成果均与国外存在一定的差距，生产企业规模参差不齐，多数企业产能偏小，即使产能较大的企业实际产量也均很小，生产成本高，产品市场竞争力不强，从而制约了企业的良性发展。将产品的成本降低到适当的水平，是我国生物基纤维产业化面临的一个重要问题。

从“三个替代”(原料替代、过程替代、产品替代) 的目标来看，我国化纤行业向生物基化学纤维方向的转变任重道远，我国合成纤维占化学纤维的总量 90.8%，由生物基化学纤维替代这些以化石资源为原料的纤维面临着任务艰巨任务。而且无论用生物质作为原料的黏胶纤维，还是合成纤维，目前均为由化学方法生产过程，面临着由绿色、环保、低碳生产过程改造的压力。

(3) 核心知识产权缺乏，关键技术和装备存在差距

目前，我国的生物基纤维生产企业间互相保密，缺乏交流，一些基础研究工作互相重复。因此，尽管各企业均拥有一定的自主研发技术、部分自己设计或加工的设备，但工程化关键技术与设备的水平尚未达到最优。科研院所、高校、企业对生物基原料研究多，但 1,3-丙二醇、丙交酯、乳酸等关键原材料制备技术和核心菌种均依赖国外。Lyocell 纤维生产原料溶解、溶剂回收系统等关键设备与国外先进技术尚有差距。

(4) 产业化基础薄弱、上下游产业链尚未有效形成，缺少知名品牌

生物基化学纤维所需的原料及溶剂、助剂和国外同类产品还有一定差距，没有形成良性

供应体系，下游产品门类多，基本上定位于纺织、医卫材料领域，产品应用比较单一，且缺乏优势品种和知名品牌。农林牧海产品加工－生物发酵－纤维加工－纺织品应用产业链尚未有效形成。科研人员对海洋、农林资源的利用和开发与国家可持续发展的重要关系认识不足，原创性工作少，缺乏扎实、系统的基础研究。

（5）标准体系不够健全，政策激励有待持续支持

生物基化学纤维及其原料发展起步较晚，多数产品尚未制定标准，产业标准体系亟待建立。生物基纤维及制品优先采购、政策补贴、税收优惠等政策尚未到位。生物基纤维为化纤新兴品种，期待国家相关部委给予持续性的重点支持。

5.4.5 生物基纤维材料科技创新趋势

5.4.5.1 开发生物基纤维的低成本、高附加值关键技术

（1）生物基新型纤维素纤维

在我国现有 Lyocell 工艺法初步工程化、产业化的基础上，深入开展原创性的离子液体法、碱/尿素法等方法的基础研究，提升我国生物基新型纤维素纤维科技的国际竞争力。开发具有国际领先水平的生物基新型纤维素纤维制备技术，实现规模化稳定生产。进一步开发纤维素原料制备技术，采用合适的预处理方法开发适合纺丝用的纤维素资源，提高我国富产的甘蔗渣、竹、麻、秸秆、芦苇等纤维素资源的利用效率。采用溶剂法清洁化生产工艺生产新型纤维素纤维，在一定程度上替代黏胶纤维。开发热塑性纤维素原料，实现纤维素衍生物熔融纺丝。

（2）生物基聚酯纤维

深入开展原创性的 PDT（聚对苯二甲酸混合二元醇酯）和 PHBV 纤维等基础研究，提升我国生物基聚酯纤维科技的国际竞争力。开发具有国际领先水平的生物基聚酯纤维制备技术，实现规模化稳定生产。突破生物基纤维非粮原料的低成本制备系列关键技术，用生物基纤维替代大品种石油基合成纤维。在现有聚乳酸、多元醇聚酯等生物基纤维材料制备技术的基础上，研发能够大规模取代传统聚酯的生物基合成纤维新品种等。

（3）海洋生物基纤维

深入开展壳聚糖、海藻纤维等基础研究，形成具有原创性的产业化技术，提升我国海洋生物基纤维科技的国际竞争力。实现海洋生物基纤维原料的多元化，开发纯海洋生物基纤维、海洋生物基复合纤维、改性海洋生物基纤维，掌握具有国际领先水平的海洋生物基纤维制备技术，实现规模化稳定生产。

（4）生物蛋白质纤维

开发具有国际领先水平的生物蛋白质纤维制备技术，实现规模化稳定生产。利用生物工程和转基因技术，实现蜘蛛牵引丝（拖丝）蛋白质的高效低成本生产和纺丝加工，生产医疗用和防护用超高强化学纤维。利用天然生物蛋白质微粒作为特殊用途产品的添加剂，生产人造血管、人造皮肤等医疗用纺织品，利用生物蛋白与其他纤维接枝共聚，改善提升传统化学纤维的性能。

5.4.5.2 生物基纤维产业科技创新发展路线图

根据对新型生物基纤维需求、技术选择和各种技术路线的研究，从 2015～2030 年，我国新型生物基纤维技术需要分不同阶段突破各种关键技术难题，力争经过十余年努力，使我国新型生物基纤维产量达到世界第一，改变目前技术和装备主要依赖进口的现状。我国新型生物基纤维产业科技创新发展路线如表 5-9 所示。

表 5-9　生物基纤维产业科技创新发展路线图

时间	2015～2020年	2021～2030年
科学技术问题	高效低能耗预处理和综合利用技术	
	新型生物质纤维加工过程中聚集态、形态结构的形成、演变机理及工艺参数对纤维结构性能的影响	
	全量、细化应用生物质组成成分，应用高分子设计，设计新型生物质纤维的制备新技术，使生物质纤维产品向高性能化、功能化方向发展	
	天然大分子筛选分级理论及浓溶液理论，纤维级海洋生物质纤维原料的筛选、提取和分类	
	纤维纺丝凝固浴调配、循环机回收技术，海洋生物质纤维应用技术	
	多品种混合海洋生物质纤维纺丝液直接转化技术，高浓高黏短流程纺丝工艺与技术	
工程技术问题	提升纤维素高效均匀及高浓度原液制备技术与高浓度原液的连续高效溶解与脱泡装置制备技术	
	攻克新型生物质纤维制备的工艺技术和工程化难题，建立中试、工业化试验生产线	
	解决低成本制取生物质纤维的工艺技术、装备和工程化的系统难题	
	直接纺丝海藻纤维、壳聚糖纤维纺丝液制备技术；高浓高黏直接纺丝工艺技术；生物医学海洋生物质纤维制造技术；智能海洋生物质纤维制造技术	
	突破高性能化、功能化生物质纤维生产核心技术集成，完善技术升级和产业化标准	
	海藻纤维、壳聚糖纤维、甲壳素纤维等耐碱性和稳定性技术，纺丝成套工艺(包)	
产业化应用	进一步提升溶剂回收浓缩提纯技术。开发万吨级产业化技术和装置	
	实现万吨级常规纤维生产专用成套设备，千吨级高浓高黏纤维纺丝成套专用装备	
	建设千吨级生物质天然高分子基纤维生产线和万吨级生物质合成纤维生产线	
	建设万吨级天然高分子基生物质纤维生产线和几十万吨级生物质合成纤维生产线，产品系列化	
	建立年产10万吨高性能生物质纤维生产线、年产20万吨功能性生物质纤维生产线，向高新技术领域发展	
	海藻纤维和壳聚糖纤维单线年产能1万吨，产业规模10万～50万吨；甲壳素纤维，主要是甲壳素改性黏胶纤维实现产能10万吨	

5.4.6　生物基化学纤维产业发展目标

针对生物基化学纤维及原料快速增长的发展需求，以推动生物基化学纤维产业的创新、规模化发展为核心，着力发展非粮原料，壮大我国生物基化学纤维产业的总体规模，加快化纤工业转型升级和绿色增长，提高生物基化学纤维的替代比例，促进化纤工业产业结构调整、创新升级和可持续发展。

(1) 行业发展目标

以发展绿色环保的生物基化学纤维，补充我国纺织原料的不足，带动和促进我国相关产业及应用领域的共同发展为目标，着力提高生物基化学纤维的产业技术创新能力、规模化生产能力、市场应用能力，突破生物基化学纤维发展的瓶颈，大幅提高生物基化学纤维的经济竞争力、规模化应用水平以及集聚化发展水平。

(2) 总量目标

到2020年实现生物基纤维素纤维年产57万吨、生物基合成纤维年产40万吨、海洋生物基原料8.5年产万吨，化学纤维原料替代率达到2.10%。

(3) 技术与应用目标

开发可再生高分子聚合物或关键单体的微生物制备、生物质原料的绿色加工工艺，推进原料制备与纤维生产一体化技术，实现规模化生产。提高生物基纤维的综合性能，开发功能性产品，实现低成本化生产，推进生物基纤维在纺织服装、家纺、产业用等领域的应用示范。扩展新型生物基纤维在国防、航空、航天等高新技术领域的应用。

（4）相关体系目标

完善生物基化学纤维及原料标准化体系，推动标准国际化进程；发挥已有联盟作用，建立产学研用合作开发体系，推进产业化技术和应用开发；开展生物基纤维制备共性工程技术及其公共平台建设，研究关键基础技术，开发成套装备，建立资源共享数据库。

5.4.7 政策建议和保障措施

（1）加强国家产业政策引导

推动生物基材料产品的认证机制与财政补贴、税收优惠政策的制定。用促进产业发展的政策，降低市场风险和资金风险。一是国家制定财政补贴和政府采购优先政策。设立生物基化学纤维及原料的财政补贴专项资金，在政府集中采购工作中，优先采购获得认证的生物基材料产品。二是制定生物基材料行业所得税和增值税优惠政策。生物基化学纤维及原料生产企业自投产年度起减免所得税和增值税；对利用废弃物为主要原料进行生产的企业，免征所得税。三是调整出口退税和关税率。

（2）加强自主创新与跨学科协同创新

强化科技在发展生物基纤维中的地位和作用，进一步加大培育产业技术创新能力的力度，部署和建设一批技术平台，加大关键核心技术攻关力度，抢先形成一批自主知识产权，提升产业总体技术水平，增强生物基化学纤维的经济竞争力。支持生物基化学纤维及原料技术创新及产业链联盟建设，建设公共技术服务体系，组成优势互补、产学研相结合的攻关队伍，形成基础研究、技术攻关、技术推广、产业化应用互相联动的研发格局，对产业化过程中的关键问题、共性问题组织跨学科协同创新，共同突破产业发展的技术瓶颈。

（3）促进绿色制造、节能减排技术推广应用

我国工业正处于调结构、转方式、促升级的攻坚时期，国际产业竞争日趋激烈，核心竞争力不足、资源环境约束强化、要素成本上升等矛盾日益突出。因此，发展生物基化学纤维要做到与节能环保、废物利用相结合，重点部署一批共性关键技术的研发和推广，围绕绿色设计技术、绿色制造工程、绿色产品开发、回收再制造开展科研攻关，重点推广企业节能、公用工程节能、清洁生产技术、绿色环保工艺技术，提高经济增长的质量和效益，加快建设资源节约型和环境友好型社会。

（4）培养储备一大批专业人才，充分激发科技人才的创新积极性

以“中国化学纤维工业协会·恒逸基金”为科技推动力，鼓励行业科技人才切实有效地开展学术研究，推动行业技术进步，营造学术氛围，建立激励机制、推广创新成果。

（5）重视知识产权保护，保障所有人合法权益

强化企业知识产权意识，加强知识产权保护，建立健全技术资料、商业秘密、对外合作知识产权管理等法律法规，保障知识产权所有人的合法权益，促进自主创新成果的知识产权化、商品化、产业化，提升行业知识产权创造、运用、保护和管理能力。

（6）加强标准体系建设，提升生物基化学纤维的国际竞争力

根据生物基化学纤维及原料品种的开发情况，建立相关的产品标准、方法标准、认定技术体系。加强生物基纤维生产与市场准入管理，并加大支持力度，规范产业的发展，提升国际竞争力。

第6章 生物分解塑料与生物基塑料的成型加工

6.1 成型加工与材料特性

塑料的成型加工，是按熔融→流动→成型→冷却固化的顺序进行的。成型加工跟材料的特性密切相关，所以必须对成型加工和材料特性都进行详尽了解。而且，成型加工是制造塑料产品的手段，所以对塑料产品的分类和用途都需要了解。本章从塑料的材料特性出发，介绍成型加工方法和塑料产品的分类、用途等有关内容。并对成型加工方法进行分题论述。这些分题论述的成型方法在生物分解性塑料上也是可以通用的，其他由于生物分解性塑料的特性而在成型加工上必须注意的。

上面已经提过，成型加工的主要操作就是熔融→流动→成型→冷却固化。所谓熔融就是要令树脂处于流动状态，所以具体来说就是要加热到玻璃化转变温度（T_g）或熔点（T_m）以上。所谓流动，就是要令树脂的黏度在适当的范围内。所以在成型中，弹性、黏弹性是很重要的参数。在冷却固化时，必须了解结晶化温度（T_c）、结晶化时间和热收缩、热膨胀的状况。生物分解性树脂在这些方面也是一样的。

（1）塑料的弹性模量和温度

高分子的分子链处于无法自由运动的状态时，塑料会比较硬，可以适度运动时塑料就会比较软。高分子链的运动跟温度有关，温度在玻璃化转变温度以下时高分子链的运动会冻结，弹性模量在1000MPa左右。非结晶性高分子在温度高于玻璃化转变温度时会呈黏液状流动，而结晶性高分子，在熔点以下时，由于结晶限制了分子链的运动，不会呈流动状态而是变软。这个变软的程度与结晶度有关，结晶度越低越软。图6-1显示了结晶性高分子和非结晶性高分子的温度和弹性模量之间的关系。结晶化温度基本是在玻璃化转变温度和熔点之间。

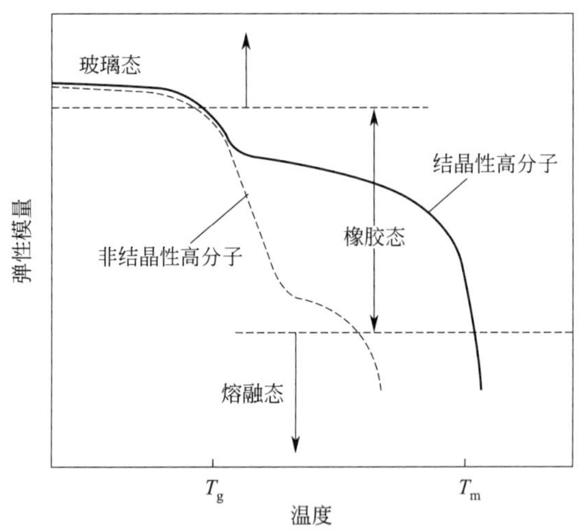

图 6-1　结晶性、非结晶性高分子的温度和弹性模量之间的关系

（2）塑料的黏弹性

塑料被认为是由无数根细长绳状链段结合而成的。这种结合越多黏度就越高，结合越密实，熔融状态和弹性模量就越高。用结合点间分子量 M_e 和分子量（高分子链的长度）M 可以给定高分子的特征。结合点数 $Z=M/M_e$，与分子量成正比，塑料的熔融黏度是分子量的 3.5 次方的函数。通过黏度计测定动态黏弹性（贮藏弹性模量 G'，损失弹性模量 G 与频率之间的关系），可以了解塑料的黏弹性。图 6-2 就是 G' 的模式图。

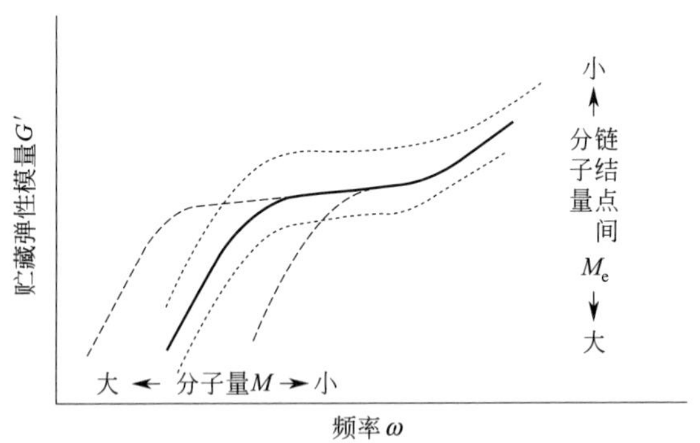

图 6-2　贮藏弹性模量 G' 的频率关系图

（3）塑料的结晶

高分子可分为结晶性高分子和非结晶性高分子。

结晶性高分子，是高分子链有规则地整齐排列成结晶，大小从 50Å 到 100μm 不等。这种结晶中，高于可见光波长范围的大型结构是不透明的，而低于可见光波长的，结晶和不结晶的高分子一样都是透明的。也就是说，可以通过控制成型加工的条件来控制高分子的透明性。就算是结晶性高分子，如果进行急速冷却抑制结晶的成长，使得结晶不那么大，就是透明的。PET 瓶和 PP 杯等都是属于这种情况。

（4）塑料的 PVT 特性

高分子的比容 V（单位质量所占的体积）随着温度 T 的上升而膨胀，随着压力 P 的增大而减少。结晶化高分子由于高分子链排列规整，比容比较小。接近平衡状态的压力-比容-

温度的关系即所谓的 PVT 特性。图 6-3 显示了非结晶性和结晶性塑料的 PVT 关系。

注射成型产品，可以从 PVT 关系来预见在温度差（成型温度→室温）和压力差下体积发生变化情况，从而来进一步计算成型后的收缩量。

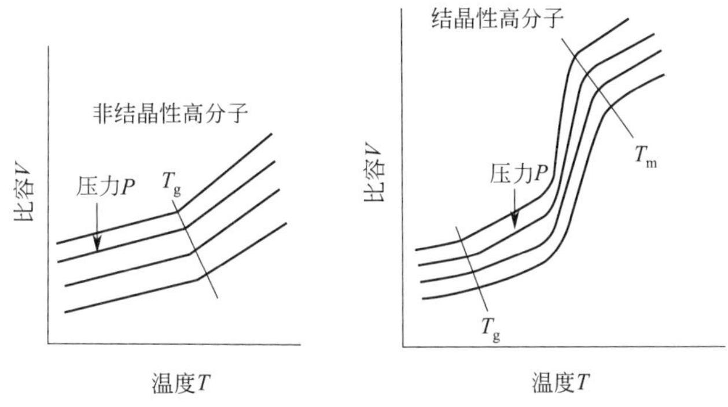

图 6-3　非结晶性和结晶性塑料的 PVT 关系

6.2　塑料的成型加工法

塑料产品在各种各样的领域中得到广泛应用，也可以说是我们生活中不可缺少的东西。跟金属和陶瓷比起来，塑料具有重量轻、可量产、不生锈等特征，用途十分广泛。塑料产品中产量最大的是薄膜，用作生活资材、泛用包装材料、食品包装材料、流通用包装材料、液体包装材料、农业资材等。除了薄膜，还有电器部件、汽车零件、机械部件、建材、管子、容器、纤维等。塑料的主要用途、加工方法及其必要特性见表 6-1。

表 6-1　塑料的主要用途、加工方法及其必要特性

分类	用途	加工方法	必要特性
薄膜	生活资材、泛用包装材料、流通包装材料、卫生材料	挤出压制、吹塑、双向拉伸、挤出发泡	强度、印刷适性、轻量性
	食品包装材料、液体包装材料	挤出压制、层压、双向拉伸	空气隔断性、透明性、热封性、切割性
	农业资材	压延成型、吹塑	耐冲击性、透明性、保温性、阻隔性
纤维	衣物、无纺布	熔融纺丝、凝胶纺丝	轻量性、染色性
建材	窗框、地脚线、地板、结构材料	异型挤出、挤出片材成型	强度、耐候性、表面平滑性
电器产品	家电、办公机器的外壳、部件	注射成型	耐冲击性、涂装适性、尺寸安定性
汽车部件	汽车外装部件、内装部件、防震部件、耐热部件、引擎部件、油箱	注射成型、吹塑成型、异型挤出	轻量性、耐候性、涂装适性、尺寸安定性、强度、耐冲击性
其他	宇宙航空材料、分离膜、光学用材料、生物体、医疗材料	挤出成型、注射成型、其他特殊的成型方法	

6.2.1　挤出成型

螺杆挤出成型机可以用于生产球体、薄膜、片材、胶带、纤维、管子和拥有异型断面的物品和发泡片材、网状物等。螺杆挤出机是可以持续熔融树脂的装置，其核心部件是拥有螺旋状螺槽的螺杆。螺杆在加热的机筒中旋转，使树脂原料熔融混合，然后加压送出（图 6-4）。

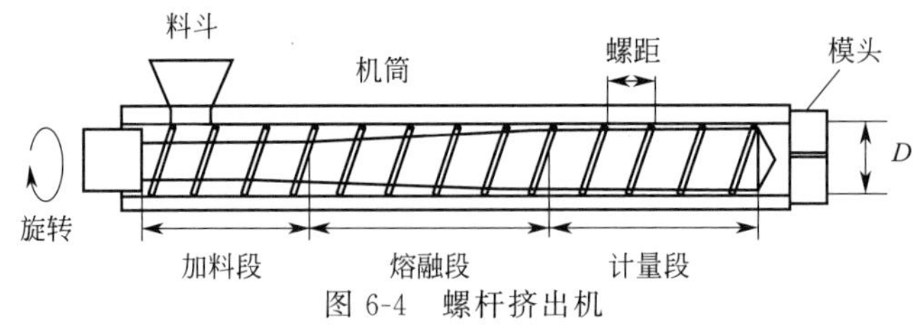

图 6-4　螺杆挤出机

一般的螺杆由以下 3 部分组成，原料供给口侧螺槽比较深的加料段、螺槽慢慢变浅的压缩段（也称熔融段）、螺槽深度固定的均化段（也称计量段）。

生物分解塑料的原料跟普通塑料一样，是圆柱形或棋子形的颗粒。这种颗粒加热熔融后变得容易流动，冷却凝固后就可以保持所得到的形状的产品。

在挤出机的薄膜成型法中，根据使用的模头形状和结构的不同，可以成型出单层、多层的薄膜。熔融树脂通过平模（T 型模头、衣架模头、鱼尾模头）制成膜状，然后通过冷却筒进行冷却，再卷成薄膜的方法称为 T 型模头法（图 6-5）。

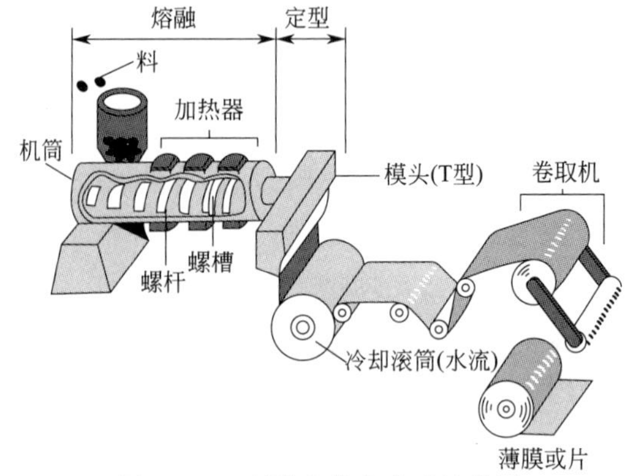

图 6-5　T 型模头挤出成型示意图

这种成型加工法跟普通塑料一样，但是加热熔融的时候要充分注意树脂的特性。比如原料为聚酯类树脂的时候，为了抑制加热过程中的水解，要事先进行干燥除水，还要控制加工温度。而当含有淀粉等物质时，可塑化过程中水分是必需的，要注意不能过分干燥。

总的来说，生物分解塑料在加工中，要比普通塑料更注意水分的处理。

熔融树脂在圆环模头中形成管状的膜，然后向内部吹入空气膨胀，再在气环装置中吹气冷却后卷成薄膜的方法称为吹塑法。图 6-6 为挤出吹膜设备。

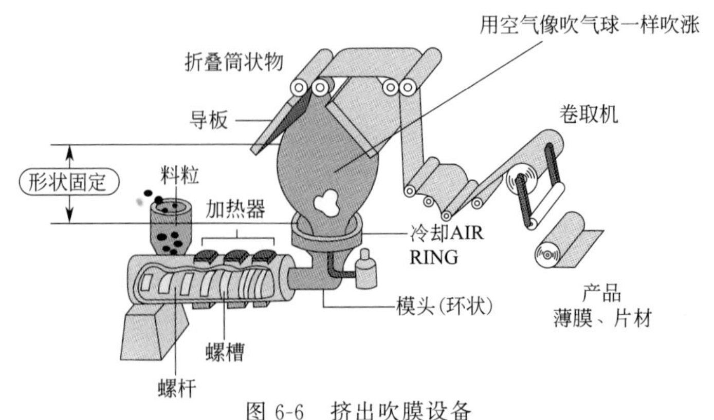

图 6-6　挤出吹膜设备

(1) 多层薄膜成型

多层薄膜是为了弥补单层薄膜所欠缺的空气阻隔性、热封性、耐冲击性等特性而开发的。多层薄膜的制造方法有薄膜跟薄膜贴合的层压法、在薄膜上附膜的挤出层压法、多层薄膜一次成型的共挤出法和薄膜表面涂层法等。图 6-7 为三层吹塑薄膜的模头结构。

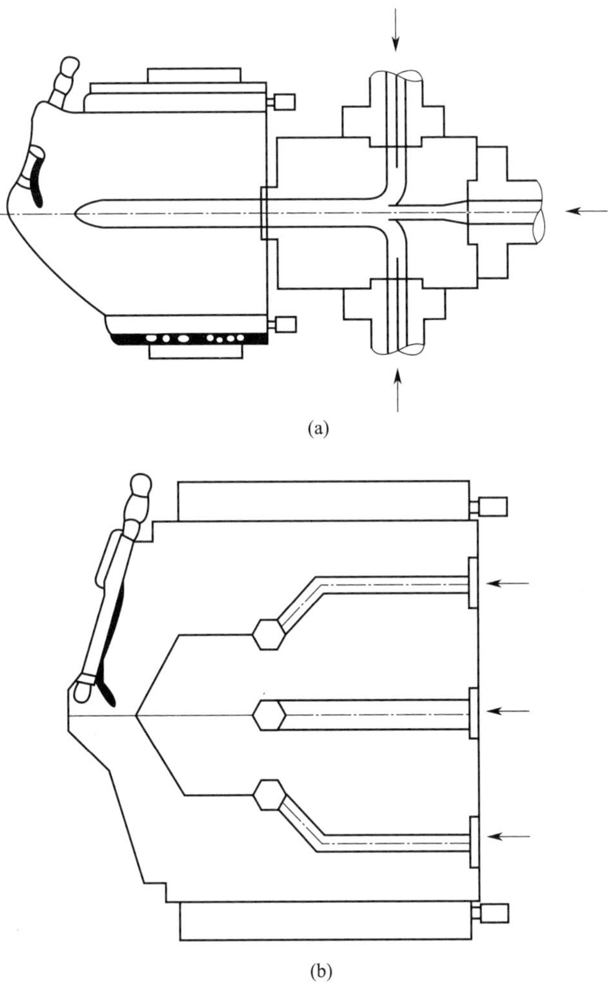

(a)

(b)

图 6-7　三层吹塑薄膜模头

(2) 拉伸薄膜成型

薄膜经过拉伸后，物性会发生较大的变化。通过拉伸，分子键朝拉伸方向排列，使得拉伸方向上的强度提高。薄膜只朝一个方向拉伸的称为单向拉伸，薄膜朝两个方向拉伸的称为双向拉伸。单向拉伸的话，拉伸方向上的强度、弹性模量会大幅上升，但是垂直方向上就比较容易断裂。而双向拉伸的分子键在薄膜面内是随机排列的，很难断裂。

一般来说，拉伸对薄膜的作用有以下一些：

提高拉伸强度、增加弹性率、提高冲击强度、提高耐弯折度、提高透明性、提高耐热性、提高空气阻隔性等。

① 单向拉伸法　单向拉伸的方法，有利用转速不同的滚筒的速度差在薄膜纵向（MD方向）上拉伸的滚筒拉伸法，和使用薄膜横向（TD方向）拉幅机拉幅法。单向拉伸主要

目的是赋予薄膜热收缩性等特性，高密度聚乙烯（HDPE）、线型低密度聚乙烯（LLDPE）、低密度聚乙烯（LDPE）、聚丙烯（PP）、聚对苯二甲酸乙二醇酯（PET）等都可以使用。

② 双向拉伸法　双向拉伸法有管膜拉伸（吹塑成型）和平膜拉伸等方法。平膜拉伸，有利用滚筒进行纵向拉伸后再利用夹辊进行横向拉伸的依次拉伸法（图 6-8），以及横向、纵向同时进行的双向拉伸法。所谓夹辊，是夹住薄膜两端延横杆移动，利用夹子的拉动进行横向拉伸的装置。可以采用双向拉伸的树脂主要有 PET、PP、PA、PS、PLA 等。PET、PP、PS、PLA 采用依次拉伸，尼龙 PA 大多采用同时双向拉伸法。

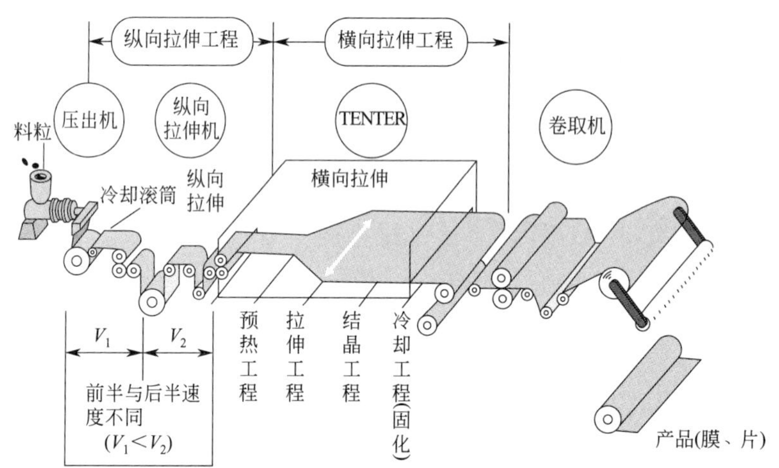

图 6-8　依次双向拉伸法制造薄膜的装置

薄膜的依次双向延伸法，是指先进行一个方向的拉伸，然后再进行另一个方向的拉伸，其次序可以是先纵向后横向，也可以是先横向后纵向，一般以前者居多。塑料经 T 型模头挤出后，在流延辊上冷却成为薄膜，然后进入加热区，在预热滚筒上预热到拉伸温度，利用滚筒的速度差进行纵向拉伸，纵向拉伸倍率为 2.5～6 倍，紧接着，薄膜被引入两列导轨之间，被加热夹子夹住薄膜的两边，边加热边作斜向运动，进行横向拉伸，一般，横向的倍率为 2.5～10 倍。最后，薄膜在张紧的情况下进行短时间的热处理（热定型），以保证尺寸稳定产品。冷却卷缠后即得到双向拉伸的薄膜。

（3）增强薄膜、片材、袋子、发泡品

实际上生物分解塑料产品加工用到的挤出机有很多种。

T 型模头法得到的片材和薄膜进行拉伸（沿着一定方向拉动）后，可以进一步提高性能。所谓拉伸，是边加热边把分子链的方向统一到同一方向，以加大该方向上的强度的方法。当材料为结晶性树脂时，通过拉伸后的结晶化，片材或薄膜的尺寸稳定性和性能都可以得到较大的提升。图 6-9 中是拉伸取向示意图。生物分解塑料之一的聚乳酸，用 T 型模头法成型得到的产品比较脆，容易破裂，经过双向拉伸和结晶化后，就变得强韧而且有良好的耐热性。双向拉伸法制造的代表性产品有视窗信封用的薄膜等。

用狭缝为环状的模头代替 T 型模头进行成型的方法，叫做“管膜法”。用冷却空气环吹出的空气来进行冷却固形。这种方法成型出圆筒状的物品，通过对其中一端进行热熔接，可以得到购物袋和垃圾袋等袋装产品。如果把圆筒形的产品纵向割开，就可以达到地膜那样比较宽的薄膜。

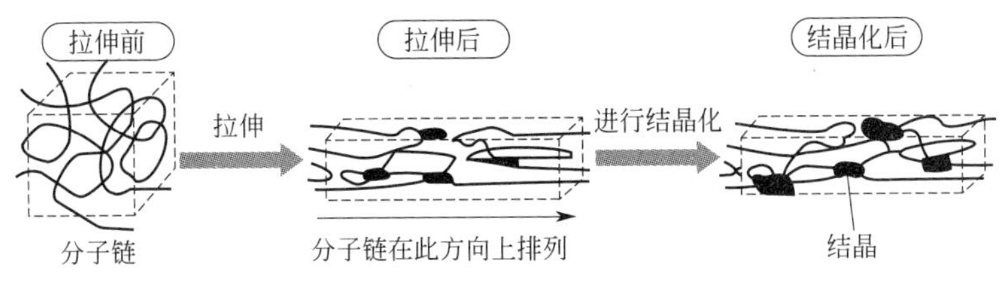

图 6-9　拉伸取向示意图

如果向熔融树脂中吹入二氧化碳等气体，或者用化学方法生成气体，就可以制造出发泡产品。我们生活中有许多这类产品，像食品碟子、家电产品的包装、配送用缓冲材、鱼箱等。

（4）异型材挤出成型法等

注射成型、异型材挤出成型、吹塑成型、注吹成型、发泡发型等各种成型方法，都是用相应的模具进行成型加工。原理类似于前面所述的注射成型。图 6-10 是异型材挤出成型得到的管状物的图片。

管材成型是用于生产管材、软管、栏杆等相同截面连续的产品的方法，螺杆挤出机前端使用与吹塑成型用的螺旋状芯棒类似的模具，挤出中空的管材，再在定型装置中冷却（水冷）固化得到成型品。

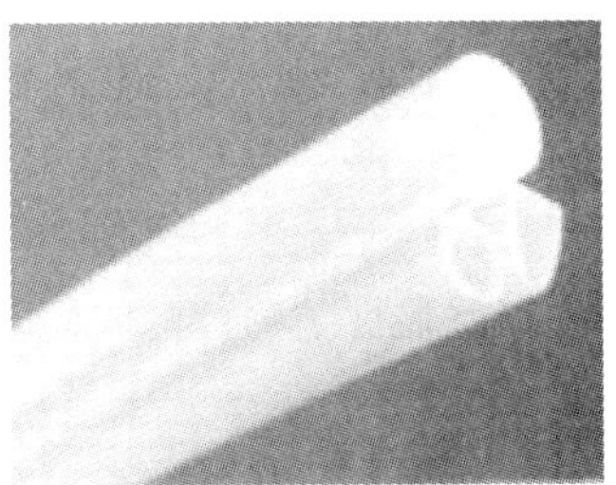

图 6-10　PLA 的挤出管材

异型材挤出成型，是在螺杆挤出机前端装上与流出口产品截面形状几乎相同的模具，让树脂连续流动，再在定型装置中冷却固化的成型法。截面形状的厚度不同，是因为厚的部分和薄的部分流速不同，所以单纯地作出跟截面形状一样是没法得到目标形状的。模具设计的关键在于能够使厚的部分和薄的部分流量均一。

管材成型也好，异型材挤出成型也好，从模具中出来到定型装置之前，都必须在空气中保持形状，所以黏度高的树脂的成型相对比较容易。

6.2.2　注射成型

由于注射成型可以高精度高效率地制造各种复杂形状的成型品，被广泛应用于制造齿轮等机械部件和汽车部件、家电产品、办公设备、通信设备外壳、垃圾箱和托盘等大型成型品、食品容器、医疗器具等。

注射成型机跟螺杆挤出机一样由加热机筒和螺杆组成，但是螺杆后方还有一个油压缸，可以推动螺杆前进。在模具上还装备了防止模具在树脂压力下打开的锁模装置。很多情况下，都可以用锁模力来表示注射成型机的大小。

图 6-11 所示一系列操作所需要的时间称为一个循环。树脂的填充、冷却所需要的时间，根据成型品的大小和树脂的种类有很大的不同。循环时间短表示生产效率高，缩短循环时间是所有注射成型技术人员的共同课题。

生物分解塑料的注射成型中，最需要注意的是避免树脂成型过程中分解。生物分解塑料大多是聚酯，大多数很容易加水分解。而所谓“生物分解”就表示这个加水分解的速度要比非生物分解聚酯快。防止加水分解的重要因素，就是树脂颗粒中的含水率和加工温度。虽然

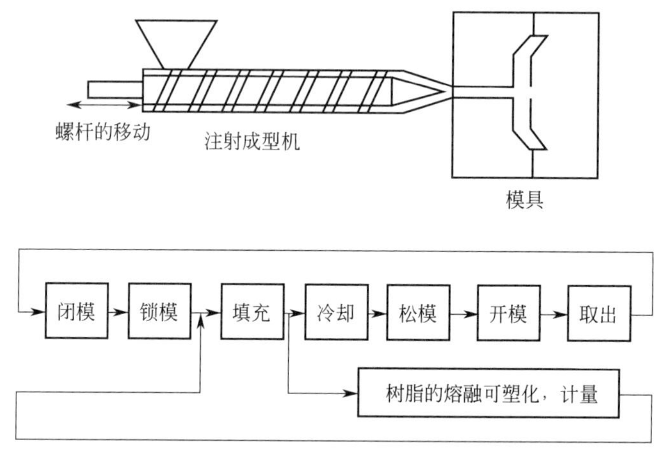

图 6-11　注射成型机的基本动作

跟树脂的种类也有关系，但基本要求含水率在 300ppm 以下。而成型温度的话，在树脂无未熔融残留的前提下，尽量靠近树脂的熔点和软化点，越低越好。

注射成型中，若不进行结晶化（或者说没有必要结晶化）的情况下，要尽量把模具温度设定的低一些（15℃以下），缩短冷却时间，以提高生产率（也有一些玻璃化转变温度非常高的工程树脂，由于流动特性的关系无法一概而论）。另一方面，要令树脂结晶化，通过结晶提高耐热性等物性的时候，要把模具温度设为使结晶化速度最快的温度（结晶化温度）。

以聚乳酸 PLA 为代表，进行详细说明。PLA 的玻璃化转变温度在 57℃左右，从熔融状态开始降温时，结晶化温度在 110℃附近。由于 PLA 的结晶化速度非常的慢，当模具温度低于 40℃时，一般不会结晶化，而是直接凝固成非晶体。像这样得到的成型品，其耐热性受玻璃化转变温度支配，大概是 55℃以下。对产品的耐热性没有要求时，可以用这个方法成型。耐热要求在 60℃以上时，就需要进行结晶化以提高耐热性。结晶化温度可以通过 DSC 测定了解（图 6-12）。

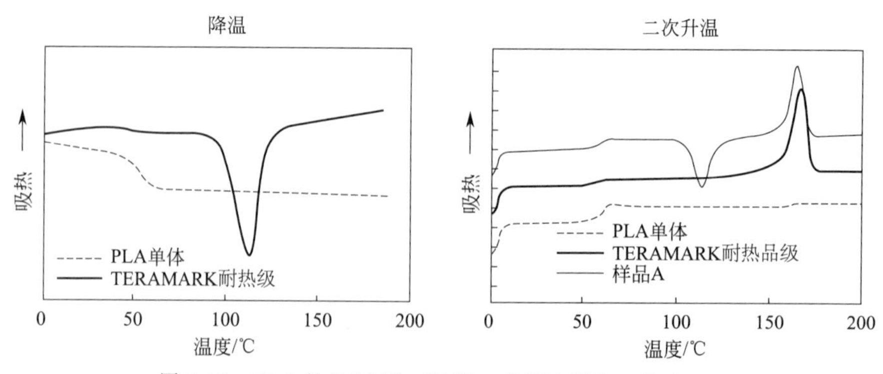

图 6-12　PLA 的 DSC 图（温度、升温速都为 20℃/min）

由于注射成型是使熔融状态的树脂流入模具冷却而成，所以首先需要关注的是 DSC 测定的降温表（图 6-12 左侧为降温曲线）。由于结晶性 PLA 的熔点为 170℃左右，在 200℃熔融后，以 20℃/min 的速率降温。这个降温速率与实际注射成型时的降温速率很接近，所以可以比较正确地得知树脂的变化。有些实际的注射成型中降温速率达到 100℃/min 以上，这时一般也是按 20℃/min 的情况进行类推。由于 PLA 单体的结晶化速度很慢，在图 6-12

的测定条件下，以 20℃/min 速率是无法结晶化的。也就是说，在实际的注射成型中，几乎不进行结晶化。因此，为提高结晶化速度尝试了种种方法。例如添加结晶核剂、改变树脂流动特性。图 6-12 中，也给出了提高了结晶化速度后的 PLA 改性树脂“Telemark”（耐热级）的曲线。降温曲线上，110℃附近出现了明显的发热顶点（结晶化顶点），可以得知它的结晶化温度就是 110℃左右，由此可以得出结论，如果在注射成型中把模具的温度设定为 110℃左右时，可以推进 PLA 结晶化，得到耐热性优秀的成型品。PLA 具有透明性，也可进行复杂形状的成型加工

对耐热性有一定要求、模具温度在 110℃左右的成型产品有可重复使用的样子，食品容器等。在这种条件下成型的试验品，耐热性指标热变形温度（DTUL，0.45MPa）为 100～140℃。对耐热性有要求的产品，一般对耐久性也有要求。当实施了不易加水分解的配方时，做成的食品容器可以在洗碗机中使用，也可用于家电产品。这样的成型中，为使结晶化充分进行。冷却时间比一般的树脂要长一些（30～90s）。为了进一步实现工业化的应用，还需要进一步对树脂进行改性并缩短冷却时间。

注射成型后再进行热处理，可以提高耐热性等物性。对已成型冷却的产品进行热处理时，可参照 DSC 的升温曲线。图 6-12 中二次升温曲线表示从熔融状态降温后再升温的情况。因为 PLA 单体在这种条件下不会结晶化，所以几乎没有热量的交换。相对地，由于 Telemark（耐热性）的结晶化速度较高，降温时就结晶化了，升温时就不会再结晶化，只能观测到熔点。而结晶化速度低于 Telemark 的样品 A，由于降温时结晶化并不完全，所以升温时在 110℃附近再次结晶化。热处理的温度，就可以参考这个升温时的结晶化温度。

但是，PLA 注射成型时也需要注意一些问题。首先，前面已经说过，树脂的含水率必须在 300ppm（$1ppm=1\times10^{-6}$）以下。一般，生物分解树脂都是干燥状态下用防潮袋包装出货。这种状态一般可保存半年。开封后要尽早使用，最好是通过干燥气体（干燥空气、干燥氯气等），或者料斗干燥器（除湿干燥），以消除分子量降低的顾虑。余料要封入干燥气体密封，一旦吸水，在下次使用前就要进行干燥。聚酯放置在空气中。干燥时的条件虽然跟树脂种类也有关系，一般以除湿干燥机（60～90℃，5h）为佳。若是热风干燥机等，还要注意不带入外部湿气。其次，是收缩率。树脂熔融状态合固体状态的密度不同，大多数情况下，凝固时密度都会增大，即凝固的同时会进行收缩。所以收缩率对得到正确尺寸的成型品来说就非常重要了。而结晶化进行与否会令收缩率产生很大的变化。低温模具不进行结晶化时，PLA 的收缩率为 0.3%～0.5%，结晶化时，虽然受结晶化度、添加物等的影响，但一般为 1.0%～1.2%，所以设计模具时也必须要核实收缩率。除此之外，模具设计中还要注意的有：出模斜度、流动性、顶针、浇口、流道等的设计，以及散气孔、高温模具情况下的设计等。比如硬质树脂 PLA，要把出模斜度设计得大一点，尽量避免强行脱模。流动性会随注射压力和树脂温度起很大的变化，所以要测定流道流体，设定合适的模具和注射条件。PLA（Telemark 耐热、耐久级 TE－8300）的流动特性如图 6-13 所示。可以看到随着树脂温度和注射压力的变化，流动长度产生了很大的变化。其他项目也一样，要按照打算使用的树脂特性来进行模具设计。

注射成型的条件也要适合各树脂。仍以 PLA 为例，在为了提高耐热性而采用高温模具时，最好是低保压、长保压时间。保压低不易产生毛边，保压时间长可以更有效的防止缩水。另外，注射速度、保压速度较低时，可以有效防止气纹、沉积、毛边、缩水等。

在泛用树脂的成型中，一般都会把浇口、流道的材料回收利用，以求降低成本。只要注

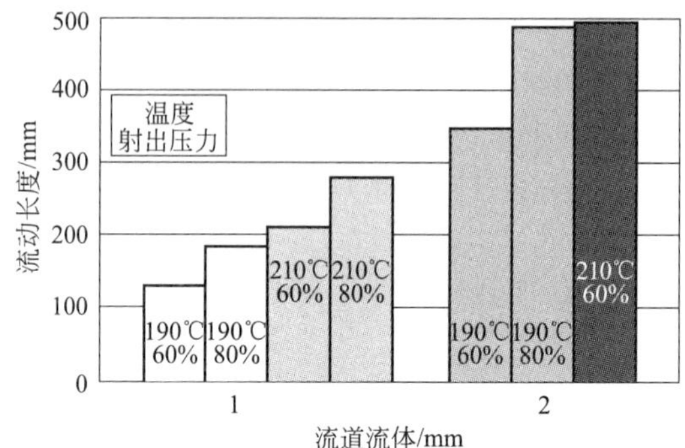

图 6-13　PLA 耐热品（TE－8300）流动特性

意含水率，生物分解塑料也一样可以回收利用。图 6-14 就是 PLA（Telemark 耐热耐久级 TE－8300）的回收料成型品的物性变化图。回收料 100％时物性明显降低，但添加比例在少于 50％情况下对物性并没有大的影响。

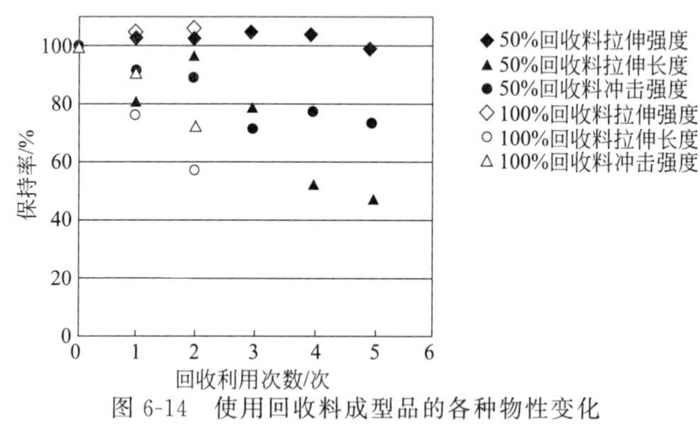

图 6-14　使用回收料成型品的各种物性变化

（50％：混入 50％回料，100％品：全回料成型）

对电脑机箱和复印机等来说，难燃性是十分必要的。最一般的做法，是加入卤化物、磷化物等难燃剂，即使是生物分解树脂，也可以在只降低少许耐热性、耐冲击性、耐加水分解性的前提下，就可以得到难燃性。但是最近，从环保的观点出发，正试着避免使用卤化物、磷化物，而只使用金属的氢氧化物。虽然只加氢氧化物就可以得到难燃性，但它与物性之间的平衡仍有改良的空间。

综上所述，生物分解塑料可以与通用树脂一样采用注射成型。但是，就算是通用树脂，也有各自不同的最佳条件和模具设计，如果不是适合该树脂特性的条件和模具，就无法发挥该树脂的真正实力。但是从另一方面来说，对树脂进行改性，使其在其他树脂用的模具上也能使用，是今后成本削减的重要课题。

6.2.3　挤吹成型

制造瓶子、桶等中空形状成型品的方法，一般有挤吹成型（热坯法）和注射吹塑（挤注吹）成型（冷坯法）两种。

（1）挤吹成型

通过挤出机前端装着的丁型模头（圆模头的一种），可以成型管状的型坯。把这种管状物放入拥有瓶子等外观形状的模具内，注入空气，型坯就会像气球一样膨胀，描摹下模具的形状成型成瓶子等产品。汽车油箱、洗发水瓶、酱瓶等都可以用这种方法成型。

图 6-15 即为挤吹成型的示意图，在这种成型方法中一般使用可以在熔融状态保持型坯形状的高黏度树脂。

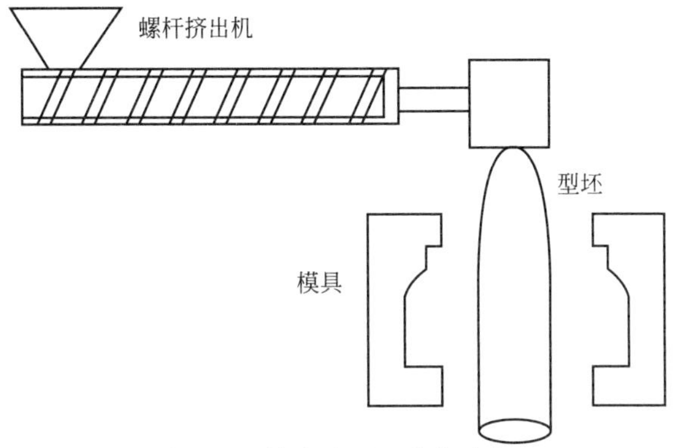

图 6-15　挤吹成型（直接吹塑）

（2）注射吹塑成型

通过注射成型，先形成名为型坯的试管状物品。这种型坯经过红外线等加热，夹入模具，吹入空气后，可以按照模具形状成型出瓶子（图 6-16）。也可以在吹入空气前，把顶针插入型坯内部进行纵向拉伸，再吹入空气，这种方法称为延伸吹塑或柱塞辅助成型，在注射吹塑成型中十分常用。注射吹塑成型主要用于生产装清凉饮料的 PET 瓶。这种方法也可以用于不适合用挤出吹塑成型法制造的低黏度树脂的成型。

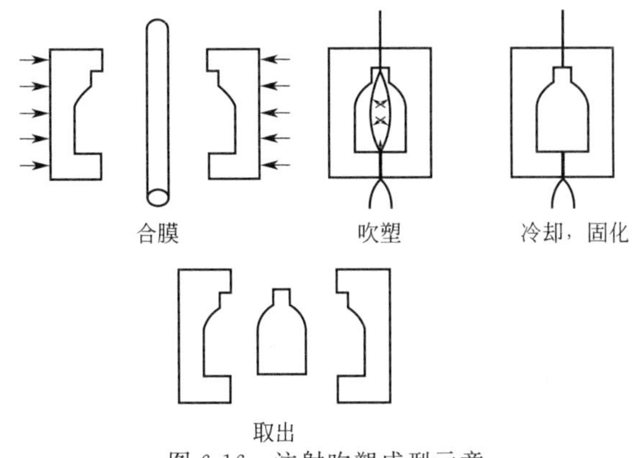

图 6-16　注射吹塑成型示意

6.2.4　纺丝

把螺杆挤出机中熔融的树脂从纺丝机的开了许多孔的铁板状模具中挤出，在空气中延伸、冷却、卷取就可以得到纤维。无纺布则是由纺丝机中流出的纤维状熔融树脂在空气流动下延伸、冷却固化、部分黏合而成的。纺丝用的树脂一般熔融黏度较低。

把生物分解塑料作为纤维材料使用的开端，是利用它的生物体内分解吸收性制造手术用缝合线等医疗用品。之后，又开始进行生活资材和工业资材等方面的各种生物分解纤维的开发，现在已经成为生物分解纤维的中心。所用的生物分解塑料，以聚乳酸为首，有 PBS、PCL、脂肪族/芳香族聚酯等。

生物分解纤维的制造，跟尼龙纤维和聚酯纤维一样，可以采用熔融纺线法。来看一下聚乳酸 Mulch filament（长纤维）制造方法。原料树脂在熔融纺线机的螺杆中受热熔融，通过计量泵，从纺线模具的细孔中向空气中挤出成细线状。然后用空气流冷却、卷取。这种线叫做未拉伸线，强度上还不够理想。需要在接下来的拉伸工程中用拉伸机在纵方向上进行数倍的拉伸、热固化，以得到足够的强度、伸展性和收缩率。

纤维的种类很多，除了长纤维以外，还有单丝、短纤维、扁丝等，跟普通纤维一样，有不同的长短粗细。还有将熔融纺线后的纤维直接在传送带上层积得到的长纤维无纺布。短纤维则可以做成纺织线。

这些纤维或单独或跟天然纤维复合后，可以进行二次加工，做成编织物、网、无纺布、绳子等。聚乳酸的话，还可以在聚酯染色机上进行染色。这些东西最终将会制造成衣服、生活用品、室内装饰品、农业园艺才材料、土木建筑材料等出现在我们的生活中。

加工要点：①可以使用常用的成型加工法；②成型容器时必须要有模具。

图 6-17 所示为纤维制造方法。

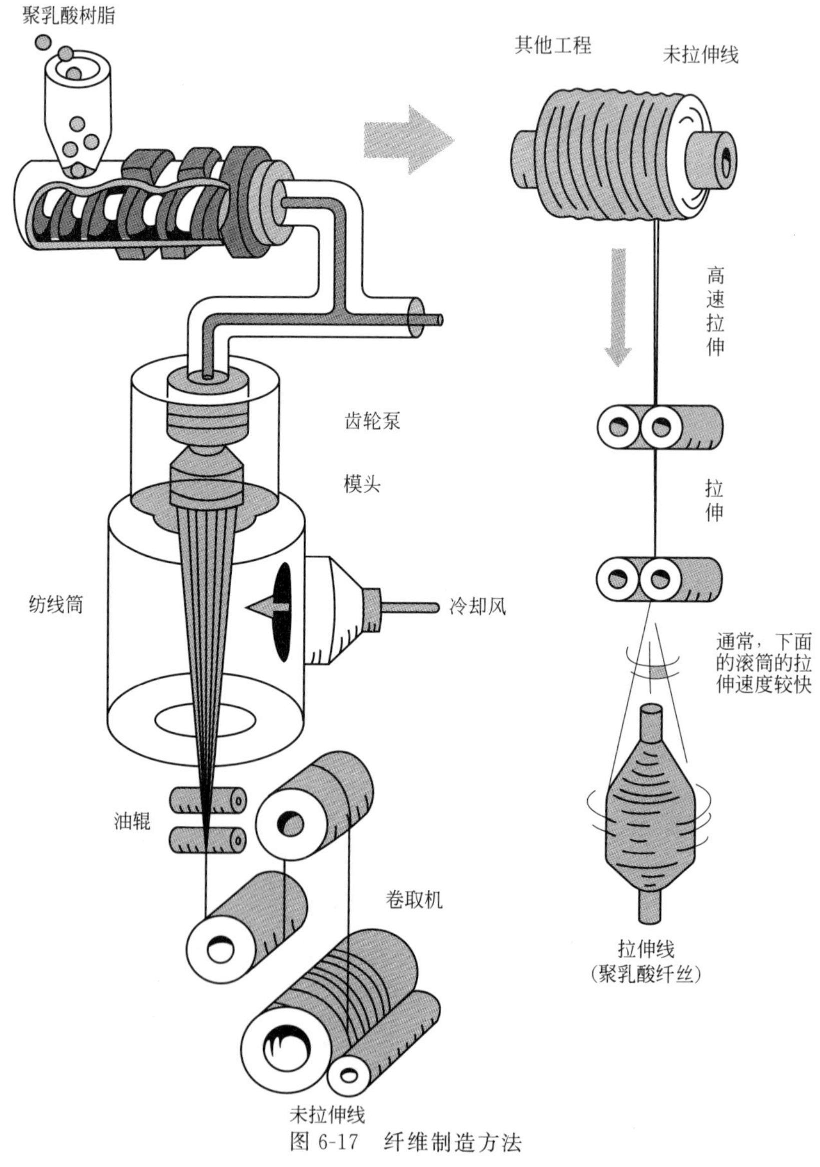

图 6-17　纤维制造方法

6.2.5　发泡成型

发泡成型品，由于分量轻、热传导率低，可以用作隔热材料和缓冲材等。发泡成型品的物性很大程度上受到发泡倍率、气泡密度、气泡直径、气泡直径分布等气泡构造的影响。而一般，气泡结构又在很大程度上取决于成型条件和成型装置。最近，一种被称为微孔的拥有微细气泡的发泡成型品被开发了出来，用于家电、汽车相关部件中。

发泡成型主要有挤出发泡成型、注射发泡成型、间歇发泡 3 种方法。

6.2.5.1　挤出发泡成型

挤出发泡成型是挤出机连续成型发泡片材等的过程：在螺杆挤出机中把空气分散到聚合物中、溶解；通过降低模头内流动时的压力，生成气泡核；从模头流出后开放到大气压，使聚合物中溶解的空气扩散到气泡核，长成气泡；在气泡的生长中，出现气泡的冲突、合一、破裂、稳定等变化。

把空气分散溶解到聚合物中的过程可以分为两大类：把空气、氟利昂、低级碳氢化合物和氮气等注入聚合物的方法（物理发泡，或气体注入发泡），以及把热分解产生氮气和二氧化碳的化学物质（偶氮化合物、碳酸氢钠等）分散到聚合物中的方法（化学发泡）。最近，还开发了在超临界状态下注入氮气和二氧化碳的技术。超临界状态：指超过了临界温度和临界压力的状态。与气体相比黏度较高，而密度接近液体的状态。超临界状态的物质（如二氧化碳）可以起到加速分子移动的溶剂性作用，溶解在聚合物中后能使之黏度降低，结晶化速度加快。

模头一般可以选用在普通片材成型中使用的衣架式模头和圆形模头。随着发泡的进行，片材在厚度方向和横向同时膨胀，所以进行发泡倍率大的片材成型，使用横向膨胀较大的圆形模头比较合适。

以 PLA 的挤出发泡为例，PLA 连续挤出发泡的一般工艺过程：先将挤出机预热到设定的温度，将物理发泡剂如超临界二氧化碳或丁烷发生装置打开。再将聚合物原料从加料口加入挤出机中进行熔融塑化。当挤出机模头处有聚合物挤出时，将发泡剂注入挤出机的机筒内。在螺杆的剪切作用下，聚合物熔体和发泡剂共混，形成聚合物熔体/发泡剂均相体系。然后在模头处挤出时，由于压力迅速下降使得均相体系中的溶解的饱和气体形成超饱和状态，从而产生大量超饱和气体，形成气泡核。由于压力的下降气泡膨胀长大。而后通过温度的下降，聚合物的黏弹性下降，聚合物熔体强度增强，阻止气泡的逸出和泡孔的合并，最后冷却定型。

因此连续挤出 PLA 发泡材料的工艺过程包括五步（图 6-18）：①PLA 颗粒的熔融塑化。②气体注入及与熔融聚合物的均匀混合。③气泡核的形成。④气泡长大。⑤泡孔定型。

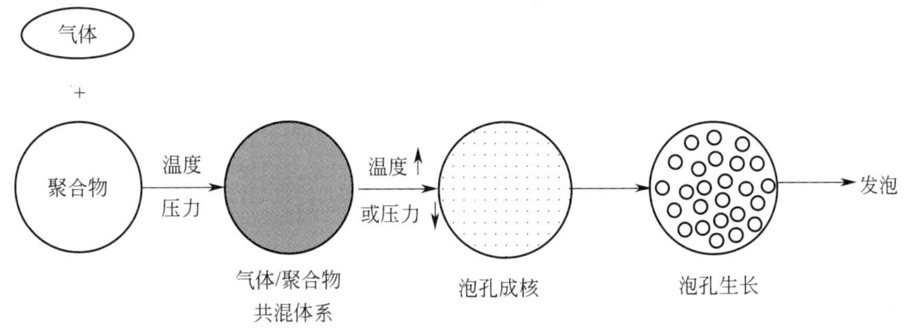

图 6-18　聚合物微孔发泡过程

图 6-19 为广州碧嘉材料有限公司调试 PLA 物理挤出发泡的现场照片。

图 6-19　广州碧嘉材料有限公司调试 PLA 物理挤出发泡的现场照片

6.2.5.2　注射发泡成型

注射发泡成型，前面在螺杆挤出机中的气体分散溶解部分是一样的，发泡却是在树脂注射到模具内后进行冷却固化时进行的。方法有两种，一种方法是模具内完全填充，用发泡补偿冷却时产生的体积收缩；另一种是令模具处于欠注状态下（注射成型中，熔融注射的成型材料在模具型腔中填充不充分的填充不良状态），通过发泡时的体积增大充满模具。前者的发泡倍率较低，后者高一些。不过，可以通过完全填充后的模芯回位协助气泡成长，得到发泡倍率大的成型品。

以 PLA 为例，其注射发泡成型可分成两个阶段：首先，将超临界流体（CO_2 或 N_2）溶解到塑料熔体中形成单相熔体，并在一定的恒定压力下保持下来；然后，通过开关式射嘴将单相熔体射入有一定温度和压力较低的模具型腔中，形成发泡产品。注射发泡技术优点众多，如材料成本低、尺寸稳定性高、生产周期短等，而且注射发泡技术能够改善材料的力学性能，如耐疲劳性、韧性和抗冲击性。一般而言，注射发泡采用的发泡剂为氮气。尽管氮气在聚合物中的溶解度低于 CO_2，但是它有很强的泡孔成核能力。由于超临界氮气具有较强的塑化能力，可明显降低聚合物的熔体黏度。因此，聚合物的加工温度变得更低，可以减少能耗和降低材料加工成本。另外，加工温度的降低有利于一些温敏性的生物基高分子材料的加工，如 PLA。

通过注射发泡技术来发泡各种 PLA 材料已经研究得非常广泛。大多数研究集中于采用高压注射发泡技术来发泡 PLA，从而获得微孔发泡材料。由于泡孔成核和泡孔合并可控性高，微孔发泡技术主要用于结构件的发泡，该技术制备的泡沫材料基本都是闭孔的，开孔率控制在 5%～15%。众多高压注射发泡技术的研究结果表明，使用扩链剂或添加纳米粒子可提高 PLA 的发泡能力和泡孔成核能力，支化 PLA 和 PLA/纳米粒子共混物通过该技术可制备泡孔形态良好的 PLA 发泡材料，其泡孔直径介于 3～40μm 之间。

低压注射发泡技术是另外一种可制备注塑泡沫样品的发泡技术。这种技术制备的泡沫材料的泡孔部分是开孔的，开孔率可达 40%以上。采用该技术制备发泡材料时，由于泡孔的成核、生长和合并均无法控制，要获得泡孔密度大、泡孔均一且开孔率小于 20%的发泡材料是一个非常严峻的挑战。

6.2.5.3　间歇发泡

在高压釜中用发泡剂对树脂进行含浸，取出后用水蒸气对树脂加热进行发泡，这种方法就叫做间歇发泡，可以得到发泡倍率高达 40 倍的缓冲材料。例如 PLA 珠粒发泡法。

珠粒发泡技术是另外一种制备形状复杂的低密度 PLA 发泡产品的技术手段，采用该技术可将低密度的发泡珠粒填充到既定形状的模具中，通过模压成型来获得最终的产品。目前材料珠粒发泡的模式有两种。

第一种模式是釜压发泡。其具体过程如下：在低于 PLA 的玻璃化转变温度的条件下，先将 PLA 粒子浸入发泡剂中（如 CO_2）进行饱和，接着进行膨胀发泡，随后将 PLA 发泡珠粒在高温下进行模压成型。

第二种模式是连续挤出模压发泡。其过程是将聚乳酸在连续挤出发泡机中挤出小球径的发泡球，然后在通水蒸气的高温高压模具中进行膨胀发泡，模压成型成各种容器和缓冲包装产品。

图 6-20 为碧嘉聚乳酸连续挤出模压发泡示意图。

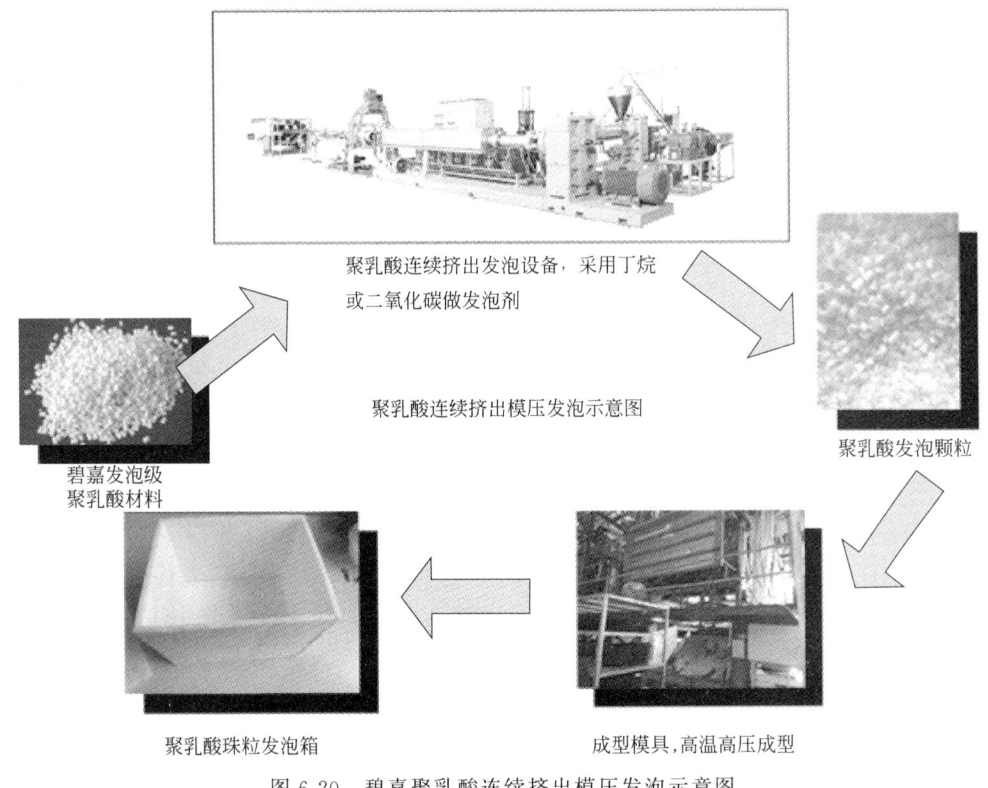

图 6-20　碧嘉聚乳酸连续挤出模压发泡示意图

尽管目前有少部分企业采用这些方法来制备 PLA 发泡珠粒，但是通过模压成型来制备力学性能良好的泡沫制件仍然具有挑战性。

6.2.5.4　生物分解塑料的发泡成型

（1）改性聚乳酸连续挤出发泡

PLA 由于分子链中长支链少，熔体强度特别低，应变硬化不足。在 PLA 发泡过程中，PLA 固有的低熔体强度会导致泡孔在生长阶段出现破裂和合并。此外，低熔体强度还会使 PLA 泡孔中的气体溢出，从而导致泡沫材料发生严重的收缩变形，很难得到高倍率的发泡材料。

针对 PLA 的分子结构特点，可以从以下两个方面来提高其熔体强度：一是提高其平均分子量，二是在其分子结构中上引入长支链结构。在实际工业生产中，制备高相对分子量的 PLA 会使聚合时间延长，生效效率降低，还会造成 PLA 变色。因此，在 PLA 的分子结构中引入长支链结构是提高其熔体强度的主要方法，具体包括共聚改性、有机过氧化物交联和引入能够与羟基或羟基发生反应的多官能团化合物等手段。例如日本三井化学公司使用 2,6-二甲基-2,5-双(叔丁过氧基)己烷含量 0.5％和重均分子量为 14.7 万的 PLA，用单螺杆挤出机在 170～210℃熔融共混，得到的 PLA 材料的熔体强度提高了大约 10 倍。Natureworks 公司则重点推荐使用扩链剂来提高 PLA 的分子量进而提高树脂的熔体强度。

① 发泡工艺　在挤出发泡过程中，先将聚合物喂入双螺杆挤出机，然后将发泡剂注入双螺杆挤出机的机筒，气体在高压驱使下溶入聚合物熔体中。随后聚合物熔体被溶解的气体塑化，形成均匀的聚合物/气体共混物并沿双螺杆挤出机的机筒流动。当聚合物/气体共混物从双螺杆挤出机的模头中挤出时，形成压降后就会在模头引发聚合物发泡。压力降的产生会导致共混体系热力学不稳定和相分离，如泡孔成核和泡孔生长等。

工业生产采用双阶螺杆串联设备。一阶螺杆可采用双螺杆，也可采用单螺杆，其主要功能是在高温下将 PLA 树脂熔化并与发泡剂充分混合塑化。视改性 PLA 性能与螺杆设计的不同，螺杆温度一般设定在 200～250℃。塑化后的流体进入二阶螺杆（一般为单螺杆）进行逐步降温和增压。在模头处温度要降低到 130～150℃，模头压力达到 5～25MPa。物料从模头出来开始发泡并迅速膨胀，经冷却辊冷却定型后收卷。模头的压力和温度对发泡片材的泡孔直径、发泡倍率等关键指标影响很大。一般而言，低压力低温度有利于产生泡孔小倍率低的片材，而高压力高温度有利于形成泡孔大倍率高的片材。在具体发泡片材生产过程中可以通过调整模头温度、模头压力、发泡剂用量等参数组合来实现需要的产品性能。

② 成核剂和发泡剂　成核剂在物理发泡过程中起自成核作用，其机理类似于在聚合物熔体内引导超饱和气体的扩散和有序分布。成核剂借助于螺杆的剪切和混炼能在高聚物熔体中迅速地扩散，并在聚合物熔体中形成均匀分布的热点，局部降低熔体表面张力和熔体黏度，从而达到促进泡孔产生、使成型物泡孔细腻的目的。常用的 PLA 发泡成核剂包括碳酸钙、滑石粉等粉末物质，目数在 2000～10000 之间。

物理发泡剂就是通过其物理形态的变化，即通过压缩气体的膨胀、液体的挥发或固体的溶解而形成泡孔的物质。发泡剂均具有较高的表面活性，能有效降低液体的表面张力，并在液膜表面双电子层排列而包围空气，形成气泡，再由单个气泡组成泡沫。常用 PLA 发泡的物理发泡剂有低沸点的烷烃和氟碳化合物，例如正丁烷、正戊烷、正己烷、正庚烷、石油醚、三氯氟甲烷（简称 Freon11）、二氯二氟甲烷（简称 Freon12）、二氯四氟乙烷（简称 Freon114）以及二氧化碳。各种发泡剂在 PLA 熔体中的饱和溶解度和溢出速度存在较大差异，因而也显著影响发泡片材的泡孔直径和密度。另外，发泡剂的用量会直接影响产品的发泡倍率。一般发泡剂的用量为 PLA 重量的 5％～10％。

③ PLA 连续发泡制品和应用　PLA 发泡片材主要通过吸塑成型成餐盒、餐盘、托盘等一次性包装器皿。在电器、电子产品的包装方面一些厂家也在积极尝试。图 6-21 是 PLA 发泡片材吸塑成托盘的过程。图 6-22 是一些 PLA 发泡片材吸塑成型及热合成型的制品。

目前通过调整改性 PLA 树脂的性能和配合发泡工艺的调整，广州碧嘉材料科技有限公司可以有效控制 PLA 发泡片材的发泡倍率在 3～25 倍变化，泡孔直径在 0.01～3mm 变化，并可以控制产品的闭孔率达到 70％以上，板材厚度 1.5～5mm 可调。吸塑成型后的 PLA 发

图 6-21　PLA 发泡片材吸塑成托盘

聚乳酸发泡杯

聚乳酸发泡托盘

聚乳酸发泡分隔盘

聚乳酸发泡大号餐盒

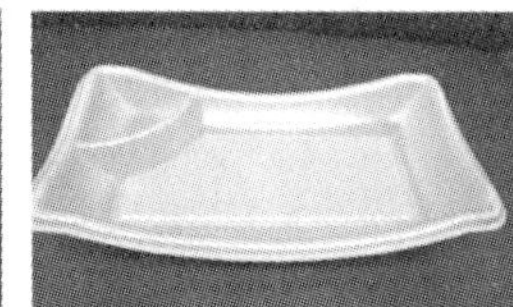

聚乳酸发泡盘

聚乳酸发泡保温箱

图 6-22　一些 PLA 发泡片材吸塑成型及热合成型的制品

泡器皿可做到隔热、不漏水、耐开水的性能。其性能与传统的聚苯乙烯物理发泡片材制成的餐具性能已经十分接近，但由于 PLA 制品更安全和环保，相信在中国乃至全球倍加关注环保的大环境下，PLA 发泡产品将成为聚苯乙烯发泡制品的最佳替代物，PLA 发泡产品将迎来高速成长的良机。

④ PLA 连续发泡制品的市场前景　聚乳酸发泡是 PS 发泡产品的最佳替代品，PS 发泡餐具每年的需求量在 300 万吨以上。PS 发泡的容器（超市托盘、育苗钵等）的用量也在 200 万吨以上。PS 发泡对环境污染大，安全性低。目前已经逐步被世界各国及地方政府所禁止，聚乳酸发泡项目若推广适当，估计可以替代其 30%以上的份额，即可得到 150 万吨以上的用量需求。

在包装行业普遍用的 EPE、EPS 发泡的应用也逐步收到各国环保的压力，逐步受到限制。具体数据统计，在包装行业应用的 EPE、EPS 的用量在 1500 万吨左右，这部分只要替代 10%即有 150 万吨的市场需求。

目前受环保及可持续发展的需求，一些国家禁止实用不可降解塑料应用在一次性的用品中，受其政策影响一些 PP、PS 吸塑餐具必然会受到抑制，目前的替代品只有纸浆产品和甘蔗渣产品。纸浆产品受到纸浆产量及加工工艺的制约其成本也高，产量受限。甘蔗渣产品受到工艺的制约，其成本也不低。聚乳酸发泡材料通过发泡工艺大大降低成本，而且安全、环保与纸浆及甘蔗渣产品竞争有明显优势，所以可以替代部分市场。这部分市场预估也在 100

万吨以上。

经过碧嘉公司多年对市场的需求分析，聚乳酸发泡产品目标市场及需求量如图 6-23 所示。

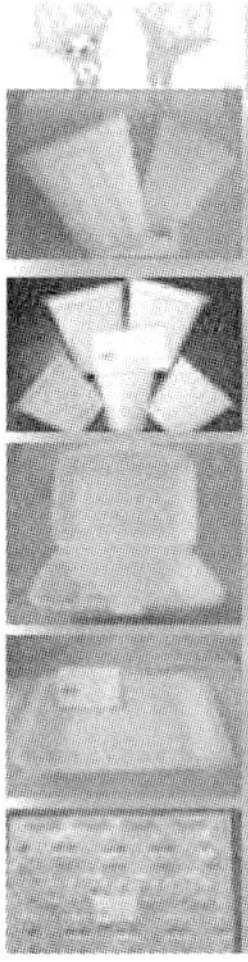

目标市场	克重/g	年需求量/亿个	折算材料重量/万吨
方便面碗	7~12	500	35~60
育苗钵	3~6	100	3~6
快餐盒及汉堡盒	7~10	300	21~30
超市托盘	3~5	200	6~10
电子行业中转托盘及内衬包装	5~80	100	5~80

图 6-23　聚乳酸发泡产品目标市场及需求量

（2）淀粉基可降解发泡材料

① 淀粉发泡原理及条件　淀粉基缓冲材料的泡孔基本上都是在高温、高压条件下，通过水蒸气、成核剂等作用产生的。作用机理主要是：加工时热塑性淀粉经水蒸气、发泡剂等发泡后由高弹态回到玻璃态，将其中的多孔结构冻结，从而形成一种淀粉为连续相，由气体分子组成的气泡为分散相的气/固两相复合材料。根据气泡之间连接方式的不同，既可以是气泡为分散相，淀粉为连续相；也可以是气泡和淀粉均为连续相。由于分散在淀粉基体中气泡的存在，显著地改变了淀粉的形态、结构和性能，形成了兼具固体和气体特性的复合材料。目前淀粉基缓冲材料的发泡方式主要为挤出发泡，以及近年来提出的微波发泡等。

螺杆挤出发泡原理及条件：挤出发泡利用降压原理发泡，其结构和加工工艺参数对淀粉发泡材料的性能有着直接的影响。在结构上螺杆挤出机机筒有多个温度段，分别由独立的加热和冷却系统控制。螺杆转速可以在 0～600r/min 的范围内进行调节。根据淀粉在双螺杆挤出机中的加工工艺，设定适当的温度和螺杆转速参数（工艺流程如图 6-24）。加工中利用温度和螺杆旋转产生的剪切力使物料在挤出机内经历吸水和凝胶化等相变过程，破坏其内部结晶结构，形成淀粉高分子的无序化熔体，即热塑性淀粉。当物料到达出口部位时，由于螺杆的挤压、挤出机料筒及模头的限制，此时出口处于高温、高压状态，使其中的水成为过热的液体（温度可达 220 ℃，而不汽化蒸发）。在被挤出的一瞬间物料内部的水蒸气迅速释放压力并冷却，由水蒸气产生的泡孔被冷却保留下来，之后经再模塑热成型得出成品。螺杆挤出制备淀粉基缓冲材料已经是一种较成熟的工艺，在 1990 年 Altieri 等就利用双螺杆挤出机，以普通玉米淀粉、蜡玉米淀粉和羟丙基玉米淀粉为原料，制备出淀粉基缓冲材料，并对比研究表明，采用羟丙基玉米淀粉制得的缓冲材料，泡孔有较好的弹性。2004 年 Chen 等首先通过接枝聚合反应制备了淀粉接枝聚甲基丙烯酸酯，然后利用双螺杆挤出机造粒、单螺杆挤出发泡制得淀粉基缓冲材料，其压缩强度和弹性可以和聚苯乙烯缓冲材料相媲美，而且有更高的松密度。螺杆挤出制备淀粉基缓冲材料作为一种连续式生产过程从经济、社会和生态效益来看是一种环保而高效的加工方法。

在由单螺杆发泡生产淀粉基缓冲材料的过程中，由于发泡过程是由淀粉内部的水分作为发泡剂来提供发泡动力不需要额外添加丁烷、二氧化碳等气体发泡剂，不仅节省了成本而且对单螺杆的设计要求也降低了，由于不需要单螺杆挤出机具备保持气体不泄漏以及混匀物料和发泡剂的功能。所以，可以实现发泡机械的小型化，如图 6-25 中 3.3m^2 范围内实现缓冲材料的生产方便了缓冲材料的运输推广和即产即用，大大节省了储存运输空间。

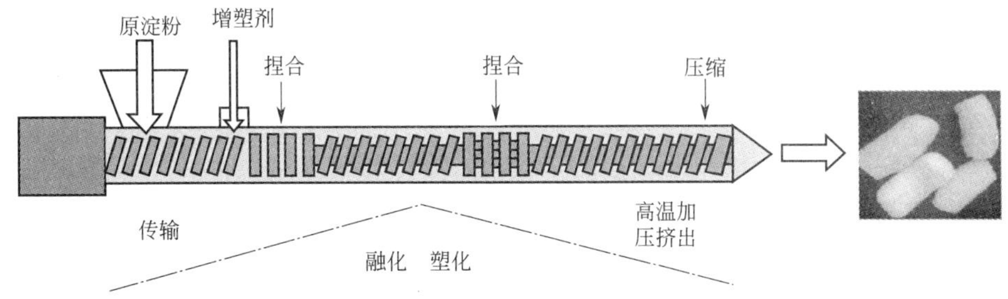

图 6-24　挤出机制备全淀粉缓冲材料过程

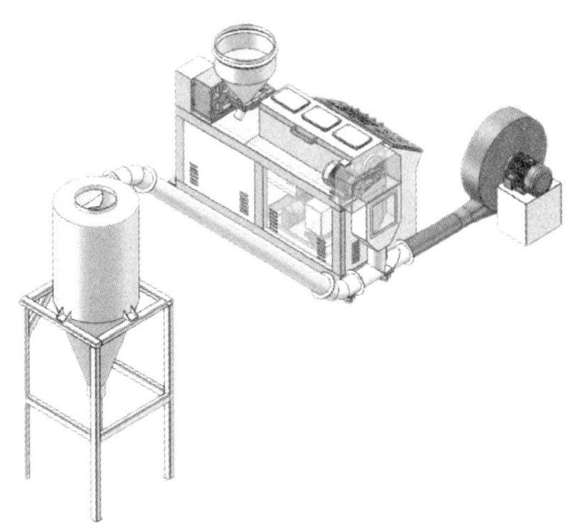

图 6-25　小型发泡机及收集系统

微波发泡原理及条件：微波加热机理是物质中极性分子之间产生相互运动、相互碰撞和相互摩擦，从而使物质的温度从内部开始发生快速变化。目前，在缓冲材料方面，谢丹等研究了微波制备蜜胺发泡材料，万翔等用微波制备了三聚氰胺甲醛泡沫塑料，并研究表明微波制备的缓冲材料具有较好的力学性能、热稳定性和耐溶剂性等，是一种高效简易的加工方法。在食品加工方面，张容鹄等以木薯为原料，Vineet R 等以土豆为原料进行微波膨化研究，表明水分含量、微波功率和膨化时间为影响微波发泡性质的主要因素。上述研究也为微波膨化技术在淀粉类膨化食品加工上的应用研究打下了基础。综上所述，将微波应用于加工淀粉基缓冲材料上，将是一种新颖而高效的方法。通过将物料经挤出机挤出造粒并调节颗粒水分后，可利用微波加热的特殊升温过程来发泡。在微波环境下，颗粒内水分首先发生震动并快速升温，当达到水分子汽化温度时，内部水分发生相变急速汽化，产生强大蒸汽压强，使物料体积急剧膨胀。微波发泡类似于物理发泡法，依靠温度改变蒸汽压发泡，是一种非常有潜力的生产工艺。目前，微波在淀粉基缓冲材料方面的应用还没见相关报道。

② 国内外淀粉基可生物分解发泡材料的研究现状　在淀粉基可生物降解发泡材料方面，国外在研究和生产工艺方面都要早于国内，且已达到一定的水平。但主要集中在与聚乙烯醇（PVA）、聚乳酸（PLA）、聚己内酯（PCL）、聚羟基酯醚（PHEE）等材料的共混共聚，以及近年来兴起的全淀粉材料特性方面的研究上。近年来，随着人们对淀粉及其改性性能的研究，促使淀粉基发泡材料从填充型发泡材料到复合型发泡材料再到全淀粉型发泡材料。淀粉作为发泡材料的潜能逐渐被挖掘出来。对它性能的充分应用也使得发泡材料从原来的部分降

解改变为完全降解。

a. 淀粉填充型发泡材料　填充型材料是将淀粉部分填充到普通塑料内，早期的淀粉填充型材料使用原淀粉与通用塑料直接机械共混，然后发泡成型。随着人们研究的不断深入，研究者开始将淀粉改性后与增容剂等助剂等共混制成淀粉母料，再与通用塑料共混、发泡。我国也在 20 世纪 80 年代开始研究填充型淀粉缓冲塑料。例如，Mu Jun 等发现影响秸秆纤维与淀粉共混材料缓冲性能的因素有纤维直径、发泡剂、黏合剂等，并且得出结论：当纤维直径足够小，纤维∶淀粉∶PVA＝2.5∶1∶0.5 时，得到的材料有较好的缓冲性能。胡伟等将废弃的淀粉或植物纤维等农林业剩余物加入通用塑料、聚氨酯等中制备发泡材料已经取得了较大的突破，此方法一方面减少了通用塑料的使用，大大降低了生产成本，另一方面又提高了发泡材料的硬度、强度等力学性能。同时还改善了通用塑料、聚氨酯等材料废弃后在自然界的降解性。但是淀粉填充型发泡材料仍然是两种不同材料之间的混合，没有形成结构稳定的化学键，加工性能差。更大的问题是，淀粉填充型发泡材料中淀粉组分的添加量有限，最多不超过 60%，废弃后利用生物分解发泡材料中的淀粉部分，降低材料原有的物理化学性能，造成崩解，从而实现部分降解，但是其淀粉以外部分依然较难降解，崩解后的材料丧失原有的力学性能给回收再利用带来了巨大的麻烦。随着研究的进展，之后兴起了高填充塑料制品，主要采用少量塑料基体和大部分廉价粉体制备出降解性较好的复合材料，具有很高的工业化应用价值。肖运鹤等采用淀粉填充改性降解塑料 PBAT，研究表明：随着淀粉用量的增加，共混物的综合性能出现了先上升后下降的趋势。Smita Mohanty 等也对淀粉填充改性降解塑料 PBAT 进行了研究，并表明热塑性淀粉可提高与 PBAT 的相容性。

b. 淀粉复合型发泡材料　淀粉复合型发泡材料是将淀粉与其他材料共混、共聚等表面修饰来改善淀粉作为发泡材料的不良性质，破坏淀粉的结晶结构，使其具有更好的加工性能和使用性能。通常采用的方法有一步法：其他材料在和淀粉共混挤出的过程中加入增容剂直接熔融挤出。此外还有两步法：先将其他材料与含有羧基、酸酐等官能团的不饱和单体制成接枝共聚物再与淀粉熔融挤出。这类材料也是目前国内外研究生产最多的一类淀粉基可降解发泡材料，例如，李小鲁等以淀粉、PLA、多元醇和发泡剂为原料制得淀粉基发泡材料，产品具有良好的发泡倍率和压缩强度，而且有较高的生物分解率和霉菌降解级，属于全降解材料。同时 Mundigler. N 等人发明了淀粉与纤维素结合形成可降解发泡材料并申请专利。其后，武娟娟等利用温度 170℃、模压压力 23kPa 的模具加工糊化的淀粉与纤维浆的混合物，在 5min 的模压时间工艺条件下，获得了淀粉-纤维共混物的发泡样品，样品成型厚度达到了 5～10mm。并发现，在淀粉作为复合材料主体的情况下，纤维量的增加使材料密度、载荷能力得到了升高，并提高了复合材料高应力条件下的缓冲性能。陈慧文、王会才、P. Cinelli 把淀粉和聚乙烯醇（PVA）进行共混复合得到了具有良好降解性能和较好缓冲性能的淀粉基发泡塑料。吴俊等人将对二甲苯（PX）与偏磷酸钠交联淀粉共混复合，改善原淀粉的性质，可使淀粉在复合型发泡材料中的添加量高达 50%～70%。Ganjyal 等对淀粉醋酸盐/PLA 复合发泡材料的降解性能进行研究时发现，PLA 含量增高会加速发泡材料的降解速率。由于可以对淀粉定向改性修饰来获得特定性质的淀粉材料，使得淀粉复合型发泡材料的研究与生产受到广泛的关注。到目前为止此类发泡材料在多国已实现生产，像 Nature Works、科碧恩普拉克等专注于环保材料的公司都对此有所涉及。

c. 全淀粉型发泡材料　全淀粉型发泡材料的研究是近年来兴起的一个课题（规定淀粉含量超过 90%才称为全淀粉材料）。它的工艺通常是改变加工条件、添加相应成核剂与增塑剂并利用淀粉原材料本身具有的理化性质，使其尽可能发泡，满足作为发泡材料的性质。目前，在全淀粉发泡材料方面的研究国内还鲜有报道。在国外，2012 年卢布林生命科学学院着手于全淀粉型发泡材料的研究，并表明全淀粉型发泡材料比 EPS 型发泡材料有较高的开孔度与吸水率。澳大利亚的研究人员以高直链淀粉为原料，水作塑化剂添加 1%～2%成核剂的情况下，利用螺杆挤出机直接发泡生产出全淀粉型发泡材料。产品具有发泡材料的基本机械性能，但是其吸水性较强，可 10min 内融化于水中。目前也只适用于物品的短暂包装如快递、物流等用的发泡材料。不过，全淀粉型发泡材料由于环保、无毒害和原料成本低等特点，也将成为未来发泡材料研究的一个方向。

以淀粉为主要原料生产可生物降解发泡材料有诸多优势，而且经多年改善研究其使用性能也越来越接近通用塑料材料。但目前也存在一些问题尚待解决：一方面，淀粉发泡制品对湿度、温度较敏感且吸水性好，耐水性和湿强度差，一遇水则力学性能严重下降。另一方面，淀粉复合改性时需与其他物质结合作用，这就存在界面相容性的问题，一旦出现相分离现象将极大地影响淀粉基发泡材料的机械性能。

③ 淀粉基发泡材料界面相容性的研究　淀粉复合型发泡材料中增强体与基体相接触构成界面时，两者之间产生的物理和化学的相容性（即界面相容性），是复合型材料研究的难点与热点，并且改善界面相容性可显著提高相应复合材料的拉伸强度和断裂伸长率。由于淀粉为多羟基化合物是亲水性材料，而其他用于复合的聚合物，如聚乳酸、聚己内酯、聚羟基酯醚等大多是疏水性材料，两者共混相容性不好，界面处易出现相分离，从而影响材料的加工性能和使用性能。国内外许多学者致力于这方面研究，并取得了一定成果。Xu Yixiang 等将淀粉乙酰化改性，改善了淀粉、PLA 之间的界面相容性并进行挤出发泡，降低了发泡材料的密度和吸水性能。Willett 等研究指出，当淀粉/PLA 复合发泡材料的相对湿度达到 50%时复合发泡材料的吸水性能下降，淀粉/PLA 复合发泡材料界面存在相分离现象。M. A. Huneault 等采用马来酸酐为增容剂制备聚乳酸与甘油改性淀粉的复合材料，发现马来酸酐可以改善两者的相容性，使其表现出更好的柔韧性，并且用实验的方法研究了淀粉质量分数为 27%～60%对淀粉/PLA 复合材料力学性能的影响，以及淀粉的粒径和种类对其性能的影响，Huneault 等也证实了接枝马来酸酐的聚乳酸确实可以改善淀粉和聚乳酸的界面相容性。袁华等挤出制备了 PLA/淀粉复合发泡材料，并且研究了淀粉、AC 发泡剂、马来酸酐、BPO 含量以及螺杆转速对发泡材料性能的影响。同时制备了 PLA/改性淀粉复合材料及发泡材料，研究了 PLA/淀粉复合体系的相容性及流变性能。对淀粉进行各种物理、化学等方面改性处理，提高直链含量，减小粒径，降低亲水性是提高淀粉基发泡材料界面相容性的有效方法。表 6-2 中列出了常见的改善淀粉材料界面的方法。

表 6-2　改善淀粉材料界面的方法

方法	实例及作用
添加增塑剂	实验表明增塑剂的分子量越小淀粉塑化越容易
添加增容剂	增容剂可发挥类似“桥梁”的作用，分别与淀粉其他高聚物如 PLA 等形成氢键或化学键，从而改善界面相容性
加入一定碱性物质	作为共混促进剂，提高界面结合力，从而使混合更均匀
氧化、酯化、氨基化和醚化	改性淀粉使其表面具有疏水基团
共浓缩法	使淀粉凝胶化得到糊化淀粉，再与其他高分子共混成型
硅烷处理淀粉	使表面亲水性淀粉转变为憎水性淀粉，改善淀粉与聚合物的相容性
破碎技术细化淀粉	使淀粉粒径超细化

④ 淀粉基发泡材料耐水性的研究　耐水性是发泡材料的主要使用性能之一，通常含淀粉或纤维的发泡制品耐水性都不好，湿强度差，一遇水则力性能严重下降，而耐水性恰恰是传统泡沫塑料在使用过程中的优点。目前，世界各国对改善淀粉基发泡材料耐水性的研究也一直未停过。Moroa L 等用乙酰化淀粉制备发泡材料，研究发现，该制品浸水后其接触角没有明显变化，由纯淀粉制备的发泡材料浸水后 1h 内就开始变形，然后成为胶状物，同时发现 50%取代度为 2.8 的乙酰化淀粉和 50%原淀粉制备的发泡材料，在 24h 后仍保持完好，且变得柔软并易于弯曲。Zhou. J 等用固态光交联的方法对淀粉进行表面改性。通过在淀粉表面层中引入光敏剂，在紫外光的照射下光敏剂发生分解，分解产物与淀粉分子上的羟基发生交联反应，在材料表面层形成交联网络，从而达到提高材料耐水性能的目的。在国外，Averous 等用热塑性淀粉和聚酰胺酯共混挤出制得发泡材料，这只是由于在淀粉基原料中添加聚酰胺酯可以克服力学性能较差、阻水性能较差等全淀粉发泡材料的缺点，并且这两种聚合物有很好的相容性，使得产品的机械性能较好。Carvalho A 等对淀粉分子进行酯化改性以降低其对环境湿度的敏感性，其基本思路是通过化学反应引入疏水基团取代淀粉分子的亲水羟基，从而达到提高淀粉疏水性的目的，酯化淀粉也是公认的提高淀粉耐水性的方法。另外还有一种简单易行的方法就是在淀粉基发泡材料的表面涂覆防水涂层，如可降解的玉米醇溶蛋白和壳聚糖。

研究淀粉基发泡材料的主要目的就是在可降解的前提下尽可能获得优良的缓冲性能。其中材料发泡率是影响其缓冲性能的一个重要因素。只有充分的发泡才能形成密度小、体积大的发泡材料，但是发泡率的增大也导致材料密度和硬度下降，这就需要寻找最佳的生产条件。曾广胜等利用植物纤维增强玉米淀粉复合材料的熔融共混挤出发泡做单因素试验，通过对样条径向膨胀率的测试，分别得出了挤出压力 80 MPa、挤出速率 20 cm/s、加热温度 135℃、含水率 13%时复合发泡材料发泡倍率最大。Matuana L M 等人也研究了孔隙率和泡孔密度受发泡剂和螺杆转速的影响。

发泡材料的表观密度是发泡材料性质的宏观体现，是指单位体积（含材料实体及闭口孔隙体积）物质颗粒的干质量，也称视密度。成培芳等人研究得出马铃薯淀粉与纤维的质量比为 5∶1，PVA 含量为 45g，增塑剂甘油含量为 50g，AC 发泡剂含量为 0.7g 时，淀粉/纤维缓冲包装材料的表观密度最大，具有较好的缓冲性能，对以后的研究有指导作用。

⑤ 淀粉基可生物分解缓冲材料的发展趋势　淀粉基生物分解缓冲材料是一种绿色材料，具有很好的经济、社会和生态效益。随着全球经济的飞速发展，淀粉基缓冲材料配方和加工工艺的不断改进和完善，将会生产出更多品种的淀粉基生物分解缓冲材料，从而有利于包装材料的可持续发展。并且，以其极大的优势与潜力，无论在生产方式还是在使用性能方面都将具有很大的发展空间。该行业今后的发展趋势归纳为以下几个方面：a. 可降解性是研究的必然方面。逐渐增加缓冲材料中的可降解部分，由部分降解到全降解发展。这也是未来绿色包装和物流行业发展的必然趋势。b. 进一步提高淀粉基可降解缓冲材料的缓冲性能和改善耐水性，是研究淀粉材料永恒的主题。淀粉发泡后的强吸水性是其最为缓冲材料的最大劣势。所以，探索合适的方法改善其耐水性，并进一步深入研究材料性能提高缓冲系数也必将是未来研究的焦点。c. 在生产工艺方面。开发分步式发泡工艺，运输缓冲材料实体物质而不是蓬松的缓冲材料，从而降低生产成本，实现高效的工业化大生产，以便于产品的使用和推广。开发特定用途的发泡材料，例如发泡球、发泡板材等如图 6-26 所示，让人们使用时更加的方便、廉价。例如，根据所选择材料的性质，研究开发出散装淀粉基缓冲材料分步式

生产工艺，先在工厂大量生产出缓冲包装材料的初成品——未发泡的缓冲粒料。运输初成品到中小及微型电商和物流集散点，再在这些地点将初成品用简易方便的工艺，如微波加工工艺，发泡加工成缓冲包装材料成品。这样将使得物流工作人员可以随时用随时生产，并且解决了运输、储藏缓冲包装材料占用大量空间和增加成本的问题。这种工艺思路将是缓冲材料行业发展的方向。d. 在使用方面。更加注重消费者的使用心理，将缓冲材料打造成一种缓冲包装完产品后可以作为一种工艺品、观赏品的材料，开拓缓冲材料的更多用途，而不是传统的作为一种不可降解的废垃圾。这也将是淀粉基缓冲材料未来不可忽视的一个增值点。

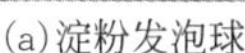
(a)淀粉发泡球

(b)淀粉发泡板材

图 6-26　特定用途的发泡材料

第7章 生物分解塑料的应用

从20世纪80～90年代以来，生物分解塑料的各种新的用途得到了开发，应用日益广泛。2018年，全球生物分解塑料的市场金额超过11亿美元，需求量达360,000t。最初，开发的重点集中在生物分解塑料特有的成型或品质问题上，而最近这些方面的许多问题都得到了解决。随着这些问题的逐渐解决，生物分解塑料也逐渐进入市场开发阶段。在一些大型活动如悉尼奥运会、都灵冬奥会、北京奥运会、日本爱知世博会等场合的使用，也使生物分解塑料产品受到了各界好评和重视，这也加速了生物分解塑料的材料和加工技术的开发。

目前，食品包装、一次性餐具（包括杯子、盘子和刀叉等）以及塑料袋是生物分解塑料最大的终端用户市场，也是最主要的增长引擎。这些领域将受惠于各个国家和地区政府部门的“限塑令”或“禁塑令”，增长迅速。堆肥袋是第二大终端市场，这一市场将随着堆肥设施的扩建以及市场对垃圾填埋场中树叶、草屑、食物垃圾等有机废料需求的增长而大幅增长。淀粉基填料包装等泡沫包装可降解聚合物主要市场在西欧以及北美地区，地膜和其他农业应用则主要在西欧和亚洲地区。小体量的市场包括杯子和纸盒的纸张涂层，纺织、无纺织布以及可吸收的医疗器械如缝合线和植入物，油气田和天然气田的井下作业工具以及3D打印拉丝等等，都是生物分解聚合物的重要应用。

利用各种方法制造的生物分解塑料薄膜和片材的主要用途见表7-1，其中大部分用于包装业，也有其他农、林、渔、牧等方面的应用。

表7-1 按制造方法分类的生物分解塑料薄膜和片材的用途

工艺	用途
吹膜	农用地膜、堆肥用生活垃圾袋、购物袋、小型包装袋
T型模头挤出薄膜和片材	各种成型用片材(吸塑成型、压制成型)电子部件(媒体录音带、碟等)、信用卡用片材、透明示窗领域、冲压加工领域
挤出拉伸薄膜和片材	信封透视窗薄膜、各种密压基材、密封袋、标签用薄膜、卡片用拉伸片材、取向薄膜、胶带、印刷相关领域、单双面热封包装薄膜、收缩标签、杯封、火锅领域、密封杯等

7.1 生物分解塑料在包装业的应用

（1）生活垃圾收集袋

最终目的是用于堆肥化的生活垃圾袋，也是生物分解性能应用的典型例子。对生活垃圾实行分类收集、然后进行需氧堆肥化处理，为达到减少废弃物及其填埋、焚烧进行各种活动。在日本，其中较为有名的是被称作“富良野方式”的北海道富良野市及附近 4 城镇地区的共同事业。2003 年四月开始运作的“富良野地区环境安全中心”，以日处理量 22t 的堆肥化系统，处理该地区约 48000 人的排泄物、进化槽污泥、生活垃圾等。1933 年起，把原本全部填埋处理的一般垃圾，分成了生活垃圾、干电池、其他等 3 种，2002 年资源化率达到 90%，焚烧率 10%，填埋率 0%，生活垃圾的收集采用了生物分解塑料制的垃圾袋（可堆肥垃圾袋，如图 7-1 所示）。我国在 20 世纪末也涌现了大批制作可降解生活垃圾收集袋的企业，但绝大多数都因为产品质量难以达到用户需求、成本过高难以推广使用或者是概念炒作而被市场淘汰。在 2018 年两会后，各地纷纷出台政策响应国家塑料垃圾污染治理的号召，部分省份也率先开启禁塑之路，可降解生活垃圾回收袋又再一次回到公众视野。

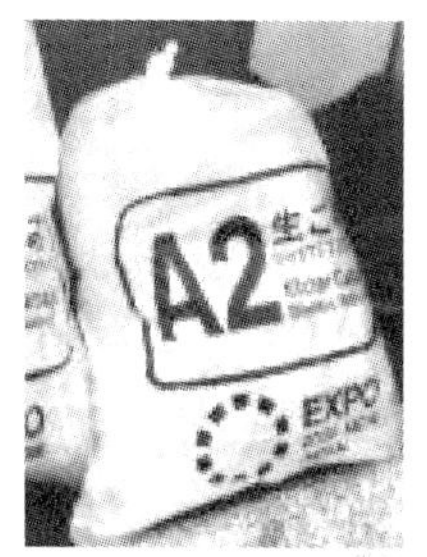

图 7-1　可堆肥垃圾袋

生活垃圾收集袋，一般采用规模小、生产切换容易的吹膜法。主要成分为兼有强度和热封性的软性脂肪族和脂肪族类芳香族聚酯、PCL、变性淀粉等，可添加成分有 PLA、淀粉、无机填充剂等。

（2）透明视窗信封

不需要贴上收信地址也不需要表面印刷的透明视窗信封的使用十分广泛。大多数商用信封是用再生纸做成的，而它的视窗部分由原来的石化来源塑料更换成植物原料 PLA 制薄膜以后，不管是与一般垃圾一起焚烧，还是与生活垃圾一起堆肥化，都可以与纸同等处理。就算散逸到自然环境中，经过一段时间后，也会与纸一起回归自然，所以市场热度很高。PLA 薄膜的透明视窗信封，最初被用于日本电报电话公共公司（NTTDOKOMO）的申请书发放上，之后被列入绿色采购目录中，现在已被许多环保意识强的公共团体、企业等大量采用（图 7-2）。

图 7-2　透视信封

视窗信封的生产速度很快，达到 500 个/min 以上，如图 7-3 所示。这种生产要求薄膜的厚度薄、张力好。为了使脆而难加工的聚乳酸达到这个要求，费了很大功夫。在压出机中加热熔化的聚乳酸被 T 模头压出冷却成薄膜状，刚刚凝固时进行双向拉伸得到透明且张力好的薄膜。为了避免在视窗粘贴加工和使用中的温度变化下收缩，还要进行加热冷却处理。使用完毕后可以跟生活垃圾一起进行堆肥处理，使用到农作物的生产和家庭园艺中。

通常是跟普通垃圾一起进行焚烧，但是发热量跟纸差不多所以不会因为焚烧炉温度变化产生事故，而且也不含有会产生二噁英类物质的元素。

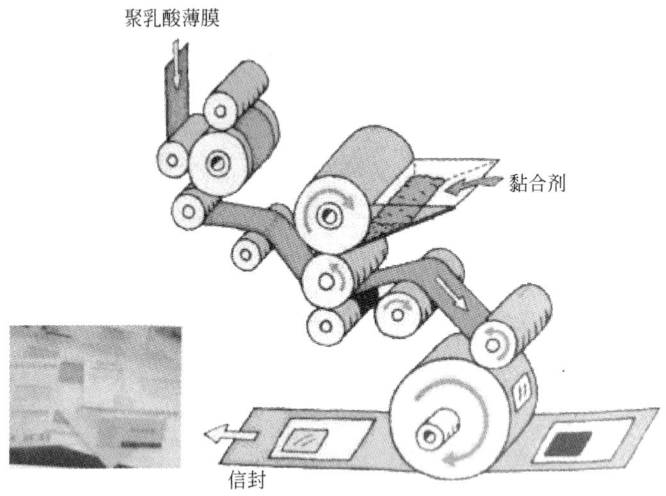

图 7-3　视窗信封生产示例

（3）快递包装

随着人们消费形式的转变，网络购物所需的快递物流迅速发展。据国家邮政局统计数据显示，2015 年全国快递业务量达到 206 亿件，同比增长了 48%，共消耗了编织袋 29.6 亿条、塑料袋 82.6 亿个、包装箱 99 亿个、胶带 169.5 亿米。所产生的资源浪费和环境污染问题也日益严峻，针对这一问题，各大电商积极推出环保快递包装的理念，采用可降解塑料制备的包装盒、包装袋、填充物（图 7-4）。

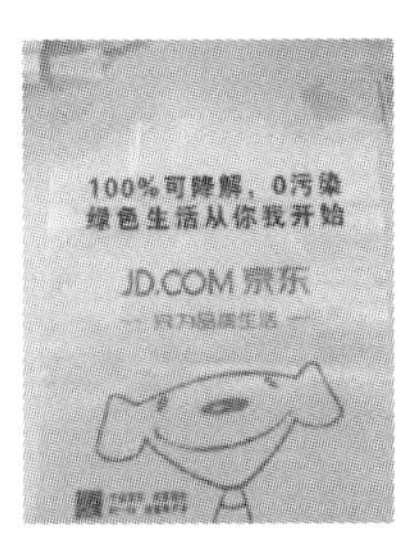

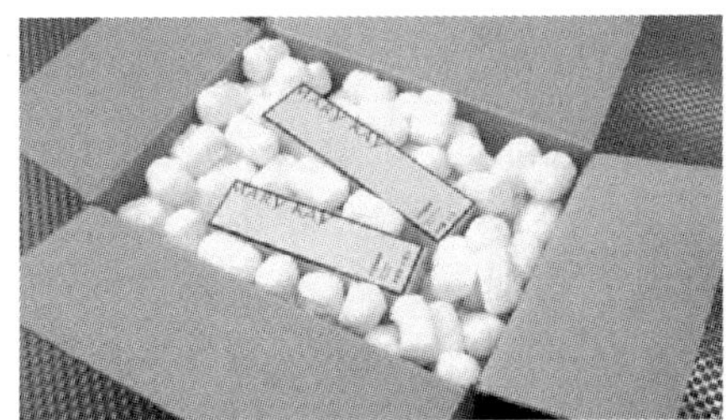

图 7-4　可降解塑料快递包装、填充物

（4）可以适量透过水蒸气和氧气的聚乳酸新鲜蔬果袋

新鲜的蔬菜水果被摘下后依然是活的，会消耗养分进行呼吸，所以鲜度会慢慢降低。用薄膜等进行包装，可以抑制它们的呼吸，达到保鲜效果。再者，新鲜蔬菜水果中 90% 是水分，这些水分会慢慢蒸发。适度地抑制水分蒸发有助于保鲜，但是抑制过头的话会在袋子内部形成水滴，反而会令蔬果腐烂。所以，新鲜蔬果的包装材料，应该是有一定水蒸气和气体透过性的薄膜。综合考虑强度、美观、价格等方面，一般使用聚丙烯的双向拉伸薄膜制的熔断袋（各种新鲜蔬果），而且根据蔬果的种类在袋子上开 0～4 个小孔，或者使用自动包装袋（豆芽、青椒、韭菜、芹菜等）。

生物分解塑料薄膜中的双向拉伸聚乳酸薄膜，在强度和外观上可以跟聚丙烯类薄膜匹美，水蒸气透过性上甚至略胜一筹，还有适度的空气透过性，可以称得上是适合新鲜蔬果包装的薄膜。适合聚乳酸薄膜的制袋机也已经开发成功，可以在最佳条件下加工成熔断袋。虽然价格要比聚丙烯类薄膜高，但是被评价为不消耗石油资源的环保植物性薄膜，已经开始在有机栽培和无农药栽培的蔬果、各地特产（西红柿、胡萝卜、油菜、芦笋等）等特殊栽培的蔬果上使用。还开发了有一层热封层的双层聚乳酸薄膜，并开始研究自动包装机上的使用。而且，还开发了用于洋葱和大蒜的软性生物分解塑料制网袋。几种蔬菜的包装实例见图 7-5。我国的四川柯因达公司和东莞银田公司等都有类似的产品。圣和塑胶生产的完全可堆肥降解 BOPLA 防雾抗 UV 膜 PLAFUV100 具有良好的水蒸气防雾效果，紫外透过率≤50%。

图 7-5　蔬菜包装实例

(5) 成型用片材

① 真空成型用片材　PLA 的挤出片材，虽然透明性高且具有良好的真空赋形性，但是在运输、使用时的耐热性合耐冲击性要比 PS 和 PET 差所以从迟迟未能普及。然而，最近在欧美的生鲜物、色拉、食品等的低温运输系统中颇有实绩，在日本市场也开始使用。

现在市场上，Nature Lawson 的色拉、Jusco 的小西红柿等的透明盒子、鸡蛋盒（图 7-6）等用的就是这种材料，今后的市场必将逐步扩大。

真空成型用片材，通过在 PLA 中加入脂肪族、脂肪族类芳香族类聚酯塑料，改良结晶化速度，生产出耐热性、耐冲击性得到改良的产品。由于改性后的往往无法保持 PLA 的透明性这个最大的优点，所以有时把改性后的 PLA 用于不需要透明的食品盘、一次性餐具等。另外还有发泡性产品的开发等。

② 压制成型用片材　为了在保持原片材的透明性同时，改善真空成型用片材欠缺的耐热性、耐冲击性等缺点，可以巧妙地组合薄膜的特性并进行 2 次加工，就可以达成预期的目的。

目前利用最多的是干电池的真空包装袋，松下电池工业（株）将其生产的电池的透明包装盒、印刷吊卡都改用 PLA 系片材，成了使用单一材料的环保包装袋（图 7-7）。现在，这种片材的利用正在向家电产品、储存媒体等的真空包装材料方向扩展。

图 7-6　鸡蛋盒

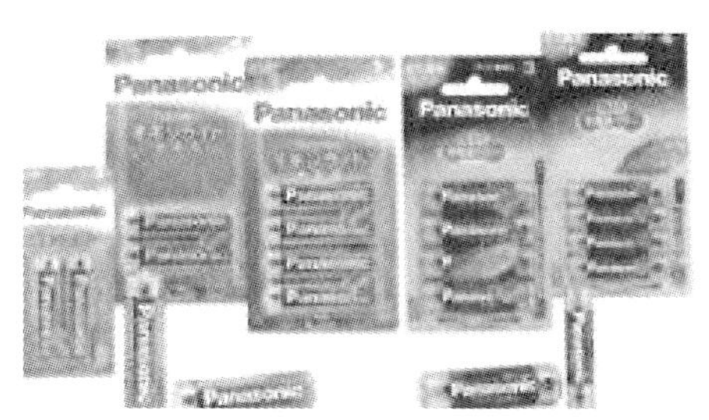

图 7-7　干电池用真空包装

(6) 收缩包装相关领域

PLA 薄膜在收缩包装相关领域的商品化也很受注目。PLA 具有低温高收缩性，而且在设计性、印刷性、收缩加工性等各种性能上十分平衡，所以逐渐开始步入市场。最早的应用例子，是2003年秋上市的味之素产品上用的杯封，由于充分利用了PLA的特性而广受关注。我国圣和塑胶生产的BOPLA热收缩膜PLAS100和PLAS200具有优秀的可控热收缩性能，100℃水浴10s，单向收缩膜收缩率≥70%，双向收缩膜收缩率≥50%，并且可完全堆肥降解。圣和塑胶生产的BOPLA热封膜PLA200可完全堆肥降解、可低温自封，不仅避免了胶水的使用还能够具有单双面热封选择性。生物分解塑料作为香辛料、食用油等的杯封的使用范围越来越广，在这一领域也会有很大的发展（图7-8）。

图7-8　圣和塑胶生产的BOPLA热收缩膜PLAS200的相关制品

（7）透明箱

透明箱多用于化妆品、日杂用品的包装等，需求量十分巨大。PLA片材原本硬而不易裂，很难弯折加工，加入增加柔软性的材料又会损伤透明性，无法投入实际使用。但最近，一些企业发现了可以两全的加工方法，今后的实用进展将会加快（图7-9）。

（8）工业用薄膜

起步最早的是富士通（株），产品是LIS专用媒体带子，由于LIS的媒体带使用后是作为产业废弃物进行填埋处理的，拥有生物分解性能，就等于是一个降低环境符负荷的大亮点。混入导电性炭精后能提高带子表面的导电性，同时可以采用对应冲压、压制成型、真空成型等各种加工方法的片材（图7-10）。开始时，由于耐热性问题使用上受到很大限制，但通过性能改良，现在正在对该公司产品进行全面替换。随着电子情报产业协会（TEITA）的标准化工作推进，市场将进一步扩大。

图7-9　PLA透明箱

图7-10　LIS用媒体带

（9）生物回收中的辅助材料

除水袋、生活垃圾收集袋、购物袋等，示意见图7-11。

在日本，每年都要从家庭和餐馆排出大约2000万吨的生活垃圾。对国土面积狭小的日本来说，完全靠填埋处理显然不够的，所以一般会采用焚烧处理。更有效的方法是进行堆肥化，在田地里进行循环利用，政府专门为此制定了《食品回收法》，已于 2001 年实施。而欧洲早在 1990 年前后就在各地建设大规模的堆肥工场，启动资源循环系统，将生物分解塑料产品再生使用。在西雅图、旧金山等大城市，可堆肥产品是成功落实零废弃物项目的一个重要途径。事实上，ASTM 对可堆肥塑料的标准规范已明确纳入加利福尼亚州法律（SB-567）。2014 年，食物垃圾和庭院装饰垃圾占据了美国城市垃圾总量的 28%，在庭院装饰垃圾中，31%通过填埋处理，61%通过堆肥处理，其余 8%则通过燃烧与能量回收。

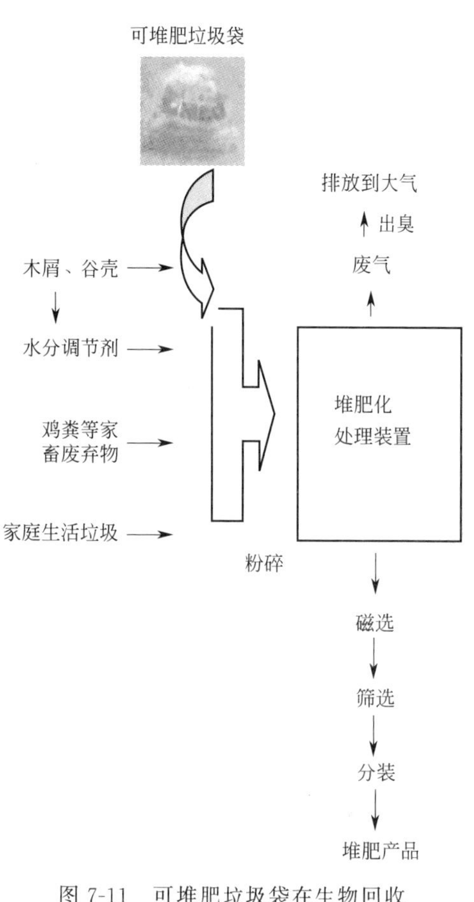

图 7-11　可堆肥垃圾袋在生物回收过程中应用示意图

用生物分解塑料制造除水袋、购物袋、生活垃圾收集袋时所用的设备跟用聚乙烯制造时的设备是一样的。一般采用的方法是规模小易切换的吹膜成型法。制造除水袋时，先用充气成型法做成袋子，再进行打孔等后加工，还可以利用特殊的机械做成网状的除水网。材料的主成分一般选择生分解速度适当、兼具强度、热封性和柔软性的脂肪族聚酯、PCL、PLA 等生物分解树脂。其他材料包括纸粉、淀粉、着色剂、无机填充料等。

在堆肥设施比较完善的欧洲，已经实际使用到宠物食品袋、蔬菜水果袋、家犬粪便处理袋等上面。购物袋中使用量最大的是超市用塑料袋，但是由于生物分解树脂的价格较高，所以在日本、中国等国家还没有得到普及。但是，如果有生物分解，那么就不必像现在使用焚烧处理时这样担心温室效应和二噁英问题等的产生。

（10）自动包装用的片材和薄膜

所谓自动包装就是将按需要进行过印刷的薄膜或片材在成型成容器的同时，往里面放入被包装物的过程（图 7-12）。因为可以将大量的产品连续充入进行包装，在不少领域都有使用。单是用薄膜进行包装就有纵型/横型枕式包装、三方/四方密封包装、收缩包装、直线包装等多种多样的方式。而且薄膜材料也有 PP、PE、聚酯、尼龙等多种单一或复合（层积）材料。

生物分解塑料是即使燃烧也不会产生有害物质的环保材料。它的双向拉伸薄膜被用于存储媒体的包装中。但是聚乳酸没有包装工程中必需的热封性，所以必须涂上感热性黏合剂进行操作。最近，开发了包含具有热封性的层的多层聚乳酸双向拉伸薄膜，并计划在各种储存媒体（CD、MD、DVD）的包装中使用。还开发了只有一侧有热封性层的双层无拉伸生物分解塑料薄膜，用于手机说明书的横型枕式包装中。

适用收缩包装和直线包装等各种自动包装工艺的高性能生物分解塑料薄膜也在慢慢被开发出来。我们可以期待，在环保意识较高的家电厂商和零售商的主导下，以环保产品和相对高价产品为主阵地，生物分解塑料薄膜的使用会不断增加。

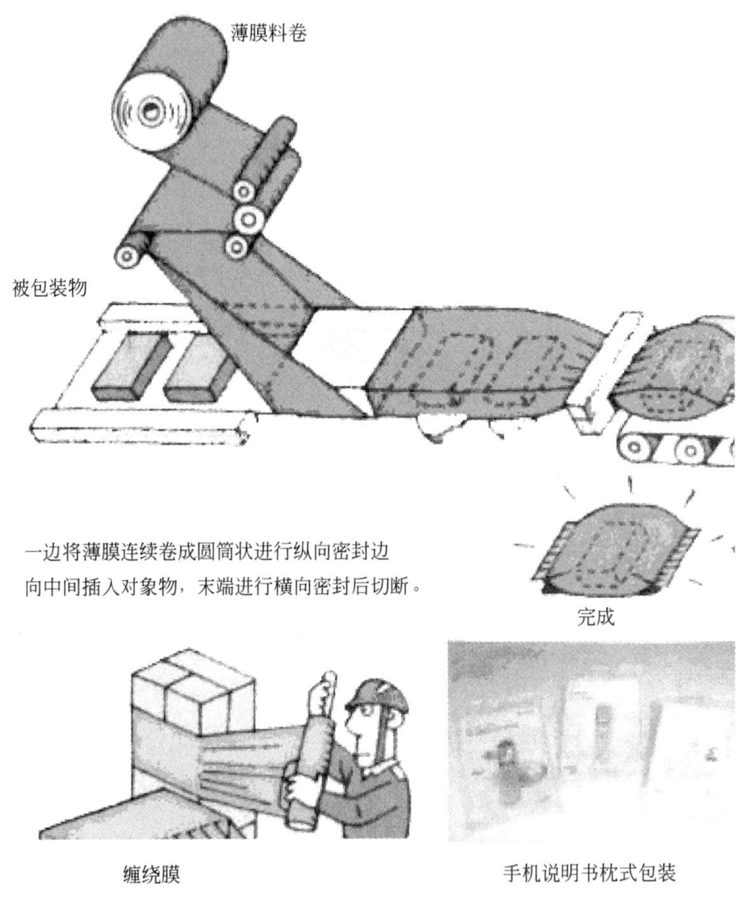

图 7-12　自动包装应用示例

7.2　生物分解塑料在农、林、渔、牧业的应用

（1）育苗钵、植树钵

在日本，谈到什么商品希望用生物分解塑料来制造时，往往会把育苗钵、植树钵列举出来，其绿色循环示意见图 7-13。这是因为人们在园艺中心买的装在软性塑料容器中的幼苗钵处于日本《容器包装回收法》的管制之下，专门有回收消费者手中拿出幼苗后不要的钵进行再生或资源回收的自治省，也有直接进行焚烧的自治省。进行焚烧处理的自治省认为，对钵上附着的泥土和农药进行清洗时产生的水质污染很难处理，如果建立这类资源循环体系，那么单是清洗设备就要耗费庞大的资金。所以，将来有望用生物分解塑料来制造育苗钵和植树钵等。

实际使用生物分解塑料钵时，还要求按植物种类不同来控制生物分解速度。生物分解速度快的一般用于花和蔬菜等，只使用 1～3 个月，所以多用淀粉类生物分解塑料制造。而 1 年以上的使用聚乳酸等材料制造，正在树木栽培中进行试验。还出现了跟原本的土壤、气候条件下的生物分解速度无关，而是使用酶进行催化以快速回归土壤的方法。

有些生物分解材料制的钵采用废纸等作为原料，但是废纸中往往含有重金属和氯元素，看起来好像是自然的材料，但是还是有产生土壤污染和环境激素的危险性。相比之下，生物分解塑料钵采用的材料在满足可堆肥塑料中规定的安全性基准，能安全地回归土壤或进行堆肥化。

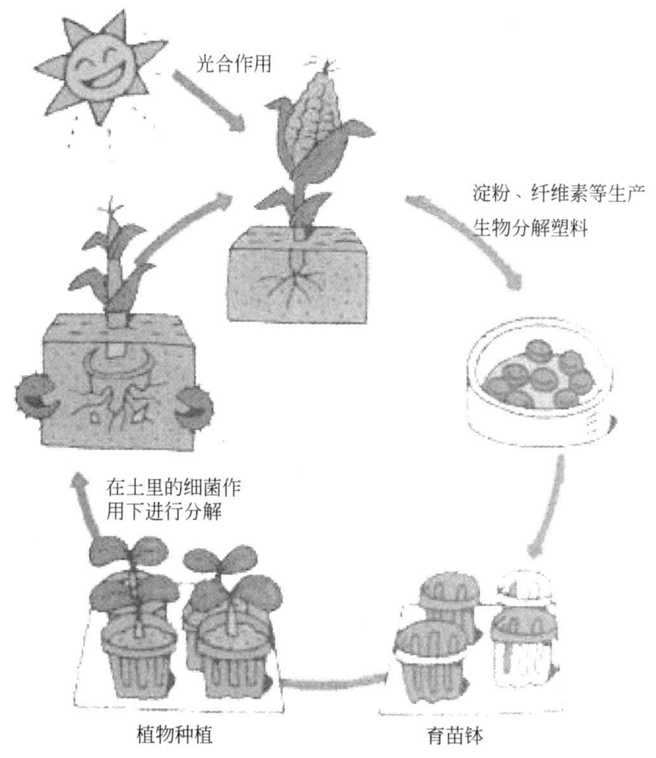

图 7-13　生物分解植物育苗钵绿色循环图

(2) 森林中的熏蒸薄膜（片）、树苗保护用薄膜（片）

现在，日本各地的象鼻虫等病虫害和鹿、熊之类野生动物对森林的破坏越来越大了。为了保护森林，国家和自治体等研究了许多种防治方法，从试验错误中总结对策。这方面虽然取得了一些成效，但是人们同时认识到，在这个时代，最重要的是“森林与野生动物的共存”或“森林中的零排放”。

近年来，出现了许多应这种需求而生的，利用对环境无负荷的生物分解机能的产品。

熏蒸膜，用于防治象鼻虫等病虫害，收集受象鼻虫害的树木，覆盖上生物分解薄膜进行熏蒸处理。树苗保护用薄膜（片），可以防止树苗受到鹿、熊等的伤害，并促进树苗成长，并且还可起到保温作用。这些产品以前主要是用氯乙烯树脂和聚丙烯等本质上无法生物分解的材料来制造的。这些产品的使用效果十分明显，但是由于无法分解多半是直接暴露在野外，严重影响森林景观，就算使用后进行回收，也由于紫外线的照射已经劣化，只能进行填埋或焚烧处理。

为了解决这些问题，利用生物分解塑料进行了产品开发和实地试验。除了确认生物分解，还有很重要的一点是要确认这个产品应该具备的性能和技能有否得到保持。确认得出的结论是，完全可以使用，在日本各地的受害区内的使用实绩也开始增加了。

(3) 地膜

农业上使用的地膜，从很久以前开始，稻叶等植物残渣就被当作地膜的材料使用，而在近代农耕方法中，随着聚乙烯薄膜的发明，这种手法得到了飞跃发展。

地膜使用目的有调节地温、保持水分、防治杂草、防止病虫害等。相应地，薄膜也有白膜、黑膜、透明膜等多种。尤其是在耕地面积少的国家，作为提早耕种、提高单位面积收成的手段和避免使用农药、除草剂等破坏环境的物质的手段。日本每年要用掉 45000t 地膜，我国每年要用掉几十万吨地膜。

最近，日本绿色塑料得到了开发，而且需求急速上升。由于二噁英问题等的存在，使用后的普通地膜被禁止在野外焚烧，而必须作为工业废弃物进行处理。绿色塑料制的地膜虽然价格上要比普通型要贵一些，但是由于收获后直接分解消失，免去了之后的回收作业和处理费用，因此颇受好评。再加上日本地方自治县针对环境和农业人口减少/老龄化的补助金制度，绿色塑料地膜的使用领域将进一步扩大。

绿色塑料地膜可以根据收成时间不同调整生物分解速度，有从 1～6 个月不等的品种。现在，以北海道、长野县为中心，首先从春季作物（莴苣、甜玉米、南瓜等）开始进行，延伸到了烟草、萝卜等非春季作物上。今后，如果能进一步降低成本、提高技能，普及率必将能进一步提高。

（4）水田用纸制黑色地膜

在田野上，可以看到好多地里为了保温和除草覆盖着黑色聚乙烯薄膜。但是在水田里，由于水的存在无法制使用聚乙烯薄膜。所以水稻上免不了要使用除草剂，这对消费者来说并不算安全。针对这个问题，采用了稻鸭共作、稻鲤共养、液体地膜等方法，但是并不能完美地得到除草效果。虽然从以前就在考虑使用纸，也由于施工性和效果的问题没能普及。首先，因为是在水中使用，所以必须具备一定的厚度，出于施工性考虑卷成长条时，重量十分可观。其次，为了拥有除草性能和保温性能，需要将表面处理成黑色，这个黑色涂料进入土壤后如何确认安全性也是个问题。把上述问题清理掉后就出现了在纸上涂上植物制活性炭的水田用纸制黑色地膜（图 7-14）。

图 7-14　纸制黑色地膜使用示例

也就是说涂黑纸表面的涂料是新开发的生物分解塑料油墨。由作为黏合剂的改性淀粉和作为着色剂的植物活性炭组成。这种黏合剂还有强化效果，即使是很薄的纸也有望在水中坚持 40 到 50 天。而且通过更换颜料，这种油墨几乎可以得到所有的颜色，所以不单单在纸上，在聚乳酸薄膜和其他生物分解塑料上也可以印刷。

（5）荒地、人工土丘的土壤改良和植被用的多功能管

利用能被微生物分解的基本特性，生物分解塑料可以在农业、土木建筑等领域一展身手，像临时建筑材料、排水通气管等。在难以回收的地方可以就回归自然；在可以进行回收的地方，则既可以进行热回收，又可以利用微生物进行生物回收，是回收性很好的临时材料。

生物分解塑料的结构和种类不同，它的生物分解速度和最佳分解条件也不同，所以理论上可以通过选择原料来确定适合某个用途的生物分解。但实际上制造产品来一一对应不同的使用状况是很困难的。不过，最近发现在生物分解塑料中加入天然材料的黏土和植物纤维后可以改变生物分解速度，而且可以在一定程度上提高产品的耐久性和强度。也可以说是一种通过添加植物纤维等天然材料来环保而又简便地进行分解控制的方法。

含有肥料成分的生物分解管不但可以在绿化中用作通气排水管，还可以对表面的分解速度进行控制，成为兼具徐放型肥料功能的多功能管（植被管），用到荒地、斜坡的土壤改良和植被催生、园艺材料中。在圆筒中充入保水材料和生物材料后，还可以打入地下进行早期的土壤改良，植被环境恢复以后就回归自然界。再加上使用来源于植物的塑料，可以尽可能地减少在荒地绿化中使用石油资源。而且通过把需要的肥料定点缓慢放出，还可以降低过量使用肥料对土壤和河流的污染。

（6）护岸工程、沙滩复原的土木材料如沙袋等

泥沙袋，以前用的是麻袋，但是近年来，便宜又牢固的化纤（PE、PP）产品成了主流。PE、PP 等普通塑料先加工成扁平长丝纱，再制成布状，然后加工成袋子。小到手提袋大到集装包都有。这些泥沙袋虽然在灾害时或一般土木施工时使用，但是由于它残留在环境中不分解，在后处理上很成问题。绿色塑料在农林、河岸、海洋土木等领域已经攻占了很大份额，而泥沙袋正是其中的阵地之一。虽然由于价格较高，暂时还不能像普通泥沙袋一样得到广泛利用，但是也已经有了以下这些特别的应用例子。

2000 年，在日本儿岛湖岸环境整顿计划中作为湖岸施工用袋使用。在泥沙袋里放入芦苇的根茎，堆在湖岸上用于进行绿化建设。芦苇生长茂盛起来以后，袋子就被分解掉而不会污染环境。同年在千海岸（千叶县稻毛海岸）的沙滩复原工程中也被采用。泥沙袋里装满沙子后在沙滩上排成数百米长的一线，上面再堆上沙子，自然放置着，袋子就会分解，最后复原成平浅的沙滩。

这种袋子还可以作为处理无机废弃物的道具。无机废弃物本身虽然是无害的，但是丢弃到海洋里的话还是会对海草等海底生物产生影响。可以考虑一下把这些废弃物装入泥沙袋后定点投放到海洋中，作为制造人工鱼礁的材料。

今后，将进一步开发绿色塑料制泥沙袋在公共事业上的用途，为将来把它作为环保的土木材料进行普及作好铺垫。

（7）生物分解鱼饵、钓鱼线

鱼饵、钓鱼线等钓鱼用具往往会掉进水里，所以也有用绿色塑料制造的需求。

尤其是鱼饵中一种用非常软的材料制造的名叫蠕虫的饵，通常是用加入了起可塑剂作用的 DOP 的氯乙烯树脂制造的。而 DOP 被认为是环境激素会污染水质，无法分解的氯乙烯树脂的残留也成为问题。

另外，随着水鸟被钓鱼线缠绕致死被当成一种象征报道，人们认识到在自然环境中的钓鱼线的残留也成为环境问题之一。为此，有的钓鱼团体还专门举办了只使用生物分解鱼饵和钓鱼线等环保材料的钓鱼大赛。

以前还有过用食品材料制造的鱼饵。但是，讽刺的是，在“钓鱼的乐趣在于使用非食品鱼饵”的观念之下，食品材料制造的鱼饵的市场渐渐消失了。

现在开发中的生物分解蠕虫，是非常柔软的生物分解弹性体和生物分解可塑剂混合后进行热架桥制得的。这种生物分解蠕虫，在水中一般经过两年就可以彻底分解。

出于强度和柔软度的考虑，使用脂肪族聚酯来制造生物分解钓鱼线。这种钓鱼线在水中3个月，强度就会变成零。而且作为世界首次实用化的生物分解的钓鱼线被写入吉尼斯世界纪录。

（8）保护河海环境的水产用绳、渔网、养殖网

以前，在河流和海洋中普遍使用的绳子和网等是用麻等天然纤维制造，但是近年来由于耐久性和成本的考虑，开始用聚酯、尼龙、PE等化学纤维代替。虽然很方便，但是由此引发了许多环境问题。渔网等物被风浪冲走或者被胡乱丢弃，直接流入了自然界。尤其是渔网中的刺网，流出后危险性很高。而且流出的渔网基本上无法回收。这些渔网可能会卷入航行中的船舶的螺旋桨，或者威胁到水鸟和海狮等海洋生物的安全，破坏海底的生态环境。而且就算能回收，也很难降低强度和清洗，只能进行溶解或焚烧。

而如果这些渔网可生物分解的话，上面的问题多多少少会有一些改善。实际对渔网的性能要求主要是强度和耐久性方面的，现在已经开发出了强度足以支持实际使用的产品，耐久性上也达到了可以支持一个鱼汛期的程度（石油危机以前都是只使用一期就丢弃，之后也是只使用两期，所以只能使用一期也不会对渔业产生什么妨碍）。

另外，从市场性上来说，应该考虑不容易流出的固定网、拖网、卷网等的废弃和丢弃事项。

因为捕鱼工具是以商业为基础的，而不是业余玩物，所以成本问题是必须解决的。而且人类从古到今都从海洋河流那里得到了莫大的恩赐，所以应该为保护那里的环境做出努力。

7.3 生物分解塑料在汽车工业中的应用

（1）耐久性汽车产品、电子机器外壳

生物分解塑料的特征是能在微生物作用下分解，但是最近也开始在一些要求有长期耐久性的家电、电子机器的外壳和汽车内部装修材料等射出成型产品中使用。尤其是身为植物（玉米）原料并可以防止温室效应的聚乳酸，被积极开拓用途。为了进一步扩大使用范围，家电厂商等正在进行种种技术革新。

不时有新的技术被公开报道，如无卤素（不用含氯、溴耐燃剂）、无磷的难燃化技术的完成，纳米技术的使用等，有望在一定程度上引出超越普通塑料的性能，今后的进展值得期待。2002年的“京都议定书”中提到的构筑可持续发展的循环型社会的理念受到世界的认同，环保理念的产品在电脑等主要家电产品中阵地渐大。

从材料改良的观点上来说，聚乳酸树脂要在苛刻的高温高湿条件下保管、使用的话，还要在耐热性、耐冲击性等物性上进行改善，还要控制生物分解速度。这些技术已经一点点积累起来，为今后的实际使用需求奠定基础。

另外，生物分解塑料也跟普通的树脂一样带静电，所以在电子产品、搬运材料中使用的时候还要注意防止静电，为此正在开发优秀的静电防止剂。静电防止特性，用表面电阻率表示。通常称表面电阻率在$10^{13}\Omega/m^2$以下的物质有静电防止特性。在电子机器领域要求要更

高一些，有些要求在 $10^9 \Omega/m^2$ 以下（表 7-2、表 7-3）。

表 7-2　塑料的电阻率和带电现象

表面电阻率/(Ω/m^2)	带电现象	使用目标	使用用途
10^{13} 以上	带电	绝缘	绝缘材料
$10^{12} \sim 10^{13}$	带电但平稳衰减	静止状态的静电防止	防尘防脏
$10^{10} \sim 10^{11}$	带电但迅速衰减	运动状态的静电防止	薄膜纤维制造工程
10^9 以下	不带电	高度静电防止	IC 制造工程 包装搬运

表 7-3　某公司制阴离子导电材料的性能表

项目	PBSA 树脂	聚乳酸树脂	母粒单体
表面电阻率/(Ω/m^2)	1×10^9	1×10^{10}	6×10^8
体积电阻率/$\Omega \cdot cm$	2×10^8	3×10^{10}	5×10^7
拉伸强度/MPa	21	48	21
拉伸破裂伸长量/%	300 以上	45	300 以上
弯曲弹性率/MPa	—	2800	—

(2) 世界首个聚乳酸制的汽车部件地毯、备胎盖

汽车里铺的地垫有凝胶形状和纤维结成毡状的针孔形状之分。近年来价格较低的针孔形状开始增多，但是在中高档汽车上还是音感、吸声性优秀的凝胶形状更受欢迎。世界上出现

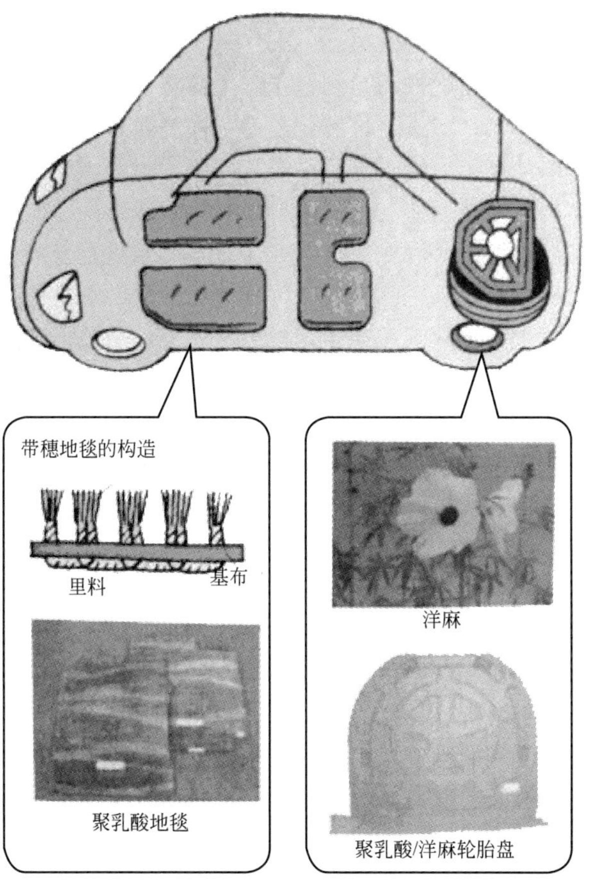

图 7-15　汽车部件应用示例

最早的聚乳酸制地垫就是凝胶形状。日本厂商开发了家庭用的高档地毯，已经开始在占世界市场 7 成的美国市场销售。

用聚乳酸代替来自石油的 PP 纤维和尼龙纤维，可以减少石油资源的使用，一直大气中二氧化碳的增加。聚乳酸具有独特的光泽和触感，使用感也颇受好评。

汽车的备胎盖也开始使用绿色塑料。备胎盖是安装在后备箱底部的备胎上的部件，以前一般使用树脂成型品或用热硬化树脂固化的木材纤维板。主要原料是来自于石油的树脂，废弃处理也很成问题。现在可以使用大量固定二氧化碳而生长起来的洋麻和同样来自植物的聚乳酸做成的聚乳酸/洋麻板。在聚乳酸中加入改性剂抑制水解后，可以在温度和湿度要求都很苛刻的汽车内部环境中使用。将来还会开发更多的部件，由于对环境影响较小，社会接受度应该会比较高。

图 7-15 为汽车部件应用示例。

7.4 生物分解塑料发泡产品的应用

（1）发泡材料

超市的食品区里，有许多小菜和鱼、蔬菜等装在白色发泡片材制得食品盘里。这些大多数是 PE 或 PP 类发泡片材的真空成型品，现在也可以用绿色塑料制造出几乎相同的东西。这种发泡产品由于气泡的存在，隔热性非常好，而且跟未发泡品比起来做成同样形状时消耗的原料更少，有轻量化和节省原料的效果。

现在已经在开发聚乳酸类发泡产品，相信在不久的将来就会在超市里出现。这些绿色塑料发泡产品可以和卖剩的小菜一起进行堆肥化，而不需要像以前一样把食物和盘子分开进行处理。除此之外，发泡产品还可以用于易损伤产品的缓冲材、保温材料等使用。

发泡材料用熔融压出发泡法制造。把气泡封入材料中的方法，有熔融压出时从外界强行吹入空气形成气泡的气体发泡法，和在原料中拌入化学药品进行反应生成气泡的化学发泡法等。前者的气体发泡的原理简单来说，类似于打开啤酒瓶后啤酒中的碳酸气体上涌。也就是说，在熔融绿色塑料时封入高压的碳酸气体，压出时压力消失就形成了气泡。只是单纯进行压出的话，可能会因为气泡膨胀过度而产生破裂，所以在膨胀到一定程度的时候要用空气等进行冷却固定。发泡倍率按使用目的不同，从 4～5 倍的低发泡到 20 倍的高发泡都有。

（2）用水发泡的散状缓冲材料

运送电气电子机器、精密机械、塑料制品等时，必须保护产品不在外力下受到下落、冲击、振动等。起到这个保护作用的就是缓冲材。缓冲材可以分成散状和块状两大类。这里就前者作出一些说明。

以前，散状缓冲材都是用以 EPS 为主的原料制造的，但是这种材料无法在水中溶解，又没有生物分解性，后处理还非常繁杂，所以现在开始使用环保的生物分解性缓冲材。现在用得最多的是以淀粉和生物分解性树脂（聚乙烯醇、醋酸纤维素等）的混合物为主的产品。把这种主要原料跟作为发泡剂的水混合后，在压出机中在高温高压下熔融混炼，最终会产生淀粉的膨胀和水的气化，可以连续压出牢固的发泡体，以任意长度切断以后就可以得到散状缓冲材了。

使用时，有直接把缓冲材充满纸箱的间隙的方法，和装入小袋进行使用的方法，而且这个袋子也可以用生物分解性材料制造。而且最近被提出的一种方案，把小型的缓冲材制造设备放置在生产现场，使用专用的原料，在需要的时候制造需要的量，可以一举解决原来缓冲材运输费用高昂的缺点。

缓冲材使用完毕后，可以和其他的绿色塑料一样，进行焚烧或堆肥处理。另外，也有可以溶解在水中的产品，少量的话可以进行水处理。这种散状缓冲材中，除了主要原料的淀粉外，还加入了豆腐渣、麦麸等废弃物和副产物，从生物回收利用的观点来看也是对环境有益的材料。

(3) 定型发泡的缓冲材料如硬盘驱动器包装材料、发泡鱼箱

随着环境意识的增强，发泡苯乙烯开始被淘汰。代替它的是聚乳酸的小珠子发泡体，并已经开始用于鱼箱等的制造。

聚乳酸发泡性珠子最大的特征就是可以用现有的发泡苯乙烯用的成型设备进行发泡成型。所得到的发泡成型品的物性也跟发泡苯乙烯非常相似。力学性能和缓冲性能都达到同等程度，而且可以反复使用。耐化学品性则比发泡苯乙烯更好一些，不会在油性笔下溶解。断热性也很好，而且比发泡苯乙烯难以缺角，所以成型后可以进行切片、钻孔、刻印、热熔接等二次加工。但是耐热性不如发泡苯乙烯，只能在 60℃以下使用。

在家电包装中，已经开始使用发泡聚丙烯和发泡聚乙烯等制造护角材料。其中对缓冲性能极度重视的硬盘驱动器等的包装材料上，采用的大多是柔软一点的聚乙烯。因此，使用生物分解性塑料的时候就会采用性质跟聚乙烯相似的 PES 树脂。制造方法如下，首先用发泡剂（碳酸气体）将树脂膨胀成发泡粒子。然后，将发泡粒子放入一定形状的模具，用蒸气进行热熔接就可以得到发泡成型品。

当然生物分解性是不会少的，焚烧也不会有问题。而且，发泡体不但具有优秀的缓冲性和隔热性，同体积的条件下所花费的树脂的量只要非发泡体的 1/50～1/100，比较节省资源。

从鱼箱到各种成型品、缓冲材、土木建材、农林园艺材料等，可以使用到各种领域。

(4) 气泡材料

气泡材料（air cap）是兼具包装和缓冲两种功能的包装材料，使用十分普及。这种材料是在两张 PE 薄膜之间封入帽状的空气，然后经过热封结合而成的。被当作耐冲击的包装材料。

气泡材料的主要用途，一般是精密机械、陶瓷、玻璃产品、家具、水果、点心等的包装。比较特殊的用途是混凝土浇筑时的保温养生板和暖房的保温材料。使用的时间都非常短，使用后基本上是当作可燃垃圾进行处理。

最近，绿色塑料制的气泡材料被开发了出来。使用物性酷似 PE 的绿色塑料得到了跟普通产品一样的手感和物性。这种气泡材料还有氧气透过性低、气泡不易跑气、不易带电等特征。

绿色塑料制的气泡材料可以使用的地方有出口到注重环保的欧洲的产品的包装材料、土木用温养板、生鲜食品用包装材料和缓冲信封等。

虽然跟普通产品比起来价格还很高，而且废弃处理时的堆肥设施的普及还不充分，以致不能充分发挥其生物分解性，但是已经在精密机械和高级陶瓷品的包装，以及在要求有生物分解性的土木农林资财上慢慢开始使用。

以后，当绿色塑料的价格降到普通 PE 的三倍以下、堆肥化等循环系统建成时，绿色塑料制的气泡材料也会正式步入市场。

7.5 生物分解塑料在医药业的应用

(1) 缓控释注射剂

长效注射剂是医药领域研发的一大新方向。1960 年代，Folkman 将一些药物，如促甲状腺素、异山梨醇、地高辛等灌入微型硅橡胶管内后植入体内，以达到缓释目的。美国内科医生手册（PDR）已收载左旋炔诺孕酮细棒型埋植剂（NorplantTM），用于计划生育。该制剂每根直径 2.4mm，长 34mm，每次手术埋植 6 根于患者上臂内侧，药物在体内可按零级模式释药 5 年。尽管 NorplantTM 有释药平稳、可靠的优点，但也存在以下缺点：①必须经手术途径植入；②由于骨架材料是非生物分解聚合物，释药完毕仍须经手术取出；③制剂植入后在局部有刺激和不适感。

用生物分解聚合物作为药物载体的缓控释剂型是目前国际药学领域研究的热点，称为生物分解给药系统（biodegradable drug delivery system）。这类制剂既可注射给药，又可植入给药，药物在体内缓慢释出，最后载体为机体吸收，避免手术取出的不便。

(2) 缝线和整形外科固定件

自 1995 年以来，美国生物分解聚合物的平均年销售额约为 3 亿美元，其中近 95%为生物可吸收外科缝线，5%为整形外科固定装置。通过 FDA 批准的生物分解制品逐年增加，仅 1995 年就有 7 项装置进入市场。

可吸收缝线主要有两种类型，即易打结缝线和单股缝线。前者较柔软，打的结较结实；后者较坚挺，打结后对组织不致产生拉紧现象，多用于心血管、眼科和神经外科手术的缝合。这类材料主要用 PGA 或 GA 和二噁烷三亚甲基碳酸酯或 *L*-GA 共聚而成。

用于整形外科的生物分解固定装置可改善植入后对局部组织产生的张力，促进组织恢复。材料主要为 *L*-LA、*DL*-LA 或 GA 的共聚物，目前一般用作低强度植入件，如踝关节、膝关节和手部固定件的紧固螺栓，韧带联接和关节半月板修复的平头钉，颅、颌和面部的固定件等；也用作齿科手术创口护膜、肠切除结扎夹、吻合圈、人工喉管或组织再生的支架等。

部分市售的生物分解聚合物医用器械见表 7-4。

表 7-4 部分市售的生物分解聚合物医用器械

应用	商品名	材料组分[①]	制造商
缝线	Dexon	PGA	Davis-Geck
	Maxon	PGA-TMC	Davis-Geck
	Vicryl	PGA-LPLA	Ethicon
	Monocryl	PGA-PLC	Ethicon
	PDS	PDO	Ethicon
	Polysorb	PGA-LPLA	Surgical
	Biosyn	PDO-PGA-TMC	Surgical
	PGA Suture	PGA	Lukens
固定螺钉	Sysorb	DLPLA	Synos
	Endofix	PGA-TMC 或 LPLA	Acufex
	Arthrex	LPLA	Arthrex
	Bioscrew	LPLA	Linvatec
	Phusiline	LPLA-DLPLA	phusis
	Biologically Quiet	PGA-DLPLA	Instrument Maker

续表

应用	商品名	材料组分[①]	制造商
缝线锚凹	Bio-Statak	LPLA	Zimmer
	Suretac	PGA-TMC	Acufex
吻合夹	Lact asorb	LPLA	Davis-Geck
吻合圈	Valtrac	PGA	Davis-Geck
齿科材料	Drilsc	DLPLA	THM Biomedical
血管成形材料	Angioseal	PGA-DLPLA	AHP
螺钉	SmartScrew	LPLA	Bionx
钉和杆	Biofix	LPLA 或 PGA	Bionx
	Resor-Pin	LPLA-DLPLA	Geistlich
平头钉	SmartTack	LPLA	Bionx
板，网，螺钉	LactoSorb	PGA-LPLA	Lorenz
人造组织	Antrisorb	DLPLA	Atrix
	Resolut	PGA-DLPLA	W. L. Gore
	Guidor	DLPLA	Procordia

① DLPLA—聚 *DL*-乳酸；LPLA—聚 *L*-乳酸；PDO—聚二噁烷酮；PGA-TMC—羟基乙酸-三亚甲基碳酸酯共聚物［poly (glycolide-co-trimethylene carbonate)］；PDO-PGA-TMC—羟基乙酸-三亚甲基碳酸酯-聚二噁烷酮共聚物［poly (glycolide-co-trimethylene carbonate-co-dioxanone)］

(3) 缝合线

手术后，生物分解缝合线不需要拆卸就可以被分解、吸收。医疗用的材料中，一部分要求可以在生物体内长期存在（例：人造内脏），一部分则要求在生物体内完成一定的使命后能分解消失。后者就是生物体吸收性高分子材料。外科用材料（例：缝合线、夹子、接骨钉）和抗癌剂等药剂的徐放基材就是这类产品。这样的材料有以下要求：①材料本身和分解生成物的安全性；②对应用途的强度、操作性（例：线结不易松开）；③材料使用时间和分解吸收速度控制的整体平衡。历史上曾经采用牛肠制造的纤维。为了迎合各种用途而开发的不同物性的合成材料，从 20 世纪 90 年代以后开始大量出现。在因疯牛病产生的规则强化中，合成材料的市场份额进一步增大，世界市场上吸收性缝合线的市场总额为 10 亿美元，其中合成线占 90%，年增长率 4%。

缝合线的主要材料是 PGA 和 PDO。要求有硬度和长期稳定性的接骨钉的材料是聚乳酸。使用的树脂总量大约是 100t。而徐放性产品中使用的树脂也差不多是以吨来计。

今后，生物体吸收性高分子材料可能还会在下面这些地方一展身手：简化手术用线以外的固定材料、再生治疗中皮肤和器官的培养基材、减少抗癌剂投放次数的徐放性产品等。

7.6 生物分解塑料的其他日常用品应用

(1) 可以重复利用的、可收回的耐久性食品器具

直接或间接与食品接触的食品器具用塑料在卫生上，按照日本《食品卫生法》第 370 号中的材质、溶出物试验，重金属和有机物含量必须低于规定值。在绿色塑料中，聚乳酸等满足这些要求，可以通过注射成型制造出各种形状的可收回食品容器。实际使用可收回食品容器的地方主要是企业、政府、学校的食堂等利用人数较多的食堂，所以一般会使用洗碗机。但是洗碗机的清洗干燥流程为使用碱性洗剂在 70℃ 进行 1min 高温清洗后再在 80℃ 进行 10min 的高温干燥杀菌。这对聚乳酸绿色塑料来说条件太过严酷了，普通的绿色塑料发生热

变形，而且会因为水解引起机械强度的降低，没办法重复利用很多次。

能够承受上述条件的绿色塑料的代表是提到的通过纳米复合增强聚乳酸，提高了耐热性、并用耐水解配方提高了耐久性。普通聚乳酸的耐热温度是50℃，这是因为聚乳酸的玻璃化转变温度（非结晶部分变得像玻璃一样硬时的温度）是60℃，非结晶部分较多的材料的热变形温度很大程度上取决于这个玻璃化转变温度。相反地，结晶部分比较多的材料受玻璃化转变温度的制约较小，而是在熔点（结晶熔化的温度）的140～150℃附近才发生热分解。日本农林水产省和经济产业省的食堂中开展了来源于生物资源的餐具的实证试验，并在2005年的爱知世博会上全面应用。图7-16为耐久可重复使用的食品器具。

图7-16　耐久可重复使用的食品器具

（2）可以和食品残渣一起进行处理的一次性食品器具

以往由塑料制得一次性餐具的处理，主要是通过焚烧来进行热回收，或者进行材料回收。进行材料回收时，需要先进行分别收集、运输、清洗餐具上食品残渣。如果这些简易餐具有生物分解性的话，就可以跟生活垃圾一起进行堆肥化，不用进行分别收集、清洗的工作。因此生物分解塑料在简易餐具上面有很大的市场，已经有各种产品在开发中。其中之一是跟普通塑料容器一样，整个用生物分解塑料制造的产品。由于都是塑料，所以可以用普通的塑料成型机进行制造，成型出各种需要的形状。但是这样产品价格受原料价格的影响就比较大。所以另一种类型的产品，就是在纸和淀粉等容器的表面用层压附上聚烯烃类的薄膜，得到耐水性较好的产品。如果层压上的塑料是生物分解塑料，那么整个产品也都是可生物分解的了。因为只有薄膜使用了生物分解塑料，所以产品整体价格受树脂价格影响较少。

简易餐具现在虽然还没有进行普及，但是已经作为适合循环型社会的次世代容器被媒体大加宣传。已经在德国的Kassel项目以及各种大型活动（农林水产环境展等）中得到实际应用，并大受好评。2005年，在日本爱知世博会上使用（图7-17）。

酸奶盒

寿司盒

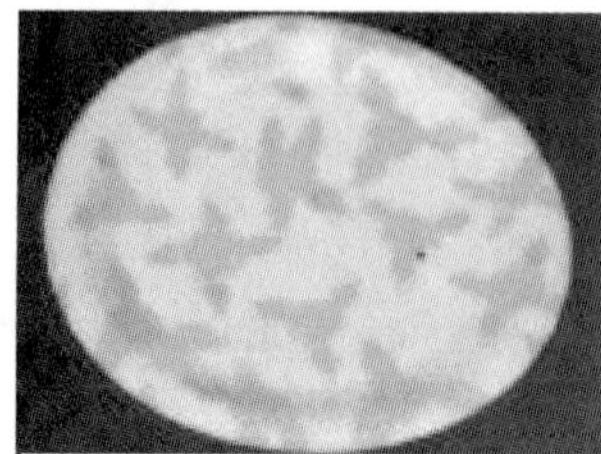

覆聚乳酸膜纸盘

PBS和淀粉托盘

图7-17　一次性餐具应用示例

由于这类产品跟食品有关，材料设计时还要遵循食品卫生法。最近，已经有不少品目被登录在聚烯烃等卫生协会的肯定列表上。

(3) 保护牙齿和环境［卫生用品（牙刷等）］

牙刷由牙刷柄、被称作鬃毛或单丝的刷子部分和固定鬃毛的铜线三部分组成。各部分通常使用的材质如下：柄是PP、PET、ABS树脂等，鬃毛部分是尼龙、PBT、苯乙烯、猪毛或马毛等，铜的话基本是通用的。由于各部分很难彻底拆开，所以十分难以回收利用。

目前，每年废弃的牙刷是以亿为单位计算的。就算一把牙刷只有10g，1亿人就有1万吨（按每人每年10把计），正是所谓的积土成山。现在还没有三部分都用生物分解材料制造的产品上市，但是相关研究已经在进行了。市面上比较环保的产品上，牙刷柄采用生物分解塑料，鬃毛采用猪毛，再加上铜线。还有牙刷柄和牙刷头都使用生物分解塑料，而牙刷头可以更换的产品。包装上也在原来的PET材料和纸、PP等的基础上，回应绿色塑料消费者的要求，使用了生物分解塑料制包装袋。

生物分解塑料制牙刷未能普及的原因，从制造商的角度来说，有原料价格高昂、鬃毛植入植毛孔时易损坏牙刷柄、强度和耐热性比一般塑料低、只能使用符合食品卫生法的树脂等，也就是说没有适合做牙刷的树脂。而从消费者的立场上说，就“刷牙”而言生物分解并不是必须具备的功能，所以以后制造商不能只把目光局限在环保性上，而是要把功能排在首位。不管男女老幼，一年要用好几把，在同样的功能下，谁都想选择生态材料做的牙刷吧。

(4) 服装中的部件如纽扣

纽扣的材料虽然随着时代的变化而变化，但是自昭和以来，在女装西服化的带动下，热硬化树脂制纽扣成了主流。但是热硬化树脂的纽扣是切削加工而成的，出现的废料很多，而且并不适合焚烧。

如果用热塑性绿色塑料通过注射成型来制造的话，有望解决上面的问题。这是因为绿色塑料焚烧时的燃烧热较低，而且不会产生环境激素。但是，用绿色塑料制造纽扣说简单又不简单，因为性能上的要求比较高。这是因为纽扣必须在经常洗涤、熨烫的情况下有相当的耐久度（最低5年）。对绿色塑料来说，耐热度的要求更是难以逾越。

而且，一般西服都很复杂的颜色要求，所以大多成型后进行染色。而纽扣的染色是在热水里面进行，所以必须有100℃以上的耐热性。

而制服的话，由于采用特殊的方法进行大量洗涤，要求热变形温度在160℃以上。

在市面上有的绿色塑料中热变形温度能达到160℃以上的只有芳香族聚酯，不过已经开发出了耐热100℃以上的聚乳酸材料。还开发出了混入竹纤维改良物性后的产品。在绿色塑料中加入棉、麻、羊毛等可生物分解的物质做成纽扣，使得整件西服都可以生物分解，不管是焚烧、填埋、还是堆肥都很环保。

(5) 寿命较短的物品如台历、胸牌

每年都有大量年历被企业当作宣传手段发放。这种年历一般是用石化基塑料制造的，使用后就作为垃圾丢弃。因为是每年都会大量废弃的东西，所以更应该在环保上下功夫，现在已经有用植物性塑料制造的产品上市（图7-18）。

由于跟石化基塑料不同，原料开发、植物性树脂专用模具开发、原料与模具的配合性等问题都需要重新研究解决。其中特别是提高成型性方面，还摸索着制造了模具。另外，由于材料是环保的，所以添加剂也必须用适合绿色塑料的。

比如挂牌，现在有放员工证和ID卡的片材形状和展示会等用的一次性薄膜形状等两种。

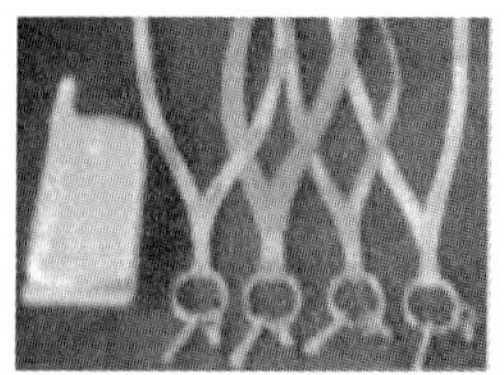

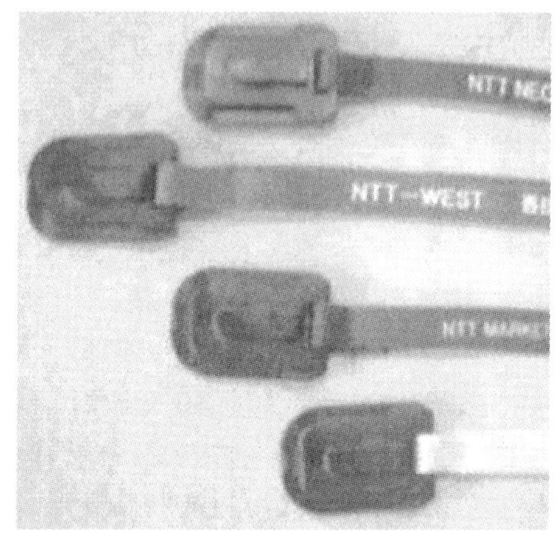

挂绳　　台历外壳

图 7-18　台历、胸牌应用示例

员工证的话设计有可以扣在上衣口袋上的活扣也不会轻易丢弃，但是展会等的挂牌则好像是理所当然一样地一人一张，用过就丢。

这种挂牌就可以采用来源于玉米的聚乳酸纤维制造。这种材料有防霉防臭的抗菌性。而在公司内部使用的挂牌大多是挂在脖子上的，所以当采用结构跟丝绸相似的纤维时，会有很漂亮的光泽，给人一种高级感。由于玉米制造的树脂耐热温度比较低，所以加工温度、染色等加工条件都需要做出一些不同于石油类聚酯的变动。

（6）记事本封皮、书皮等

我们日常所用的记事本、书皮、卡夹、徽章等最多也就保存一两年，然后就从家庭中跟生活垃圾和废纸一起丢弃。这些东西的材料虽然是塑料，但是很难分类回收利用，所以大多是当作一般废弃物进行焚烧处理。但是，由于这些材料大都是染色的软性氯乙烯树脂，随着焚烧条件变化，会生成二噁英和其他有毒气体。最近虽然开始使用 PP 等聚烯烃类材料，但不仅在品质上有不足，而且还是不能进行焚烧处理。而且就算今后堆肥化普及，混入这些材料后也会出现问题。

现在，在这些日常用的文具和杂货中也开始后越来越多地使用生物分解塑料。

起初多用充气法来制造这些软性生物分解塑料片材，但是随着厚度增加以及着色、压花等外观上的要求的多样化，也开始采用压延法制造，最近还可以看到质感柔软的发泡产品。而且，通过往这些片材上印刷环保的油墨等方法，在日用杂货方面一点点拓展环保产品的阵地。

（7）在热水中自由变形玩具

以前制造玩具时，把熔融金属注入用黏土或石膏制造模具中进行成型。后来，重量轻、不生锈的塑料开始进入工业生产。

使用黏土的时候，把黏土充分混炼后做成需要的形状，再进行长时间的干燥，然后上色上釉放入炉中烧制。从艺术上来说是很有趣的过程，但是从生产上来说太费时了。另一方面，铁、铜、铝等金属经高温熔融后注入模具成型，这要求模具有相当的强度并可以半永久使用。塑料成型则是利用 100℃以上的高温和压力用各种成型机进行注射成型、压出成型、压缩成型、回转成型等。这些成型方法都只能在专用的工场内进行。在很长一段时间里，人们都在寻找一种可以在一般家庭或学校中任何人都可以使用的造型材料。直到技术进步，开发出了熔点在 60℃附近的低熔点树脂，才成为可能。树脂的种类有聚氨酯、聚硅氧烷和生物分解的 PCL 等。PCL 的熔点较低，在 80℃的热水中就可以软化，变得像黏土一样可自己动手创意做出各种玩意或浮水玩具。还可制造出独有的生物分解圆珠笔和键盘。

PCL 不但可以用于玩具，还可以在工业上发挥作用。把熔点为 60℃的树脂做成板材，护士就可以把它放在热水中软化，然后放在患者患处卷起作为石膏使用，或者用作射线治疗的患处固定材料、头脚模型制作材料等。

（8）环保烟花

2003 年在日本秋田县大曲町的雄川河畔举办的“大曲烟花大会”上，首次采用了环保烟花。包裹着在空中绽放的烟花的火药的外壳是用厚纸压着或层积来制作的。烟花燃尽后这些碎片落到地上，大的甚至会威胁到人或器物的安全。而且，在最后的步骤里要在容器表面贴上一层压花纸，但是为了防止黏合剂中所含的水分浸透到里面的火药里，需要进行多次干燥。因此，制作步骤多、时间长（制作直径 15cm 的 5 号烟花用了一周时间）也很成问题。

正是在这种背景下开发了用生物分解塑料制作烟花外壳的技术。在生物分解树脂中混入木粉、谷壳等天然有机材料或者不相容的别种生物分解树脂，使之构造不均一，就可以得到在爆炸压力下能变成细片的烟花外壳。而且还可能存在下面的效果。

① 落到地面上的碎片已经很细小不会成为垃圾。而且最终会变成水和二氧化碳回归自然（环保）。

② 碎片细小不会产生危害（安全）。

③ 水分无法渗透生物分解树脂，粘贴多层压花纸时可以在一道工序中完成，大幅缩短工时（低成本）。

④ 爆开时变成碎片，使得内容物均匀喷出，可以形成漂亮的圆形烟花（高品质）。

图 7-19 为环保烟花应用示例。

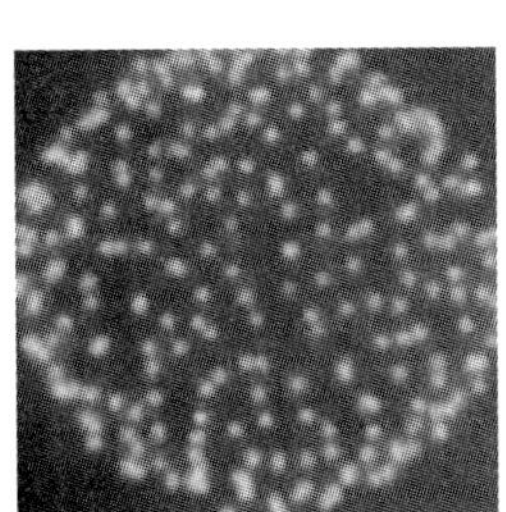

烟花

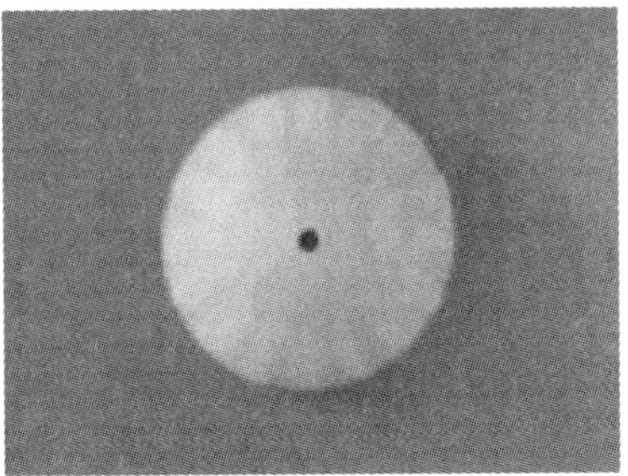

纸制烟花外壳

纸制烟花外壳碎片

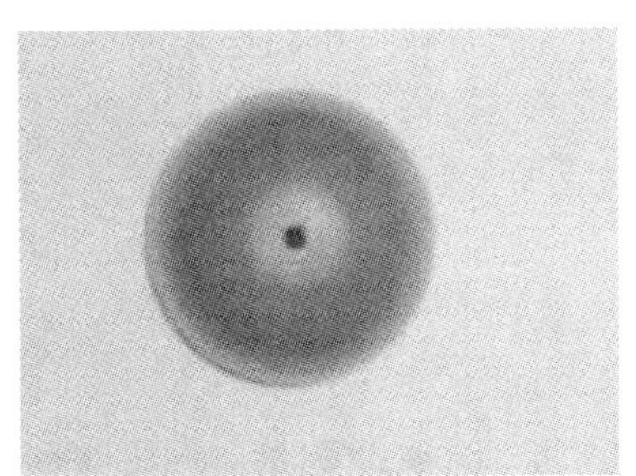

生物分解塑料烟花外壳

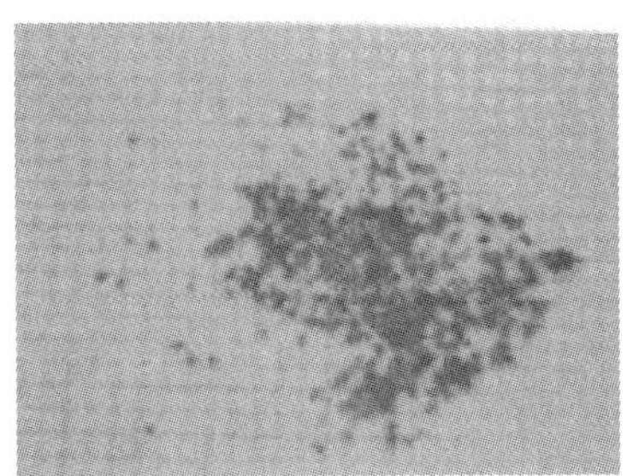

生物分解塑料烟花外壳碎片

图 7-19　环保烟花应用示例

（9）衣架、人体模特、大型广告旗、海报

服装业界采用的塑料制品有衣架、模特等。最近，开始从环保的角度来考虑材料和废弃上的问题。制作衣架的材料除了木材和金属以外还有塑料，使用完毕后一般作为塑料垃圾进行焚烧或填埋处理。所以就有了焚烧时对环境无害还可以通过堆肥化再利用的生物分解塑料的用武之地。成衣厂商已经作出了有防霉性和抗菌性的产品，并开始流通。

另一方面，模特多由纤维强化塑料（FRP）制造，这种材料很难循环利用。所以也开始了使用生物分解塑料的开发。“生态模特”已经离我们不遥远了。

很多室外的大型垂幕、旗帜、海报等用各种材料制成，短期宣传过后就会除下用各种合适的方法进行处理。大型垂幕是在油布上进行各种印刷，旗帜是在合成纤维或天然纤维上进行各种印刷。海报一般使用涂工纸和耐水性好的 PP 合成纸。这类产品的处理上，如果是氯乙烯类的化只能填埋，其他一般进行焚烧处理。如果采用生物分解塑料纤维和布并使用被覆树脂，这些问题就可以一举解决。使用生物分解塑料时，如果有堆肥设施，就可以跟事先粉碎过的厨房垃圾一起进行堆肥处理，如果进行焚烧，也可望起到抑制二氧化碳排放量的效果。

7.7 生物分解塑料在 3D 打印材料中的应用

3D 打印技术其前身即为起源于美国的快速成型（rapid prototyping）技术。其基本原理为：数字分层-物理层积，即首先对被打印对象建立数字模型并进行数字分层，获得每层的、二维的加工路径或轨迹；然后，选择合适的材料以及相应的加工方式，在上述获得的每层、二维数字路径驱动下，逐层打印，并最终累计制造出被打印的对象。3D 打印技术突破传统切削加工方式，是一种成长式的加工方式，大大提高了材料利用率，是颠覆传统制造方式的革命性的制造技术，国内称之为“增材制造”。3D 打印技术具有很高的加工柔性和很快的市场响应速度，在工业造型、包装、制造、建筑、艺术、医学、航空、航天和影视等领域得到了良好的应用。目前，国内外 3D 打印领域中已有近二十种不同的工艺系统，其中最典型和最成熟的有以下五种工艺，分别是熔融沉积成型（fused deposition modeling，FDM）、光固化立体成型（stereo lithigraphy apparatus，SLA）、选择性激光烧结（selective laser sintering，SLS）、层片叠加成型（laminated object manufacturing，LOM）、三维打印与胶黏（three dimensional printing and gluing，3DP）。

（1）成型工艺

① 熔融沉积成型　FDM 的原理如下：加热喷头在计算机的控制下，根据产品零件的截面轮廓信息，作 X-Y 平面运动，热塑性丝状材料由供丝机构送至热熔喷头，并在喷头中加热和熔化成流动态，然后被挤压出来，有选择性地涂覆在工作台上，快速冷却后形成一层大约 0.1mm 厚的薄片轮廓。一层截面成型完成后工作台下降一定高度，再进行下一层的熔覆，好像一层层“画出”截面轮廓，如此循环，最终形成三维产品零件。

FDM 成型同其他成型技术相比有其固有的优缺点。优点：成型精度较高、打印模型硬度好、多种颜色。缺点：成型物体表面粗糙。

② 光固化立体成型　SLA 是利用特定强度的激光聚焦照射在光固化材料的表面，固化此处树脂，然后使之点到线、线到面的完成一个层上的打印工作（或者直接面固化成型），分层进行固化，直至最终成品的完成。

SLA成型优点：具有微米级的超高精度、加工速度快、生产周期短。缺点：造价高、打印成本较FDM贵、操作相对复杂、打印树脂有低毒性。

③ 选择性激光烧结 SLS由美国德克萨斯大学奥斯汀分校的C. R. Dechard于1989年研制成功。SLS工艺是利用粉末状材料成型的。将材料粉末铺洒在已成型零件的上表面，并刮平；用高强度的CO_2激光器在刚铺的新层上扫描出零件截面；材料粉末在高强度的激光照射下被烧结在一起，得到零件的截面，并与下面已成形的部分粘接；当一层截面烧结完后，铺上新的一层材料粉末，选择地烧结下层截面。

SLS工艺最大的优点在于选材较为广泛，如PA、蜡、ABS、树脂裹覆砂（覆膜砂）、聚碳酸酯、金属和陶瓷粉末等都可以作为烧结对象。粉床上未被烧结部分成为烧结部分的支撑结构，因而无需考虑支撑系统。SLS工艺与铸造工艺的关系极为密切，如烧结的陶瓷型可作为铸造之型壳、型芯，蜡型可做蜡模，热塑性材料烧结的模型可做消失模。

④ 层片叠加成型 LOM由美国Helisya公司于1986年研制成功。LOM采用薄片材料，如纸、塑料薄膜等作为成型材料，片材表面事先涂覆上一层热熔胶。加工时用CO_2激光器在计算机控制下按照CAD分层模型轨迹切割片材，然后通过热压辊热压，使当前层与下面已经形成的工件层黏结，从而堆积成型。

LOM其特点在于，打印只需要在片材上切割出零件的截面的轮廓，而不用扫描整个截面。因此易于制造大型、实体零件。零件的精度高（≤0.15mm）工件外框与截面轮廓之间的多余材料在加工中起到了支撑作用，所以打印无需加支撑。

⑤ 三维打印与胶黏 3DP技术与设备是由美国麻省理工学院（MIT）开发与研制的，使用的打印材料多为粉末材料，如陶瓷粉末、金属粉末、塑料粉末等，这些粉末通过喷头喷涂黏结剂将零件的截面“印刷”在材料粉末上面。该打印过程类似于纸张彩色打印，可以通过设置三原色黏结剂及喷头系统，实现彩色立体打印，目前彩陶工艺品的3D打印制作已经获得很多应用。该工艺是继SLA、LOM、SLS、FDM四种工艺之后逐渐获得广泛应用前景的3D打印工艺技术。该类3D打印材料由于仅靠黏结剂将粉末材料黏结在一起，表面质量及力学性能均不高。

（2）成型材料

综合上述五类3D打印成型方式所用原料可以看出现阶段有机材料还是占据大部分比例，它们要么被作为主体材料使用，比如FDM、SLA、SLS、3DP工艺，要么被作为黏结剂使用，比如LOM、3DP工艺。生物基塑料与生物分解塑料在上述原料中也占有一席之地，且大部分集中在FDM领域，比如PLA、PCL、PBS及其共聚物、生物基尼龙、生物基聚酯等，还有小部分在SLS、SLA领域，比如SLS用的生物基粉末材料，SLA用的生物基光敏树脂等。以下将按照打印方式的不同，对上述材料进行详尽概述：

① FDM用生物基塑料与生物分解塑料 PLA是一种以可再生的植物资源为原料制备而成的绿色塑料，摆脱了对石油资源的依赖，且具有良好的可堆肥性和生物分解性，在环境中降解为二氧化碳和水，不会对环境形成污染，属于典型的生物基塑料与生物分解塑料。PLA具有良好的加工性能，同时其结晶速度慢，熔融温度适宜，在FDM形式的3D打印中得到了广泛的应用，但是PLA材料也存在明显的性能缺陷：脆性大，弯折成线后易脆断，热变形温度较低，限制了其应用范围。不少研究机构和企业都将PLA做增韧改性后用于FDM。比如易生的PLA+线材，缺口冲击强度较纯PLA提升70%以上。PLA也可以和一些功能性材料共混改性成为复合材料用于FDM，比如易生推出的eBamboo耗材为PLA与

木质纤维共混改性而成，打印模型具备强烈的木质感。易生推出的 eConductive 耗材为 PLA 与导电材料共混改性而成，其打印模型的电导率在 10～100S/m 范围内。借助于 PLA 的生物降解特性，可将其应用于医用 3D 打印，比如 PLA 与羟基磷灰石共混制备骨髓基质细胞 3D 打印 PLA-HA 材料，可作为骨组织工程的支架材料。PLA 与磷酸钙复合，形成 3D 打印组织工程和颌面外科用材料。通过对 PLA 进行改性或者与纳米材料、无机材料、高分子材料共混改性可以丰富 PLA 材料的力学性能、热性能以及生物性能等，丰富了其在生物医疗、科学研究、模型设计等领域的应用。

聚己内酯（PCL）是一种生物分解聚酯，是由己内酯单体开环聚合而成。熔点较低，只有 60℃左右。与大部分生物材料一样，它也是符合 FDA 认证可食品接触的材料。人们常常把它用作特殊用途如药物传输设备、缝合剂等。同时，PCL 还具有形状记忆性。在 3D 打印中，PCL 主要用于 FDM 打印机以及打印笔。由于它熔点低，所以并不需要很高的打印温度，从而达到节能的目的。同时，也由于熔点低使得它可以有效避免人员操作时的烫伤。另外，因为其具有形状记忆的特性，它使得打印出来的东西具有“记忆”，在特定条件下可以使其恢复到原先设定的形状。在医学领域，可用来打印心脏支架等。

聚乙烯醇（PVA）是一种可生物分解的合成聚合物，它最大的特点就是它的水溶性。作为一种应用于 FDM 中的新型打印线条，PVA 在打印过程中是一种很好的支撑材料。在打印过程结束后，由其所组成的支撑部分能在水中完全溶解且无毒无味，因此可以很容易地从模型上清除。全球打印耗材知名生产商易生推出的 PVA 水溶性支撑材料在国内乃至国际都获得一致好评。在打印过程中，其与 PLA 耗材的配合堪称完美，单纯的 PVA 加工性能很差，其分解温度低于融化温度，因此用于 3D 打印的 PVA 材料必须经过可加工性能改性。

聚羟基脂肪酸酯（PHA）是一种以植物为原料的生物基材料，这种生物基材料具有可降解的特性。由于它无毒无害，目前它常常被用来制作医学器具、食品包装袋、儿童玩具、电子产品外壳等。回收时，由于它的可生物降解性，我们只需要像掩埋食品垃圾一样将其掩埋，它便可在土壤中自然降解。不仅如此，它在淡水和盐水中也能像在土壤中安静降解，并且不会留下任何颗粒物。PHA 在 3D 打印方面的应用程度不及 PLA，其力学性能方面与 PLA 较类似，也是一种 3D 打印应用较好的材料，但是其价格较高，且加工温度范围稍窄，其普及程度不及 PLA。

聚己二酸/对苯二甲酸丁二酯（PBAT）属于脂肪族芳香族共聚酯，是己二酸丁二醇酯和对苯二甲酸丁二醇酯的共聚物，具有较好的延展性和冲击性能，此外，还具有优良的生物分解性。在 3D 打印领域，因其突出的柔韧性和生物分解性，在桌面 FDM 打印机中也获得了越来越广泛的应用。

采用甘蔗乙烯生产的生物基乙二醇为原料合成的生物基聚对苯二甲酸乙二醇酯-1，4-环己烷二甲醇酯（PETG）具有 FDA 认证，被用来制造饮料、食物和其他液体容器。具有突出的韧性和高抗冲击强度、高的机械强度和优异的柔性，比 PLA 或 ABS 更柔韧；并具有很宽的加工温度范围；透明度高，光泽好，容易印刷并具有环保优势；没有气味；可回收。易生推出的 PETG 作为一种新型的 3D 打印材料，兼具 PLA 和 ABS 的优点。在 3D 打印时，材料的收缩率非常小，并且具有良好的疏水性，无需在密闭空间里特殊贮存。由于 PETG 的收缩率低，打印时使用或不使用加热床都行，在打印过程中几乎没有气味。将广泛应用于医疗用品、日用消费品、包装、薄膜、型材管材以及纤维等领域。

尼龙 11 化学名称为聚十一酰胺，英文名称 poly undecanoylamide，简称 PA11，是以蓖麻油为原料合成的长碳链柔软尼龙，具有密度小、强度高、尺寸稳定性强、化学性能稳定的特点，同时它还具有电绝缘优良等优点。为一种生物基塑料。目前，它可用于汽车工业、电子电器工业、军械工业等；得益于它质轻、耐潮湿、耐虫蛀、耐腐蚀的特点，人们还可以把它应用于城市煤气管道。这种管道施工方便，使用寿命长。由于它良好的耐低温性能，也可应用于食品工业，制作速冻食品的容器、各种包装材料、牛奶等液体食品的传输道。在 3D 打印领域中，它可以用 FDM 打印机制作柔软的产品，例如泳衣、医用器械等。

新一代生物基热塑性聚氨酯产品（生物基 TPU）可再生资源含量高达 60%，具有优异的力学性能、冷绕曲性、抗水解性和良好的黏着力、耐磨耐压、方便加工回收、密度比石油基的 TPU 低，是一种轻质且成本效益高的原材料，可替代石油基热塑性聚氨酯和热塑性弹性体使用。在 3D 打印领域，作为一种弹性线条材料，具有很广泛的应用，如打印鞋子、鞋垫、手环等。

② SLA 用生物基塑料与生物分解塑料　通过在合成原料中加入 PLA 多元醇、PCL 多元醇而制备的 3D 打印生物基光固化树脂是生物基塑料在 SLA 中的一项重要应用，易生推出的 eResin-PLA 树脂即为典型。其在室内温度下呈低黏度液态，具有良好的流动性，固化后的产物具有一定的强度和韧性，打印时无翘边以及变形，表面硬度高，耐划伤，疏水性好，表干快，不易吸潮。可吸收光波范围广，不仅可用于点固化成型的 3D 打印方式，还可以用于面固化成型的 3D 打印方式，可用于高精度模型的打印，如医疗、珠宝、铸造等行业。

③ SLS 用生物基塑料与生物分解塑料　SLS 用耗材一般为粉末状，通过深冷研磨可将高分子材料制备成为应用于 SLS 成型用材料。经过多年的发展，能够用于 SLS 的高分子材料种类在逐渐增加。常见的有非结晶性高分子材料包括聚碳酸酯（PC）、聚苯乙烯（PS）、高抗冲聚乙烯（HIPS）等，结晶性高分子材料有尼龙（PA）、聚丙烯（PP）、高密度聚乙烯（HDPE）、聚醚醚酮（PEEK）等。目前结晶性高分子尼龙（polyamide，PA）仍然是 SLS 技术直接制备塑料功能件的最好材料，并且占据了现阶段 SLS 材料市场的 95%以上。其中也包括生物基尼龙，比如完全生物基的 PA 如 PA11、PA1010，部分生物基的 PA 如 PA610、PA1012、PA410、PA10T 等。通过先制备尼龙复合粉末，再烧结得到的尼龙复合材料成形件具有某些比纯尼龙成形件更加突出的性能，从而可以满足不同场合、用途对塑料功能件性能的需求。比如 3DSystem 公司推出的系列尼龙复合粉末材料 DuraForm GF、Copper PA、DuraForm AF、DuraForm HST 等，其中 DuraForm GF 是用玻璃微珠做填料的尼龙粉末，该材料具有良好的成形精度和外观质量，Copper PA 是铜粉和尼龙粉末的混合物，具有较高的耐热性和导热性，可直接烧结注塑模具，用于 PE、PP、PS 等通用塑料制品的小批量生产。

第 8 章　回收再利用

塑料回收再利用技术可以分为物理方法（材料回收再利用和热回收再利用）和化学方法（化学回收再利用）两大类。其中材料回收再利用比较简便而且成本低，像 PET 瓶子目前回收再利用的比率在 90％以上，但是材料回收再利用无法避免重复再生的塑料制品的品质降低，从而使再生利用受到很大限制。

化学回收再利用又可以分为废塑料的气化、油化、甲醇化回收，和废塑料的单体化、低聚物化回收。从循环经济角度的观点来看，后者具有更大的优势。化学回收再利用对生物分解塑料的回收处理上也是可行的。这是因为，生物分解塑料大都是靠容易发生水解的酯键和

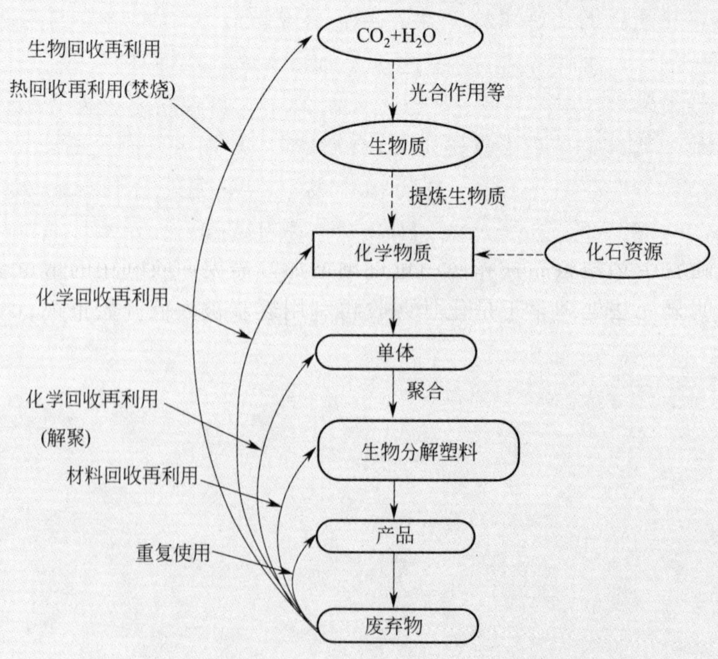

图 8-1　生物分解塑料合成与回收再利用循环图

酰胺键结合而成的，比较容易发生解聚反应，所以比较容易进行单体化回收，因此，目前对生物分解塑料如何进行化学回收再利用的研究也正在逐渐增多。

不管生物分解塑料是属于微生物产生类、天然物类还是化学合成类，都要尽可能地谋求循环利用。这是因为，生物分解塑料通过循环利用，在生命周期整体上来看能量的消耗和二氧化碳产生量都会比较小。在这一点上，聚乳酸（PLA）等生物基聚合物也是一样的。在这些物质的制造中，由于发酵工程和产生物的化学变换过程等中都需要相应的能量，所以才更需要谋求循环型回收利用。

适用于生物分解塑料的回收再利用过程包括重复使用、材料回收再利用、热回收再利用、化学回收再利用和生物回收再利用等（图 8-1）。现在还是石油类生物分解塑料较多，今后，随着生物质制造技术的发展，预期生物基的生物分解塑料也会越来越多。但由于资源的有限性，即使是生物基的生物分解塑料，也要不断研究制造工程和生命循环周期的简化、移动的物质量的减少、材料的高性能化和高技能化，以及循环技术和相应的系统。

8.1 物理回收再利用

材料回收利用是保持塑料的高分子状态，进行熔融、溶解，然后加工成型成新的产品的方法。材料回收利用中难点在于异种聚合物和添加剂的混入，和混入了部分水解后的聚合物。生物分解塑料和 PET 等通用塑料一样，收集后要进行杂质分离、挑选、粉碎等前处理，然后进行熔融、颗粒化等处理。一般地，根据塑料的用途不同，对性能的要求也会不同。所以，由于前面所说的原因，材料回收再利用所得的塑料性能会降低，而无法再使用于同一用途，只能降级使用。

现在生物分解塑料的普及还十分有限，所以循环再生也受到限制。例如，在日本 2005 年爱知世博会用过的食品器具，作为材料回收再利用的实例，它被回收后制成植物栽培容器，用于同年 10 月开幕的日本冈山国体等场合。

在实际使用中，为了提高强度、耐热性等性质，会在 PLA 中配入各种添加剂和混溶剂。例如，在电器的外壳和汽车零部件中混入洋麻植物纤维后，就可以得到强度和耐热性足够的树脂。洋麻自身生长速度很快，二氧化碳的固定量也较多，但很少被作为植物纤维使用，有望被作为生物基纤维使用。添加了洋麻植物纤维的 PLA 的材料回收利用基本过程是熔融、颗粒化和再成型，过程中不会出现明显的物性降低，因此可以进行多次材料回收利用。

但是，将来随着生物塑料品种和使用量逐渐增加，需要回收利用的量也会越来越多，单靠材料回收的话明显无法处理，于是化学回收再利用逐步被人们开始重视。

8.2 化学回收再利用

化学回收再利用，是把塑料以化学手段处理成有用的低聚物后再进行利用。有石油化学为主的能量回收，和回收塑料原料的单体回收再利用之分，从后者的意义上利用的情况比较多。从反应类型来看，化学回收再利用又分为热分解和化学解聚两大类。把塑料作为化学原料和燃料回收的方法（热分解技术），常见的有隔绝空气的热分解和在氢气下的热分解。曾经有研究人员试着把初期的热分解放置在真空中还原成单体，但是高温热分解中，在目标主反应之外也很容易产生副反应，非常难以控制。

但是近来，通过在热分解反应中添加催化剂，慢慢可以控制反应，并开发了对应于精密聚合技术的精密解聚技术。化学解聚生成单体的方法（解聚技术）又可以按催化剂和溶剂不同分为加水分解、加醇分解、葡萄糖分解等。此外，把酶和微生物作为可再生天然催化物使用的生物化学法也得到了关注。

生物分解塑料的生物分解和解聚发生的化学结构部位基本上是共通的。开始是 PLA 和 PHA，到后来 PCL、脂肪族聚碳酸酯、聚氨酸等，许多生物分解塑料都被发现具有化学回收再利用机能。生物分解塑料是根据物性要求进行混合的，所以比起热分解，通过解聚进行分别化学回收是更为有效的手段。而且，随着利用超（亚）临界二氧化碳、水和甲醇的新技术的开发，化学回收再利用的优势也会越来越大。

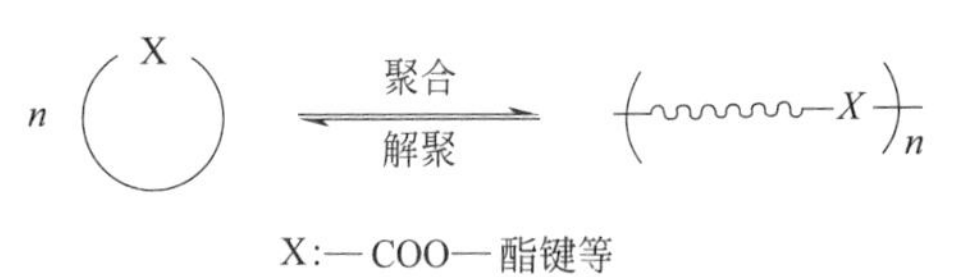

图 8-2　聚合-解聚平衡

单体还原型化学回收再利用中的基本反应，是利用聚合反应和解聚反应的平衡状态的反应。环状单体的开环聚合中，开环的能量是聚合的推动力，另一方面，聚合消耗掉能量令平衡向环状单体方向进行，从而形成聚合-解聚的平衡状态。即如图 8-2 所示，开环聚合随反应条件变化反应是可逆的，平衡成立。所以，为了促进单体的解聚，会通过减压等方法使生成的单体气化从而被隔离到系统外等方法。但是，一般在高温下进行的热分解反应，会受到副反应和聚合物键的末端基团结构的影响，所以在控制上比精密解聚和精密聚合更难。

8.2.1　PLA 的化学回收再利用

PLA 是硬质性生物分解塑料，是适应循环型社会的生物基聚合物，是现在得到研究开发最多的生物分解塑料。不管是材料回收利用、热回收利用、化学回收再利用，还是进行生物分解的生物回收再利用都可以进行。PLA 的加水分解性和解聚性都很优秀，所以热分解、化学性加水分解、酶和微生物作用下的加水分解等化学回收再利用都有被应用（图 8-3）。PLA 的化学回收再利用中最重要的是防止异构化的产生。

（1）热分解法

PLA 通过热分解变成环状丙交酯的化学回收再利用的相关研究，由来已久。PLA 的热分解中，在种种因素的相互影响，可以得到各种不同的结果。这是因为 PLA 的热分解机制并不是单一的，而是种种机制复杂地组合在一起进行的。例如，分子内和分子间的酯交换反应、β 消去、由酯-半缩醛异构产生的外消旋化等。

另外，聚合时使用的金属催化剂残留物的影响也不可忽视。一般地，聚合中使用的金属催化物不会去除，而是直接残留在 PLA 中，所以在高温热分解时，会对分解反应产生显著的影响。例如，乳酸合成中常用的含 Sn 催化物残留在聚合物中，会促进分解温度的降低和 L,L-丙交酯的选择生成。所以不含金属的精制 PLA 的热分解温度要比未精制的 PLA 的要高，所以在高温下，比较容易产生醇解反应和异构化反应。如果在这时加入钙、镁等碱土金属的话，可以控制 PLA 的分解反应，在特定的温度下选择性地生成 L,L-丙交酯。另外，使用适当的催化剂，可以令 PLA 的分解温度下降到 100℃以下，这样，就算跟热分解温度高过 350℃的 PE、PS 等通用树脂混合，也可以只把 PLA 分解成丙交酯进行选择性回收。

此外，利用兼具液体和气体性质的超临界二氧化碳，把 PLA 分解成丙交酯的技术也在研究开发中。一般地，反应条件为 100℃、100～200 个大气压的高温高压，再加上有机溶剂

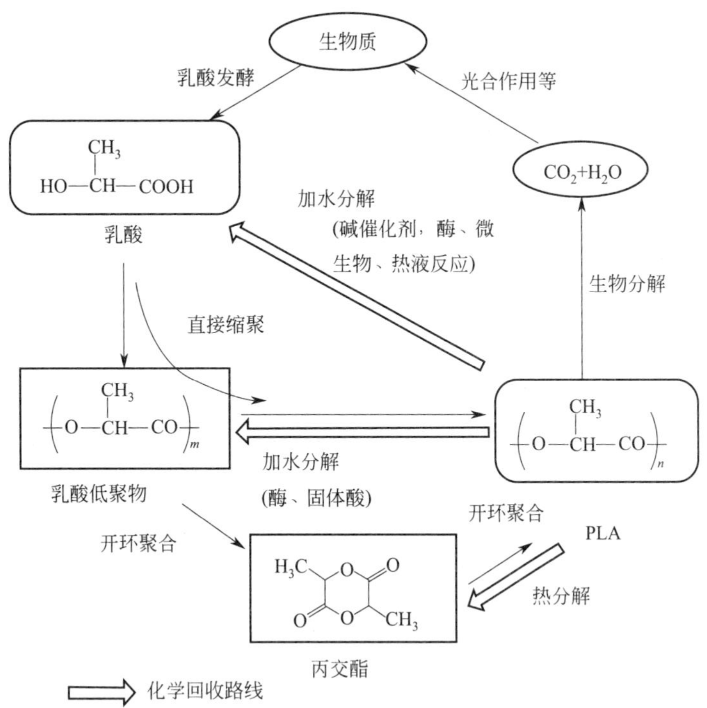

图 8-3　PLA 的合成、化学回收和生物回收再利用的简单示意图

和催化物。

(2) 水分解法

PLA 在碱性条件下更容易进行加水分解。例如，PLA 颗粒在 10%氨水中 80℃下搅拌 2h 后，可以完全分解成乳酸单体。而且，通过这种方法，从 PLA-乙烯聚合物的混合物中可以选择性地只把 PLA 分解成乳酸单体。

也有不使用水溶性酸碱催化剂，而是采用固体酸的分解法。固体酸不溶于溶剂，分离起来更为容易。可以通过过滤把固体酸分离出来再次利用。所以，使用固体酸催化剂的令 PLA 分解成低聚物、单体的化学回收再利用法，比以往的热分解和使用酸、碱催化的方法更为环保。从图 8-3 中可以看出，从乳酸生成 PLA，不管是直接缩聚路线还是经由丙交酯的路线，都会生成中间体乳酸低聚物，所以在 PLA 的化学回收再利用中，从能量角度来说，退回到乳酸低聚物用作低分子原料是比较有利的。

可以作为固体酸催化剂使用的低价环保的黏土矿物高岭土，对 PLA 的分解十分有效。这是由高岭土的层结构决定的，PLA 的羰基被吸附到高岭土的层间部分，在那里的相互作用下，羰基被活化，容易受到层间存在的水的亲核攻击。从而产生类似与酶反应中在活性部位发生的反应，加速分解的进行。

举个例子来说，图 8-4 中，日本爱知世博会中使用过的 PLA 制透明杯子，在高岭土的作用下进行化学回收再利用。平均分子量 $M_w=120000$ 的 PLA 于 100℃溶于甲苯中，加入高岭土，在温度不变搅拌反应 1h 后，PLA 被分解成了平均分子量 $M_w=250$ 的乳酸和乳酸低聚物。在这一序列的过程中，几乎没有出现乳酸的 D 体异构。这种方法得到的单体/低聚物混合物，比以往的化学催化下生成的混合物更容易聚合，重新生成 PLA。即，使用平均分子量 $M_w=250$ 的低聚物，在 $SnCl_2$/p-TSA 的催化下进行固相聚合，可以得到平均分子量

M_w＝170000 的 PLA。得到的 PLA 的玻璃化转变温度、结晶化温度、熔点跟原来的原料相比基本没有变化。而且，高岭土催化剂进行简单的回收处理就可以重复利用。

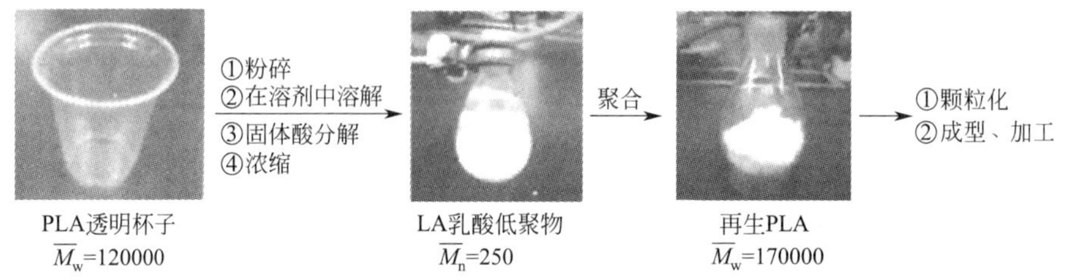

图 8-4　日本爱知世博会中使用过的 PLA 制透明杯子，在高岭土（固体酸）的作用下进行化学回收再利用

8.2.2　PHA 的化学回收再利用

PHA 是代表性的生物基聚合物之一，跟 PLA 一样被视为有潜力的生物基聚合物。图 8-5 是生物基聚合物的合成和化学回收再利用图。P（3HB）被 P（3HB）解聚酶分解成 3HB。

但是由于 PHA 的分子结构，使用常用的热或酸、碱性催化剂进行化学分解，会在聚合物端基上消去羟基生成巴豆酸酯官能团，最终通过液相解聚反应生成游离巴豆酸。所以很难选择性地得到含氧酸单体（图 8-5）。研究人员也尝试过通过热分解把 P（3HB）转化成巴豆酸的化学回收再利用法，反应的活化能量 Ea＝110～380kJ/mol。但是由于无法得到统一的数值，所以还需要对包括分解机理在内的种种进行进一步的研究讨论。

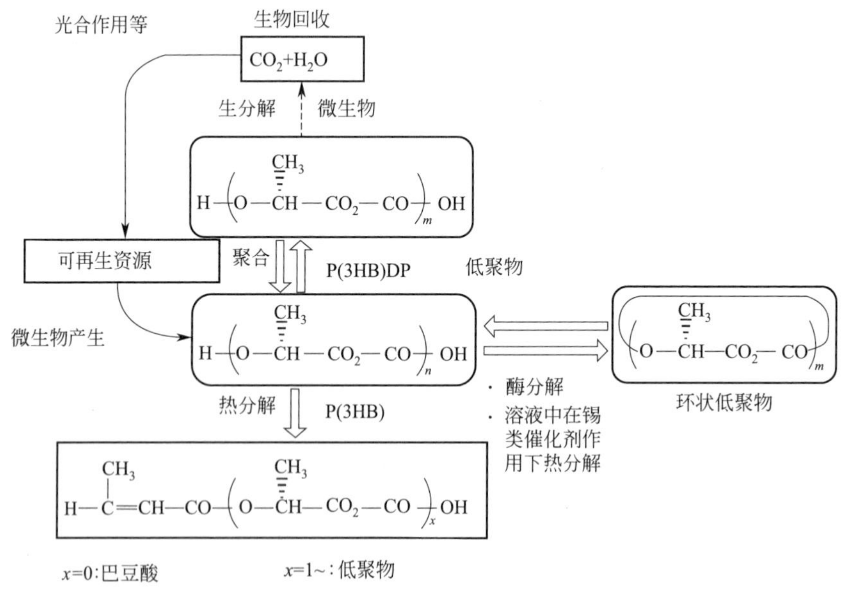

图 8-5　P（3HB）的合成、化学回收和生物回收再利用的简单示意图

还可以使用酶催化，使生物聚合物通过化学回收再利用生成可再聚合性原料。固体状态的 PHA 生物分解的第一步，是在 P（3HB）解聚酶作用下加水分解，直到低聚物分解成单体。另一方面，在有机溶剂中，PHA 在脂肪酶的作用下可定量地开环聚合成环状低聚物。举例来说，PHA 的甲苯溶液在固定化脂肪酶 B 的作用下，可以基本上定量转化为环状低聚物。得到的环状低聚物，可以通过自身的开环聚合，再次生成 PHA（图 8-5）。而且，由于

这种环状低聚物可以跟各种内酯聚合，可以设计出种种拥有原来的微生物由来的生物基聚合物所没有的物性的聚合物，也可以视为高级回收再利用。同样地，非天然型 P（R，S-3HB）也可以环状低聚物化。

8.2.3　PCL 的化学回收再利用

化学合成类生物分解塑料 PCL 在化学回收再利用时，基于它优秀的解聚性，可以很容易地转化成环状低聚物（图 8-6）。PCL 的热分解反应，取决于内含的金属种类和分解温度，尤其是对醇解反应有催化功能的残留金属催化剂，对回收再利用过程的影响非常大。Persenaire 等人提出分解过程可以分为以下两个阶段：第一阶段，317℃下 β 消去；第二阶段，338℃下生成环状体。

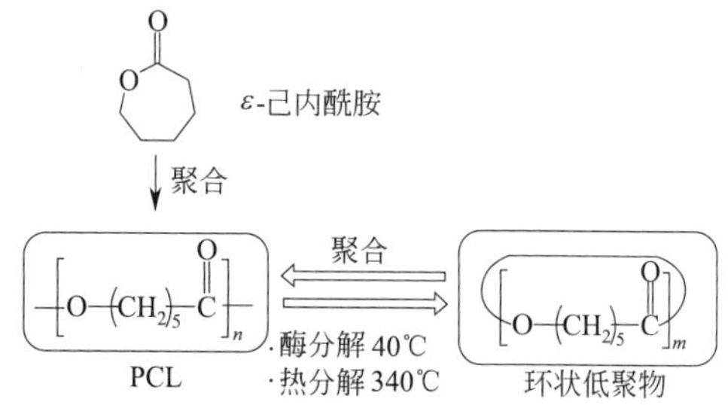

图 8-6　PCL 的合成和化学回收再利用

Abe 等人的报告中指出，在锌的催化下，PCL 在 300℃以下就可以进行 UNZIPPING（解拉链）解聚反应，在 300℃以上进行 β 消去和醇解反应。还有些 PCL 的热分解只按 UNZIPPING 解聚的机理进行，也有的在块状条件下进行 UNZIPPING 解聚，溶液中进行随机水解。出现这种不同结果，内含的金属固然不用说，聚合物的端基结构等也有影响。

PCL 在有机溶剂中，在脂肪酶的作用下可以迅速转化成环状低聚物。环状低聚物在浓溶液或块状条件下经脂肪酶作用很容易开环聚合，重新生成高分子量的 PCL。在稀薄条件下，PCL 通过脂肪酶的作用选择性地生成环状二聚物 DCL。举个例子，分子量 11 万的 PCL 在脂肪酶作用下解聚，转化成分子量几百的环状结构形成的低聚物，环状低聚物在脂肪酶作用下再次聚合，可以生成分子量 80000 左右的 PCL。本分解反应和聚合反应中，如果用超临界二氧化碳代替有机溶剂，会令反应进行得更快。

脂肪族聚酯溶液连续通过固定化酶填充柱，可以定量生成环状低聚物。移动相不单可以使用有机溶剂，也可以使用环境溶剂超临界二氧化碳。而且比起单独使用甲苯等疏水性有机溶剂，在 PCL 的甲苯溶液中加入超临界二氧化碳后，聚合物的分解性会提高，在 40℃就拥有了分解活性。

8.2.4　PBS 的化学回收再利用

PBS 是化石资源制备的生物分解塑料，但是也可以通过琥珀酸和 1,4-丁二醇缩聚而成，所以，也是将来可能的生物基聚合物。PBS 已经在种种发酵所得领域投入使用中。图 8-7 就是 PBS 的合成和循环型化学回收再利用。PBS 可以化学回收再利用，可以加水分解成二羧酸和二醇（再次作为原料使用），但是过程中必须用到酸、碱催化剂，分解后还要进行精制。

还有使用超临界甲醇分解成甲基琥珀酸和丁二醇的方法。

PBS 还可以用酶催化法回收再利用。聚合物溶解于适当的有机溶剂中，加入脂肪酶，在 70℃左右进行搅拌，就可以生成能重新聚合成 PBS 的环状低聚物。此环状低聚物在脂肪酶作用下很容易可以开环聚合，重新生成高分子量的聚合物。分解时甲苯溶液中聚合物的浓度较低时，环状聚合物的主要成分是环状二聚物。在脂肪酶作用下，环状二聚物开环聚合，生成高分子量的 PBS（$M_w=130000$）。聚合性根据环状低聚物的聚合度不同而不同，二聚

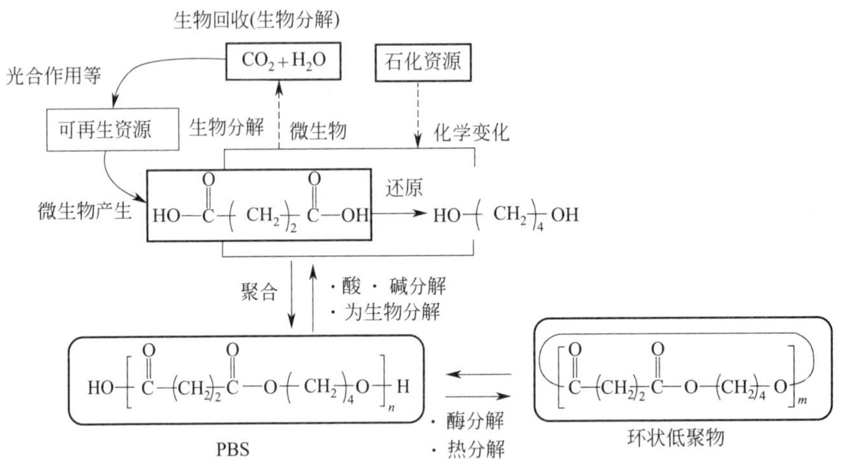

图 8-7 PBS的合成和循环型化学回收再利用

物则是在几分钟内就内转化成高分子量的 PBS。

其他方法还有，使用曲霉菌令 PBS 转化成 1,4-丁二醇和琥珀酸的单体化回收。曲霉菌一直是在大米和大豆等固体培体中培育的，所以就考虑到，是不是也可以把 PBS 等固体塑料直接分解。

8.2.5 混合物的化学回收再利用

生物分解塑料中，一般由于对物性的要求在加工中需要混入数种不同的塑料。所以，把所有的塑料废弃物按种类分开是近乎不可能的事情。聚酯类生物分解塑料形成的混合物的化学回收再利用中，酯基在酸或碱条件下分解，形成单体混合物。把这些混合物进行分离精制的话，在能量消耗和成本上都相当可观。但是，生物分解塑料可以在环境微生物的作用下分解成单体，所以可以在酶或微生物的催化下进行解聚，进行生物化学回收再利用。利用有些酶只对特定的塑料起作用（特异性）的特点，就可以高效地只从混合物中分离出特定的单体。

所以，通过酶催化和化学催化的结合使用，聚合物混合物可以分开进行化学回收再利用。日本爱知世博会上用过的某种瓶盖的原料是 PLA 和 PBS 的混合物。PLA 的熔点是 170℃左右，玻璃化转变温度为约 60℃，是透明性、强度优秀的硬质塑料。但是由于耐冲击性比较弱，通常会加入各种添加剂和其他聚合物，混合后进行成型。而 PBS 等 PLA 以外的脂肪族聚酯都是柔软性和耐冲击性优秀的软质塑料，一般，熔点在 60～110℃，玻璃化转变温度在室温以下，由于结晶性高，透明度低，强度也低。所以，通过两者的混合来改性的尝试很多。PLA 和 PBS 混合物的实验室级别分开进行化学回收再利用的大概过程如图 8-8 所示。混合物溶液在脂肪酶的作用下，先只把 PBS 分解成环状低聚物。然后，通过再沉淀操作把未参加反应的 PLA 沉淀、分离出来，再在固体酸的催化下分解成低聚物。环状的 BS 低聚物在酶催化下聚合，乳酸低聚物进行固相聚合，即可重新生成相应的高分子量聚合物。

8.2.6 脂肪族聚碳酸酯的回收再利用

脂肪族聚碳酸酯的耐水解性比聚酯要强，在各种用途上受到青睐。其中聚三亚甲基碳酸酯 P（TMC）因为可以制成非结晶性的柔软而且坚韧的薄膜，可以用于生物体用材料上。

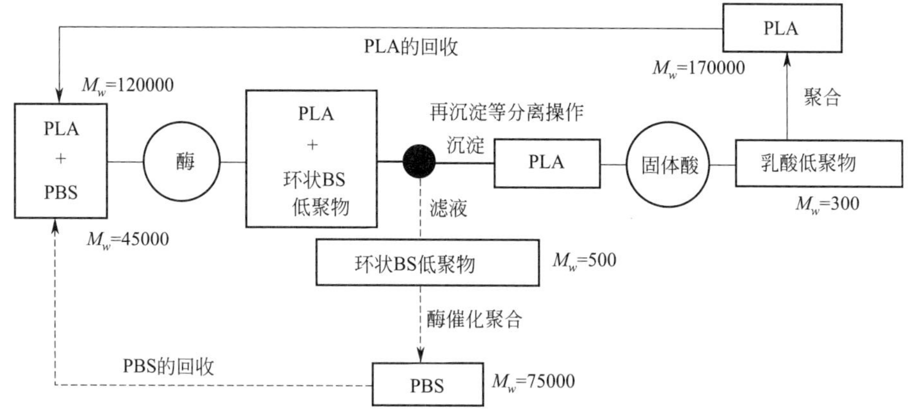

图 8-8　PLA-PBS 混合物分开进行化学回收再利用的例子

P（TMC）是由环状碳酸酯单体 TMC 开环聚合而成的。在此反应中如果使用通常的路易斯酸的话，会在开环聚合中出现副反应，脱碳酸的同时生成醚键。而在阴离子开环聚合中不会出现脱碳酸反应，而是进行聚合反应平衡。如果使用脂肪酶催化的化，也不会发生脱碳酸反应，很容易开环聚合成对应的聚碳酸酯。出了开环聚合以外，二甲基碳酸酯或二乙基碳酸酯与 1,3-丙二醇在酶催化下聚合也可以得到 P（TMC）。而且，P（TMC）在脂肪酶作用下很容易解聚成环状 TMC 单体，所以可以进行化学回收再利用。这些聚合与分解的关系总结如图 8-9 所示。

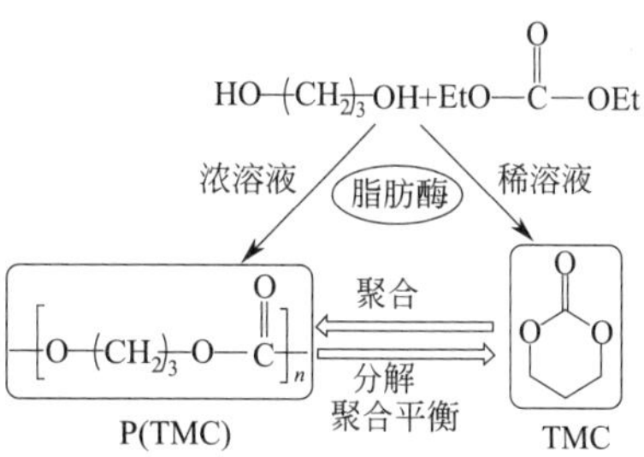

图 8-9　脂肪族 P（TMC）的合成和化学回收再利用

8.2.7　可以进行化学回收再利用的生物分解塑料的分子设计

理想的生物分解塑料，不单被要求使用可再生原料，还要容易进行化学回收再利用。虽然还没有投入使用，但还是有许多有关适合化学回收再利用的新型高分子材料的研究在不断进行。在各种报告中发现，许多可进行化学回收再利用的聚合物分子设计中，都利用了聚合平衡。举个例子说，图 8-10 中就是利用双环醚的聚合平衡进行化学回收再利用的方程式。0℃时，改性油脂乙氧基化物（SOE）中醚环开环聚合生成聚合物（Ⅰ）。聚合物（Ⅰ）在室温

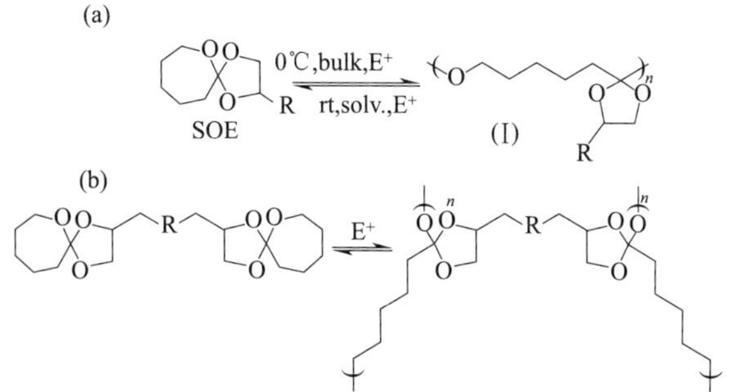

图 8-10　利用聚合平衡进行的 SOE 的开环聚合和化学回收再利用及网状聚合物的合成和解架桥反应

下，酸催化的溶液中解聚，又能定量生成单体 SOE［图 8-10(a)］。也有人提出，利用 SOE 的聚合和解聚，对二官能性 SOE 架桥反应生成的网状聚合物进行解架桥［图 8-10(b)］。

回收再利用列入分子设计考虑范围的尝试还有远藤等人提出的多官能团聚酯，设定温度和溶剂条件进行聚合和解聚，还有桥本等人提出的在聚酯（PU）上引入缩醛键，在酸催化下进行回收再利用等。

有生物分解性的基团和靠可水解的分子键结合起来的聚合物，通过在自然界普遍存在的水解酶的作用下，可以得到低聚物和能回复成生物分解性基团的聚合物。可水解的分子键有酯键、碳酸酯键等。以可进行化学回收再利用的生物分解性 PU 为例，通过酯键或碳酸酯键把 DUD 连接起来，可以得到聚醚型聚氨酯（PEU）和聚碳酸酯型聚氨酯（PCU）（图 8-11）。在化学回收再利用中，PEU 或 PCU 溶解在溶剂中，在脂肪酶作用下生成主要成分为单聚体和二聚体的环状低聚物。此环状低聚物在浓溶液或块状状态下，在脂肪酶作用下会迅速再次聚合，生成高分子量的 PEU 和 PCU。

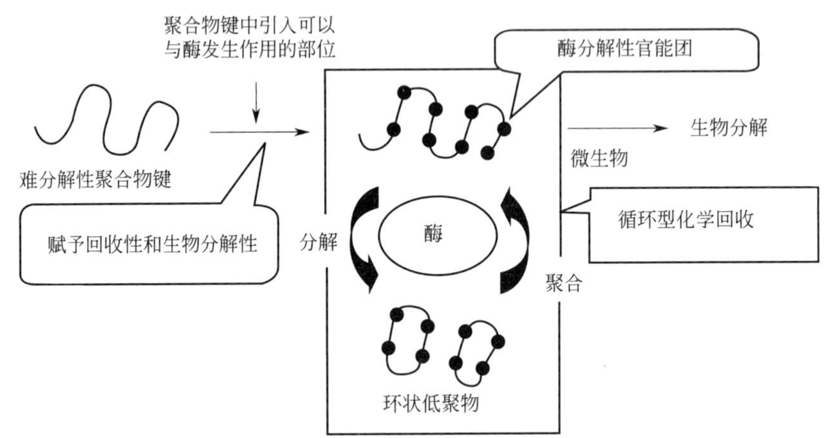

图 8-11　赋予常规聚合物以化学回收再利用和生物分解性

（以分解发生在与酶发生作用的部分的情况为例）

8.3　生物回收再利用

前面提到的材料回收再利用、热回收再利用和化学回收再利用的目的分别是“再生成同一种或另一种的原料”“退回成原料基础物质”“能量（热）回收、利用”，而生物学的回收再利用指的是利用生物性机能进行回收，包括再生、转化操作的行为。相比之下后者比较模糊，而且范畴中有跟上述几种回收再利用形式有重复的部分，所以单纯地把这四个概念并列的话恐怕还有可以商榷的地方。

由于生物回收再利用这个概念还比较新。虽然 ISO 相关资料中有关于这个概念的明确定义，但描述并不多，就算是长期从事相关研究的人，也对此不是很习惯。而且现在，所谓“生物”或者说是“生物性的”，至今都没有一个准确的界定。

8.3.1　循环系统中的生物回收再利用

资源循环中许多未利用资源，都可以作为生物质资源使用。也就是说，种类繁多的生物质资源通过种种形式得到利用，所以无法一一介绍。图 8-12 显示食品生产、消费的循环。

右侧是（栽培）农业、畜产业、林业等，可以产生栽培类生物质等种种资源。而且，其中的食品，或是食品原料，在各个阶段都会产生废弃物（副产物）。

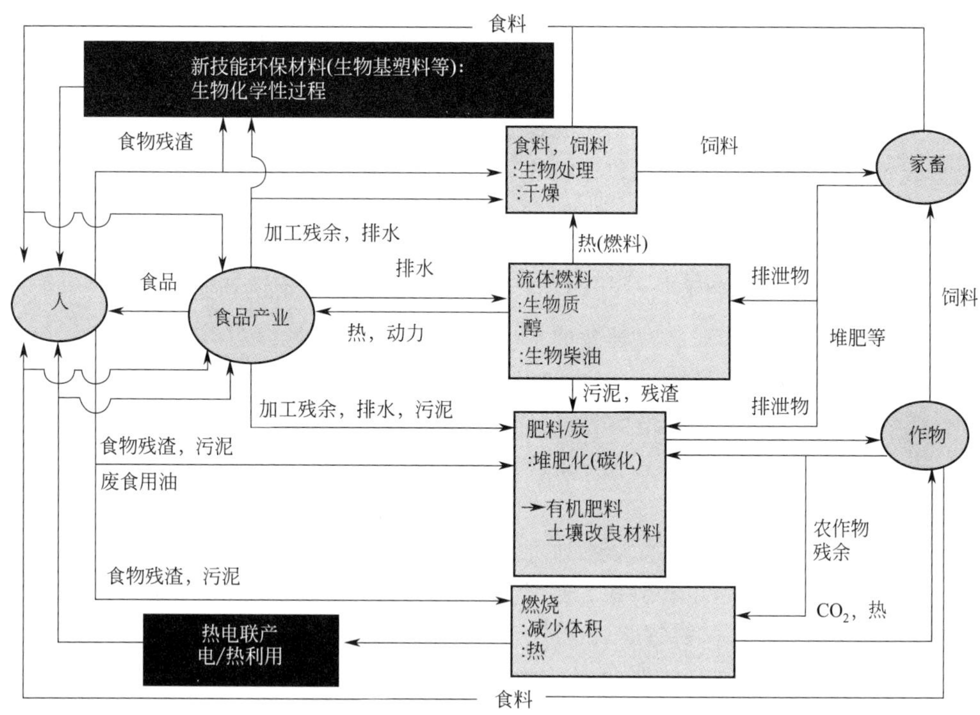

图 8-12　食品材料生产周边未利用（生物质）资源的循环

食品回收利用法中涉及的生活垃圾有 1000 万吨，这之外的家庭垃圾同样也有 1000 万吨左右。有效利用这些的形式，在图 8-12 中用方框标出了，其中主要的是热量能量的形式和有用物质（包括堆肥）的形式。这之中，包括了材料回收利用、热回收再利用、化学回收再利用和生物回收再利用等四种回收利用方式。

图 8-12 中越靠上，排名（意义、方便、实用、经济性）越高。可以看到，首先是附加价值高的物质，或人的食品、家畜的饲料，其次是利用方便的高流体燃料（甲烷、燃料电池用）的方式比较有优势。堆肥化等肥料化之类又再次之。技术上进入实用阶段，也就表示价格上要降低到合适的范围，以农业资材的形式的利用，现在大都受到价格上的限制。单纯的焚烧处于最下方，但是改成电/热利用或者废弃物发电的话，位置就会往上提高。

在这些应用形式中，除去最下位的燃烧和其次的电/热利用，都可以看到生物回收再利用的实例。

在新机能生态材料的分类中，食品加工残留物和食品残留的糖分经过乳酸发酵产生乳酸，既可以看作是生物回收再利用，也可以认为是化学回收再利用。然后再把产生的乳酸聚合，就形成了生物基聚合物——PLA。

在食品材料和饲料的利用形式的分类中，同样把食品加工残留物和食品残留物进行发酵，在喜氧微生物作用下分解，用于制造成新的发酵食品、营养、消化性得到改善的家畜饲料等，也是生物回收再利用的一种。

在生产流体型燃料的分类中，以家畜屎尿和食品工厂的 BOD 废水为原料，在甲烷细菌作用下产生生物气体的技术，早已在实施，实用性较高。甲烷气体本身的发热量较低，还混有二氧化碳气体，在燃烧电池上使用的话还需要进行精制。而且反应对温度的依赖性较强，所以在寒冷的环境下反应效率会比较低。但是，由于一方面可以作为高浓度 BOD 废水的净化处理法，处理残留物还可以作为肥料使用，毫无疑问将成为生物回收再利用技术之一。

在肥料化或土壤改良材料的分类上，堆肥化可以对土壤改良和废弃物处理两方面都产生积极效果，因而长久以来就受到关注。它最大的特征之一，就是堆肥的对象大部分是我们人类的食品生产、消费活动周边派生出来的物质，而后最终产物堆肥又可以用到进行粮食生产农业中，从而形成循环。虽然堆肥化存在的历史已经很久，但是还有不少问题急需解决，而且为了正确评价和固定堆肥化技术，也需要进行资料整理。

8.3.2 生物分解塑料和拥有生物分解性的生物基聚合物的生物回收再利用

塑料的生物回收再利用，首先涉及的是生物分解塑料和生物基聚合物的不同点。

近年来，在原有的食品容器、栽培用地膜、垃圾袋等产品的基础上，出现了蔬菜生产流通中用的索状、带状、网状生物分解性产品，还有一部分文具。尤其是栽培用地膜，使用完毕之后不需要进行回收，只要耕入土中就可以了，不需要为环境问题操心，从而对农业作业的省力化作出了很大贡献。

生物分解塑料只要满足提到的标准即可，只要确认了生物分解性，就算是来源石化资源也没有关系。而生物质产品注重于有重要环境保护意义的二氧化碳削减效果，今后将大力开发除生物分解性以外的用途，在汽车、电子产业等方面都是可行的方向。

目前，把来源于生物质的树脂材料称为“生物基聚合物”。一直以来，生物分解塑料（绿色塑料）的定义主体是生物分解性，而生物基聚合物则是以由来原料为判别指标的，所以，这两个概念不能混为一谈。以这两个判别指标对现有塑料进行分类，在表 8-1 中列出。虽然现在大部分塑料既没有生物分解性又不是来源于生物质，但是有必要判别今后将会出现的新材料是属于这四类中的哪一类。但就现有的塑料来说，四个分类中都有各自对应的材料。其中，可以直接作为生物回收再利用对象的是有生物分解性的石油类塑料和生物基聚合物。另外，需要强调的是，并不是所有的生物基聚合物都有生物分解性。

表 8-1　常规塑料和生物基聚合物

生物分解性	石油类塑料	生物基聚合物 （节约石化资源，抑制温室气体的增加）
无	PE，PP，PS，PVC，苯酚树脂等	PTT，大豆多元醇，PU
有（解决废弃物处理问题的选择方案之一）	脂肪族聚酯、脂肪族/芳香族聚酯	PLA，淀粉树脂，PHA

注：1. 发酵法得到的 1,3 丙二醇和石化来源的对苯二酸的聚酯。

2. 由来源于大豆油的多元醇合成的 PU。

3. 脂肪族聚酯中，开发了用废纸等生物质原料制造 PBS 的技术。

4. 微生物产生的聚酯（PHA）。

来源于生物质的生物基聚合物的生产本身，就跟生物回收再利用有很大的关系，以下将以使用后的生物分解塑料和生物基聚合物的生物回收再利用为重点进行介绍。前面已经介绍了生物分解机理的有关内容，代表性生物分解性生物基聚合物——PLA，在代表性的生物回收再利用过程——堆肥化环境下进行分解的机理如图 8-13 所示。比低聚物小的物质会被微生物代谢消耗，完全分解生成二氧化碳和水，而不是变回塑料材料和其主要构成物质。所以有人认为，这个路线是单程的，并不能称为回收。也有人认为，水和二氧化碳也能被植物吸收，再次成为生物质资源，所以也应该包含在生物回收再利用中（图 8-14）。而且就算在中间阶段中止，塑料的中间产物也可以作为堆肥的有效成分使用。

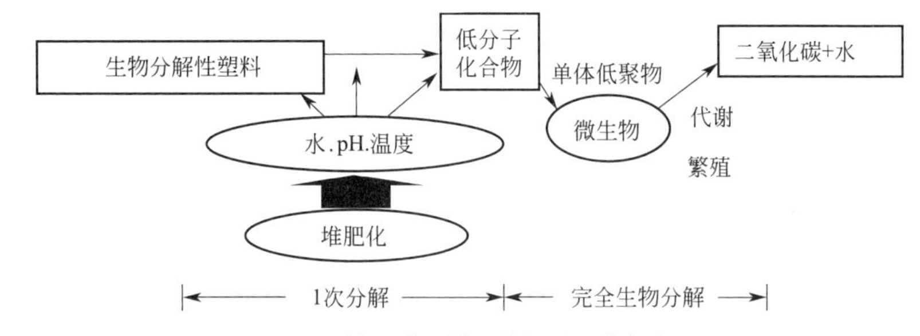

图 8-13　堆肥化环境下的 PLA 分解机理

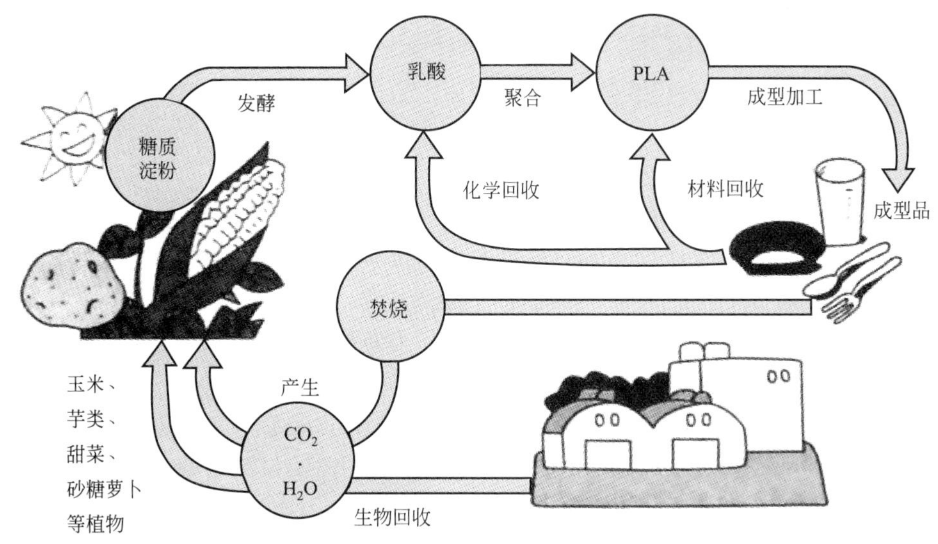

图 8-14　PLA 的“生命”循环

PLA 产品在分解、焚烧的时候，产生的二氧化碳被植物吸收、

固定的二氧化碳，不会向大气放出，所以 PLA 也被称为是“碳中性”材料

在生物回收再利用中的生物分解性材料的价值，更多在补足材料方面。而要彻底分类回收生活垃圾，就需要可以轻松分类、排出而且可以直接投入堆肥化的厨余收集网袋和垃圾袋。

在垃圾袋的设计中，还要考虑到收集时间问题，不能在家庭保存的期间就生物分解。由于在初期的产品中没有注意到这一点，所以出现了保存中进行分解发出恶臭的事件。

生物分解性生物基聚合物进行生物回收再利用的最大规模尝试，是 2005 年 3 月～9 月的爱知世博会。共投入了可重复利用食品器具 12 类共计 12 万个，一次性食品器具 24 类共计 2000 万个，垃圾袋约 55 万个（图 8-15）。其中，一部分一次性食品器具、垃圾袋和一部分破损的可重复使用的食品器具，被与生活垃圾一起收集，与家畜粪等混合后进行堆肥化处理。生产出来的堆肥被放到附近的农家使用，种植出蔬菜和水果供应给会场。

8.3.3　需氧性处理中的生物回收再利用

堆肥化处理中的分解是需氧分解，这个分解法的《生物分解度评价实验方法的标准化》，

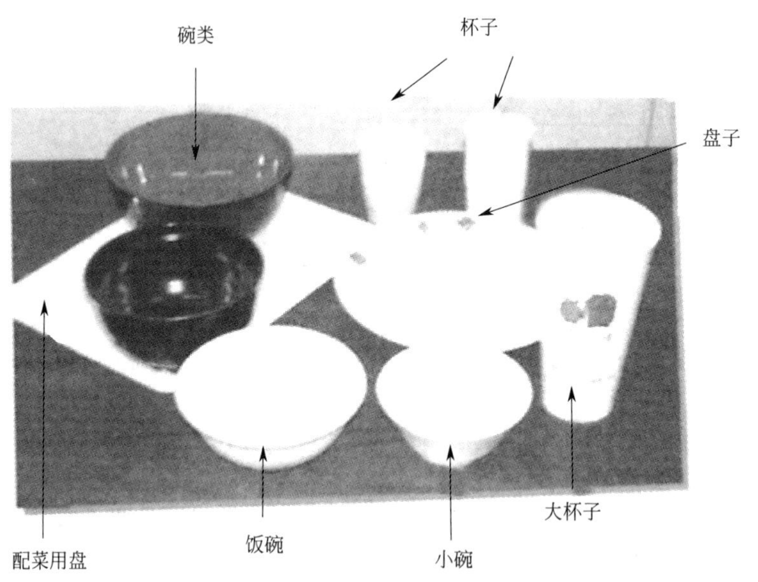

图 8-15　爱知世博会场的主题餐厅中采用的可重复使用容器

对环保产品的市场开发、扩大有促进作用。

为了确立《生物分解度评价实验方法的标准化》，BPS 利用生物分解仪（MODA 法），花 3 年时间在日本进行了验证试验，并把这个实验方法作为 ISO 规格提交给了日本塑料工业联盟。2003 年，日本塑料工业联盟把该实验法作为新型作业项目提案（NWIP）提交给了 ISO/TC61/SC5/WG22 MAASTRICHT 国际会议（荷兰，2003 年 9 月 30 日），并获得通过。结果发现各国的生物分解度有差异，原因是水分保持力和有机物含量有差别。

在堆肥化条件下塑料的生物分解度是通过二氧化碳的生成量测定的。堆肥与塑料试料的混合物在 58℃需氧条件下生物分解，6 个月以内进行测定，分解情况如图 8-16 所示。由图可知，经过诱导期（lag phase：生物分解率达到理论值的 10%）、生物分解期（biodegradation phase），150 天后进入稳定期（plateau phase），测定总时间为 6 个月（180 天）。

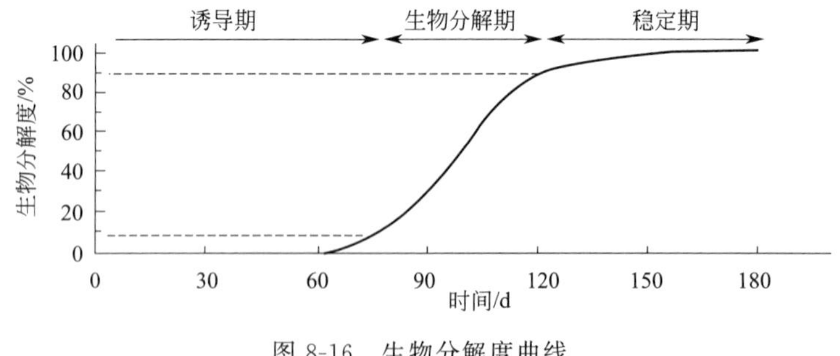

图 8-16　生物分解度曲线

在瑞典、意大利、中国、印度、日本进行的验证试验的结果如图 8-17 所示。由图 8-17 可知，包括地域的差异和实验误差在内，45 天后 PCL 的生物分解度曲线的 $R^2=0.8191$，偏差在 20%以内，可信度在 82%。各国（$n=2$）国内的偏差在 5%以下（数据省略）。

依据上述试验，将缩短诱导期、改善水分保持力作为今后的技术研究课题，继续进行下一阶段的验证试验。

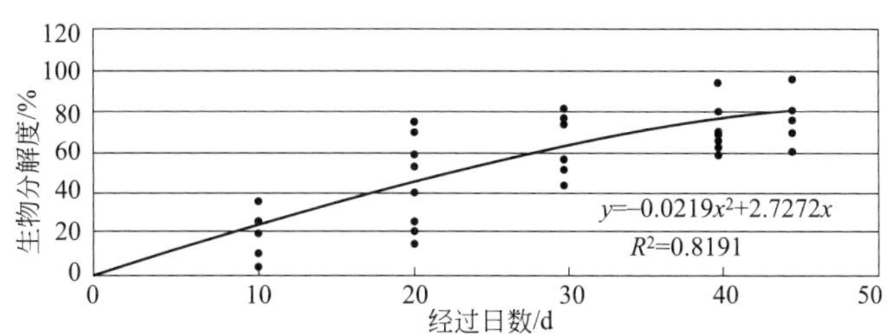

图 8-17　PCL 的生物分解度曲线

8.3.4　厌氧性处理中的生物回收再利用

另一个有前景的生物回收再利用过程，是产生生物气体。由于此过程中会得到可用作气体燃料的甲烷，所以也可以当作是化学回收再利用的一种。这种方法跟堆肥化一样，是从很久之前就存在的传统技术，但是在石油危机产生后，如效率低、易受外部环境影响等缺点也得到了新的改善。最近，欧洲做了不少新的尝试，比如在甲烷细菌的固定板上令有机废水向上或向下流动，在 55℃附近同时进行高温甲烷发酵等。前面在图 8-12 中提过，作为流体燃料使用的排名要比作为肥料的高，而进一步跟燃料电池结合起来成为更容易利用电或变成气体燃料，又是更为有诱惑力的方向。这种分解是厌氧生物分解，通过分解可以以甲烷的形式回收能量，在今后是个值得注意的领域。

甲烷发酵是在厌氧环境下较为普遍的微生物反应，是有机化合物在大量厌氧细菌的共同作用下分解生成甲烷和二氧化碳的反应。在微生物作用下生成甲烷，要经过如图 8-18 所示的三个阶段。

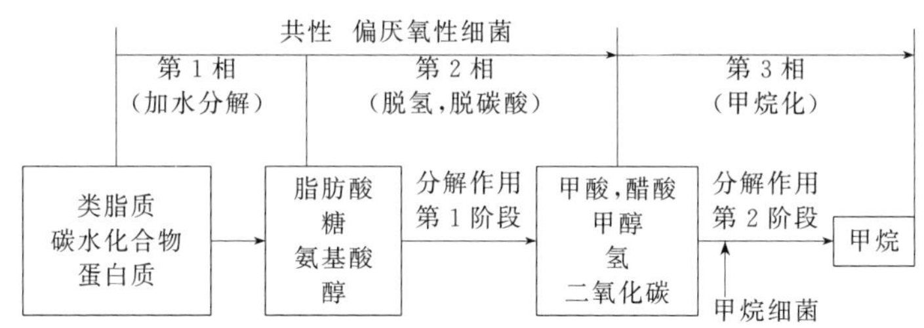

图 8-18　在微生物作用下生成甲烷的路线

分解作用分两个阶段进行（图 8-18）。第一阶段，是复杂化合物分解成简单化合物，特别是低级脂肪酸酯的过程；第二阶段，是这些化合物进一步分解成甲烷和二氧化碳的过程。学术上，把第二阶段的分解称为甲烷发酵，分解中相关的细菌统称为甲烷细菌。A. M. Buswell（1930 年）、H. A. Barker（1936 年）等把各种甲烷细菌进行了单独培养，从而了解到了如下面化学式所示的甲烷发酵机理。

（1）由脂肪酸生成甲烷

$$\underset{\text{(甲酸酯)}}{4HCOONa}+H_2O \longrightarrow Na_2CO_3+2NaHCO_3+CH_4$$

$$\underset{\text{(醋酸)}}{CH_3COOH} \longrightarrow CH_4+CO_2$$

$$\underset{\text{(丙酸)}}{4CH_3CH_2COOH}+2H_2O \longrightarrow 4CH_3COOH+3CH_4+CO_2$$

$$2CH_3CH_2CH_2COOH + CO_2 + 2H_2O \longrightarrow 4CH_3COOH + CH_4$$

（丁酸）

$$2CH_3CH_2CH_2CH_2COOH + CO_2 + 2H_2O \longrightarrow 2CH_3CH_2COOH + 2CH_3COOH + CH_4$$

（戊酸）

$$CH_3CH_2CH_2CH_2CH_2COOH + CO_2 + 2H_2O \longrightarrow 3CH_3COOH + CH_4$$

（己酸）

（2）由醇生成甲烷

$$2CH_3CH_2OH + CO_2 \longrightarrow 2CH_3COOH + CH_4$$

（乙醇）

$$2CH_3CH_2CH_2OH + CO_2 \longrightarrow 2CH_3CH_2COOH + CH_4$$

（丙醇）

$$4CH_3CHOHCH_3 + CO_2 \longrightarrow 4CH_3COCH_3 + CH_4 + 2H_2O$$

（异丙醇）

（3）二氧化碳还原生成甲烷

$$CO_2 + 4H_2 \longrightarrow CH_4 + 2H_2O$$

甲烷发酵发酵包括下水道污泥和尿等原液常温下排出时用的中温发酵（约 38℃），与工厂废水（如醇的蒸馏排水）等在 60～70℃排出时用的高温发酵两种方法。

以上两种处理方法汇总如图 8-19 所示，我国在这方面的技术比较先进，所以应该积极

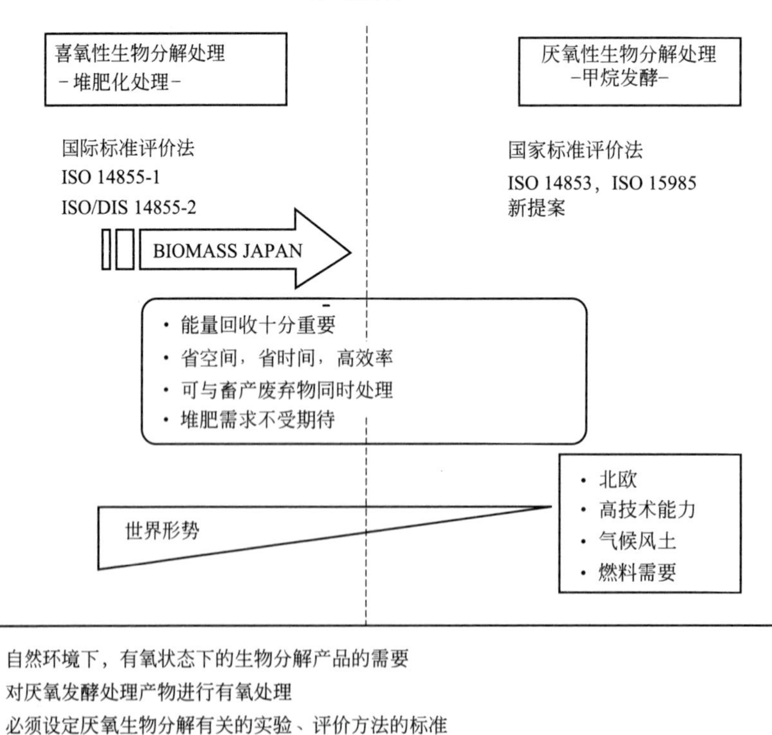

图 8-19　需氧分解和厌氧分解的总结

向国际上提案。生物分解塑料，作为我国强化产业竞争力的资本，以全球化的立场来看，对我国技术的国际优势、我国在国际市场上的位置、研究开发成果的普及等方面都是十分重要的。

近年来，日本精度市的鱼箱市场中引入了 PLA 发泡产生的类型，同时进行把破损鱼箱和食物残渣一起进行中温（约 38℃）甲烷发酵，回收生物气体的实证实验。产品还存在由于自身的发泡率低而重量比较大，和强度不够等问题。而且材料的粉碎方法和与食物残渣的混合比例等方面还有需要商榷的地方，但是的确进行了生物分解，转化成了生物气体。

堆肥化、甲烷发酵和掩埋到土中，与食品残渣和家畜粪便比起来，分解速度慢是这类材料的共同特征。图 8-20 是堆肥化环境下生物分解塑料（PBS，来源于石油）与生物基聚合物（PLA）的分解性比较，虽然两者也有差别，但是与生活垃圾（2～5 天）和家畜粪便（5～7 天）比起来，分解速度非常慢，所需要的时间非常长。完全不能指望在混合中把塑料作为主原料，所以必须把握合适的混合比例。

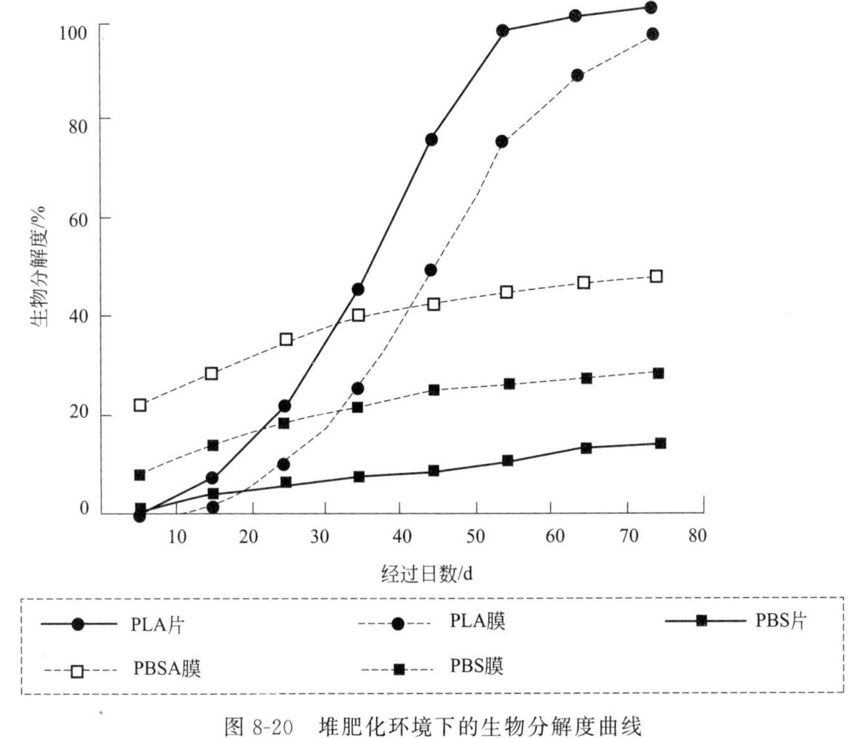

图 8-20　堆肥化环境下的生物分解度曲线

8.3.5　生物回收再利用的展望

目前，全球生物基化学品供不应求。2018 年，欧盟生物基化学品产量约为 18 万吨，消费量近 20 万吨，以 *L*-乳酸为例，世界市场总需求量约 70 万吨，产量只有 30 万吨；我国的年需求量为 5 万吨左右，全部靠进口。

生物基塑料方面，近几年发展迅猛，关键技术不断突破，产品种类速增，产品经济性增强，正在成为产业投资的热点，显示了强劲的发展势头，有数十条万吨以上的生产线已经或正在建设中。从短期看，生物基塑料由于成本偏高，一些具有功能性的应用品种会发展较快，如生物分解塑料由于具备了生物分解性能而符合欧美发达国家禁塑令的要求，即使成本高也有较大的市场空间。从长远看，除了具有生物分解功能的生物基塑料发展外，一些生物基尼龙、生物基聚乙烯、生物基聚对苯二甲酸乙二醇酯等非生物分解塑料可能会在国际上有较大规模的应用。但在我国，因为这些材料目前尚没有中试规模，因此在短期内不会有很大规模的发展。生物基材料产业正处于实验室研发阶段进入向工业化生产和规模应用阶段，逐渐成为工业化大宗材料，但是在微生物合成菌种、原材料研发、产品成型加工技术及装备、规模化应用示范等方面仍需不断进步。

以生物基聚合物的生物回收再利用为例，展望生物分解塑料或生物基聚合物的生物回收再利用前景。在普及和推广的过程中，生物基聚合物的生物回收再利用面临的主要问题就是确保性能和降低价格。如何在生物基聚合物普及中大幅降低价格，增强与常规商业塑料之间的竞争力，直接关系到它的将来。

第 9 章 生物基塑料与生物分解塑料的评价体系

9.1 生物基含量评价

9.1.1 研究生物基含量测定意义

目前，能源和环保问题已经成为全球关心的热点，近几年，石油价格的不断上升，再次说明了石油是有限的能源资源。世界上一些发达国家在开发替代资源上进行了许多投入，包括政策和科研支持。

日本已全面制定了循环型社会的产业科技发展计划，包括各个相关领域的科技发展计划与配套的运行体制、法规等。日本农林水产省制定了生物质（“Biomass Nippon”）的战略，其中包括了发展生物分解塑料与由再生资源得到的生物基聚合物，中心议题是充分利用生物质资源，即充分利用除石化资源以外的、可再生的、生物本身固有的有机性资源。

美国密西根州立大学 Ramani. Narayan 教授在 2006 年召开的生物基聚合物国际研讨会中提出了生物基含量的定义，即聚合物中来源于现代碳的含量占整个聚合物碳总量的百分比。聚合物的碳总量可通过元素分析仪测试得到，所以只需测得现代碳的含量，即可计算得到聚合物中生物基含量。由于相同碳质量下，现代碳^{14}C含量和远古碳的不一样，因此可以利用测定^{14}C办法来测定现代碳含量。

测定^{14}C的一种办法就是用加速器质谱方法（AMS）进行^{14}C测定。这个测定技术，是将^{14}C离子加速到百万电子伏特以上的能量，通过各种手段分离干扰粒子后，用重离子探测器直接对^{14}C原子进行计数。AMS 具有样品用量少和测量时间短的优点，特别适合珍贵样品的测量。日本产业综合研究所的 M. Kunioka 博士在美国召开的生物降解和环境友好塑料国际研讨会上提出了利用同位素比质谱分析仪测定^{14}C同位素法来确定生物基聚合物中生物基含量，但这个方法缺点是仪器贵重、操作程序复杂、结果影响因素复杂。

^{14}C 还可通过液体闪烁计数器计数样品中 ^{14}C 衰变发射出的β粒子的办法来测定。该方法操作程序相对简单，成本也较低。

日本产业研究所 Kunioka 博士研究发现，在测定不同的作物如玉米、土豆、大米淀粉的生物基含量时，偏差是不一样的，而在测试不同甲壳素如虾和螃蟹的生物基含量时，结果偏差也是不一样的。

生物基含量将成为一些发达国家采购生物基制品时的一个技术要求，甚至变成一种技术壁垒。因此，在发展和鼓励生物基聚合物发展的同时，如何测定聚合物中生物基含量变得尤为重要。而在我国塑料加工出口占很大比例的情况下，尽快研发生物基含量的测试方法，显得极为必要。

9.1.2 测试方法

目前，聚合物的原料主要来源有两种，其一就是化石资源得到的原料如乙烯等，其二就是可再生的天然材料如淀粉、纤维素等。化石石资源是许多生物死体经过几十万年化学演变形成的产物，所以其碳元素中的 ^{14}C 同位素与现代的可再生天然材料中的 ^{14}C 同位素的含量是不一样的。因此，如果以现代含碳物质的标准物质中的 ^{14}C 为基准，并假定长期以来宇宙射线的强度没有改变（即 ^{14}C 的产生率不变），则只要测出该含碳物质 ^{14}C 与现代含碳标准物质中 ^{14}C 的比例或减少程度，就可以来计算被测物质碳元素中近代碳的含量，即来求得其中生物基含量。如果被测含碳物质的 ^{14}C 与现代含碳标准物质中的 ^{14}C 的比例是 1，则说明该物质中的碳都是现代碳，因此生物基含量为 100%。如果被测含碳物质的 ^{14}C 与现代含碳标准物质中的 ^{14}C 的比例是 0，则说明该物质中的碳都是远古碳，即这些碳均来自化石资源，因此生物基含量为 0。

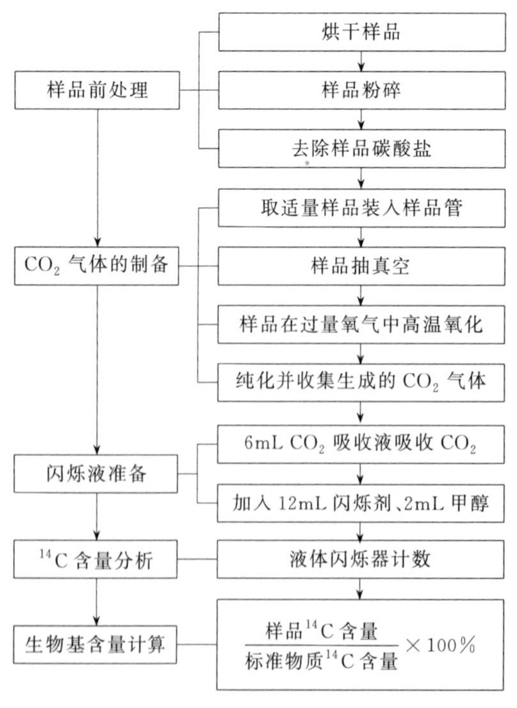

图 9-1　测定具体流程

目前大多聚合物都是固体形态，因此用液体闪烁法测定样品生物基含量，关键是要将固体形态样品中的碳转化为液体闪烁器可以测定的液态碳，然后测定样品碳中 ^{14}C 含量与等量碳含量的标准物质的 ^{14}C 含量的比。将样品在过氧条件下氧化成 CO_2，然后用 CO_2 吸收剂吸收变成溶液，加入闪烁剂，用液体闪烁器进行计数；对等量碳的标准物质进行同样的处理，加入闪烁剂，用液体闪烁器进行计数；通过以上两者的比来计算样品中生物基含量。

测定具体流程设想见图 9-1。

① 样品、标准物质、仪器的准备　收集目前行业中出现的一些产品，如通用塑料、生物合成的聚乳酸和聚羟基丁酸酯、天然材料淀粉和纤维素、其他化学合成生物分解塑料等以及它们的共混物等作为测试样品。将样品置于冷冻脱水装置中 3d，以除去样品中的水分。将冷冻后的样品碾碎或粉碎，装入低钾、聚四氟乙烯涂层的玻璃瓶中，密封保存。

② 样品有机碳测定　试验前测定样品的有机碳含量，以便选择等量碳的标准物质。

③ 有机碳同位素分析样品的准备　称取 0.500～1.000g 有机碳含量的样品，放入二氧化碳转化装置中，进行燃烧，二氧化碳转化装置如图 9-2 所示。

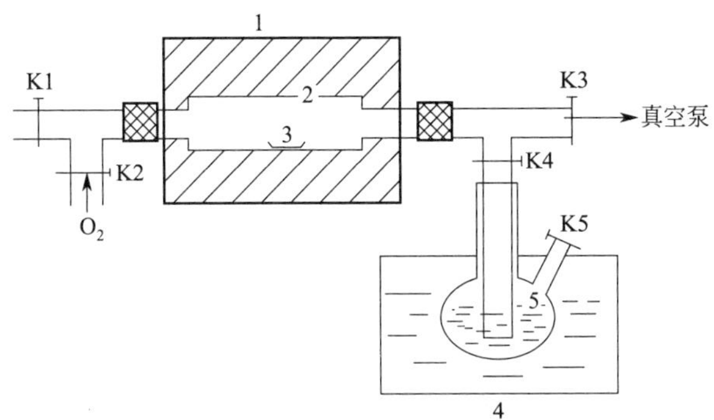

图 9-2　二氧化碳碳转化装置

试验前关闭 K1、K2、K5 开关，打开 K3 和 K4 开关，打开真空泵对系统进行真空处理。抽真空后，关闭 K1 和 K3 开关，打开开关 K2 输入一定流量的氧气，打开开关 K5，在 900℃条件下对样品恒温灼烧 2h。

准备 20mL 低钾玻璃闪烁测量瓶，将二氧化碳吸收液从吸收瓶转移至闪烁测量瓶，添加 2mL 甲醇和 12mL 闪烁剂。

④ ^{14}C 测定　将闪烁测量瓶放于液体闪烁器中进行液闪计数，得到样品^{14}C 计数（cpm-sample）。

准备等碳含量的标准物质放入闪烁测量瓶中，添加甲醇和闪烁剂，进行液闪计数，得到标准物质^{14}C 计数（cpm-reference）。

⑤ 生物基含量计算　用下式计算样品中生物基含量 C_t。

$$C_t=\frac{\text{cpm}-\text{sample}}{\text{cpm}-\text{reference}}\times 100\%$$

2005 年 9 月，北京工商大学轻工业塑料加工应用研究所、中国塑协降解塑料专业委员会按照北京市外国专家局外国专家引智项目（项目编号 20051100076），召开了生物基聚合物国际研讨会。

不同来源的生物基原料，用同样方法得到结果偏差是不一样的，日本产业综合研究所 Kunioka 博士对一些材料进行了测定，具体结果见表 9-1～表 9-4，表 9-5 是聚己内酯和纤维素填料在不同配方时测得生物基含量偏差结果。

表 9-1　原料本身测试结果偏差

名称	年份	生物基含量/%
玉米	2005	98.47±0.39
土豆	2005	100.13±0.40
大米	2005	98.12±0.39
甜菜	2005	100.29±0.40

表 9-2　生物基聚合物

名称	年份	生物基含量/%
聚乳酸	2005	100±2

表 9-3　作为聚合物填充组分的木粉的生物基含量

名称	年份	生物基含量/%
树核心	1935±10	142.51±0.54
树皮	1990±10	99.44±0.40

表 9-4　不同甲壳素的生物基含量

名称	年份	生物基含量/%
螃蟹	2002	100.85±0.52
虾	2000	101.37±0.41

表 9-5　不同纤维素组分的聚己内酯制品的生物基含量

序号	聚己内酯含量/%	纤维素含量/%	聚己内酯制品重纤维素碳的比例/%	生物基含量/%
1	100	0	0	0
2	100	0	0	0.51±0.08
3	50	50	41.3	51.67±0.30
4	40	60	51.4	55.50±0.30
5	40	40	41.3	52.28±0.30
6	0	100	100	112.70±0.49

9.2　降解性能评价

在降解塑料的定义中未包括降解时间这一因素。任何材料最终总是会以某种方式分解，只不过有的分解时间很短，而有的分解时间很长，或许是几个月，或许是几百年，甚至是上千年，那么究竟什么样的材料是降解塑料呢？也就是降解塑料的降解时间应该多长？又降解到什么程度算是降解了呢？这不仅要有指标，更需要用合适的降解试验来评价。而不同条件的试验方法由于赋予条件不一样其得到的结果也会不一样，另外，不同类型的降解塑料在相同条件下进行试验时结果也会不同，所以，建立一个系统的科学评价体系十分重要。

降解塑料根据降解机理，可以分为光降解塑料、热氧降解塑料和生物分解塑料。按照目前的标准，一般光降解塑料和热氧降解塑料的降解性能通过其降解前后的物理力学性能或微观结构的变化来表征；而生物分解塑料的降解性能往往是考核其所包含的有机碳在各种降解的条件下能否转化成小分子物质如水、二氧化碳或甲烷以及生物死体等。因此，降解塑料种类不同，其评价方法也不一样。

下面介绍不同的降解试验以及评价方法。

9.2.1　试验方法

降解试验方法根据试验地点的不同可分为户外试验和实验室试验。户外试验方法是根据材料的用途和最终废弃途径来制定的试验方法，目前进行比较多的是户外光暴露试验、户外填埋（包含水体系浸渍）试验。实验室里采用较多的试验有实验室光源人工加速老化试验、特定微生物（或酶）侵蚀法、实验室土壤填埋试验、实验室堆肥试验、活性污泥法、水介质体系试验方法等。

9.2.1.1　户外试验

（1）户外光暴露试验

① 原理　光降解塑料制品被丢弃后，会受到太阳、氧、热和水等环境因素的作用而发

生降解，为了测定材料这种特性，需要制定一定的试验方法标准。由于在不同地方和不同季节的环境条件、光辐射量差异较大，相同时间下聚合物达到的降解程度也会不一样，所以标准采用太阳总辐射量来表示试验暴露周期。进行户外暴露试验时将样品固定在与水平面成一定角度的暴露架上，经一定试验周期或预定的辐射量暴露后将样品进行如力学性能、分子量、质量、表面性状变化等性能测定。

② 条件的确定　搁置试样的试验暴露架应朝南与水平面成 5°角。

③ 试验装置　暴露所用的设备是由一个适用的试验架组成。框架、支持架和其他夹持装置应该用不影响试验结果的惰性材料制成。试验架的设计应适合样品的类型，但对于大多数用途来说，可以把一个平直的框架装于支架上，把样品或试样支持架固定在框架上。试验固定装置的倾斜角和方位应可以调整。一般暴露架有暴露架 A 和暴露架 B 两种形式。图 9-3 是其中固定暴露试样的暴露架 A 的示意图，它主要由可移动的试样安装棒和金属网组成。安装棒由耐腐蚀 6061T6 铝或未经处理的木条制成，排列在网状展开的金属（铝或不锈钢）背衬上。

暴露架 B 由未经涂漆的室外胶合板构成暴露架的表面，试样可直接固定其上。用 B 架进行暴露试验时，试样周围空气流动较少，试样温度较高，所以降解率将比使用 A 架快。材料对比使用必须用相同类型的暴露架同时进行。

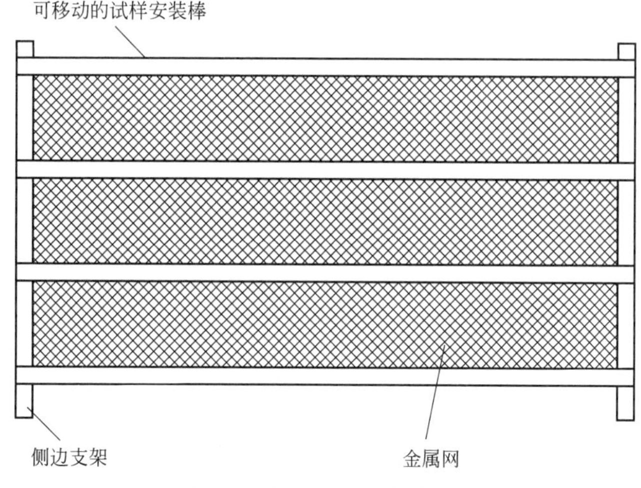

图 9-3　暴露架 A 结构示意图

④ 试验举例　试样经过预定的辐射量暴露后，测定一个或多个性能以确定降解程度。常用的测试指标为分子量（如聚苯乙烯可按 GB/T 6599 进行）、拉伸强度、断裂伸长率、厚度、质量变化等。聚烯烃的氧化程度可用羰基指数表示。羰基指数是试样在 $1715cm^{-1}$ 处的羰基红外吸收峰与固定特定吸收峰（例如，在接近 $3000\sim2840cm^{-1}$ 处的 C—H 伸缩振动）的吸光度之比。

图 9-4 为 PE/S 试样的红外光谱图，可以看出，降解 30 d 和 60 d 试样在 $1718cm^{-1}$ 处的羰基峰显著增高（$722\ cm^{-1}$ 处 CH_2 摇摆振动峰已由仪器调校为等高），说明体系羰基含量（被氧化程度）随时间快速增长。另外，在 $3410cm^{-1}$ 左右的吸收变化，说明降解过程中有 POOH 出现。

⑤ 优缺点　在不同地点、不同年份和不同季节，日光总辐射量、温度、湿度等因素不

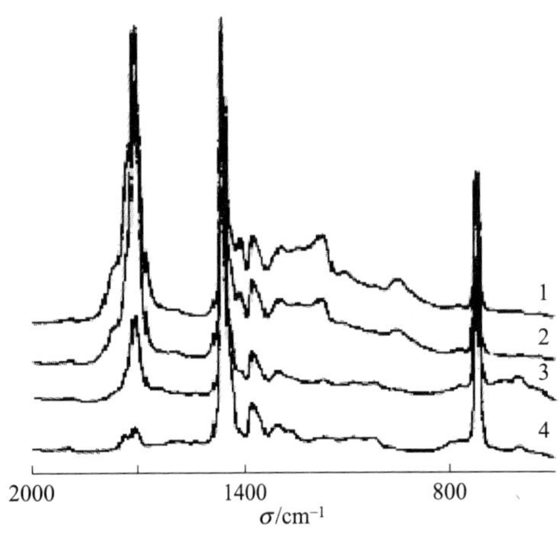

图 9-4 PE/S 试样的 FT-IR 红外光谱图

1—光照 60d；2—光照 30d；3—光照 10d；4—原始

相同，所以由试验结果不能预测降解塑料的绝对降解率，只可用于比较材料在同时同地进行暴露试验的相对降解率。

⑥ 标准 美国材料试验协会（ASTM）有关此方法的标准为 ASTM D 5272《光解性塑料户外暴露试验标准实施方法》，我国相应的标准为 GB/T 17603—2017《光解性塑料户外暴露试验方法》。

（2）户外填埋试验

① 原理 户外填埋试验是将试样如薄膜或其他材料埋于土壤或浸渍于海水或河水等水体系中，由于户外填埋过程中的热、氧、水、微生物等因素发生降解，经过一定时间后用一定的测试方法，如质量损失、力学性能变化、分子量变化等来评价其降解性能。

② 条件的确定 进行试验前，需要明确在何地试验、试验采用何种土壤，因为随田、地、山等场所不同，土壤的组成和微生物的菌相和数量也不同，同样的场所其各种条件也随季节变化而变化，另外，即使土壤的组成相同，从地表面到深层菌相也不相同。因此在试验时应明确处理条件，掌握对生物分解性有直接影响的微生物的种类和数量。表 9-6～表 9-8 是日本学者大武义人发现的土壤不同深度的不同数据。

表 9-6 庭园土壤的化学分析

分析项目	深度(0～10cm)	深度(40～60cm)
pH(H_2O)	7.4	7.5
pH(KCl)	5.7	5.9
湿含量/%	34.0	37.9
水含量/%	25.4	27.5
有机物质/%	6.1	8.1
无机物质/%	38.5	64.4

表 9-7 庭园土壤的微生物数量

分析项目	深度(0～10cm)	深度(40～60cm)
活细胞/g	7.5×10^5	1.9×10^6
喜氧菌/g	4.8×10^5	2.3×10^6
梭菌(*Clostridia*)/g	2.5×10^5	3.2×10^5
真菌(*Eumycetes*)/g	2.2×10^5	4.7×10^4

表 9-8 庭园土壤中微生物的鉴定

分析项目	深度(0～10cm)	深度(40～60cm)
霉菌	黑曲霉(*Aspergillus niger*) 镰刀菌(*Fusarium*) 青霉(属)(*Penicillium* sp.) 假丝酵母(*Candida* sp.)	黑曲霉(*Aspergillus niger*) 青霉(属)(*Penicillium* sp.)
细菌	梭状芽孢杆菌(*Clostridium* sp.) 蜡状芽孢杆菌(*Bacillus cereus*) (*Bacillus cereus* sub sp. *Mycoides*) 枯草杆菌(*Bacillus subtills*)	梭状芽孢杆菌(*Clostridium* sp.) (*Bacillus cereus* sub sp. *Mycoides*)

③ 试验装置　图 9-5 是试验中采用的填埋打孔设备。

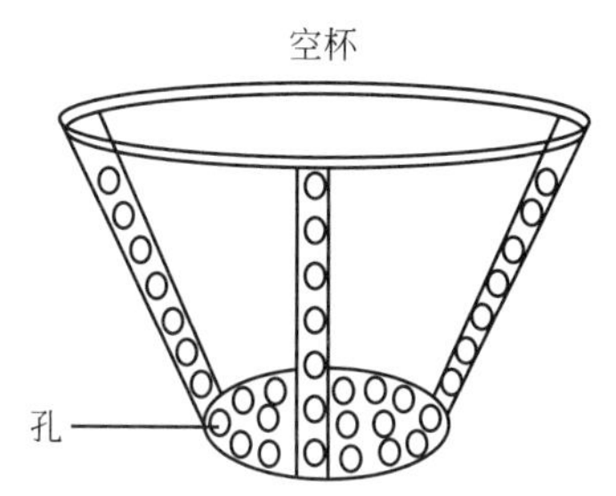

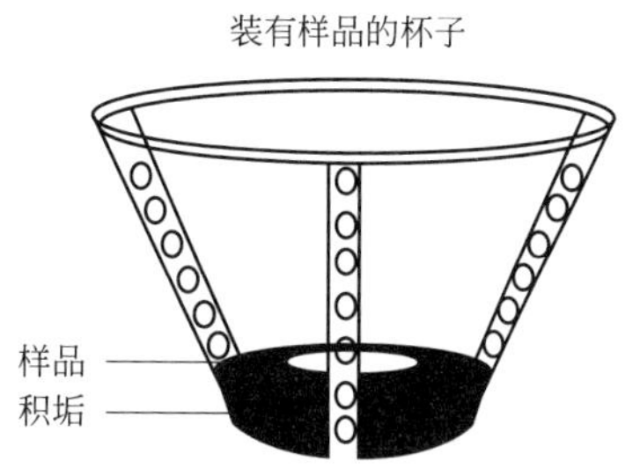

图 9-5　户外土壤试验用打孔杯简示意图

④ 优缺点　户外填埋试验可作为材料在自然条件下生物分解性的直接评价方法，最能反映材料实际的环境降解性能，但其缺点是需要耗费较长的时间，而且试验结果随材料的结构、试验场所、试验时间（季节）、气候以及植物生长对材料的损伤程度等因素的影响，因而试验结果重复性差。

9.2.1.2　实验室试验

（1）实验室光源人工加速老化试验

由于降解塑料在户外暴露试验时达到规定的降解程度的试验周期有时太长，很难适应材料开发和生产对工艺控制、配方调整、质量控制等尽快获得结果的要求。实验室光源人工加速老化试验就是通过模拟自然阳光长期暴露作用的加速试验，以较快速地获得材料耐候性或降解性能的结果。经验表明，实验室光源与特定地点的户外暴露试验结果之间的相关性只适用于特定种类和配方的材料及特定的性能。对于不同种类的塑料，用同一实验室光源其相关性可能不同。

大多数塑料在由辐射量引起的老化反应中，对于光谱吸收是有选择性的。为了使暴露装置的光源产生的反应与在自然暴露试验中尽量接近，应使人工光源尽量准确地模拟阳光的光谱能量分布。

有关此试验国际标准化组织 ISO 已颁布相关标准，即 ISO 4892.1：2016《塑料——实验室光源暴露试验方法——第一部分：通则》。我国的国家标准为 GB/T 16422.1—2006《塑料实验室光源暴露试验方法 第 1 部分：通则》。

① 实验室氙弧灯光源暴露试验方法　试验时采用合适的滤光器对氙弧灯发出的光谱进行滤光，使其产生的辐射类似于地面日光的紫外和可见区的光谱能量分布。将试样暴露于规定条件如一定温度、湿度、喷水周期下进行暴晒试验，一定试验周期或辐射能量后进行如力学性能、分子量、质量、表面性状变化等性能测定。

图 9-6 为氙灯人工加速老化箱，图 9-7 为氙灯人工加速老化箱试验架。

氙灯人工加速老化试验时，利用模拟户外的暴晒条件对样品进行加速老化，从而缩短了试验周期，有利于产品质量控制和配方调整。但是氙灯人工加速老化是模拟的条件，其与户外的实际条件有一定的差距，因此其试验结果只能定性地来判断样品在户外的暴晒结果。

在 ISO 4892.2：2013《塑料——实验室光源暴露试验方法——第 2 部分：氙弧灯》和我国的国家标准 GB/T 16422.2—2014《塑料实验室光源暴露试验方法 第 2 部分：氙弧灯》

中规定了塑料在实验室氙弧灯光源的暴露试验方法。

图 9-6　氙灯人工加速老化箱

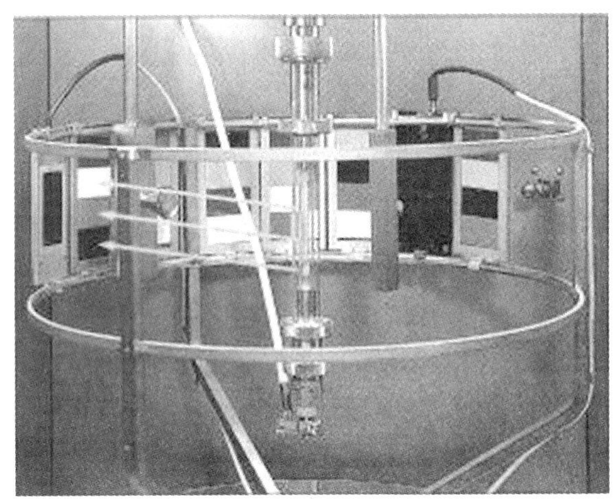

图 9-7　氙灯人工加速老化箱试验架

② 实验室紫外灯光源暴露试验方法　试验时采用合适的滤光器对荧光紫外灯发出的光谱进行滤光，使其产生的辐射类似于地面日光的紫外和可见区的光谱能量分布。将试样暴露于规定条件如一定温度、湿度、喷水周期下进行暴晒试验，一定试验周期或辐射能量后进行如物理性能、分子量、质量、表面性状变化等性能测定。

紫外灯人工加速老化试验时，利用模拟户外的曝晒条件对样品进行加速老化，从而缩短了试验周期，有利于产品质量控制和配方调整。但是紫外灯人工加速老化是模拟的条件，其与户外的实际条件有一定的差距，另外，由于紫外灯产生光谱与自然光谱、氙灯光谱有一定的差距，试验结果与自然暴晒、氙灯试验有很大区别，因此其试验结果只能定性地来判断样品在户外的暴晒结果。

在 ISO 4892.3：2016《塑料——实验室光源暴露试验方法——第 3 部分：荧光紫外灯》和我国的国家标准 GB/T 16422.3—2014《塑料实验室光源暴露试验方法 第 3 部分：荧光紫外灯》中规定了塑料在实验室紫外灯光源的暴露试验方法。

（2）实验室特定微生物侵蚀法

微生物侵蚀有时也被称作为微生物对塑料降解行为，原理是将试样置于无有效碳的固体琼脂培养基中，接种微生物，然后在一定温度下培养一定时间（一般为四周），通过观察试样表面微生物生长状况、质量损失等性能变化来定性地评价降解塑料潜在的生物分解性能。

接种微生物一般采用真菌和细菌，各个国家的标准采用各自不同的菌种，部分标准中采用菌种见表 9-9。影响试验结果的因素包括材料本身的结构、微生物的种类、样品的尺寸、环境因素（如温度、湿度、pH 值、培养基的营养可利用性）等。

表 9-9 部分标准中采用的菌种

菌种 \ 标准	国际标准化组织标准 (ISO 846—1997)	美国试验材料协会 (ASTM G 21、ASTM G22)	国内标准 (QB/T 2461—1999)
真菌	*Aspergillus niger van Tieghem* (ATCC 6275)、*Penicillium funiculosum Thom* (CMI 114933)、*Paecilomyces variotii Bainier* (ATCC 18502)、*Gliocladium virens Miller* et al (ATCC 9645)、*Chaetomium globosum Kunze*: *Fries* (ATCC 6205)	*Aspergillus niger van Tieghem* (ATCC9642) 嗜松青霉(ATCC11797) *Gliocladium virens Miller* et al (ATC9645) *Chaetomium globosum Kunze*: *Fries*(ATCC6205) 出芽短梗霉(ATCC15233)	黑曲霉(AS3. 3928) 绳状青霉(AS3. 3875)木霉(AS3. 4004) 球毛壳(AS3. 4254) 拟青霉(AS3. 2762) 出芽短梗霉(AS3. 3984) 土曲霉(AS3. 3935)
细菌	*Aspergillus terreus Thom* (QM 82 J)、*Aureobasidium pullulans* (de Bary) *Arnaud* (ATCC 9348)、*Penicillium ochrochloron Biourge* (ATCC 9112)、*Scopulariopsis brevicaulis* (*Saccdrdo*) *Bainier* (CMI 49528)	绿脓杆菌(ATCC13388)	绿脓杆菌(AS1. 1129)

此方法的优点是可以测定任意厚度的塑料膜片的微生物的降解性能。对于半固体蜡状物试样可先沉积在玻璃纤维布上，然后与膜片同样的方法进行试验。用霉菌侵蚀法评价材料的可降解行为比较直接，操作简单。其缺点是只能在短期内（一般小于四周）对材料的降解行为进行评价，所以不能对材料的最终的生物分解能力作判断。

目前，国际标准化组织标准有关此方法的标准为 ISO 846—1997，美国试验材料协会的标准为 ASTM G 21、ASTM G22，国内标准为 QB/T 2461—1999。

（3）实验室土壤填埋试验

在实验室内测定材料的土壤生物降解性方法，是采用测定密闭呼吸计中需氧量或测定释放的二氧化碳的方法测定土壤中塑料材料最终需氧生物分解能力。如果采用未经预曝置的土壤作为接种物时，本试验仅模拟在自然土壤环境中的生物分解过程；如果使用预曝置的土壤时，本标准可用来测定试验材料潜在的生物分解性能。本方法通过调整土壤的湿度以获得在试验土壤中塑料材料生物分解率的最佳程度。

将塑料材料作为唯一的碳和能量来源与土壤混合。将混合物放在细颈瓶中，测定需氧量（BOD）或释放的二氧化碳量。例如，测定生化需氧量（BOD），可通过测量在呼吸计内烧瓶中维持一个恒定体积气体所需氧的体积或自动地或人工地测量体积或压强的变化（或两者兼测）。

生物分解率通过生化需氧量（BOD）和理论需氧量（ThOD）的比或用释放的二氧化碳量和二氧化碳理论释放量（$ThCO_2$）的比来求得，结果用百分率表示。在测定 BOD 过程中，应考虑可能发生的硝化作用的影响。当生物分解率恒定时或试验时间已经 6 个月后可终止试验。

与 ISO 11266：1994 不同的是，ISO 11266：1994 主要测定各种有机组分，而本标准主要测定材料的生物分解能力。

目前，国际标准化组织标准有关此方法的标准为 ISO 17556，美国试验材料协会的涉及标准为 ASTM D 5988，国内标准为 GB/T 22047。

（4）实验室堆肥试验

实验室堆肥试验方法，按照给氧条件又可以分为需氧堆肥和厌氧堆肥，目前已经有标准规定的是塑料在受控堆肥化条件下最终需氧生物分解和崩解能力的测定方法，这里主要讲述此方法。

塑料在受控堆肥化条件下最终需氧生物分解和崩解能力的测定方法，是将塑料作为有机化合物在受控的堆肥化条件下，通过测定其排放的二氧化碳的量来确定其最终需氧生物分解能力，同时测定在试验结束时的塑料的崩解程度。本方法模拟混入城市固体废料中有机部分的典型需氧堆肥处理条件。试验材料暴露在堆肥产生的接种物中，在温度、氧浓度和湿度都受到严格检测和控制的环境条件下进行堆肥化。本测试方法就是试图测定试验材料中的碳转化成放出的二氧化碳的转化率，以百分率表示。

本测定方法在模拟强烈的需氧堆肥化的条件下，测定试验材料最终需氧生物分解能力和崩解程度。使用的接种物由稳定的、腐熟的堆肥组成，如可能的话，该接种物从城市固体废料中有机部分的堆肥化过程获取。

试验材料与接种物混合，导入静态堆肥容器。在该容器中，混合物在最佳的温度、氧浓度和湿度下进行强烈的堆肥化（图 9-8）。试验周期不超过 6 个月。

在试验材料的需氧生物分解过程中，二氧化碳、水、无机盐及新的微生物细胞组分都是最终生物分解的产物。在试验及空白容器中连续监测、定期测量产生的二氧化碳，从而确定累计产生的二氧化碳。试验材料实际产生的二氧化碳与该材料可以产生的二氧化碳的最大理论量之比就是生物分解百分率。

本方法国际标准化组织的标准为 ISO 14855-1、ISO 14855-2，美国试验材料协会的标准为 ASTM D5338，国内标准为 GB/T 19277。

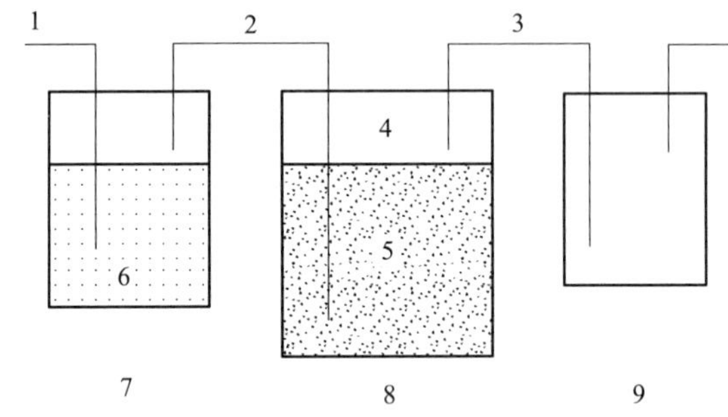

图 9-8　试验系统布置图

1—空气；2—无二氧化碳的空气；3—排放的空气；4—顶部空间；5—试验混合物；6—氢氧化钠溶液；7—二氧化碳吸收系统；8—堆肥容器；9—二氧化碳测量系统

（5）活性污泥法

活性污泥法是采用培养好的标准污泥来培养生物分解材料，通过分析释放出的二氧化碳或消耗的氧气来测定材料的降解能力的试验方法。目前国际上运用此方法较多的是日本 JIS 标准 JIS K 6590 和 JIS K 6591 标准，而 ISO 14851 和 ISO14852 与其也有类似之处。JIS 方法中也叫“修正 MITI 活性污泥法”，使用由日本国内 10 个地方采取的污泥培养的标准污泥作为试验接种物来测定微生物对材料的生物分解能力，分解的测定使用氧气消耗测定装置。

由于活性污泥法采用的活性污泥是液相，对试样均一接触，所以得到结果重复性较高，活性污泥在与自然界的净化作用紧密相关的这一点上，可以说反映了自然界的生物分解。但是也存在一些问题如仅测定氧的消耗量，不能观察试样本身的形状变化；由于活性污泥及试样吸附作用导致误差；如试样中存在较多低分子部分或除聚合物外有添加成分时会发生早期分解现象；试样形状不同试验结果不同。

目前国际上运用此方法较多的是日本 JIS 标准 JIS K 6590 和 JIS K 6591 标准，而 ISO 14851 和 ISO14852 与其也有类似之处。

（6）水介质体系试验方法

① 通过测量在密封呼吸测定器中氧气消耗的方法测定含水介质中塑料的最终需氧生物分解能力的方法在水性系统中利用好气微生物来测定材料的生物分解率。试验混合物包含一种无机培养基、有机碳浓度介于 100～2000mg/L 的试验材料（碳和能量的唯一来源），以及活性污泥或堆肥或活性土壤的悬浮液制成的培养液。此混合物在呼吸计内密封烧瓶中被搅拌培养一定时间，试验周期不能超过 6 个月。在烧瓶的上方用适当的吸收器吸收释放出的二氧化碳，测量生化需氧量（BOD），例如，通过测量在呼吸计内烧瓶中维持一个恒定体积气体所需氧的体积，自动地或人工地测量体积或压强的变化（或两者兼测），可使用图 9-9 所示的呼吸计，同时也可使用如 ISO 10708 里描述的两相密封瓶。

生物分解的水平通过生化需氧量（BOD）和理论需氧量（ThOD）的比来求得，用百分率表示。在测定 BOD 过程中必须考虑可能发生的硝化作用的影响。由生物分解曲线的平稳阶段的测定值，确定试验材料最大生物分解率。

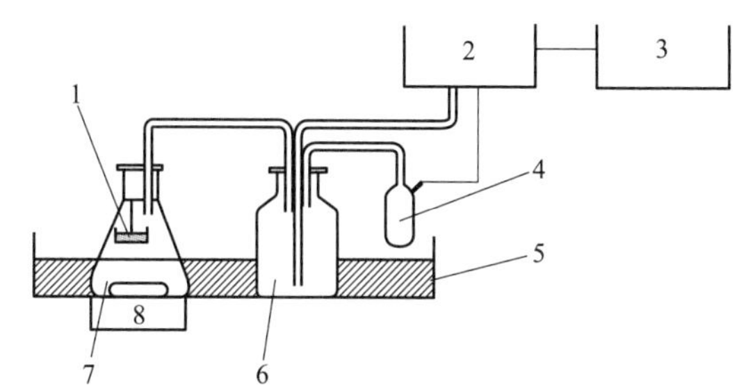

图 9-9　气压式呼吸计示意图

1—二氧化碳吸收器；2—压强计；3—打印机、绘图仪或电脑；4— 氧气发生器；5—恒温（水浴）；6—监测器；7—测试瓶；8—电磁搅拌器

此方法，由于采用液相，对试样均一接触，所以得到结果重复性较高，与自然界的净化作用紧密相关的水介质情况这一点上，可以说反映了自然界的生物分解。但是也存在一些问题，如仅测量氧的消耗量，不能观察试样本身的形状变化；由于水介质及试样吸附作用导致误差；如试样中存在较多低分子部分或除聚合物外有添加成分时会发生早期分解现象；试样形状不同试验结果不同。

本方法国际标准化组织的标准为 ISO 14851—2016，美国试验材料协会的标准为 ASTM D 5209。

② 通过测定 CO_2 量测定含水介质中塑料的最大需氧生物分解性的试验方法　在水性系统中利用好气微生物来测定试验材料的生物分解率。试验混合物包含一种无机培养基、有机碳浓度介于 100～2000mg/L 的试验材料（碳和能量的唯一来源），以及活性污泥或堆肥或活性土壤的悬浮液制成的培养液。混合物在试验烧瓶中搅拌并通以去除二氧化碳的空气，试验周期依赖于试验材料生物分解能力，但不能超过 6 个月。微生物分解材料时释放出的二氧化碳可用合适的方法来测定。

生物分解程度用释放的二氧化碳量和二氧化碳理论释放量（$ThCO_2$）的比来求得，以百分率表示。由生物分解曲线的平稳阶段求得试验材料的最大生物分解率。

此方法，由于采用液相，对试样均一接触，所以得到结果重复性较高，与自然界的净化作用紧密相关的水介质情况这一点上，可以说反映自然界的生物降解。但是也存在一些问题如仅氧的消耗量，不能观察试样本身的形状变化；由于水介质及试样吸附作用导致误差；如试样中存在较多低分子部分或除聚合物外有添加成分时会发生早期分解现象；试样形状不同试验结果不同。

本方法国际标准化组织的标准为 ISO 14852—2018，美国试验材料协会的标准为 ASTM D 5209。

（7）酶的生物分解试验

微生物将各种酶分泌于菌体外，由这种酶，将聚合物中的高分子部分从末端基或分子链切断，最终矿物化为易吸收于微生物体内的碳酸和酯。因此，在评价试验前先掌握好分解的酶，则只要使用该酶，使用少量试样即可进行重复性高且加速的有效的评价试验。

试验条件一般为水溶液中温度 30℃左右，pH 中性数小时到数日，反应如为必要的酶，最好加上振动等操作。但是，本法不能适用于合成的所有的聚合物，其适用范围只限于目前能获得的酶的种类，另外，酶试验不能反映自然界的情况是其缺点，但是，脂酶、酯酶等是土壤中 10％的微生物都具有的酶，在自然界中是广泛存在的。为此，脂肪族聚酯即使在自然界中也能分解。

表 9-10 是新的光学活性聚合物聚己内酯的酶分解及研究课题的摘要中指出的酶的特性，各种高分子的分解酶是不同的。为此，由酶的评价试验需要一定水平以上的使用的酶的信息。酶的试验温度太低，有时会失活。

表 9-10　一些酶的物理和化学性能

项目	脂酶			胆固醇
	根霉（属）(*Rhizopus delemar*)	假丝酵母(*Candida cylindracea*)	紫色杆菌(*Chromo-bacterium viscosum*)	假单胞菌（属）(*pseu-domonas* sp.)
分子量	44000	—	120000	129000
等电离点	8.2	—	4.7	3.8,4.9
最佳 pH	5.6	5.2,7.2	6.8	7.0
最佳温度/℃	40	30	65	37

（8）微生物的加速降解试验

微生物的评价试验和酶试验类似，要使用预先知道特性的特定微生物。相反，若不清楚特定微生物的特性，此试验的意义和作用就不太显著。因此，首先必须确定是使用何种微生物。根据使用微生物的种类，试验可分为一般和特殊两种试验。一般试验是采用自然界普遍存在的微生物的试验，试验时以所有试样为对象，几种微生物混合使用。特殊试验是使用相应的化学结构的微生物试验，试验时，根据试样的化学结构、键的情况和组成成分选择适合试样分解的微生物进行试验。

本试验的优点是能明确地预定完全分解，具有定量性（包括分解速度），有重复性。但是，难于反映自然环境的情况。试验中的低分子化合物也有作用，所以可能产生误差。

（9）实验室水平的垃圾处理装置的加速试验

实验室水平的垃圾处理装置是模拟户外垃圾处理场建立的实验室水平装置，用来进行塑料的加速生物分解试验。材料在崩坏的初级阶段，废弃物中不饱和酯物质通过扩散移向聚合物，因自氧化生成过氧化物，Griffin 等人据此制作了图 9-10 所示装置。装置有换气、放试样的出入口，可送风。将垃圾装入其中，装置慢慢回转，将其中的垃圾进行搅拌。垃圾的组成，以几乎同一比例加入水、橄榄油、土豆淀粉，代替家庭垃圾。

(10) 放射性 ^{14}C 跟踪测定法测定

将 ^{14}C 标记的塑料试样研磨成细粉，与新鲜园林土混合并装入筒内，使脱除 CO_2 经水饱和后的空气通过此筒后再通入盛有 2 mol/L KOH 溶液的容器，吸收由微生物作用所产生的 $^{12}CO_2$ 和 $^{14}CO_2$。经 30 d 后，用 1 mol/L 的 HCl 溶液滴定至 pH=8.35，由此计算所产生的 CO_2 总量。将部分 KOH 滴定液加入闪烁计数器内，检测每分钟产生的 ^{14}C 量。通过与标记试样的原始放射性相比较，可以确定试样被分解成 CO_2 的碳质量分数。

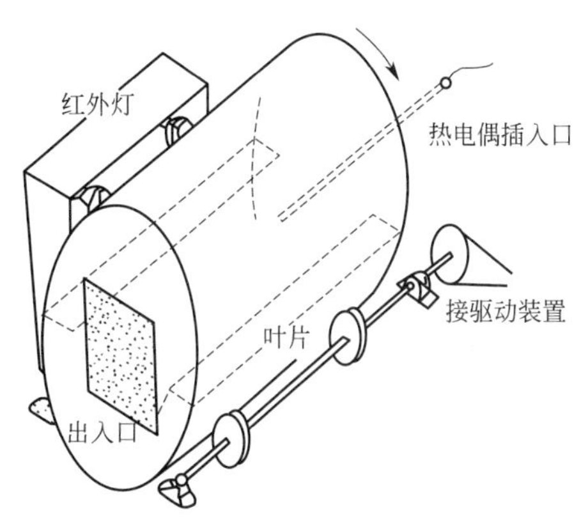

图 9-10　实验室用垃圾处理装置图

此法不受试样或土壤中可生物降解杂质或添加剂类的干扰，故即使系统内存在其他（未标记）碳源，同样可证明微生物对塑料试样的降解作用。但是这方法由于聚合物分子链中添加 ^{14}C 元素有难度，因此应用起来有一定的难度。

(11) 其他

其他的试验方法如高固态介质下生物分解试验方法、实验室水平下厌氧堆肥试验等，目前均在发展过程中，ISO 也正在制定类似的标准。

9.2.2 结果评价方法

上一节介绍了各种生物分解试验方法，但这不过是处理方法，实际经处理后的试样究竟发生了什么样的变化？到底分解到什么程度？如何来定量判断呢？另外，对于降解非常慢的塑料想要弄清分解机理的时候，就需要有精密分析评价方法。从这些评价方法分析结果才能理解机理和弄清分解因素，从而调整配方，生产低成本的分解塑料。

9.2.2.1 微生物生长级别

目测判断生物分解试验如 ISO 846、ASTM G 21 等标准中霉菌侵蚀后试样上面的微生物生长程度。ISO 846 中是将样品置于无有效碳的固体琼脂培养基中，然后接种微生物，培养一定时间后，观察微生物在作为碳源的塑料试样上的生长情况。试验中微生物生长在 4 级以下时，如果塑料制品的生物分解性好，则微生物生长越旺盛，但如果微生物生长程度 4 级以上后，微生物基本上已覆盖试样，所以用人眼无法区别其生长程度试样的降解性能只能通过质量损失或分子量变化来判断。微生物生长速率分级见表 9-11。

表 9-11　微生物生长速率分级表

级别	微生物生长情况	生长情况	级别	微生物生长情况	生长情况
0	肉眼未见微生物生长		3	覆盖 30%～60%	中度生长
1	覆盖 10%以下		4	覆盖 60%～100%	重度生长
2	覆盖 10%～30%	轻度生长			

此方法能比较直观地观察试样微生物生长情况，但是缺点是不能定量地判断材料的生物分解程度。

图 9-11 是翁云宣等人对降解小碟按照 ISO 846 进行的霉菌侵蚀试验，照片记录了小碟上霉菌生长级别随时间的变化情况的情况。从图中可看出，随时间增加，霉菌开始在小碟表面生长，至 21d 时小碟表面微生物生长情况基本已经达到 4 级。

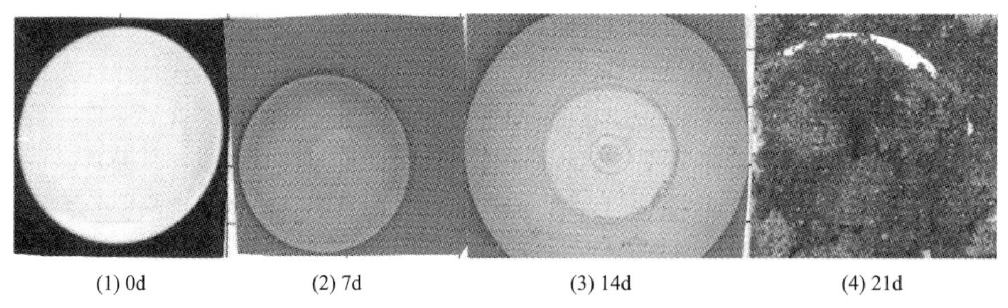

(1) 0d　(2) 7d　(3) 14d　(4) 21d

图 9-11　霉菌侵蚀试验结果照片

9.2.2.2　光学显微镜观察

通常用 50～200 倍的异相差显微镜可清晰地观察到微生物包括霉菌和细菌的存在，并具体地掌握。另外，低倍率状态下还能详细确认菌子的存在。这种观察方法适用于任何一种试验方法前后的样品。

9.2.2.3　质量损失

质量损失率是评价样品生物分解性能的重要指标之一，它等于试样生物分解试验后平均质量损失除以原始试样的平均质量的百分率减去对比组（S、O）生物分解试验后平均质量损失除以原始平均质量的百分率。样品降解后质量损失越多，说明试样的生物分解性越好。

翁云宣等人利用此法对淀粉-聚乙烯类降解材料质量损失受光照、淀粉含量的影响作了评价。具体如下：

光降解前后微生物生长情况及其质量损失率数据见表 9-12。从实验数据中可看出塑料经光降解后各种样品的生物分解性能均明显提高，这与一些文献介绍相同。其原因是经光照后，在膜与餐盒的表面产生了含氧基团，如羰基等，使生物攻击塑料表面的点增多，使质量损失率增大。

表 9-12　光照对真菌生长程度的影响

样品	未经光照样品最大质量损失率/%	真菌生长情况(未经光照)	光照后样品最大质量损率/%	真菌生长情况(光照后)
A	3.5	2 级	4.5	2 级
B	4.1	2 级	12.1	4 级
C	1.7	2 级	10.6	4 级
D	11.4	4 级	13.9	4 级

注：2 级表示真菌生长在 10%表面上，4 级表示真菌生长在 50%以上表面上。

实验中对不同淀粉含量的膜，进行了生物分解实验，实验的结果如图 9-12 所示。

从图 9-12 中可看出，经 28 天后，含土豆淀粉 50%PE 膜 H、50%玉米淀粉 PE 膜 I 的质量损失率已超过 30%，其中 50%土豆的 PE 膜基本上已经被分解成小碎片，而 15%～25%淀粉的 B、D 膜在 28d 后，其平均值最高也才达到 11.4%，但不含淀粉的 PE 膜在 28 天后基本上不长霉，从而可得出结论，淀粉的加入肯定有利于生物分解，淀粉的填充量在超过 50%时，制品的生物分解效果肯定好，但淀粉含量在 15%～30%时，淀粉量的增加对降解质量损失的影响不是很大，原因可能塑料在降解实验中被微生物攻击点并没有随淀粉的含量迅速增加而大量增加，从而使质量损失也没有随淀粉含量的迅速增加而大量增加。

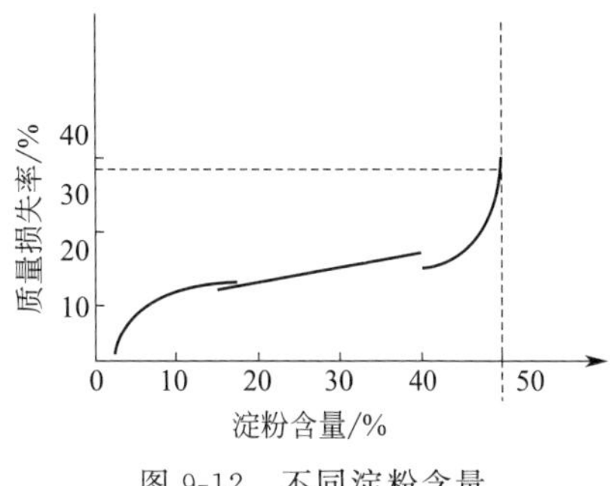

图 9-12　不同淀粉含量的膜霉菌侵蚀试验

9.2.2.4　力学性能变化

评价降解对样品力学性能变化，主要采用拉伸强度保留率和断裂伸长率保留率，计算式如下：

拉伸强度保留率＝（降解后样品的拉伸强度/降解前样品的拉伸强度）×100%；

断裂伸长保留率＝（降解后样品断裂伸长率/降解前样品的断裂伸长率）×100%。

降解后样品的拉伸强度保留率和断裂伸长率保留率越低，说明样品经降解后性能劣化的程度越大，即降解性能越好。

（1）对光降解试样降解性能评价

翁云宣等人对光降解后的样品用拉伸断裂伸长率和拉伸强度变化来评价试验，具体如下：

降解 PE 膜、发泡 PS 餐盒经光降解后，物理性能发生了明显变化，用光降解前后样品的拉伸断裂伸长率保留率和拉伸强度来表示，实验的结果见表 9-13 和表 9-14。从表 9-13 明显可看出，对不同配方的 PE 膜、发泡 PS 餐盒（或片）以及同一样品不同方向的样品，其断裂伸长率保留率明显不同，横向较纵向保留率更低，但值明显变小。光降解前后的材料拉伸断裂伸长率保留率变化大小可以用来判断其光降解性能的优劣。

表 9-13　拉伸断裂伸长率变化　　单位：%

样品	样品形态	光照前拉伸断裂伸长率	光照后拉伸断裂伸长率	断裂伸长率保留率
A	发泡 PS 片	2.6	1.5	57.6
B	发泡 PS 片	3.4	1.3	38.2
C(纵向)	PE 薄膜	150	125	83.3
（横向）		220	56.4	25.6
C(纵向)	PE 薄膜	425	50	11.8
（横向）		650	25	3.8

由表 9-14 可知，光照前后各样品的拉伸强度明显不同，拉伸强度保留率越小，说明拉伸强度变化越大，即光对材料的老化作用越大。所以可用光降解前后材料拉伸强度保留率变化大小来判断光降解性能的优劣。

表 9-14　拉伸强度变化

样品	样品形态	光照前拉伸强度/kPa	光照后拉伸强度 /kPa	拉伸强度保留率/%
A	发泡 PS 片	452	223	49.3
B	发泡 PS 片	255	82	32.0
C(纵向)	PE 薄膜	8.3	7.5	90.0
（横向）		5.5	4.4	80.0
D(纵向)	PE 薄膜	11.2	7.1	63.3
（横向）		7.6	5.3	69.7

（2）对聚乙烯降解性能研究

先将改性淀粉和复合光敏剂分别同聚乙烯树脂、助剂等混合后进行挤出造粒制备成淀粉母料和光敏剂母料，然后按比例将淀粉母料和光敏剂母料同聚乙烯树脂混合，在 LM/ AH-55 型吹塑机组上按常规吹塑方法吹制成厚度 0.008mm、宽度 900mm 的双降解聚乙烯地膜。将复合光敏剂配比不同的三种降解性聚乙烯地膜（以 A、B、C 为代号 ）与作对照的商品普通地膜（黄山市屯溪塑料三厂产品，以 ck 为代号 ）依次铺覆在整理好的畦上，让其自然裸露经受日晒雨淋和大气的侵蚀，每隔 10d 取样 1 次进行力学性能测试。

从图 9-13 可以看出，A、B、C 三种可降解聚乙烯地膜在暴露初期其物理力学性能也有变化，但下降不甚明显。在暴露 40d 左右就开始迅速下降，到 50d 左右力学性能已降至很低，50d 后取的样品已无法在材料试验机上对其进行力学性能测试，显示出降解的突变性。而作为对照的普膜仍保持良好的力学性能，变化不大。

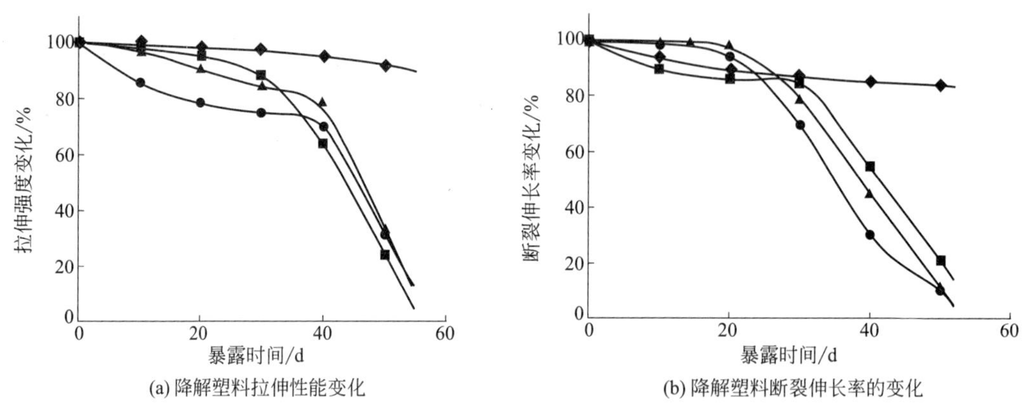

(a) 降解塑料拉伸性能变化　　(b) 降解塑料断裂伸长率的变化

图 9-13　降解塑料力学性能变化

●—A；■—B；▲—C；◆—普膜

引起降解地膜强度下降的原因有两个，一是土壤中的微生物侵蚀塑膜中的淀粉，造成膜强度下降；二是由于光敏剂的存在引发聚乙烯分子链的光化学反应，造成分子链断裂，分子量降低而使膜强度下降。研究人员认为第二种原因是主要的。因为在塑膜中淀粉只是填充型的，微生物对淀粉的侵蚀不会影响聚乙烯骨架，因而不会造成塑膜强度大幅度下降，而且微生物的侵蚀是个缓慢过程，也不会导致强度的突变。所以供试的塑膜在裸露 40d 后力学性能急剧下降只能是由于在光敏剂的作用下发生光氧化降解所致。这也可从下面的分子量和红外光谱测试结果清楚地看出来。当聚乙烯分子量降至 5000 左右时，就可以被微生物侵蚀，而淀粉的加入是在聚乙烯膜上起微生物增养基的作用，有利于微生物的繁衍，从而加速聚乙烯本身的生物降解。

9.2.2.5　红外分析法

聚合物生物分解后结构上会产生变化，其结构上会出现含氧原子的羰基基团、酰基等基团。因此通过分析分解前后样品含氧基团等结构的变化程度可定性、定量地分析材料的生物分解程度。

为探讨分解过程中聚乙烯分子链结构的变化，对 9.2.2.4 中未在户外暴露和已在户外暴露不同时间的地膜分别进行了红外光谱测试，结果见图 9-14 和图 9-15。

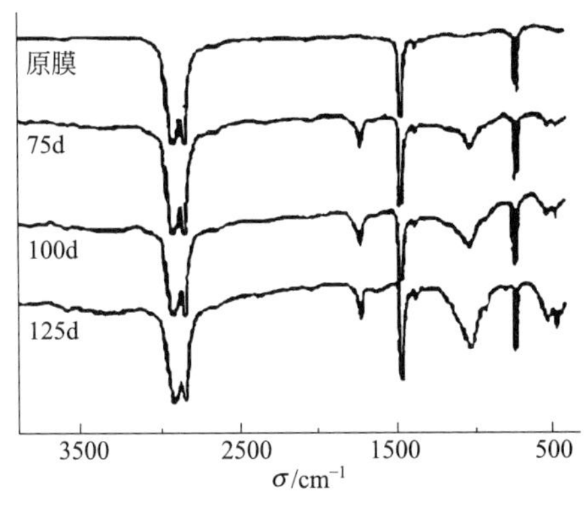

图 9-14　不同光照时间地膜红外光谱

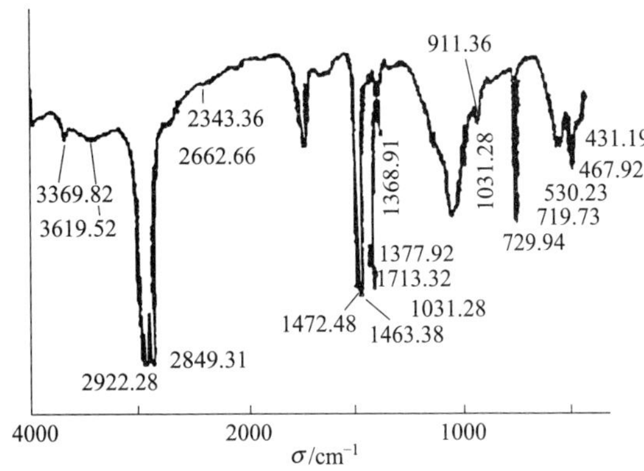

图 9-15　125d 时地膜红外光谱图

从红外光谱图可以看出，位于 1800～1600cm^{-1}和 1400～750cm^{-1} 谱带范围内对未暴露的聚乙烯膜而言几乎是水平线，无明显的吸收峰，但在田间暴露两个半月后出现了明显的吸收峰，表明聚乙烯大分子链发生了光氧化降解反应，出现了许多新的基团，而且随暴露时间的延续，吸收峰也越来越强，亦即光氧化降解程度越来越深。分析各吸收峰的频谱位置可以得出降解产物主要是醛、酮、酸、酯和氢过氧化物。其降解机理主要是在紫外线和光敏剂的引发下，聚乙烯大分子链发生光氧化反应生成大分子烷氧自由基，其自身发生 β 裂解就形成醛和酮，这样在聚烯烃分子中就有了羰基，在紫外光的作用下含羰基的聚烯烃分子链就能发生 Norrish 光化学反应而分别形成羧基和双键等。可用式(9-1)～式(9-3)表示。此外，从谱图中可以看出位于 720 cm^{-1} 左右的吸收峰强度随着暴露时间延长而逐渐变弱，也表明了聚烯烃中的$-\!(CH_2)\!-_n$（$n\geqslant5$）的链段在逐渐被氧化降解而减少。

$$-CH_2-\underset{\underset{\bullet}{O}}{\overset{H}{C}}-CH_2-\underset{R}{CH}- \longrightarrow -CH_2-\overset{O}{\overset{\|}{C}}-H + \cdot CH_2-\underset{R}{CH}- \tag{9-1}$$

$$-CH_2-\underset{\underset{\bullet}{O}}{\overset{R}{C}}-CH_2-\underset{R}{CH}- \longrightarrow -CH_2-\overset{O}{\overset{\|}{C}}-R + \cdot CH_2-\underset{R}{CH}- \tag{9-2}$$

$$\begin{aligned} &-CH_2-CH_2-CH_2-\overset{O}{\overset{\|}{C}}-CH_2-CH_2-CH_2- \longrightarrow \\ &\xrightarrow{\text{Norrish I}} -CH_2-CH_2-CH_2-\overset{O}{\overset{\|}{C}}\bullet + \bullet CH_2-CH_2-CH_2- \\ &\xrightarrow{\text{Norrish II}} -CH_2-CH_2-CH_2-\overset{O}{\overset{\|}{C}}-CH_3 + CH_2{=}CH- \end{aligned} \tag{9-3}$$

将图 9-14 与有关文献报道中光降解地膜随暴露时间不同的红外光谱图进行比较，可以看出吸收峰的位置和变化趋势完全一致，说明添加有改性淀粉的双降解地膜在降解初期主要是光降解在起作用。

9.2.2.6　DSC 测定熔点法

将聚合物徐徐升温至某一温度时，开始伴有激烈发热现象的氧化反应。此氧化开始温度是能测定劣化进行过程中表现向低温侧偏移的敏锐氧化劣化程度的方法。

如图 9-16 所示是添加 Ecostar 与未添加试样劣化程度的比较，添加的全部试样与未添加试样比较，劣化进行相当迅速。

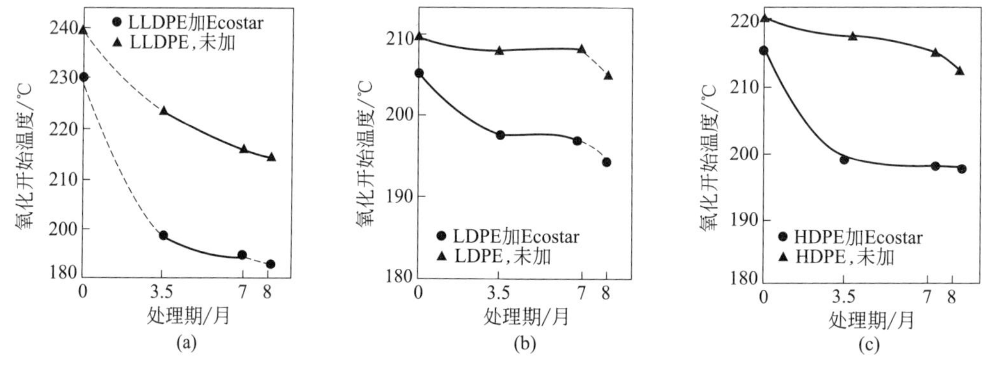

图 9-16 添加 Ecostar 与未添加试样劣化程度的比较

9.2.2.7 分子量变化测定法

测定降解前后样品的重均分子量、数均分子量及分散系数变化是降解程度的直接评价指标。试验后样品分子量变得越小，说明样品降解程度越大。因此，分子量降得越多的样品其降解性能就越好。

于九皋等按文献中的方法，将玉米淀粉（St）经预处理后制成母料，再与聚乙烯（PE）混合，吹制成 0.010 mm 厚的薄膜。样品薄膜的组成是 m(St)∶m(PE)∶m(添加剂)＝15∶82∶3 [PE 为 m（LDPE）∶m（LLDPE）＝1∶1；添加剂为油酸和有机铁化合物]。将上述样品薄膜制成 10mm×100mm 试样，分别置于温度和湿度为 A（70℃，60%）、B（70℃，60%）、C（60℃，60%）、D（80℃，60%）和 E（70℃，90%）五种环境的实验箱中进行降解实验。其中 A、C、D 和 E 中样品暴露于空气中，B 中样品埋在 200 mm 深的砂土下。定期取样，测试试样的各种性能变化。

表 9-15 列出了在不同环境条件下，共混物中 PE 的分子量随时间变化的数据。由表中的数据可以看出，随着时间的延长，A、B 两种环境对纯聚乙烯的分子量变化基本无影响，经过 60 天的实验，其分子量仅降低 7%。而淀粉/聚乙烯共混物中 PE 的分子量变化则十分显著，经过 60 天的实验，共混物在 A、B、D 环境下，PE 分子量降低 1 个数量级，降低了 90 %左右。对比 A、B 环境的数据还可以得出，空气中氧的浓度对共混物中 PE 的分子量降低几乎没有影响，表明共混物在厌氧条件下也可以达到降解的目的。对比 A、C、D 的数据可以得出，温度促进共混物中 PE 分子量降低是很明显的，符合随温度升高，反应速度加快的规律。

表 9-15 不同环境条件下共混物中 PE 的分子量随时间的变化

时间/d	PE		St/PE				
	A 环境	B 环境	A 环境	B 环境	C 环境	D 环境	E 环境
0	54810	54810	54810				
10	57720	56870	41670	40190			
20	55420	56420	26540	25530			45220
40	52060	53180	13450	12440	23270	6511	
50	51720	52680	10660	10200	12100	3360	
60	51040	51700	5630	5586			

9.2.2.8　消耗氧气测定

在微生物降解过程中放出的 O_2 通过适宜的分析方法来进行测定，消耗的氧气多少反映了聚合物需氧分解的能力。这个方法在上一节已详细描述。

9.2.2.9　释放二氧化碳测定

在微生物降解过程中放出的 CO_2 通过适宜的分析方法来进行测定，这个方法已在上一节的堆肥试验中详细描述。

9.2.2.10　电子显微镜（SEM）

用电子显微镜可分析降解前后材料表面结构变化，因为材料降解后由于分子链断裂及被微生物分解利用，其结构会出现变化如空洞等现象。因此用电镜分析方法可比较直观的观察材料结构变化的情况。

图 9-17 是 A 环境下共混物的 SEM 照片，由照片可以看出，未经降解实验的样品，淀粉仍以颗粒形式分散在聚乙烯中。经过 35 天，淀粉和聚乙烯的界面处发生了变化，经过 63 天，淀粉颗粒发生崩解，体积增大，加速了共混物的降解。

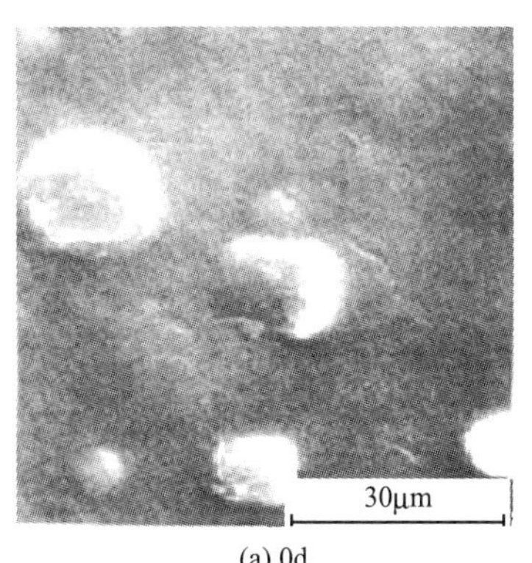

(a) 0d

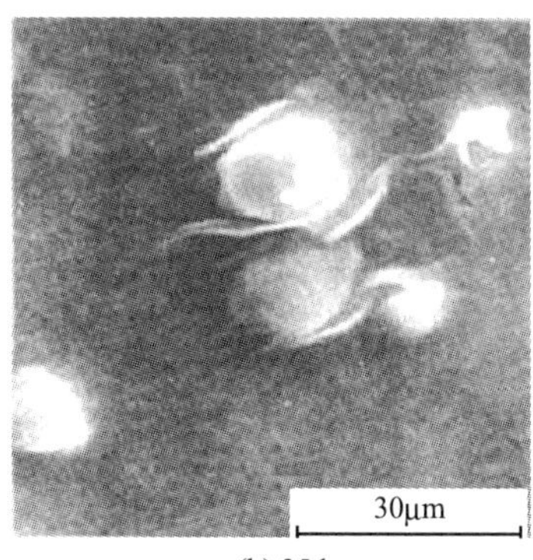

(b) 35d

(c) 63d

图 9-17　A 环境下共混物的 SEM 照片

9.2.2.11　其他

其他的分析方法如 X 射线衍射、电子能谱（ESCA）、电子探针微量分析（EPMA）、GC-MS 等方法对于探索降解机理均是不可缺少的手段。

9.2.3　各种降解塑料适合的试验及评价方法

降解塑料按照降解机理不同可分成以下几类，即光降解高分子、光-生物降解高分子、水降解高分子、热降解高分子、氧化降解高分子、生物分解高分子以及崩解型高分子等。目前国外市场上主要为生物分解高分子和崩解高分子，而国内市场上主要为光降解高分子、崩解高分子、光-生物降解高分子及生物分解高分子。

对于试验方法和评价方法分别用相应的符号来表示，具体如下表 9-16。各种降解塑料推荐检验方法见表 9-17。

表 9-16　试验方法和评价方法分别用相应的符号表示

<table>
<tr><th>试验方法</th><th>表示代号</th><th>评价方法</th><th>表示代号</th></tr>
<tr><td>户外光暴露试验</td><td>M1</td><td>微生物生长级别</td><td>E1</td></tr>
<tr><td>户外填埋试验</td><td>M2</td><td>光学显微镜观察</td><td>E2</td></tr>
<tr><td>实验室氙弧灯光源暴露试验方法</td><td>M3</td><td>质量损失</td><td>E3</td></tr>
<tr><td>实验室紫外灯光源暴露试验方法</td><td>M4</td><td>物理性能变化</td><td>E4</td></tr>
<tr><td>特定微生物侵蚀法</td><td>M5</td><td>红外分析法</td><td>E5</td></tr>
<tr><td>实验室土壤填埋法</td><td>M6</td><td>DSC 法</td><td>E6</td></tr>
<tr><td>实验室堆肥试验方法</td><td>M7</td><td>分子量变化</td><td>E7</td></tr>
<tr><td>活性污泥法</td><td>M8</td><td>消耗氧气测定</td><td>E8</td></tr>
<tr><td>水性培养液中材料最终需氧生物分解能力的测定——采用测定密闭呼吸计中需氧量的方法</td><td>M9</td><td>需氧量测定</td><td>E9</td></tr>
<tr><td>水性培养液中材料最终需氧生物分解能力的测定——采用测定释放的二氧化碳的方法</td><td>M10</td><td>释放二氧化碳测定</td><td>E10</td></tr>
<tr><td>酶的生物降解试验</td><td>M11</td><td rowspan="5">释放二氧化碳测定、需氧量测定、其他的分析方法如 X 射线衍射、电子能谱(ESCA)、电子探针微量分析(EPMA)、GC-MS 等方法</td><td rowspan="5">E11</td></tr>
<tr><td>微生物的加速降解试验</td><td>M12</td></tr>
<tr><td>实验室水平的垃圾处理装置的加速试验</td><td>M13</td></tr>
<tr><td>放射性 ^{14}C 跟踪测定法测定</td><td>M14</td></tr>
<tr><td>其他如高固态介质下生物降解试验方法、实验室水平下堆肥试验等</td><td>M15</td></tr>
</table>

表 9-17　各种降解塑料推荐检验方法

降解塑料类型	适用试验方法	常用试验方法	适用评价方法	常用评价方法
光降解塑料	M1、M3、M4	M1、M3	E1、E3、E4、E5、E6、E7、E10、E11	E3、E4、E5、E7
光-生物降解高分子	M1、M2、M3、M4、M5、M6、M7、M14、M15	M1、M3、M5、M7	E1、E2、E3、E4、E5、E6、E7、E9、E10	E1、E3、E4、E5、E7
热降解高分子	M2、M7、M13、M15	M7、M15	E1、E3、E4、E5、E7、E9、E10	E3、E4、E7、E9
氧化降解高分子	M2、M7、M13、M15	M15	E1、E3、E4、E5、E6、E7、E9、E10	E3、E4、E5、E7
生物分解高分子	M2、M5、M6、M7、M8、M9、M10、M1、M12、M13、M15	M2、M5、M6、M9、M10	E1、E2、E3、E4、E5、E7、E8、E9、E10	E1、E3、E4、E5、E7、E8、E9、E10、E11

9.2.4　国内外降解塑料标准现状

2000 年全世界合成树脂达到了 1.5 亿吨，其中中国生产塑料约 1500 万吨，每年产生塑料的废弃物约 300 万吨，二次再生利用约 150 万吨，不可回收塑料垃圾约 150 万吨，包括塑料地膜、包装膜、袋、餐盒以及其他制品，由于使用后难于回收又不能很快腐烂而污染了环境。

为了解决塑料废弃物污染环境的问题，生产可被环境降解消纳的塑料是一种有效可行的办法之一。为了解决塑料废弃物污染环境的问题，开发快速评价降解性能的实验室方法势在必行。为此国际标准化组织（ISO）和一些国家相关机构如美国材料协会（ASTM）分别建立了一些模拟自然条件的试验评价方法，并制定了相应的检测标准评价体系。

9.2.4.1　国际标准化组织（ISO）

（1）生物分解材料工作小组与标准

ISO 中从事生物分解材料标准工作的是 ISO/TC 61/SC 5/WG22 工作组。WG22 工作组由 ISO 技术委员会于 1993 年成立，专门从事生物分解有关的标准工作。

ISO 有关生物分解标准是在与 ASTM、CEN、JIS、DIN 等相关标准协调后，并在它们的基础上制定的标准。目前已发布了多个国际标准（表 9-18），并有一些已纳入工作计划（表 9-19）。

表 9-18　已发布的生物分解国际标准

标准序号	标准名称
ISO 10210:2012	Plastics—Methods for the preparation of samples for biodegradation testing of plastic materials
ISO 13975:2012	Plastics—Determination of the ultimate anaerobic biodegradation of plastic materials in controlled slurry digestion systems—Method by measurement of biogas production
ISO 14851:1999	Determination of the ultimate aerobic biodegradability of plastic materials in an aqueous medium—Method by measuring the oxygen demand in a closed respirometer
ISO 14852:2018	Determination of the ultimate aerobic biodegradability of plastic materials in an aqueous medium—Method by analysis of evolved carbon dioxide
ISO 14853:2016	Plastics—Determination of the ultimate anaerobic biodegradation of plastic materials in an aqueous system—Method by measurement of biogas production
ISO 14855-1:2012	Determination of the ultimate aerobic biodegradability of plastic materials under controlled composting conditions—Method by analysis of evolved carbon dioxide—Part 1: General method
ISO 14855-2:2018	Determination of the ultimate aerobic biodegradability of plastic materials under controlled composting conditions—Method by analysis of evolved carbon dioxide—Part 2: Gravimetric measurement of carbon dioxide evolved in a laboratory-scale test
ISO 15270:2008	Plastics—Guidelines for the recovery and recycling of plastics waste
ISO 15985:2014	Plastics—Determination of the ultimate anaerobic biodegradation under high-solids anaerobic-digestion conditions—Method by analysis of released biogas
ISO 16620-1:2015	Plastics—Biobased content—Part 1: General principles
ISO 16620-2:2015	Plastics—Biobased content—Part 2: Determination of biobased carbon content
ISO 16620-3:2015	Plastics—Biobased content—Part 3: Determination of biobased synthetic polymer content
ISO 16620-4:2016	Plastics—Biobased content—Part 4: Determination of biobased mass content
ISO 16620-5:2017	Plastics—Biobased content—Part 5: Declaration of biobased carbon content, biobased synthetic polymer content and biobased mass content
ISO 16929:2013	Plastics—Determination of the degree of disintegration of plastic materials under defined composting conditions in a pilot-scale test
ISO 17088:2012	Specifications for compostable plastics
ISO 17422:2018	Plastics—Environmental aspects—General guidelines for their inclusion in standards
ISO 17556:2012	Plastics—Determination of the ultimate aerobic biodegradability of plastic materials in soil by measuring the oxygen demand in a respirometer or the amount of carbon dioxide evolved
ISO 18830:2016	Plastics—Determination of aerobic biodegradation of non-floating plastic materials in a seawater/sandy sediment interface—Method by measuring the oxygen demand in closed respirometer
ISO 19679:2016	Plastics—Determination of aerobic biodegradation of non-floating plastic materials in a seawater/sediment interface—Method by analysis of evolved carbon dioxide
ISO 20200:2015	Plastics—Determination of the degree of disintegration of plastic materials under simulated composting conditions in a laboratory-scale test

表 9-19　已纳入计划的生物分解国际标准

ISO/DIS 13975	Plastics—Determination of the ultimate anaerobic biodegradation of plastic materials in controlled slurry digestion systems— Method by measurement of biogas production
ISO/FDIS 14851	Determination of the ultimate aerobic biodegradability of plastic materials in an aqueous medium—Method by measuring the oxygen demand in a closed respirometer
ISO/DIS 16620-2	Plastics—Biobased content—Part 2：Determination of biobased carbon content
ISO/DIS 16929	Plastics—Determination of the degree of disintegration of plastic materials under defined composting conditions in a pilot-scale test
ISO/CD 17088	Specifications for compostable plastics
ISO/PRF 17556	Plastics—Determination of the ultimate aerobic biodegradability of plastic materials in soil by measuring the oxygen demand in a respirometer or the amount of carbon dioxide evolved
ISO/WD TR 21960	Plastics in the Environment—Current state of knowledge and methodologies
ISO/CD 22403	Plastics—Assessment of the inherent aerobic biodegradability and environmental safety of non-floating materials exposed to marine inocula under laboratory and mesophilic conditions—Test methods and requirements
ISO/DIS 22404	Plastics—Determination of the aerobic biodegradation of non-floating materials exposed to marine sediment—Method by analysis of evolved carbon dioxide
ISO/DIS 22526-1	Plastics—Carbon and environmental footprint of biobased plastics—Part 1：General principles
ISO/DIS 22526-2	Plastics—Carbon and environmental footprint of biobased plastics—Part 2：Material carbon footprint，amount（mass）of CO_2 removed from the air and incorporated into polymer molecule

（2）光、热降解试验标准

目前，ISO 有关降解塑料光老化和降解的标准主要是用户外曝晒的方法以及实验室灯源照射的方法，分别列于表 9-20。

表 9-20　ISO 有关降解塑料光老化和降解的标准

标准序号	标准名称
ISO 877-1-2009	Plastics—Methods of exposure to solar radiation—Part 1：General guidance
ISO 877-2-2009	Plastics—Methods of exposure to solar radiation—Part 2：Direct weathering and exposure behind window glass
ISO 4582-2017	Plastics—Determination of changes in colour and variations in properties after exposure to glass-filtered solar radiation，natural weathering or laboratory radiation sources
ISO 4892-1-2016	Plastics—Methods of exposure to laboratory light sources—Part 1：General guidance
ISO 4892-2-2013	Plastics—Methods of exposure to laboratory light sources—Part 2：Xenon-arc lamps
ISO 4892-3-2016	Plastics—Methods of exposure to laboratory light sources—Part 3：Fluorescent UV lamps
ISO 4892-4-2013	Plastics—Methods of exposure to laboratory light sources—Part 4：Open-flame carbon-arc lamps

9.2.4.2　美国材料协会（ASTM）标准

美国从事生物分解材料标准、推广和技术发展工作的是生物分解制品研究所（Biodegradable Product Institute，缩写 BPI）。BPI 与美国材料协会的塑料技术委员会（D20）成立了一个分技术委员会 D20.96，专门从事制定“环境降解塑料”的标准。此分委员会工作范围包括环境降解塑料的知识促进、标准的发展（分类、导则、实践、试验方法、术语和规范）。此分技术委员会目前有 170 个代表包括生产厂家、销售商、用户、消费者和感兴趣者，代表涉及工业界、政府、大学和国家实验室等部门。自 1989 年以来，美国材料协会（ASTM）先后共发布了 20 多项 ASTM 标准。有的用于测定城市污水淤泥环境中降解塑料的需氧生物分解性能和厌氧生物分解性能、有的用于测定堆肥化条件下降解塑料需氧生物分解性能、有的用于测定固体废弃物环境中塑料的可生物分解性能、有的采用特定微生物测定可降解塑料需氧生物分解性能等标准试验方法；也有塑料在海洋漂浮暴露条件下耐候试验标准准则、塑料暴露于模拟堆肥环境中的标准准则等。最近又发布了 ASTM D6400-99 可堆肥化塑料的标准。ASTM 相关的标准列于下表 9-21。

表 9-21　ASTM 有关塑料降解试验方法标准

标准序号		标准名称
潜在降解能力测定	ASTM G21-15	Standard Practice for Determining Resistance of Synthetic Polymeric Materials to Fungi
光降解测定方法	ASTM D3826-18	Standard Practice for Determining Degradation End Point in Degradable Polyethylene and Polypropylene Using a Tensile Test
	ASTM D5071-06	Standard Practice for Exposure of Photodegradable Plastics in a Xenon Arc Apparatus
	ASTM D5208-14	Standard Practice for Fluorescent Ultraviolet (UV) Exposure of Photodegradable Plastics
	ASTM D5272-08	Standard Practice for Outdoor Exposure Testing of Photodegradable Plastics
堆肥条件下生物分解能力的测定方法	ASTM D5338-15	Standard Test Method for Determining Aerobic Biodegradation of Plastic Materials Under Controlled Composting Conditions, Incorporating Thermophilic Temperatures
	ASTM D6954-18	Standard Guide for Exposing and Testing Plastics that Degrade in the Environment by a Combination of Oxidation and Biodegradation
	ASTM D6868-19	Standard Specification for Labeling of End Items that Incorporate Plastics and Polymers as Coatings or Additives with Paper and Other Substrates Designed to be Aerobically Composted in Municipal or Industrial Facilities
	ASTM D6400-19	Standard Specification for Labeling of Plastics Designed to be Aerobically Composted in Municipal or Industrial Facilities
	ASTM D7475-11	Standard Test Method for Determining the Aerobic Degradation and Anaerobic Biodegradation of Plastic Materials under Accelerated Bioreactor Landfill Conditions
厌氧消化/处理	ASTM D5988-18	Standard Test Method for Determining Aerobic Biodegradation of Plastic Materials in Soil
	ASTM D5511-18	Standard Test Method for Determining Anaerobic Biodegradation of Plastic Materials Under High-Solids Anaerobic-Digestion Conditions
	ASTM D5526-18	Standard Test Method for Determining Anaerobic Biodegradation of Plastic Materials Under Accelerated Landfill Conditions

BPI 通过对树脂生产者、最终使用用户、堆肥所及学院 8 年的研究，把工作重点集中在堆肥过程中材料的降解能力。ASTM D6400—19，是堆肥化塑料的规范，试验结果有合格或不合格的判断结论，结论包括可矿化、崩解和安全性，这个标准与欧洲及日本是一样的。可矿化试验方法按照 ASTM D5338，60%的聚合物在 180 天内需转化为 CO_2；崩解试验后的尺寸在 2mm 以上的样品应少于 10%；安全性试验按照 OECD 导则 208 应对植物无害。

9.2.4.3　日本工业标准（JIS）

日本从事生物分解材料标准、推广和技术发展工作的是日本生物降解材料协会（Biodegradable Plastic Society，缩写 BPS）。BPS 成立于 1989 年 10 月，现有 80 个成员，其中 18 个成员是 GreenPla（环境友好材料）的供应商如 BASF、Cargill、DuPont、Novamont、Planet Polymer Technologies 等（从 1995 年开始，在日本通称生物分解塑料为 GreenPla），其中 58 个成员为 GreenPla 的消费者如薄膜、片材、纤维、泡沫如 National Starch & Chemicals 等，其他 11 个成员是一些化学公司的下属单位。

BPS的主要目的是推广生物分解塑料技术和促使生物降解塑料广泛地、商业化的应用。BPS现在有三个委员会，分别为研究和计划委员会、技术委员会、认证体系委员会。研究和计划委员主要是制定战略性行动项目计划，技术委员会主要发展GreenPla的评价方法，而认证体系委员会执行GreenPla的认证和标签体系工作。

在1999年，BPS推出了建立食品包装用Greenpla安全评价体系的计划。1994年，在有关GreenPla生物分解能力的大量试验基础上制定了一个日本工业方法标准JIS K 6590，国际标准组织于1999年在这个标准基础上制定了ISO 14851。

2007年日本BPS更名为日本生物塑料协会，简称JBPA。

9.2.4.4 欧洲标准

欧洲标准化委员会自20世纪90年代起也积极参与降解塑料的标准的制定研究工作。比利时、德国、芬兰分别制定了各自生物降解材料的标准。

德国开展这方面工作主要为农业部消费和农业司，他们曾在德国卡塞尔（Kassel）城市进行了可堆肥化生物降解材料应用试验示范项目。生物降解材料应用于各种包装物如商场购物袋、餐具等以及农业上的一些应用如育秧钵、水果袋等。通过这些应用示范项目、调查及大量试验，他们发布了DIN CERTCO法令，并制定通过了全生物降解材料堆肥能力检测的标准DIN V54900。其中国际标准组织在DIN V54900、ASTM D 5338基础上制定了ISO 14855《可控堆肥条件下塑料最终需氧生物降解能力的测定——分析释放的二氧化碳的方法》。

9.2.4.5 国内相关标准和相关的活动

（1）相关标准

降解塑料要健康发展，它的评价体系包括标准和测试技术，也相当关键，是降解塑料产品推广的基础和产业化的前提。生物分解绿色塑料在日本的定义为，可以同普通塑料制品一样使用，用后可以由自然界微生物和分解酶类分解为二氧化碳和水的塑料。在欧洲和美国也同样如此定义。20世纪80年代美国开发的以PE和淀粉为主要成分的崩解型分解性塑料在崩解后形成小碎片飞散开来，引起环境污染，属于不完全分解性的塑料，因而引发了虚假宣传和法律诉讼问题。近年来，从海外引进日本的崩解性材料已经开始成为问题。为了评价生物分解塑料，国际标准化组织自1999年以来制定了许多标准，已经公布和生效的有ISO 14851、ISO 14852、14855、ISO 16929和ISO 17556等。日本也制定和公布了日本工业标准（JIS）法，分别为K6950、K6951和K6953。这些标准试验方法是评价生物分解绿色塑料的基本方法。迄今为止世界各国都在准备对区别绿色塑料、普通塑料和崩解型材料的识别表示制度，欧洲已经具有可以同有机废弃物一起压缩处理材料的识别表示制度，日本也已经有可以确认生物分解性和安全性的制度。

我国2009年成立了全国生物基材料及降解制品标准化技术委员会，在全国生物基材料及降解制品标准化技术委员会、全国塑料制品标准化中心生物分解材料工作组、中国塑协降解塑料专委会以及相关部门的努力下，建立了评价生物分解塑料生物分解能力的相关标准和检验方法，已经颁布的标准分别有GB/T 19276.1—2003《水性培养液中材料最终需氧生物分解能力的测定 采用测定密闭呼吸计中需氧量的方法》、GB/T 19276.2—2003《水性培养液中材料最终需氧生物分解能力的测定采用测定释放的二氧化碳的方法》、GB/T 19277《受控堆肥条件下材料最终需氧生物分解和崩解能力的测定采用测定释放的二氧化碳的方法》、

GB/T 19811—2005《在定义堆肥化中试条件下 塑料材料崩解程度的测定》和 GB/T 20197—2006《降解塑料的定义、分类、标志和降解性能要求》。这些标准出台有力地推动了行业的发展，也促进了降解塑料的正确标志，也为降解塑料进一步快速发展奠定了基础。表 9-22、表 9-23 是我国目前现有的降解塑料相关标准。

表 9-22 我国现行降解塑料相关标准

序号	标准序号	标准名称
1	GB/T 19277.1—2011	受控堆肥条件下材料最终需氧生物分解能力的测定 采用测定释放的二氧化碳的方法 第 1 部分:通用方法
2	GB/T 19277.2—2013	受控堆肥条件下材料最终需氧生物分解能力的测定 采用测定释放的二氧化碳的方法 第 2 部分：用重量分析法测定实验室条件下二氧化碳的释放量
3	GB/T 29649—2013	生物基材料中生物基含量测定 液闪计数器法
4	GB/T 30293—2013	生物制造聚羟基烷酸酯
5	GB/T 30294—2013	聚丁二酸丁二酯
6	GB/T 31124—2014	聚碳酸亚丙酯(PPC)
7	GB/T 32106—2015	塑料在水性培养液中最终厌氧生物分解能力的测定 通过测量生物气体产物的方法
8	GB/T 32366—2015	生物降解聚对苯二甲酸-己二酸丁二酯(PBAT)
9	GB/T 33798—2017	生物聚酯连卷袋
10	GB/T 33797—2017	塑料在高固体份堆肥条件下最终厌氧生物分解能力的测定采用分析测定释放生物气体的方法
11	GB/T 33796—2017	热塑性淀粉通用技术要求
12	GB/T 33897—2017	生物聚酯 聚羟基烷酸酯(PHA)吹塑薄膜
13	GB/T 34239—2017	聚 3-羟基丁酸-戊酸酯/聚乳酸(PHBV/PLA)共混物长丝
14	GB/T 34255—2017	聚丁二酸-己二酸丁二酯(PBSA)树脂
15	GB/T 35795—2017	全生物降解农用地面覆盖薄膜
16	GB/T 36941—2018	秸秆纤维基聚丙烯改性料
17	GB/T 32163.2—2015	生态设计产品评价规范 第 2 部分:可降解塑料
18	GB/T 19275—2003	材料在特定微生物作用下潜在生物分解和崩解能力的评价
19	GB/T 19276.1—2003	水性培养液中材料最终需氧生物分解能力的测定—采用测定密闭呼吸计中需氧量的方法
20	GB/T 19276.2—2003	水性培养液中材料最终需氧生物分解能力的测定—采用测定释放的二氧化碳的方法
21	GB/T 19811—2005	在定义堆肥化中试条件下塑料材料崩解程度的测定
22	GB/T 20197—2006	可降解塑料的定义、分类和降解性能要求
23	GB/T 21661—2008	塑料购物袋
24	GB/T 22047—2008	土壤中塑料材料最终需氧生物分解能力的测定 采用测定密闭呼吸计中需氧量或测定释放的二氧化碳的方法
25	GB 18006.1—2009	塑料一次性餐饮具通用技术要求
26	GB/T 24453—2009	酒店客房用易耗塑料制品
27	GB/T 24454—2009	塑料垃圾袋
28	GB/T 24984—2010	日用塑料袋
29	QB/T 4012—2010	淀粉基塑料
30	GB/T 16716.6—2012	包装与包装废弃物 第 6 部分:能量回收利用
31	GB/T 28018—2011	生物分解塑料垃圾袋
32	GB/T 28206—2011	可堆肥塑料技术要求
33	GB/T 29284—2012	聚乳酸
34	GB/T 30406—2013	植物纤维模塑制品通用技术要求
35	QB/T 2461—1999	包装用降解聚乙烯薄膜
36	HJ/T 202—2005	环境标志产品技术要求 一次性餐饮具
37	HJ/T 209—2017	环境标志产品技术要求 塑料包装制品
38	YZ/T 0160.2—2017	邮政业封装用胶带 第 2 部分:生物降解胶带
39	YZ/T 0166—2018	邮政快件包装填充物技术要求

表 9-23　其他有关光降解试验方法标准

GB/T 12000—2017	塑料 暴露于湿热、水喷雾和盐雾中影响的测定
GB/T 16422.1—2006	塑料 实验室光源暴露试验方法 第1部分：总则
GB/T 16422.4—2014	塑料 实验室光源暴露试验方法 第4部分：开放式碳弧灯
GB/T 17603—2017	光解性塑料户外暴露试验方法
GB/T 15596—2009	塑料 在玻璃下日光、自然气候或实验室光源暴露后颜色和性能变化的测定
GB/T 16422.2—2014	塑料 实验室光源暴露试验方法 第2部分：氙弧灯
GB/T 16422.3—2014	塑料 实验室光源暴露试验方法 第3部分：荧光紫外灯

其中 QB/T 2461—1999 中的堆肥试验方法和霉菌侵蚀试验方法分别非等效采用了 ASTM D5338 受控堆肥化条件下测定可生物分解塑料需氧生物降解的实验方法和 ISO 846 塑料——真菌和细菌作用下行为的测定——直观检验法用于测定其降解性能。GB/T 18006—2009 中的堆肥试验方法和霉菌侵蚀试验方法也采用了 ASTM D5338 和 ISO846 方法，并用霉菌繁殖级数和堆肥条件下的生物分解度来评价其降解性能。而 HBC 01—2001 中将降解餐具分为生物分解、光-生物降解材料和易于回收利用材料三大类，其中规定餐具的环境降解性能试验方法依照 GB 18006.1—2009，但提高了某些技术指标要求，并提高了对降解塑料制品堆肥能力的要求。

（2）国家塑料制品质量监督检验中心（NTSQP）

NTSQP 经国家质量监督检验检疫总局授权，从事塑料制品的质量监督检验、仲裁检验和各方委托检验，具有法定权威性和第三方公正性。目前，中心的检验范围包括了食品包装塑料制品等国家重点监管产品，农用薄膜和节水灌溉等农资物品，塑料管材、管件和阀门、门窗型材、人造地板等建材，土工膜、土工格栅等土工材料，各类泡沫塑料制品，各类降解塑料。中心还能进行塑料老化等长期寿命评价，材料成分分析，卫生性能分析，加工成型基础性能测试等。中心的测试水平得到了国内外的广泛认可，食品包装制品、塑料管道、泡沫、土工材料、降解塑料的检验水平处于国内领先地位，尤其是降解检验水平更是得到了美国、欧洲、日本等国际认可，在国内具有唯一的权威性。

（3）全国塑料制品标准化技术委员会（TC48）

TC48 由国家标准化管理委员会设立，归口管理全国塑料制品标准化工，并承担与国际标准化组织（ISO/TC138/TC61/SC10、SC11）的技术归口，负责管理塑料制品国家标准和行业标准的制（修）订工作，是我国塑料制品标准化的最高权威技术机构，具有权威性和唯一性。目前 TC48 属下 3 个分技术委员会，其中 SC3 塑料管材、管件和阀门分技术委员会，还是我国归口 ISO/TC138 塑料管材、管件和阀门的技术委员会。

（4）全国生物基材料及降解制品标准化技术委员会（TC380）

TC380 由国家标准化管理委员会设立，是生物基和降解材料及制品的标准化技术归口单位，负责管理生物基材料及降解制品的标准化工作。工作范畴包括生物基材料和降解制品的试验方法和产品标准等。

9.3 生命周期评价

生命周期评价（life cycle assessment，LCA），对产品原料的采掘、运输、材料制造直到产品加工、流通、排出、再生等整个过程的能量消耗和二氧化碳排放量进行计算测定、综合评价。已经渐渐成为材料的选定基准。在此以生物分解性塑料 PLA 和 PHA 为例进行试算，并与通用塑料进行比较论述。

9.3.1 LCA 的方法和意义

所有的产品，从制造到废弃的生命周期中，都会对环境产生影响。在讨论这个环境影响时，将对象产品“从摇篮到墓地”整个进行科学、定量、客观评价，就是好 LCA。LCA 的对象，除了物（产品）以外，还可以是制造工程和废弃物处理工程等。

在国际标准中，LCA 已被确定作为定量评价方法的地位，实施、报告的原则和指导方针已在 ISO 14040 系列中标准化。在此标准中规定，LCA 的调查包括，目的及调查范围的设定、详细分析、影响评价、结果的解释等四个项目（图 9-18）。

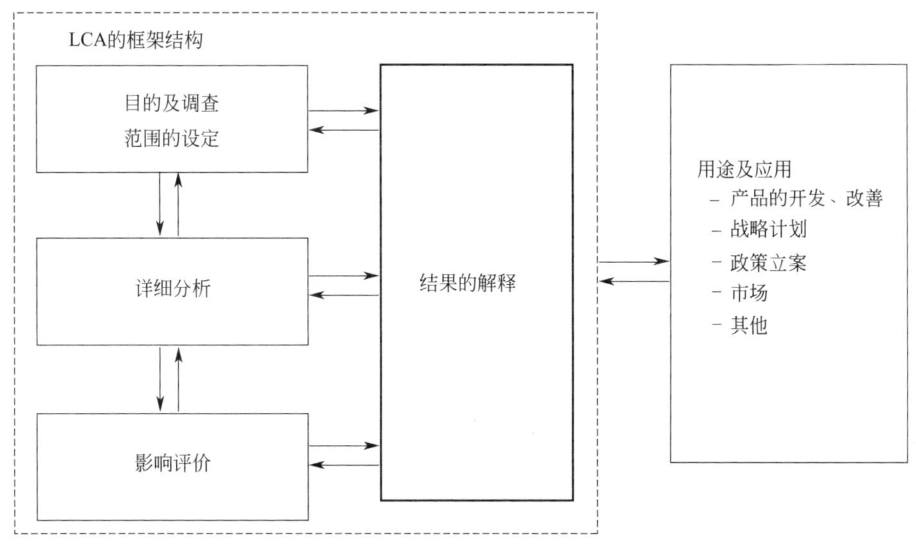

图 9-18　调查的构成（ISO 14040）

首先是目标及调查范围的设定，确定 LCA 实施的理由，设定分析对象的范围。接下来是详细分析，对 LCA 相关的物质和能量流动，从资源的采掘、制造、加工、运输、使用、再利用、回收、废弃物处理等全部阶段进行调查，做成输入输出明细表。影响评价，就是以详细分析的计算结果为基础，把整个阶段的环境负荷进行定量。比如，分成“地球温室效应”和“臭氧层破坏”等环境影响项目，按项目检验对环境的影响。结果的解释，就是对遵从调查目的和调查范围得到的结果进行解释。另外，还要通过感度分析和不确定性分析，验证数据误差对分析结果的影响。为了确保调查结果的客观性、透明性和数据的精度，还要让 LCA 的作成人以外的人再次进行验证。

LCA 调查中最为核心的部分是详细分析，是否能够收集到正确的数据直接影响调查结果。甚至会出现同样的基础数据得出的结论却完全相反的情况。但是，收集对象产品整个生命循环的正确数据并不是一件很容易的事。所以为了弥补底下进行调查的“累计法”的不足，辅以“产业关联分析法”。这种方法，是利用各产业部门之间表示交易关系的产业关联表，对特定产品的能量和环境影响，以金额交换为基础进行上下调查的方法。

9.3.2 生物分解性塑料的案例分析

9.3.2.1 PLA

在众多的生物分解性塑料中，PLA 由于机械性能和透明性优秀，而且是由植物性生物质制造的，拥有独特的性质。因为 PLA 可以用碳中性资源制造，可以让人直观地认识到它对环境的影响比较低。另一方面，PE、PP 等石化基塑料虽然是由石化原料制造的，但是在反复的制造工艺改良后，也达成了大幅节省能源的效果。那么，PLA 和石油类塑料中哪一个对环境的影响更小一些呢？这个问题就要以 LCA 为基础来进行比较评价。下面介绍美国的 PLA 制造厂商 Cargill Dow 公司（现 Nature Works 公司）进行的 PLA 制造的 LCA 调查事例。

（1）目标和调查范围的设定

Cargill Dow 公司进行的 LCA 调查的目的，是明确 PLA 制造中投入的资源和能源的总量，排出的大气污染物、水质污染物和固体污染物的总量，并比较它与石化基塑料对环境造成的影响，同时验证通过 PLA 制造工艺的改良，可以在多大程度上消减化石资源的使用和大气污染物的排放。为此，把 LCA 的调查范围定在以二氧化碳为起始原料直至生产出 PLA 树脂（图 9-19）。

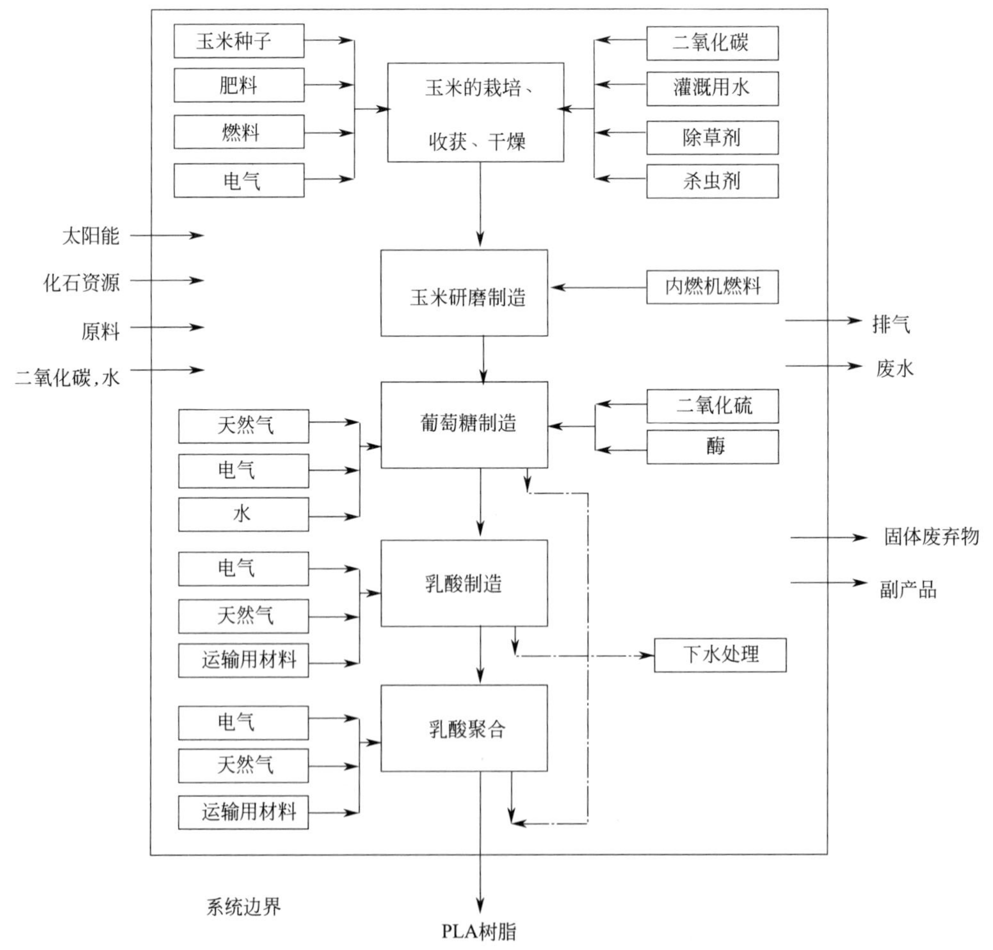

图 9-19 关于 PLA 制造的 LCA 调查的范围

（2）详细分析

PLA 树脂的制造工艺有五个阶段：玉米栽培、玉米研磨制造、葡萄糖制造、乳酸制造（发酵）、乳酸聚合等。通过累计法算出各个阶段中投入的资源和能量，以及排放的大气污染物、水质污染物、固体废弃物。

（3）影响评价

以详细分析的结果为基础，定量化计算对环境造成的影响。例如，对地球的温室效应，使用以二氧化碳为基准的特性系数（二氧化碳为 1，甲烷为 21，一氧化氮为 310），计算出环境负荷量。

（4）结果的解释

结果表明，制造 1kg PLA 树脂，需要消耗 54 MJ 的化石资源（能量换算），排出 1.8 kg 温室气体（二氧化碳换算）。欧洲塑料制造中协会（APME）发表了石化基塑料的 LCA 调查结果，两相比较的结果如图 9-20 所示。PLA 的化石资源使用量要比石化基的要低。温室气体的排放量也一样要低。也就是说，PLA 制造跟石油类塑料比起来，对环境造成的负荷要少。

研究化石资源使用的详细内容后发现，石化基塑料由作为原料使用的原料供应能耗和制造过程用的加工能耗构成。而 PLA 的原料是生物质，所以只有加工能耗。比较这个加工能耗发现，PLA 的比尼龙和 PC 少，但是比 PS、LDPE、PP、非晶 PET 要多。这说明，跟 PS 或 PP 等石化基塑料比起来，PLA 的制造工艺还不够成熟。

将来，会在现行的 PLA 制造工艺上进行乳酸发酵技术的改良、生物质资源的有效利用，以及风力发电的导入等改良（图 9-20）。预计随着这些技术改良的导入，制造 1kg PLA 消耗的化石资源将会降低到 7MJ。而且在将来工艺中，温室气体的排放量预计可以降到 −1.7kg，即固定了相当于 1.7kg 二氧化碳的温室气体。像这样，通过进行 LCA 调查，可以得到能有效降低环境负担的指南。

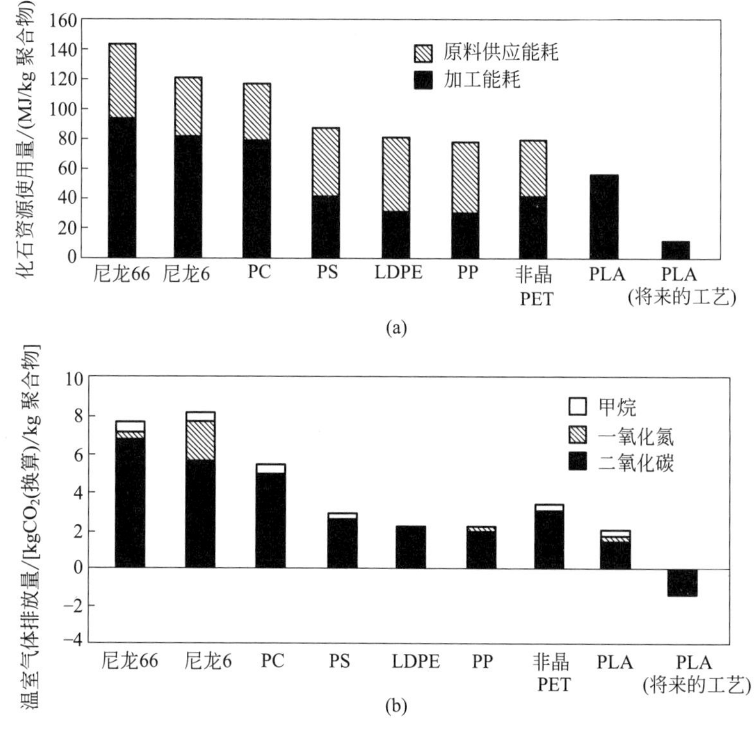

图 9-20　制造 1kg PLA 树脂消耗的化石资源量（a）和温室气体排放量（b）

9.3.2.2　PHA

PHA跟PLA一样是可由生物质资源制造的生物分解性塑料。PHA是微生物体内为了贮藏能量和碳而积蓄起来的生物聚酯。人们正在通过转基因技术培育可大量合成、储藏PHA的微生物。笔者等人设想使用转基因微生物进行PHA商业生产，进行了详细分析。下面即是简要介绍。

（1）目标和调查范围的设定

详细分析的目的是确定PHA制造中投入的资源和能量的总量，及二氧化碳的排出量。PHA既可以从糖类制造，也可以从油脂类制造。为了确认使用原料不同对给环境带来的负荷是否不同，分别以葡萄糖（玉米淀粉）和大豆油为原料进行了分析。调查范围均为从起始原料二氧化碳到PHA树脂的制造。

（2）详细分析

假定经过农业阶段、发酵、精制三个阶段制造PHA树脂。农业阶段的基础数据主要参考美国农务省和能量省的公布值。发酵阶段的条件根据文献值和试验结果决定（表9-24）。这个过程中投入的资源和能量、排出的二氧化碳量用累积法算出。

表9-24　PHA发酵的运转条件

产品	1	2	3	4	5	6	7	8	9	10
原料①	Soy	Soy	Soy	Soy	Soy	Soy	Soy	Soy	Glu	Glu
发酵时间/h	40	50	40	50	40	50	40	50	30	48
最终菌体浓度/(g/L)	100	100	150	150	100	100	150	150	200	190
细胞内聚酯含量	80	80	80	80	85	85	85	85	75	79
原料转化率/(g聚酯/g原料)	0.7	0.7	0.7	0.7	0.8	0.8	0.8	0.8	0.37	0.30

①Soy：大豆油；Glu：葡萄糖（玉米淀粉）。

（3）结果的解释

以Monsanto公司（美）的生产数据（表9-24产品10）为基础，对葡萄糖出发的制造过程进行详细分析的结果可以预计，制造1kg PHA树脂使用的化石资源（能量换算）为68MJ，二氧化碳的排出量为1.4 kg（图9-21）。

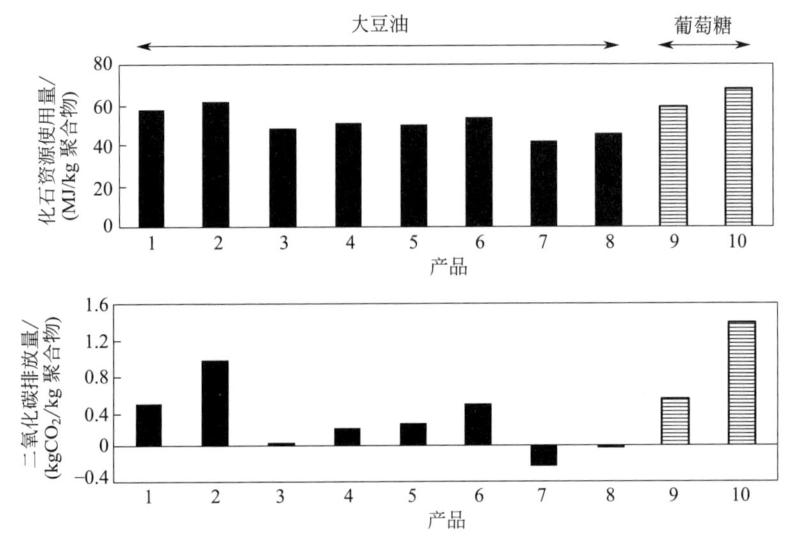

图9-21　PHA制造的详细分析结果（发酵条件参照表9-24）

而以大豆油为假想原料时，在最适合的生产条件下（CASE 5），预计制造 1kg PHA 树脂使用的化石资源（能量换算）为 50MJ，二氧化碳的排出量为 0.3kg。使用原料不同产生这些差异的原因，一个是农业阶段的化石资源使用量和二氧化碳排出量不同，另外就是发酵阶段 PHA 原料转化率不同。如果能提高发酵技术，就能降低对环境造成的负担，甚至可能把二氧化碳的排放量降低到负值。这样就可以从定量角度得出结论：在考虑到环境影响的时候，大豆油比葡萄糖更适合做 PHA 的原料。

9.3.3　测定塑料相关生物质碳含量的生物基塑料成分评价方法

使用基于 ASTM D6866 的加速剖谱法测定碳浓度，有可能对生物基塑料的总有机碳含量进行测定。为了分辨生物基塑料中含有石油基添加剂或者生物基添加剂，应当使用化学成分分析法测定每种组分的生物质碳含量。

日本产业综合研究所 Kunioka 博士使用热重法（TG）使用组分分析手段对生物基样品进行研究。结论是，TG 仪器的操作步程，即在升高样品温度的情况下，保持分解温度，对生物基塑料成分的测定是很重要的。

（1）试验方法

材料：PBS（Aldrich 化学公司，日本），PLA（Unitka，日本），PE（Mitsubishi 化学，日本），纤维素（粉状）（Avicel PH-M25，平均粒径 24μm，Asahi 化学工业有限公司，日本），玉米淀粉（Wak Pure 化学公司，日本）。

将 PBS 或 PLA 的粒料制备成粉末备用。使用钛叶轮的混合机（10000r/min，3L）将粒料研碎，使用干冰冷却。研磨过程进行 15 次，每次 3min，两次之间间隔 1min，这是为了防止混合机的电动机过热。在混合后，在减压室温下干燥。干燥后，原材料粉末使用标准 120 目（125μm）过筛。将粉末铺到筛上，再将筛子置于振动器上震动 15min。将制得的 PBS 或 PLA 粉末与玉米淀粉（CS）或纤维素粉末（CF）共混制备薄膜，质量比例为 0～60%。混合后，混合物薄膜使用实验室桌型打样机（SA303，Sangyo 有限公司，日本）。粉末混合物置于 100mm×100mm×0.5mm 规格不锈钢框架，加盖聚四氟乙烯板盖在 120℃、20MPa 条件下压缩 5min。5min 后，将融压薄膜在室温下冷却。

热重测量法（TG）使用 Seiko 机械有限公司的 EXSTAR 6000 TG，在铝盘（Φ5mm）测定含有添加剂聚合物的热解重量变化。使用空铝盘作为参照。温度增加速率为 10℃/min，环境为氮气。使用 EXSTAR 系统的温度控制系统。表 9-25 为 TG 仪器模阶模式下升温控制参数。观察到重量减少（降解）时加热温度不变。当重量停止增加时，温度又开始上升。

表 9-25　TG 仪器模阶模式下升温控制参数

升温控制的极限值（失重）	175mg/min	变更升温速率的参数	10000
再次升温控制的极限值（失重）	25mg/min	校核和控制间隔	20

（2）结果

在像 TG 的升温条件下，每种包含生物基塑料组分的降解温度都可能不同。图 9-22 显示了 PLA 与淀粉混合的正常模式与模阶模式下的温度曲线。正常模式下 TG 升温速率为 10℃/min。模阶模式下，加热温度在重量开始减少时停止升高，重量停止减少后温度再次升高。正如图 9-23 中所示，模阶模式下淀粉（290℃）和 PLA（330℃）的降解阶段比正常模式下的表现更加清晰。图 9-24 显示了 PLA-淀粉组分（0/100，50/50，75/25，87.5/

12.5，100/0）的 TG 曲线。使用 TG 法模阶模式对 PLA-淀粉复合物的评估见表 9-26，实验数据与理论值相符。

图 9-25 显示了模阶模式下 PBS-淀粉复合物的 TG 曲线图（0/100，50/50，75/25，87.5/12.5，100/0）。结果见表 9-27，实验数据与理论值相符。图 9-26 显示了模阶模式下聚乙烯-淀粉复合物（50/50）的 TG 曲线图，实验数据与理论值相符。

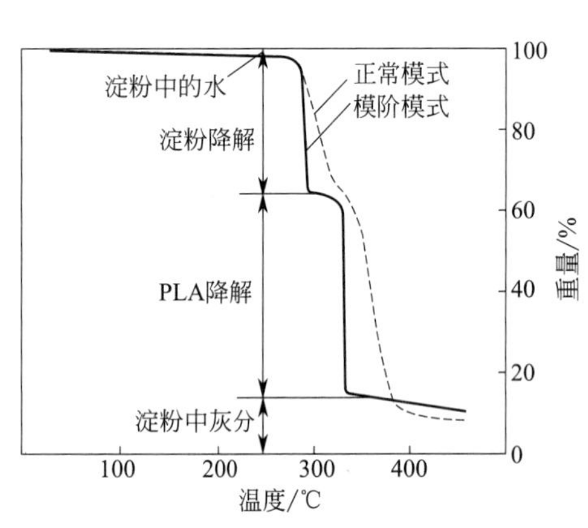

图 9-22　PLA 和淀粉混合在正常模式与模阶模式下的温度曲线

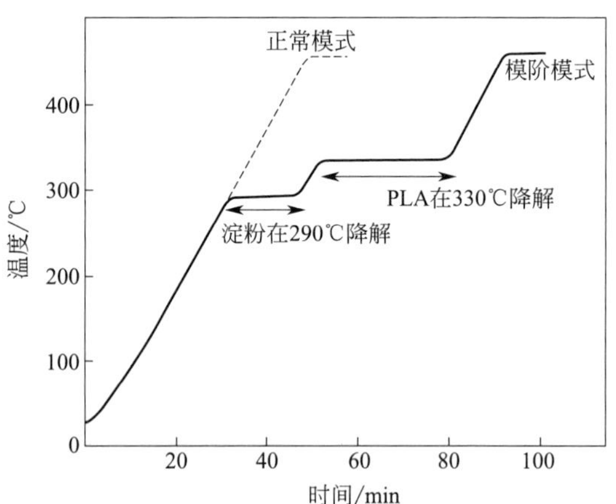

图 9-23　TG 升温 10℃/min 时的升温曲线

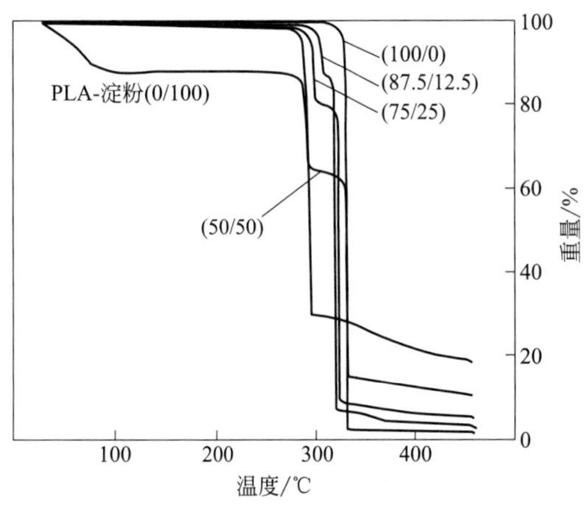

图 9-24　PLA-淀粉复合物的 TG 曲线图

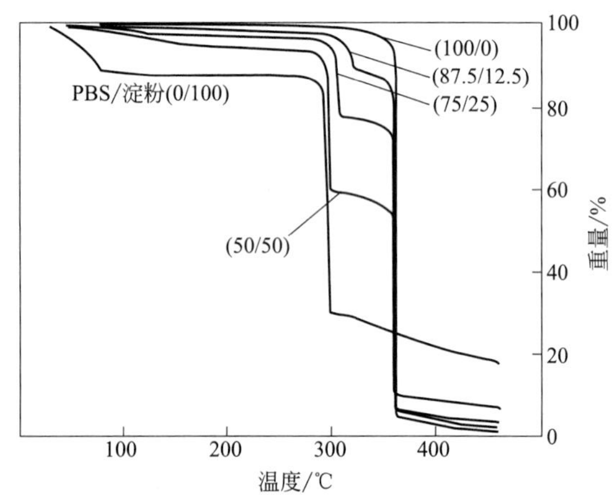

图 9-25　PBS-淀粉复合物在模阶模式下的 TG 曲线

表 9-26　淀粉含量对 PLA-淀粉复合物的 TG 模阶模式曲线影响评估

组分/%		淀粉分解			PLA 分解			测定含量/%		估计淀粉含量/%
PLA	淀粉	起始温度/℃	结束温度/℃	重量/%	起始温度/℃	结束温度/℃	重量/℃	水[2]	灰分(碳)[3]	
100	0	—	—	—	295.1	339.0	98.1	0	1.9	—
87.5	12.5	283.5	314.0	10.5	314.0	373.5	83.6	0.8	4.2	13.7
75	25	279.0	312.5	18.7	312.5	381.1	70.1	0.9	6.7	25.0
50	50	269.4	315.0	35.1	315.0	391.1	50.9	1.4	12.7	48.2
0	100	262.8	323.2	59.2	—	—	—	13.0	26.8	100

注：1. 热重分析法是在氮气环境，模阶模式下，升温速率 10℃/min 的环境下测得的。模阶模式就是当升温至降解开始进行时保持温度。

2. 认为 100℃左右的失重是淀粉中水的流失。

3. 认为重量在 400℃的保持是由于样品未气化和不完全燃烧的碳产物。

表 9-27　淀粉含量对 PBS-淀粉复合物的 TG 模阶模式曲线影响评估

组分/%		淀粉分解			PBS 分解			测定含量/%		估计淀粉含量/%
PBS	淀粉	起始温度/℃	结束温度/℃	重量/%	起始温度/℃	结束温度/℃	重量/%	水[2]	灰分(碳)[3]	
100	0	—	—	—	304.9	408.5	98.1	0	1.9	—
87.5	12.5	291.2	338.4	9.7	338.4	416.2	84.8	1.4	2.9	12.3
75	25	276.4	328.8	20.0	328.8	413.6	70.6	3.0	3.9	25.5
50	50	268.2	328.9	36.3	315.8	400.9	49.4	5.8	8.2	49.5
0	100	262.8	323.2	59.2	—	—	—	13.0	26.8	100

注：1. 热重分析法是在氮气环境，模阶模式下，升温速率 10℃/min 的环境下测得的。模阶模式就是当升温至降解开始进行时保持温度。

2. 认为 100℃左右的失重是淀粉中水的流失。

3. 认为重量在 400℃的保持是由于样品未气化和不完全燃烧的碳产物。

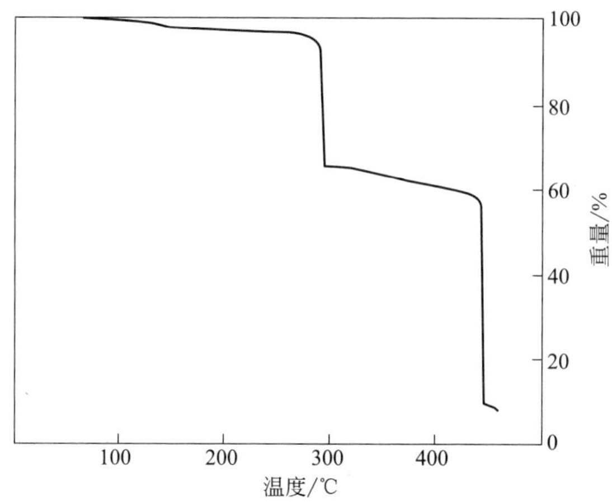

图 9-26　聚乙烯-淀粉复合物（50/50）在模阶模式下的 TG 曲线

第 10 章 国内外相关政策

10.1 国外相关政策

10.1.1 欧盟相关政策

(1) 欧洲循环经济中的塑料战略

近年来，海洋塑料污染日益成为各国政府、学者和公众的关注热点。据欧盟委员会网站报道，2018 年 1 月欧盟委员会通过了世界上第一个全面的塑料战略——“欧洲塑料战略”。该战略是欧盟范围内首个针对塑料制品的规划。欧盟委员会表示，这是欧盟为保护海洋环境、推动塑料产品可循环利用所采取的重要举措。

根据这一新的战略规划，欧盟将在提高塑料回收的经济效益、减少塑料垃圾产生、防治海洋塑料污染、推动投资与创新以及加强国际合作 5 个方面做出进一步努力。

① 提高塑料回收的经济效益　下一步，欧盟将制定新的塑料包装条例，以提高塑料的循环利用，以及增加对可循环塑料材料的需求。同时，随着塑料垃圾收集能力的提高，欧盟将新建更多垃圾回收设施，建立更加完善的垃圾分类回收体系，以节约垃圾回收成本，并为塑料产业创造更多的附加价值。

② 严控塑料垃圾产生　目前许多欧盟成员国已就减少塑料袋使用采取相关措施，并取得了巨大成效。本次欧盟委员会通过的新战略，将致力于加强一次性塑料和渔具产品的使用管理，支持各成员国开展提高民众环保意识的活动，并通过与利益相关方的磋商，于今年确定新的欧盟塑料产品管理规定的实施范围。此外，欧盟将采取措施限制产品中添加微塑料，并为可降解塑料产品贴上标签。

③ 防治海洋塑料污染　欧盟将制定新的港口垃圾处理设施管理规定，以提高海洋塑料垃圾处理能力，并采取措施确保在船上产生的废弃物或在海上收集的废弃物能够运回陆地及时处理。此外，欧盟还将采取措施进一步减轻港口、船舶等管理部门的行政负担。

④ 推动投资与创新　依据该战略，欧盟委员会将为各成员国政府与企业提供减少塑料

废弃物的相关行动指南，以推动各成员国加大防治塑料垃圾领域的投资力度。同时，欧盟将加大对塑料垃圾领域科技创新的支持力度，例如将投资 1 亿欧元用于支持可回收塑料材料的研发。

⑤ 加强国际合作　除了在欧盟范围内加大对塑料垃圾污染的管理，欧盟还将与其他国家和国际组织合作，推动防治塑料垃圾全球方案和标准的制定，同时也将继续协助其他国家开展环境治理工作。

2015 年 12 月，欧盟委员会审批通过欧盟循环经济行动计划，首先确定了塑料的重要价值，同时承诺编制一项关于塑料与其整个价值链所带来的挑战及整个使用循环周期的战略计划。2017 年，欧盟委员会确认其将重点关注塑料的生产及使用，以确保在 2030 年所有的塑料包装都可回收利用。

欧盟所编制的战略为新的塑料经济奠定了基础，据此，我们在进行塑料及塑料产品的设计及生产时完全遵从二次利用，可维修及再循环的原则，同时开发及促进可持续性更高的材料，这将为欧洲带来更多的社会附加值及繁荣且推动创新。同时该战略可抑制塑料污染及其对我们的生活和环境的不利影响，通过追寻上述目标，该战略亦将有助于实现欧盟委员会为建立一个具有现代、低碳、资源和节能经济的能源联盟所确定的优先事项，并将为实现 2030 年可持续发展目标及“巴黎协定”作出切实贡献。

(2) 欧洲“一次性塑料”禁限提案

2018 年 5 月欧盟委员会针对一次性塑料造成的海洋垃圾污染提出了一系列提案。该项提案主要是针对欧洲海滩上最常见的 10 种塑料垃圾和渔具垃圾。据统计，在欧洲的海滩上，塑料占垃圾的 85%，其中一半是“一次性塑料”，在被丢弃之前只被短时间地使用过一次，丢失或废弃的渔具占了另外 27%，二者共占海洋垃圾的 70%。

由于降解缓慢，塑料在欧洲和全世界的海洋及海滩上积累。在海洋物种中发现了塑料残留物，如海龟、海豹、鲸鱼和鸟类，且也存在于鱼类和贝类，因此会在人类食物链中。虽然塑料是一种方便、适应力强、有用的、经济上有价值的材料，但它们需要更好地被使用、再利用和回收。塑料被随便丢弃时，其经济影响不仅在物质上造成了经济价值的损失，而且还包括了对旅游业、渔业和航运的清理和损失的成本。

委员会此次提出的一次性塑料指令是塑料战略中宣布的更广泛方法的一个组成部分，也是循环经济行动计划的一个重要组成部分。它建立于 2014 年欧盟立法所带来的一次性塑料袋消费成功减少的基础上，以及新修订的欧盟废物立法，其中包括塑料回收的目标。用具有更高附加值的创新替代品取代最常见的一次性塑料制品是一种经济机会。它可以创造约 3 万个当地就业岗位。多用途或设计更好的产品可以建立欧盟在生物经济领域的领先地位，以及创新的商业模式和系统，比如再使用计划。“Horizon 2020”提供了超过 2.5 亿欧元的资金，用于资助与塑料战略直接相关领域的研发。到 2020 年，额外的 1 亿欧元也将被用于在该粗略下的融资优先行动，包括更智能和更可回收的塑料材料的发展，更有效的回收流程和回收的塑料中有害物质和污染物的消除。这项立法将为单一市场的投资和创新提供透明度、确定性和规模经济。而且，面对一些成员国采取的禁止某些一次性塑料品的国家措施，这将消除企业面临的不确定性。通过在欧洲层面采取行动，避免了市场分割，确保了公平竞争的环境。通过这项提案，欧洲将履行其在全球层面上的承诺，处理源自欧洲的海洋垃圾。

按照其中规定，一次性塑料厨具餐具、吸管、塑料棉签、气球的塑料夹具都被禁止使用，涉及的都是能够较轻易获取或者具有可购买替代品的产品；市面上 90% 的饮料塑料瓶都需要回收再利用；食品也将大幅度减少塑料包装；湿纸巾生产商也必须花上更大工夫来对抗塑料垃圾污染。具体措施主要包括：

① 特定塑料产品禁令　若替代品可使用且价格合理，塑料产品在市场中将被禁止使用。这项禁令将适用于塑料棉签、刀叉、盘子、吸管、饮料搅拌器和气球棒，这些都必须由更可持续性的材料制成。只有当瓶盖和瓶沿保持连接时，用塑料制成的一次性饮料容器才会被允许进入市场。

② 减少消费目标　成员国必须减少塑料食品容器和饮料杯的使用。他们可以通过制定国家减排目标，在销售点提供替代产品，或者确保一次性塑料产品不能免费提供。

③ 生产者的义务　生产者将帮助支付废物管理和清理的费用，以及提高对食品容器、包装纸和包装袋（如薯片和糖果）、饮料容器和杯子、带过滤器的烟草制品（如香烟）、湿纸巾、气球和轻质塑料袋的认识措施的成本。该行业也将受到激励，为这些产品开发较少污染的替代品。

④ 收集目标　成员国将有义务到 2025 年，收集 90%的一次性塑瓶，例如通过存押金退款计划。

⑤ 标签要求　某些产品需要明确和标准化的标签，指示废物应该如何处置、产品的负面环境影响，以及塑料在产品中的存在。这将适用于卫生巾、湿巾和气球。

⑥ 提高认识措施　成员国将有义务提高消费者关于一次性塑料和渔具的丢垃圾的负面影响以及所有这些产品重新使用系统和废物管理选项的认识。

（3）欧洲议会通过“一次性塑料”禁限提案

2018 年 10 月欧洲议会以压倒性多数投票（571 票赞成、53 票反对、34 票弃权）通过了“一次性塑料”禁限提案，拟在欧盟所有成员国禁止使用包括吸管、塑料餐具等一系列一次性塑料制品，从而减少塑料废弃物对海洋的污染。计划在 2021 年前于欧盟范围内禁止一系列已经有其他材料替代物的一次性塑料制品。而对于尚无理想替代的其他一次性塑料制品，欧洲议会也要求在 2025 年前将其使用量降低 25%；含有塑料的卷烟滤纸用量则降低 50%。欧洲议会还建议，各成员国应当在 2025 年前将一次性塑料瓶的材料回收循环率提高到 90%。海洋中的塑料捕鱼网的回收率也应当提高到 50%。

10.1.2 美国相关政策

（1）西雅图等城市禁用一次性塑料制品

2018 年 7 月 1 日，西雅图市正式成为美国首个禁用吸管的大城市。西雅图已经在所有的食品服务行业禁止使用塑料吸管和餐具。

无吸管海洋（Strawless Ocean）组织称，大部分塑料吸管都太轻，不能通过工业回收分拣机，并且可能破坏其他回收工作；最终这些吸管都进入了海洋。该组织估计，71%的海鸟和 30%的海龟的胃里都有塑料。随着塑料吸管、器具和其他小塑料制品构成的威胁越来越明显，环保组织已广泛推动城市通过立法限制塑料制品的使用。倡导此类禁令的人士表示，这些小块塑料是最常被丢弃的物品之一。当它们被冲进雨水渠时，它们也很容易进入海洋，而且它们太小，无法被回收中心处理。2017 年 9 月，倡导海洋权益的非营利组织“孤独鲸基金会”（Lonely Whale Foundation）倡导西雅图 150 家企业参加了无吸管活动，旨在减少塑料吸管的使用。该组织估计，仅那一个月，该市的塑料吸管使用量就减少了 230 万根。

从 2018 年 7 月 1 日开始，西雅图出售的饮品将不再配备吸管等一次性塑料餐饮具，除非消费者提出要求，在这种情况下，消费者将获得一根可降解的吸管。可降解的纸吸管和塑料吸管仍然可以使用。此外，有医疗需求的人可以不受限制，继续使用吸管。如果有人不遵守这项规定，将可能面临 250 美元（约合人民币 1663 元）的罚款。不过，该市领导表示，在法律实施的初始阶段，主要目的是提高公众的意识，而不是给不遵守规定的消费者开罚单。

事实上早在 2008 年，西雅图就曾要求所有的一次性食品用具可降解或回收，一直在全市范围内禁止使用一次性塑料，不过吸管等“逍遥法外”，因为当时没有太多的替代选择。由于现在有“多家生产经过认证的可分解器具和吸管的制造商”，吸管等一次性塑料制品的生产将不再被批准。

加州圣克鲁斯县和马里布，俄勒冈州波特兰以及洛杉矶也相继推出了类似的禁令。旧金山也在进行类似的努力，推出了一项塑料吸管提案，当地几家以饮料为主的企业当时表示，他们同意这一禁令，并已开始用可降解塑料制品代替传统塑料制品。加利福尼亚州、内华达州、亚利桑那州等 10 个州以及华盛顿特区和哥伦比亚特区于 2019 年禁用一次性塑料吸管等一次性塑料餐饮具。

(2) 纽约禁用一次性泡沫塑料制品

根据纽约市第 142 号地方法律规定，2019 年 1 月 1 日起，一次性泡沫塑料制品（EPS）将被禁止使用。禁止使用的泡沫塑料制品包括：一次性的泡沫塑料餐具，如杯子、盘子、托盘、外卖容器等，泡沫塑料填充包装也被禁止。第一次违规，罚金为 250 美元；一年内第二次违规，罚金为 500 美元；第三次或随后一年内再次出现违规，罚款为 1000 美元。政府表示，泡沫塑料制品禁令施行的六个月内为宽限期，商家可寻找其他替代品。纳税年度总收入小于 50 万元的小商家可向小商业服务局申请经济困难豁免许可，证明使用替代品将有经济困难，获得一年豁免许可，继续使用泡沫塑制品。

(3) 星巴克等大公司弃用一次性塑料餐饮具和一次性塑料袋

星巴克公司计划在 2020 年之前全部门店停用塑料吸管，称之为“用超前意识应对塑料垃圾危机”。星巴克宣布要减少塑料吸管产生的垃圾时，表示该公司将使用可循环塑料杯盖替代现有冷饮吸管。如果客人喝星冰乐时要求提供吸管，则使用纸制或可堆肥塑料制成的吸管代替。除了咖啡巨头星巴克外，至少还有 6 家公司计划弃用塑料吸管，减少一次性塑料废品。

凯悦酒店集团在一次发布会上宣布，2018 年 9 月 1 日起塑料吸管仅根据客人要求提供，将提供“环保方案”替换其他产品。希尔顿集团旗下 650 家酒店于 2018 年停用塑料吸管，以实现在 2030 年前将环境碳足迹降低一半的目标。希尔顿酒店称可应顾客要求提供吸管，但为纸吸管或可生物降解吸管。

美国航空和星巴克、凯悦一样，宣布将于 2018 年 11 月前全面停用塑料吸管。公司航班上将使用可生物降解的产品替代塑料吸管。阿拉斯加航空 2018 年 5 月宣布在当年夏天启用“有利于保护海洋的可持续产品”替代塑料吸管。

海洋世界娱乐公司宣布，作为其“保护全球动物及栖息地计划的一部分”，该公司的全部 12 家主题公园中将停止使用一次性塑料吸管和塑料袋。皇家加勒比旗下全部 50 艘游轮停用塑料吸管，如果顾客提出要求，可提供纸吸管。

（4）政府部门优先采购生物基制品

美国联邦政府决定，由美国环保局牵头制定一个“多部门联合行动”计划，此计划旨在政府各有关部（如商务部、能源部、自然科学基金会、农业部、航空航天局）之间建立联系，强调使绿色技术的发展成为政府整个技术计划的一个有机的组成部分。美国农业部能源政策和新应用办公室于2003年制定了联邦采购指定生物基产品的指导方针（联邦），农业安全和农村投资法第9002条。目的是建立一个指导方针，使生物基制品在联邦采购中具有优先地位。美国联邦采购法中对选成为生物基制品的生物基含量规定见表10-1。

表10-1　美国联邦采购法中生物基制品的生物基含量规定

制品	最小生物基含量/%	制品	最小生物基含量/%
流体用移动设备	24	采油燃料助剂	93
聚氨酯屋顶涂层	62	渗透润滑油	71
水槽涂层	62	被褥、床单、枕套和毛巾	18

10.1.3　澳大利亚相关政策

澳大利亚作为一个被海洋环绕的国家，非常重视海洋环境的保护。澳大利亚艾伦·麦克阿瑟环保基金会公布数据显示，目前海洋中有超过1.5亿吨塑料垃圾，如果不采取措施，到2050年海里的塑料垃圾将比鱼类还多。因此，澳政府一直呼吁人们减少一次性塑料制品的使用，保护海洋环境和海洋动物，为此，澳大利亚采取了一系列的措施。

从2007年澳大利亚政府就尝试禁用塑料袋，但由于预算需要耗费5.78亿澳元，遭到不少地方政府、杂货店主和塑料支持者团体的反对，相当数量的民众也没有习惯随身携带环保袋，提案一直没有得到实施。塑料袋污染日益严重，终于给澳大利亚人敲响了警钟。早在2003年，考尔斯湾小镇由民间非营利性环保组织发起，在全镇范围内推动“杜绝使用塑料袋”的活动。到2012年，该镇减少使用200万个塑料袋。2011年，澳大利亚首都地区禁止使用一次性购物袋，超市出售可循环使用或无污染、可降解塑料袋。禁令颁布两年后，该地区填埋塑料袋的总重量下降36%。经过各州政府的努力，南澳大利亚、塔斯马尼亚州、北领地以及一些城市纷纷独立推行禁止使用塑料袋的法规，也得到民众的支持。例如，南澳商店向顾客提供可重复使用或淀粉材料制成的、无污染购物袋。政府同时规定，如果店员向顾客提供塑料袋会被罚款315澳元（约合人民币1600元）；违法商家将被处以高达5000澳元罚款。越来越多民众自发拒绝使用塑料袋，或者循环利用塑料袋。

Woolworths于2017年6月20日开始在全国所有商店内禁用所有一次性塑料袋，而他们的竞争对手Coles则在6月30日做了同样的事情。据统计，这两家超市巨头每年各自都要使用约32亿个塑料袋。在几家超市巨头开始行动之后，仅在100天内，澳大利亚预计向环境中扔弃的塑料购物袋就减少了大约15亿个。据澳大利亚联合通讯社报道，在澳大利亚最大的两家连锁超市决定禁用一次性塑料购物袋之后，该国前三个月的全国塑料袋消费量下降了80%。“禁塑令”席卷整个澳洲，南澳大利亚州是澳大利亚第一个禁止一次性塑料袋的州，维多利亚州、昆士兰州、塔斯马尼亚州、西澳大利亚州、首都领地、北领地紧随其后，纷纷颁布或实施“禁塑令”。从2018年开始，澳大利亚全面禁用购物塑料袋，顾客购物必须自备袋子或者篮子。

2018年初，墨尔本州Darebin市政厅（包括Northcote，Thornbury和Preston）在区议会上一致通过一项表决：禁止出售和使用一次性塑料制品，禁止在所有政府建筑、公共设施

(包括公园) 中使用的派对、节庆、作坊、市场以及选举活动的气球。墨尔本政府正逐步禁止使用“一次性塑料用品”:包括气球、矿泉水瓶、塑料袋、吸管、饮料杯等。澳大利亚正在逐步迈入“全面禁塑”时代。

10.1.4 日本相关政策

世界各国均面临严重的塑料污染风险,以垃圾分类、塑料循环利用著称的日本也不例外。据日本环境省的数据,日本的塑料垃圾中有 60%得到循环再利用,其余作为可燃物和不可燃物,进行焚烧或填埋处理。得到循环利用的这部分主要是饮料塑料瓶和食品包装,被称为“容器和包装资源垃圾”。根据日本在 2000 年开始全面实行的《容器包装循环利用法》,各自治体分别回收上述垃圾,然后统一进行再利用,制成其他塑料制品。不过值得注意的是,所谓得到循环再利用的 60%的塑料垃圾,其中有很大一部分并非在日本国内循环再利用,而是出口给发展中国家。

回收的前提是分类。说到日本的垃圾分拣,应该要追溯到日本的战后年代。工业化为日本带来了高速的经济增长,也造成了严重的工业污染。再加上狭小的土地面积,限制了日本境内垃圾填埋的能力。正因如此,从 20 世纪 70 年代起,日本就已经开始提高资源利用率,旨在从源头上减少垃圾产生。尤其是 2000 年施行的 3R 政策——即减少 (reduce)、再使用 (reuse) 和循环再利用 (recycle),使日本的塑料垃圾回收率大幅提高,传统的垃圾焚烧逐渐失去市场份额。如今,日本用近 50 年的时间将垃圾分类方法逐步细化,已经渗透并普及到了每个家庭、每个公民。不乱扔垃圾已经成为日本文化的一部分:大多数日本人会把他们的垃圾带回家,而不是外出时把它丢弃。根据城市区域标准要求各有不同,垃圾划分最细的地区甚至有二十多类,而且某些垃圾的投放也有严格的时间限定。错过指定日期,居民只能将垃圾储存,等下一个收集日处置。因此,日本家庭通常有个小空间,专门用来收储存放垃圾。饮料塑料瓶、食品包装等“容器和包装”类垃圾上有三角形包围的“PET”等标记,需洗净和减小体积,按规定日期投放,等待回收。同时,一般塑料制品,如塑料玩具、一次性塑料杯、牙刷等,以及体积较大的塑料箱等,都不属于回收范围。在日本各自治体的垃圾回收网站上,还有呼吁民众对“容器和包装”进行洗净和减小体积的指南。比如塑料瓶应将塑料包装纸、瓶盖、瓶身进行分离,将瓶胆洗净和轻轻压扁,包装纸、瓶身和瓶盖分别投放。此外还对装“容器和包装”的垃圾袋有明确要求,比如垃圾袋应为透明,不要套两重等,还有专门销售的放塑料容器垃圾的袋子。

据环境省的数据,上述“容器和包装”垃圾占到日本家庭塑料垃圾的 60%,废弃塑料的回收率高达 77%,几乎是英国的两倍,远高于目前美国的 20%。对于其他塑料垃圾,日本环境省也在进一步探讨其再利用的可能性,制定减少一次性塑料制品,以及循环利用的综合战略《塑料资源循环战略》。内容包括:减少一次性容器包装使用;对使用过的塑料进行彻底的回收和再利用;加强对以植物为原料的生物塑料的开发,转变以化石燃料为原料的塑料生产。

新列入成为回收对象的塑料垃圾包括:玩具、文具、杂货、光盘、录像带、塑料杯、打印墨盒等。对于上述塑料垃圾的回收,暂时没有采取和常规垃圾一样的社区划片投放回收模式,而是日本环境省与企业、商业设施合作,在商场、超市、零售店等设置回收箱。但是,日本尚未确定上述新列入回收对象的塑料垃圾的具体回收量目标,最大的难题是回收难度和成本。玩具、文具、杂货等制品与塑料瓶和食品包装不同,有的与金属等其他素材结合,需要进行分解等，这需要额外的成本。比如眼镜就需要分离镜片和金属部件等。

2018 年 8 月，日本环境省出台关于塑料垃圾削减战略草案，设定了在 2030 年前将塑料瓶、购物袋和一次性塑料餐盒等垃圾的排放量减少 25%的数字指标。虽然 2018 年 6 月，美国和日本曾拒绝签署《海洋塑料宪章》，但本次环境省提出的目标却和该宪章的目标一致，且再循环率等目标达成日期也有所提前。除减少塑料垃圾量，日本政府还计划将国内使用的植物为原料的环境友好型材料从 2013 年的 7 万吨提升到 2030 年的 200 万吨。为了达成这一目标，日本环境省表示，将讨论出台超市等零售店购物袋有偿使用的方针，此外，还将考虑出台减少一次性塑料容器垃圾的方针。该政策在正式出台以前，或将与零售业界进行商讨。此外，日本跨党派议员共同提交的《海岸漂着物处理推进法修正案》也于 2018 年 6 月在参议院全体会议上通过。内容主要是呼吁民众不使用含有细微颗粒的洁面产品和牙膏，呼吁产业界加强对塑料垃圾的再利用。但这不具有法律强制性，仅停留在“努力义务”层面。

日本民间对于减少塑料垃圾有相当强的意识。在超市、便利店购物时，很多人选择不要塑料袋。在网络论坛和社交媒体上，也有很多关于减少塑料垃圾的呼吁。还有人专门写了“如何减少塑料垃圾”的指南：首先检查自家每天都产生哪些垃圾，一般会发现塑料瓶、包装蔬菜用的塑料泡沫托盘比较多，那么就注意减少此类商品的购买；其次是减少一次性批量采购，因为批量商品往往包装更多，而零散少量购买可以使用自家包袋和容器；第三是不吃加工食品，减少购买新东西，进而减少整体的购买和消费量等。

10.2 国内相关政策

中国废塑料协会的数据显示，中国塑料行业作为原料的回收塑料中，国内产生的塑料废物仅占四分之一，这意味着相关企业将面临供应短缺，可能推高废塑料价格。近年来随着电商、快递、外卖等新业态的发展，塑料餐盒、塑料包装等的消耗量快速上升，造成新的资源环境压力。2016 年，全国约产生 300 亿个快递包裹，随之产生的纸壳、胶带、塑料袋等垃圾的体量可想而知。专家学者表示，快递垃圾如果处理不当，所带来的污染将十分严重。2017 年，全国完成快递业务量 401 亿件，同比增长 28%。据预测，5 年之后，全球每天快递包裹数量将超 10 亿，而其中一大半都会在中国。2016 年，外卖市场已经突破 1000 亿元。2017 年，外卖行业一天吃出 6000 万个一次性餐具。据有关数据显示，2016 年我国塑料制品总产量达 7717 万吨，废塑料回收只有 1878 万吨，到 2017 年回收 1693 万吨，回收率只有 20%左右。因此，大力开展废弃塑料的再生利用，有广阔的前景。国家对再生利用废弃塑料制品的目标是到 2020 年，废弃塑料的利用率将达到 50%，这不仅要在收集上，还要在清洗、分拣、干燥、重新造粒等各个方面进行研究开发，不论从生产设备还是材料配方上，都要大力地进行开发研究，并且对再生塑料制品企业给予政策支持. 才能确保这一计划能完全实施。任何一个国家，回收废旧塑料都是从回收废弃的一次性包装塑料开始的，然后才是日用品塑料和工业用塑料制品等废弃塑料的再利用。我国要解决白色污染，也必然要动员大量力量回收废弃的包装用薄膜和塑料瓶罐，清洗干燥和重新造粒，制得各种新的用品。

作为全球塑料生产及消费大国，中国在塑料回收中具备相当大的潜力，但目前我国尚未建立规范的废塑料回收体系，许多废旧塑料的处置方式仍没有明确规定。当前国内的废塑料回收渠道较为单一，主要通过流动废旧回收、废品回收站等方式进行回收。针对我国当前再生资源行业发展不规范等问题，近年来相关法律法规频出。2015 年 9 月出台《再生资源回收体系建设中长期规划（2015—2020）》，旨在提升再生资源回收行业规范化水平和规模化程度，构建多元化回收、集中分拣和拆解、安全储存运输和无害化处理的完整的先进的回收体系；2017 年 1 月，工业和信息化部（以下简称工信部）、商务部、科学技术部三部委联合印发《关于加快推进再生资源产业发展的指导意见》，提出建成管理制度健全、技术装备先进、产业贡献突出、抵御风险能力强、健康有序发展的再生资源产业体系；2017 年 5 月，国家发展和改革委员会（以下简称发改委）等 14 部委发布《循环发展引领行动》，提出了主要细化指标：①到 2020 年，主要资源产出率比 2015 年提高 15%，主要废弃物循环利用率达到 54.6%左右；②一般工业固体废物综合利用率达到 73%，农作物秸秆综合利用率达到 85%，资源循环利用产业产值达到 3 万亿元；③75%的国家级园区和 50%的省级园区开展循环化改造。

仅仅从政策上解决并不能完全解决问题，还需要社会各界的共同推动。首先是消费者需要根植再生回收的意识，在塑料完成使用后通过合理渠道让废旧塑料流入正确的回收环节。厂商也不应只是售卖塑料产品，再生回收应成为终身制，在塑料产品使用后也应当采取相应回收措施。此外，塑料回收体系应当常规化、合法化，并对于进行再生回收的企业认证资格，以增强企业竞争力。废塑料回收利用是利国利发的循环经济产业，是一个保护环境、节约资源的有效方法，也是一个具有较大经济效益前景的产业。虽然目前业内确实存在诸多问题，但在政府、园区、企业的多方努力下，伴随着中国再生资源回收体系的逐步完善、再生塑料行业标准体系的建立，中国再生塑料行业必将实现健康、可持续发展。

10.2.1　吉林省“禁塑令”

2014 年 2 月 7 日省政府第 2 次常务会议审议通过《吉林省禁止生产销售和提供一次性不可降解塑料购物袋、塑料餐具规定》，自 2015 年 1 月 1 日起施行。

规定在吉林省行政区域内禁止生产、销售不可降解塑料购物袋、塑料餐具。禁止在商品销售、商业服务活动中向消费者提供不可降解塑料购物袋、塑料餐具。本规定所称一次性不可降解塑料餐具，是指用石油基原料生产的，在自然环境或堆肥条件下不可降解的一次性塑料餐盒、托盘、杯、碗、碟等食品容器（以下简称不可降解塑料购物袋、塑料餐具）。商品出厂的原始包装袋和用于盛装散装生鲜食品、熟食等商品的不具有携提功能的塑料预包装袋除外。

规定县级以上人民政府应当加强对禁止生产、销售和提供不可降解塑料购物袋、塑料餐具工作的领导，建立协调机制，督促有关部门依法履行监管职责。质量技术监督部门、工商行政管理部门按照各自职责，对生产、经营及服务提供者实施监督管理，依法查处违反本规定生产、销售和提供不可降解塑料购物袋、塑料餐具的行为。环境保护行政主管部门按照规定职责，开展防治不可降解塑料购物袋、塑料餐具污染及其相关监督管理工作。其他有关部门和单位在规定的职责范围内协同做好禁止生产、销售和提供不可降解塑料购物袋、塑料餐具的监督管理工作。各级人民政府有关部门应当组织开展禁止生产、销售和提供不可降解塑料购物袋、塑料餐具宣传教育活动，并将塑料制品遇油、遇热产生毒性的宣传经常化。提倡商品生产者、经营者和消费者使用可降解塑料制品进行商品预包装和盛装携提物品。

对违反规定的，予以如下处罚：

① 生产不可降解塑料购物袋、塑料餐具的，由质量技术监督部门责令改正，有违法所得的，处 1 万元以上 3 万元以下罚款；没有违法所得的，处 5000 元以上 1 万元以下罚款。

② 销售不可降解塑料购物袋、塑料餐具的，由工商行政管理部门责令改正，对个人给予警告，并处200元以下罚款。对企业有违法所得的，处1万元以上3万元以下罚款；没有违法所得的，处1000元以上1万元以下罚款。

③ 在商品销售、商业服务活动中提供不可降解塑料购物袋、塑料餐具的，由工商行政管理部门责令改正，对个人给予警告，并处100元以下罚款；对企业处500元以上5000元以下罚款。

10.2.2 海南省“禁塑令”

2019年2月21日，中共海南省委办公厅海南省人民政府办公厅印发关于《海南省全面禁止生产、销售和使用一次性不可降解塑料制品实施方案》的通知，宣布海南省全面禁止生产、销售和使用一次性不可降解塑料制品。

本方案的指导思想为全面贯彻落实党的十九大和十九届二中、三中全会精神，以习近平生态文明思想为指导，牢固树立和全面践行绿水青山就是金山银山的发展理念，按照绿色、循环、低碳发展要求，实行最严格的生态环境保护制度，在全省范围内全面禁止生产、销售和使用一次性不可降解塑料制品，为巩固和改善海南省一流的生态环境质量提供保障，为全国生态文明建设做出表率。

方案目标为2019年底前，建立健全全省禁止生产、销售和使用一次性不可降解塑料制品地方法规及标准体系，完善监管和执法体系，形成替代产品供给能力。2020年前，全省禁止生产、销售和使用一次性不可降解塑料袋、塑料餐具。2025年底前，全省全面禁止生产、销售和使用列入《海南省禁止生产销售使用的一次性不可降解塑料制品名录（试行）》的塑料制品。

具体工作任务包括：

（1）建立协同推进的禁塑工作机制

① 建立工作机制　建立健全全省各级禁止生产销售使用一次性不可降解塑料制品工作协调机制，统筹协调全省禁塑工作。充分协调社会组织参与，调动相关机构技术资源，提高禁塑工作效率，发挥科研院所、高校、环保咨询机构等社会组织作用，发动公众广泛参与禁塑工作。

② 搭建工作平台　利用大数据、互联网等信息化技术，建立全省禁塑工作管理大数据平台，应用手机客户端等动员发动社会各界参与禁塑，实现技术研发、企业信息、产品检测认证、标准规范、全流程追溯、监管执法、监督举报等信息在统一平台进行管理和调度使用。

（2）完善政策法规体系

① 修订完善地方法规　做好禁止生产、销售和使用一次性不可降解塑料制品顶层设计，修改《海南经济特区限制生产运输销售贮存使用一次性塑料制品规定》。

② 制定并动态更新禁塑制品名录　制定颁布并动态更新《海南省禁止生产销售使用一次性不可降解塑料制品名录（试行）》，结合省情和发展需求，动态更新省内禁止生产、销售和使用的一次性不可降解塑料制品种类。

③ 落实国家相关鼓励政策　积极落实国家鼓励循环利用资源、绿色制造、绿色金融、绿色消费、绿色采购等优惠政策，对从事一次性全生物降解塑料制品生产、使用以及再生资源回收企业给予政策倾斜。

④ 制定差异化产业政策　研究制定针对一次性全生物降解塑料制品差异化产业政策，采用补贴、产业引导基金等经济手段，引导资金投资方向，扶持生物降解行业中小型创新企业，推动一次性全生物降解塑料制品生产、销售和使用。

(3) 稳步推进禁塑工作

① 实施重点行业禁塑工作　在全省党政机关单位、事业单位、学校、大型国有企业等单位食堂，主要旅游景区、大型超市、大型商场、医院等行业和场所及政府相关单位主办的大型会议、会展等活动禁止提供、销售和使用列入名录的一次性不可降解塑料袋、塑料餐具等制品。

② 分种类逐步推进全面禁塑　分种类分阶段逐步禁止塑料袋、塑料餐具、农用地膜、快递包装等领域的一次性不可降解塑料制品生产、销售和使用。2020 年底前全省范围内全面禁止生产、销售和使用一次性不可降解塑料袋、塑料餐具。2025 年底前建立并完善回收治理体系和优惠政策，引导农民使用一次性全生物降解塑料农用地膜，快递企业使用全生物降解塑料快递包装物，全省范围内全面禁止生产、使用和销售所有列入《海南省禁止生产销售使用一次性不可降解塑料制品名录（试行）》的塑料制品。

(4) 促进全生物降解塑料替代产品的研发和推广

① 开展标准体系建设　研究制定全生物降解塑料制品相关标准。建立和完善全生物降解塑料袋、塑料餐具等系列产品的技术标准体系，严格推行 GB/T 20197—2006《降解塑料的定义、分类、标志和降解性能要求》、GB/T 28018—2011《生物分解垃圾袋》等相关国家标准。按照标准要求，推广生物降解技术，根据需要制定地方标准，鼓励企业制定高标准的全生物降解塑料制品等相关产品标准，促进全生物降解塑料技术水平的提升，推进全生物降解塑料的研发和推广。

② 推动实施全生物降解塑料制品检测认证　会同国家检测认证管理部门建立健全全生物降解塑料制品检测认证制度，加强与国内权威的全生物降解制品质量检测认证机构对接，推动我省全生物降解塑料制品质量检测认证工作。

③ 鼓励全生物降解塑料材料研发和推广　鼓励聚乳酸（PLA）、聚己二酸/对苯二甲酸丁二酯（PBAT）及其他全生物降解塑料产品的研发和生产。建立全生物降解塑料产业示范基地，组织制定产业发展规划，引进先进企业与本地企业合作，形成岛内一次性全生物降解塑料制品生产能力，培育良好的产业和市场环境，保证一次性全生物降解塑料制品替代生产和禁塑工作顺利实施。

(5) 建立不可降解塑料制品回收利用体系。

① 推进生活垃圾分类　扎实推进全省城镇生活垃圾分类工作，逐步实现生活垃圾中塑料制品分类收集，鼓励对分类收集的塑料制品进行资源综合利用，不再采用填埋方式处理生活垃圾中的一次性不可降解塑料制品。

② 合理规划建设塑料制品再生资源回收功能网点　编制、实施《海南省废品收购站、可再生资源利用产业园区规划（2018—2020）》，将废品收购站、可再生资源利用产业园（静脉产业园区）建设紧密结合，通过特许经营方式委托有实力的企业投资建设、专业运营管理。

③ 推行生产者责任延伸制度　探索在一次性不可降解塑料制品回收领域推行生产者责任延伸制度，督促生产和销售企业，利用其销售网络回收废弃的一次性不可降解塑料制品，并对回收的塑料制品进行资源化利用，提高回收利用效率。

在饮料瓶等一次性塑料标准包装物领域推行押金回收制度，通过押金回退的方式，引导驱动一次性塑料标准包装物回收，着力解决回收体系“最后一公里”的难题。

（6）强化市场监督执法闭环管理。

① 严格一次性不可降解塑料制品生产准入和监管　自本方案发布之日起停止新建和改扩建一次性不可降解塑料制品生产项目，凡属于禁塑范围的一次性不可降解塑料制品生产项目，全省各级政府和相关部门不得办理供地、备案、环评、施工许可等手续，严厉打击非法生产和加工一次性不可降解塑料制品行为，对存在不符合产业政策、产品不符合质量标准、环保手续不全、污染物超标排放、加工利用洋垃圾等违法行为的单位和个人，严格按照法律法规要求从严从重进行查处。到2020年底全面淘汰关停我省列入禁塑名录的一次性不可降解塑料制品生产企业。

② 建立全生物降解塑料制品可追溯体系　利用禁塑工作管理大数据平台，将省内全生物降解塑料制品生产企业信息和产品信息纳入平台管理，实现省内销售的全生物降解塑料制品在数据平台上的质量认证、产品流转登记等信息管理和共享，保障全流程可追溯，推动市场监管执法信息化。

③ 禁止省外一次性不可降解塑料制品进入　加强部门联动，建立定期和不定期联合抽查执法制度，强化全省口岸及非设关地管理，禁止不符合我省禁塑工作要求的一次性不可降解塑料制品进入省内销售，严厉打击非法倒卖省外一次性不可降解塑料制品等行为。

④ 加强省内一次性塑料制品生产销售使用监管　加强省内塑料制品生产销售使用监管，针对一次性塑料制品生产及流通环境的企业和商户开展执法巡查，将违规生产、销售和使用一次性不可降解塑料制品的企业、个人相关违法行为纳入社会信用体系。对列入黑名单的，及时上报国家平台，在全国范围内实行联合惩戒。

（7）大力推行绿色生活方式

① 加强舆论宣传教育　充分利用报刊、广播、电视、网络等各种媒体，深入宣传禁塑的重要意义和有关要求，广泛动员社会力量积极参与、支持禁止使用一次性不可降解塑料制品，为禁塑实施创造良好的舆论氛围。

② 加强青少年绿色生活方式教育　将生态文明教育列入全省义务教育学校课程，通过课堂教学、主题讲座、研学旅行、课外实践等多种方式，推进青少年形成绿色生活方式的健康理念。

③ 推动绿色低碳生活方式　开展绿色低碳生活方式公众教育，通过对公众开展志愿服务、主题活动、公开讲座、公益广告等多种形式的绿色低碳生活宣传教育，倡导“拎起菜篮子、提起布袋子”，减少一次性不可降解塑料制品使用，引导全社会自觉践行绿色低碳生活方式。

10.2.3　2018年我国塑料产业新政法规

2018年我国推出了一系列对塑料产业及其相关行业发展具有重要影响的新政法规。

（1）“限塑令”发布十年国家发改委正制定新政

国家发改委网站通过开设“我为塑料垃圾污染防治建言献策”专栏，邀请社会各界人士于2018年1月5日至1月31日期间，围绕不同领域塑料制品的管理要求，提出意见建议。这是继2008年实施《国务院办公厅关于限制生产销售塑料购物袋的通知》以来，国家层面就防治“白色污染”采取的进一步举措。

“限塑令”发布十年后，中国治理“白色污染”的成效再度引发热议。事实上，经过近10年的执行，“限塑令”施行成效喜忧参半。如今，新业态要求“限塑令”要与时俱进，需不断进行调整。业内人士指出，调整“限塑令”并不是简单地扩大其适用范围，而是在吸取经验和教训基础之上，丰富治理手段、提升治理能力，以期最终实现“限白”的初衷。

(2)《中华人民共和国环境保护税法》施行

2018 年 1 月 1 日起，环保税正式实施。“费改税”标志着我国经济增长新方式的到来。而随着国家环保力度的加强，2019 年 2 月以来，山东清理沙河镇 1700 多家废塑料工厂，莒县造粒业户停产整顿，平度市“两断三清”全面取缔非法塑料加工行业；福建郊尾镇将全部退出废塑料行业；辽宁凌海市取缔 119 家小塑料加工；湖北汉川市取缔关停 9 家小型废旧塑料加工厂；河北雄县 3909 家企业被关停取缔，保定坚决取缔小塑料厂。截至目前，共取缔“散乱污”企业 274 家，查抄拉丝、注塑生产设备 45 台套，生产原料 15t，塑料及其下游行业亟待规范。

(3)《聚乙烯吹塑农用地面覆盖薄膜》新国标实施

强制性国家标准《聚乙烯吹塑农用地面覆盖薄膜》于 2017 年 12 月公布，旨在减少农田“白色污染”，改善土壤环境质量。该项国家标准于 2018 年 5 月 1 日起实施。

此次修订以规范生产、引导使用、提高质量、促进回收为目标，系统考虑地膜厚度与力学性能，适当提高了厚度要求。从兼顾农用地膜的可回收性、农民的经济承受能力和资源节约的角度出发，参考国际国外相关标准，将地膜最低厚度从 0.008mm 提高到了 0.010mm。同时，按地膜厚度范围，配套修改了力学性能指标，防止企业为提高厚度而加入过多的再生料，降低产品质量和可回收性。此外，该标准还修改了人工气候老化性能及相应的检测方法。新国标将推动更高厚度、更好性能的农用地膜的推广使用，有利于农用地膜的回收再利用。

(4)《废塑料综合利用行业规范条件》或致行业重新洗牌

工信部公布《废塑料综合利用行业规范条件》，明确了行业新建、已建的三大重点类型企业在废塑料处理能力上的门槛。该规范于 2018 年 1 月 1 日起施行，同期生效的还有《废塑料综合利用行业规范条件公告管理暂行办法》。业内人士称，新的行业规范或将带来全行业的洗牌效应。

作为环保要求门槛高的行业，该规范明确了“资源综合利用及能耗”。另外值得注意的是，所涉热塑性废塑料原料并不包括受到危险化学品、农药等污染的废弃塑料包装物、废弃一次性医疗用塑料制品等塑料，及氟塑料等特种工程塑料。

《规范条件》出台后将利于龙头企业投资这一领域，因为大量小作坊既污染了环境，也不利于行业进一步发展。对整个行业而言，一批不成规模、技术势力弱的企业将首当其冲被责令整改。预测未来我国废塑料应用市场规模将达到逾千亿元规模。

10.3　“塑料微珠”相关政策

化妆品及个人护理用品中添加的塑料微珠（microbeads）通常由有机高分子聚合物组成，其中约 93%为聚乙烯（PE），另外还有聚丙烯（PP）、聚甲基丙烯酸甲酯（PMMA）、聚苯乙烯（PS）、聚氨酯（PU）、尼龙等。塑料微珠作为填充剂、成膜剂、增稠剂、悬浮剂等，广泛应用于磨砂膏、洁面乳、沐浴露、牙膏、防晒霜等产品中，以达到清洁、护肤、祛皱、美白等功效。含有塑料微珠的化妆品被涂抹在皮肤上，当清洗皮肤时会随着洗浴废水流入下水道及水循环系统。据调查，美国纽约州 34 个污水处理厂，其中 25 家出水中含有塑料微珠。排入荷兰北海运河的废水，其中塑料微珠量达到 52 个/L。国际生物保护学会基于对 35 个排污口监测结果得出，每天有超过 4.71 亿个塑料微珠随生活污水直接排入旧金山海湾。值得注意的是，废水处理厂的二级废水处理系统一般可去除 95%以上，但仍有大量微塑料留在出水中，并进入到水生系统中。99%的被混在氧化塘或污水污泥中的塑料微珠最终随污泥农用进入土壤环境。德国海洋生物研究机构的研究人员发现，每立方米处理过的污水含 86～714 个塑料微珠，而每千克干燥污泥中含 2.4 万个塑料微珠。

这些塑料微珠最终会进入海洋环境，由于其不溶于水且难以降解，半衰期估计长达数百年，长于任何持久性有机污染物而成为永久性污染物。如塑料微珠与水体中的一些天然有机物相互作用，低密度的塑料微珠将会漂浮在水面，被浮游生物或鸟类利用；而高密度塑料微珠可能通过聚集或凝聚作用，与溶解性物质结合，使粒径和质量增加，最终沉入水底，被底栖生物吸收代谢。水环境中的塑料微珠可能从周围环境中吸附或解吸重金属、持久性有机污染物等，塑料微珠还含有在生产过程中残留的化学添加剂。

塑料微珠作为海洋环境中微塑料（microplastics）的重要组成部分，因粒径与饵料相似而可能被鱼类、贝类误食，不仅可能引起窒息、内脏受损、消化道阻塞、饥饿感紊乱、摄食能力受损、乏力、避险能力降低和死亡等问题，而且 4%左右的塑料微珠通过肠道、消化腺腔和消化上皮细胞，最终存留在脂滴中，进入食物链中并转运迁移到更顶端生物体内。进而通过食物链对人类健康构成威胁。理论分析认为，塑料微珠的生态毒性效应可能主要由物理效应如堵塞、内外黏附等引起，或是由塑料微珠合成时残留的化学物质毒性效应引起，抑或是由于塑料微珠吸附了持久性有机污染物、农药等，且吸附作用可能发生在整个生命周期。人类可能通过膳食暴露使体内蓄积塑料微珠。最近的研究表明，欧洲专供人类食用的蓝贻贝和牡蛎能使每人每年摄入 11000 个塑料微珠。美国化学学会研究人员认为，摄入有毒塑料微珠的鱼类被人类食用后，塑料微珠会引发人体细胞坏死、炎症和组织裂伤等症状。

为保护海洋生态环境和人类健康，美国、加拿大、欧洲、澳大利亚等国家和地区已采取措施逐步淘汰或替代化妆品和个人护理用品中的塑料微珠。联合国环境规划署、美国化学理事会、北海基金会等组织也表态支持在化妆品及个人护理用品中不再添加塑料微珠。美国各大洗护用品生产厂商，如宝洁、强生、联合利华、欧莱雅等纷纷计划用植物种子或核桃椰子外壳等植物成分来代替塑料微珠。全球佳洁士牙膏生产者宝洁公司日前宣布，承诺 2015 年大部分佳洁士牙膏均不含塑料微珠，截至 2016 年 3 月，塑料微珠彻底从佳洁士产品中移除。联合利华自 2015 年起在全球范围内逐步停止使用塑料微珠。强生公司也在其官网上宣布，停止开发含有 PE 微珠的新产品。连锁药店沃尔格林公司表示，正与其供应商商谈在产品中去除塑料微珠的相关事宜，并且尝试重做标签，让消费者能够辨别产品是否含有微珠。

2015 年 12 月 29 日，美国总统奥巴马签署法令禁止在美国生产和销售含有塑料微珠的肥皂、牙膏和其他化妆品。规定自 2017 年 7 月 1 日起，个人护理品厂商不得再生产含有塑料微珠的产品，自 2018 年 7 月 1 日起全面禁止销售。事实上，早在 2014 年伊利诺伊州就通过法案 Public Act 098—0638，成为美国第 1 个制定禁止生产和销售含有塑料微珠产品法规的州。该法案于 2015 年 1 月 1 日正式生效，规定 2017 年 12 月 31 日起，除了非处方药（OTC）外，不得生产含有人工塑料微珠的个人护理品；2018 年 12 月 31 日起，除了非处方药（OTC）外，不得销售含有人工塑料微珠的个人护理品；2018 年 12 月 31 日起，不得生产含有人工塑料微珠的非处方药（OTC）；2019 年 12 月 31 日起，不得销售含有人工塑料微珠的非处方药（OTC）。随后，新泽西州、缅因州、科罗拉多州等相继出台规定，限制或禁止化妆品添加塑料微珠。

不仅是美国，加拿大政府也于 2015 年采取措施，将“在制造过程中大于 0.1μm 及小于或等于 5mm 的合成聚合物颗粒”列入《加拿大环境保护法（1999 年）》附件 1《有毒物质清单》。加拿大联邦政府发布官方公报，于 2018 年 7 月 1 日起全面禁止销售含有塑料微珠的沐浴露、牙膏、按摩膏等化妆品。

2015 年 9 月，德国联邦环境局公布一项研究报告对环境中的微塑料问题进行了探讨，关注了微塑料对环境带来的风险，并要求采取监管方案以减少乃至禁止在消费品种添加塑料微珠。

2018 年 5 月 10 日，英国北爱尔兰发布《环境保护（塑料微珠）（北爱尔兰）法规 2018》[The Environmental Protection (Microbeads) (Northern Ireland) Regulations 2018]。该法规禁止将直径小于 5 mm 的塑料微珠用于洗去型个人护理产品的成分，并禁止销售任何含有此类成分的产品。这些产品包括用于清洁、保护或加香人体部位，维持或恢复其状况或改变其外观的任何产品，包括洗发液、沐浴液、洗面液、肥皂及牙膏等产品。该法规将于 2018 年 9 月生效。

2014 年 12 月，荷兰、奥地利、比利时和瑞典发表联合声明，表示为保护海洋生物，禁止在洗涤剂和化妆品中使用微塑料。鉴于数家全球生产商已经宣布会逐步取缔产品中的微塑料，在欧盟全面禁止化妆品添加塑料微粒应是可行的措施。

2015 年 6 月，联合国环境规划署（UNEP）建议以防患未然的方针管理微塑料，逐步取缔，最终禁止在化妆品中使用。该署曾经发表报告指出在过去 50 年，塑料微粒已在个人护理产品和化妆品中使用，在许多产品配方中代替天然物质。这些微粒不能回收再造，不会在废水处理设施中腐烂降解，最终被排放到海洋里，碎裂并留存海中。报告建议生产商在设计产品时要考虑产品成分对自然环境的影响。2015 年 5 月，欧盟环境、海洋事务和渔业专员 Karmenu Vella 在布鲁塞尔举行的微塑料会议中发言，警告微塑料正在入侵生态系统，混杂在海滩沙粒中，削弱水系统并渗入食物链。他认为塑料污染是经济体资源效率低下的症状。欧盟的循环经济策略旨在确保产品的组成部分在设计上能被维修、再用及循环再造，而欧盟确实有个二级原材料市场，其中包括塑料。

欧盟的化妆品业代表已经公布，业者会以自愿的方式停止在产品使用塑料微粒。2015 年 10 月 21 日，欧洲化妆品及个人护理用品协会（Cosmetics Europe）建议，在 2020 年前停止在磨砂及清洁用的冲洗式化妆品和个人护理用品添加塑料微粒。欧委会也即将发表研究报告，内容与这方面的监管行动有关。这项研究结果可能会成为监管方案的基础，促使欧盟规定减少甚至禁止使用塑料微粒。附有欧盟生态标签（EU Ecolabel）的产品不能含有塑料微粒。

2014 年 12 月澳大利亚卫生、化妆品和特殊产品工业组织 Accord 也开始关注塑料微珠对环境的影响，并启动淘汰该物质包括其在化妆品中使用的项目。新西兰政府也已完成关于禁止生产和销售含有塑料微珠的特定产品法律条例修订，该条例于 2018 年 6 月初生效。

韩国食药处发布了“化妆品安全标准规定”部分修订案行政预告。从 2017 年 7 月份开始韩国将全面禁止化妆品中使用塑料微珠。并且从 2018 年 7 月份开始禁止销售含有塑料微珠的化妆品。

中国台湾地区“环保署”也对常见于洗面奶内的“塑料微粒”进行了管制，2018 年元旦起禁止制造及输入，7 月 1 日起则是完全禁止贩卖，业者若违“法”贩卖，可处 6000 元（新台币，下同）罚款。台湾地区“环保署”2018 年新增管制洗发用化妆品类、洗脸卸妆用化妆品类、沐浴用化妆品类、香皂类、磨砂膏、牙膏等 6 项产品，不得添加塑料微粒成分，明年元旦起禁止制造及输入，违者可处 6 万元至 30 万元罚款。7 月 1 日起则是不得贩卖这 6 大类含塑料微粒的化妆品及个人清洁用品，贩卖业者若违反规定，可处 1200 元至 6000 元罚款。

参考文献

[1] Chen GQ. Introduction of bacterial plastics PHA, PLA, PBS, PE, PTT, and PPP [M] //Plastics from Bacteria. Springer, Berlin, Heidelberg, 2010: 1-16.

[2] Iwata T. Biodegradable and bio-based polymers: future prospects of eco-friendly plastics [J]. Angewandte Chemie International Edition, 2015, 54 (11): 3210-3215.

[3] Huang JC, Shetty AS, Wang MS. Biodegradable plastics: A review [J]. Advances in Polymer Technology, 1990, 10 (1): 23-30.

[4] 刁晓倩，翁云宣，黄志刚，等．国内生物基材料产业发展现状 [J]．生物工程学报，2016，32 (6): 715-725.

[5] 陈国强，陈学思，徐军，等．发展环境友好型生物基材料 [J]．新材料产业，2010 (3): 54-62.

[6] Derraik JGB. The pollution of the marine environment by plastic debris: A review [J]. Marine Pollution Bulletin, 2002, 44 (9): 842-852.

[7] Cole M, Lindeque P, Halsband C, et al. Microplastics as contaminants in the marine environment: A review [J]. Marine Pollution Bulletin, 2011, 62 (12): 2588-2597.

[8] Tian HY, Tang ZH, Zhuang XL, et al. Biodegradable synthetic polymers: Preparation, functionalization and biomedical application [J]. Progress in Polymer Science, 2012, 37 (2): 237-280.

[9] Okada M. Chemical syntheses of biodegradable polymers [J]. Progress in Polymer Science, 2002, 27 (1): 87-133.

[10] Swanson CL, Shogren RL, Fanta GF, et al. Starch-plastic materials—Preparation, physical properties, and biodegradability (a review of recent USDA research) [J]. Journal of Environmental Polymer Degradation, 1993, 1 (2): 155-166.

[11] Lörcks J. Properties and applications of compostable starch-based plastic material [J]. Polymer degradation and stability, 1998, 59 (1-3): 245-249.

[12] Avérous L. Biodegradable multiphase systems based on plasticized starch: A review [J]. Polymer Reviews, 2004, 44 (3): 231-274.

[13] Ackar D, Babic J, Jozinovie A, et al. Starch modification by organic acids and their derivatives: A review. [J]. Molecules, 2015, 20 (10): 19555-19570.

[14] 刁晓倩，翁云宣．淀粉基塑料研究进展及产业现状 [J]．中国塑料，2017，31 (9): 22-29.

[15] Kumar V, Tyagi L, Sinha S. Wood flour-reinforced plastic composites: A review [J]. Reviews in Chemical Engineering, 2011, 27 (5-6): 253-264.

[16] 刘涛，何慧，洪浩群，等．木塑复合材料研究进展 [J]．绝缘材料，2008，41 (2): 38-41.

[17] 薛平，张明珠，何亚东，等．木塑复合材料及挤出成型特性的研究 [J]．中国塑料，2001 (8): 53-59.

[18] 殷小春，任鸿烈．对改善木塑复合材料表面相容性因素的探讨［J］．塑料，2002，31（4）：25-28.

[19] 王清文，王伟宏．木塑复合材料与制品［M］．北京：化学工业出版社，2007.

[20] Hosseinaei O，Wang S，Enayati AA，et al. Effects of hemicellulose extraction on properties of wood flour and wood-plastic composites［J］．Composites Part A：Applied Science and Manufacturing，2012，43（4）：686-694.

[21] Bugnicourt E，Cinelli P，Lazzeri A，et al. Polyhydroxyalkanoate（PHA）：Review of synthesis，characteristics，processing and potential applications in packaging［J］．eXPRESS Polymer Letters，2014，8（11）：791-808.

[22] Nobes GAR，Kazlauskas RJ，Marchessault RH. Lipase-catalyzed ring-opening polymerization of lactones：A novel route to poly（hydroxyalkanoate）s［J］．Macromolecules 1996，29：4829-4833.

[23] Chen GQ，Patel MK. Plastics derived from biological sources：Present and future：a technical and environmental review［J］．Chemical Reviews，2012，112（4）：2082-2099.

[24] Tappel RC，Kucharski JM，Mastroianni JM，et al. Biosynthesis of Poly［（R）-3-hydroxyalkanoate］Copolymers with Controlled Repeating Unit Compositions and Physical Properties. Biomacromolecules，2012，13（9）：2964-2972.

[25] Ashby RD，Solaiman DKY，Strahan GD，et al. Methanol-induced chain termination in poly（3-hydroxybutyrate）biopolymers：Molecular weight control. Int J Biol Macromol，2015，74：195-201.

[26] Lemoigne M. Products of dehydration and of polymerization of β-hydroxybutyric acid. Bull Soc Chem Biol，1926，8：770-782.

[27] Han J，Hou J，Zhang F，et al. Multiple propionyl coenzyme A supplying pathways for production of the bioplastic poly（3-hydroxybutyrate-co-3-hydroxyvalerate）in Haloferax mediterranei. Appl Environ Microbiol，2013，79（9）：2922-2931.

[28] Meng DC，Wang Y，Wu LP，et al. Production of poly（3-hydroxypropionate）and poly（3-hydroxybutyrate-co-3-hydroxypropionate）from glucose by engineering Escherichia coli. Metab Eng，2015，29：189-195.

[29] Chen GQ. A microbial polyhydroxyalkanoates（PHA）based bio- and materials industry［J］．Chem Soc Rev，2009，38（8）：2434-2446.

[30] Wang Y，Yin J，Chen GQ. Polyhydroxyalkanoates，challenges and opportunities［J］．Curr Opin Biotechnol，2014，30：59-65.

[31] Yin J，Chen JC，Wu Q，et al. Halophiles，coming stars for industrial biotechnology［J］．Biotechnol Adv 2015，33：1433-1442.

[32] Quillaguamán J，Guzmán H，Van-Thuoc D，et al. Synthesis and production of polyhydroxyalkanoates by halophiles：Current potential and future prospects. Appl Microbiol Biotechnol，2010，85（6）：1687-1696.

[33] Tan D，Xue YS，Gulsimay A，et al. Unsterile and continuous production of polyhydroxybutyrate by Halomonas TD01. Bioresour Technol，2011，102（17）：8130-8136.

[34] Yue HT，Ling C，Yang T，et al. A seawater-based open and continuous process for polyhydroxyalkanoates production by recombinant *Halomonas campaniensis* LS21 grown in mixed substrates. Biotechnol Biofuels，2014，7：108.

[35] Koller M，Hesse P，Bona R，et al. Potential of various archae and eubacterial strains as industrial polyhydroxyalkanoate producers from whey［J］．Macromol Biosci，2007，7（2）：218-226.

[36] Li T，Chen XB，Chen JC，et al. Open and continuous fermentation：products，conditions and bioprocess economy. Biotechnol J，2014，9：1503-1511.

[37] Argandoña M，Vargas C，Reina-Bueno M，et al. An extended suite of genetic tools for use in bacteria of the *Halomonadaceae*：An overview. Methods Mol Biol，2012，824：167-201.

[38] Tan D，Wu Q，Chen JC，et al. Engineering Halomonas TD01 for the low-cost production of polyhydroxyalkanoates. Metab Eng，2014，26：34-47.

[39] Yin J，Wang H，Fu XZ，et al. Effects of chromosomal gene copy number and locations on polyhydroxyalkanoate synthesis by *Escherichia coli* and *Halomonas sp*.［J］．Appl Microbiol Biotechnol，2015，99：5523-5534.

[40] Ye JW，Hu DK，Che XM，et al. Engineering of *Halomonas bluephagenesis* for low cost production of poly（3-hydroxybutyrate-co-4-hydroxybutyrate）from glucose. Metab Eng. 2018，47：143-152.

[41] Chen GQ，Hajnal I，Wu H，et al. Engineering Biosynthesis Mechanisms for Diversifying Polyhydroxyalkanoates.

Trends Biotechnol, 2015, 33 (10): 565-574.

[42] Di Lorenzo ML, Androsch R. Synthesis, structure and properties of poly (lactic acid) [M]. Switzerland: Springer International Publishing AG, 2018.

[43] Dittrich VW, Schulz RC. Kinetik und Mechanismus der ringöffnenden Polymerisation von L (—) -Lactid [J]. Die Angewandte Makromolekulare Chemie: Applied Macromolecular Chemistry and Physics, 1971, 15 (1): 109-126.

[44] Eguiburu JL, Jose M, Berridi F, et al. Functionalization of poly (L-lactide) macromonomers by ring-opening polymerization of L-lactide initiated with hydroxyethyl methacrylate-aluminium alkoxides [J]. Polymer, 1995, 36 (1): 173-179.

[45] Hamad K, Kaseem M, Ayyoob M, et al. Polylactic acid blends: The future of green, light and tough [J]. Progress in Polymer Science, 2018, 85: 83-127.

[46] 蔡沈阳. 乳丝的加工、性能及其应用 [J]. 生物工程学报, 2016, 32 (6): 786-797.

[47] 李珊珊, 何继敏, 颜克福, 等. 聚乳酸扩链改性及其挤出发泡的研究 [J]. 中国塑料, 2015, 29 (4): 24-29.

[48] 付田霞, 战孟娇, 王新现. 聚乳酸的改性及其在食品包装领域的应用研究进展 [J]. 包装工程, 2009 (12): 111-114.

[49] 李金伟. 聚乳酸 (PLA) 化学发泡注塑成型的研究 [D]. 北京化工大学, 2016.

[50] Lim LT, Auras R, Rubino M. Processing technologies for poly (lactic acid) [J]. Progress in Polymer Science, 2008, 33: 820-852.

[51] 罗焯欣, 董月平, 双向拉伸聚乳酸薄膜的制备 [J]. 合成树脂及塑料, 2017, 34 (1): 36-40.

[52] 唐鹿. 3D 打印聚乳酸热塑挤压成型材料的研究及应用 [J]. 工程塑料应用, 2016, 44 (11): 113-117.

[53] Leicher S, Will J, Haugen H, et al. MuCell (R) technology for injection molding: A processing method for polyether-urethane scaffolds [J]. Joumal of Materials Science, 2005, 40 (17): 4613-4618.

[54] Fei B, Chen C, Wu H, et al. Comparative study of PHBV/TBP and PHBV/BPA blends [J]. Polymer International, 2004, 53 (7): 903-910.

[55] 卜雅萍, 王澜, 黄思思, 等. 聚羟基丁酸戊酸酯溶液共混改性研究 [J]. 塑料, 2007, 36 (4): 32-37.

[56] 王军, 刘素侠, 欧阳平凯. 聚丁二酸丁二醇酯的研究进展 [J]. 化工新型材料, 2007, 35 (10): 25-27.

[57] 筱羽. 真空熔融法合成聚己二酸-1, 4-丁二醇酯二醇 [J]. 宁波化工, 2007 (1): 5-9.

[58] 孙杰, 刘俊玲, 廖肃然, 等. 高相对分子质量聚丁二酸丁二醇酯的合成与表征 [J]. 精细化工, 2007, 24 (2): 117-120.

[59] 高明. PBS 基生物降解材料的制备、性能及降解性研究 [D]. 北京化工大学, 2004.

[60] Jacquel N, Freyermouth F, Fenouillot F, et al. Synthesis and properties of poly (butylene succinate): Efficiency of different transesterification catalysts [J]. Journal of Polymer Science Part A: Polymer Chemistry, 2011, 49 (24): 5301-5312.

[61] Yamamoto M, Witt U, Skupin G, et al. Biodegradable aliphatic-aromatic polyesters: "Ecoflex®" [J]. Biopolymers Online: Biology Chemistry Biotechnology Applications, 2005, 4: 1-7.

[62] Wang G, Jiang M, Zhang Q, et al. Biobased copolyesters: Synthesis, sequence distribution, crystal structure, thermal and mechanical properties of poly (butylene sebacate-co-butylene furandicarboxylate) [J]. Polymer Degradation and Stability, 2017, 143: 1-8.

[63] Jacquel N, Saint-Loup R, Pascault J P, et al. Bio-based alternatives in the synthesis of aliphatic-aromatic polyesters dedicated to biodegradable film applications [J]. Polymer, 2015, 59: 234-242.

[64] 吕静兰. 可生物降解聚 (对苯二甲酸丁二醇酯-co-己二酸丁二醇酯) 共聚酯的挤出扩链反应 [J]. 石油化工, 2007, 36 (10): 1046-1051.

[65] Atfani M, Brisse F. Syntheses, characterizations, and structures of a new series of aliphatic-aromatic polyesters. 1. The poly (tetramethylene terephthalate dicarboxylates) [J]. Macromolecules, 1999, 32 (23): 7741-7752.

[66] Du J, Zheng Y, Xu L. Biodegradable liquid crystalline aromatic/aliphatic copolyesters. Part I: Synthesis, characterization, and hydrolytic degradation of poly (butylene succinate-co-butylene terephthaloyldioxy dibenzoates) [J]. Polymer Degradation and Stability, 2006, 91 (12): 3281-3288.

[67] Olewnik E, Czerwiński W. Synthesis, structural study and hydrolytic degradation of copolymer based on glycolic acid

and bis-2-hydroxyethyl terephthalate [J] . Polymer Degradation and Stability，2009，94 (2)：221-226.

[68] Hermanová S，Šmejkalová P，Merna J，et al. Biodegradation of waste PET based copolyesters in thermophilic anaerobic sludge [J] . Polymer degradation and stability，2015，111：176-184.

[69] U・威特，山本基仪．连续生产生物降解聚酯的方法：CN200980113100.2 [P] . 2011-04-06.

[70] 陆慧辉，谭晓玲，瞿中凯，等．一种脂肪族/芳香族共聚酯的制备方法：CN201310471706.1 [P] . 2015-04-29.

[71] 苑仁旭，徐依斌，焦健，等．一种连续生产可生物降解的脂肪-芳香族共聚酯的方法：CN201110333858.6 [P] . 2012-05-09.

[72] Chen W，Zhu G，Chen X，et al. Biodegradable linear random copolyester and process for preparing it and use of the same：US7332562 [P] . 2008-2-19.

[73] Wang H，Wei D，Zheng A，et al. Soil burial biodegradation of antimicrobial biodegradable PBAT films [J] . Polymer degradation and stability，2015，116：14-22.

[74] Younes B. A statistical investigation of the influence of the multi-stage hot-drawing process on the mechanical properties of biodegradable linear aliphatic-aromatic co-polyester fibers [J] . Advances in Materials Science and Applications，2014，3 (4)：186-202.

[75] Wang H，Langner M，Agarwal S. Biodegradable aliphatic-aromatic polyester with antibacterial property [J] . Polymer Engineering & Science，2016，56 (10)：1146-1152.

[76] Inoue S，Tsuruta T，Furukawa J. Die Makromolekulare Chemie，1962，53 (1)：215-218.

[77] Tsuruta T，Matsuura K，Inoue S. Die Makromolekulare Chemie，1964，75 (1)：211-214.

[78] Inoue S，Koinuma H，Tsuruta T. Journal of Polymer Science，Polymer Letters Edition，1969，7 (4)：287-292.

[79] Inoue S，Koinuma H，Tsuruta T. Die Makromolekulare Chemie，1969，130 (1)：210-220.

[80] Inoue S，Kobayashi M，Koinuma H，Tsuruta T. Die Makromolekulare Chemie，1972，155 (1)：61-73.

[81] Kobayashi M，Inoue S，Tsuruta T. Macromolecules，1971，4 (5)：658-659.

[82] Kobayash. M，Tang YL，Tsuruta T，Inoue S. Makromolekulare Chemie-Macromolecular Chemistry and Physics，1973，169 (JUL24)：69-81.

[83] Kobayashi M，Inoue S，Tsuruta T. Journal of Polymer Science Part B-Polymer Letters，1973，11 (9)：2383-2385.

[84] Kuran W，Pasynkiewicz S，Skupinska J，Rokicki A. Die Makromolekulare Chemie，1976，177 (1)：11-20.

[85] Rokicki A，Kuran W. Journal of Macromolecular Science-Reviews in Macromolecular Chemistry and Physics，1981，C21 (1)：135-186.

[86] Soga K，Hyakkoku K，Ikeda S. Makromolekulare Chemie-Macromolecular Chemistry and Physics，1978，179 (12)：2837-2843.

[87] Soga K，Hyakkoku K，Ikeda S. J Polym Sci，Polym Chem Ed FIELD Full Journal Title：Journal of Polymer Science，Polymer Chemistry Edition，1979，17 (7)：2173-2180.

[88] Kruper WJ，Jr.，Swart DJ. US4500704，1985.

[89] Kuyper J，Lednor PW，Pogany GA. US4826887A，1989.

[90] 陈立班，黄斌．CN 1032010.

[91] 彭树文，董丽松，庄宇钢，陈成．CN 1306022，2001，

[92] Dixon D D FME. US 4142021，1979.

[93] McAndrew TP. US5089070A，1989.

[94] Kuphal JA，Robeson LM，Weber JJ. US4874030A，1989.

[95] Kuphal JA，Robeson LM，Santangelo JG. US4940733A，1990.

[96] Dieter W，Christel R，Dieter V. WO 9，606，877，1996.

[97] Takahashi K，Noda K，Tanaka K. JP95-46249 08217869，1996.

[98] Przyluski J，Wieczorek W，Such K，Florjanczyk Z. PL91-290460，1992.

[99] Suzuki M. JP09，259，930，1997.

[100] Kono K. JP 08，031，700，1996.

[101] Clifford H，William L，Paul R. US 5，776，990，1998.

[102] Volksen W，Hedrick J，MillerR D. US Patent 6，107，357，2000.

[103] 安晶晶，柯毓才，曹新宇，等．环境友好材料-聚碳酸亚丙酯热降解和稳定性研究进展［J］．塑料，2014，43（4）：60-64.

[104] 苏海丽，李亚东，白宝丰，等．聚甲基乙撑碳酸酯的改性研究现状与进展［J］．化工新型材料，2014，42（11）：25-26.

[105] 常海波，王世浩，赵文善，等．聚碳酸亚丙酯的化学改性［J］．高分子通报，2015（5）：85-92.

[106] Jiang G，Feng J，Zhang S D，et al. Structure and properties of maleic anhydride capped poly（propylene carbonate）produced by reactive extrusion and effect of resistance time on reaction efficiency［J］. Industrial & Engineering Chemistry Research，2014，53（37）：14544-14551.

[107] Hao Y，Ge H，Han L，et al. Thermal，mechanical，and rheological properties of poly（propylene carbonate）cross-linked with polyaryl polymethylene isocyanate［J］. Polymer bulletin，2013，70（7）：1991-2003.

[108] 王闻，王希媛，翁云宣，等．二苯基甲烷二异氰酸酯扩链改性聚碳酸亚丙酯［J］．中国塑料，2017，31（2）：94-98.

[109] Wang X，Weng Y，Wang W，et al. Modification of poly（propylene carbonate）with chain extender ADR-4368 to improve its thermal，barrier，and mechanical properties［J］. Polymer Testing，2016，54：301-307.

[110] Cherdron VH，Ohse H，Korte F. Die polymerisation von lactonen. Teil 1：Homopolymerisation 4-，6-und 7-gliedriger lactone mit kationischen initiatoren［J］. Die Makromolekulare Chemie：Macromolecular Chemistry and Physics，1962，56（1）：179-186.

[111] Heuschen J，Jérôme R，Teyssié P. Polycaprolactone-based block copolymers. 1. Synthesis by anionic coordination type catalysts［J］. Macromolecules，1981，14（2）：242-246.

[112] Hofman A，Slomkowski S，Penczek S. Structure of active centers and mechanism of anionic and cationic polymerization of δ-valerolactone［J］. Die Makromolekulare Chemie：Macromolecular Chemistry and Physics，1987，188（9）：2027-2040.

[113] Ikeo Y，Aoki K，Kishi H，et al. Nano clay reinforced biodegradable plastics of PCL starch blends［J］. Polymers for Advanced Technologies，2006，17（11-12）：940-944.

[114] Albertsson AC，Varma IK. Recent developments in ring opening polymerization of lactones for biomedical applications［J］. Biomacromolecules，2003，4（6）：1466-1486.

[115] 吴俊，谢笔钧．淀粉/聚己内酯热塑性完全生物降解塑料膜的研制［J］．塑料工业，2002，30（6）：22-24.

[116] 王身国，邱波．生物降解性聚己内酯-聚醚嵌段共聚物的合成及表征［J］．高分子学报，1993，1（5）：620-623.

[117] 韩娟娟，黄汉雄．聚乳酸/聚己内酯型聚氨酯弹性体共混物形态与性能研究［J］．塑料工业，2010，38（5）：67-71.

[118] Labet M，Thielemans W. Synthesis of polycaprolactone：a review［J］. Chemical Society Reviews，2009，38（12）：3484-3504.

[119] Koenig M F，Huang S J. Biodegradable blends and composites of polycaprolactone and starch derivatives［J］. Polymer，1995，36（9）：1877-1882.

[120] Bastioli C，Cerutti A，Guanella I，et al. Physical state and biodegradation behavior of starch-polycaprolactone systems［J］. Journal of environmental polymer degradation，1995，3（2）：81-95.

[121] Zhao Q，Tao J，Yam R C M，et al. Biodegradation behavior of polycaprolactone/rice husk ecocomposites in simulated soil medium［J］. Polymer Degradation and Stability，2008，93（8）：1571-1576.

[122] Yavuz H，Babaç C. Preparation and biodegradation of starch/polycaprolactone films［J］. Journal of Polymers and the Environment，2003，11（3）：107-113.

[123] Yu H，Wang W，Chen X，et al. Synthesis and characterization of the biodegradable polycaprolactone-graft-chitosan amphiphilic copolymers［J］. Biopolymers：Original Research on Biomolecules，2006，83（3）：233-242.

[124] Guo S，Huang Y，Wei T，et al. Amphiphilic and biodegradable methoxy polyethylene glycol-block-（polycaprolactone-graft-poly（2-（dimethylamino）ethyl methacrylate））as an effective gene carrier［J］. Biomaterials，2011，32（3）：879-889.

[125] Tsou C H，Lee H T，Tsai H A，et al. Synthesis and properties of biodegradable polycaprolactone/polyurethanes by

using 2, 6-pyridinedimethanol as a chain extender [J]. Polymer degradation and stability, 2013, 98 (2): 643-650.

[126] 李斌，杨科珂，唐松平，等．聚对二氧环己酮和聚乳酸的多嵌段共聚物的合成 [J]．高分子材料科学与工程，2008，24 (1)：44-46.

[127] 白威，陈栋梁，李庆，等．高分子量聚对二氧环己酮体外降解研究 [J]．高分子学报，2009，1 (1)：78-83.

[128] 汪秀丽．聚对二氧环己酮/淀粉生物降解高分子共混物的制备原理与结构性能研究 [D]．四川大学，2003.

[129] Gurunathan T, Mohanty S, Nayak S K. A review of the recent developments in biocomposites based on natural fibres and their application perspectives [J]. Composites Part A: Applied Science and Manufacturing, 2015, 77: 1-25.

[130] Yang K K, Wang X L, Wang Y Z. Poly (p-dioxanone) and its copolymers [J]. Journal of Macromolecular Science, Part C: Polymer Reviews, 2002, 42 (3): 373-398.

[131] Bhattarai N, Cha D I, Bhattarai S R, et al. Biodegradable electrospun mat: Novel block copolymer of poly (p-dioxanone-co-L-lactide) -block-poly (ethylene glycol) [J]. Journal of Polymer Science Part B: Polymer Physics, 2003, 41 (16): 1955-1964.

[132] Hong J T, Cho N S, Yoon H S, et al. Biodegradable studies of poly (trimethylenecarbonate-ε-caprolactone) -block-poly (p-dioxanone), poly (dioxanone), and poly (glycolide-ε-caprolactone) (Monocryl®) monofilaments [J]. Journal of Applied Polymer Science, 2006, 102 (1): 737-743.

[133] Pezzin A P T, Van Ekenstein G O R A, Zavaglia C A C, et al. Poly (para-dioxanone) and poly (L-lactic acid) blends: thermal, mechanical, and morphological properties [J]. Journal of applied polymer science, 2003, 88 (12): 2744-2755.

[134] Tokiwa Y, Calabia B P. Review degradation of microbial polyesters [J]. Biotechnology letters, 2004, 26 (15): 1181-1189.

[135] Zhu J, Dong X T, Wang X L, et al. Preparation and properties of a novel biodegradable ethyl cellulose grafting copolymer with poly (p-dioxanone) side-chains [J]. Carbohydrate Polymers, 2010, 80 (2): 350-359.

[136] Chen S C, Zhou Z X, Wang Y Z, et al. A novel biodegradable poly (p-dioxanone) -grafted poly (vinyl alcohol) copolymer with a controllable in vitro degradation [J]. Polymer, 2006, 47 (1): 32-36.

[137] 季栋，方正，欧阳平凯，等．生物基聚酰胺研究进展 [J]．生物加工过程，2013，11 (2)：73-80.

[138] 熊党生．氮离子注入增强尼龙 1010 的摩擦学特性 [J]．高分子材料科学与工程，2004，19 (2)：150-152.

[139] 王永生，李增俊．生物基化学纤维发展现状与展望 [J]．生物加工过程，2019，17 (5)：466-473.

[140] Lucrezia Martino, Luca Basilissi, Hermes Farina, et al. Bio-based polyamide 11: synthesis, rheology and solid-state properties of star structures [J]. European Polymer Journal, 2014, 59: 69-77.

[141] Nieschlag HJ, Rothfus JA, Sohns VE, et al. Nylon-1313 from brassylic acid [J]. Industrial & Engineering Chemistry Product Research and Development, 1977, 16 (1): 101-107.

[142] Lange JP, Vestering JZ, Haan R. Towards bio-based nylon: Conversion of γ-valerolactone to methyl pentenoate under catalyticdistillation conditions [J]. Chemical Communications, 2007 (33): 3488-3490.

[143] Bueno, M, Galbis, J A., García-Martín, M G, et al. Synthesis of stereoregular polygluconamides from D-glucose and D-glucosamine [J]. J. Polym Sci, Part A: Polym Chem 1995, 33, 299-305.

[144] 余晓兰，汤建凯．生物基聚对苯二甲酸丙二醇酯（PTT）纤维研究进展 [J]．精细与专用化学品，2018 (2)：13-17.

[145] 王启明．生物基聚酯 PTT 与 PDT 的发展概况 [J]．高分子通报，2013 (10)：129-135.

[146] 芦长椿．生物基聚酯及其纤维的技术发展现状 [J]．纺织导报，2013 (2)：35-40.

[147] 芦长椿．生物基聚酯技术的新进展 [J]．合成纤维，2017 (6)：1-5.

[148] Alessio M, Allegri L, Bella F, et al. Study of the background characteristics by means of a high efficiency liquid scintillation counter [J]. Nuclear Instruments and Methods, 1976, 137 (3): 537-543.

[149] ISO 14851-99.

[150] ISO 14852-99.

[151] ISO 14855-99.

[152] ASTM D 6400-99.

［153］ ASTM D 5338-98.

［154］ Anderson R，Cook GT. Scintillation Cocktail Optimization for ^{14}C Dating Using the Packard 2000CA/LL and 2260XL［J］. Radiocarbon，1991，33（1）：1-7.

［155］ 蒋士成. 中国工程院咨询研究项目（2010-XZ-11），多种生物质高分子纤维工程化与产业化前景研究［M］. 中国工程院环境与轻纺工程学部，2013.

［156］ 王华平，王玉萍，蒋士成. 中国工程院重点咨询项目，我国纺织产业科技创新发展战略研究（2016—2030）［M］. 2014. 8.

［157］ 中国化学纤维工业协会. 生物基化学纤维及原料"十三五"发展规划［M］. 2015. 12.

［158］ Kyrikou I，Briassoulis D. Biodegradation of agricultural plastic films：a critical review［J］. Journal of Polymers and the Environment，2007，15（2）：125-150.

［159］ Siracusa V，Rocculi P，Romani S，et al. Biodegradable polymers for food packaging：A review［J］. Trends in Food Science & Technology，2008，19（12）：634-643.

［160］ Xanthos D，Walker TR. International policies to reduce plastic marine pollution from single-use plastics（plastic bags and microbeads）：A review［J］. Marine Pollution Bulletin，2017，118（1-2）：17-26.

［161］ 刘锋平，董晓杰，董兵，等. 化妆品及个人护理用品中塑料微珠的环境行为及生态毒性研究进展［J］. 环境与健康杂志，2016（12）：1114-1116.

［162］ 国务院办公厅关于限制生产销售使用塑料购物袋的通知：国办发〔2007〕72号.

［163］ 吉林省禁止生产销售和提供一次性不可降解塑料购物袋、塑料餐具规定.

［164］ 美国正式立法禁止在洗护产品中添加塑料微珠［J］. 中国洗涤用品工业，2016（3）：76-77.

［165］ 加拿大禁止化妆品使用塑料微珠［J］. 日用化学品科学，2015（4）：54-54.

［166］ 韩国2017年7月开始禁止化妆品中使用塑料微珠［J］. 工程塑料应用，2016（11）：29.